火灾事故应急预案编制与应用手册

主　编　李建华　黄郑华

参　编　彭　骏　黄道灿

汪长林　黄汉京

中国劳动社会保障出版社

图书在版编目(CIP)数据

火灾事故应急预案编制与应用手册/李建华主编. —北京：中国劳动社会保障出版社，2008

ISBN 978-7-5045-7176-2

Ⅰ.火… Ⅱ.李… Ⅲ.火灾-处理-方案制定-手册 Ⅳ.X928.7-62

中国版本图书馆CIP数据核字(2008)第103148号

中国劳动社会保障出版社出版发行

（北京市惠新东街1号 邮政编码：100029）

出版人：张梦欣

*

北京市艺辉印刷有限公司印刷装订 新华书店经销

787毫米×960毫米 16开本 36.75印张 679千字

2008年8月第1版 2023年6月第2次印刷

定价:88.00元

营销中心电话：400-606-6496

出版社网址：http://www.class.com.cn

内 容 提 要

火灾事故应急预案是火灾事故救援活动的行动指南。完善的火灾事故预案、训练有素的应急组织，不仅可以做到发生火灾时迅速地实施有效的扑救，而且可以发现火灾预防系统的缺陷，对于减少火灾造成的人员伤亡和财产损失具有重要的意义。因此，如何科学地进行本单位火灾事故应急预案的编制与应用工作，是广大基层企业与单位安全管理的急需。

本书作者根据历年来我国公安消防部队灭火救援的实践经验和消防专业的教学研究成果，并参考国内外大量的有关文献资料，针对广大基层企业与单位的需要，从火灾事故应急预案的编制，重大危险源的辨识、评价与监控，火灾应急预案的演练与管理，编写了石油化工、轻工纺织、商贸经营、文教体育卫生、交通运输业、古建筑等消防重点保护单位的火灾危险性和特点、火灾扑救基本对策，火灾扑救案例等十章，指导广大基层企业与单位进行火灾事故应急预案的编制与应用工作。

本书语言通俗易懂，实用性强，不仅可供广大企事业单位从事安全技术、安全管理人员编制应急预案和培训与演练参考，也可供公安消防部队、企事业专职消防队灭火救援人员学习参考，以及作为高等学校安全工程专业师生的工具书、参考书。

编者的话

随着社会经济的迅速发展和企业生产、商贸经营、交通运输、文化娱乐活动规模的不断扩大，各种新材料、新产品、新技术、新工艺和新设施给人民群众的生活带来了极大的便利，但随之而来的重大安全事故特别是火灾爆炸事故也不断发生，给人民的生命、财产安全和生活环境构成了重大的威胁。根据有关统计数据，我国近几年平均每年发生各类事故约 80 万起，事故死亡约 13 万人，造成伤残约 70 万人，每年经济损失约达 250 亿元人民币，约相当于我国 GDP 的 2%。加快事故应急救援体系建设工作，建立事故灾难应急预案，有效地将事故的影响和损失控制在最低限度，已经成为一项十分重要而紧迫的任务。

事故应急救援预案的编制是应急救援准备工作的核心内容，也是我国有关法律法规的要求。《中华人民共和国消防法》《中华人民共和国安全生产法》《危险化学品安全管理条例》《国务院关于特大安全事故行政责任追究的规定》和《机关、团体、企业、事业单位消防安全管理规定》都明确规定政府和生产经营单位主要负责人应组织制定事故应急救援预案，消防安全重点单位和一般单位都应根据本单位的实际情况编制灭火和应急疏散预案，并定期履行灭火和应急疏散预案演练的职责。制定有效的灭火和应急疏散预案，在紧急情况下快速地应对火灾事故，切实保障人员紧急疏散，最大限度地减少人员伤亡和财产损失，及时扑灭初期火灾，既是单位安全管理工作的重要任务，也是减少火灾危害的重要措施。

火灾事故应急预案是指政府或企业为降低火灾事故后果的严重程度，以对危险源的评价和事故预测结果为依据而预先制定的事故控制和抢险救援方案。它是火灾事故救援活动的行动指南。完善的火灾事故预案、训练有素的应急组织，不仅可以做到发生火灾时迅速地实施有效的扑救，而且可以发现火灾预防系统的缺陷，对于减少火灾造成的人员伤亡和财产损失具有重要的意义。

本书主编李建华，现为中国人民武装警察部队学院消防指挥系主任，教授，武警学院消防指挥学科带头人，中国消防协会专家委员会专家，公安部灭火救援专家组成员，中国消防协会灭火救援技术委员会副主任；本书另一主编黄郑华，现为中国人民武装警察部队学院消防工程系教授。作者在编写过程中，结合我国历年来公安消防部队灭火救援的实践经验、消防专业的教学研究成果，并参阅了大量的国内外文献资料，科学而简明地介绍了火灾事故应急预案编制的方法、内容、注意事项、应急预案的演练，应急预案管理等，阐述了重大危险源的辨识、评价与监控，比较系统地论述了石油化工、轻工纺织、商贸经营、文教体育卫生、交通运输、古建筑等消防重点保护单位的火灾危险性和特点、火灾扑救基本对策、火灾应急预案的编制与预案的演练，并运用实际火灾扑救案例进行讨论。愿本书能为广大企事业单位安全技术、安全管理人员编制应急预案和培训及演练提供一些帮助；也希望本手册能成为广大公安消防部队、企事业专职消防队灭火救援人员，以及高等学校安全工程专业师生的工具书与学习参考书。

目　　录

第一章　火灾事故应急预案编制

火灾事故应急预案的编制是为了科学地指导和规范火灾事故的应急救援活动，及时和有效控制灾情的发展与扩大，减少事故后果而进行的一项重要工作。本章将从应急预案的概念、分类、意义和作用、编制中存在问题等方面，系统地介绍应急预案编制的要求、原则、程序、内容和方法。该章内容对后续各类企事业单位火灾事故应急预案的编制与应用，具有普遍的指导意义。

第一节　应急预案的意义和作用

一、应急预案的概念

事故应急预案，又名“事故预防和应急处理预案”“事故应急救援预案”“应急计划”或“应急预案”，是针对可能的重大事故（件）或灾害，为保证迅速、有序、有效地开展应急与救援行动，降低事故损失而预先制定的有关计划或方案。它是在辨识和评估潜在的重大危险、事故类型、发生的可能性、发生过程、事故后果及影响严重程度的基础上，对应急机构与职责、人员、技术、装备、设施（备）、物资、救援行动及其指挥与协调等方面预先作出的具体安排。

一般来说，事故应急预案有三个方面的含义：一是事故预防，即通过危险辨识和事故后果分析，采用技术和管理手段降低事故发生的可能性，并且使可能发生的事故控制在局部，防止事故蔓延；二是应急处置，即事故一旦发生后，能够启动应急处理程序和方法，快速反应地处理故障或将事故消除在萌芽状态；三是抢险救援，即应对已成灾的事故，能够采用预定的现场抢险和抢救方式，控制事故发展并减少事故造成的损失。

二、事故应急预案的分类和分级

1. 应急预案的分类

按行政区域划分，应急预案可分为国家级、省级、市级、区（县）和企业预案。

按时间特征划分，应急预案可分为常备预案和临时预案（如偶尔组织的大型集会等）。

按事故灾害或紧急情况类型划分，应急预案可分为自然灾害、事故灾难、突发公共卫生事件和突发社会安全事件等预案。

按适用对象范围划分，应急预案可分为综合预案、专项预案和现场预案三个层次。综合预案是城市的整体预案，从总体上阐述城市的应急方针、政策、应急组织结构及相应的职责，应急行动的总体思路等，通过综合预案可以很清晰地了解城市的应急体系及预案的文件体系，更重要的是可以作为城市应急救援工作的基础，即使对那些没有预料的紧急情况，也能起到一般的应急指导作用。专项预案是针对某种具体的、特定类型的紧急情况，如危险物质泄漏、火灾、某一自然灾害等的应急而制定的，它是在综合预案的基础上，充分考虑了某特定危险的特点，对应急的形势、组织机构、应急活动等进行更具体的阐述，具有较强的针对性。现场预案是在专项预案的基础上，根据具体情况需要而编制的，它是针对特定的具体场所（即以现场为目标），通常是该类型事故风险较大的场所或重要防护区域等所制定的预案。例如，在危险化学品事故专项预案下编制的某重大危险源的现场应急预案，现场应急预案的特点是针对某一具体现场的特殊危险和周边环境情况，在详细分析的基础上，对应急救援中的各个方面作出具体、周密而细致的安排，因而，现场事故应急救援预案对现场具有更强的针对性和具体救援活动的指导性。现场预案由企业进行编制，并负责对事故潜在危险进行评估。而场外预案的编制主要由政府负责，企业配合进行，现场和场外的应急预案彼此要协调一致。

按事故应急预案的对象和级别划分，应急预案可分为应急行动指南（或检查表）、应急响应预案、互助应急预案、应急管理预案四种类型。应急行动指南（或检查表）是针对已辨识的危险采取特定应急行动。简要描述应急行动必须遵从的基本程序，如发生情况向谁报告，报告什么信息，采取哪些应急措施。这种应急预案主要起提示作用，对相关人员要进行培训，有时将这种预案作为其他类型应急预案的补充。应急响应预案是针对现场每项设施和场所可能发生的事故情况编制的应急响应预案，如化学泄漏事故的应急响应预案、台风应急响应预案等。应急响应预案要包括所有可能的危险状况，明确有关人员在紧急状况下的职责。这类预案仅说明处理紧急事务的必需的行动，不包括事前要求（如培训、演练等）和事后措施。互助应急预案是相邻企业为在事故应急处理中共享资源，相互帮助制定的应急预案。这类预案适合于资源有限的中、小企业及高风险的大企业，需要高效的协调管理。应急管理预案是综合性的事故应急预案，这类预案详细描述事故前、事故过程中和事故后何人做何事、什么时候做、如何做。这类预案要明确完成每一项职责的具体实施程序。应急管理预案包括事故应急的四个逻辑步骤：预防、预备、响应、恢复。县级以上政府机构、具有重大危险源的企业，除单项事故应急预案外，应制定重大事故应急管理预案。

2. 应急救援预案的分级

根据可能的事故后果的影响范围、地点及应急方式，在我国建立事故应急救援体系时，可将事故应急预案分成以下五个级别：

（1）Ⅰ级（企业级）应急预案

这类预案针对的事故有害影响局限在一个单位（如某个工厂、火车站、仓库、农场、煤气或石油管道加压站等）的界区之内，并且可被现场的操作者遏制和控制在该区域内。这类事故可能需要投入整个单位的力量来控制，但其影响预期不会扩大到社区（公共区）。

（2）Ⅱ级（县、市/社区级）应急预案

这类预案针对的事故所涉及的影响可扩大到公共区（社区），但可被该县（市、区）或社区的力量，加上所涉及的工厂或工业部门的力量所控制。

（3）Ⅲ级（地区/市级）应急预案

这类预案针对的事故影响范围大，后果严重，或是发生在两个县或县级市管辖区边界上的事故。应急救援需动用地区的力量。

（4）Ⅳ级（省级）应急预案

对可能发生的特大火灾、爆炸、毒物泄漏事故，特大危险品运输事故以及属省级特大事故隐患、省级重大危险源应建立的省级事故应急反应预案。它可能是一种规模极大的灾难事故，或可能是一种需要用事故发生的城市或地区所没有的特殊技术和设备进行处理的特殊事故。这类意外事故需用全省范围内的力量来控制。

（5）Ⅴ级（国家级）应急预案

对事故后果超过省、直辖市、自治区边界以及列为国家级事故隐患、重大危险源的设施或场所，应制定的国家级应急预案。

企业一旦发生事故，就应即刻实施应急程序，如需上级援助应同时报告当地县（市）或社区政府事故应急主管部门，根据预测的事故影响程度和范围，需投入的应急人力、物力和财力逐级启动事故应急预案。

在任何情况下都要对事故的发展和控制进行连续不断的监测，并将信息传送到社区级指挥中心。社区级事故应急指挥中心根据事故严重程度，将核实后的信息逐级报送上级应急机构。社区级事故应急指挥中心可以向科研单位、地（市）或全国专家、数据库和实验室就事故所涉及的危险物质的性能、事故控制措施等方面征求专家意见。

企业或社区级事故应急指挥中心应不断向上级机构报告事故控制的进展情况、所作出的决定与采取的行动。后者对此进行审查、批准或提出替代对策。将事故应急处理移交上一级指挥中心的决定，应由社区级指挥中心和上级政府机构共同决定。作出这种决定（升级）的依据，是事故的规模、社区及企业能够提供的应急资源，以及事故发生的地点，是否使社区范围外的地方处于风险之中。

政府主管部门应建立适合的报警系统，且有一个标准程序，将事故发生、发展信息传递给相应级别的应急指挥中心，根据对事故状况的评价，实施相应级别的应急预案。

三、应急预案的意义和作用

事故应急预案是指政府和企业为减轻事故后果而预先制定的抢险救灾方案，是进行事故救援活动的行动指南。现代科技和工业生产的迅猛发展丰富了人类的物质生活，人们在享受高度物质文明的同时也承担着大量的潜在危险，并时常可能遭受火灾、爆炸、泄漏、中毒等重特大事故。事故的发生不仅给人民的生命安全和财产造成损失，而且会破坏正常的生产、生活秩序，影响到社会的稳定和国家的形象。为了有效预防事故的发生，事故发生时最大限度地避免事故扩大，减少事故造成的人员伤亡和财产损失，编制和完善事故应急预案具有十分重要的意义。应急预案在应急救援中的重要作用体现在：①应急预案确定了应急救援的范围和体系，使应急管理有据可依、有章可循。②应急预案有利于作出及时的应急响应，降低事故后果。应急行动对时间要求十分敏感，不允许有任何拖延。应急预案预先明确了应急各方的职责和响应程序，在应急力量和应急资源等方面做了大量准备，可以指导应急救援迅速、高效、有序地开展，将事故的人员伤亡、财产损失和环境破坏降到最低限度。此外，如果预先制定了预案，重大事故发生后必须快速解决的一些应急恢复问题，也就很容易解决。③应急预案是各类突发重大事故的应急基础。应急预案中建立了与上级单位和部门应急预案的衔接，可以确保当发生超过应急能力的重大事故时，与上级应急单位和部门的联系和协调。④应急预案有利于提高风险防范意识。应急预案的编制，实际上是辨识重大风险和防御决策的过程，强调各方的共同参与，因此，预案的编制、评审以及发布和宣传，有利于社会各方了解可能面临的重大风险及其相应的应急措施，有利于促进社会各方提高风险防范意识和能力。

四、有关法律法规

事故应急救援预案的编制是应急救援准备工作的核心内容，也是我国有关法律法规的要求。截至2007年年底，我国已经颁布的涉及应对突发事件的法律、行政法规和部门规章有126件，包括35件法律，36件行政法规，55件部门规章。另外，还有相关文件111件。这些构成了我国应急法制的坚实基础。尤其在我国的《突发事件应对法》《安全生产法》《职业病防治法》《危险化学品安全管理条例》《国务院关于特大安全事故行政责任的规定》《机关、团体、企业、事业单位消防安全管理规定》等法律法规文件中，都明确规定政府和生产经营单位主要负责人应组织制定事故应急救援预案。

1.《突发事件应对法》对应急预案的规定

（1）第十七条　国家建立健全突发事件应急预案体系。国务院制定国家突发事件总体应急预案，组织制定国家突发事件专项应急预案；国务院有关部门根据各自的职责和国务院相关应急预案，制定国家突发事件部门应急预案。地方各级人民政府和县级以上地方各级人民政府有关部门根据有关法律、法规、规章、上级人民政府及其有关部门的应急预案以及本地区的实际情况，制定相应的突发事件应急预案。应急预案制定机关应当根据实际需要和情势变化，适时修订应急预案。应急预案的制定、修订程序由国务院规定。

（2）第十八条　应急预案应当根据本法和其他有关法律、法规的规定，针对突发事件的性质、特点和可能造成的社会危害，具体规定突发事件应急管理工作的组织指挥体系与职责和突发事件的预防与预警机制、处置程序、应急保障措施以及事后恢复与重建措施等内容。

（3）第二十三条　矿山、建筑施工单位和易燃易爆物品、危险化学品、放射性物品等危险物品的生产、经营、储运、使用单位，应当制定具体应急预案，并对生产经营场所、有危险物品的建筑物、构筑物及周边环境开展隐患排查，及时采取措施消除隐患，防止发生突发事件。

（4）第二十四条　公共交通工具、公共场所和其他人员密集场所的经营单位或者管理单位应当制定具体应急预案，为交通工具和有关场所配备报警装置和必要的应急救援设备、设施，注明其使用方法，并显著标明安全撤离的通道、路线，保证安全通道、出口的畅通。有关单位应当定期检测、维护其报警装置和应急救援设备、设施，使其处于良好状态，确保正常使用。

2.《安全生产法》对应急预案的规定

（1）第十七条　生产经营单位的主要负责人对本单位安全生产工作负有下列职责：组织制定并实施本单位的生产安全事故应急救援预案。

（2）第三十三条　生产经营单位对重大危险源应当登记建档，进行定期检测、评估、监控，并制定应急预案，告知从业人员和相关人员在紧急情况下应当采取的应急措施。生产经营单位应当按照国家有关规定将本单位重大危险源及有关安全措施、应急措施报有关地方人民政府负责安全生产监督管理的部门和有关部门备案。

（3）第六十八条　县级以上地方各级人民政府应当组织有关部门制定本行政区域内特大生产安全事故应急救援预案，建立应急救援体系。

（4）第八十五条　生产经营单位有对重大危险源未登记建档，或者未进行评估、监控，或者未制定应急预案的行为之一的，责令限期改正；逾期未改正的，责令停产停业整顿，可以并处2万元以上10万元以下的罚款；造成严重后果，构成犯罪的，依照刑法有关规定追究刑事责任。

3.《职业病防治法》对应急预案的规定

第十九条　用人单位应当采取下列职业病防治管理措施：……，建立、健全职业病危害事故应急救援预案。

4.《危险化学品安全管理条例》对应急预案的规定

（1）第四十九条　县级以上地方各级人民政府负责危险化学品安全监督管理综合工作的部门应当会同同级其他有关部门制定危险化学品事故应急救援预案，报经本级人民政府批准后实施。

（2）第五十条　危险化学品单位应当制定本单位事故应急救援预案，配备应急救援人员和必要的应急救援器材、设备，并定期组织演练。

危险化学品事故应急救援预案应当报社区的市级人民政府负责危险化学品安全监督管理综合工作的部门备案。

（3）第五十一条　发生危险化学品事故，单位主要负责人应当按照本单位制定的应急救援预案，立即组织救援，并立即报告当地负责危险化学品安全监督管理综合工作的部门和公安、环境保护、质检部门。

（4）第五十二条　发生危险化学品事故，有关地方人民政府应当做好指挥、领导工作。负责危险化学品安全监督管理综合工作的部门和环境保护、公安、卫生等有关部门，应当按照当地应急救援预案组织实施救援……

5.《国务院关于特大安全事故行政责任追究的规定》（2001 年 4 月 21 日国务院令第 302 号）对应急预案的规定

第七条　市（地、州）、县（市、区）人民政府必须制定本地区特大安全事故应急处理预案。本地区特大安全事故应急处理预案经政府主要领导人签署后，报上一级人民政府备案。

6.《机关、团体、企业、事业单位消防安全管理规定》（2001 年公安部第 61 号令）对应急预案的规定

（1）第三十九条　消防安全重点单位制定的灭火和应急疏散预案应当包括下列内容：

1）组织机构，包括灭火行动组、通信联络组、疏散引导组、安全防护救护组。

2）报警和接警处置程序。

3）应急疏散的组织程序和措施。

4）扑救初起火灾的程序和措施。

5）通讯联络、安全防护救护的程序和措施。

（2）第四十条　消防安全重点单位应当按照灭火和应急疏散预案，至少每半年进行一次演练，并结合实际，不断完善预案。其他单位应当结合本单位实际，参照制定相应的应急方案，至少每年组织一次演练。消防演练时，应当设置明显标识并事先告

知演练范围内的人员。

（3）第四十条 消防安全管理情况应当包括以下内容：……；7. 灭火和应急疏散预案的演练记录。

7.《国际劳工公约》对应急预案的规定

（1）第 155 号《职业安全和卫生及工作环境公约》第 18 条 应要求雇主在必要时采取应付紧急情况和事故的措施，包括急救安排。

（2）第 167 号《建筑业安全和卫生公约》第 31 条 雇主应负责保证随时提供包括训练有素人员在内的急救。应采取措施保证遭遇事故或得急病的工人送医院就医。

（3）第 170 号《作业场所安全使用化学品公约》第 13 条 ……；2. 雇主应……做好处置紧急情况的安排……

（4）第 174 号《预防重大工业事故公约》第 9 条 雇主应为每一重大危害设置建立并保持关于重大危害控制的成文制度，包括规定……；（d）应急计划和步骤，包括：1）制定一旦发生重大事故或出现事故危险时应予实施的有效的现场应急计划和步骤，包括应急医护措施，定期检验和评估其有效程度，并作出修订；2）……提供应急计划……

第 20 条 ……工人代表须：……就下列文件的编写参与协商，并能接触这些文件；……2）应急计划和程序。

第 21 条 重大危害设置现场工作的工人须：……（b）一旦发生重大事故，遵循一切应急程序。

五、应急救援预案国外发展情况

发达国家对事故应急救援预案非常重视，早在 20 世纪 80 年代就以法律法规的形式对事故应急救援预案进行了规定，并建立了比较完善的事故应急救援体制。如美国涉及事故应急救援的主要法规有：1986 年《应急计划与公众知情权法》，1987 年 EPA、运输部和联邦应急管理署《应急计划技术指南》，1990 年《油液污染法》，1992 年 OSHA 标准《高度危害化学品处理过程的安全管理》，1992 年 EPA 标准《风险管理计划》《综合性环境应急、赔偿、责任法》《资源保护与恢复法》等；英国 1984 年《重大事故预防控制规程》，1984 年化工协会《化工厂应急程序指南》；加拿大 1991 年《工业应急计划编制指南》；欧盟 1982 年《重大工业事故危险法令》；国际劳工组织 1993 年《预防重大工业事故公约》。

西方发达国家经常根据政府应急管理的实际情况，让预案编制和运作一直处于动态管理，伴随突发事件和外部环境的变化而充实、改进和完善，使预案因时、因地、因环境而及时修订，以保证预案的准确性、科学性、指导性和可操作性。例如，德国对应急预案实行严格管理，每项预案都要报上级有关部门审批同意后才可实施。同时，德国对应急预案实行动态管理，每次应急演练后，都请专家对预案进行评估和修改完善。美国政府定期颁布《国家安全战略报告》，对美国可能遭受的各种威胁和危机进行全面评估，作为一段时期内国家安全工作的指导，并在日常的应急管理中，选择实际案例，建立各类突发事件的案例库，及时更新应急预案，并从理论总结到实践操作全方位寻求符合美国国情的解决方案。

六、事故应急预案编制中存在的问题

根据国家法律、法规，国家有关部门、各地方政府对防范本辖区各类重大事故正在逐步建立完善一整套应急预案。生产企业是预防各类事故的主体，建立健全生产企业内部快速防止事故灾害应急体系，迅速恰当处理生产过程中的紧急情况和突发事故，是企业安全管理的重要任务。不少企业在辨识危险源的基础上制定了相应的应急救援预案，并将其作为培训和演练的教材，以及一旦危险情况发生时的应急救援措施。但也有一些预案存在这样或那样的问题，在一定程度上影响其可行性和有效性。

1. 应急预案内容不完整

应急预案过于简单、粗略，功能论述不全。有的预案虽然规定了应急救援组织，但没有明确分工和职责，使预案难以有效实施。有的预案规定了应急救援的启动程序，但却没有明确应急准备，如器材、设施、备品等，也没有应有的平面布置图。还有的预案应急救援措施规定得过于笼统，缺乏可操作性，难以作为培训和演练的教材。

2. 应急预案对重大危险源辨识不全面

生产经营单位应根据本单位的具体情况，对危险场所和部位进行重大危险源的评估，对那些确认属于重大危险源的部位或场所，都应进行事故应急预案的编制。有些企业制定事故应急预案时没有认真系统地进行企业内重大危险源的辨识与分析，漏掉了某个或某些重大危险源，这会给该企业埋下一个重磅定时炸弹，迟早会发生重大伤亡事故。1984 年 12 月 3 日，美国联会碳化物公司设在印度博帕尔的农药厂发生毒气泄漏事故，就是由于当局和工厂对重大危险源——剧毒物质甲基异氰酸酯（MIC）的毒性作用缺乏认识，根本没有制订相应的应急救援和疏散计划，发生 MIC 泄漏事故后，工厂和当局迟迟拿不出合适、有效的救援计划，直接导致 3 500 多人死亡，20 多万人受伤，事故经济损失高达近百亿美元。

3. 应急预案针对性不强

应急预案是针对潜在的事件或紧急情况的，而潜在的事件或紧急情况是在容易发生生产安全事故的特定区域和环节上存在的，是由本企业的生产经营特点决定的，因而，应急预案具有特定性。例如，油库的油品可能发生的火灾爆炸事故、危险化学品可能导致的火灾爆炸或泄漏中毒、配电室可能引发的电气火灾和触电等。应急预案只有针对这些特定的区域和活动，以及可能发生的事件或紧急情况制定，才能具有针对性和可行性，并达到预防和减少伤害及损失的目的。而现实中不少应急预案往往通用性很强，针对性较弱。如某公司火灾应急救援预案，仅规定了一般应急救援措施，这些措施适用于所有区域的各类火灾，可想而知，特定的区域一旦发生火灾，很难按照该预案有效地实施。

4. 应急设施、装备准备不充分

有的应急预案虽然针对可能发生的事件或紧急情况规定了应急救援设备器材的储备，如灭火用砂、灭火器材、急救药品、救生备品等，但实际上并没有这些器材物品，只是一纸空文。这样的预案由于缺少必要的应急救援准备，则只能停留在口头上，不具备完整的实施条件，一旦发生险情就会措手不及，难以有效应对。

有较多的企业没有定期地对应急设施、装备进行检验和维护，导致发生事故时才发现应急设施、装备有故障或已失效，延误控制事故的宝贵时机。最常发现的缺陷包括：灭火器或滤毒罐过期或失效、消防泵或紧急发电机未按照程序进行例行保养，消防箱或消防栓由于杂物堆积无法接近，全身防护用品缺少空气钢瓶或滤毒罐，侦测气体设备没有适当的校正程序，以及清单与实际设备数目或项目不符等。如发生于1989年8月12日的我国山东黄岛油库“8・12”特大火灾爆炸事故，以及发生于1993年10月21日的南京金陵石化公司炼油厂的“10・21”爆燃事故，都是由于长期没有对应急设施、装备进行检验和维护，导致紧急事件发生后，应急设施不能正常使用造成的，丧失了及时灭火施救的好时机。

5. 应急预案缺乏宣传、培训

制定应急救援预案的目的是使有关人员了解和掌握其内容、程序和要求，学会使用相关救援器材和掌握救援技能，一旦发生不利情况，能尽可能减少伤害或损失。但实际上，有的企业仅满足于制定了预案，基本上可以应付检查和过关，并没有对有关人员进行相应的宣传、培训，有关人员并不了解和掌握预案的内容和要求，也缺乏相关的救援技能，使应急救援预案形同虚设。

6. 应急预案缺乏演习

为全面提高应急能力，应急救援组织对应急救援预案进行训练和演习是必不可少的。有较多的企业未建立紧急状况的应急演练计划，未依照预案内容定期进行演习，以检验该应急预案的正确性、实用性和有效性，导致当现场工作人员和指挥人员遇到突发事故（件）时惊慌失措，应急能力下降。

对应急人员进行应急训练和演习是两个不同的内容。训练是采取适当的方式，使救援人员熟悉和掌握预案的内容、操作程序和需要的技能，以便适应实战的要求。演习是实战的模拟，能使救援人员有身临其境的感觉。但有的企业往往把训练当做演习，如选择一片空地设置一堆火，救援人员使用灭火器扑灭火苗。这样训练的主要目的是使救援人员掌握不同灭火器的使用方法，与特定区域的灭火、可能涉及的伤员救护、人员疏散和防护、贵重物品抢运、内外部通信联络等实战演习是有区别的。训练是演习的基础和准备，演习是对训练成果和预案可行性、有效性的检验，不能以日常训练代替演习。

7. 应急预案欠考虑相关部门情况

应急预案中的应急指挥和应急管理方面的叙述，缺乏相关部门之间必要的协调，存在矛盾或重复现象，造成事故应急行动时职责不清、指挥不力、操作混乱的局面。有的企业制定的应急救援预案看起来比较完整，也具有操作性，但实际对周边环境考察就会发现，该预案只有在特定地点才有可能实施，而在这个特定地点还有不少相关方的存在。如某公司租用一栋写字楼的部分房间，针对火灾隐患制定的应急救援预案仅仅规定了自身工作人员如何灭火和逃生，而忽视了对其他可能受影响的相关方的紧急处置措施或与他们的协作。又如，某监理公司制定了被监理的施工区域的火灾应急救援预案，却根本没有考虑施工单位的情况，恰恰在这个区域里施工单位的人员是主体。类似这样的应急救援预案如果不与相关方协调一致，恐怕很难有效地实施。

8. 应急预案不能及时调整

应急救援预案不是一成不变的，要随着情况的变化而调整。过去在生产经营活动中容易发生生产安全事故的区域和环节，由于区域情况的变化，或由于材料、技术、设备和工艺等的改进，可能变得不再容易发生事故。应急救援预案需要根据变化的情况加以调整，这就是应急救援预案应定期评审的原因之一。原有的预案可能失去了实际意义或可行性变得差，而需要制定的新的预案又没有及时形成，从而造成失控。

解决以上问题，最重要的是在思想上高度重视，克服侥幸和麻痹思想，全面、认真、主动地识别潜在的危险和紧急情况，真正把应急救援预案作为一种积极防御的措施，把预案要求落到实处，防患于未然。

第二节　应急预案编制的要求和原则

一、应急预案编制的要求

1. 基本要求

编制的应急预案应满足以下基本要求：

(1) 应急预案要有科学性

事故应急救援工作是一项科学性很强的工作，编制应急预案也必须以科学的态度，在全面调查研究的基础上，实行领导和专家相结合的方式，开展科学分析和论证，制定出决策程序和处置方案科学、应急手段先进的应急反应方案，使应急预案真正具有科学性。

（2）应急预案要有针对性

应急预案，是针对可能发生的事故，为迅速、有序地开展应急行动而预先制定的行动方案。因此，应急预案应结合危险分析的结果，针对重大危险源、可能发生的各类事故、关键的岗位和地点、薄弱环节以及重要的工程进行编制，确保其有效性。

（3）应急预案要有实用性

应急预案具有实用性或可操作性，即发生重大事故灾害时，有关应急组织、人员可以按照应急预案的规定迅速、有序、有效地开展应急与救援行动、降低事故损失。为确保应急预案实用、可操作，重大事故应急预案编制机构应充分分析、评估本地可能存在的重大危险及其后果，并结合自身应急资源、能力的实际，对应急过程的一些关键信息，如潜在重大危险及后果分析、支持保障条件、决策、指挥与协调机制等进行详细而系统的描述。同时，各责任方应确保重大事故应急所需的人力、设施和设备、财政支持，以及其他必要的资源。

（4）应急预案要有完整性

应急预案内容应完整，包含实施应急响应行动所需的所有基本信息。应急预案的完整性主要体现在：功能（职能）完整、应急过程完整、适用范围完整。

（5）应急预案要有符合性

应急预案中的内容应符合国家相关法律、法规、国家标准的要求。我国有关应急预案的编制工作必须遵守相关法律法规的规定，如我国的《突发事件应对法》《安全生产法》《职业病防治法》《危险化学品安全管理条例》《国务院关于特大安全事故行政责任的规定》《机关、团体、企业、事业单位消防安全管理规定》等，同时编制安全生产应急预案还应参考其他灾种（如洪涝、地震、核和辐射事故等）相关的法律法规。

（6）应急预案要有可读性

应急预案应当包含应急所需的所有基本信息，这些信息如组织不善可能会影响预案执行的有效性，因此预案中信息的组织应有利于使用和获取，并具备相当的可读性，且易于查询、语言简洁，通俗易懂，层次及结构清晰。

（7）应急预案要有权威性

救援工作是一项紧急状态下的应急性工作，所制定的应急救援预案应明确救援工作的管理体系、救援行动的组织指挥权限和各级救援组织的职责和任务等一系列的行政性管理规定，保证救援工作的统一指挥。应急救援预案还应经上级部门批准后才能实施，保证预案具有一定的权威性和法律保障。

（8）应急预案要相互衔接

重大事故应急预案应与其他相关应急预案协调一致、相互兼容。其他预案的范围包括：上级应急预案，如政府、主管部门应急预案；下级应急预案，如生产经营单位的应急预案；相邻生产经营单位的应急预案；本地其他灾种的应急预案，如防洪预案。

生产经营单位发生的安全生产事故一旦超出厂界或超出本单位自身的应急能力，则需要社会及政府的应急援助，因此，生产经营单位安全生产事故应急预案必须与所在区域或当地政府的应急预案有效衔接，确保应急救援工作的成效。生产经营单位编制的应急预案在内容上应考虑衔接问题，如发生事故后的及时上报，向政府的救援请求，外部应急救援队伍到现场后的协同作战等。生产经营单位应将应急预案到政府有关部门进行备案，使政府有关部门能掌握生产经营单位的应急救援工作情况。同时，生产经营单位应与政府有关部门保持紧密联系，确保应急救援工作能顺畅开展。

2. 具体要求

（1）生产经营单位事故应急救援预案应针对那些可能造成本单位、本系统人员死亡或严重伤害、设备和环境受到严重破坏而又具有突发性的灾害，如火灾、爆炸、毒气泄漏等。

（2）事故应急救援预案应以努力保护人身安全为第一目的，同时兼顾设备和环境的防护，尽量减少灾害的损失程度。

（3）事故应急救援预案应包括对紧急情况的处置程序和措施。

（4）事故应急救援预案应结合实际，措施明确具体，具有很强的可操作性。

（5）事故应急救援预案符合国家法律、法规的规定。

（6）明确应急系统中各级机构的权利和职责。

（7）建立培训及演习等准备程序。

（8）对特殊危险建立专项应急预案。

二、应急预案编制的基本原则

在编制事故应急处置预案时应遵循以下原则：

1. 统一领导，分级负责

应成立以主要负责人为首，各相关部门为成员的事故应急救援组织机构，负责对事故应急救援的统一指挥。

2. 预防为主，常抓不懈

事故的发生和发展具有客观的和人为的因素，并表现出一定的规律性，通过采取充分有效的预防措施能够预防事故的发生或者减少事故所造成的损失。然而事故的发生也具有随机性和突发性，难以准确地预测事故发生的时间、地点，因而也就不可能当事故发生时才采取措施，这就必然要求建立一个系统的、全过程的事故预防和控制机制。事故应急处置预案是对日常安全管理工作的必要补充，事故应急处置预案应以完善的预防措施为基础，体现“安全第一、预防为主”的方针。

3. 信息畅通，反应灵敏，体现联动

建立可靠、高效、畅通的信息系统，保证在事故发生时，能够将事故信息在最短的时间内加以综合、集成、分析、处理，并及时传送到各相关部门，提供决策支持，企业自救与社会救援相结合。

4. 经常检查修订，保证先进和科学性

事故应急处置预案应经常检查修订，以保证先进和科学的防灾减灾设备和措施被采用。

三、应急预案所涉及的范围

事故应急预案最早是化工生产企业为预防、预测和应急处置“关键生产装置事故”“重点生产部位事故”“化学泄漏事故”而预先制定的应急预案。目前，事故应急救援预案已从化工行业扩展到其他各行各业，从针对化学事故的对策发展到多种事故和灾害的预防和救援。主要涉及火灾、爆炸、中毒（泄漏）、工伤事故、自然灾害、刑事案件、恐怖活动等灾种。涉及的易燃易爆和危险化学品生产的企业、其他有重大危险源的生产企业、公共场所、要害设施等都应制定切实可行的事故应急救援预案。对以下三大类单位要加强检查和监控，制定切实可行的事故应急预案：①涉及易燃、易爆或剧毒的危险化学品生产和使用的企业，如石化、油库、煤矿、烟花爆竹、火药厂等；②公共场所，如机场、车站、码头及大型商场、影剧院等；③要害设施，如飞机、火车、客运汽车、客运船舶等。

各个行业应根据各自行业的具体情况制定相应的事故应急处置预案，我国化工行业、煤炭行业和海上石油行业的事故应急处置预案编制与应用工作开展得较早，对于其他行业编制事故应急处置预案具有较好的借鉴意义。

第三节　应急预案编制的程序

一、应急预案编制的工作阶段

从总体看，事故应急救援预案编制可分为准备和编写两个工作阶段。

1. 准备工作阶段

该阶段是开展事故应急救援预案编制不可缺少的前期工作阶段，在这个阶段需要预案编制小组运用危险危害因素辨识、虚拟现实计算分析、风险评价等技术进行模拟仿真和理论分析，辨识危险危害因素分布，分析、计算事故后果对企业及周边环境的危害影响范围及程度；开展企业及其所在区域的应急救援资源、能力及其分布的评估工作，广泛收集与事故应急救援预案编制有关的国家法律法规和技术标准、同类事故应急救援的成功经验和失败教训，以及先进的安全卫生技术成果，为应急预案编制奠定基础。

2. 编写工作阶段

该阶段需要预案编制小组综合应用系统安全工程、防灾减灾、事故原因、计划、组织、决策、战略管理、医学救援、工程救援、事故处理和工伤保险等理论技术，分析事故的发生、发展及其演化的过程，建立事故应急救援预案体系框架和确定文件要素，系统地描述事故应急救援系统分级标准、组织结构、运作机制、救援力量的构成和职责、应急救援指挥体系、后勤保障体系、现场应急处置程序等内容，并通过事故应急救援训练和演练，检验事故应急救援预案的科学性、权威性和可操作性。

二、应急预案的编制程序

事故应急预案编写编制程序，通常由成立预案编制小组，资料收集，危险源与风险分析，应急能力评估，编制应急预案，应急预案评审与演练、应急预案发布与实施等步骤组成，如图 1—1 所示。

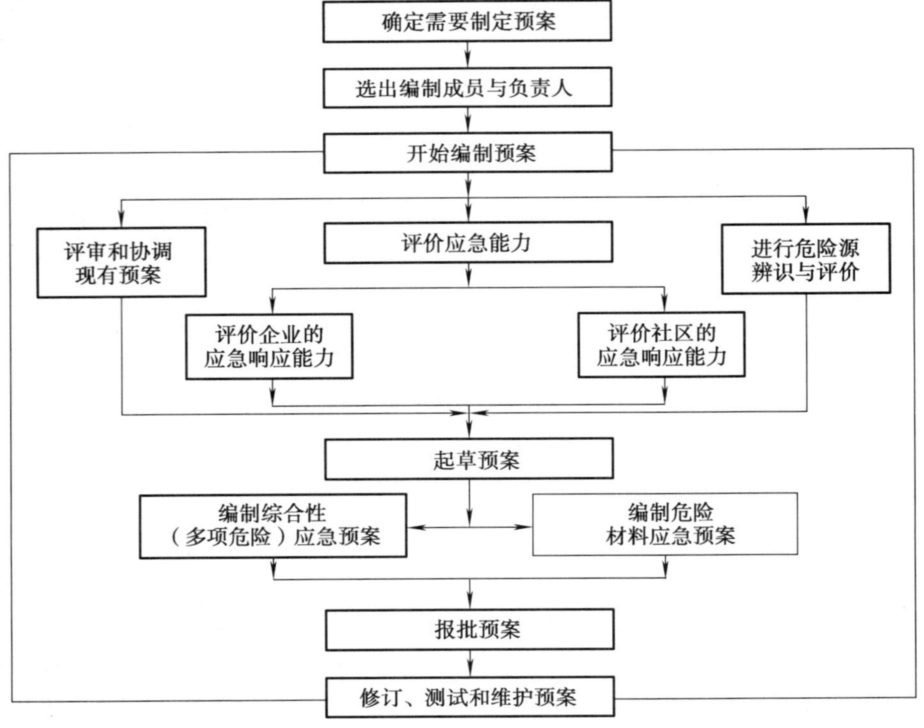

图 1—1　应急预案编制程序

1. 成立预案编制小组

应急预案的成功编制需要有关职能部门和团体的积极参与，并达成一致意见，尤其是应寻求与危险直接相关的各方进行合作。成立应急预案编制小组是将各有关职能部门、各类专业技术有效结合起来的最佳方式，可有效地保证应急预案的准确性、完整性和实用性，而且为应急各方提供了一个非常重要的协作与交流机会，有利于统一应急各方的不同观点和意见。

2. 资料收集

收集应急预案编制所需的各种资料，包括相关法律法规、应急预案、技术标准、国内外同行业事故案例分析和本单位技术资料等。

3. 危险源与风险分析

危险分析是应急预案编制的基础和关键过程。在危险源辨识分析、评价及事故隐患排查、治理的基础上，确定可能发生事故的危险源、事故的类型、影响范围和后果等，并指出事故可能产生的次生、衍生事故，形成分析报告，分析结果作为应急预案的编制依据。

4. 应急能力评估

应对本地区、本单位应急装备、应急队伍等应急能力进行评估，并结合本单位实际，加强应急能力建设。应急能力包括应急资源（应急人员、应急设施、装备和物资）、应急人员的技术、经验和接受的培训等，它将直接影响应急行动的快速、有效性。应急能力评估就是依据危险分析的结果，对已有的应急能力进行评估，明确应急救援的需求和不足，为应急预案的编制奠定基础。制定应急预案时应当在评估与潜在危险相适应的应急资源和能力的基础上，选择最现实、最有效的应急策略。

5. 编制应急预案

针对可能发生的事故，结合危险分析和应急能力评估结果等信息，按照有关规定和要求编制应急预案。应急预案编制过程中，应注重全体人员的参与和培训，使所有与事故有关人员均掌握危险源的危险性、应急处置方案和技能。应急预案应充分利用社会应急资源，企业应急预案与政府应急预案、上级主管单位以及相关部门的应急预案相衔接。

6. 应急预案评审和演练

为确保应急预案的科学性、合理性以及与实际情况的符合性，应急预案编制单位或管理部门应依据我国有关应急的方针、政策、法律、法规、规章、标准和其他有关应急预案编制的指南性文件与评审检查表，组织开展应急预案评审工作，取得政府有关部门和应急机构的认可。审查合格后，应及时组织应急预案的演练，以在实践中发现问题并及时解决，修订和完善先前制定的应急预案。

7. 应急预案发布与实施

重大事故应急预案经评审通过和演练实践检验合格后，应由最高行政负责人签署发布，并报送有关部门和应急机构备案。应急预案编制完成后，应该通过有效实施确保其有效性。应急预案实施主要包括：应急预案宣传、教育和培训；应急资源的定期检查落实、应急演习和训练、应急预案的实践、应急预案的电子化以及事故回顾等。若实际情况经技术改造、变更使用、应急力量等情况发生变化，应重新修订应急预案。

第四节　应急预案编制的内容和方法

应急预案编制需要明确的基本问题是：将要发生什么——会引发什么——有什么危害——哪些危害最严重——应当采取的控制措施——由谁来组织指挥——需要哪些资源——如何得到这些资源——如何实施抢险措施——如何恢复。

一、应急预案构成的基本要素

应急预案基本要素应包括以下十项：

1. 组织机构及其职责

（1）明确应急反应组织机构、参加单位、人员及其职责。

（2）明确应急反应总负责人，以及每一具体行动的负责人。

（3）列出本区域以外能提供援助的有关机构。

（4）明确政府和企业在事故应急中各自的职责。

2. 危害辨识与风险评价

（1）确认可能发生的事故类型、地点。

（2）确定事故影响范围及可能影响的人数。

（3）按所需应急反应的级别，划分事故严重度。

3. 通告程序和报警系统

（1）确定报警系统及程序。

（2）确定现场 24 h 的通告、报警方式，如电话、警报器等。

（3）确定 24 h 与政府主管部门的通信、联络方式，以便应急指挥和疏散居民。

（4）明确相互认可的通告、报警形式和内容（避免误解）。

（5）明确应急反应人员向外求援的方式。

（6）明确向公众报警的标准、方式、信号等。

（7）明确应急反应指挥中心怎样保证有关人员理解并对应急报警作出正确反应。

4. 应急设备与设施

（1）明确可用于应急救援的设施，如办公室、通信设备、应急物资等；列出有关部门，如企业、公安消防、卫生防疫等部门可用的应急设备。

（2）描述与有关医疗机构的关系，如急救站、医院、救护队等。

（3）描述可用的危险监测设备。

（4）列出可用的个体防护装备（如呼吸器、防护服等）。

（5）列出与有关机构签订的互援协议。

5. 应急评价能力与资源

（1）明确决定各项应急事件的危险程度的负责人。

（2）描述评价危险程度的程序。

（3）描述评估小组的能力。

（4）描述评价危险场所使用的监测设备。

（5）确定外援的专业人员。

6. 保护措施程序

（1）明确可授权发布疏散居民指令的负责人。

（2）描述决定是否采取保护措施的程序。

（3）明确负责执行和核实疏散居民（包括通告、运输、交通管制、警戒）的机构。

（4）描述对特殊设施和人群的安全保护措施（如学校、幼儿园、残疾人等）。

（5）描述疏散居民的接收中心或避难场所。

（6）描述决定终止保护措施的方法。

7. 信息发布与公众教育

（1）明确各应急小组在应急过程中对媒体和公众的发言人。

（2）描述向媒体和公众发布事故应急信息的决定方法。

（3）描述为确保公众了解如何面对应急情况所采取的周期性宣传以及提高安全意识的措施。

8. 事故后的恢复程序

（1）明确决定终止应急，恢复正常秩序的负责人。

（2）描述确保不会发生未授权而进入事故现场的措施。

（3）描述宣布应急取消的程序。

（4）描述恢复正常状态的程序。

（5）描述连续检测受影响区域的方法。

（6）描述调查、记录、评估应急反应的方法。

9. 培训与演练

（1）对应急人员进行培训，并确保合格者上岗。

（2）描述每年培训、演练计划。

（3）描述定期检查应急预案的情况。

（4）描述通信系统检测频度和程度。

（5）描述进行公众通告测试的频度和程度并评价其效果。

（6）描述对现场应急人员进行培训和更新安全宣传材料的频度和程度。

10. 应急预案的维护

（1）明确每项计划更新、维护的负责人。

（2）描述每年更新和修订应急预案的方法。

（3）根据演练、检测结果完善应急计划。

二、公安消防部队灭火救援预案的编制

公安消防部队灭火救援预案，也称灭火救援计划，是针对重点地区、消防安全重点单位或部位、重大活动可能发生的火灾或其他灾害事故，对灭火救援有关问题预先安排的作战文书。它是准备和实施灭火救援行动的基本依据，是执勤工作的重要组成部分，也是一项十分重要的经常性基础工作。做好这项工作，对于有效地实施灭火救援行动，减少财产损失和人员伤亡，实现灭火救援指挥现代化，将起到重要的作用。

1. 灭火救援预案的分类

根据《中华人民共和国消防法》和公安部《公安消防部队执勤战斗条令》，结合公安消防部队制定灭火作战预案的经验，以及新形势下灭火救援工作的需要，制定灭火救援预案。主要有以下分类：

（1）按制定灭火救援预案的级别分类：①公安部消防局级预案。公安部消防局根据划分的战区，组织相邻省（市）针对可能发生的特大火灾及其他灾害事故所制定的跨区域联合作战预案。②总队级预案。省、自治区、直辖市消防总队结合辖区内灭火救援力量，针对可能发生的特大火灾及其他灾害事故所制定的灭火救援预案。③支队级预案。地、市、州消防支队结合辖区内灭火救援力量，针对可能发生的重大火灾及其他灾害事故所制定的灭火救援预案。④大队级预案。县（市、区）消防大队结合辖区内灭火救援力量的状况，针对可能发生的较大火灾及其他灾害事故所制定的灭火救援预案。⑤中队级预案。县（市、区）消防中队结合自身灭火救援力量的状况，针对可能发生的火灾及其他灾害事故所制定的灭火救援预案。

（2）按灭火救援任务分类：①灭火作战预案。该预案是消防队伍针对辖区消防安全重点区域、消防安全重点单位和消防重大危险源等可能发生的火灾事故，依据现有人员、装备和作战要求而制定的行动方案。包括普通建筑类灭火作战预案、高层建筑类灭火作战预案、地下建筑类灭火作战预案、可燃液体类灭火作战预案、可燃气体类灭火作战预案、露天堆场类灭火作战预案和交通工具类灭火作战预案等。②抢险救援预案。该预案是针对危险化学品泄漏、建（构）筑物倒塌、重大交通事故、自然灾害、恐怖袭击事件等灾害事故，依据抢险救援行动要则、程序和方法，以及现有人员装备实际而制定的行动方案。包括危险化学品泄漏事故抢险救援预案、建（构）筑物倒塌及市政公用设施事故抢险救援预案、重大交通事故抢险救援预案、恐怖袭击事件抢险救援预案、自然灾害抢险救援预案等。③大型活动现场消防勤务预案。该预案是针对重要警卫勤务、重要活动、重大节日等可能发生的毒害、爆炸、建（构）筑物倒塌、人员践踏等灾害事故，依据有关法律法规和大型活动的特点，结合人员、装备实际而制定的勤务保卫预案。包括重要警卫勤务保卫预案、重要活动勤务保卫预案、重大节日勤务保卫预案等。④跨区域作战预案。该预案是公安消防部队跨区域作战的预案。包括支（大）队间的跨区域作战预案和总队间的跨区域作战预案。

（3）按编制对象分类：①具体对象预案。针对辖区内重点保卫对象制定的预案，大（中）队指挥员主要掌握此类预案。②灾害事故类型预案。针对不同种类的灾害事故所制定的处置预案。总（支）队指挥员主要掌握此类预案。

（4）按灭火救援各环节的实际需要分类：①力量调集预案。②任务分配预案。③停车位置预案。④灭火进攻预案。⑤人员和物资疏散预案。⑥力量部署预案。⑦排除烟雾和有毒气体预案。⑧破拆各种障碍预案。⑨水源补给预案。⑩火场照明预案。⑪洗消实施预案。⑫物料输转预案等。

2. 灭火救援预案的形式

（1）表格式预案

表格式灭火救援预案，是按照灭火救援预案的内容，使用统一规格的表格制定的灭火救援预案。这类灭火救援预案的优点是：简单易读，一目了然，便于携带和使用。其缺点是：由于受到表格的限制，有时不能详尽地反映出灭火救援预案的内容。运用这种形式，要抓住主要矛盾，突出重点，防止照搬照套，千篇一律。表格式的式样可不拘一格。

（2）文字式预案

文字式灭火救援预案，是指按照预案的内容和要求，运用文字叙述的形式制定的灭火救援预案。这种形式的优点是：层次清楚，表述详尽；缺点是：拟制难度大，要求文字水平高。它适用于制定跨地区和较复杂的灭火救援预案。

（3）数字化预案

数字化预案，是指针对不同对象、不同灾害事故种类的灭火战斗、抢险救援和现场消防保卫勤务，以信息技术为手段，以信息环境为依托，立足于对现有灭火救援力量和处置对象的掌握，通过火灾风险、灾害后果的模拟分析和预测，以及对灭火救援资源的合理评估与调配，从而形成灭火救援预案。数字化预案与传统纸质预案的区别在于“数字化”上，它依靠和运用计算机、网络通信和火灾科学技术，根据灾害事故类型和处置对象的特点，对灾害事故进行模拟分析，并结合灭火救援作战不同阶段的不同需求，进行编制、修订和应用，具有直观生动、实时查询、快速发布、动态分析和辅助决策等特点。

数字化预案的地理信息系统为消防人员提供可视化的动态地图和数据，辅助决策疏散区域、疏散路线的确定；数字化预案与风险评估融为一体，可以辅助消防人员有效地确定灾害对象的风险程度、危害后果和灭火救援力量的需求，实施科学决策；数字化预案的虚拟三维影像技术，有助于帮助消防人员更为直观地了解重点单位、重点部位的真实场景，并且图片生成方便，制作周期短，文件小，传输方便，适合网络发布。预案的数字化，是使预案编制更为科学合理、预案应用更为快捷方便的重要手段。

3. 灭火救援预案的内容

（1）灭火作战预案的内容

灭火作战预案的内容主要包括：重点单位或部位基本情况、可供调度使用的灭火救援力量、火情设定、灭火力量部署，火灾扑救对策，灭火救援作战计划图，火灾扑救注意事项等方面的内容。

1）单位基本情况。单位基本情况，是指灭火指挥人员和战斗员必须了解和掌握的消防安全重点单位的有关情况，主要包括：①单位地理位置及毗邻情况；②单位电话和其他联系方式、方法；③单位内建筑设施情况，如占地面积、建筑布局、容纳人数等；④单位性质（居住、公共、商业、生产、储存、运输等）；⑤火灾蔓延方向，火灾及泄漏等事故特点，如可能危及区域和所造成的后果等；⑥水源，包括内部水源和外部水源，如消火栓和消防水池位置、数量及供水能力等；⑦消防队距事故地的距离和行车路线；⑧单位所在地区的气象情况及对灭火战斗行动的影响等。

编写单位基本情况，用语要简练，表述要准确，主要情况作重点介绍，次要情况可概略介绍，详略程度可根据实际需要而定，以满足灭火作战要求为原则。

2）可供调度使用的灭火作战力量。可供调度使用的灭火作战力量，是指在一定的区域内、一定的火情预想下和一定的时间要求下所能调集使用的灭火救援力量。主要包括：①单位内部消防组织及力量（也可在单位基本情况中体现）；②责任区消防中队所能出动的人员、车辆数量及种类、其他器材等；③增援力量能调出的人员、车辆数量及种类、其他器材等。

3）火情设定。火情设定是对重点单位可能发生火灾或事故作出的结合实际、有根据、符合火灾发生、发展蔓延规律的设定。一般包括如下方面：①起火点，一般设在重点单位的要害部位。为了使预想的火灾情况更复杂一些，有时可多确定几个起火点。②起火物品及发展蔓延的条件、燃烧面积（范围）和主要蔓延的方向。③一旦发生火灾后，造成的危害和影响（如爆炸、倒塌、人员伤亡、人员被困等情况），以及火势发展变化的趋势和可能造成的严重后果等。

不同类型火灾爆炸事故有其各自不同的特点，在制定灭火作战预案时，要充分考虑火灾爆炸事故的特点。假定火灾情况，要在调查分析、科学计算的基础上，从客观实际出发，根据火灾特点，参考以往战例，使火灾情况设想有的放矢，合情合理，有较强的针对性。主要火灾情况要详细介绍，次要的情况可只作简单的表述。预想火灾情况还要通盘考虑，各种情况要互相联系，使之形成一个有机整体。

4）灭火力量部署。灭火力量部署，是指挥员通过对火灾情况的正确分析和判断，形成的灭火作战行动和技术战术措施的总体构思。它是灭火作战预案的核心部分，内容包括如下方面：①对火灾情况的分析和判断；②灭火救援任务和使用的灭火救援力量（车辆、防护装备、人员、其他协助单位等）；③灭火战斗力量的具体部署和任务的分工；④火场供水、灭火剂的供给、通信等各种战斗协同和保障等。

灭火力量部署，应根据灭火战术原则，灭火救援特点，灭火救援能力，着火对象及地形、气候条件等编写。表述的顺序是：对火灾情况的分析和判断、灭火战斗的任务、目的、方向、部位，欲达到的目标，采取的技术战术措施，包括使用的车辆、技术装备，救人、控制火势和疏散物资的方法等。

确定技术战术措施，应根据决策和具体目标，灵活多样，注重实用。在灭火力量的使用上，要从火场实际和现有灭火力量考虑，既要做到尽可能集中调集力量，又要做到科学使用灭火力量，要重视公安消防队、企业消防队和义务消防队的协同作战。在技术手段的运用上，要做到常规装备、特种装备、固定灭火设施、半固定设施的相互配合。

表述灭火力量部署要详细具体。叙述任务要按照先主要，后次要；先公安消防队，后企业消防队、义务消防队；先灭火救援任务，后协调保障的顺序进行。

5）火灾扑救对策。火灾扑救对策包括如下方面内容：①针对生产、储存物质的性质、数量应当采取的灭火对策；②针对火灾不同阶段和各种情况所采取的战术、技术措施；③火灾抢救及疏散人员、物资的路线和方法。

6）灭火作战计划图。灭火作战计划图是体现单位的基本情况、重点危险部位、现场力量部署和火灾扑救对策的辅助指挥决策和灭火作战行动的直观图。主要有：①单位总平面图；②重点部位平面图（附重点部位概况说明）；③重点部位力量部署平面图和立面图（附力量部署说明）；④人员疏散图（主要是建筑物内）；⑤物资疏散图；⑥重点危险目标分布图；⑦火灾蔓延扩大预测图；⑧警戒区域划分图；⑨警戒区内居民疏散图；⑩保障供给图等。前四种图是主要的，如需要，还应附有后六种图。

7）火灾扑救注意事项。应包括：①人员防护应注意的问题；②灭火进攻应注意的问题；③疏散救人应注意的问题；④排烟、破拆应注意的问题；⑤火场供水应注意的问题；⑥其他需要特别警示的事项。

（2）抢险救援预案的内容

抢险救援预案的主要内容包括：灾情设定、危害特性、力量调集、处置程序和方法、注意事项及战斗保障等。

1）灾情设定。应包括：①发生灾害事故的类型；②灾害发生的地点、环境等；③发生的灾害规模、危害程度等；④发生灾害区域的气象、地理条件。

2）危害特性。应包括：①灾害特点；②可能对人员造成的危害；③可能对建筑物及环境造成的破坏；④可能对抢险救援行动的影响。

3）力量调集。应包括：①依据灾情的类型或等级，确定出动力量；②根据灾情的规模与危害，确定需调集的公安、交通、市政、救护、驻军等社会救援力量；③增援力量的申请程序及调集方法；④参战力量的任务分工与作战部署。

4）处置程序和方法。应包括：①通报地方政府的条件与程序，根据灾情扩大情况适时调集增援力量和社会有关部门及专业队伍种类和数量，现场指挥部的组成方式及人员；②侦察、检测、确定现场防护等级的方法与措施；③划定警戒区域，实施现场警戒与安全防护的方法与措施；④疏散与抢救人员的方法与措施；⑤疏散贵重物资的方法与措施；⑥控制、消除灾情发展的方法与措施；⑦防止次生、衍生、耦合灾害的措施。

5）抢险救援注意事项。应包括：①人员防护应注意事项；②现场侦检应注意事项；③现场警戒应注意事项；④现场中和、堵漏、输转、洗消应注意事项；⑤清理应注意事项；⑥其他需要特别警示的事项。

6）抢险救援保障。应包括：①现场通信保障；②装备保障；③医疗救护保障；④饮食保障；⑤油料保障。

（3）大型活动现场消防勤务预案的内容

大型活动现场消防勤务预案内容一般包括：活动概况、指挥机构、重点目标、力量部署、勤务保障和注意事项。

1）活动概况。应包括：①活动基本情况，如活动主（承）办单位、主要内容、规模大小、日程安排、持续时间等；②活动场所情况，如活动场所位置、平面布局、重点部位、消防通道、消防水源、消防设施、疏散通道、周围环境、临时搭建棚架等情况；③临时用火用电情况。

2）指挥机构。应包括：①大型活动现场消防勤务指挥部构成及任务；②人员疏散、险情排除、通信联络、现场驻防等人员构成及任务；③消防监督检查成员及任务分工。

3）重点目标。应明确：①用火用电集中部位和临时用火用电场所；②疏散通道和安全出口；③贵宾席、舞台、更衣室、休息室等重要人物和人员集中活动场所；④施放氢气球、燃放烟火礼花等场所；⑤易燃、可燃部位和可燃物资集中场所。

4）力量部署。应包括：①执勤力量、备勤力量的调集；②驻防车辆停车位置、驻防地点设置；③各执勤力量任务分工；④各执勤力量之间的协同配合。

5）勤务保障。应包括：①现场通信保障；②器材装备保障；③疏散、避难场所保障；④医疗保障；⑤饮食保障。

6）注意事项。应包括：①驻防执勤中应注意的问题；②险情排除中应注意的问题；③疏散人员中应注意的问题；④使用灭火剂中应注意的问题；⑤作业过程中安全防护问题。

4. 灭火救援预案编制的方法和步骤

（1）深入实地，调查研究

对需要制定灭火作战预案的重点保护单位，进行实地调研查清下述各项内容：①单位的地理环境，总体布局；②单位的火灾危险性类别；③主要建筑特点；④容易发生火灾的部位和地点；⑤生产（储存）物资的工艺流程和火灾危险性及其周围与相邻建筑间距；⑥道路、水源；⑦通信设施及报警手段；⑧以往发生火灾的情况及扑救经过等。

对需要制定抢险救援预案的场所，对于不同性质对象需查明的情况有其特殊性，如制定毒气泄漏抢险救援预案，需要查清如下内容：①容易发生泄漏的部位、地点和操作环节。②道路、人员集中场所和附近居民情况。③附近供水设施情况。如水泵房、消防水池等及其距储存容器、生产装置距离。④毒气洗消药剂储量和人员防护用具情况。⑤有毒气体生产、储存，周围建筑及其他设施状况、道路情况，周围防护设施情况。⑥单位处理泄漏、人员抢救及疏散、扑救火灾等自救能力，以及以往处理及泄漏处置与火灾扑救的经过。⑦泡沫灭火剂、干粉灭火剂的储量。⑧固定及冷却设施情况。⑨附近火源情况，如配电室和其他火源及其距生产装置、储存容器距离等。

调查研究是制定预案的基础，除上述内容需认真调查清楚外，要根据不同单位及对象的不同情况，仔细研究，查漏补缺。

（2）相关数据确定

在制定灭火作战预案时，应以火情设置为基础，在确定技术战术措施之前，必须进行一系列的计算，为灭火力量部署提供一定的数据。需要确定的数据一般有：①火场供水和供水力量的计算；②各类灭火剂使用量的计算；③灭火持续时间的计算；④

选择堵截火势部位效能的概算；⑤控制火势时间的计算等。

在制定抢险救援预案时，对于不同的灾害事故所涉及的数据内容是不完全相同的，与灾害的性质及任务的分工有直接的关系。如毒气泄漏抢险救援预案相关数据计算主要内容为：①不同时间段、不同等级警戒区域的面积；②处置泄漏（或灭火）持续时间；③不同级别警戒区解除警戒时间；④人员疏散时间；⑤如着火，需控制火势（冷却）时间，为冷却控制稳定燃烧时间与冷却容器及装置降温至常温时间之和；⑥稀释、驱除、洗消用水量计算；⑦洗消药剂用量计算；⑧冷却用水量计算；⑨灭火用水量计算；⑩火场水源能力的计算，包括单位时间供水量和供应时间；⑪其他灭火剂使用量的计算，如泡沫灭火剂、干粉灭火剂用量；⑫其他物资、机械装备需要量计算等。不同的案情设置，所需计算的内容不一。

（3）确定力量出动规模

不同对象以及不同的案情设置（规模、性质），需要投入的灭火救援力量的性质和数量也各不相同。如对于高层建筑火灾，主要投入的力量为云梯、高喷、中低压泵消防车等装备；对于地下建筑火灾，则投入的力量主要为照明、高倍泡沫、水罐消防车等装备；对于油罐火灾，则主要以水罐、泡沫消防车及移动泡沫炮等装备为主；对于化工装置事故，则更注重防化、洗消、水罐、泡沫、干粉消防车及移动泡沫炮等力量的投入。

在确定力量的出动规模时，应根据设定的案情和本地区现有的灭火救援专业人员、器材装备的种类及数量来确定应投入的力量的性质和数量。必要时考虑周围附近地区可调用的增援力量。

（4）确定技术战术措施

1）确定战法。根据案情设置，依据战术理论来确定战法。

2）落实作战手段。具体手段要符合基本战术，根据不同对象，不同案情设置。

3）制定必要行动方案。如人员防护、警戒、破拆、排烟、清除火源、中和、堵漏、输转等方案。

4）制定人员疏散方案。内容主要包括：①绘制人员疏散平面图，并在平面图上标明疏散的区域、路线、使用的道路和被疏散人员的目的地；②明确在疏散时工作人员的任务，不同部门工作人员的协同和注意事项。

制定人员疏散方案时，应当注意：①疏散路线选择要合理，避免道路交汇口人流的拥挤混乱；②要有保证被疏散人员明确疏散方向的具体方法、措施，如高音喇叭广播、灯光引导等；③对工作人员明确任务，合理分工，要落实各项具体的疏散动员措施。

5）制定物资疏散预案。制定物资疏散预案时应注意：①明确抢救和疏散物资的路线，并考虑火场最不利的情况；②抢救爆炸物资的安全措施；③明确疏散物资堆放地点、堆放方法；④明确在物资疏散中和疏散结束后，灭火力量的组织和使用等。

6）制定协助紧急救护方案。针对预案设置的危险情况，确定紧急救护方法，所使用的紧急抢救药品，请求医疗机构援助联络及与之相协同的具体做法。

（5）部署任务，配置力量

灭火救援预案确立力量部署时，应根据着火对象现场情况、火灾和事故特点而定。

1）按火场的主要方面、次要方面部署力量。

2）按第一出动力量、增援力量、前方战斗和后方供水等部署力量。

3）按控制火势、消灭火灾、抢险救援、疏散物资等灭火救援行动的各个阶段部署力量，并根据部署确定各车或中队力量任务。

抢险救援预案在进行任务分工时，要做到明确具体。不同对象、不同案情设置其人员分工也有所不同。如毒气泄漏抢险救援计划其任务分工主要有：①参战中队任务、消防车辆停放位置及使用水源的位置；②水枪阵地的位置和任务；③疏散群众的人员及消除火源任务及分工；④实施有毒气体浓度检测人员和保护人员的任务及分工；⑤实施抢险堵漏的人员任务及分工；⑥实施有毒气体驱散、稀释、吹扫、洗消的人员任务及分工；⑦抢救和疏散物资的人员任务及分工；⑧后勤保障人员的任务及分工；⑨后援车辆的任务等。

（6）绘出灭火救援预案草图

根据灭火救援行动意图绘出草图，或初步制作数字化预案。草图可根据不同的灭火救援目的多画几张，再根据需要合并画到所需图上。

（7）模拟演练，修改完善

灭火救援预案确定后，根据预案构思的初步设想，组织人员和车辆先到实地进行演练。现场条件不允许车辆进入和器材使用时，可进行场外模拟现场演练或现场模拟车辆器材演练，以检验灭火救援行动的可行性。

在演练中可以组织灭火救援人员对预案的细节展开讨论，并征求预案所在单位、行政区域的领导、专职消防干部和有关专家、工程技术人员意见，将讨论修改意见归纳整理，然后着手修改完善预案草案，从而制定出正式的灭火救援预案。

（8）上级审定，投入使用

灭火救援预案制定后，要报主管部门进行审定验收。审定不合格的预案要重新修改，合格以后才能投入实际应用。

二、企业事故应急预案的编制

企业事故应急预案的编制是针对企业生产中存在危险源和危险部位可能发生火

灾、爆炸等事故，为充分利用企业及其社会应急救援资源，及时、科学、高效地应对和处置事故的危害和影响，以达到最大程度降低事故可能造成的损失。

1. 应急预案的结构框架

对于企业编制的应急预案，只要适合于企业的实际状况，能够指导企业有效开展应急救援工作，就是好的应急预案。因此，不同类型，不同规模，不同风险的企业，可以针对企业实际应急需要和自身的管理模式，采取不同的应急预案结构框架。目前，应急预案的结构框架主要有如下五种形式：

（1）“1＋4 结构”

所谓“1＋4 结构”如 B 图 1—2 所示，即一个基本预案加上应急功能设置、特殊风险管理、标准操作程序和支持附件构成，以保证各种类型预案之间的协调性和一致性。基本预案阐明应急整体框架结构及应急原则；应急功能设置描述组织领导层、相关部门、专业队伍以及关键人员等的应急职责和要求；特殊风险管理主要描述组织应急面临的各种风险状况及风险管理要求；标准操作程序（SOPS）是对基本预案的具体扩充，说明各项应急功能的实施细节，强调在应急活动过程中承担应急功能的组织、部门、人员的具体责任和行动；支持附件是各类应急有关的技术资料、数据、信息等。应急预案的以上各部分相互联系、相互作用、相互补充，构成了一个有机整体。

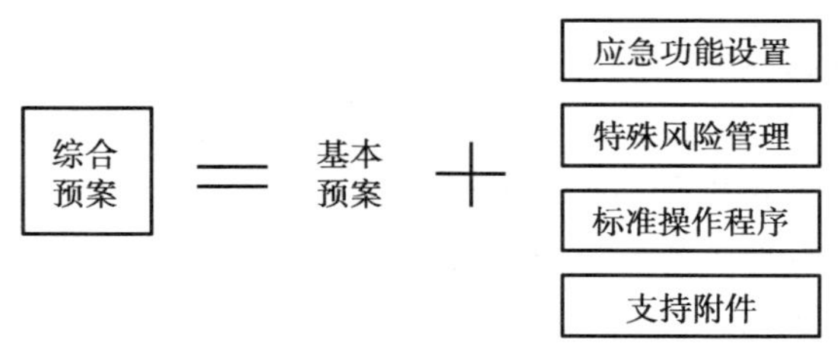

图 1—2　1＋4 结构

1＋4 结构层次清晰，可操作性强，应急内容全面，预案纵横都能有效使用，但相对结构比较复杂，存在部分重复之处，因此，比较适合于大中型企业，集团公司以及风险比较大的企业使用。

（2）总预案＋专项预案结构

在“总预案＋专项预案结构”中，总预案是阐明应急整体框架结构及应急的基本原则；专项预案是根据总预案的要求，在危险分析的基础上，根据事故的种类，现场区域位置等因素确定的子预案，如某企业的专项预案根据事故种类分为：火灾应急救援专项预案，防洪应急救援专项预案，地震应急救援专项预案等；根据现场区域位置可分为：A1 区应急救援专项预案、A2 区应急救援专项预案、A3 区应急救援专项预案等，如图 1—3 所示。

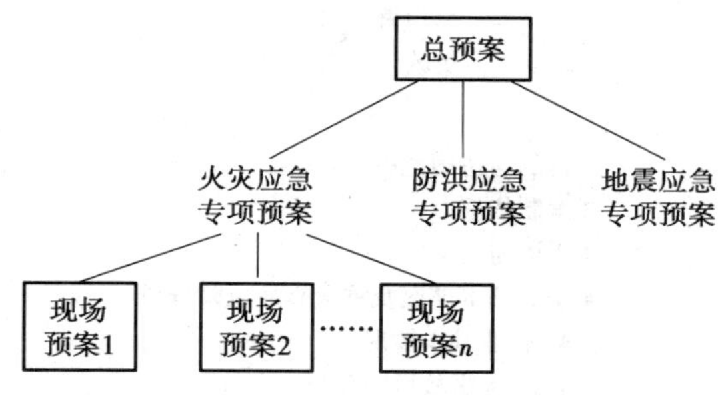

图 1—3　总预案＋专项预案模式

这种应急预案的结构，逻辑关系清晰，比较容易把握，操作性较强，针对特定风险或场所的应急程序比较明确，但各专项预案会有重复，因此，比较适合于风险较大，多地域的大中型企业，或不同事故类型应急流程差异较大的大中型企业。

（3）基本预案＋应急功能程序＋支持附件

在“基本预案＋应急功能程序＋支持附件”中，基本预案对企业生产事故应急预案作总体上的描述及必要说明，主要阐述应急预案所要解决的紧急情况、应急组织体系、应急方针、应急资源和应急的总体思路，并明确应急预案的演练和管理的规定等。应急功能程序是企业生产事故应急预案的主体，它涵盖了企业生产事故应急管理的全过程，应该由组织机构、预防程序、准备程序、基本响应程序、专项响应程序、恢复程序等方面组成。附件部分列出预案其他相关支持信息，主要包括应急预案编制准备阶段形成的各项工作成果，应急预案编制阶段形成的相关图表，规章制度，应急协议等具体内容，如图 1—4 所示，预案基本结构示例可参考图 1—5。

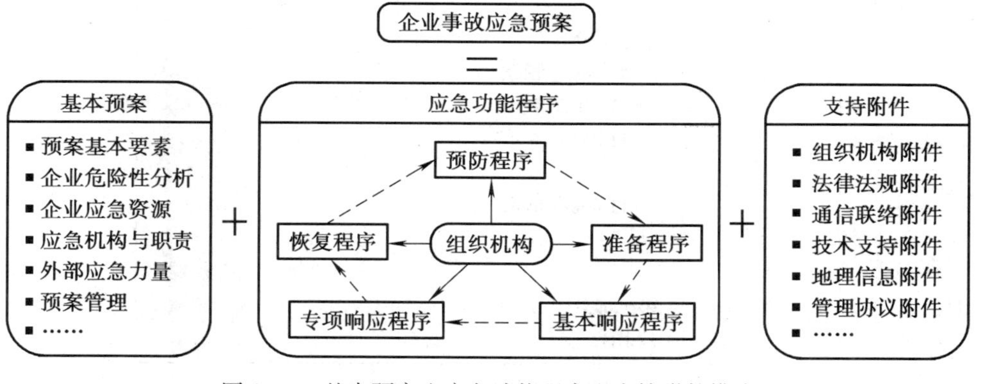

图 1—4　基本预案＋应急功能程序＋支持附件模式

第一部分
预案发布令
部门署名页
更改记录页
目录

1.目的与适用范围
2.编制依据
3.术语与定义
4.企业基本情况及重大事故风险分析
 4.1企业基本情况
 4.2重大事故风险分析
5.应急资源
6.机构与职责
7.应急指挥
8.基本应急程序
 8.1报警、接警与通知
 8.2警报和紧急公告
 8.3危险区域的隔离和警戒
 8.4员工疏散
 8.5事态监测与评估
 8.6急救与医疗
 8.7应急人员安全
 8.8应急处置
 8.9外部援助
 8.10现场恢复
9.应急教育、培训与演练规定
10.预案管理

第二部分
11.具体应急预案
 11.1生产单元1
 11.2生产单元2
 ……
 11.n储存单元1
 ……

第三部分
12.附件

图 1—5　预案基本结构

这种应急预案文件结构层次清晰，不同层次的人员可以有选择地使用预案文本，可操作性较强，比较适合大中型企业或风险较大的小型企业使用。

（4）四级文件形式。应急救援预案文件体系按照四级文件形式构成：①一级文件。为总预案或称为基本预案，应是总的管理政策和策划，其中应包括应急救援方针、应急救援（预案）目标（针对何种重大风险）、应急组织机构构成和各级应急人员的责任及权利，包括对应急准备、现场应急指挥、事故后恢复及应急演练、训练等的原则的叙述。②二级文件。对于总预案中涉及的相关活动具体工作程序，应针对性地描述其具体内容，措施和行动的指导，包括规定每一个应急程序的行动目的、范围、指南，流程表和检查表，以及每一个应急行动的具体的措施、方法及责任。③三级文件。说明书与应急活动的记录（程序中特定细节及行动的说明，责任及任务说明）。④四级文件。对应急行动的记录，包括制定预案的一切记录，如培训记录、文件记录、资源配置的记录、设备设施相关记录、应急设备检修记录、消防器材保管记录、应急演练的相关记录等。

（5）单一的应急预案结构。单一的应急预案是指结合企业的实际情况，将应急预案的所有内容，从应急准备、应急响应、到现场恢复等都融合成一个文本，该文本既阐明了应急框架和原则，又细化到了具体的应急行动。这种应急预案结构的文本简练，重复性小，操作性比较强，比较适合小型企业以及风险较小的中型企业使用。

企业还可以采用上述应急预案结构框架中的某两种或两种以上的结构形式，将其融会贯通，联合起来使用。如：在“总预案＋专项预案”的结构框架中，可以将“单一的应急预案”的结构融入专项预案，也可以将“基本预案＋应急功能程序＋支持附件”结构中的应急功能程序和支持附件融入专项预案。企业应结合自己生产的实际情况和管理现状，对应急预案的结构框架进行合理设计，使应急预案在实际安全生产过程中得到有效的实施。

2. 应急预案的内容

应急预案应形成体系，针对各级各类可能发生的事故和所有危险源制定专项应急预案和现场应急处置方案，并明确事前、事发、事中、事后的各个过程中相关部门和有关人员的职责。生产规模小、危险因素少的生产经营单位，综合应急预案和专项应急预案可以合并编写。

（1）综合应急预案的主要内容

综合应急预案是从总体上阐述处理事故的应急方针、政策，应急组织结构及相关应急职责，应急行动、措施和保障等基本要求和程序，是应对各类事故的综合性文件。主要内容应包括：

1）总则。总则中应有：①编制目的，即简述应急预案编制的目的、作用等。②

编制依据，如应急预案编制所依据的法律、法规、规章，以及有关行业管理规定、技术规范和标准等。③适用范围，说明应急预案适用的区域范围，以及事故的类型、级别。④应急预案体系，说明本单位应急预案体系的构成情况。⑤应急工作原则，说明本单位应急工作的原则，内容应简明扼要、明确具体。

2）生产经营单位的危险性分析。应有：①生产经营单位概况，如单位地址、从业人数、隶属关系、主要原材料、主要产品、产量等内容，以及周边重大危险源、重要设施、目标、场所和周边布局情况（必要时，可附平面图进行说明）。②危险源与风险分析，主要阐述本单位存在的危险源及风险分析结果。

3）组织机构及职责。应明确：①应急组织体系，如应急组织形式、构成单位或人员，并尽可能以结构图的形式表示出来。②指挥机构及职责，如应急救援指挥机构总指挥、副总指挥、各成员单位及其相应职责。应急救援指挥机构根据事故类型和应急工作需要，可以设置相应的应急救援工作小组，并明确各小组的工作任务及职责。

4）预防与预警。应有：①危险源监控，明确本单位对危险源监测监控的方式、方法，以及采取的预防措施。②预警行动，明确事故预警的条件、方式、方法和信息的发布程序。③信息报告与处置，按照有关规定，明确事故及未遂伤亡事故信息报告与处置办法。信息报告与通知，明确 24 h 应急值守电话、事故信息接收和通报程序。信息上报，明确事故发生后向上级主管部门和地方人民政府报告事故信息的流程、内容和时限。信息传递，明确事故发生后向有关部门或单位通报事故信息的方法和程序。

5）应急响应。应包括：①响应分级，即针对事故危害程度、影响范围和单位控制事态的能力，将事故分为不同的等级，并按照分级负责的原则，明确应急响应级别。②响应程序，即根据事故的大小和发展态势，明确应急指挥、应急行动、资源调配、应急避险、扩大应急等响应程序。③应急结束，即明确应急终止的条件。事故现场得以控制，环境符合有关标准，导致次生、衍生事故隐患消除后，经事故现场应急指挥机构批准后，现场应急结束。应急结束后，应明确：事故情况上报事项；需向事故调查处理小组移交的相关事项；事故应急救援工作总结报告。

6）信息发布。明确事故信息发布的部门，发布原则。事故信息应由事故现场指挥部及时准确向新闻媒体通报事故信息。

7）后期处置。主要包括污染物处理、事故后果影响消除、生产秩序恢复、善后赔偿、抢险过程和应急救援能力评估及应急预案的修订等内容。

8）保障措施。应包括：①通信与信息保障，明确与应急工作相关联的单位或人员通信联系方式和方法，并提供备用方案，并建立信息通信系统及维护方案，确保应急期间信息通畅。②应急队伍保障，明确各类应急响应的人力资源，包括专业应急队伍、兼职应急队伍的组织与保障方案。③应急物资装备保障，明确应急救援需要使用的应急物资和装备的类型、数量、性能、存放位置、管理责任人及其联系方式等内容。④经费保障，明确应急专项经费来源、使用范围、数量和监督管理措施，保障应急状态时生产经营单位应急经费的及时到位。⑤其他保障，即根据本单位应急工作需求而确定的其他相关保障措施，如交通运输保障、治安保障、技术保障、医疗保障、后勤保障等。

9）培训与演练。培训工作应明确对本单位人员开展的应急培训计划、方式和要求。如果预案涉及社区和居民，要做好宣传教育和告知等工作。演练工作应明确应急演练的规模、方式、频次、范围、内容、组织、评估和总结等内容。

10）奖惩。明确事故应急救援工作中奖励和处罚的条件和内容。

11）附则。应包括：①术语和定义，即对应急预案涉及的一些术语进行定义。②应急预案备案，明确本应急预案的报备部门。③维护和更新，即明确应急预案维护和更新的基本要求，定期进行评审，实现可持续改进。④制定与解释，明确应急预案负责制定与解释的部门。⑤应急预案实施，明确应急预案实施的具体时间。

（2）专项应急预案的主要内容

专项应急预案是针对具体的事故类别（如煤矿瓦斯爆炸、危险化学品泄漏等事故）、危险源和应急保障而制定的计划或方案，是综合应急预案的组成部分，应按照综合应急预案的程序和要求组织制定，并作为综合应急预案的附件。专项应急预案应制定明确的救援程序和具体的应急救援措施。

1）事故类型和危害程度分析。在危险源评估的基础上，对其可能发生的事故类型和可能发生的季节及其严重程度进行确定。

2）应急处置基本原则。明确处置安全生产事故应当遵循的基本原则。

3）组织机构及职责。应包括：①应急组织体系，明确应急组织形式，构成单位或人员，并尽可能以结构图的形式表示出来。②指挥机构及职责，即根据事故类型，明确应急救援指挥机构总指挥、副总指挥以及各成员单位或人员的具体职责。应急救援指挥机构可以设置相应的应急救援工作小组，明确各小组的工作任务及主要负责人职责。

4）预防与预警。即：危险源监控，明确本单位对危险源监测监控的方式、方法，以及采取的预防措施；预警行动，明确具体事故预警的条件、方式、方法和信息的发布程序。

5）信息报告程序。主要包括：①确定报警系统及程序。②确定现场报警方式，如电话、警报器等。③确定 24 h 与相关部门的通信、联络方式。④明确相互认可的通告、报警形式和内容。⑤明确应急反应人员向外求援的方式。

6）应急处置。应包括：①响应分级，即针对事故危害程度、影响范围和单位控制事态的能力，将事故分为不同的等级，并按照分级负责的原则，明确应急响应级别。②响应程序，即根据事故的大小和发展态势，明确应急指挥、应急行动、资源调配、应急避险和扩大应急等响应程序。③处置措施，即针对本单位事故类别和可能发生的事故特点、危险性，制定的应急处置措施。

7）应急物资与装备保障。明确应急处置所需的物质与装备数量、管理和维护、正确使用等。

（3）现场处置方案的主要内容

现场处置方案是针对具体的装置、场所或设施、岗位所制定的应急处置措施。现场处置方案应具体、简单、针对性强。现场处置方案应根据风险评估及危险性控制措施逐一编制，做到事故相关人员应知应会，熟练掌握，并通过应急演练，做到迅速反应、正确处置。主要内容：

1）事故特征。应包括：①危险性分析，可能发生的事故类型。②事故发生的区域、地点或装置的名称。③事故可能发生的季节和造成的危害程度。④事故前可能出现的征兆。

2）应急组织与职责。主要包括：①基层单位应急自救组织形式及人员构成情况。②应急自救组织机构、人员的具体职责，应同单位或车间、班组人员工作职责紧密结合，明确相关岗位和人员的应急工作职责。

3）应急处置。主要包括：①事故应急处置程序，即根据可能发生的事故类别及现场情况，明确事故报警、各项应急措施启动、应急救护人员的引导、事故扩大及同企业应急预案的衔接的程序。②现场应急处置措施，即针对可能发生的火灾、爆炸、危险化学品泄漏、坍塌等，从操作措施、工艺流程、现场处置、事故控制，人员救护、消防、现场恢复等方面制定明确的应急处置措施。③报警电话及上级管理部门、相关应急救援单位联络方式和联系人员，事故报告的基本要求和内容。

4）注意事项。主要包括佩戴个人防护器具方面、使用抢险救援器材方面、采取救援对策或措施方面、现场自救和互救、现场应急处置能力确认和人员安全防护、应急救援结束后的注意事项，以及其他需要特别警示的事项。

3. 编制企业事故应急预案的注意事项

预案编制是一项专业性和系统性很强的工作，预案质量的好坏直接关系到实施的效果，即事故控制和降低事故损失的程度。在编制应急预案时应注意以下事项：

（1）编制应急预案时按照企业事故应急救援预案的文件体系、应急响应程序、预案的内容以及预案的级别（三级）和层次（综合、专项、现场）要求进行编写。

（2）企业单位应认真分析以往发生过的事故，找出带有共性和倾向性的问题，找出事故多发部位或环节，有针对性地建立切实可行的事故应急预案。

（3）编制应急预案须基于重大事故风险的分析评价结果，应急资源的需求和现状以及有关的法律法规要求，同时要与其他应急预案保持协调一致，避免交叉和重复。

（4）编制事故应急预案时应注意对每一个重大危险源都应编制一个现场事故应急处置预案。包括所有生产装置、要害部位、重大危险设施、重大变更项目、重大危险作业和可能发生环境污染事故的场所，都应编制相应的事故应急处置预案。

（5）对于具有复杂设施的重大危险源，事故应急处置预案应详细具体，应充分考虑每一个可能发生的重大危险，以及它们之间的相互影响和可能引起的连锁反应。

（6）在存在危险设施的危险源内外，应制定事故现场工人应采取的紧急补救措施。特别应包括在突发事故发生初期能采取的紧急措施，如紧急停止设备运行等。

（7）预案应包含召集危险源其他部位或非现场的主要人员到达事故现场的规定。一旦发生事故，企业应保证有足够的人员和应急物资以执行应急处置预案。

（8）预案要充分考虑意外情况，如操作人员离岗或生病，节假日休息，应急设施停运等，应配备足够的备用人员预防和处理紧急事故。

（9）编制应急预案不是单独、短期的行为，它是整个应急准备中的一个环节。有效的应急预案应该不断进行评价、演练和修改，持续改进。

第二章　重大危险源辨识、评价与监控

企业中存在的重大危险源，是可能导致重大事故发生的主要原因之一，危险源辨识与风险评价是编制事故应急预案的关键，所有应急预案都是建立在风险评价基础之上的，编制事故应急救援预案必须对企业中存在的重大危险源进行辨识与评价。本章将从危险源的概念、分类与分级入手，系统地介绍危险源辨识内容和方法、风险评价的程序与方法，以及重大危险源监控的职责和步骤。

第一节　危险源的分类与分级

对危险源正确分类，可更准确、更清晰地认识危险源的特点和危险源的性质及其危险程度，为危险源管理控制提供必要的、科学可靠的依据。

一、危险源及其分类

1. 危险源的概念

在危险源的辨识中全面理解危险源的概念是十分重要的，没有正确的理解就不可能正确辨识危险源，更谈不上正确评价和控制危险源。

危险源是指在生产过程中存在的各种危险。所谓的危险指发生事故造成人员伤亡、生产中断、财产损失或环境污染的危险。因此，危险源是指各种事故发生的根源，即通常人们所说的导致事故发生的不安全因素，或称事故致因因素。危险源的存在具有一定的隐蔽性，一般只有在发生事故时才会明确地显现出来。由于缺乏对危险源的了解，人们往往无法认识到危险源的存在，导致无法正确对生产过程进行合理的危险性评价和危险源控制。

危险源是事故的根源，危险源的存在是事故发生的前提，离开事故就谈不上什么危险源。因而，危险源与事故是互为因果、相互依存的。如乙炔瓶破裂是一个危险源，瓶中的乙炔是可能导致火灾爆炸事故的根源，乙炔瓶破裂是可能导致火灾爆炸事故的状态。

危险情况有两个主要特性，即可能性和严重性。可能性是指危险发生的概率；严重性是指危险情况一旦发生后，将造成人员伤害和经济损失的大小和程度。风险是某种可预见的危险情况发生概率及其后果的严重程度，这两项指标的总体反映，是对危险情况的一种综合性描述。

安全是不发生不可接受的风险的一种状态。系统安全理论认为没有绝对安全的事物，任何事物中都包含有不安全的因素，具有一定的危险性，安全只是一个相对的概念。一个工厂、一座建筑、一条运输线路可能在一段时间内没有发生事故，但是却不能保证永远不发生事故。“零事故”只能是通过采取各种安全措施使事故发生率逐渐减少而趋近于零，却永远不能真正达到事故为零。系统安全追求的目标是达到“最佳的安全程度”，没有超过允许限度的危险，也就是使发生事故、造成人员伤亡或财物损失的危险没有超过允许的限度，这一限度就是人们用来判别安全与危险的基准。

2. 危险源的产生

一般来说，危害的产生主要是由于物的不安全状态、人的不安全行为、环境因素和管理缺陷四个方面的因素。

（1）物的不安全状态

主要是指机械、设备、设施、装置、工具、材料，以及厂房、房屋的不安全状态，这是事故能发生的物质条件。

（2）人的不安全行为

主要是指人们违反安全规则或规章制度，使事故有可能或有机会发生的行为。不安全行为往往是没有遵守安全原则或违背安全常识，不应该做而做了某件事，或应该这样做而又没有这样做的行为。

（3）环境因素

主要是指人的生活、工作场所的环境不安全因素。例如，没有安全疏散通道，工作场所间距不足，用电用火设备多，消防器材设备配置不足，可燃物放置零乱或堆积，预警信号或安全标志缺陷（没有或不当），采光或通风不良，自然危害（风、雨、雷、电、地形）等因素。

（4）管理缺陷

对物的管理，在安全技术、设计、工艺、结构上有缺陷，作业现场和环境安排设置不合理，安全防护措施缺少等；对人的管理，缺少安全教育和培训；对作业程序、工艺过程、操作规程和方法等的安全管理不到位；安全检查、监察和防范措施疏忽等。

3. 生产系统危险源的基本特征

主要有如下基本特征：

（1）危险源是由危险物质或能量及其传递能量或承载其物质的生产设备（或装置、设施、物体、场所或区域等）共同组成的一个体系。

（2）一个危险源至少有一种及其以上危险物质或能量。如一台在用锅炉，它是一个危险源，因为它所产生的蒸汽具有较高的温度和压力，以及燃料和燃烧产生的物质和能量，还有机电传动设备的电能和机械能等。

（3）一个危险源至少有一种及其以上的事故模式。即同一个危险源有可能发生一种或几种类型的事故，如锅炉危险源可能发生的事故类型有锅炉爆炸、高温灼烫伤害、触电伤害和机械伤害等。

（4）事故的发生原因是多方面和复杂的。危险源的危险性大小受多个危险因素影响，共同作用导致事故的发生，其中危险物质、能量种类、数量、性质影响较大。

（5）危险源是生产系统中客观存在的实体。有一定的边界，其边界大小根据研究需要而定，一般企业级研究危险源通常为一个车间或工段中具有相对独立功能的机械设备或设施或场所和其辅助系统。

4. 危险源的分类

（1）根据在事故发生发展过程中的作用分类

按照在事故发生、发展过程中的作用，将危险源可分为第一类危险源和第二类危险源两类。

生产过程中存在的，可能发生意外释放的能量或危险物质为第一类危险源；导致能量或危险物质的约束和限制措施被破坏及失效的各种因素为第二类危险源。事故的发生往往是第一类危险源和第二类危险源共同作用的结果。第一类危险源是导致事故的能量主体，决定事故后果的严重程度。第二类危险源是促使第一类危险源造成事故的必要条件，决定事故发生的可能性。两类危险源相互关联，相互依存，第一类危险源的存在是第二类危险源出现的前提，第二类危险源的出现是第一类危险源导致事故的必要条件。由于第二类危险源的种类远远多于第一类，并且是在第一类危险源存在的前提下产生的，隐藏深，相互关系复杂，因此，辨识第二类危险源比第一类危险源更困难。

（2）根据危险源主要危险物质能量类型分类

根据危险源主要危险物质能量类型，将危险源分为物质型危险源、能量型危险源和混合型危险源。

物质型危险源是具有一定量的危险化学品物质，发生事故其事故类型为危险化学品事故，如危险化学品储罐、危险化学品仓库等。

能量型危险源具有较高的能量（常见的能量类型有电能、热能、动能、势能、声能和光能等），发生事故其事故类型如物理性爆炸、机械伤害等，如锅炉、机械设备、电气设备等。

混合型危险源是既存在危险物质，也具有危险能量，一般讲该类危险源具有更大的危险性，发生事故其事故类型多样，生产过程中的工艺设备、设施很多属于混合型危险源。如高温高压反应装置、设备、高压储罐等。

（3）根据危险源主要危险物质能量存活时间分类

根据危险源主要危险物质能量存活时间长短，将危险源分为永久危险源和临时危险源两类。

永久性危险源，其危险物质或能量存在的时间相对较长，一般与生产系统的生命周期相同。生产系统中正常工艺生产必需的装置、设备、设施等都为永久危险源。永久危险源危险因素相对较稳定，且一般危险物质较多，危险能量较大，设计者、管理者、操作者均较重视，危险因素的认识也较清楚、全面，安全技术措施也完善。

临时危险源，其危险物质能量存在的时间相对较短，通常多为生产设备、设施安装和检修施工时形成的危险源或临时物品搬运存放形成的危险源。临时危险源由于具有临时性，所以很容易被人忽视，而且一般讲，临时危险源的危险因素比永久危险源多且易变。因此，临时危险源的危险因素更不容易认识清楚，当然也就难以采取针对性的对策措施，造成的事故较多。

（4）根据危险源能量种类和数量及存在空间位置变化情况分类

根据危险源主要危险物质能量种类和数量及存在空间位置是否发生变化，将危险源分为静态危险源和动态危险源两类。

静态危险源，其危险物质或能量的种类、数量或存在位置正常生产情况下不易发生大的改变，如一般企业的生产装置、设备、设施。动态危险源，其危险物质或能量种类、数量或存在位置随着生产作业过程的改变而改变，如建筑施工的用火用电场所、运输危险化学品槽车等。

（5）根据生产系统危险源现场有无人员操作情况分类

根据生产系统危险源现场有无人员操作情况，将危险源分为有人操作危险源和无人操作危险源两类。无人操作危险源实际上是自动控制、遥控操作的生产装置、设备、设施，这类危险源的危险因素分析及控制重点是物质、能量危险因素和物的缺陷及管理上存在的问题。而有人操作危险源危险因素分析和控制，除了物质能量和物的缺陷及管理上存在的问题外，操作人员的不安全行为因素更应受到重视。

（6）根据导致事故的直接原因分类

根据导致事故的直接原因，按《生产过程危险和有害因素分类与代码》（GB 13861—1992），将生产过程中的危险有害因素分为六类：物理性危险有害因素（防护缺陷、噪声危害等），化学性危险有害因素（自燃性物质、有毒物质等），生物性危险有害因素（致害动物、植物等），心理、生理性危险有害因素（负荷超限、从事禁忌作业等），行为性危险有害因素（指挥失误、操作错误等），其他危险有害因素。

（7）根据危险源发生事故的主要事故类型分类

根据危险源发生事故的主要事故类型，按照国家标准《企业职工伤亡事故分类》（GB/T 6441—86），将危险源分为 20 类：物体打击事故危险源、车辆伤害事故危险源、机械伤害事故危险源、起重伤害事故危险源、触电事故危险源、淹溺事故危险源、灼烫事故危险源、火灾事故危险源、高处坠落危险源、坍塌事故危险源、冒顶片帮事故危险源、透水事故危险源、放炮（爆破）事故危险源、火药爆炸事故危险源、瓦斯爆炸事故危险源、锅炉爆炸事故危险源、容器爆炸事故危险源、其他爆炸事故危险源、中毒和窒息事故危险源、其他伤害事故危险源。其分类主要是根据危险源存在的重要危险物质或能量类型作出判断，当一个危险源有多个事故类型时，以造成的伤亡损失最大的事故类型确定。

（8）根据危险化学品种类分类

根据危险化学品的物化特性、危险性和便于管理等原则，按照《常用危险化学的分类及标志》（GB 13690—1992）将危险化学品分为爆炸品、压缩气体和液化气体、易燃液体、易燃固体和自燃物品及遇湿易燃物品、氧化剂和有机过氧化物、毒害品和感染性物品、放射性物品、腐蚀品八大类。

1）爆炸品。爆炸品是指在外界作用下（如受热、撞击等），能发生剧烈化学反应，瞬时产生大量气体和热量，使周围压力急剧上升，发生爆炸，从而对周围环境造成破坏的物品。也包括无整体爆炸危险，但具有燃烧、抛射及较小爆炸危险，或仅产生热、光、音响、烟雾等一种或几种作用的烟火物品。爆炸品按其危险性分为以下 5 类：①具有整体爆炸危险的物质和物品，如二硝基重氮酚、叠氮铅、汞等。②具有抛射危险但无整体爆炸危险的物质和物品，如带有炸药或抛射药的火箭、火箭头等。③具有燃烧危险和较小爆炸或较小抛射危险，或两者危险兼有但无整体爆炸危险的物质和物品，如二硝基苯、苦味酸钠等。④无重大危险的爆炸物质和物品，如烟花爆竹、鞭炮等。⑤非常不敏感的爆炸物质和物品，如铵油炸药、铵沥蜡炸药等。

2）压缩气体和液化气体。压缩气体和液化气体是指压缩、液化或加压溶解的气体，其状态条件符合下列两种情况之一者：①临界温度低于或等于 50℃时，其蒸气压力大于 294 kPa 的压缩或液化气体。②温度在 21.1℃和 54.4℃时，气体的绝对压力分别大于 275 kPa 和 715 kPa 的压缩气体；或在 37.8℃时，蒸气压大于 275 kPa 的液化气体或加压溶解气体。本类物品当受热、撞击或强烈振动时，容器内压力会急剧增大，致使容器破裂爆炸，或导致气瓶阀门松动漏气，酿成火灾或中毒事故。例如，氢气、一氧化碳、甲烷、石油液化气、天然气等易燃气体；压缩空气、氮气、氧气等不燃气体（包括助燃气体）；一氧化碳、氯气、氨气等有毒气体。

3）易燃液体。易燃液体是指闭杯闪点等于或低于 61℃的液体、液体混合物或含有固体物质的液体，但不包括由于其危险性已列入其他类别的液体。本类物质在常温下易挥发，其蒸气与空气混合能形成爆炸性混合物。按闪点分为以下三项：①低闪点液体（闪点＜－18℃），如汽油、乙醛、丙酮、乙醚等。②中闪点液体（－18℃≤闪点＜23℃），如苯、甲醇、乙醇等。③高闪点液体（23℃≤闪点≤61℃），如煤油、丁醇、氯苯等。

4）易燃固体、自燃物品和遇湿易燃物品。易燃固体、自燃物品和遇湿易燃物品按其燃烧特性分为以下三类：①易燃固体指燃点低，对热、撞击、摩擦敏感，易被外部火源点燃，燃烧迅速，并可能散发出有毒烟雾或有毒气体的固体，如红磷、硫黄等。②自燃物品指自燃点低，在空气中易于发生氧化反应，放出热量，而自行燃烧的物品，如白磷、三乙基铝等。③遇湿易燃物品指遇水或受潮时，发生剧烈化学反应，放出大量的易燃气体和热量的物品，有些不需明火即能燃烧或爆炸，如钠、钾等。

5）氧化剂和有机过氧化物。氧化剂和有机过氧化物具有强氧化性，易引起燃烧、爆炸，按其组成分为以下两项：①氧化剂指处于高氧化态具有强氧化性，易分解并放出氧和热量的物质。包括含有过氧基的无机物，其本身不一定可燃，但能导致可燃物的燃烧；与粉末状可燃物能组成爆炸性混合物，对热、振动或摩擦较为敏感。按氧化能力的强弱，分为两级，一级氧化剂如过氧化钠、高氯酸钠、硝酸钾等；二级氧化剂如亚硝酸钠、重铬酸钠等。②有机过氧化物指分子中含有过氧基的有机物，其本身易燃易爆、极易分解，对热、振动和摩擦极为敏感。如过氧化苯甲酸、过氧化甲乙酮等。

6）毒害品和感染性物品。毒害品指进入肌体后，累积达一定的量，能与体液和组织发生生物化学作用或生物物理学作用，扰乱或破坏肌体的正常生理功能，引起暂时性或持久性的病理改变，甚至危及生命的物品。具体指标为：经口摄取半数致死量 $LD_{50}\leqslant 500$ mg/kg（固体），$LD_{50}\leqslant 2\ 000$ mg/kg（液体）；经皮（24 h 接触）半数致死量 $LD_{50}\leqslant 1\ 000$ mg/kg（液体）；吸入半数致死浓度 $LC_{50}\leqslant 10$ mg/L（粉尘、烟雾或蒸气）。毒害品按其毒性大小分为一级毒害品和二级毒害品。如氰化钠、砷酸盐、磷化锌、农药、硝基苯等均属于毒害品。

感染性物品指含有致病的微生物，能引起病态，甚至死亡的物品。

7）放射性物品。放射性物品是指放射性比活度大于 7.4×10^{4} Bq·kg^{-1} 的物品。按其放射性大小分为一级放射性物品、二级放射性物品和三级放射性物品。如金属铀、六氟化铀、金属钍等。

8）腐蚀品。腐蚀品是指能灼伤人体组织并对金属等物品造成损坏的固体或液体。与皮肤接触在 4 h 内出现可见坏死现象，或温度在 55℃时，对 20 号钢的表面均匀年腐蚀率超过 6.25 mm/a 的固体或液体。按化学性质可分为三项：①酸性腐蚀品，如硫酸、硝酸、盐酸等。②碱性腐蚀品，如氢氧化钠、氢氧化钾、乙醇钠等。③其他腐蚀品，如亚氯酸钠溶液、氯化铜、氯化锌等。按其腐蚀性的强弱又可分为一级腐蚀品和二级腐蚀品。

（9）根据储存物品的火灾危险性分类

根据物品的火灾危险性按物品本身的可燃性、氧化性和遇水燃烧等危险性的大小，在充分考虑其所处的盛装条件、包装的可燃程度和量的多少的基础上，按照《建筑设计防火规范》（GB 50016—2006）将物品分为甲、乙、丙、丁、戊五类，见表 2—1。

表 2—1　储存物品的火灾危险性分类

生产类别	火灾危险特征	举　　例
甲	1. 闪点小于28℃的液体	苯、甲苯、甲醇、乙醇、乙醚、汽油、丙酮、丙烯、乙醛
	2. 爆炸下限小于10%的气体，以及受到水或空气中水蒸气的作用，能产生爆炸下限小于10%气体的固体物质	乙炔、氢气、甲烷、乙烯、丙烯、丁二烯、环氧乙烷、水煤气、硫化氢、氯乙烯、液化石油气
	3. 常温下能自行分解或在空气中氧化能导致迅速自燃或爆炸的物质	硝化棉、硝化纤维胶片、喷漆棉、赛璐珞棉、黄磷
	4. 常温下受到水或空气中水蒸气的作用，能产生可燃气体并引起燃烧或爆炸的物质	金属钾、钠、锂、钙、锶、四氢化锂铝
	5. 遇酸、受热、撞击、摩擦以及遇有机物或硫黄等易燃的无机物，极易引起燃烧或爆炸的强氧化剂	氯酸钾、氯酸钠、过氧化钾、过氧化钠
	6. 受撞击、摩擦或与氧化剂、有机物接触时能引起燃烧或爆炸的物质	赤磷、五硫化磷、三硫化磷
乙	1. 闪点大于等于28℃但小于60℃的液体	煤油、松节油、丁烯醇、异戊醇、醋酸丁酯、溶剂油、冰醋酸、樟脑油、蚁酸
	2. 爆炸下限大于等于10%的气体	氨气、一氧化碳、发生炉煤气
	3. 不属于甲类的氧化剂	硝酸铜、亚硝酸钾、重铬酸钠、硝酸、发烟硫酸、漂白粉
	4. 不属于甲类的化学易燃危险固体	硫黄、镁粉、铝粉、赛璐珞板（片）、樟脑、生松香、硝化纤维漆布、萘
	5. 助燃气体	氧气、氯气、氟气、压缩空气
	6. 常温下与空气接触能缓慢氧化，积热不散引起自燃的物品	漆布、油布、油纸
丙	1. 闪点大于等于60℃的液体	动物油、植物油、沥青、蜡、润滑油、机油、重油、柴油、糠醛
	2. 可燃固体	化学纤维及其织物、天然橡胶及其制品、计算机房已录制的数据磁盘
丁	难燃烧物品	自熄性塑料及其制品、酚醛泡沫塑料及其制品、水泥刨花板
戊	不燃烧物品	氮气、二氧化碳、氩气等惰性气体，钢材、铝材、玻璃及其制品、搪瓷制品、陶瓷制品、石棉、硅酸铝纤维、石膏、水泥、石料、膨胀珍珠岩

注：难燃烧物品、不燃烧物品的可燃包装重量超过物品本身重量1/4时，其火灾危险性应为丙类。

（10）根据生产的火灾危险性分类

根据物质性质和生产加工过程中的火灾危险性大小，按照《建筑设计防火规范》（GB 50016—2006），将生产分为甲、乙、丙、丁、戊五个类别，见表2—2。

表2—2　　生产过程的火灾危险性分类

生产类别	火灾危险特征	举　例
甲	1. 闪点小于28℃的液体	提炼、回收或洗涤闪点小于28℃的油品和有机溶剂的工序和车间，抽送闪点小于28℃液体的泵房，农药厂的乐果厂房和敌敌畏厂房，甲醇、乙醇、丙酮、苯等的合成或精制厂房
	2. 爆炸下限小于10%的气体	乙炔站、氢气站，石油气体分馏厂房，液化石油气灌瓶间，电解水或电解食盐厂房
	3. 常温下能自行分解或在空气中氧化能导致迅速自燃或爆炸的物质	硝化棉生产厂房及其应用部位，赛璐珞厂房，丙烯腈厂房
	4. 常温下受到水或空气中水蒸气的作用，能产生可燃气体并引起燃烧或爆炸的物质	金属钾、钠加工及其应用部位，聚乙烯厂房的一氯二乙基铝部位
	5. 遇酸、受热、撞击、摩擦、催化以及遇有机物或硫黄等易燃的无机物，极易引起燃烧或爆炸的强氧化剂	氯酸钠、氯酸钾厂房及其应用部位，过氧化氢、过氧化钠、过氧化钾厂房，次氯酸钙厂房
	6. 受撞击、摩擦或与氧化剂、有机物接触时能引起燃烧或爆炸的物质	赤磷制备厂房及其应用部位，五硫化二磷厂房及其应用部位
	7. 在密闭设备内操作温度大于等于物质本身自燃点的生产	洗涤剂厂房石蜡裂解部位，冰醋酸裂解厂房
乙	1. 闪点大于等于28℃但小于60℃的液体	28℃≤闪点<60℃的油品和有机溶剂的提炼、回收、洗涤部位及其泵房，松节油或松香蒸馏厂房及其应用部位，煤油灌桶间
	2. 爆炸下限大于等于10%的气体	一氧化碳压缩及净化部位，发生炉煤气或鼓风炉煤气净化部位，氨压缩机房
	3. 不属于甲类的氧化剂	发烟硫酸或发烟硝酸浓缩部位，高锰酸钾厂房，重铬酸钠厂房
	4. 不属于甲类的化学易燃危险固体	樟脑、松香提炼厂房，硫黄回收厂房
	5. 助燃气体	氧气站、空分厂房
	6. 能与空气形成爆炸性混合物的浮游状态的粉尘、纤维、闪点大于等于60℃的液体雾滴	铝粉、镁粉制粉厂房，活性炭制造及再生厂房

续表

生产类别	火灾危险特征	举　　例
丙	1. 闪点大于等于60℃的液体	闪点大于等于60℃的油品和有机液体的提炼、回收工段及其抽送泵房，柴油灌桶间，润滑油再生部位，沥青加工厂房
	2. 可燃固体	橡胶制品的压延、成型和硫化厂房，化纤生产的干燥部位，泡沫塑料厂的发泡、成型、印片压花部位
丁	1. 对不燃烧物质进行加工，并在高热或熔化状态下经常产生强辐射热、火花或火焰的生产	金属冶炼、锻造、铆焊、热轧、铸造、热处理等厂房
	2. 利用气体、液体、固体作为燃料或将气体、液体进行燃烧作其他用的各种生产	锅炉房，玻璃原料熔化工序，石灰焙烧工序
	3. 常温下使用或加工难燃烧物质的生产	铝塑材料的加工，酚醛泡沫塑料的加工，化纤厂后加工润湿部位
戊	常温下使用或加工非燃烧物质的生产	石棉加工车间；不燃液体的泵房和阀门室；化学纤维厂的浆粕蒸煮工段

二、重大危险源分类与分级

1. 重大事故及重大危险源的定义

我国《重大危险源辨识》（GB 18218—2000）标准中，将“重大事故”定义为工业活动中发生的重大火灾，爆炸或毒物泄漏事故，并给现场人员或公众带来严重危害，或对财产造成重大损失，对环境造成严重污染；将“重大危险源”定义为：长期地或临时地生产、加工、搬运、使用或储存危险物质，且危险物质的数量等于或超过临界量的单元（包括设施或场所）。重大危险源概念模型如图2—1所示。

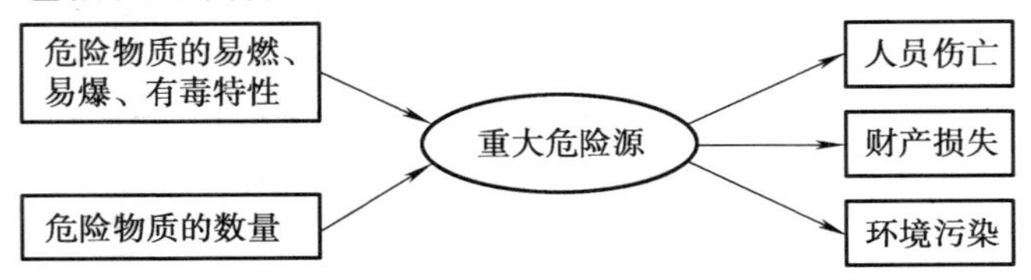

图2—1　重大危险源概念模型

从重大危险源的定义可知，判断重大危险源依据的是物质的危险性和临界量。危险性是指物质具有导致火灾、爆炸或中毒的特性，而临界量是指对于某种或某类危险物质规定的数量，若某单元中的物质数量等于或超过该数量时就可能有重大危险。因此在危险源识别时首先是物质必须具有危险性，其次是数量上必须大于或等于临界量。

2. 重大危险源的分类原则

重大危险源的分类应遵循以下原则：首先从可操作性出发，以重大危险源所处的场所或设备、设施对重大危险源进行分类，再按相似相容性原则，依据各大类重大危险源各自的特点进行有层次的展开。

3. 重大危险源分类

《重大危险源辨识》（GB 18218—2000）中定义了重大危险源，并列出了 142 种重大危险源。《关于开展重大危险源监督管理工作的指导意见》（安监管协调字〔2004〕56 号）中又规定重大危险源申报的类别为：储罐区（储罐）、库区（库）、生产场所、压力管道、锅炉、压力容器、煤矿（井工开采）、金属非金属地下矿山、尾矿库九大类，如图 2—2 所示。

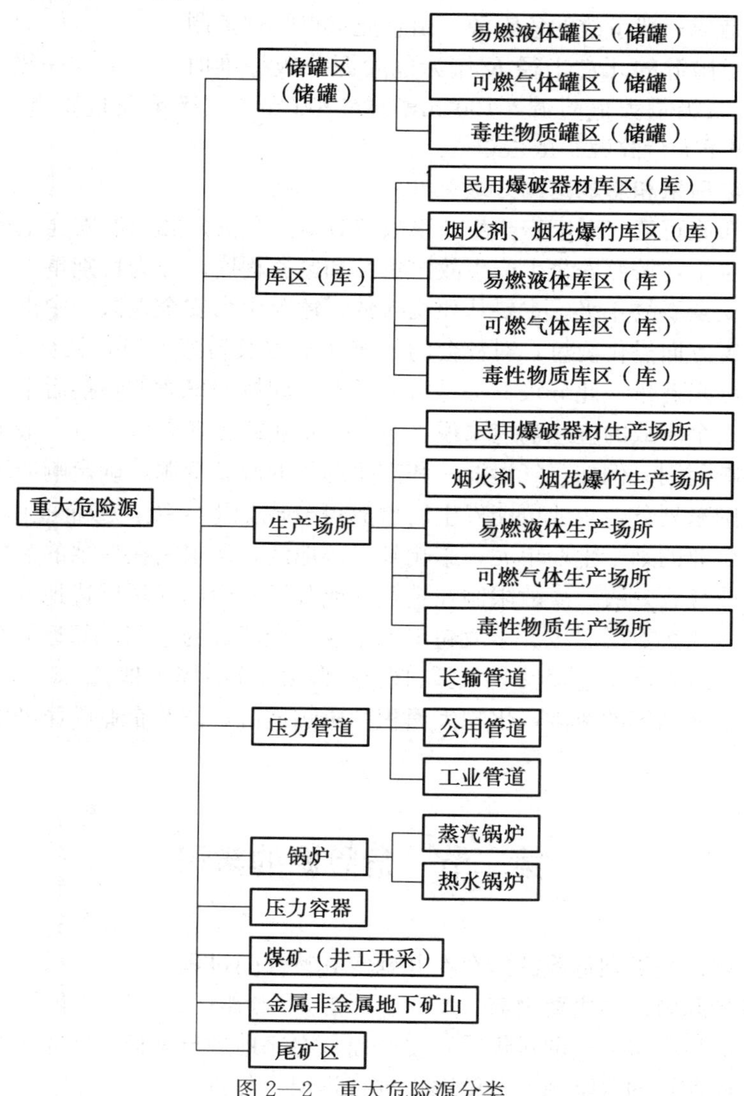

图 2—2　重大危险源分类

4. 重大危险源的分级

目前中国重大危险源的危险性分级尚未制定统一的分级标准，在易燃、易爆、有毒的生产场所较为经常的做法是根据重大危险源的死亡半径进行分级，其重大危险源的等级划分为4级：一级重大危险源指可能造成特别重大事故的危险源，由国家主管部门直接控制；二级重大危险源指可能造成特大事故的危险源，由省和直辖市政府控制；三级重大危险源指可能造成重大事故的危险源，由县、市政府控制；四级重大危险源指可能造成一般事故的危险源，由企业重点管理控制。

用重大危险源的死亡半径 R 作为危险源分级标准时，定义：一级重大危险源，$R \geqslant 200$ m；二级重大危险源，100 m$\leqslant R <$200 m；三级重大危险源，50 m$\leqslant R <$100 m；四级重大危险源，$R <$50 m。

三、事故后果和影响范围分级

在已颁布施行的《国家安全生产事故灾难应急预案》和政府安全生产行政监管部门的管理规定中，按照安全生产事故严重性和紧急程度，分为特别重大、重大、较大和一般生产安全事故4级。主要从死亡人数、危及生命安全人数、中毒（重伤）人数等对人的危害方面量化衡量，对社会的影响从疏散及转移人口，社会活动影响程度，跨界纠纷范围来衡量。此分级方法是事后类型，即按照事故的直接后果来确定级别。

从生产安全事故的应急响应来说，对一个企业或工业园区事故，最关键的是要区分事故的影响范围（例如毒气泄漏）和需要调用的应急资源，确定响应级别。根据事故的影响范围来划分，企业可能发生的事故可分成如下4级：①企业内装置单元级。事故出现在企业的某个生产单元，影响到局部地区，但限制在单独的装置区域。②企业生产区（或分厂）级。事故限制在企业（或分厂）内的现场周边地区，影响到相邻的生产单元。③企业园区级。事故超出了企业生产区域的范围，邻近的企业或生活区域受到影响，或者产生连锁反应，影响事故现场之外的周围地区。④企业园区外级。事故超出了企业园区的范围，出现大面积的影响地区，波及企业园区外的生活或生产区域。

第二节　危险源的辨识

危险源辨识是识别危险源的存在并确定其特性的过程。

一、危险源辨识的主要内容

在进行危险有害因素的辨识时，要全面、有序地进行辨识，防止出现漏项，主要应对以下方面存在的危险源、危险因素进行辨识与分析。

1. 厂址选择

从厂址的工程地质、地形地貌、水文、气象条件、周围环境、交通运输条件、自然灾害、抢险救灾支持等方面进行分析和辨识。

2. 总平面布置

从功能分区布置、防火间距、风向、建筑物朝向、危险有害物质设施、动力设施(氧气站、乙炔气站、压缩空气站、锅炉房、液化石油气站等)、道路、储运设施等方面进行分析和辨识。

3. 道路及运输

从运输、装卸、消防、疏散、人流、物流、平面交叉运输和竖向交叉运输等方面进行分析和辨识。

4. 建筑物

从厂房的生产火灾危险性分类，耐火等级、结构、层数、占地面积、防火间距、安全疏散、防火防爆设计等方面进行分析和辨识。从库房储存物品的火灾危险性分类、耐火等级、结构、层数、占地面积、安全疏散、防火间距、防火防爆设计等方面进行分析和辨识。

5. 生产工艺过程

应辨识和分析物料（燃烧性、爆炸性、毒性、腐蚀性）的温度、压力、速度、作业及控制条件以及事故及失控状态。

6. 生产设备、装置

对于工艺设备可从高温、低温、高压、腐蚀、振动、关键部位的备用设备、控制、操作、检修和故障、失误时的紧急异常情况等方面进行辨识。

对机械设备可从运动零部件和工件、操作条件、检修作业、误运转和误操作等方面进行辨识。

对电气设备可从触电、断电、火灾、爆炸、误运转和误操作、静电、雷电等方面进行辨识。

对特殊单体设备、装置，应分析锅炉房、乙炔站、氧气站等的危险有害因素，以及危险性较大的设备、高处作业的设备。

7. 作业环境

注意辨识存在毒物、噪声、振动、高温、低温、辐射、粉尘及其他有害因素作业部位。

8. 安全管理措施

可以从安全生产管理组织机构、安全生产管理制度、事故应急救援预案、特种作业人员培训、日常安全管理等方面进行辨识。

二、危险源辨识的方法

危险源辨识的方法很多，各种方法从切入点和分析过程上都有其各自的适用范围或局限性，在辨识危险源的过程中，使用一种方法不足以全面地识别其所存在的危险源，必须综合地运用两种或两种以上的方法。目前常用的危险源辨识方法包括询问交谈、问卷调查、现场观察、查阅有关记录、获取外部信息、工作任务分析、材料性质分析、生产条件分析、系统安全分析和风险评价法等多种方法。

1．询问交谈

通过询问对于某项工作具有丰富经验的人员或与其深入交谈，可初步分析出该工作中所存在的危险源。

2．现场观察

由熟悉安全技术知识和法律、法规及标准的人员对作业环境进行现场观察，可发现作业现场存在的危险源。

3．查阅有关记录

查阅有关事故的记录，从中可以发现存在的危险源。

4．获取外部信息

从有关类似组织或相同规模企业的运行经验、文献资料、专家咨询等方面获取有关危险源的信息，加以分析研究，可辨识出存在的危险源。

5．工作任务分析

通过分析组织成员工作任务中所涉及的危害来识别出有关的危险源。

6．物质性质分析

物质的性质是决定生产的危险性类别的主要依据。在多种原材料混合加工生产中，还应分析其在生产过程中是否发生化学反应，新生成的物质是否增大了其危险性。

（1）物质发生着火、爆炸的主要特性

1）闪点。在一定温度下，液态可燃物液面上蒸发出蒸气，当其与空气形成混合气体达到一定浓度时，液面上若有火源就会发生瞬间着火，一闪即灭的燃烧现象，这种现象称为闪燃。发生闪燃现象时可燃物质的最低温度称为闪点。可燃液体在闪点温度下只能闪燃而不能连续燃烧，这是因为在闪点温度下可燃液体蒸发速度小于燃烧速度，蒸气来不及补充，液面上的蒸气烧光后火焰立即熄灭。但闪燃已经表明液体有着火的危险。

可燃液体多数是有机化合物，结构相似，分子量不同的有机同系物，分子量大的分子结构变形大，分子间力大，蒸发困难，蒸气浓度低，闪点高；否则闪点低。因此，有机同系物的闪点有如下变化规律：闪点随分子量的增加，沸点的升高，密度的增大，蒸气压的降低而升高；同系物中异构体比正构体闪点低，因为碳原子数相同的异构体中，支链数增多，造成空间障碍增大，使分子间距离变远，从而使分子间力变小，闪点下降；两种完全互溶的可燃液体，它们的混合液体的闪点一般低于各组分的闪点的算术平均值，并且接近于含量大的组分的闪点；可燃液体中混入不燃液体，其闪点随着不燃液体含量增加而升高，当不燃组分含量达一定值时，混合液体不再发生闪燃。

闪点是评定可燃液体火灾危险的一个重要参数。根据闪点可以判断可燃液体在室温下能否发生闪燃。闪点高于室温（如 28℃）的液体，在室温条件下蒸气浓度很低，在弱小点火源作用下不会发生闪燃，更不会发生连续燃烧。闪点是可燃液体生产、储运的火灾危险性分类的依据。根据《建筑设计防火规范》（GB 500016—2006），闪点小于 28℃的液体属甲类，如汽油；闪点等于或大于 28℃和小于 60℃的液体属乙类，如煤油；闪点等于或大于 60℃的液体属丙类，如柴油、润滑油等。闪点是配置灭火剂供给强度的依据。灭火剂供给强度是指扑灭单位面积液体的燃烧，在单位时间内需供给的灭火剂的数量。一般闪点越低，灭火剂供给强度越大。表 2—3 为部分易燃可燃液体的闪点。

表 2—3　部分易燃可燃液体的闪点

物质名称	闪点（℃）	物质名称	闪点（℃）	物质名称	闪点（℃）
汽油	−50	苯	−14	戊烯	−17.8
煤油	37.8～73.9	甲苯	5.5	丁二烯	41
柴油	60～110	乙苯	23.5	氢氰酸	−17.5
原油	−6.7～32.2	丁苯	30.5	二硫化碳	−45
甲醇	11.1	甲酸丙酯	−3	苯乙烯	38
乙醇	12.78	乙酸丙酯	13.5	乙二醇	85
正丙醇	23.5	乙酸丁酯	17	丙酮	−10
戊烷	<−40	乙酸戊酯	42	松香水	6.2
乙烷	−20	乙醚	−45	环乙烷	6.3
庚烷	−4.5	乙醛	−17	硝基苯	90
辛烷	16.5	丙醛	15	松节油	32
壬烷	33.5	甲酸	69	环氧丙烷	−37

2）燃点。可燃液体的温度被加热到超过闪点时，蒸发速度加快，当蒸发速度等于燃烧速度时，蒸气与空气的混合气遇火源发生燃烧以后，由于蒸气能源源不断地补

充，燃烧能连续进行下去。可燃物质被加热到一定温度，遇火源发生连续燃烧的现象称着火，发生着火的最低温度称燃点或着火点。

显然，一切可燃物质的燃点都高于其闪点。液体可燃物的闪点越低，燃点与闪点之差越小。闪点小于0℃的液体，它们的燃点和闪点之差仅在1℃左右，闪点在100℃以上的液体，燃点比闪点高出30℃或更高。一般油品的燃点比闪点高3～6℃。对于低闪点液体，在评价火灾危险性时，只考虑闪点就可以了，对于高闪点液体，由于燃点比闪点高出很多，在评价火灾危险性时，燃点也应考虑在内，因为液体温度达到燃点以上时，才能发生连续燃烧。表2—4为部分可燃物质的燃点。

表2—4　　部分可燃物质的燃点

物质名称	燃点（℃）	物质名称	燃点（℃）	物质名称	燃点（℃）
豆油	230	布匹	200	麻	150～200
松节油	53	松木粉	196	蚕丝	250～300
石蜡	158～195	赛璐珞	100	聚乙烯	341
蜡烛	190	醋酸纤维	320	聚丙烯	270
樟脑	70	涤纶纤维	390	聚苯乙烯	345～360
萘	86	粘胶纤维	235	聚氯乙烯	391
纸张	130	腈纶	355	有机玻璃	260
棉花	210～255	麻绒	150	木材	250～300

3）自燃点。可燃物质在没有外部火花或火焰的条件下，当被加热到一定程度时能自动燃烧的现象称为自燃，发生自燃的最低温度称为自燃点。

物质的自燃点不是物性参数，它不仅与其本性有关，而且还受到外界条件的影响。不同状态的物质，例如可燃气体、液体和固体物质，其自燃点前者高于后者。影响液体自燃点的外部因素有：压力增大，可燃液体液面上方的蒸气浓度和氧浓度增加，化学反应速度增加，自燃点降低；可燃液体自燃点比闪点高很多，比沸点也高很多，在自燃点温度下，液体已经全部汽化，此时增加可燃蒸气浓度，自燃点降低，当可燃蒸气浓度增大到等于当量浓度时，自燃点最低，再增加蒸气浓度，自燃点反而会增加；空气中氧含量提高，有利于化学反应发生，自燃点降低；活性催化剂如铈、铁、钒、钴、镍等的氧化物，能加速氧化反应而降低可燃液体的自燃点，而钝性催化剂如油品抗震剂——四乙基铅等，则能使其自燃点升高。容器材料的导热性能强，自燃点升高，通常导热性能是铁管＞石英管＞玻璃管；容器的表面积与体积之比越大，容器的散热能力越强，会提高物质的自燃点。

有机同系物的自燃点的变化规律是：自燃点随分子量的增大而降低，这是因为同系物内化学键键能随分子量增大而变小，因而反应速度快，自燃点降低；有机物中的同分异构体物质，其正构体的自燃点比异构体的自燃点低；饱和烃比相应的非饱和烃的自燃点高；烃的含氧衍生物（如醇类、醛类、醚类）的自燃点低于分子中含相同碳原子数的烷烃的自燃点，而且醇类自燃点高于醛类自燃点。有机化合物同系物的自燃点变化规律几乎与其闪点的变化规律相反。低熔点固体的闪点、燃点和自燃点等燃烧参数的影响因素与液体类似，其余固体还有如下规律：固体物质粉碎得越碎，自燃点越低；受热时间越长，其闪点、燃点和自燃点均会有所下降。

物质的自燃点是评价其火灾危险性的指标之一，自燃点越低，火灾危险性越大。根据物质的自燃特性，应注意采取降温散热措施。对于低温下遇空气能自燃的物质，应隔绝空气、控制温度不超过自燃点；对于生产中物料受热温度超过其自燃点的物质，要注意防止物料泄漏发生自燃。表 2—5 为部分可燃物质在空气中的自燃点。

表 2—5　　部分可燃物质在空气中的自燃点

物质名称	自燃点（℃）	物质名称	自燃点（℃）	物质名称	自燃点（℃）
汽油	415～530	樟脑	466	乙炔	305
煤油	210	二硫化碳	112	苯	580
石油	约 350	木材	250～350	甲醇	498
氢	572	褐煤	250～450	乙醇	470
一氧化碳	609	木炭	350～400	丙酮	661
乙烷	248	棉纤维	530	有机玻璃	440
辛烷	218	木粉	430	镁	520
丁烯	443	聚乙烯	520	铝	645

4）爆炸极限。爆炸极限有浓度与温度极限之分。

①爆炸浓度极限。可燃气体或液体的蒸气与空气混合达到一定的浓度范围时，遇火源即能发生爆炸，这个遇火源能够发生爆炸的浓度范围，称为爆炸极限，通常用体积百分数（$V\%$）来表示。可燃物质与空气形成的可燃性混合物，遇火源发生爆炸的最低浓度，称爆炸下限，而能够发生爆炸的最高浓度，称爆炸上限。可燃气体或蒸气与空气形成的可燃性混合物，在浓度低于爆炸下限和高于爆炸上限时，既不爆炸也不着火，这是由于前者的可燃物含量不够，过量空气的冷却作用阻碍火焰的蔓延；而后者则是空气不足，火焰不能蔓延的缘故。可燃性混合物的浓度大致相当于完全反应浓度（化学计算浓度）时，具有最大的爆炸威力。

可燃粉尘在堆积状态下，通常只能发生缓燃现象；当粉尘悬浮在空气中，并达到一定浓度范围时，其燃烧特性与可燃气体相类似，若受到点火源的作用，就会发生化学性爆炸。

爆炸极限受可燃性混合物的温度、压力和含惰性气体量等因素影响。爆炸性混合物的初始温度越高，则爆炸极限范围越宽，即爆炸下限降低而爆炸上限增高。爆炸性混合物的初始压力对爆炸极限有很大的影响，在压力增加的情况下，其爆炸极限的变化较复杂。一般情况下压力增大，爆炸极限扩大；压力降低，则爆炸极限范围缩小。若混合物中所含惰性气体的浓度增加，爆炸极限的范围缩小，安全性提高，惰性气体的浓度提高到一定数量可使混合物不发生爆炸。除上述因素外，火源强度、火源与混合物的接触时间、充装容器管道直径等也对爆炸极限有影响。

爆炸极限可作为评定可燃气体、液体蒸气或粉尘火灾危险性的依据。爆炸下限越低，爆炸范围越大，则火灾危险性越大。例如乙炔的爆炸极限为 2.5%～82%，氢气的爆炸极限为 4%～75%，氨的爆炸极限为 15%～27%，火灾危险性乙炔＞氢气＞氨。爆炸极限可作为评定气体生产、储存火灾危险性类别，采取相应的防火防爆措施的依据，生产、储存爆炸下限＜10%的可燃气体为甲类火灾危险，生产、储存爆炸下限≥10%的可燃气体为乙类火灾危险。表 2—6 为部分可燃气体和蒸气的爆炸极限。

表 2—6　　部分可燃气体和蒸气的爆炸极限

物质名称	在空气中（%）		在氧气中（%）	
	下限	上限	下限	上限
氢气	4.0	75.0	4.7	94.0
乙炔	2.5	82.0	2.8	93.0
甲烷	5.0	15.0	5.4	60.0
乙烷	3.0	12.45	3.0	66.0
丙烷	2.1	9.5	2.3	55.0
乙烯	2.75	34.0	3.0	80.0
丙烯	2.0	11.0	2.1	53.0
氨	15.0	28.0	13.5	79.0
环丙烷	2.4	10.4	2.5	63.0
一氧化碳	12.5	74.0	15.5	94.0
乙醚	1.9	40.0	2.1	82.0
丁烷	1.5	8.5	1.8	49.0
二乙烯醚	1.7	27.0	1.85	85.5

②爆炸温度极限。可燃液体的饱和蒸气浓度是由温度决定的。在一定的温度下，可燃液体表面上形成的饱和蒸气浓度是一定的，因此，可燃液体除了有爆炸浓度极限外，还有一个爆炸温度极限。可燃液体在一定温度下，形成等于爆炸浓度极限的蒸气浓度，这时的温度称为爆炸温度极限。爆炸温度极限和爆炸浓度极限一样，也有上限和下限之分。对应于爆炸浓度上、下限的液体温度称为可燃液体爆炸温度上、下限。爆炸温度下限就是闪点。爆炸温度下限越低，爆炸温度上限越高，爆炸温度范围越广，爆炸危险性就越大。

利用爆炸温度极限来判断可燃液体的蒸气爆炸危险性，有时比爆炸浓度极限更为方便。例如，已知苯蒸气的爆炸浓度极限是 1.5%～9.5%，不能直接判断苯在室温（如 28℃）下是否能发生爆炸，但知道其爆炸温度极限是－14～19℃，就可知苯在室温条件下其蒸气与空气混合物浓度正处在爆炸极限之内，遇火源会发生爆炸。表 2—7 为部分可燃液体的爆炸温度极限。

表 2—7　　部分可燃液体的爆炸温度极限

物质名称	爆炸浓度极限（%）		爆炸温度极限（℃）	
	下限	上限	下限	上限
乙醇	3.3	18.0	11.0	40.0
甲苯	1.5	7.0	5.5	31.0
松节油	0.8	62.0	33.5	53.0
车用汽油	1.7	7.2	－38.0	－8.0
灯用煤油	1.4	7.5	40.0	86.0
乙醚	1.9	40.0	—45.0	13.0
苯	1.5	9.5	—14	19.0

5）最小引燃能。可燃气体、蒸气、粉尘与空气形成的爆炸性混合物，在用电火花进行点火试验时，存在一个电火花能量界限条件，即在电火花能量低于某一数值时，上述混合物只能受热升温而不着火；当能量高于此数值时，混合物才能受热升温发生剧烈化学反应而导致着火。能够使可燃混合物着火所需的电火花能量最低值，称为该可燃物的最小引燃能。

最小引燃能受可燃物的物理状态、可燃物的结构、可燃性气体在混合气体中所占的比重、温度、压力等因素影响。一般来讲，可燃气体的引燃能小于可燃液体的引燃能，而可燃液体的引燃能又小于可燃固体的引燃能，对于同种物质这种规律就更明显。一般情况下，可燃气体与空气（或氧气）的混合比例在稍高于它的完全反应浓度时，其引燃能量最小。可燃混合气体的初温增加，最小引燃能减少。压力降低，可燃气体的最小引燃能增大，当压力降到某一临界压力时，可燃气体就很难着火。所以，从安全角度讲，采用减压操作对防火是有利的。

最小引燃能是衡量可燃气体和蒸气的火灾危险性的特性指标，物料的引燃能量值越小，火灾危险性越大。大部分可燃气体的最小点火能不超过 2.0 mJ，如乙炔、氢的最小引燃能仅为 0.02 mJ，这说明可燃气体和蒸气需要的点火能量是很低的，凡是充满或散发可燃气体的场所、容器、设备、管道，在能形成爆炸性混合物的情况下，都要杜绝出现任何引火源。表 2—8 为部分可燃气体和蒸气在空气中的最小点火能量。

表 2—8　　部分可燃气体和蒸气在空气中的最小引燃能量

物质名称	最小引燃能量（mJ）	物质名称	最小引燃能量（mJ）	物质名称	最小引燃能量（mJ）
乙烷	0.285	氯丙烷	1.08	乙醚	0.49
甲烷	0.47	甲醇	0.215	异丙醚	1.14
庚烷	0.70	异丙醇	0.65	三乙胺	0.75
乙炔	0.02	乙醛	0.325	呋喃	0.225
乙烯	0.096	丁酮	0.68	苯	0.55
丙炔	0.152	丙酮	1.15	环氧乙烷	0.087
丙烯	0.282	乙酸乙酯	1.42	二硫化碳	0.015
丁二烯	0.175	甲醚	0.33	氢	0.02

6）反应性。有的物质遇水即发生剧烈的化学反应，放出可燃气体和大量的热，可燃气体在局部高温环境中与氧结合发生自燃，大量可燃气与空气形成混合物，遇火源会发生爆炸。遇水反应能自燃的物质遇酸同样会发生反应，而且更剧烈，发生自燃的危险性更大。有的物质在常温下遇空气即发生剧烈的化学反应而导致燃烧。有的物质互相接触能发生自燃，一般强氧化剂和强还原剂混合，由于强烈氧化还原反应而自燃。有些易燃固体与氧化剂混合，在外界作用下（如受热、撞击、摩擦等）能着火或爆炸。

物质反应的危险特性是评价这些特定物质火灾危险性的重要指标。这类物料在生产过程中，要根据其不同的特性，分别采取隔绝空气、通风散热、防水防潮、隔离存放，防止外界作用等措施。

（2）物质火灾危险扩大的主要特性。物质的某些性质（如流动性、水溶性、沸点等）看似与发生火灾的危险性没有关联，但在火灾状态下，它能对火灾起到促进作用，致使火灾迅速蔓延扩大，甚至导致发生爆炸事故。

影响火灾危险性扩大的物质的主要性能有热值、燃烧速度、可燃气体密度、沸点、水溶性、流动扩散性等。

1）物质的热值。1 mol 有机化合物在25℃，101.325 kPa下完全燃烧时所放出的热量称为该化合物的燃烧热，单位为 kJ/mol。某些物质的标准燃烧热见表 2—9。

表 2—9　　某些物质的标准燃烧热

物质名称	燃烧热（kJ/mol）	物质名称	燃烧热（kJ/mol）	物质名称	燃烧热（kJ/mol）
氢	285.83	乙烯	1 411.0	丙酮	1 790.4
一氧化碳	283.0	乙酸	874.54	甲醇	726.51
甲烷	890.31	苯	3 267.5	乙醇	1 366.8
乙烷	1 559.8	苯乙烯	4 437	氯甲烷	689.10
乙炔	1 299.6	萘	5 153.9	硝基苯	3 091.2

有很多可燃物，例如木材、棉花、煤以及竹制品，它们的分子结构很复杂，其摩尔质量很难精确确定，它们燃烧放出的热量用热值表示。单位质量或单位体积可燃物完全燃烧时放出的热量称为热值，常用单位为 kJ/kg、kJ/m³。以质量作单位的热值称为质量热值；以体积作单位的热值称为体积热值。如果可燃物中含有水分和氢元素，热值还可以表示为高热值和低热值。可燃物中的水和氢燃烧生成的水以液态存在时的热值称高热值。可燃物中的水和氢燃烧生成的水以气态存在时的热值称低热值。因为水从液态变成气态时，需从燃烧放出的热量中吸收部分热量（即汽化热），故低热值比高热值低。在燃烧反应中，水均以气态存在，应取其低热值。表 2—10 为某些可燃气体的燃烧热值，表 2—11 为某些可燃液体和固体的燃烧热值。物质的热值越高，火灾危险性越大，越容易造成火灾蔓延扩大。燃烧热值越高的物质燃烧时火势越猛，温度越高，辐射出的热量也越大。

表 2—10　　某些可燃气体的燃烧热值

可燃气体	高 热 值		低 热 值	
	kJ/kg	kJ/m³	kJ/kg	kJ/m³
氢	1 419 600	12 770	119 480	10 753
乙炔	49 850	57 873	48 112	55 856
甲烷	55 720	39 861	50 082	35 823
乙烯	49 857	62 354	46 631	58 321
乙烷	51 664	65 605	47 280	58 160

续表

可燃气体	高热值		低热值	
	kJ/kg	kJ/m³	kJ/kg	kJ/m³
丙烯	49 852	87 030	45 773	81 170
丙烷	50 208	93 720	46 233	83 470
丁烯	48 367	115 060	45 271	107 530
丁烷	49 370	121 340	45 606	108 370
戊烷	49 160	149 790	45 396	133 890
硫化氢	16 778	25 522	15 606	24 016

表 2—11　某些可燃液体和固体的燃烧热值

物质名称	燃烧热值（kJ/kg）	物质名称	燃烧热值（kJ/kg）	物质名称	燃烧热值（kJ/kg）
木材	16 740	合成橡胶	45 252	乙醇	29 290
天然纤维	17 360	聚苯乙烯	48 967	芳香烃浓缩物	41 250
石蜡	46 610	天然橡胶	44 833	汽油	43 510
淀粉	17 490	无烟煤	31 380	柴油	42 050
苯	40 260	褐煤	18 830	重油	41 590
甲苯	40 570	焦炭	31 380	棉花	15 700
煤油	42 890	航空燃料	43 300	聚乙烯	47 137
烷烃浓缩物	43 350	环烷烃—烷烃浓缩物	41 300	聚氨酯泡沫塑料	24 302

2）物质的燃烧速度。物质的燃烧速度是指在单位时间和单位体积内燃烧所消耗的可燃物的数量。它是衡量火灾扩大蔓延速率的重要指标，物质燃烧速度越快，越容易造成火灾的蔓延扩大。

一般可燃气体的燃烧速度比可燃液体和固体快；可燃液体比固体可燃物快。这是因为可燃气体扩散速度快，且在常温下就已具备燃烧条件，而液体和固体物质在燃烧时需要经过分解、熔化、蒸发等过程。

物质的燃烧速度越快，单位时间内释放的热量越多，加热未燃部分表面的面积越大，温升也越高。因而，邻近的未燃部分达到引燃的时间越短，火焰瞬间扩展的范围越大，火势也越猛烈。此外，生产装置采用露天、半露天形式，在火灾情况下的空气流通良好，也促使火势发展猛烈。常见气体、液体和固体的燃烧速度见表 2—12、表 2—13、表 2—14。

表 2—12 某些可燃气体与空气的混合气体在标准状态下的燃烧速度

物质名称	甲烷	乙烷	丙烷	丁烷	戊烷	乙烯	丙烯	丁烯	戊烯	己烯	苯（气）
浓度（体积%）	9.80	6.28	4.54	3.52	2.92	7.10	5.04	3.87	3.07	2.67	3.34
燃烧线速度（$cm \cdot s^{-1}$）	67.0	40.1	39.0	37.9	38.5	142	43.8	43.2	42.6	42.1	40.7

表 2—13 某些液体的燃烧速度

物质名称		航空汽油	车用汽油	煤油	直馏重油	苯	乙醚	甲苯	丙酮	甲醇
燃烧速度	线速度（$cm \cdot h^{-1}$）	12.6	10.1	6.6	8.5	18.9	17.5	16.1	8.4	7.2
	质量速度（$kg \cdot m^{-2} \cdot h^{-1}$）	92.0	80.9	55.1	78.1	165.4	125.8	139.3	66.4	57.6

表 2—14 某些固体燃烧速度

物质名称	聚甲醛	聚乙烯	聚丙烯	聚苯乙烯	酚醛塑料	有机玻璃	聚氨酯泡沫（热固性）	聚酯（强化玻璃纤维）
燃烧速度（$g \cdot m^{-2} \cdot s^{-1}$）	16	14	14	35	13	24	45	18

3）物质的相对密度。气体或蒸气的相对密度是指气体或蒸气对空气质量之比。通常，气体或蒸气的相对密度随分子质量增大而增大，随温度的升高而减小。多数气体或蒸气的密度都比空气大，只有少数例外，如氢、甲烷、氨等。比空气重的气体或蒸气往往漂流于地表、沟渠，厂房死角等低位区，长时间聚集不散，易遇引火源发生着火爆炸。比空气轻的气体逸散在空气中可以无限制的扩散，易在装置或通风不良的建筑物的高位区聚集，与空气形成爆炸性混合物，而且能够顺风飘荡，致使可燃气体着火爆炸和蔓延扩展。在环境温度下比空气轻的蒸气当其冷却时仍在低位区扩散，如从液氨或液化天然气产生的蒸气就是如此。

液体的相对密度是指液体和水的质量之比。液体的相对密度一般随温度的升高而降低。非互溶液体由于密度不同在加工和储存装置中分层，一旦启动搅拌往往会激发剧烈的化学反应。如在酚和苛性碱液混合物的配制中，酚无搅拌加入混合器会形成液体分层，启动搅拌将发生剧烈反应并释放出大量热引起爆炸。密度较小的液体（如汽油、煤油）分布或聚集在较重液体（水）之上，当其向污水排放系统排放时，由于这些液体在水面之上，发生火灾时，可沿着污水管网蔓延。

4）可燃液体的沸点和蒸气压力。有机化合物中，分子量越小，沸点越低，闪点也越低，饱和蒸气压力越大，蒸发速度越快，其火灾危险性越大。在火灾状态下，沸点越低的物质越容易迅速形成过大的蒸气压力而导致容器爆裂，造成泄漏和扩散，使火灾事故进一步扩大蔓延。

5）物质的可压缩性和热膨胀性。气体可被压缩，甚至可以被压缩成液态。在容积不变时，温度与压力成正比关系，就是说盛装压缩气体或液化气体的容器，在热的作用下，气体就会急剧地膨胀，产生很大的压力，如压力超过容器的耐压强度就会引起容器胀裂或爆裂，以致扩大灾害的范围。因此，储存和使用压缩气体和液化气体时，要注意防火、防热和防震等。

6）物质的水溶性和与水的抵触程度。有部分物质能溶于水。在火灾发生时，首选灭火剂是水，而水溶性可燃物有可能随着灭火剂的扩散而扩散，形成新的火源，使火灾事故扩大。所以在扑救水溶性物质火灾时，特别是能溶于水且比水轻的物质的火灾，应考虑选用适当的灭火剂。

水是一种最常用、最普通的灭火剂，如果某物品着火后不能用水或含水的灭火剂扑救，那么就增加了扑救的难度，也就加大了火灾扩大和蔓延的危险，其火灾危险性大于不与水抵触的物品。

7）物质的流动扩散性。可燃性液体具有流动扩散性，当储存容器损坏时，流动的可燃物就是流动的火源，增加了对周围建、构筑物的威胁和危害。可燃物流动性越好，扩散速度越快，其火灾扩大的危险性越大。

8）物质的带电性。气体、液体和固体粉尘在运动中能由于摩擦而产生静电，放电产生的火花可引起燃烧爆炸事故。在抽灌、运输、喷溅和输送流动等过程中，要采取防静电积聚的措施。

通常情况下，以爆炸浓度极限和最小引燃能作为评价气体火灾危险性的主要标志；以闪点和自燃点作为评价可燃液体的火灾危险性标志，受热蒸发性、流动性、带电性是衡量液体火灾危险性的参考指标；以自燃点和燃点作为评价固体可燃物火灾危险性的标志，固体物质的熔点、比表面积及热分解特性是衡量其火灾危险性的参考指标。

7. 生产工艺和条件分析

生产工艺和条件也会产生危险或使生产过程中物质的危险性加剧。例如，水仅就其质来说没有爆炸危险，然而，如果生产工艺的温度和压力超过了水的沸点，那么水的存在具有蒸汽爆炸的危险。高温、高压下可使气体或液体蒸气的爆炸极限范围加宽，可使物料处在爆炸极限范围内或自燃点以上操作，可使分解性爆炸物质敏感度增加。低温操作易导致液态物料冻结出现堵塞现象。负压操作易导致设备、管线倒吸入空气与可燃气体形成爆炸性混合物。流量过大，能导致反应速度加快，反应不彻底，进而增加后续设备的火灾爆炸危险，还可能导致跑料事故。高速流动的物料还易产生静电，导致静电类火灾或爆炸事故。原料配比失调，易进入爆炸极限范围导致爆炸事故。因此，在危险源辨识时，仅考虑材料性质是不够的，还必须同时考虑生产工艺和条件。

8. 系统安全分析和风险评价法

许多系统安全分析和风险评价方法，既可以识别风险，也可以评价风险。如安全检查表分析、危险与可操作性分析、预先危险分析、事故树、事件树分析等。

安全检查表（SCL）是通过运用已编制好的安全检查表，进行系统的安全检查，辨识出存在的危险源。故障类型及影响分析（FMEA）是对系统中的各子系统、设备或元件逐个分析可能出现的故障类型及其产生的影响来辨识设备元件存在的危险源。危险与可操作性研究（HAZOP）是以关键词为引导，找出工艺过程或状态的变化（即偏差），然后再继续分析造成偏差的原因、后果及可以采取的对策。事故树分析（FTA）是一种根据系统可能发生的或已经发生的事故后果，去寻找与事故发生有关的原因、条件和规律，通过这样一个过程分析，可辨识出系统中导致事故发生的有关危险源。事件树分析（ETA）是一种从初始原因事件开始，分析各环节事件“成功（正常）”或“失败（失效）”的发展变化过程，并预测各种可能结果的方法，通过对系统各环节事件的分析，查找系统中的危险源。从某种程度上说，检查表、危险可操作性研究、事故树、事件树是比较规范的危险源辨识的方法。

三、重大危险源辨识

危险物质判断可以以国家安全生产监督管理局公布的《危险化学品名录（2002版）》中对照查找，然后根据《重大危险源辨识》（GB 18218—2000），结合《关于开展重大危险源监督管理工作的指导意见》（安监管协调字［2004］56号）中对危险物质规定的临界量进行判断，最后确定是否为重大危险源。

1. 储罐区（储罐）

储罐区（储罐）重大危险源是指储存表2—15中所列类别的危险物品，且储存量达到或超过其临界量的储罐区或单个储罐。

表2—15　　储罐区（储罐）临界量表

类别	物质特性	临界量	典型物质举例
易燃液体	闪点小于28℃	20 t	汽油、丙烯、石脑油等
	28℃≤闪点<60℃	100 t	煤油、松节油、丁醚等
可燃气体	爆炸下限小于10%	10 t	乙炔、氢、液化石油气等
	爆炸下限大于等于10%	20 t	氨气等
毒性物质*	剧毒品	1 kg	氰化钠（溶液）、碳酰氯等
	有毒品	100 kg	三氟化砷、丙烯醛等
	有害品	20 t	苯酚、苯肼等

注：毒性物质分级见表2—16。

表 2—16 毒性物质分级

分级	经口半数致死量 LD_{50}（mg/kg）	经皮接触 24 h 半数致死量 LD_{50}（mg/kg）	吸入 1 h 半数致死浓度 LC_{50}（mg/L）
剧毒品	$LD_{50} \leqslant 5$	$LD_{50} \leqslant 40$	$LC_{50} \leqslant 0.5$
有毒品	$5 < LD_{50} \leqslant 50$	$40 < LD_{50} \leqslant 200$	$0.5 < LC_{50} \leqslant 2$
有害品	（固体）$50 < LD_{50} \leqslant 500$ （液体）$50 < LD_{50} \leqslant 2\ 000$	$200 < LD_{50} \leqslant 1\ 000$	$2 < LC_{50} \leqslant 10$

储存量超过其临界量包括以下两种情况：

（1）储罐区（储罐）内有一种危险物品的储存量达到或超过其对应的临界量。

（2）储罐区内储存多种危险物品且每一种物品的储存量均未达到或超过其对应临界量，但满足下面的公式：

$$\frac{q_1}{Q_1}+\frac{q_2}{Q_2}+\cdots+\frac{q_n}{Q_n}\geqslant 1$$

式中 q_1，q_2，…，q_n——每一种危险物品的实际储存量；

Q_1，Q_2，…，Q_n——对应危险物品的临界量。

2. 库区（库）

库区（库）重大危险源是指储存表 2—17 中所列类别的危险物品，且储存量达到或超过其临界量的库区或单个库房。

表 2—17 库区（库）临界量表

类别	物质特性	临界量	典型物质举例
民用爆破器材	起爆器材 *	1 t	雷管、导爆管等
	工业炸药	50 t	铵梯炸药、乳化炸药等
	爆炸危险原材料	250 t	硝酸铵等
烟火剂、烟花爆竹		5 t	黑火药、烟火药、爆竹、烟花等
易燃液体	闪点小于 28℃	20 t	汽油、丙烯、石脑油等
	28℃≤闪点＜60℃	100 t	煤油、松节油、丁醚等
可燃气体	爆炸下限小于 10%	10 t	乙炔、氢、液化石油气等
	爆炸下限大于等于 10%	20 t	氨气等
毒性物质	剧毒品	1 kg	氰化钾、乙撑亚胺、碳酰氯等
	有毒品	100 kg	三氟化砷、丙烯醛等
	有害品	20 t	苯酚、苯肼等

注：起爆器材的药量，应按其产品中各类装填药的总量计算。

储存量超过其临界量包括以下两种情况：

（1）库区（库）内有一种危险物品的储存量达到或超过其对应的临界量。

（2）库区（库）内储存多种危险物品且每一种物品的储存量均未达到或超过其对应临界量，但满足下面的公式：

$$\frac{q_1}{Q_1}+\frac{q_2}{Q_2}+\cdots+\frac{q_n}{Q_n}\geqslant 1$$

式中　q_1，q_2，…，q_n——每一种危险物品的实际储存量。

Q_1，Q_2，…，Q_n——对应危险物品的临界量。

3. 生产场所

生产场所重大危险源是指生产、使用表2—18中所列类别的危险物质量达到或超过临界量的设施或场所。

表2—18　　生产场所临界量表

类别	物质特性	临界量	典型物质举例
民用爆破器材	起爆器材*	0.1 t	雷管、导爆管等
	工业炸药	5 t	铵梯炸药、乳化炸药等
	爆炸危险原材料	25 t	硝酸铵等
烟火剂、烟花爆竹		0.5 t	黑火药、烟火药、爆竹、烟花等
易燃液体	闪点小于28℃	2 t	汽油、丙烯、石脑油等
	28℃≤闪点<60℃	10 t	煤油、松节油、丁醚等
可燃气体	爆炸下限小于10%	1 t	乙炔、氢、液化石油气等
	爆炸下限大于等于10%	2 t	氨气等
毒性物质	剧毒品	100 g	氰化钾、乙撑亚胺、碳酰氯等
	有毒品	10 kg	三氟化砷、丙烯醛等
	有害品	2 t	苯酚、苯肼等

注：起爆器材的药量，应按其产品中各类装填药的总量计算。

包括以下两种情况：

（1）单元内现有的任一种危险物品的量达到或超过其对应的临界量。

（2）单元内有多种危险物品且每一种物品的储存量均未达到或超过其对应临界量，但满足下面的公式：

$$\frac{q_1}{Q_1}+\frac{q_2}{Q_2}+\cdots+\frac{q_n}{Q_n}\geqslant 1$$

式中　q_1，q_2，…，q_n——每一种危险物品的现存量；

Q_1，Q_2，…，Q_n——对应危险物品的临界量。

4. 压力管道

符合下列条件之一的压力管道为重大危险源：

（1）长输管道

1）输送有毒、可燃、易爆气体，且设计压力大于1.6 MPa的管道；

2）输送有毒、可燃、易爆液体介质，输送距离大于等于200 km且管道公称直径大于等于300 mm的管道。

（2）公用管道

中压和高压燃气管道，且公称直径大于等于200 mm。

（3）工业管道

1）输送GB 5044中规定，毒性程度为极度、高度危害气体、液化气体介质，且公称直径大于等于100 mm的管道。

2）输送GB 5044中规定极度、高度危害液体介质、GB 50160及GB 50016中规定的火灾危险性为甲、乙类可燃气体，或甲类可燃液体介质，且公称直径大于等于100 mm，设计压力大于等于4 MPa的管道。

3）输送其他可燃、有毒流体介质，且公称直径大于等于100 mm，设计压力大于等于4 MPa，设计温度大于等于400℃的管道。

5. 锅炉

符合下列条件之一的锅炉为重大危险源：

（1）蒸汽锅炉。额定蒸汽压力大于2.5 MPa，且额定蒸发量大于等于10 t/h。

（2）热水锅炉。额定出水温度大于等于120℃，且额定功率大于等于14 MW。

6. 压力容器

属下列条件之一的压力容器为重大危险源：

（1）介质毒性程度为极度、高度或中度危害的三类压力容器。

（2）易燃介质，最高工作压力大于等于0.1 MPa，且PV大于等于100 MPa·m^3的压力容器（群）。

7. 煤矿（井工开采）

符合下列条件之一的矿井为重大危险源：

（1）高瓦斯矿井。

（2）煤与瓦斯突出矿井。

（3）有煤尘爆炸危险的矿井。

（4）水文地质条件复杂的矿井。

（5）煤层自然发火期小于等于6个月的矿井。

（6）煤层冲击倾向为中等及以上的矿井。

8. 金属非金属地下矿山

符合下列条件之一的矿井为重大危险源：

（1）瓦斯矿井。

（2）水文地质条件复杂的矿井。

（3）有自然发火危险的矿井。

（4）有冲击地压危险的矿井。

9. 尾矿库

全库容大于等于100万m^3或者坝高大于等于30 m的尾矿库。

四、危险源辨识过程中应注意的问题

1. 恰当、具体地描述危险源

恰当地描述危险源是危险源辨识的关键，也是正确评价其风险程度的前提。描述危险源时应说明事故发生的原因，即物、人、环境、管理几方面的缺陷，应注意把危险源和其引起的结果（即事故）区别开来。例如“乙炔瓶长期使用未及时检验”是一个危险源，而“乙炔瓶破裂”是可能导致火灾爆炸事故的状态，是其引起的结果。注意将危险源与生产过程中的必然现象区别开来，如空压机噪声大是一种必然现象，不能将其作为一种危险源，正确的描述应当是“未对空压机采取降噪措施，使噪声超标”或“在空压机附近作业未采取听力保护措施”。危险源描述要具体，只有具体，才能对其进行风险评价，即判断出事故发生的可能性和后果的严重程度。

2. 重点关注的危险源

对于具有较大危险性的作业人员、作业活动、设备设施应重点关注。

重点关注的作业人员主要有：特种作业人员，包括压力容器操作人员、锅炉作业人员、电工作业人员、电气焊作业人员、起重作业人员和机动车辆驾驶员等。这些人从事的作业容易发生事故，且事故的危害后果比较严重，对其在作业中易于出现的不安全行为，在危险源辨识时要引起高度重视；临时用工人员，通常包括农民协议工、轮换工、计划外合同工、雇佣零散工等，这部分人员大多数从事苦、脏、累、险的作业，不少人文化程度低，安全素质不高，操作技能不全面，是事故发生的主要人群，应予以特别关注；相关方和外来人员，包括供应商、外来施工人员及参观、学习、实习、考察、检查、评价、调研、调试等人员，这部分人员大多数对用人单位的规章制度知之甚少，对危险点辨识与预防能力不强，也是易发生事故的群体。

重点关注的作业活动主要有：特殊作业，主要包括动火作业、有限空间作业、临时用电作业、高处作业、起重作业、抽加盲板作业、检维修作业、开停工作业等。

重点关注的设备设施主要有：特种设备［包括涉及生命安全、危险性较大的锅炉、压力容器（含气瓶）、压力管道、电梯、起重机械等］，年久失修有危险的建构筑物。

3. 全面辨识危险源

为了有序方便地进行危险源辨识，一般按厂址、平面布局、建（构）筑物、物质、生产工艺及设备、辅助生产设施（包括公用工程）、作业环境危险几部分，分析其存在的危险、危害因素，列表登记，综合归纳，得出系统中存在哪些种类危险、危害因素及其分布状况的综合资料。分析时要防止遗漏，特别是对可导致群死群伤的危险源，要给予特别的关注，不得忽略。

4. 把握危险源的三种态势

为了确保评价的准确性，危险源辨识时应考虑到三种态势，即三种状态和三种时态。

三种状态为：正常（日常运行）、异常（停机、检修、外部设施与人员）、紧急（突发火灾、爆炸、中毒等紧急事故）。正常指危险源产生的风险在正常生产（或计划工作状态）时暴露。异常指危险源产生的风险在非正常生产（或非计划工作状态）时暴露。紧急指危险源产生的风险在突发情况下暴露且对人员的伤害程度特别严重。

三种时态为：过去（以往遗留）、现在（计划的活动）、将来（潜在的）。过去指在辨识的时刻之前本企业或部门范围内曾因该类似情况的危险源造成了事故或事件。现在指在辨识的时刻会因该危险源造成事故或事件，即物的危险源确实存在，且不符合国家法律法规要求。将来指在辨识时刻之后会因该危险源造成事故或事件，即物的危险源确实存在，且不符合国家法律法规要求；因人的违规或管理不善导致的危险源。当新的法律法规要求出现、企业自身业务发展、工艺更新、原材料替代、相关方要求、内外审中发现未被识别的危险源及发生事故时，都要及时进行危险源辨识和更新（或补充）。对于新制定的风险控制方案有时也会带来新的危险源，实施前也应进行辨识。

5. 认真主动辨识危险源

辨识危险源时应以全新的眼光和怀疑的态度对待危险源，因为过于接近危险源的人员可能会对危险源视而不见，或者心存侥幸，认为尚无人员受到伤害而认为其微不足道。更重要的一点是危险源辨识应具有主动性、前瞻性，不应等出了事故再考虑或确定危险源。也不要到审核组提出后才认识到危险源。

6. 合并同类危险源

不同的作业活动中可能存在同样的危险源，在进行危险源汇总时，可以合并同类项。但要注意，仅当其具有同样的风险时才可以合并，同时注明此种危险源涉及的作业活动的名称，如果所具有的风险程度不同，则不能合并。

7. 正确理解重大危险源

根据《重大危险源辨识》（GB 18218—2000）和《关于开展重大危险源监督管理工作的指导意见》（安监管协调字［2004］56号）标准辨识的重大危险源，主要辨识依据是物质的危险特性及其数量，这类危险源危险物质数量大，能量聚集多，一旦出现事故，后果相对比较严重，企业一般无法承受，所以企业应将其定义为具有不可容许风险的危险源，重点进行防范和控制。

第三节　风 险 评 价

风险评价，也称安全评价，是对所有已经识别的危险源的严重程度进行分级，评估风险的可容许性，确定风险等级，确定对哪些危险源需要制定安全目标和管理方案。确定风险等级时，应重点关注违反法律法规和其他要求、上级主管部门警告或相关方有强烈投诉抱怨的风险。风险评价是应急管理和决策科学化的基础。

一、风险评价的目的

风险评价的目的是查找、分析和预测工程、系统中存在的危险、有害因素及可能导致事故的严重程度，提出合理可行的安全对策措施，指导危险源监控和事故预防，以达到最低事故率、最少损失和最优的安全投资效益。

通过风险评价，系统地从工程、设计、建设、运行等过程对事故和事故隐患进行科学分析，针对事故和事故隐患发生的各种可能致因因素和条件，提出消除危险源和降低风险的安全技术措施方案，特别是从设计上采取相应措施，提高生产过程和生产设备的安全水平，做到即使发生误操作或设备故障，系统存在的危险因素也不会因此导致重大事故发生。

通过风险评价，分析系统存在的危险源及其分布部位、数目，预测事故的概率和事故严重程度，提出应采取的安全对策措施等，为决策者选择系统安全最优方案和管理决策提供依据。

通过对设备、设施或系统在生产过程中的安全性是否符合有关技术标准、规范、相关规定的评价，对照技术标准、规范找出存在的问题和不足，以实现安全管理的标准化、科学化，为安全技术和安全管理标准的制定提供依据。

在设计之前进行风险评价，可避免选用不安全的工艺流程和危险的原材料以及不合适的设备、设施，或提出必要的降低或消除危险的有效方法。设计之后进行的评价，可查出设计中的缺陷和不足，及早采取改进和预防措施。系统建成以后运行阶段进行的安全评价，可了解系统的现实危险性，为进一步采取降低危险性的措施提供依据。

二、风险评价的程序

风险评价的程序主要包括资料收集、危险危害因素辨识与分析、风险分级、提出降低或控制风险的安全对策措施四个步骤。

1. 资料收集

明确评价的对象和范围，收集国内外相关法规和标准，了解同类设备、设施或工艺的生产和事故情况，评价对象的地理、气象条件及社会环境状况等。

2. 危险危害因素辨识与分析

根据所评价的设备、设施或场所的地理、气象条件、工程建设方案，工艺流程、装置布置、主要设备和仪表、原材料、中间体、产品的理化性质等辨识和分析可能发生的事故类型、事故发生的原因和机制。

3. 风险分级

在上述危险分析的基础上，划分评价单元，根据评价目的和评价对象的复杂程度选择具体的一种或多种评价方法。对事故发生的可能性和严重程度进行定性或定量评价，在此基础上进行危险分级，以确定管理的重点。

4. 提出降低或控制危险的安全对策措施

根据评价和分级结果，高于标准值的危险必须采取工程技术或组织管理措施，降低或控制危险。低于标准值的危险属于可接受或允许的危险，应建立监测措施，防止生产条件变更导致危险值增加，对不可排除的危险要采取防范措施。

风险评价的一般程序如图 2—3 所示。

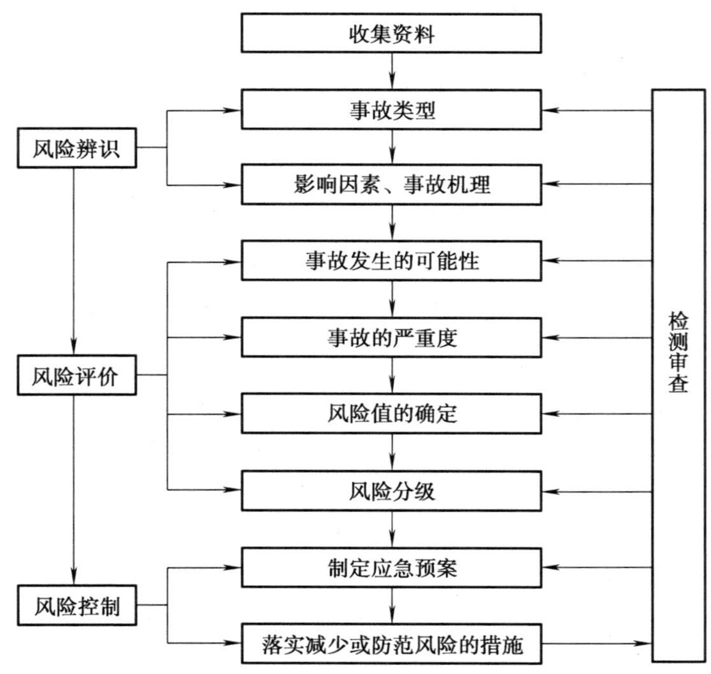

图 2—3　风险评价的一般程序

三、风险评价的方法

危险源风险评价的方法众多，但每一种方法都有其一定的局限性，在开发或确定所要使用的风险评价方法时，必须首先明确评价目的、对象及范围。目前被应用于生产过程和设施的风险评价方法有几十种，常用的风险评价方法有定性评价方法、指数评价方法、概率分析评价方法、重大危险源评价方法等。

1. 安全检查表法

（1）方法简介

安全检查表（Safety Check List）简称为检查表（SCL），是安全管理最基础、应用最广泛的一种方法。系统安全检查表符合性评价是基于工作场所设施符合性评价的风险辨识方法，是分析人员依照法规、规范及标准列出一些项目，辨识与一般工艺设备和操作有关的已知类型的危害、设计缺陷以及事故隐患。它不仅是实施安全检查和诊断的一种有效的工具，也是发现潜在危险的有效手段，同时还是一种分析事故的方法。运用其进行安全检查可以对现有的设备、设施或系统等评价，并可获得定性的评价结果。

（2）分析步骤

系统安全检查表分析通常采用如下步骤：①建立安全检查表，分析人员从有关渠道（如内部标准、规范、作业指南）选择合适的安全检查表。如果无法获取相关的安全检查表，分析人员必须运用自己的经验和可靠的参考资料制定检查表。②针对分析项目，查阅有关标准和规定。③分析者依据现场观察、阅读系统文件、与操作人员交谈以及个人的理解，通过回答安全检查表所列的问题，分析系统的设计和操作等各个方面可能与标准、规定不符而产生的偏差及可能导致的后果。

（3）方法特点及适用范围

本方法重点是对不符合法律、法规及其他要求的危害进行辨识与评价，主要是厂房设备的布置、工艺管线、设备结构的设计、材料及附件的选用等。在工作场所的所有设施都是在各类标准规范的指导下设计、建设和使用的，这些标准规范是各专业专家在总结了现有的经验，在充分论证的基础上，针对应有的风险条件制定的。当工作场所的设施完全满足标准规范时，常规的风险应当被纳入控制，这也是控制风险的最基本要求。但现实情况是由于设计、施工、验收的漏洞，标准更新（由于科技的发展，人们对活动过程中的危害认识不断地深入，发现了更多的风险，相应会修改标准，提出更多更好的风险控制技术），技术条件（采用新的技术，会伴生新的风险）和环境条件变化（环境风险增加）的影响，以及管理方式（风险控制责任挂空、人员减少等）的变化，导致工作场所的风险控制能力和水平下降，已经达不到设计初衷或标准要求，相对应生产风险就增加。为减少这方面的风险，在危险源辨识与风险评价体系中设置了对照法律、法规及其他要求清查不符合项的危害的辨识与评价内容，目的在于清理不符合法律、法规及其他要求的应受控制的重大风险。安全检查表法简明易懂，容易掌握，便于推广应用。

2. 危险性预先分析

（1）方法简介

危险性预先分析（Preliminary Hazards Analysis，简称 PHA）是在开发阶段对建设项目中物料、装置、工艺过程以及能量失控时可能出现的危险性类别、出现危险状态的条件、导致事故的后果，做宏观的概略分析，它是一种定性的系统防火安全分析方法。其目的是尽量防止采用不安全的技术路线，尽量不使用火灾爆炸危险性大的物质原料，尽量不使用危险性大的工艺设备。如果在技术上必须使用危险性大的物质原料和工艺设备，则应考虑必要的安全措施，尽可能使某些危险因素不致发展成为火灾爆炸事故。

（2）分析步骤

危险性预先分析通常采用如下步骤：①搜集资料。包括试验的技术报告、设计图样及说明书、生产技术操作规程、异常情况处理措施、安全技术操作规程、同类生产厂家的技术资料和火灾爆炸事故案例资料等。②分析火灾危险因素。根据各形成火灾爆炸事故的各种条件因素，由触发事件、事故原因事件逐步分析事故的危害结果。③评定事故危害程度等级。对照系统发生事故的危害等级对系统可能发生的事故结果评定其危害程度等级。通常的火灾爆炸事故均属于灾难性的等级，某些轻微的设备泄漏事故可根据情况定为临界的等级或危险的等级。④制定相应的防火防爆技术措施和管理措施。通常应根据危险因素，触发事件及形成事故的原因事件确定相应的对策。⑤编制危险性预先分析表。危险性预先分析的结果通常用一份表格来给出，包括 8 个栏目，即危险因素、触发事件、现象、形成事故的原因事件、事故情况、结果、危害程度等级、措施。也可减少或合并某些栏目。

（3）危险性等级划分

根据系统危险性的大小及其对系统破坏性的影响程度，可将各类危险性划分为 4 个等级，见表 2—19。

表 2—19　　危险性等级划分表

级别	危险程度	可能导致的后果
Ⅰ	安全的	不会造成人员伤亡及系统损坏
Ⅱ	临界的	处于事故的边缘状态，暂时还不至于造成人员伤亡、系统损坏或降低系统性能，但应予以排除或采取控制措施
Ⅲ	危险的	会造成人员伤亡和系统损坏，要立即采取防范对策措施
Ⅳ	灾难性的	造成人员重大伤亡及系统严重破坏的灾难性事故，必须予以果断排除并进行重点防范

（4）方法特点及适用范围

危险性预先分析方法的特点是把分析工作做在行动之前，避免由于考虑不周而造成损失。当生产系统处于新开发的情况下，或者是采用新的操作方法，接触新的危险物质、工具和设备时，进行危险性预先分析比较合适。对系统可能出现的各种危险状况以及由此引起的事故状况给予充分的分析预测，从而制定出具体的防火防爆对策。编制危险性预先分析表的过程也是对职工进行消防安全宣传和教育的极好机会，在应用过程中，还可针对某一操作岗位可能出现的危险条件及安全对策，对职工进行岗位操作考核或评比。这种方法是一种简单易行、经济、有效的定性分析方法。

3. 危险与可操作性研究

（1）方法简介

危险与可操作性研究（Hazard and Operability Study，简称 HAZOP）是英国帝国化学工业公司（ICI）于 1974 年针对化工装置开发的一种危险性评价方法。HAZOP 分析方法的本质是通过对工艺图样和操作规程进行分析。分析工艺过程中的危险和操作性问题，这些问题实际上是一系列工艺条件的“偏差”，即偏离设计工艺条件。HAZOP 分析对工艺或操作的特殊点进行分析，这些特殊点称为分析节点，或工艺单元，或操作步骤。通过对每个工艺单元或操作步骤的分析，识别出那些具有潜在危险的偏差，这些偏差通过关键词引出。关键词和工艺参数组合构成偏差，然后再继续分析造成偏差的原因、后果及可以采取的对策。危险与可操作性研究需要准确的最新的管道仪表图、生产流程图、设计意图及参数、过程描述。对相对较小的工艺过程，危险与可操作性研究需要包括工艺、操作、维修、仪表、电气、公用工程等方面的经验丰富的人员参加，组成分析组。

（2）分析步骤

危险与可操作性研究的主要步骤如下：①建立研究组，确定任务、研究对象。研究组的人员应包括设计、管理、使用和监察等各方面人员。研究组要明确研究的任务，充分了解分析研究对象，准备有关资料。②划分单元，明确功能。将分析对象划分为若干单元，在连续过程中单元以管道为主，在间歇过程中单元以设备为主。明确各单元的功能，说明其运行状态和过程。③定义关键词表。按关键词，逐一分析每个单元可能产生的偏差。④分析发生偏差的原因及后果。⑤制定对策。

引导词表可以根据研究的对象和环境确定，表 2—20 为 HAZOP 分析常用分析关键词及其意义。由表 2—20 可以看出，在研究不同的系统时，可以定义不同的关键词，且即使是关键词相同，其代表的意义也可以是不同的。因此，在进行可操作性研究时，必须根据关键词表分析各个单元产生的偏差。

（3）方法特点及适用范围

表 2—20　　HAZOP 分析常用分析关键词及其意义

ONE（没有）	设计或操作要求的指标和事件完全不发生，如无流量
MORE（过量）	同标准值相比，数值偏大，如温度、压力、流量等数值偏高
LESS（减量）	同标准值相比，数值偏小，如温度、压力、流量等数值偏低
AS WELL AS（以及）	在完成既定功能时，伴随多余事件发生，如物料输送过程中发生组分变化
PART OF（部分）	只完成既定功能的一部分，如组分比例发生变化，无某些组分
REVERSE（相反）	出现和设计要求完全相反的事或物，如流体反向流动，加热而不是冷却，反应向相反的方向进行
OTHER THAN（异常）	出现和设计要求不相同的事或物，如发生异常事件或状态、开停车、维修、改变操作模式

通过危险与可操作性研究的分析，能够探明装置及过程存在的危险有害因素，根据危险有害因素导致的事故后果明确系统中的主要危险有害因素。如果需要，还可利用事故树对主要危险有害因素进行深入分析。在进行危险与可操作性研究过程中，分析人员对于单元中的工艺过程及设备状况需要深入了解，对于单元中的危险及应采取的措施要有透彻的认识，因此，可操作性研究还被认为是对工人培训的有效方法。

危险与可操作性研究既适用于设计阶段，也适用于现有的生产装置。主要是应用于连续的化工生产工艺过程，由于在连续过程中管道内物料工艺参数的变化反映了各单元设备的状况，分析对象确定为管道，通过对管道内物料状态及工艺参数产生偏差的分析，查找系统存在的危险有害因素以及可能产生的危险，对所有管道进行分析，可以全面了解整个系统存在的危险。该方法进行适当改进后，也可应用于对间歇生产工艺过程的危险性分析。间歇生产工艺过程评价时，分析对象是主体设备，如反应器等。根据间歇生产特点，按进料、反应、出料三个阶段分别加以分析，按照关键词来确定工艺状态及参数产生的偏差，同时考虑操作顺序等因素可能出现的偏差。这样就可对间歇生产工艺过程做全面、系统的分析。

4. 作业条件危险性评价法

（1）方法简介

作业条件危险性评价法（也称 LEC 法），是美国的 Keneth. J. Graham 和 Gilbert. F. Kinney 研究了人们在具有潜在危险环境中作业的危险性，提出了以所评价的环境与某些作为参考的环境的对比为基础，将作业条件的危险性作因变量 D，事故或危险事件发生的可能性 L、暴露于危险环境的频率 E 及危险严重程度 C 作为自变量，确定了它们之间的函数式。根据实际经验给出了三个自变量的各种不同情况的分数值，采取对所评价的对象根据情况进行“打分”的办法，然后根据公式计算出其危险性分数值，再在按经验将危险性分数值划分的危险程度等级表或图上，查出其危险程度的一种评价方法。作业条件的危险性，用下式来表示：

$$D=L+E+C$$

式中　D——作业条件的危险性；

L——事故或危险事件发生的可能性；

E——暴露于危险环境的频率；

C——发生事故或危险事件的可能结果。

（2）事故或危险事件发生的可能性

事故或危险事件发生的可能性与其实际发生的概率有关，绝对不可能发生的概率为0；但从一个系统的危险性分析，绝对不可能发生事故是不确切的，所以将发生事故可能性的极小分值定为0.1，把完全可以预料到的分值定为10，取值范围见表2—21。

表2—21　　事故或危险事件发生的可能性分值

分数值	事故发生的可能性	分数值	事故发生的可能性
10	完全可以预料到	0.5	很不可能，可以设想
6	相当可能	0.2	极不可能
3	不经常，但可能	0.1	实际不可能
1	可能性小，完全意外		

（3）暴露于危险环境的频率

作业人员暴露在危险环境中的时间越长，受到伤害的可能性越大，将作业人员连续暴露在危险环境的分值定为10，非常罕见的在危险环境中暴露的分值定为0.5，取值范围见表2—22。

表2—22　　暴露于危险环境的分值

分数值	暴露于危险环境的频繁程度	分数值	暴露于危险环境的频繁程度
10	连续暴露在危险环境	2	每月1次暴露在危险环境
6	每天工作时间内暴露在危险环境	1	每年几次暴露在危险环境
3	每周1次，或偶然暴露在危险环境	0.5	非常罕见地暴露在危险环境

（4）发生事故或事件的可能结果

造成人身伤害事故或物质损失可在很大范围内变化，把轻微伤害，需要救护的分值定为1，把可能造成多人死亡的分值定为100，取值范围见表2—23。

表 2—23　　发生事故或危险事件可能结果的分值

分数值	发生事故产生的可能后果	分数值	发生事故产生的可能后果
100	大灾难，多人死亡（死亡 3 人以上）	7	严重，重伤
40	灾难，死亡 2 人	3	重大，致残
15	非常严重，死亡 1 人	1	引人注目，需要救护

（5）危险性

危险性分值在 20 以下为低危险性，这样的危险比骑自行车等日常生活活动的危险还要低；危险分值在 320 分值以上时，表示该作业条件极其危险，应立即停止工作，直到作业条件彻底改善为止，取值范围见表 2—24。

表 2—24　　危险性分值

D 值	危险程度	*D* 值	危险程度
>320	极其危险，不能继续作业	20～70	一般危险，需要注意
160～320	高度危险，要立即整改	<20	稍有危险，可以接受
70～160	显著危险，需要整改		

（6）方法的特点及适用范围

作业条件危险性评价法评价人们在某种具有潜在危险的作业环境中进行作业的危险程度，该法简单易行，危险程度的级别划分比较清楚、醒目。但是，它主要是根据经验来确定三个因素的分数值及划定危险程度等级，具有一定的局限性。并且它是一种作业的局部评价，不能普遍适用。在具体应用该法时，还可根据自己的经验、具体情况适当加以修正。

5. 故障类型与影响分析

（1）方法简介

故障类型和影响分析（Failure Mode Effects Analysis，简称 FMEA）是安全系统工程中重要的分析方法之一。它是由可靠性工程发展起来的。该危险源辨识与评价方法是根据同类或类似系统事故（或故障）资料，借助于分析人员的经验、逻辑推理和分析判断能力，将系统的危险性、事故或故障发生的可能性辨识出来，按照各类职业活动及危害事件风险级别的评价依据，将其判定为不同的风险等级，以便落实分级（分为管理级别和优先级别）削减和控制。

（2）分析步骤

失效模式与影响分析就是辨识装置或过程内单个设备或单个系统（泵、阀门、液位计、换热器）的失效模式以及每个失效模式的可能后果。失效模式描述故障是如何发生的（打开、关闭、开关损坏、泄漏等），失效模式的影响是由设备故障对系统的应答决定的。

分析步骤：①确定故障类型与影响的分析项目、边界条件（包括确定装置和系统的分析主题、其他过程和公共、支持系统的界面）。②标志设备装备：设备的标志符是唯一的，它与设备图样、过程或位置有关。③说明设备装备：包括设备的型号、位置、操作要求以及影响失效模式和特征（如高温、高压、腐蚀）。④分析失效模式：相对设备的正常操作条件，考虑如果改变设备的正常操作条件后所有可能导致的故障情况。⑤说明对发现的每个失效模式本身所在设备的直接后果、对其他设备可能产生的后果，以及现有安全控制措施。

（3）方法特点及应用范围

故障类型和影响分析因其容易掌握且实用性强，故得到迅速推广。目前在电子、机械、电气等领域应用广泛。

使用故障类型与影响分析法对关键设备及电气、仪表系统的风险评价，其基本思路是：首先确定子系统作为分析对象，然后找出该单元的关键设备、设施的部位、元件故障类型或失效模式，并评价其对子系统的影响大小，并根据评价结果进行安全分析，找出导致结果的原因，制定相应的预防控制及应急措施。

用故障类型与影响分析法对开停车（包括非计划停工）的评价，主要是确定故障、事件或事故类型。评价人员在确定评价单元的基础上，对已划分的每一单元进行系统分割，从工艺过程找出关键设备、经常出现的设备故障、关键仪表自控及联锁系统、关键的电气控制点进行危险性预分析。主要以历史上装置开停车过程中出现的问题及其他的单位同类型装置发生过的事故和故障为对象作为风险辨识项目，找出存在的风险，并详细分析触发原因，制定具体实际的预防及控制措施，形成相应的开停车方案。

6. 事故树分析方法

（1）方法简介

事故树分析（Fault Tree Analysis，简称 FTA），又称作故障树分析方法，是对既定的生产系统或作业中可能出现的事故条件及可能导致的灾害后果，按工艺流程、先后次序和因果关系绘成程序方框图，表示导致灾害、伤害事故（不希望事件）的各种因素之间的逻辑关系。它由输入符号或关系符号组成，用以分析系统的安全问题或系统的运行功能问题，并为判明灾害、伤害的发生途径及与灾害、伤害之间的关系，提供一种最形象、最简洁的表达形式。事故树分析方法作为安全性分析评价和事故预测的一种先进的科学方法，已经得到国内、外的公认，并被广泛采用。

（2）基本程序

事故树分析的基本程序如下：①熟悉系统。详细了解系统状态、工艺过程及各种参数，以及作业情况、环境状况等，绘出工艺流程图及布置图。②调查事故。广泛收集事故案例，进行事故统计，设想给定系统可能要发生的事故。③确定顶上事件。对所调查的事故进行全面分析，从中找出后果严重且较易发生的事故作为顶上事件。④确定目标值。根据经验教训和事故案例，经统计分析后，求出事故发生的概率（频率）作为要控制的事故目标值。⑤调查原因事件。全面分析、调查与事故有关的所有原因事件和各种因素，如设备、设施、人为失误、安全管理、环境等。⑥画出事故树。从顶上事件起进行演绎分析，逐级找出直接原因事件，直到所要分析的深度，按其逻辑关系，画出事故树。⑦定性分析。按事故树结构进行简化，确定事故树的最小割集和最小径集，及各基本事件的结构重要度，加强危险性基本事件的控制，防止事故的发生。⑧求出顶上事件发生概率。确定所有原因发生概率，标在事故树上，并进而求出顶上事件（事故）发生概率。⑨进行比较。将求出的概率与统计所得概率进行比较，如不符，则返回程序⑤查找原因事件是否有误或遗漏，逻辑关系是否正确，基本原因事件的概率是否合适等。⑩定量分析。分析研究事故发生概率，选出最优方案，降低事故概率。原则上事故树分析为上述十个步骤，在运用时可视具体问题灵活掌握。如果事故树规模很大可采用计算机软件进行分析。目前我国事故树分析一般都考虑到第⑦步，也能取得较好效果。

（3）方法特点及适用范围

事故树分析方法有以下优点：①可以全面地查明系统内固有的或潜在的危险因素，为改进防火安全设计、制定防火安全技术和管理措施提供依据。②可以查明哪些危险因素对于系统的防火安全有较大的影响，因而可以分轻重缓急地采取相应的防范措施。③可以对导致火灾爆炸事故的各种因素及其逻辑关系，作出全面、简明和形象的描述。④可以对系统将来可能发生的事故进行预测，也可以对系统过去已经发生的事故进行调查。预测和调查导致事故发生的各种原因。⑤可以进行定性分析，得出事故发生概率，便于准确地提出防范措施和进行防火安全评价。也可以进行定量分析，但是由于事故树分析方法步骤较多，计算也较复杂，在国内数据较少，进行定量分析还需要做大量工作。

从 1978 年起，我国开始了事故树分析方法的研究和运用工作。实践证明，这种方法适合我国国情，在我国得到普遍推广使用。

7. 事件树分析方法

（1）方法简介

事件树分析（Event Tree Analysis，简称 ETA）是运筹学中的决策树分析（或称判断树分析）在防火安全系统工程中的应用。事件树分析也可称事故过程分析。事件树与事故树不同，它是一种从原因到结果按时间顺序描绘事故发生的树形模型图，利用事件树可以对事故因果关系进行逻辑推理分析。系统中的每个要素都要完成某种规定的功能。某要素完成规定的功能则称为成功（或可靠），记为1；某要素未完成规定的功能则称为失败（或不可靠），记为0。按照系统的构成要素情况，从左向右逐次分析各要素成功和失败的两种状态，将成功作为上分支连线，失败作为下分支连线，一直持续分析到最后一个要素，从而绘制出一株水平放置的树形模型图，即事件树图。

（2）分析步骤

事件树分析大致归纳成如下步骤：①确定分析的系统及组成要素。通常根据系统发生火灾爆炸事故的各种条件来确定构成系统的组成要素，其中包括人的因素、机器设备和元件的因素、物质材料因素以及环境条件因素等。考虑到事故发展的时间先后顺序，通常把事故发展过程中某一要素最开始发生的事件称为初始事件，某些要素在中间发展阶段发生的事件称为中间环节事件，系统最后的结果称为最终后果事件。②绘制事件树图。根据各中间环节事件的因果关系及成功与失败的两种分支状态（根据需要也可有两种以上的分支状态，如反应温度的正常、过高、过低三种分支状态），从初始事件开始，从左向右展开绘制事件树图。③定性分析。通过事件树图可以直观地定性地看出导致事故发生的因素，还可以看出事故发展进程中各种因素的先后影响顺序，由此确定防止事故发生的措施。④定量计算、分析。如果已知初始事件和各中间事件的发生概率，可进行定量计算（设各歧点的失败概率为 P_i，则成功概率为 $1-P_i$），根据定量计算结果，作出事故严重程度的分级。

（3）方法特点及适用范围。事件树分析方法的主要优点是考虑到时间因素对事故产生的影响，因而使人们有可能在事故发展的不同阶段采取适当的措施，阻断事故的发展进程，让事件向好的结果转化。另外，由于对各要素只分析其成功和失败两种分支情况，而较少考虑某些局部的具体的故障或失误情况。因而可以较快地分析出系统的事故发展情况。事件树分析可认为是一种动态的宏观的系统防火安全分析方法。

事件树分析方法可用于各种工艺过程、机械装置和生产系统的防火防爆安全分析与评价，它是一种既可定性又可定量的分析和评价方法。这种方法可用于事故前预测方面的防火检查工作，也可用于事故后调查方面的火因调查工作，还可用于制定灭火救援预案的工作。另外，事件树分析与事故树分析相结合，则成为一种新的分析事故的方法，即原因—后果分析方法。

8. 原因—后果分析

（1）方法简介

原因—后果分析（Cause-Consequence Analysis，简称 CCA）也可称因果分析或因果树分析，是事故树分析与事件树分析结合在一起进行分析的方法。原因—后果分析过程，是以某系统的事件树图为基础，再将事件树中处于失败分支的中间环节事件及初始事件作为顶上事件，给出其事故树图，由此得出原因—后果分析图。其中的事故树图部分通常称为原因图，用于分析各中间环节事件及初始事件的具体产生原因；其中的事件树图部分通常称为后果图或事件序列图，用于分析系统发生火灾爆炸事故的动态发展过程。

（2）原因—后果分析步骤

原因—后果分析大致可按如下步骤进行：①确定系统发生火灾爆炸事故的大致发展过程。重点是确定出影响事故发展过程的有时间先后顺序的若干个要素，由此可画出后果图即事件树图。②绘制原因—后果图。将后果图上不希望发生的（失败状态）初始事件和中间环节事件作为原因图（即事故树图）的顶上事件，分析其产生的各种原因条件，利用事故树分析中的事件符号和逻辑门符号，画出若干个原因图。由此得出原因—后果分析图。③对原因—后果图进行定性分析。可以从图上看出影响事故发展过程的主要因素，还可以看出构成这些主要因素的具体原因条件。由此制定出防止事故发展的对策，预防事故的发生。在必要时，可求出原因图的最小割集、最小径集以及基本原因事件的结构重要系数等，对原因图进行更进一步的定性分析。④对原因—后果图进行定量分析。在已知原因图中各基本原因事件发生概率的条件下，可定量计算出后果图上初始事件和各中间环节事件（失败状态）的发生概率，在已知或求出后果图上初始事件及各中间环节事件发生概率前提条件下，可定量计算出后果图上若干个最终后果事件的发生概率，在此基础上还可以求出系统发生火灾爆炸事故的总概率，进一步对整个系统进行防火安全评价。

（3）方法特点及适用范围

原因—后果分析方法吸取了事故树分析和事件树分析两种方法的长处，互相弥补了各自的短处。事故树分析在逻辑上可称为演绎分析法，是一种静态的微观分析法。事件树分析在逻辑上可称为归纳分析法，是一种动态的宏观分析法。原因—后果分析的突出特点是既考虑了事故发展过程中主要因素产生的时间先后顺序（事件树的优点），又考虑了构成这些主要因素的具体原因条件（事故树的优点）。另外，事故树分析和事件树分析都是既可定性又可定量的分析方法，因此原因—后果分析也是一种既可定性又可定量的分析方法。

9. 火灾、爆炸危险指数评价法

（1）方法简介

1964 年，美国道氏（DOW）化学公司首创了火灾、爆炸危险指数（F&EI）评价法，后经过不断修改，目前已发展到了第七版。道氏化学公司火灾、爆炸危险指数评价方法已被化学工业及石油化学工业公认为最主要的危险指数。它提供了评价火灾、爆炸总体危险的关键数据，是一种能给出单一工艺单元潜在火灾、爆炸损失相对值的综合指数。火灾、爆炸危险指数评价法的目的是真实地量化潜在火灾、爆炸和反应性事故的预期损失，确定可能引起事故发生或使事故扩大的装置，向管理部门通报潜在的火灾、爆炸危险性。最重要的目标是了解各工艺部分可能造成的损失，确定减轻潜在事故的严重性和总损失的有效而又经济的途径。

（2）评价程序

火灾、爆炸指数评价法主要依据以往的事故统计资料、物质的潜在能量和现行的安全措施情况，对生产过程或操作过程中的固有或潜在的火灾爆炸危险，以及对这些危险可能造成的后果的严重性进行识别、分析和评估，并以设定的指数、级别或概率，对所评估的系统或某项操作的危险性给以量化处理，确定其发生的概率和危险性程度，以便采取最经济、合理及有效的安全对策。其评价程序如图 2—4 所示。

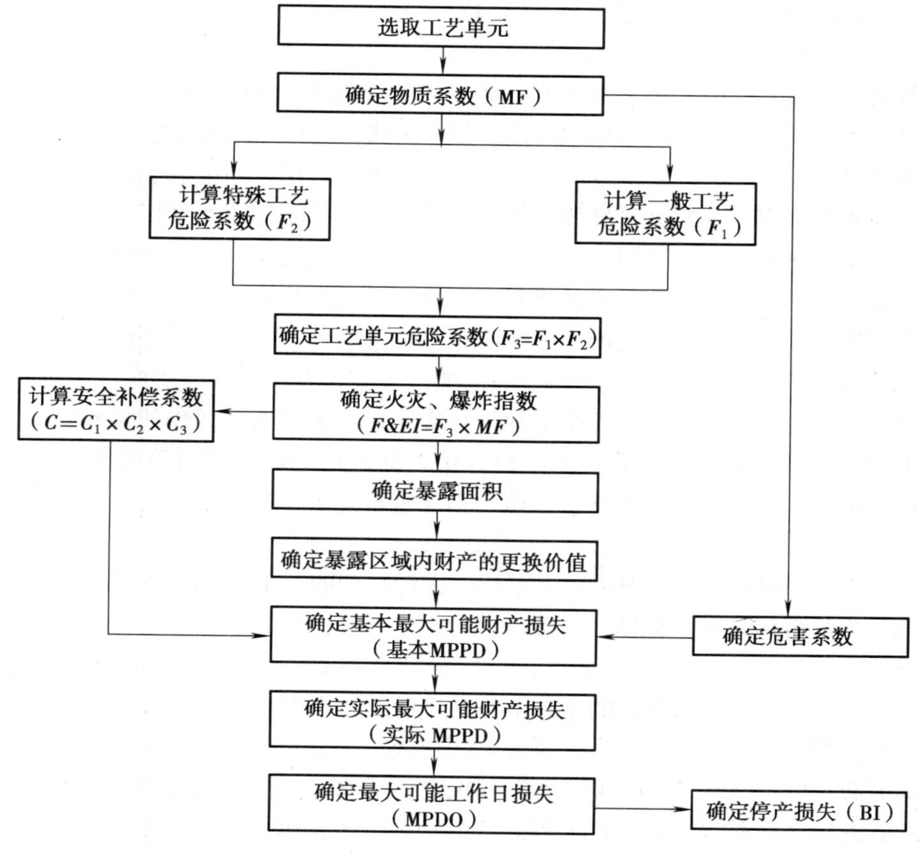

图 2—4 火灾爆炸指数评价程序图

（3）方法特点及适用范围

火灾、爆炸危险指数评价法经过不断地补充、修改、完善，于1993年发表了第七版，是一种比较新颖、成熟、可靠、有效、容易掌握的方法，受到世界各国的重视。火灾、爆炸危险指数评价法（第三版）在20世纪70年代衍生发展为日本的六段评价法及英国蒙德火灾、爆炸、毒性危险指标评价法，蒙德法在毒性危险性评价方面进行了改进。

火灾、爆炸危险指数评价法主要用于评价储存、处理、生产易燃、可燃、活性物质的操作过程，也可用于分析污水处理设施、公用工程系统、管路、整流器、变压器、锅炉、热氧化器以及发电厂一些单元的潜在损失。该评价方法还可用于潜在危险物质库存量较小的工艺过程的风险评价，特别是用于实验工厂的风险评价，适用于易燃或活性化学物质的最小处理量为454 kg左右的情况。

10. 火灾、爆炸、毒性危险指标评价法

（1）方法简介

英国ICI化学公司蒙德（MONI）部在现有装置及计划建设装置的危险性研究中，对道氏化学公司火灾、爆炸危险性指数评价法在必要的几方面做了重要改进和补充。主要改进有：①可对较广范围的工程及设备进行研究。②包括了具有爆炸性的化学物质的使用管理。③根据对事故案例的研究，考虑了对危险度有相当影响的集中特殊工艺类型的危险性。④采用了毒性的观点。⑤为装置的良好设计管理、安全仪表控制系统发展了某些补偿系数，对处于安全项目水平下的装置，可进行单元设备现实的危险度评价。其中最重要的有两个方面：一是引进了毒性的概念，将道氏化学公司的“火灾爆炸指数”扩展到包括物质毒性在内的“火灾、爆炸、毒性指标”的初期评价，使表示装置潜在危险性的初期评价更加切合实际；二是发展了某些补偿系数（补偿系数小于1），进行装置现实危险性水平再评价，即进行采取安全对策措施加以补偿后的最终评价，从而使评价较为恰当，也使预测定量化更具有实用意义。

（2）评价程序

英国ICI公司蒙德部门对火灾、爆炸、毒性指标的评价程序如图2—5所示。

（3）方法特点及适用范围

英国ICI公司蒙德火灾、爆炸、毒性危险指标评价法是在美国道氏化学公司（DOW）的火灾、爆炸指数法的基础上补充发展的，在考虑火灾、爆炸、毒性危险方面的影响范围及安全补偿措施方面都较美国道氏化学公司的火灾、爆炸危险指数评价法（第七版）更为全面，将毒性危险指标作为独立指标列出，在安全措施补偿方面强调了工程管理和安全态度，突出了企业管理的重要性。因而可对较广的范围进行全面、有效、更接近实际的评价。特别适合于化工装置的火灾、爆炸、毒性危险程度的评价。

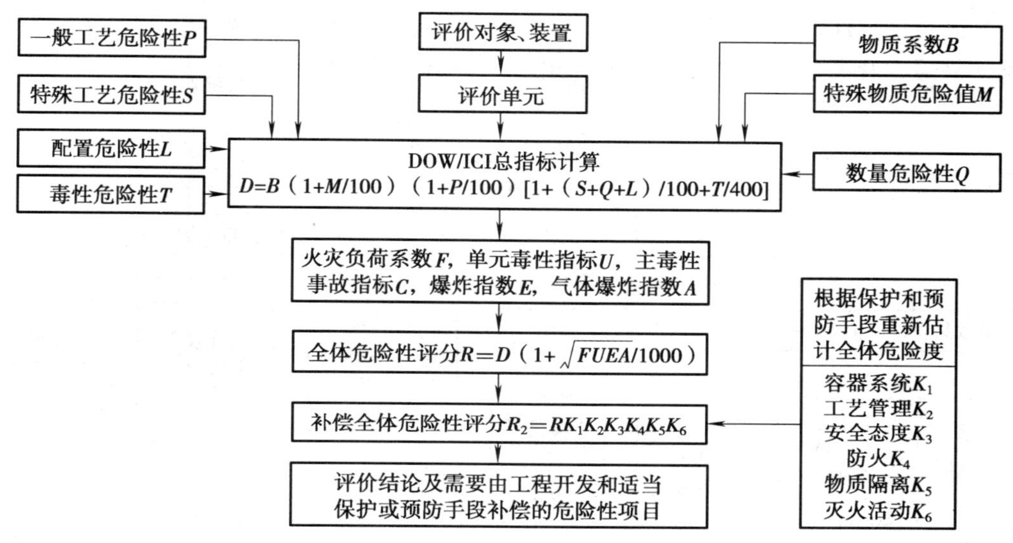

图 2—5 火灾、爆炸、毒性危险指标评价程序

11. 易燃、易爆、有毒重大危险源评价法

易燃、易爆、有毒重大危险源评价方法是国家经贸委安全科学技术研究中心《易燃、易爆、有毒重大危险源辨识评价技术研究》“八五”国家科技攻关中提出的风险评价方法，它在大量重大火灾、爆炸、毒物泄漏中毒事故资料的统计分析基础上，从物质危险性、工艺危险性入手，分析事故发生的原因、条件，评价事故的影响范围、伤亡人数、经济损失和应采取的预防、控制措施。

该方法能较准确地评价出系统内危险物质、工艺过程的危险度，危险性等级，计算事故后果的重要程度、危险区域范围、人员伤亡和经济损失，提出了工艺设备、人员素质以及安全管理缺陷等三方面的 107 个指标组成的评价指标集。

（1）评价单元的划分

重大危险源评价以危险单元作为评价对象，一般把生产活动的一个独立部分称为单元，并以此来划分单元。每个单元都有一定的功能特点。在一个共同厂房内的装置可以划分为一个单元，在一个共同堤坝内的全部储罐也可划分为一个单元，散设在地上的管道不作为独立的单元处理，但配管桥区例外。

（2）评价模型的层次结构

危险性定义为事故频率和事故后果严重程度的乘积，即危险性评价一方面取决于事故的易发性，另一方面取决于事故一旦发生后后果的严重性。现实的危险性不仅取决于由生产物质的特定物质危险性和生产工艺的特定工艺过程危险性所决定的生产单元的固有危险性，而且还同各种人为管理因素及防灾措施的综合效果有密切关系。易燃、易爆、有毒重大危险源评价具有如图 2—6 所示的层次结构。

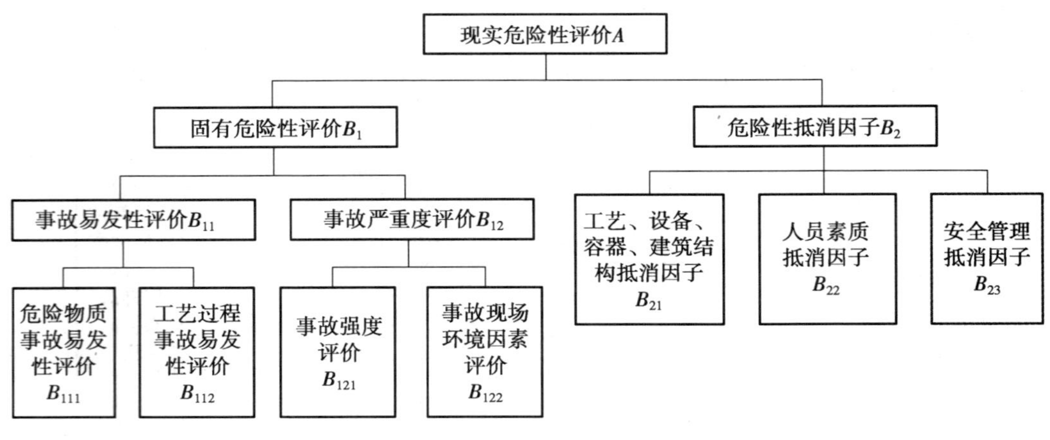

图 2—6　易燃、易爆、有毒重大危险源评价层次结构

（3）评价的数学模型

重大危险源的评价分为固有危险性评价与现实危险性评价，后者是在前者的基础上考虑各种危险性的抵消因子，它们反映了人在控制事故发生和控制事故后果扩大方面的主观能动作用，固有危险性评价分为事故易发性评价和事故严重度评价，事故易发性取决于危险物质事故易发性与工艺过程危险性的耦合。评价数学模型如下式：

$$A=\left\{\sum_{i=1}^{n}\sum_{j=1}^{n}(B_{111})_i W_{ij}(B_{112})_j\right\}\times B_{12}\times\prod_{k=1}^{3}(1-B_{2k})$$

式中　$(B_{111})_i$——第 i 种物质危险性的评价值；

$(B_{112})_j$——第 j 种工艺危险性的评价值；

W_{ij}——第 j 项工艺与第 i 种物质危险性的相关系数；

B_{12}——事故严重程度评价值；

B_{21}——工艺、设备、容器、建筑结构抵消因子；

B_{22}——人员素质抵消因子；

B_{23}——安全管理抵消因子。

（4）危险性物质事故易发性 B_{111} 的评价

参照联合国专家委员会的建议书及我国《危险货物分类和品名编号》（GB 6944—2005），具有燃烧爆炸性质的危险物质可分为爆炸性物质、气体燃烧性物质、液体燃烧性物质、固体燃烧性物质、自燃物质、遇水易燃物质和氧化性物质 7 大类，每类物质根据其总体危险感度给出权重分，每种物质根据其与反应感度有关的理化参数值给出状态分，每一大类下面分若干小类，共计 19 个子类。对每一大类或子类分别给出状态分的评价标准。定义毒性物质为第八类危险物质，一种危险物质可以同时属于易燃易爆七大类中的一类，又属于第八类，对于毒性物质，其危险物质事故易发性主要取决于四个参数，毒性等级、物质的状态、气味、重度，物质危险性的最大分值定为 100 分。

（5）工艺过程事故易发性 B_{112} 的评价及工艺—物质危险性相关系数的确定

“工艺过程事故易发性”的影响因素确定为 21 项，它们是放热反应、吸热反应、物料处理、物料储存、操作方式、粉尘生成、低温条件、高温条件、高压条件、特殊的操作条件、高蚀、泄漏、设备因素、密闭单元、工艺布置、明火、摩擦与冲击、高温体、电气火花、静电、毒物出料及输送，最后一种工艺因素仅与含毒性物质有相关关系。

同一种工艺条件对于不同类的危险物质所体现的危险程度各不相同，因此必须确定相关系数 W_{ij}。W_{ij} 可分为五级，A 级表示关系密切，$W_{ij}=0.9$；B 级表示关系大，$W_{ij}=0.7$；C 级表示关系一般，$W_{ij}=0.5$；D 级表示关系小，$W_{ij}=0.2$；E 级表示没有关系，$W_{ij}=0$。

（6）事故严重度的评价方法

事故严重度用事故后果的经济损失以万元表示，事故后果系指事故中人员伤亡以及房屋、设备、物资等的财产损失，不考虑停工损失。人员伤亡分为人员死亡数、重伤数、轻伤数。财产损失严格讲应分为若干个破坏等级，在不同等级破坏区破坏程度是不相同的，总损失为全部破坏区损失的总和。

为了使单元之间事故严重度的评估结果具有可比性，需要对不同质的伤害用某种标度进行折算再叠加。参考我国政府部门的一些有关规定，在该评价方法中使用下式折算：

$$S=C+20\ (N_1+0.5\times N_2+105/6\ 000\ N_3)$$

式中　C——事故中财产损失的评估值（万元）；

N_1、N_2、N_3——分别为事故中人员伤亡、重伤、轻伤人数的评估值。

（7）危险性的抵消因子

尽管单元的固有危险性是由物质的危险性和工艺的危险性所决定的，但是工艺、设备、容器、建筑结构上的各种用于防范和减轻事故后果的设施，危险岗位上操作人员良好的素质，严格的管理制度，能够大大抵消单元内的现实危险性。在该评价方法中，工艺、设备、容器和建筑结构抵消因子由 23 个指标组成评价指标集；安全管理状况由 11 类 72 个指标组成评价指标集；危险岗位操作人员素质由 4 项指标组成评价指标集。

(8) 危险性分级与危险控制程度分级

单元危险性分级应以单元固有危险性大小作为分级的依据，这也是国际惯用的做法。该方法提出用以 10 万元为基准单位的单元固有危险性的评价值作为危险源分级标准，并根据我国实际情况，将易燃、易爆、有毒重大危险源划分为 4 级，作为重大危险源监控管理的依据，其分级标准见表 2—25。

表 2—25　危险源分级标准

重大危险源级别	1 级	2 级	3 级	4 级
$A^*=\lg(B_1/10^5)$	$\geqslant 3.5$	2.5～3.5	1.5～2.5	<1.5

注：A^* 为以 10 万元为基准单位的单元固有危险性的评价值；
B_1 为单元固有危险性的评价值。

单元综合抵消因子的值越小，说明单元现实危险性与单元固有危险性比值越小，即单元内危险性的受控程度越高。因此，可以用单元综合抵消因子值的大小说明该单元安全管理与控制的绩效。一般说来，单元的危险性级别越高，要求的受控级别也应越高。单元危险性控制程度的分级可采用表 2—26 的标准。

表 2—26　单元危险性控制程度的分级

级别	A 级	B 级	C 级	D 级
B_2 值	$B_2\leqslant 0.001$	$0.001<B_2\leqslant 0.01$	$0.01<B_2\leqslant 0.1$	$B_2>0.1$

注：B_2 为单元综合抵消因子。

各级重大危险源应该达到的受控标准是：一级危险源在 A 级以上，二级危险源在 B 级以上，三级危险源在 C 级以上。

四、风险评价方法的选择

风险评价方法的选择到目前为止不存在一个绝对的风险评价标准和方法，应当选择适用于自身实际情况和需要（工作场所状况、人员能力、具体的工艺特点和资源状况等）的风险评价标准和方法，不应追求过于复杂的定量分析方法。有时采用简便易行的主观评价方法即可获得良好效果。

安全检查表、预先危险性分析、故障类型和影响分析，以及危险可操作性研究等方法属于定性评价方法；这类评价方法主要是根据经验和判断能力对生产系统的工艺、设备、环境、人员、管理等方面的状况进行定性的评价。该方法的特点是简单，便于操作，评价过程及结果直观，目前在国内外企业安全管理工作中被广泛使用。但是，这类方法有一定的局限性，含有相当高的经验成分，对系统危险性的描述缺乏深度。不同类型评价对象的评价结果没有可比性。

美国道氏化学公司的火灾、爆炸指数法，英国化学公司蒙德工厂的蒙德评价法，日本劳动省颁布的化工企业六段危险评价法和我国化工厂危险程度分级方法等均为指数评价方法。指数的采用使得系统结构复杂、用概率难以表述其危险性单元的评价有了一个可行的方法。这类方法操作简单，是目前应用较多的评价方法之一。指数的采用，避免了事故概率及其后果难以确定的困难，评价指数值同时含有事故频率和事故后果两个方面的因素。这类评价方法的缺点是：评价模型对系统安全保障体系的功能重视不够，特别是对危险物质和安全保障体系间的相互作用关系未予以考虑。尽管在蒙德法和我国化工厂危险程度分级方法中有一定的考虑，但这种缺陷仍是很明显的。各因素之间均以乘积或相加的方式处理，忽视了各因素之间重要性的差别。评价自开始起就用指标值给出，使得评价后期对系统的安全改进工作较困难。在目前的各类指数评价模型中，指标值的确定只和指标的设置与否有关，而与指标因素的客观状态无关，致使危险物质的种类、含量、空间布置相似，而实际安全水平相差较远的系统，其评价结果相近，导致这类方法的灵活性和敏感性较差。指数评价法目前在石油、化工等领域应用较多。

概率风险评价方法是根据元部件或子系统的事故发生概率，求取整个系统的事故发生概率。如事故树、事件树法。这种方法系统结构清晰，相同元件的基础数据相互借鉴性强，在航空、航天、核能等领域得到了广泛应用。但这种方法要求数据准确、充分，分析过程需要取得组成系统各零部件和子系统发生故障的概率数据，而目前这类数据的积累还不够充分，因而其应用受到限制。

无论采用什么方法，只要能体现持续改进的精神，并能避免重大风险的遗漏，就是适用的有效方法，但应注意选用方法的逻辑性、一致性和合理性，并保持风险评价标准和方法的相对稳定。但在相对“重大”的问题解决后，应适当适时修订评价标准或方法。

第四节　重大危险源的监控

如何有效地控制重大危险源是预防重大事故发生迫切解决的问题。根据我国经济体制改革和工业生产的实际状况，我国必须建立适合我国安全生产管理体制的重大危险源控制系统。

一、重大危险源监控实施步骤

重大危险源监督管理工作制度分普查辨识、申报登记、建档建库、安全评估、隐患整改、监测监控等六个环节，或称六个实施步骤。

1. 普查辨识

主要是依据《重大危险源辨识》国标 GB 18218—2000 和《关于开展重大危险源监督管理工作的指导意见》（安监管协调字［2004］56 号）文件以及地方安监部门有关规定的要求，根据本单位的实际，按照危险源的物质和九大类别，分析单元内危险物质的数量确定是否构成重大危险源。应积极采用科研院所和有关技术研发单位开发的重大危险源的普查辨识软件，通过简单的人机对话，数据输入，能够自动实现重大危险源的简易辨识与危险源等级初次评估。

2. 申报登记

申报登记是生产经营单位履行《安全生产法》规定的法律义务。生产经营单位在对重大危险源普查辨识的基础上，依法向政府负有安全生产监督管理的部门申报重大危险源的危险等级与应急预案。同时应依法做好自身重大危险源定期检测，评估、监控和应急预案的演练工作。

3. 建档建库

生产经营单位对重大危险源的状况和日常管理的情况要依法及时登记建档，这是重大危险源监督管理制度中的一项基本要求，既要在重大危险源的普查辨识、申报登记的基础上进行登记建档，还要在后期的安全评估，隐患整改环节后补充完善，要建立起安全生产管理的数据库和档案库，客观记录，并能反映本地区重大危险源的管理情况，通过明确职责，落实责任，强化管理，促进本地区提高安全生产工作的水平。同时也能为事故调查处理提供原始素材。

4. 安全评估

依照《安全生产法》的要求，生产经营单位可自主选择具有国家认可资质证书的中介机构开展安全评估。安全评估报告应报送当地安全生产监督管理部门备案，安全评估一般每三年一次。对新建、改建和扩建工程项目凡构成重大危险源的，必须及时评估。如果生产经营单位由于申办许可证照等情况，已经作出安全评估结论，并能反映重大危险源的危险等级和实际状况的，在有效期内应予以确认。实施重大危险源评估制度的主要目的，一是对重大危险源状况简易评估的结果进行科学计算，作出最终认定，得出科学准确的重大危险源等级；二是对生产经营单位重大危险源管理是否存在缺陷及对事故隐患的检查和审查，通过对生产经营单位的技术服务和指导，以便生产经营单位及时整改。

5. 隐患整改

对安全评估机构或生产经营单位日常检测、监控工作中发现的存在事故隐患的重大危险源，生产经营单位要确保隐患整改资金，及时消除事故隐患，这是重大危险源监督管理制度的最重要的任务，是预防和减少事故发生的工作重点。要进一步完善法规，建立起重大危险源缺陷和事故隐患的立项、整改、验收和消项的监督管理工作制度。对不能保证安全的，应根据具体情况责令限期整改，整改期间不能保证安全的，必须撤离危险区域内的作业人员。整改验收不合格的要责令停止使用。

6. 监测监控

生产经营单位首先应依法在重大危险源现场设置明显的安全生产警示标志，提醒作业人员进入危险区域后增强安全生产的意识，告知外人进入危险区域，注意安全；其次是根据本单位实际工作的需要，配备必须的检测设备，进行检测，第三是要逐步开展实时动态监控。

对无条件自行检测的企业，可由生产经营单位委托有条件的中介机构实施重大危险源的检测，检测的频次和范围按现行国家标准实施。

对重大危险源的动态监测监控，由各地区根据本地的工作实际制定适合本地工作需要的工作规划，工作规划要报国家安全生产监督管理总局备案。

二、重大危险源监控职责

我国重大危险源控制系统应从企业和政府两方面入手，对重大危险源实行有效控制，如图 2—7 所示。

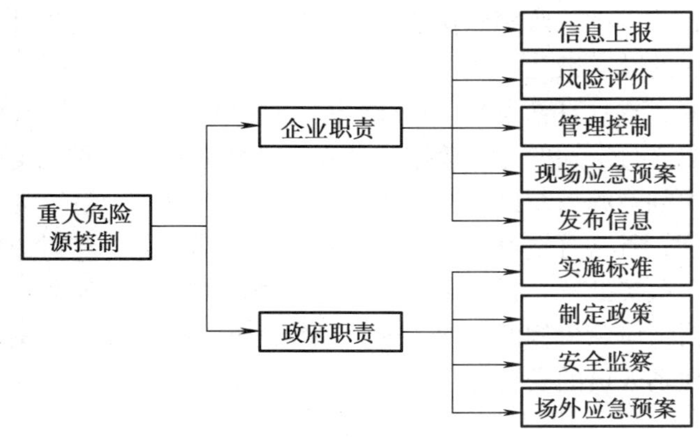

图 2—7　重大危险源控制系统

1. 企业方面的职责

（1）根据《重大危险源辨识》（GB 182182—2000），结合《关于开展重大危险源监督管理工作的指导意见》（安监管协调字［2004］56 号）的内容，在企业内部正确辨识和确认所属的重大危险源，将重大危险源信息向政府主管部门登记、上报，以便主管部门制定相应的政策。

（2）对其所属的每个重大危险源进行风险分析、评价，即评价危险事件发生概率和发生后果的联合作用，并提出有效的事故预防措施和减轻事故后果的对策措施。

（3）采用完善的安全技术措施和组织管理措施，对每一个重大危险源制定出一套安全管理制度，进行严格的管理控制，主要包括：安全操作制度、安全维护和监控制度、安全检查制度和员工的安全培训制度等。

（4）负责制订现场应急预案，对全厂职工进行重大事故应急的教育与演练，定期对重大危险源操作和管理人员进行预防事故的专业培训，并且定期检验和评估现场应急预案的有效程度，以及在必要时进行修订，同时辅助当地主管部门制订场外应急。

（5）向公众发布企业所属的重大危险源信息，促进公众的了解和参与。建议可以采取散发宣传资料的形式，保证公众充分了解发生重大事故时的安全措施，一旦发生重大事故，应尽快报警。

2. 政府部门的职责

（1）实施《重大危险源辨识》（GB 182182—2000），对企业实行重大危险源登记、上报制度，了解和掌握重大危险源的数量、分布及其状况，建立重大危险源信息管理系统，提高我国的重大事故预防水平。

（2）根据企业上报的重大危险源信息，制定相应的重大危险源管理政策（包括对企业重大危险设施的审批、监察和执法制度，以及重大危险源土地使用政策等）和制定重大事故发生后的减灾措施。

（3）建立国家、省（直辖市）、市三级重大危险源安全监察控制体系，对所辖范围内的重大危险源进行定期的专业监察，调查、评估企业执行重大危险源管理制度的情况，以确保重大危险源控制措施得以落实。

（4）建立国家、省（直辖市）、市三级重大事故应急系统（即场外应急预案），以便对突发事故进行救援处置，控制事故严重度及事故对公众健康和环境的影响，场外应急预案应该包括：应急机构的组织、通信系统的建立、专用设备的信息、专家信息源、志愿组织和现场人员的安排等。

第三章　火灾事故应急预案演练

事故应急预案编制完成后，应当定期或不定期地组织相关方进行预案的演练。通过演练，磨合、协调预案的运作，检验预案实施的效果，发现存在的问题，通过持续改进，使之不断完善。本章将从应急预案演练的意义和作用方面，阐述应急预案演练的要求和目标，并系统地介绍应急预案演练的程序和方法。

第一节　应急预案演练的意义和作用

一、应急预案演练的意义

有了应急预案并不能使个人、企业和政府主管部门有效地对实际发生的事故作出响应。经验表明，如果应急响应人员不能充分理解每项职责和步骤，在对事故进行应急救援时，就会出现严重的问题。为提高救援人员的技术水平与救援队伍的整体能力，以便在事故的救援行动中，达到快速、有序、有效的效果。经常性地开展应急救援预案的培训和演练，应成为救援队伍的一项重要的日常性工作。

应急演练是指来自多个机构、组织或群体的人员，根据编制的预案，针对假设事件，执行实际紧急事件发生时各自职责和任务的排练活动。它是检测重大事故应急管理工作的最好度量标准。应急演练的意义和目的主要在于以下方面：

1. 为了验证和改善预案可行性与实效性的需要

通过应急演练，应急预案的各部分或整体是否能有效地付诸实施可以得到检验，应急预案的实施效果可以得到验证，应急措施面对可能出现的各种紧急情况的适应性和针对性、应急通信系统的可靠性、应急机构与人员之间的协同性、应急准备工作的充分性均可得到实际演练的检查和证实。只有通过应急演练，才能真正地发现预案中存在的问题，才有可能对需要改善的地方及时进行修改和完善，才能确保编制的应急预案更加符合客观实际情况，其可行性与实效性才能得到提高。

2. 为了应急机构与人员能够得到演练的锻炼

应急演练使参演者受到了相应的锻炼，了解了某一应急事件发生时可能会遇到的危险以及自身应采取的应对措施。通过演练，人们可以了解自己现有的知识和技能与应对应急事件要求的差距，从而可以提前做好补救措施，避免事故或事件真正到来时的手足无措。

3. 为了增强人们应对灾害事故的信心

经过公开的演练，不但使人们掌握了应对事故的相关知识，还使人们意识到事故已经得到了上层组织的高度重视，并为此做了相应的准备；并且在事故发生前暴露预案和程序的缺点，辨识出缺乏的资源（包括人力和设备），有助于避免事故来临时的相关资源不到位问题。因此，一旦事故真正爆发，人们在心理上不会受到过大的冲击，克服困难的信心和心理承受能力均会得到增强。

4. 为了检验和强化相关部门及其人员应急工作的协同配合

应急演练可以增加企业应急预案与政府、社区应急预案之间的协调与合作，使相关部门及其人员的有效配合经受检验。各种相关应急系统（如中心指挥系统、消防系统、通信与联络系统、医疗急救系统）等的有效配合是应对事故的关键之一。通过提前的演练，各相关部门和系统可以各司其职，保证在最短的时间内发挥其职能，提高整体应急反应能力。

二、应急预案演练的作用

事故应急准备是一个长期的持续性过程，在此过程中，应急演练可以发挥如下作用：

1. 评估应急准备状态

通过评估，发现并及时修改应急预案、执行程序、行动核查表中的缺陷和不足。

2. 评估事故应急能力

通过评估，识别资源需求，澄清相关机构、组织和人员的职责，改善不同机构、组织和人员之间的协调问题。

3. 检验应急响应人员业务素质和能力

检验应急响应人员对应急预案、执行程序的了解程度和实际操作技能，评估应急培训效果，分析培训需求。同时，作为一种培训手段，通过调整演习难度，进一步提高应急响应人员的业务素质和能力，促进公众、媒体对应急预案的理解，争取他们对重大事故应急工作的支持。

三、应急救援训练与演习的形式

1. 应急训练的类型

应急训练的基本内容主要包括基础训练、专业训练、战术训练和自选课目训练四类。

（1）基础训练

基础训练是应急队伍的基本训练内容之一，是确保完成各种应急救援任务的前提和基础。基础训练主要是指队列训练、体能训练、防护装备、灭火器材、防火和灭火固定设施、通信报警设备的使用训练等内容。训练的目的是使应急人员具备良好的体能和战斗作风，熟练掌握各种消防器材、设备和设施的性能与使用等。

（2）技术训练

专业技术关系到应急队伍的实战水平，是顺利执行应急救援任务的关键，也是训练的重要内容。主要包括专业常识、灭火技术、堵漏技术、破拆技术、搜救技术、洗消技术、现场医疗急救技术等。通过训练，救援队伍应具备一定的救援专业技术，能有效地发挥救援作用。

（3）战术训练

战术训练是救援队伍综合训练的重要内容和各项专业技术的综合运用，提高救援队伍实践能力的必要措施。通过训练，使各级指挥员和救援人员具备良好的组织指挥能力、灭火战术应用能力和实际应变能力。

（4）自选课目训练

自选课目训练可根据各自的实际情况，选择开展如火灾报警、危险化学品处置、应急疏散等项目的训练，进一步提高救援队伍的救援水平。

在开展训练课目时，单位的兼职救援队应以本单位救援需要为主，兼顾社会救援的需要确定训练课目；专职性救援队伍应以社会性救援需要为目标确定训练课目。为保证训练效果，在训练前应制订训练计划，训练中应组织考核、验收和评比。救援队伍的训练可采取自训与互训相结合，岗位训练与脱产训练相结合，分散训练与集中训练相结合的方法。在时间安排上应有明确的要求和规定。

2. 应急演习的类型

演习既可在室外也可在室内进行。不论什么性质的演习，都可以分为单项演习、组合演习和全面演习。演习既可由机关单独进行，以指挥、通信联络为主要内容，也可由机关带部分应急救援专业队伍进行演练。

（1）实战模拟演习

实战模拟演习也就是“真实”景况模拟，即针对某一可能发生的事故，采用相应的道具，模拟事故发生时可能产生的后果，让接受培训者在亲身经历中学习如何应对事故，如何相互配合。应该说，这种培训方法的效果是最好的，既直接又深刻，但缺点是要受到时间、场地、人员、费用等多个条件的限制。其中又可根据任务、要求和规模分为单项演习、组合演习和全面综合演习。在一般情况下，只有搞好单项演习，才能顺利进行下一步的组合演习或全面综合演习。

1）单项演习。单项演习是针对完成应急预案任务中的某一单科项目而设置的演习，如应急反应能力的演习、应急救援通信联络的演习、应急疏散撤离演习、事故抢险项目演习等。单项演习属于局部性的演习，也是综合性演习的基础。

2）组合演习。组合演习是一种为了发展或检查应急处置组织之间及其与外部组织（如保障组织）之间的相互协调性而进行的演习。如灭火、冷却保护、堵漏、关闭阀门、火场供水等行动小组的相互配合练习；化学监测、侦察与消毒去污之间的衔接；现场警戒与公众撤离的联系；人员搜救、现场医疗急救、伤员转运组之间的任务分工及协同方法的实际检验等。通过带有组合性的部分联系，达到交流信息，加强各应急救援组织之间配合协调的目的。

3）全面综合演习。全面综合演习是应急预案内规定的所有任务单位或其中绝大多数单位参加的为全面检查执行预案可能性而进行的演习。主要目的是验证各应急救援组织的执行任务能力，检查他们之间相互协调能力，检验各类组织能否充分利用现有人力、物力来减小事故后果的严重度及确保公众的安全与健康。这种演习可展示应急准备及行动的各方面情况。因此，演习设计要求能全面检查各个组织及各个关键岗位上的个人表现。通过演习，应该能发现应急预案的可靠与可行度，能发现预案中存在的主要问题，能提供改善预案的决策性措施。全面演习要考虑公众的有关问题，尤其要顾及危险源区附近公众的情绪，使公众能够正确评价危害的性质，从而使推荐的防护措施能得到公众的确认。公众信息传播部门应借助全面演习的机会，向有关公众宣传演习的目的，以及当真实事故发生时，应该采取的措施。必要时可组织公众中骨干力量参观，甚至参加演习。全面演习应在单项和组合演习进行后实施，并应有周密的演习计划，严密的演习组织领导，充分的准备时间。

（2）室内演习

与实战模拟演习相比，室内演习的特点是不受时间、场地、人员、费用等多个条件的限制，但这种培训方法与实际情况有一定差距。

1）组织指挥演习。主要是对应急救援指挥部的应急力量调集、组织协调、指挥决策等进行演练。指挥部通常由指挥、通信、防化等部门领导以及救援专业队长组成。在各级相关职能机关、部门的统一领导下，参训人员按一定的目的和要求，在室内实施模拟组织指挥训练，以增强指挥机构应对各种突发灾害事故的能力。

2）桌面演习。桌面演习是指由应急组织的代表或关键岗位人员参加的，按照应急预案及其标准运作程序，讨论紧急情况时应采取行动的演习活动。通常组织者会以向参与者描述某一特定的事故（件）开始，让每一个参与者在事故救援中担当某一特定角色。参与者以口头讲述的方式描述他们会如何应对事故，并如何与其他角色进行配合。组织者会按照培训的规则，引导参与者的思路，并可能会不时地在讨论中加进一些新的变量，以将讨论深入下去。讨论结束时，组织者会对此次讨论进行评价，并指出每位参与者的不足之处。

桌面演习的主要特点是对演习情景进行口头演习，一般是在会议室内举行的活动。主要作用是在没有时间压力的情况下，演习人员在检查和解决应急预案中问题的同时，获得一些建设性的讨论结果。主要目的是在友好、较小压力的情况下，锻炼演习人员解决问题的能力，以及解决应急组织相互协作和职责划分的问题。

桌面演习只需展示有限的应急响应和内部协调活动，应急响应人员主要来自本地应急组织，事后一般采取口头评论形式收集演习人员的建议，并提交一份简短的书面报告，总结演习活动和提出有关改进应急响应工作的建议。桌面演习方法成本较低，主要用于为功能演习和全面演习做准备。

3）计算机多媒体系统演习。通过计算机的多媒体系统，模拟事故发生时的场景，让接受演习培训者通过与计算机的互动，掌握正确的应对技巧。它的优点是简单易行，只要有计算机设备和相应的软件，随时随地都可以进行演习培训，费用也相对较低。

第二节　应急预案演练的要求和目标

一、应急预案演练的要求

应急演练的类型有多种，不同类型的应急演习虽有不同特点，其共同性要求主要包括如下几个方面：

1. 基本要求

在组织实施演习过程中，必须满足“领导重视、科学计划、结合实际、突出重点、周密组织、统一指挥、分步实施、讲究实效”的基本要求。

2. 遵守相关法律、法规、标准和规定

各种应急演练在策划演习内容、演习情景、演习频次、演习评价方法等方面的内容时，必须遵守相关法律、法规、标准和应急预案规定，依据法律、法规、标准和规定进行演练。

3. 演练培训必须有针对性

应急演练培训必须要以某一具体应急事件为基础，例如火灾、爆炸、中毒等。这样就可以使接受培训者在再现应急事件发生场景的模拟环境中进行一次锻炼。它与泛泛的讲授一系列指示的培训方法有本质的不同，其效果也有很大差别。首先，这种以事件为基础的培训方法提供了应对应急事件所需要的具体操作层面和技术层面的知识。因为这种方法是在总结以往经验的基础上产生的，所以它更具有针对性。其次，这种以事件为基础的培训方法集中于团队在应急事件过程中应如何应对，而泛泛的指令培训往往做不到这一点。

4. 演练培训的内容必须全面

从角色配置来讲，必须有指挥者、信息发布者、有各种不同的职能团队（如消防队、救护队、运输队等）、有需要救助者等，各种角色必须齐全。从培训范畴来讲，既要包括参与者应掌握的知识和技能，也要包括参与者应对应急事件的心理教育，还应包括物质资源的有效组织配备。从具体培训内容来讲，应包括如何防止事故的发生、如何减轻事故带来的影响、事故发生时如何应对和如何进行事故后的恢复。这几方面的内容缺少了任何一个都不能称作一个完整的培训。

5. 演练培训要采用科学的方法

应急演练培训要注意方法的科学性。例如，从接受培训者的角度来讲，一要让接受培训者明确参加培训的目标，目标就是培训活动的目的和预期成果，只有目标明确，学习才是最有效的；二要以接受培训者应有的知识为基础，既不要重复培训他们已掌握的知识，也不能培训他们无法理解和掌握的知识；三要让接受培训者有实践的机会；四是每次培训后要有反馈，让参与者了解自己对知识和技能的掌握程度；五是要让接受培训者多做相互的沟通与交流。从培训的外部条件来看，培训时间、培训场所等都是要考虑的因素。

6. 注意演练培训协作精神

应急演练培训的一个重要任务是做好团队内部和不同团队之间的配合。在应急事件面前，只有整体团结一致，才能共渡难关。所以演练培训的一个重要事项就是区分“个体任务”和“团队任务”。个体任务主要指特定岗位的工作职责，从本质上讲它是技术性的。团队任务指一个团队必须完成的整体任务，它需要团队全体成员的密切配合。没有这种配合，团队就完不成这项任务。此外，不同团队之间也有相互配合的问题。这些配合都需要团队成员协调他们各自的行为来完成。

7. 及时评估演练培训效果

演练培训结束应及时组织总结与讲评，它是全面评价演习工作的重要步骤。这是一项很重要的工作，如果被参加演习的单位或人员遗漏，就使得演习总结评审匆忙、草率，降低了演习评估质量，不利于应急预案的修订与完善。对演习中发现的应急救援有关问题要进行研究，对提出的不足项、整改项和改进项的纠正过程应跟踪落实，以提高预案的有效性。

二、应急预案演练的目标

应急演练目标是指检查演习效果和评价应急组织、人员应急准备状态和能力的指标。在设计演练方案时应围绕这些演练目标展开。

1. 演练目标

（1）应急动员

该目标要求应急组织具备在各种情况下警告、通知和动员应急响应人员的能力，以及启动应急设施和为应急调配人员的能力。责任方既要采取系列举措，向应急响应人员发出警报，通知或动员有关应急响应人员各就各位，还要及时启动应急指挥中心和其他应急支持设施，使相关应急设施从正常运转状态进入紧急运转状态。

（2）指挥和控制

该目标要求责任方应具备应急过程中控制所有响应行动的能力。事故现场指挥人员、应急指挥中心指挥人员和应急组织、行动小组负责人员都应按应急预案要求，建立事故指挥体系，展示指挥和控制应急响应行动的能力。

（3）事态评估

该目标要求应急组织具备识别事故原因和致害物，判断事故影响范围及其潜在危险，评估事故危险性的能力。即应急组织应具备通过各种方式和渠道，积极收集、获取事故信息，评估、调查人员伤亡和财产损失、现场危险性以及危险品泄漏等有关情况的能力；具备根据所获信息，判断事故影响范围，以及对居民和环境的中、长期危害的能力；具备确定进一步调查所需资源的能力；具备及时通知上级应急组织的能力。

（4）资源管理

该目标要求应急组织具备根据事态评估结果，识别应急资源需求，动员和管理应急响应行动所需资源，以及动员和整合外部应急资源的能力。

（5）通信

本目标要求所有应急响应地点、应急组织和应急响应人员能进行有效的通信交流。应急组织要建立可靠的主通信系统和备用通信系统，其通信能力应与应急预案中要求的相一致，能够展示通信系统及其执行程序的有效性和可操作性。

（6）应急设施、装备和信息显示

该目标要求应急组织具备足够应急设施，且应急设施内装备、地图、显示器材和应急支持资料的准备与管理状况能满足支持应急响应活动的需要。

（7）警报与紧急公告

该目标要求应急组织具备按照应急预案中的规定，迅速完成在一定区域内向公众发出警报、宣传保护措施和信息的能力。

（8）公共信息

该目标要求责任方具备向公众发布确切信息和行动命令的能力。即责任方应具备协调其他应急组织，确定信息发布内容的能力；具备及时通过媒体发布准确信息，确保公众能及时了解准确、完整和通俗易懂信息的能力；具备控制谣言、澄清不实传言的能力。

（9）公众保护措施

该目标要求责任方具备根据事态发展和危险性质制定并采取公众保护措施的能力，包括选择并实施学生、残障人员等特殊人群保护措施的能力。

（10）应急响应人员安全

该目标要求应急组织具备保护应急响应人员安全和健康的能力，主要强调应急区域划分、个体保护、装备配备、事态评估机制与通信活动的管理。

（11）交通管制

该目标要求责任方具备控制交通流量，具备控制疏散区和安置区交通出入口的组织能力和资源，主要强调交通控制点设置、执法人员配备和路障清除等活动的管理。

（12）人员登记、隔离与去污

该目标要求应急组织具备在适当地点对疏散人员进行污染监测、去污和登记的能力，主要强调与污染监测、去污和登记活动相关的执行程序、设施、设备和人员情况。

（13）人员安置

该目标要求应急组织具备收容被疏散人员、提供安置设施和装备的能力。人员安置中心一般设在学校、公园、体育场馆及其他建筑设施中，要求可提供生活必备条件，如避难所、食品、厕所、医疗与健康服务等。

（14）紧急医疗服务

该目标要求应急组织具备将伤病人员运往医疗机构的能力和为伤病人员提供医疗服务的能力。转运伤病人员既要求应急组织具备相应的交通运输能力，也要求具备确定伤病人员运往何处的决策能力。医疗服务主要是指医疗人员接收伤病人员的所有响应行动。

（15）24 h 不间断应急

该目标要求应急组织在应急过程中具备保持 24 h 不间断运行的能力。重大事故应急过程可能需坚持 24 h 以上的时间，一些关键应急职能需维持 24 h 的不间断运行。因此，责任方应能安排两班人员轮班工作，并周密安排接班过程，确保应急过程的持续性。

（16）增援

该目标要求应急组织具备向外部请求增援，并向外部增援机构提供资源支持的能力。主要强调责任方应及时识别增援需求、提出增援请求和向增援机构提供支持等活动。

（17）事故控制与现场恢复

该目标要求应急组织具备采取有效措施控制事故发展和恢复现场的能力。事故控制是指应急组织应及时扑灭火源或遏制危险品溢漏等不安全因素，以避免事态进一步恶化。现场恢复是指应急组织为保护居民安全健康，在应急响应后期采取的清理现场污染物，恢复主要生活服务设施，制定并实施人员重入、返回与避迁措施等一系列活动。

（18）文件资料与调查

该目标要求应急组织具备为事故及其应急响应过程提供文件资料的能力。从事故发生到应急响应过程基本结束，参与应急的各类应急组织应按有关法律法规和应急预案中的规定，保存与事故相关的记录、日志及报告等文件资料，供事故调查及应急响应分析使用。

2. 演练目标分类与演习频次

上述 18 项演练目标基本涵盖了重大事故应急准备过程中，应急机构、组织和人员应展示出的各种能力。为检验和评价对重大事故的应急能力，应在一段时间内对这 18 项应急演习目标进行全面的演练。但单项演习并不要求全部展示上述 18 项目标的符合情况，也不要求所有应急组织全面参与演习的各类活动。根据应急演习目标性质与演习频次要求，可将这些目标分为 A、B、C 三类。

（1）A 类目标

A 类目标包括目标 1～8 项，是应急演习的核心目标，反映有效应对重大突发事故（件）所必需的应急准备能力。根据应急预案的规定，所有承担相应职责的应急组织都应参与每两年一次的全面演习，并在每次应急演习中展示相对应的应急演习目标。

（2）B 类目标

B 类目标包括目标 9～14 项，反映应对重大突发事故的应急响应能力。在每两年一次的全面演习中，应有一些应急组织对这些目标进行演习，具体参与演习的组织取决于演习事件和演示范围。B 类目标与 A 类目标的不同点在于所有应急组织都应在每两年一次的演习中展示 A 类目标，而 B 类目标要求对其负责的应急组织每六年演习一次即可。

（3）C 类目标

C 类目标包括目标 15～18 项，反映应对重大突发事故的应急准备能力。承担相应职责的应急组织应当至少每六年演习一次。

第三节　应急预案演练的程序和方法

一、应急演习的参与人员

应急演习参与人员按照演习过程中扮演的角色和承担的任务，可分为演习人员、控制（指挥）人员、模拟人员、评价人员、观摩人员五类。

演习人员指在演习过程中尽可能对演习情景或模拟事件作出响应行动的人员。

控制人员指根据演习情景，控制应急演习进展的人员。他们在演习过程中通过发布控制消息，确保演习按照演习方案的要求进行。

模拟人员指在演习过程中扮演、替代正常情况或紧急情况下应与应急组织相互作用的机构或部门的人员，或模拟事故的发生情况的人员。

评价人员指负责观察演习进展情况并予以记录的人员。要全面、正确地评价演练效果，必须在演练覆盖区域的关键地点和各参演应急组织的关键岗位上，指定专门评价人员组成一个评价小组，分工对演习的每一个程序进行考核的评价。他们在演习过程中观察演习人员的应急行动，并记录其观察结果，收集与演习相关的事实、时间、事件及其他各类详细情况，评估演习人员、应急组织的表现。

观摩人员指来自相关单位或相邻区域的旁观人员，尤其是来自相关企业或部门负责应急管理或响应工作的人员，他们可以从旁观应急演习过程，吸取经验和教训。

二、应急演习的程序

应急演习是由多个组织共同参与的一系列行为和活动，按照应急演习的前后应予完成的内容和活动，可将应急演习程序分解并整理成20项单独的基本任务。

1. 确定演习日期

应急演习策划小组应与企业或部门、应急组织和关键人员提前协商并确定应急演习日期。

2. 确定演练目标和演示范围

演习策划小组应提前选择演练目标，确定演示范围或演示水平，并落实相关事宜。

3. 编写演练方案

演习策划小组应根据演练目标和演示范围事先编制演习方案，对演习性质、规模、参演单位和人员、假想事故、情景事件及其顺序、气象条件、响应行动、评价标准与方法、时间尺度等事项进行总体设计。

4. 确定演习现场规则

演习策划小组应事先制定演习现场的规则，确保演习过程受控和演习参与人员的安全。

5. 指定评价人员

演习策划小组负责人应预先确定演习评价人员，分配评价任务。评价人员由企业或部门的内部人员或外聘事故救援方面的专家组成。

6. 安排后勤工作

演习策划小组应事先完成演习通信、卫生、物资器材、场地交通、现场指示和生活保障等后勤保障工作。

7. 准备和分发评价人员工作文件

策划小组应事先准备说明评价人员工作任务、演习、日程及后勤问题的工作文件，以及与其任务相关的背景资料，并在演习前分发给评价人员。

8. 培训评价人员

演习策划小组应在演习前完成对评价人员的培训工作，使评价人员了解应急预案和执行程序，熟悉应急演习评价方法。

9. 讲解演习方案与演习活动

演习策划小组负责人应在演习前分别向演习人员、控制人员、评价人员、简要讲解演习日程、演习现场规则、演习方案、情景事件等事项。

10. 记录应急组织演习表现

演习过程中，评价人员应记录并收集演练目标的演示情况。

11. 评价人员访谈演习参与人员

演习结束后，评价人员应立即访谈演习人员，征求演习人员对演习过程的评价、疑问和建议。

12. 汇报与协商

演习结束后，策划小组负责人应尽快听取评价人员对演练过程的观察与分析，确定演习结论并启动协商机制，确定采取何种纠正措施。

13. 编写书面评价报告

演习结束后，评价人员应尽快对应急组织的表现以及演练目标演示情况写出书面评价报告和书面说明。

14. 演习人员自我评价

演习结束后，演习策划小组负责人应召集演习人员代表对演习过程进行自我评估，并对演习结果进行总结和解释。

15. 举行公开会议

演习结束后，演习策划小组负责人应邀请参演人员举行公开会议，解释如何通过演习检验应对紧急事件的应急能力，听取大家对应急预案的建议。

16. 通报不足项

演习结束后，演习策划小组负责人应通报本次演习中存在的不足项及应采取的纠正措施。有关方面接到通报后，应在规定的期限内完成整改工作。

17. 编写演习总结报告

演习结束后，演习策划小组负责人应向有关主管部门提交演报告。报告内容应包括本次演习的背景信息、演习时间、演习方案、参与演习的应急组织、演练目标、演习不足项、整改项及建议整改措施等。

18. 评价和报告不足项补救措施

演习结束后，有关方面应针对不足项及时采取补救性训练等措施。策划小组负责人应针对补救措施的完成情况准备单独的评价报告。

19. 追踪整改项的纠正

演习结束后，演习策划小组负责人应追踪整改项的纠正情况，确保整改项能在下次演习中得到纠正。

20. 追踪演练目标演示情况

策划小组应确保应急组织按照有关法规、标准和应急预案的要求演示所有演练目标。

三、应急演习的方法

开展应急演习的过程可划分为演习准备、演习实施和演习总结三个阶段。每个阶段都有其相应方法。

1. 演习准备

（1）建立应急演习策划小组

应建立应急演习策划小组，演习策划小组是演习的领导机构，是演习准备与实施的指挥部门，对演习实施全面控制。其主要职责为：①确定演习目的、原则、规模、参演的部门；确定演习的性质与方法，选定演习的地点与时间，规定演习的时间尺度和公众参与的程度。②协调各参演单位之间的关系。③确定演习实施计划、情景设计与处置方案，审定演习准备工作计划、导演和调整计划。④检查和指导演习的准备与实施，解决准备与实施过程中所发生的重大问题。⑤组织演习总结与评价。

（2）编写演习方案

演习方案应以演习情景设计为基础。演习情景是指对假想事故按其发生过程进行叙述性说明，情景设计就是针对假想事故的发展过程，设计出一系列的情景事件，包括重大事件和次级事件。演习情景中必须说明何时、何地、发生何种事故、被影响区域等事故情景，并用情景说明书加以描述。事故情景的作用在于为演习人员的演习活动提供初始条件并说明初始事件的有关情况。情景事件主要通过消息传递方式，如有线和无线通信、书面或口头传达等，通知演习人员。

情景设计时，策划小组应注意如下事项：①编写演习方案或设计演习情景时，应将演习参与人员的安全和装置平稳操作放在首位，提前通知演习中所涉及的单位和部门。②负责编写演习方案或设计演习情景的人员，必须熟悉演习地点及周围各种有关情况。③设计演习情景时应尽可能结合实际情况。④情景事件时间尺度与真实事故时间尺度一致。⑤设计演习情景时应慎重考虑相关方卷入的问题，避免引起员工不必要的恐慌和影响。⑥设计演习情景时应考虑通信故障问题，检测备用通信系统。⑦设计演习情景时应对演习顺利进行所需的支持条件加以说明。⑧演习情景中不得包含任何可降低系统或设备实际性能，影响真实紧急情况检测和评估结果，减损真实紧急情况响应能力的行动或情景。

演习方案主要包括以下演习文件：

1）情景说明书。主要作用是描述事故情景，包括：发生何种事故或紧急事件，事故或紧急事件的发展速度、强度与危险性，信息传递方式，采取了哪些应急响应行动，已造成的人员伤亡和财产损失情况，事故或紧急事件的发展过程，事故或紧急事件发生时间，是否预先发出警报，事故或紧急事件发生的地点，事故或紧急事件发生时的气象条件等。

2）演习计划。主要内容包括：演习适用范围、总体思想和原则，演习假设条件、人为事项和模拟行动，演习情景，含气象及其他背景信息，演练目标、评价准则及评价方法，演习程序；控制人员、评价人员任务及职责，演习必要的支撑条件和工作步骤。

3）评价计划。即对演练目标、评价准则、评价工具及资料、评价程序、评价策略、评价组组成、评价人员在演习准备、实施和总结阶段的职责和任务的详细说明。

4）情景事件总清单。主要作用是对演习过程中需引入的情景事件（包括重大或次级事件），按时间顺序列表。主要内容包括情景事件及其控制消息和期望行动以及传递控制消息的时间或时机。情景事件总清单主要供控制人员管理演习过程使用，其目的是确保控制人员了解情景事件应何时发生、应何时输入控制消息等信息。

5）演习控制指南。主要作用是对有关演习控制、模拟和保障等活动的工作程序和职责的说明。该指南主要供控制人员和模拟人员使用，其用途是向控制人员和模拟人员解释与他们相关的演习思想，制定演习控制和模拟活动的基本原则，说明支持演习控制和模拟活动顺利进行的通信联系、后勤保障和行政管理机构等事项。

6）演习人员手册。是向演习人员提供的有关演习具体信息、程序的说明文件。演习人员手册中所包含的信息均是演习人员应当了解的信息，但不包括应对其保密的信息，如情景事件等。

7）通讯录。是记录关键演习人员通信联络方式及其所在位置等信息的文件。

（3）演习现场规则

演习现场规则是为确保演习安全而制定的，对有关演习和演习控制、参与人员职责、实际紧急事件、法规符合性、演习结束程序等事项的规定或要求。确保演习安全是演习策划过程中的一项极其重要的工作，既要保证演习参与人员的安全，也要保证公众和环境的安全。策划小组制定的演习现场规则应包括如下方面内容：

1）演习过程中所有消息或沟通必须以“这是一次演习”作为开头或结束语，事先不通知开始日期的演习必须有足够的安全监督措施，以便保证演习人员和可能受其影响的人员都知道这是一次模拟紧急事件。

2）参与演习的所有人员不得采取降低保证本人或其他人员安全条件的行动，不得进入禁止进入的区域，不得接触不必要的危险，也不使他人遭受危险，无安全管理人员陪同时不得穿越危险生产区域或其他危险区域。

3）演习过程中不得把假想事故、情景事件或模拟条件错当成真的，特别是在可能使用模拟的方法来提高演习真实程度的那些地方，如使用烟雾发生器、虚构伤亡事故和灭火地段等。当计划这种模拟行动时，事先必须考虑可能影响设施安全运行的所有问题。

4）演习不应要求承受极端气候条件、高辐射或污染水平，不应为了演习需要而污染大气或造成危险。

5）参演应急响应设施、人员不得预先启动、集结，所有演习人员在演习事件促使其作出响应行动前应处于正常工作状态。

6）除演习方案或情景设计中列出的可模拟行动及控制人员的指令外，演习人员应将演习事件或信息当做真实事件或信息作出响应，应将模拟的危险条件当做真实情况采取应急行动。

7）所有演习人员应当服从指挥人员的指令。

8）控制人员仅向演习人员提供与其所承担功能有关并由其负责发布的信息，演习人员必须通过现有紧急信息了解获取必要的信息，演习时传递的所有信息都必须具有明显标志。

9）演习过程中不应妨碍处理真正的紧急情况，发生真正紧急事件时可立即终止结束演习，迅速通知所有演习人员投入真实的应急行动。

10）演习人员没有启动演习方案中的关键行动时，控制人员可发布控制消息，指导演习人员采取相应行动，也可提供现场培训活动，帮助演习人员完成关键行动。

2. 演习实施

应急演习实施阶段指从宣布初始事件起到演习结束的整个过程。各种类型的演习，规模、持续时间、演练目标、演习情景等有所不同，但演习的基本内容大致相同。

演习阶段，参演应急组织和人员应尽可能按实际紧急事件发生时的响应要求进行演示，由参演应急组织和人员根据自己对最佳解决办法的理解作出响应行动。策划小组负责人的作用主要是宣布演习开始、结束和解决演习过程中的矛盾。控制人员的作用主要是向演习人员传递控制消息，提醒演习人员终止对情景演练具有负面影响或超出演示范围的行动，提醒演习人员采取必要行动以正确展示所有演练目标，终止演习人员不安全的行为，延迟或终止情景事件的演习。

演习过程中参演的应急组织和人员应遵守演习现场规则，确保演习安全进行。如果演习偏离正确方向，控制人员可以采取行动以纠正错误，包括终止演习过程。采取行动时应尽可能平缓，以诱导方法纠偏；只有对背离演练目标的演示，才使其延迟或终止演习。

3. 演习总结

在每一次演习后，均应根据演练的实况开展讲评，做好总结工作，并根据演练中出现的问题，及时调整演练方案，以保证演练的成功。同时，这样也能保证将应急预案及时更新、修订和维护。

（1）演习效果评价

演习效果评价是指观察和记录演练活动、比较演习人员表现与演练目标要求符合程度，并发现演习中存在问题的过程。演习评价的目的是确定演习是否达到演练目标要求，检验各应急组织指挥人员及应急响应人员完成任务的能力。

1）应急演习评价方法。应急演习评价方法是指演习评价过程中的程序和策略，包括评价组组成方式、评价目标、评价依据、评价范围与评价标准。评价目标是指在演习过程中要求演习人员展示的活动和功能，可与演练目标相一致。评价的主要依据有：评价人员的记录和他们的看法，有关专家的意见，参演单位的自我评估，上级领导与机关的指示等。评价范围应包括演习组织者，参演的所有单位，演习保障单位等。评价标准是指供评价人员对演习人员各个主要行动及关键技巧的评判指标，这些指标应具有可测性。评价可参照演练计划中所规定的各项具体指标进行，最后根据演练的总目标，得出总的评价结论。只要有条件，评价结论尽可能量化。

2）演习发现。演习发现是指通过演习评价过程，发现应急救援体系、应急预案、应急执行程序或应急组织中存在的问题。按对人员生命安全的影响程度可将演习发现划分为 3 个等级，从高到低分别为不足项、整改项和改进项。

①不足项。不足项是指演习过程中观察或识别出的，可能导致场外应急准备工作在紧急事件发生时不足以确保应急组织或应急救援体系有能力采取合理应对措施，保护自身及附近其他人员生命安全健康的不完备项目。不足项应在规定的时间内予以纠正。演习发现确定为不足项时，策划小组负责人应对该不足项详细说明，并给出纠正措施和完成时限。最有可能导致不足项的应急预案编制要素包括：职责分配、应急资源调集，警报、通报方法与程序，通信，事态评估，公众信息，保护措施，灭火控险方法，应急响应人员安全和紧急医疗服务等。

②整改项。整改项是指演习过程中观察或识别出的，单独并不可能对公众生命安

全健康造成不良影响的不完备项目。整改项应在下次演习时予以纠正。下面两种情形的整改项可为不足项：一是某个应急组织中存在两个以上整改项，共同作用可妨碍为现场人员生命安全健康提供足够的保护；二是某个应急组织在多次（两次以上）演习过程中，反复出现前次演习识别出的整改项。

③改进项。改进项是指应急准备过程中应予改善的问题。改进项不同于不足项和整改项，一般不会对人员生命安全健康产生严重影响，因此，不必要求对其予以纠正。

（2）演习总结与追踪

演习结束后，应及时组织总结与讲评，它是全面评价演习是否达到演练目标、应急准备水平及是否需要改进的一个重要步骤，也是演习人员进行自我评价的机会。演习总结与讲评可以通过访谈、汇报、协商、自身评价、公开会议和通报等形式完成。

策划小组负责人应在演习结束规定期限内，根据评价人员在演习过程中收集和整理的资料，以及从演习人员和公开会议中获得的信息，编写演练报告并提交给有关政府部门。演习报告是对演习情况的详细说明和对该次演习的评价。演习报告中应包括如下内容：①演习的地点、时间、气象等背景信息。②参与演习的应急组织。③演习情景与演习方案。④演练目标、演示范围和签订的演示协议。⑤应急情况的全面评价。⑥演习发现与纠正措施建议。⑦对应急预案和有关执行程序的改进建议。⑧对应急设施、设备维护更新方面的建议。⑨对应急组织和人员能力培训方面的建议。

演习策划小组在演习总结与讲评过程结束之后，安排人员督促相关应急组织继续解决其中尚待解决的问题。为确保参演应急组织能从演习中取得最大益处，策划小组应对演习发现进行充分研究，确定导致该问题的根本原因、纠正方法、纠正措施及完成时间，并指定专人负责对演习发现中的不足项和整改项的纠正过程实施追踪，监督检查纠正措施的进展情况。

四、应急演练的注意事项

1. 多种形式演练

应急训练与演习是检测人员培训效果、测试设备和保证所制定的应急预案和程序有效性的最佳方法。因此，应该以多种形式开展有规则的应急训练与演习，使应急队员能进入“实战”状态，熟悉各类应急操作和整个应急行动的程序，明确自身的职责等。可以适当组织桌面演练，组织者对演练情景进行口头演习，锻炼参演人员解决问题的能力，以及相互协作和职责划分的问题；还可以针对某项应急响应功能，或其中某些应急行动进行演练活动。这样的演习好操作，成本低，能保持应急人员的应急响应能力，达到锻炼和提高队伍的目的。在条件具备时，最好进行实战模拟演习，以检验和评价应急组织的应急运行能力，达到良好的演练效果。

2. 合理选择演练场地

应合理选择演练场地，善于利用废旧设施、场所组织演习。为达到真实的应急响应和救援效果，建议利用废旧设施或场所组织演习。例如 2004 年 5 月，某企业利用煤化工公司废弃系统，成功实施了大型事故应急救援综合演习，收到了很好的现场效果，从中发现了预案中存在的不少问题，使预案得到了及时修订和完善。

对人口集聚的场所或闹市地段进行演习，要选择合适的时间，并与交通、治安等部门共同落实安全措施。

个别重点单位（部位）由于某些原因不宜进行演练的，应同这些单位协商，组织救援人员实地察看，熟悉情况。

3. 保证演练安全

应急演练是针对模拟事故条件下，执行实际紧急事件发生时的排练活动。在做应急演练方案或设计演习情景时，应将参加演习人员、社会公众的安全放在十分重要的位置加以考虑，不要因为演习而造成重大事故。

指定有经验的人员负责灾害事故场景的模拟与恢复，保证现场设置满足模拟条件，符合安全要求，并采取措施保证现场演练过程中的行动安全。现场设置情况应通告演习现场的相关部门和参加演习的人员。演习前，要对演习现场及用于演习的建筑、装置、车辆等的安全性进行全面检查。主要内容是：建筑、车辆、管线、罐体等的结构是否安全；确定现场除了用于燃烧的木材、油品、发烟罐等物品外，有无其他可燃物品；建筑、装置通道上的障碍物以及可能发生高空坠落的物品是否清除；爆炸波及的范围内有无人员、车辆；消防水源是否好用；演习区域是否实施警戒等。演习开始前，应在现场合适的地点建立现场指挥部，以便全面观察灾害场景的模拟进程，对整个演习行动进行有效监控。现场安全员要时刻注意演习过程中的每个细节，对于在演习中出现的危险情况，要迅速作出应急处理，杜绝各种意外事故的发生。演习中进入模拟有毒气体、高温、浓烟、倒塌环境中的人员，必须佩戴空（氧）气呼吸器，做好个人防护，并严格执行操作规程。在高空行动时，应小心谨慎，防止滑落。进入带电场所，要采取防触电保护措施。

当演习的现场或其周围安全区域内，存在危险化学物质、危险设施或场所（如油库、煤气、氧气等危险区域）时，应特别注意演习安全，防止易燃物质产生火灾，由火灾引发爆炸、连环爆炸，毒物泄漏等事故。

4. 避免干扰公众

应急演习原则上应避免惊动公众，如必须卷入有限数量的公众，则应在公众教育得到普及、条件比较成熟的时机进行。应尽量避免演习给生产与社会生活造成干扰。

5. 重视演习记录

演习记录不全或没有记录，缺乏演习评价、总结资料，致使演习结果评估不充分。主要原因是：演习方案制订得不周密，只关注演习本身的组织，忽略了演习评价人员的作用；其次，评价人员对应急预案、演习方案不熟悉，观察演习责任心不强，没有能够很好地记录下观察结果。

6. 积极应用新技术装备

演习中要考虑应急救援新技术、新装备的合理应用，如使用不同种类泡沫扑救不同液体火灾的试验，观察灭火剂的用量、灭火时间和效果，并做好数据记录，进行分析研究，形成指导理论，为今后扑救类似火灾提供可靠依据等。

第四章　火灾事故应急预案管理

面对经济的快速发展、重大危险源不断增多、发生事故的诱因增多的新的火灾形势，加强火灾事故应急预案的管理势在必行。为此要求人们不仅要重视已有的危险，还要主动地识别新的危险，变事后总结教训的“亡羊补牢”式管理为事前与事后共同安排处理相结合式管理。本章将从事故应急管理体系和模式方面体现事故应急预案管理的地位和意义，阐述应急预案管理的基本要求，系统地介绍应急预案管理的方法和应急预案的应用。

第一节　事故应急管理体系结构

应急预案管理属于应急管理中的一项经常性和规范性工作，它与应急管理的体系和模式有密切关系。从宏观上讲，应急管理是指为了应对突发事件而进行的一系列有计划有组织的管理过程，主要任务是有效地预防和处置各种突发事件，最大限度地减少突发事件的负面影响，包含了对突发灾害事件的事前、事中、事后各阶段和各方面的管理。具体地讲，应急管理体系和模式可以体现在事故预防、应急准备、应急响应和应急恢复四个阶段之中。

一、事故预防阶段

事故预防是指为预防、控制和消除生产事故对生命、财产和环境的危害所采取的行动。在事故应急管理中，预防有两层含义：一是事故的预防工作，即通过安全管理和安全技术手段，尽可能地防止事故的发生，实现本质安全；二是在假定事故必然发生的前提下，通过预先采取的预防措施，来达到降低或减缓事故的影响或后果严重程度。该阶段工作主要包括：安全规划；风险分析、评价；制定事故预防措施；实施关键设备、设施的检测检验；对员工、管理者及周边地区民众进行生产事故应急宣传与教育等。从长远观点看，低成本、高效率的预防措施，是减少事故损失的关键。

二、应急准备阶段

应急准备是在生产事故发生前采取的行动，其目的是为了培养和增强对事故应急管理能力。充分的应急准备可以降低紧急状况下的未知因素，为正确处置突发事件提供保障。该阶段工作主要包括：应急体系的建立，有关部门和人员职责的落实，预案的编制，应急队伍的建设，应急设备（施）、物资的准备和维护，预案的演习，与外部应急力量的衔接等。

三、应急响应阶段

应急响应是在生产事故发生后及整个生产事故发生期间立即采取的救援行动，其目标是通过应急救援行动使人员伤亡及财产损失减少到最小，并有利于灾后恢复。该阶段工作主要包括：事故的报警与通报、人员的紧急疏散、急救与医疗、消防和工程抢险措施、信息收集与应急决策和外部救援等。

应急响应可划分为两个阶段，即初级响应和扩大应急。初级响应是在事故初期，企业应用自己的救援力量，使事故得到有效控制。如果事故的规模和性质超出本单位的应急能力，则应请求增援和扩大应急救援活动的强度，以便最终控制事故。

四、应急恢复阶段

事后恢复是在生产事故发生后立即进行的行动，其目标是先使事故影响区域恢复到相对安全的基本状态，然后逐步恢复到正常状态。该阶段要求立即进行的恢复工作主要包括：实施应急响应关闭程序；开展事故调查、废墟清理、事故现场洗消工作；开展事故损失评估与索赔工作等。在短期恢复中应注意的是避免出现新的紧急情况。长期进行的恢复工作包括：厂区重建和受影响区域的重新规划和发展，以及吸取事故和应急救援的经验教训，采取进一步的预防措施和减灾行动等工作。

第二节　应急预案管理的基本要求

应急预案的编制和颁布并不意味着处理危机和消减风险的能力就已经到了一个高的水平。应急预案颁布之后，要确保应急预案在实践中落实，在实践中检验，并在实践中不断完善。要建立健全应急管理的机制、体制和法制，把各项应急预案全面落到实处，还需要扎扎实实做大量深入细致的工作。

一、完善应急预案体系

各级安全监管部门及其他有安全监管职责的部门要在政府的统一领导下，根据国家安全生产事故有关应急预案，分门别类编制修订本地区、本部门、本行业和领域的各类安全生产应急预案。各生产经营单位要按照《生产经营单位安全生产事故应急预案编制导则》制定应急预案，建立健全包括集团公司（总公司）、子公司或分公司、基层单位以及关键工作岗位在内的应急预案体系，并与政府及有关部门的应急预案相互衔接。

各级安全监管部门要把安全生产事故应急预案的编制、备案、审查、演练等作为安全生产监督、监察工作的重要内容，通过应急预案的备案、审查和演练，提高应急预案的质量，做到相关预案相互衔接，增强应急预案的科学性、针对性、实效性和可操作性。依据有关法律、法规和国家标准、行业标准的修改变动情况，以及生产经营单位生产条件的变化情况、预案演练过程中发现的问题和预案演练的总结等，及时对应急预案予以修订。

二、健全应急管理体制和机制

健全和完善各级应急管理机构与应急救援指挥机构、应急救援指挥机构与各专业应急救援指挥机构的工作关系。完善体制、建立机制、理顺关系，做好工作。

加强各应急管理机构间的协调联动，积极推进资源整合和信息共享，形成统一指挥、相互支持、密切配合、协同应对事故灾难的合力。发挥安全生产委员会及其办公室在安全生产应急管理方面的协调作用，建立安全生产应急管理工作的协调机制。

三、抓好应急管理人才队伍建设

能否有一支专业化的、训练有素的公共部门应急管理人才队伍，是应急预案体系发挥作用的保证。优化、整合各类应急救援资源，建设国家、区域、骨干专业应急救援队伍。加强生产经营单位的应急能力建设。尽快形成以企业应急救援力量为基础，以公安、消防等骨干专业队伍为中坚力量，以应急救援志愿者等社会救援力量为补充的应急救援队伍体系。

各类生产经营单位要按照安全生产法律法规要求，建立安全生产应急救援组织。大中型矿山、建筑施工单位和危险物品的生产、经营、储存单位，以及具有重大危险源的生产经营单位应当建立专职安全生产应急救援队伍。其他小型高危险生产经营单位没有建立专职安全生产应急救援队伍的，要指定兼职应急救援人员，并与专业安全生产事故应急救援队伍签订应急救援协议。其他生产经营单位应根据预案实施的需要，建立必要的应急救援指挥机构和专兼职的应急救援队伍。

四、建立完善配套的应急救援通信系统

科学有效的应急预案要包括健全完善的应急救援通信系统。通信系统是反映事故现场状况和进行信息交流快捷、准确的通信手段，现场救援的组织指挥工作可通过通信系统掌握现场的全部情况。事实证明，建设畅通的通信网络，实施有效的指挥，确保在危机状态下和救援者保持联系至关重要。

建立现场指挥中心。通过指挥中心统一协调指挥，使救援工作规范有序地进行，这样就会彻底避免传统的救援中经常出现的紧张、混乱局面，最大限度地减少伤亡及相应的损失。

配备图像和音频传输设备。指挥中心通过现代化的通信设备可以快速感知事故现场情况和发展态势，迅速作出救援方式和救援规模的初步决策，然后尽快告知参与救援的各有关部门现场发生了什么事故以及如何配合救援。

形成网络。指挥中心要与气象站、事故救援专业技术中心等部门通过网络连接起来，及时收集风向和风速等与抢险救援有关的数据，为发出合理的操作指令提供信息。

五、建立应急装备和设施的长效监管机制

准备充足的应急装备和设施对于及时发现事故、积极开展应急救援工作、抑制事故的蔓延具有重要作用。应急人员应对常用的应急装备和设施的种类和主要性能有深入的了解和掌握，建立长效监管机制，注重平时的维护和保养，保证场内应急装备和设施，如检测仪器、堵漏器材、灭火器材、急救器材、个人防护用品等的方便使用。鼓励、支持救援技术装备的自主创新，引进、消化吸收先进救援技术和装备，提高应急救援装备的科技含量。

六、加强应急管理培训和宣传教育

将应急管理和应急救援培训纳入安全生产教育培训体系。在有关注册安全工程师、安全评价师等安全生产类资格培训，以及特种作业培训、企业主要负责人培训、安全生产管理人员培训等中增加应急管理的内容。分类组织开发应急管理和应急救援培训适用教材，加强培训管理，提高培训质量。生产经营单位要加强对从业人员的应急管理知识和应急救援内容的培训，特别是要加强重点岗位人员的应急知识培训，提高现场应急处置能力。

通过各种有效方式，加大宣传力度。要使应急管理的法律法规、应急预案、救援知识进企业、进机关、进学校、进社区，普及安全生产事故预防、避险、自救、互救和应急处置知识，提高生产经营单位从业人员救援技能，增强社会公众的安全意识和应对事故灾难的能力。

七、加强应急预案的模拟演练

仅有预案并不能做到有备无患，还要做好模拟演练，发挥应急预案的最好效果。生产经营单位要积极组织应急预案的演练，高危企业每年至少要组织一次应急预案的演练。各级安全监管部门要协调有关部门，每年组织一次高危企业、部门、地方的联合演练。通过演练，检验预案、锻炼队伍、教育公众、提高能力，促进企业应急预案与政府、部门应急预案的衔接和对应急预案的不断完善。演练要舍得资金投入，要根据需要配备应急保护装备。

八、建立健全应急管理法律法规及标准体系

加强应急管理的法制建设，逐步形成事故灾难预防和应急处置工作的规范化、法制化和科学化。认真贯彻《安全生产法》，认真执行国务院《关于全面加强应急管理工作的意见》和《国家突发公共事件总体应急预案》，认真研究应急预案管理、救援资源管理、信息管理、队伍建设、培训教育等配套规章规程和标准。各有关部门要依据有关法律、法规和标准，结合实际制定并完善应急管理的地方和部门法规规章及标准。生产经营单位要建立和完善内部应急管理的规章制度。依法管理，全面提高突发事件的综合管理水平和应急处置能力。

九、建立有效的约束与激励机制

建立有效的约束与激励机制是事故应急救援预案管理体系的生命线，建立并强化对管理体系运行效果测评、审查员的管理考核与激励机制是促进事故应急救援预案管理体系持续改进、有效运行的保障。事故应急救援预案管理体系应具有自我发现、自我完善的运行机制，持续改进。

第三节　应急预案管理的方法

一、专人管理应急预案

事故应急预案应指定专人负责管理，做到取用方便。制定的预案由本级主管领导审核批准后，除使用单位存档之外，要报上一级主管单位存档备案。

预案电子文档要有纸质文档备份，电子文档要在不同计算机上备份，并保持同步更新。

数字化预案制作与管理应实行专机专用，存储基础数据的数据库应在不同计算机上有数据备份。

应急指挥中心应建立事故预案数据库，实现资源共享。

二、动态管理应急预案

根据应急管理的实际情况，让预案编制和运作一直处于动态管理，伴随突发事件和外部环境的变化而充实、改进和完善，使预案因时、因地、因环境而及时修订和更新，以保证预案的准确性、科学性、指导性和可操作性。单位（部位）情况有变更或预案涉及的应急力量有变动、装备更新、技术水平提高时，应及时修改预案，并对存档和上报的预案进行修订、更新。

1. 修订原因

事故应急预案在演练和使用中，具有下列情况之一者应予以修订：

（1）每次应急演练后，请专家对预案进行评估和修改完善。

（2）单位（部位）的生产、储存、使用性质或生产工艺已经改变。

（3）单位（部位）的生产、储存、使用规模发生变化。

（4）单位（部位）主要建（构）筑物经过扩建、改建，设备有了大的更新。

（5）道路、水源及单位内部灭火设施有所调整。

（6）单位（部位）整体布局发生重大变更。

（7）消防队伍、配备的技术装备有了变动。

2. 修订方法及要求

事故应急预案需要修订时，除较小的局部变动外，应按原制订程序予以修订。其要求如下：

（1）在重新调查研究时，除对发生变化的情况作深入细致了解外，对其他情况也要予以考察，注意局部变化对全局的影响。

（2）对于生产或使用性质发生根本性变化的企业或场所，修订的重点应放在灭火战术对策，灭火剂选用等方面。

（3）对于生产或储存规模有较大变化的企业或场所，修订的重点应放在灭火救援力量增减上。

（4）对于道路、水源、企业内部灭火设施、整体布局有所变动的企业或场所，要在应急救援部署上作相应的调整。

（5）对于局部性变化，可作局部性调整，对于整体发生变化的，应考虑各个方面的统一调整，必要时废除原计划，重新制定。

（6）有些重点部位扩建或改造时间较长，完整的火灾事故应急预案一时难以修订时，可针对某些专项工程的进展，适时地制定一些临时性应急措施，待工程全部完工后及时补订。

（7）对于事故应急预案的修订情况，应及时报告上级有关部门，经过修订或重新制定的事故应急预案，也要重新报上级审核批准。

（8）预案的撤销权限与审核批准权限相同。因内容修订而作废的预案应指定专人进行销毁，电子文档要永久性删除。

三、保持应急管理的常规性和规范性

应急预案是应急组织管理、指挥、协调应急资源和应急行动的整体计划和程序规范。应急预案最基本的功能在于未雨绸缪、防患于未然，通过在突发事故（件）发生前进行事先预警防范、准备预案等工作，对有可能发生的突发事故（件）做到超前思考、超前谋划、超前化解。把应急管理工作正式纳入经常化、制度化、法制化的轨道，从规范角度对应急管理相关事务形成制度性的设计，就能够确保一旦发生突发事故（件），相关部门迅捷有序地根据事前的制度安排采取不同的应对措施，相互交织却有机协同，从而做到有效组织，快速反应，高效运转，临事不乱，最大程度地减少突发事故（件）造成的损失。在应急预案编制与管理的过程中，如果把各种可能出现的问题尽可能估计得充分一些，并且宁可估计得严重一些，把准备工作做得更扎实一些，应急管理工作人员能够极大地缓解处理突发事故（件）所面临的巨大压力，同时也可避免因经验不足、精神紧张、工作疲劳等而发生的工作疏忽。

第四节　应急预案的应用

事故应急预案得到正确应用，是制定应急预案的目的，也是整个事故应急准备工作的关键。

一、公安消防部队灭火救援预案的应用

公安消防部队灭火救援预案的应用可分为平时应用和实战应用两方面。

1. 平时应用

（1）熟悉重点单位或部位的情况和灭火救援对策

公安消防部队灭火救援人员通过灭火救援预案，可了解责任区重点保护单位（部位）的有关情况，熟悉责任区的重点保卫单位生产或储存物资的性质和建筑的不同结构类型，研究各种不同对象的灭火对策，掌握灭火战斗部署、行车路线、供水方案、灭火对策和措施，提高灭火战术和技术水平。

（2）开展战术训练

应用灭火救援预案，假设火场的复杂情况进行实地演练，可以使指战员掌握各类灾害事故处置对策与程序，提高应变能力和战术意识，能够使队伍的快速反应能力和协同作战能力得到实际的锻炼。

（3）落实灭火救援准备工作

根据预案实施演练，检验预案的可操作性和各项灭火救援准备工作的落实情况，对不能落实的及时进行调整。

2. 实战应用

（1）用于调动协同各参战力量

在实战中，根据预案调集相关参战力量，各参战力量按照预案明确分工投入战斗，能够使力量调集迅速准确、现场作战协同有序，避免现场混乱。

（2）用于临场指挥

火场指挥员通过灭火救援应急预案，熟悉重点保护单位的情况，到火场后按照预案部署各灭火救援力量，下达行动命令。当火场实际情况有变化时，可在原预案的基础上，及时加以调整和修改，果断地作出决策，保证顺利地完成火灾扑救任务。

（3）用于现场辅助决策

虽然灭火救援现场千变万化，但灭火救援预案中的战术原则、处置程序、参战力量、协同作战方式方法等内容，可以为火场指挥员决策提供辅助参考依据，便于对灾害事故的迅速处置。

二、企业事故应急预案的应用

1. 通过应急预案，建立科学合理的应急机制

处置突发事故（件）行动也称应急反应，是一项高度复杂、要求各部门密切协同配合的行动，任何迟疑和偏差都将带来难以挽回的损失。因此，应急反应就需要一个科学、合理、高效的应急体制作为基础，而应急预案在整个应急体制中起着关键作用，也是建立完善应急机制的重要依据。企业应以制定完善应急预案为切入点和契机，通过编制预案、落实预案、实施预案，促进应急管理体制、运行机制和协同机制的建设。既要以安全保卫人员作为处置突发事件的主体力量，还要充分依靠公安、武警和消防部门的有效支援，既要建立一支过硬的专业应急处置队伍，还要培养全体职工在突发事故（件）发生时处乱不惊，有条不紊地做好预防、避险、自救、互救等工作，增强抵御各种风险的能力。

2. 运用应急预案，加强应急救援教育和培训

企业应将预案下发各部门和单位进行学习，并对全体职工进行经常性的应急救援常识教育，使其了解和掌握如何识别危险、如何采取必要的应急措施、如何启动紧急警报系统、如何安全疏散人群等基本操作，尤其是火灾和危险化学物质事故应急的培训，因为火灾和危险品事故是常见的事故类型。因此，培训中要加强与灭火操作有关的训练，强调危险物质事故的不同应急水平和注意事项等内容，掌握检测仪器、堵漏器材、灭火器材、急救器材、个人防护用品等的使用方法。

3. 通过应急预案的演练，全面提高处置突发事故的能力

各种应急预案只有通过反复演练，才能确保启动时顺利实施。通过演练不仅可以使大家了解、掌握预案，还可以检验预案是否合理、科学、全面，以便及时进一步修改完善。企业在应急预案的演练过程中，应把具体、实用、明白、易行作为检验应急预案的基本标准，还可以根据需要制定一些行动方案、保障方案和操作手册。在组织演练时，以提高指挥和处置人员应急管理水平和专业技能，增强应急反应的实战能力为主要目的。通过应急预案的演练，做到应急准备工作常态化，常备不懈。所以，应急模拟演习和应急预案的培训应当作为企业每年都必须要进行的经常性工作。

4. 运用应急预案，处置突发事故

在完善应急预案的基础上抓好即时应急处置的工作，也就是一旦发生突发事故，应急预案自动生效。根据事故的严重程度和分级负责的原则，有关领导同志应当按照

预案规定自动就位，迅速组织指挥处置突发事故和救援工作。各部门、相关人员要按照平时的演练，有条不紊地展开各项处置工作，根据指挥员的命令及时完成各项指令，对没有及时就位，不履职和失职的，要承担相应责任。事后要对应急工作进行评估，总结经验教训，据此再进一步修订应急预案，使之趋于完善。

第五章　石油化工企业火灾应急预案编制与应用

石油化工工业是以石油和天然气为原料的化学工业，其生产一般要经过物理变化和化学反应，不仅工艺复杂而且有些反应十分剧烈，极易失控，比其他工业具有更特殊的潜在火灾爆炸危险性。

第一节　石油化工火灾危险性和特点

石油化工的生产、储存、使用中很容易引起火灾或爆炸事故；石油化工装置复杂、设备种类多，生产工艺装置具有较大的火灾危险性。

一、物料的火灾危险性

化工生产、使用的各种原料、中间体、产品和废弃物等绝大多数具有易燃、易爆、有毒、腐蚀等危险性。根据《建筑设计防火规范》的规定，甲、乙、丙类生产和储存的物品占大多数；按照《常用危险化学品的分类及标志》分类的八类危险化学品，在化工生产中被大量应用。物质的潜在危险性决定了其在生产、使用、储存或运输等过程中稍有不慎就会酿成事故，并且生产规模越大，储存的危险物料量越多，潜在的危险能量也越大，事故造成的后果往往也越严重。

按照《石油化工企业设计防火规范》，液化烃、可燃液体可分为甲$_A$、甲$_B$、乙$_A$、乙$_B$、丙$_A$、丙$_B$类型，如表5—1所示。

二、工艺装置的火灾危险性

1. 设备的危险性

(1) 设备种类多

1）储存容器。主要是用来储存石油化工原料、中间体等的容器。按储存方式可分为敞口式储存容器，如储液池、槽、罐等；封闭式储存容器，如液化气体或压缩气体储罐、计量罐、压力缓冲器等。敞口式容器容易燃烧；封闭式容器容易爆炸。

2）反应容器。反应容器是用于物料进行化学反应的密闭空间设备，如反应塔、釜、合成塔等。这些容器多在一定温度、一定压力条件下运行，容易发生爆炸。

表 5—1　　　　液化烃、可燃液体的火灾危险性分类

类别	名称	特　征	举　例
甲$_{A}$	液化烃	15℃时的蒸气压力大于 0.1 MPa 的烃类液体及其他类似液体	液化甲烷、液化天然气、液化环丙烷、液化丙烯、液化氯乙烯、液化环氧乙烷、液化丁二烯、液化石油气
甲$_{B}$	可燃液体	甲$_{A}$ 类以外，闪点小于 28℃	石脑油、原油、甲苯、乙苯、邻二甲苯、间对二甲苯、异丁醇、乙醚、乙醛、环氧丙烷、甲酸、甲酯、乙胺、丙酮、醋酸乙烯、二氯乙烯、甲醇、异丙醇、乙醇
乙$_{A}$		闪点≥28℃至≤45℃	丙苯、环氧氯丙烷、苯乙烯、煤油、丁醇、氯苯、乙二胺、戊醇、环己酮、冰醋酸、异戊醇
乙$_{B}$		闪点＞45℃至＜60℃	35 号轻柴油、环戊烷、硅酸乙酯、丁醇、氯丙醇
丙$_{A}$		闪点≥60℃至≤120℃	轻柴油、重柴油、苯胺、锭子油、甲酚、糠醛、20 号重油、苯甲醛、环己醇、甲基丙烯酸、甲酸、环己醇、乙二醇丁醚、甲醛、糠醇、丙三醇、乙二醇
丙$_{B}$		闪点＞120℃	蜡油、100 号重油、渣油、润滑油、二乙二醇醚、甘油

3）物料输送设备。输送设备种类很多，其中输送液体的泵，如离心泵、往复泵、蒸气泵、喷射泵、水环泵等；输送气体的风机、真空泵、压缩机及其附属的各种风道、管道等，都有一定的火灾危险性，着火时易成为火势蔓延的通道。

4）换热设备。换热设备是用于物料进行冷热交换的设备。要求在高温条件下进行化学反应的生产，物料需用换热设备加热升温，其加热方式有直接火加热、热水、蒸汽、有机载热体，电热器、红外线加热等，这些部位容易发生火灾爆炸。许多化学反应放热，按生产要求需要降温、冷却，其方式有水冷、氨冷、乙烯冷、丙烯冷、氟利昂冷等。这些设备一旦发生故障，不能发挥冷却、降温作用，就会导致反应设备温度上升，发生爆炸。

5）分离设备。分离气体混合物质的设备有沉降室、旋风分离器、吸收塔、吸附器等。分离液体混合物质的设备，如分离塔、净化塔、回收器、分馏塔、过滤器等。这些设备处理可燃物料均具有一定火灾危险性。

6）干燥设备。干燥设备是用于除去产品或物料湿分的设备，有火墙、热蒸汽、热空气、红外线干燥室、电干燥室等。这些部位容易发生火灾。

（2）压力容器多

压力容器在石油化工生产中应用广泛，按安装形式分类有固定式和移动式两大类。固定式如反应釜、气柜、压力缓冲罐、蒸煮锅、各种换热容器、分离容器等；移动式如各类压缩气体气瓶、液化气体气瓶、溶解气体气瓶、储气桶、槽车等。按容器外形分类，有球形容器如储装液化气体的球形罐等；有圆桶形容器如反应釜、气桶等；气瓶是使用最广泛的压力容器。由于压力容器的部件受力情况较复杂，使用条件较苛刻，容易发生超载，与其他设备比较，压力容器更具有危险性。

（3）工艺管线多、阀门多

生产设备是通过管线串联组合起来的，在现代化大型石油化工企业中，生产区内空中、地面、地下管线立体架设，纵横交错，按一定规律排列。一旦发生火灾爆炸事故，灾害易沿着管线发生蔓延，导致事故的扩大。尤其是一些老的化工企业，由于建厂早，设备陈旧，经常采取局部更新改造，造成管线排列不规则、旧管线未拆除、长时间腐蚀，安全措施欠缺等情况，极易发生事故。化工生产容器之间、管线之间是通过阀门来控制的。阀门多是化工生产的又一大特点。虽然一旦发生事故可以利用阀门断料、控制火势，但平时生产中由于阀门长期开启和关闭，内垫老化，关闭不严或操作失误，容易造成“跑”“冒”“滴”“漏”。

（4）物料处理量大

由于石油化工生产装置规模的大型化，储存和处理的危险物料量大，潜在的危险性也大，一旦发生事故并未及时得到控制，其后果会很严重。

（5）操作控制难

随着石油化工生产的不断扩大，产品种类的不断增多，生产技术和水平的不断提高，生产工艺控制参数变得更为苛刻，可调节范围变窄，操作控制难度增加。此外，生产中对物料流量、流速、原料配比等工艺参数要求十分严格；流量过大、过小、流速过快、过慢，都不利于安全生产。

（6）设备高低不同

化工生产设备高低不一，单层、二层与三层以上混合一体的建筑较多，设备连接的管道纵横交错、四通八达，在火灾情况下，不仅容易形成立体火灾、发生连锁爆炸，也易导致大面积火灾，给火灾扑救工作带来困难。

（7）设备材质多样

针对设备的耐压、耐温、耐腐蚀等不同要求，而有钢质、陶瓷、搪瓷、玻璃等材质。钢材易发生腐蚀，在高温下或火焰直接作用下，容易变形坍塌。玻璃、陶瓷在100℃以上时，骤遇冷水喷射容易发生炸裂。

2. 生产工艺的危险性

（1）生产工艺过程复杂

石油化工生产从原料到产品，一般要经过多个工序和加工单元，通过多次反应或分离才能完成。例如，在炼油生产的催化裂化装置中，从原料到产品，要经过 8 个加工单元，乙烯从原料裂解到产品出来需要 14 个单元；化肥生产从原料到产品要经过

12 个复杂加工单元。

（2）生产工艺条件苛刻

石油化工有些反应在高温、高压下进行，有的要在低温、高真空度下进行。例如，以柴油为原料裂解生产乙烯的过程中，最高操作温度近 1 000℃，最低则为－170℃；最高操作压力为 11.28 MPa，最低只有 0.07～0.08 MPa。高压聚乙烯生产最高压力达 300 MPa。有些反应过程要求的工艺条件很苛刻，如用丙烯和空气直接氧化生产丙烯酸的反应，各种物料比就处于爆炸范围附近，且反应温度超过中间产物丙烯的自燃点，控制上稍有偏差就有发生爆炸的危险。

（3）生产过程连续性强

石油化工生产从原料输入到产品输出具有高度的连续性，各工序之间一环扣一环，紧密相连，相互制约，具有高度的连续性。如果某一工序或某一台设备发生故障，常常会影响到整个生产的正常进行。

（4）生产操作自动化程度高

石油化工生产装置大量采用自动化程度较高的控制系统，对生产过程的各种参数及开停车实行监视、控制、管理，有效地提高了控制的可靠性。但是控制系统和仪器仪表如果维护不好，性能下降，也可能因测量或控制失效而引起事故。据美国保险协会对炼油厂火灾爆炸事故的统计，因控制系统失效而造成事故的达 6.1%。

3. 危险性大的石油、化工工艺或设备

（1）生产或加工有机或无机化学物品，特别是用于此目的的工艺或设备：烷基取代、烷（烃）化、烯烃并化作用、氨解产生的胺化、氨基化、羰基化、冷凝、缩合、凝聚、脱氢、酯化、卤化和卤素制造、氢化、加氢、水解—聚合、氧化、聚合、磺化、脱硫和含硫复合物的制造、运输、硝化和氮复合物的制造、磷的化合物的制造、农药制药的生产。

（2）有机和无机化学物质加工或用于特别目的的工艺或设备：蒸馏、萃取、溶剂化、媒合、混合、干燥。

（3）石油或石油产品的蒸馏、精炼或加工的工艺或设备。

（4）用焚化或化学分解全部或部分处理固体或液体物质的工艺或设备。

（5）生产或加工能源气体的工艺或设备，例如液化石油气、液化天然气等。

（6）煤或褐煤的干馏工艺或设备。

（7）金属或非金属生产的工艺或设备（用湿法过程或用电能）。

三、储罐的火灾危险性

1. 储罐的类型与结构

（1）储罐的分类

储罐是用来储存生产中的原料、中间产品及产品而不影响被储存物品原有性质的设备。由于要储存的物品的形态、性质不同，储罐的种类也是多种多样。

1）储罐按照储存物料的性质来分，有气体储罐和液体储罐。

2）储罐按照所承受压力来分，可分为常压储罐、低压储罐和高压储罐。

3）储罐按相对标高区分，可分为地面罐、地下罐、半地下罐和高架罐。地面罐是指罐内最低液面略高于附近地坪的罐。最常见的也是应用最广泛的地面罐是罐底坐落在均质储罐基础上，基础顶面高于附近地坪 200～400 mm，以利于排水的立式圆柱形钢制储罐。某些架设于矮支墩上的卧式罐也属于地面罐。地面罐的罐内温度受大气温度的影响大，要求罐间的防火安全距离大，因而占地面积大。地下罐是指罐内最高液面低于储罐附近地面（周围 4 m 范围内）最低标高 0.2 m 的储罐。这类储罐的优点是隔热效果好，着火危险性小，即使着火也不易危及其他储罐。缺点是造价高，施工期长，操作管理不便，而且不宜在地下水位较高的地区建造。半地下储罐是指罐底埋入地下深度不小于罐高的一半，且罐内最高液面不高于储罐附近（周围 4 m 范围内）地面最低标高 2 m 的储罐，它实际上是地下罐的改型，以解决地下水位对罐高的限制。高架罐系指罐内最低液面高出罐附近地坪 3～8 m 的储罐，罐型一般采用架设在支墩上的卧式钢储罐，这类储罐一般作为自流灌装的工艺罐。

4）储罐按建造材料不同可分为金属储罐和非金属储罐。非金属储罐可储存各种具有腐蚀性的物品。与非金属储罐相比，金属储罐具有结构简单，施工、检修和清洗方便，不易泄漏，安全可靠，适宜储存各类油品的特点，因而金属储罐的应用日益广泛。

5）储罐按几何形状和结构形式的不同，又可分为立式圆柱形储罐、卧式圆柱形储罐、球形储罐以及特殊形状的储罐。根据罐顶部结构又可分为无力矩顶罐、梁柱式顶罐、套顶罐、拱顶罐、浮顶罐等。目前较为普遍采用的是拱顶罐和浮顶罐。

（2）液体储罐

常用储存液体物料的储罐有立式、卧式和球形储罐三种。

1）立式储罐。立式储罐的外形是一个直立圆筒，占地面积小，基础简单，制造容易。设在室外露天的大储罐，大多采用立式，室内用于加料和计量罐也几乎全部采用立式，计量罐的体积较小，装有液面计，用以计量罐内液体的体积，立式罐因其截面积小，用于计量准确。化工生产中常用的钢制立式储罐有固定顶罐和浮顶罐。固定顶罐中又以拱顶储罐最为常用。近年来，为防止液体挥发，出现了浮顶罐。浮顶罐又分为内浮顶和外浮顶两种。

①拱顶储罐。拱顶储罐的结构如图 5—1 所示，它的罐顶是一种形状接近于球型面的罐顶，由 4～6 mm 的薄钢和加强筋组成的球形薄壳。拱顶罐常用容积范围为 100～10 000 m^3，拱顶半径一般为储罐直径的 0.8～1.2 倍。

②浮顶储罐。浮顶储罐由浮在罐内液体介质表面上的浮顶和立式圆筒形罐体所构成。浮顶直接浮在液面上，罐内储油量增加时浮顶上升，减少时浮顶下降。在浮顶外缘与罐内壁的环形空间加设随浮顶一起升降的密封装置。由于这种罐内油品液面始终被浮顶直接覆盖，从而大大减少了储液在储存过程中的蒸发损失，而且保证了安全。浮顶罐储存油品时可比固定顶罐减少油品损失 80%左右。

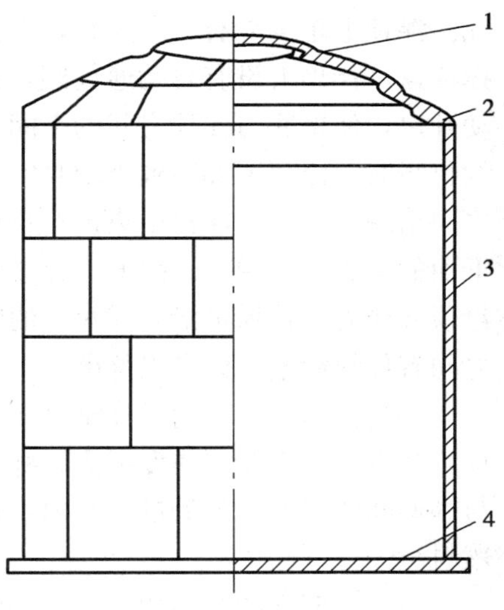

图 5—1 拱顶储罐

1—罐顶 2—包边角钢 3—罐壁 4—罐底

浮顶储罐的结构如图 5—2 所示，主要由浮顶、浮梯、罐顶平台、罐壁、罐底等基本部位组成。当罐体容积较小时，浮顶做成双层，中间分隔成许多隔舱；当罐体容积较大时，浮顶一般做成单层，只在外圈做成许多双层小的浮船，中间部分是单板。浮船的作用一是增加刚度；二是在个别浮船泄漏时，不致使整个浮顶沉没。每个舱室都要设置人孔，以便检查泄漏情

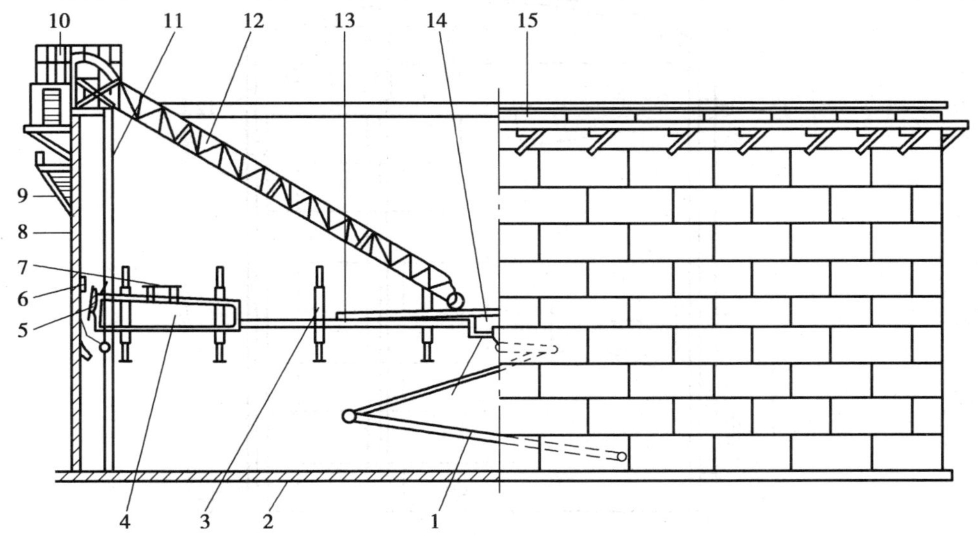

图 5—2 浮顶储罐

1—折叠排水管 2—底板 3—浮盘支柱 4—浮船船舱 5—伸缩吊架（剪刀撑）
6—密封圈 7—船舱人孔 8—罐壁 9—盘梯 10—罐顶平台 11—量油管
12—浮梯 13—浮梯轨道 14—集水坑 15—抗风圈

况。浮顶上至少应有一个人孔，以便罐的检修。浮盘支柱用于调节下死点的高度和支撑浮盘。浮顶上设有自动通气阀，在浮顶随液面下降到支柱支承高度之前，通气阀自动开启，使罐底与浮顶之间的空间与大气相通，这样既可以在浮顶支于立柱上之后继续付料时，浮顶下部不致出现真空，又可使浮顶在该位置进料时，避免在浮顶与液面之间出现空气层。浮盘中央设有带单向阀的排水折管，雨水收集到盘中央，通过浮顶下面的折管排至罐外。罐的上部设有抗风圈。罐壁顶部设有扶梯，扶梯通向浮顶，在浮顶升降时，扶梯可沿着浮盘上的专用滑道滑行，并不断改变倾斜角度。浮盘与罐壁之间有导线相连，以导出静电。

③内浮顶储罐。内浮顶罐是在固定顶储罐内部再加上一个浮动顶盖。罐内增设浮顶可减少储液大量的蒸发损失，外部的拱顶又可防止雨水、积雪及灰尘等污物从浮顶与罐壁间的环形空隙处进入罐内，保证储液的质量，特别适用于储存高级汽油和喷气燃料。

内浮顶储罐的结构如图 5—3 所示。内浮顶可以用钢板或铝板制作，也可采用玻璃纤维增强聚酯、环氧树脂、硬泡沫塑料等复合材料制造。浮顶可做成隔式和浮盘式

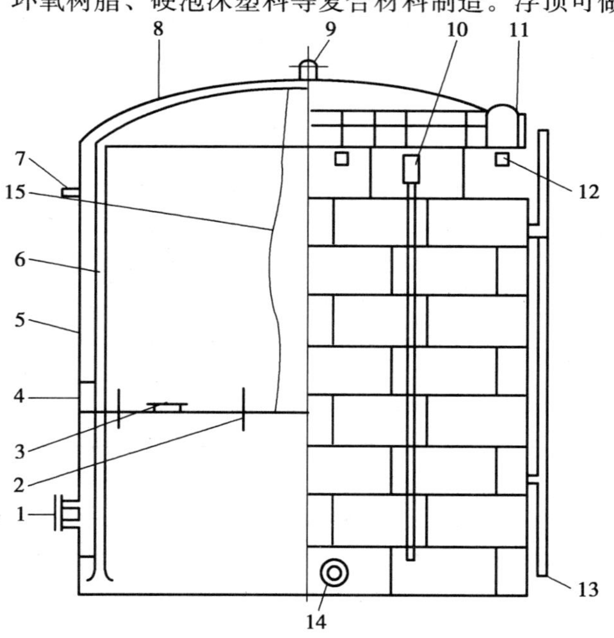

图 5—3　内浮顶储罐

1—带芯人孔　2—浮顶立柱　3—浮顶人孔　4—软密封　5—罐壁　6—量油管
7—高液位报警装置　8—固定罐顶　9—罐顶通气孔　10—泡沫消防装置
11—罐顶人孔　12—壁面通气孔　13—液面计　14—罐壁人孔　15—静电导出线

等，浮顶周围设置软密封装置。为了及时排出内浮顶与拱顶之间的挥发出来的气体，防止可燃性气体积聚，在罐壁上部和拱顶开有通气孔。在浮顶上设有若干个立柱。在浮顶下死点罐壁上和浮顶上均设有人孔，以方便罐的维修。浮顶与罐体之间设置的静电导出线与罐壁相连，以导走浮顶上积聚的静电。

2）卧式储罐。卧式储罐为卧式圆筒形设备，其容积多为 0.5～50 m³。卧式圆筒形储罐能承受较高的正压和负压，承受内压的能力从 0.001～4 MPa，高压卧式罐用于储存液化气和蒸发性很强的化工产品，储油的卧式罐承压能力一般不超过 0.2 MPa。卧式储罐因其高度低，便于布置在层高受限制的厂房内，因而厂房内应用较多。中、小型石油库中使用的也较多。将卧式储罐安装在汽车底盘上，用以运输液体物料，称之为汽车槽车；安装在铁路车辆的底盘上，则称之为铁路槽车。

卧式圆筒形储罐结构比较简单，由圆筒体和两端的封头组成。封头多数为碟形封头，如图 5—4 所示，也可以为平板封头，如图 5—5 所示。设置在地面上的卧式储罐，一般常用两个以上的支座来支撑，支座用钢筋混凝土或砖石做成，上部呈马鞍形，支座与罐体间，应有毛毡或沥青砂做成的防潮夹层。埋地卧式储罐如图 5—6 所示。设置在地下或半地下的卧式储罐，应尽量放置在地下水位以上。埋土前，罐身应先做好沥青防腐层，并将挖好的罐坑夯实，铺上 20～30 cm 厚的粗砂。当卧罐安置到夯实的坑后，在它周围再回填 20 cm 厚的砂层，然后再覆土。如卧罐必埋在地下水位以下，应作抗浮计算，并采取抗浮措施。

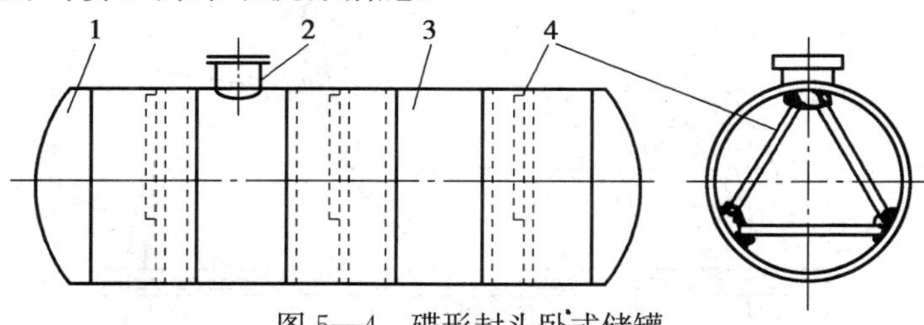

图 5—4　碟形封头卧式储罐

1—碟形头盖　2—人孔　3—罐身　4—三角支撑

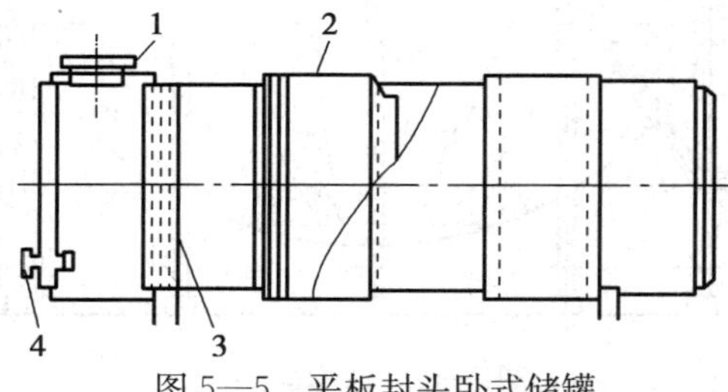

图 5—5　平板封头卧式储罐

1—人孔　2—罐身　3—加强环　4—进出管

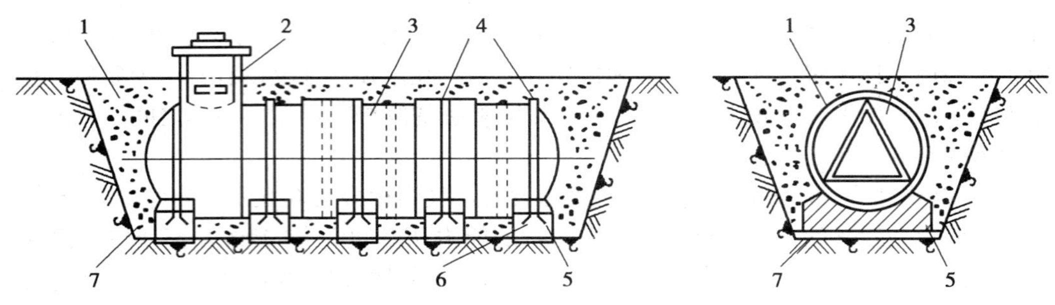

图 5—6　埋地卧式储罐

1—回填土　2—罐口井　3—罐体　4—扁钢拉条　5—混凝土锚地
6—地脚螺丝　7—灰土或混凝土垫层

3）球形储罐。球形储罐的结构如图 5—7 所示，主要由壳体、支柱、拉杆、盘梯及操作平台组成。球形储罐最大的优点是承受压力高，在相同内压力的作用下，球形壳体的应力是相同直径的圆筒形壳体的 1/2，因此球形壳体所需要的承压壁厚只为圆筒容器的一半。球形储罐壳体的相对表面积（表面积与储罐容积之比）要比圆筒形壳体小 10%～30%，因而节省钢材，一般比圆筒形储罐节省钢材 30%～40%。球罐的缺点是制造复杂，安装焊接要求高，不便于安装内件，也不利于内部介质的流动，所

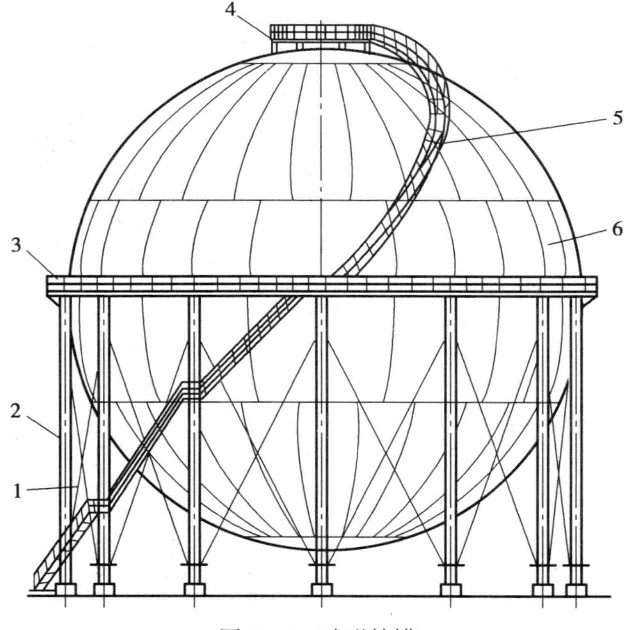

图 5—7　球形储罐

1—拉杆　2—支柱　3—中部平台　4—顶部操作平台　5—盘梯　6—壳体

以不宜作反应器和换热器，而被广泛用做储存容器。球形储罐大多数是中、低压容器，直径都较大。常用于储存气体、液体及液化气（乙烯、丙烯、丙烷、氧气、氮气、石油气、天然气、液氨、液氯）及轻质油品等。

（3）气体储罐

气体物料一般都储存在气柜中，气柜分低压气柜和高压气柜两种。

1）低压气柜。低压气柜又有湿式和干式两种。在湿式气柜中，气体与水接触，利用水封保持密闭。溶于水的气体，不能用水封。湿式低压气柜如图5—8所示，气柜的主体是一个巨大的钟形罩，钟罩的开口边浸入水中形成密封，在钟罩下面有进气管和排气管。当气体排尽时，钟罩全部浸入水中，当气体充满时，钟罩上升至一定高度。湿式气柜一般都很大，容积可达2 000～100 000 m^3。有的气柜钟罩上附有螺旋导轨，可借固定轮沿此导轨上升，这种气柜叫做螺旋升降式气柜；有的水槽上有横架，钟罩沿横架轨道直线升降，叫做横架式气柜。由图5—8可知，钟罩的高度决定了水槽的高度。为了增加气柜的容积，又不使水槽过高，可将钟罩做成几层活动套筒的形式，套筒与套筒之间用水封封严，当气量增加时则套筒上升，湿式气柜套筒层数一般不超过五层。在干式气柜中，气体以原有干燥情况储存，利用弹性钢片及油封、特别的填塞等方法保持气柜密闭。

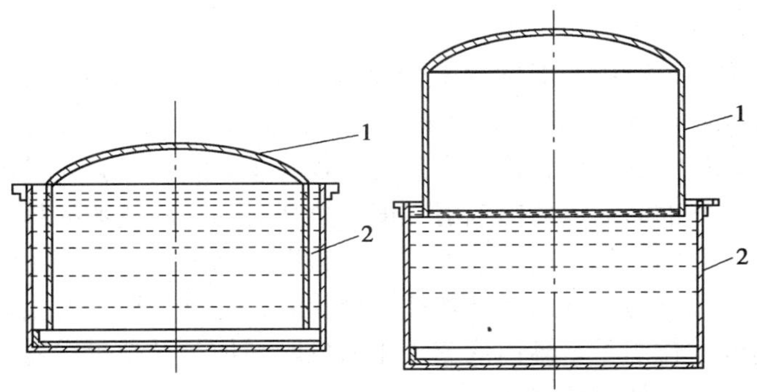

图5—8　湿式低压气柜示意图

1—钟罩　2—水槽

低压气柜的储气压强一般不超过4.91 kPa（表压）。装料系数应在0.8～0.9以下。

2）高压气柜。高压气柜的特点是结构紧凑，不需保温、管理简单，但需消耗大量的能量来压缩气体。高压气柜有圆筒形、球形、椭圆形，半球形等，其中以球形气柜比表面积，内应力和占地面积最小。高压气柜的操作压力为0.07～3 MPa（表压），对于生产中需要一定压力气体的储存，高压气柜特别合适。高压气柜储存气体时，应控制气体压强为允许压强的90%以下。

2. 油罐的火灾爆炸危险性

(1) 油料的火灾特点

1) 易燃易爆。油品属有机物质，其危险性的大小与油品的闪点、自燃点有关，闪点和自燃点越低，发生着火燃烧的危险性越大。轻质油品（汽、煤、柴油等）发生火灾，火焰辐射热对液面加温，使油品不断挥发成油蒸气，油品挥发成油蒸气需吸收大量汽化热，因而在油面达到热平衡时，即火焰对油品的辐射热等于油品的汽化热，此时油品的燃烧速度等于油品蒸发速度，使油品稳定燃烧。而重质油品（如原油和重油等）发生火灾时，火焰辐射热对油品液面进行加温，轻质油分首先蒸发，开始时燃烧速度较快，随着时间增长，上层重质馏分增加，液面温度上升，燃烧速度减慢。此外，油品燃烧速度还与液体的初始温度、油罐罐壁的导热性、油品的水分含量等因素有关。油品的初始温度越高，其燃烧速度越快，这是因为用来把液体加热到沸点所需的热量较少的缘故。油品的燃烧速度与罐壁的导热性能有关，罐壁材料导热性好，燃烧速度快。含水的油品比不含水的油品燃烧速度要慢。因为燃烧产生的热量有一部分要消耗在水分的蒸发上，因而影响液体的蒸发和燃烧速度。一般油品含水量小于4%时，才产生稳定燃烧，含水量在4%～8%时，燃烧不稳定，超过8%时，则油品呈乳化状，不燃烧。

油罐发生火灾，火焰中心温度达1 050～1 400℃，油罐壁的温度可达1 000℃以上。油罐壁的温度超过600℃时，泡沫就不能扑灭油罐火。油品在发生燃烧时强烈的辐射热使火场周围的温度升高，造成火灾的蔓延和扩大，使扑救人员难以靠近，严重影响灭火战斗行动。油品火灾的热辐射强度与燃烧时间、燃烧物的热值、火焰的温度等因素有关，燃烧时间越长，火焰温度越高，辐射热强度越大。

油品蒸发的油蒸气与空气形成爆炸性混合物时，遇到火源可发生化学性爆炸；储油罐在火焰或高温的作用下，罐内油蒸气压力急剧增加，在超过容器所能承受的极限压力时，储油罐可发生物理性爆炸。

油品蒸气在油罐内发生爆炸会对油罐造成严重破坏。爆炸产生的压力与储罐类型和油品蒸气浓度有关，一般情况下，储罐的耐压强度越大，则造成的爆炸压力越大；当油蒸气与空气混合物的浓度为化学当量比时，化学爆炸产生的压力最大。

2) 易流动扩散形成大面积火灾。由于油品具有易流动扩散的特性，发生火灾时随着设备的破坏，如罐顶炸开、管道破裂或随燃烧的温度升高设备塌陷变形等极易造成着火油品的流淌蔓延，形成大面积火灾。因此火灾扑救时应注意防止着火油罐、管道的破坏，避免火灾扩大。

3) 辐射热强。油罐着火后，由于受辐射热的作用，周围辐射强度与燃烧时间、距离、风向、风速等因素有关。油罐火灾的热辐射强度与发生火灾的时间成正比，燃烧时间越长，火焰的温度越高，其热辐射越强。为控制热辐射强度，应及早控制火势，竭力将火灾消灭在初期。油罐火灾的热辐射强度与距离有关，辐射温度与辐射强度由近及远，依次降低。当地上油罐高液位燃烧时，由于罐体高大，起到遮挡辐射热的作用，受火焰热辐射的影响反而较小，消防水枪手可以安全靠近罐壁进行油罐冷却和连接泡沫管线，当燃烧液面很低或半地下油罐、地下油罐发生火灾时，消防人员很难接近油罐，只能在水雾水枪掩护下进行扑救工作。一般地说，风速越大，上风辐射强度越小，下风辐射强度越大，下风辐射约为上风方向的 2～3 倍，侧向居中，在无风的情况下，四周的辐射热大致相同，而且较有风时的上风、侧风方向辐射强度要大。

4）具有复燃、复爆性。扑救油品火灾时，指挥失误、灭火措施不当，会造成复燃、复爆。在灭火后如果泄漏源未被切断，遇到火源或高温将产生复燃、复爆。对于灭火后的油罐、输油管道，由于其壁温过高，如不连续进行冷却，会重新引起油品的燃烧。某企业柴油罐着火，消防人员到场后，用泡沫迅速将火扑灭。但未继续进行冷却，消防队员归队后，又接警出动，进行第二次灭火，火灾后仍未冷却管壁，归队途中又接警再次返回现场灭火。

5）发生沸溢和喷溅。某些矿物油油罐火灾在燃烧一定时间后，会出现火焰突然增高、热辐射增强，随即发生大量燃烧液体溢出甚至喷出油罐的“沸溢喷溅”现象。燃烧油品由于沸程和黏度的差异，沸溢喷溅现象有明显不同。

无沸程或沸程窄、沸点较低、黏度小的正庚烷、异辛烷和汽油的燃烧实验中，未观察到任何沸溢喷溅的现象。沸程较宽、沸点较高、黏度较大的轻柴油和中间馏分油，在燃烧过程中液面下能形成一定厚度（20 mm 左右）的高温蒸发层，蒸发层温度一般低于油品终沸点 6～60℃。随着燃烧进行，当它下降遇到罐底水层因水汽化出现有火焰增大、油层沸腾溢出，甚至部分油火溅出等沸溢喷溅现象，但未观察到如同原油等有热层形成的油品所发生的大量油火喷出罐外，造成地面流淌火的现象，因此，无热层形成的油品燃烧出现的仅为轻度的沸溢喷溅，称为“准沸溢喷溅”。燃烧着的无热层形成油品在液面下形成较薄的高温蒸发层后，其厚度不再随燃烧时间而增厚。因此，蒸发层向水垫层的下沉速率几乎与液面的燃烧线速率相等，因为速率较小，所以准沸溢喷溅的发生需要较长的燃烧时间，几乎当罐内油品将要烧尽时，准沸溢喷溅才能发生。

重质油品，如原油、重柴油、渣油、蜡油、沥青、润滑油等，在燃烧中低沸点组分首先蒸发并进入火焰燃烧，火焰燃烧返回液面的热量除加热液面外，还向液面下层传递，引起次层油品升温及轻组分汽化，液面温度在相平衡和热平衡的制约下将会稳定在某一平衡温度即热层温度上，此后液面燃烧呈现稳定燃烧状态。在液面趋于平衡温度过程中，液面及其下层内经简单蒸馏作用留在液相的较重组分便逐步形成热层。随着火焰热量从液面传入，液面表层几乎不能再汽化出所需的轻组分而需从热层底部的冷热油交界处汽化。轻组分汽化形成的气泡穿过热层进入火焰，在热层中气泡由下往上的运动带起四周油液的相应运动导致湍流，从而促使热层温度均匀和加快液面热量向内层的传递。火焰燃烧返回液面的热量通过热层内的强烈湍流能被迅速传至下部的冷热界面处，加热冷油层，使其轻组分汽化、重组分升温至热层温度并留在液相成为热层扩展的部分，其扩展界面犹如高温波面，故又称热波。热层扩展和液面因轻组分燃烧而自然下降就造成冷热油层界面向罐底的沉降，即为热波传播，热波传播速度大于液面的燃烧速度。随着油品的连续燃烧，热波的温度会由150℃逐渐上升到315℃。在热波向液体深层运动时，由于热波的温度远高于水的沸点，会使油品中的乳化水汽化，大量蒸汽要穿过油层向液面上浮，形成油包气的气泡，使液体体积膨胀，向外溢出，同时部分未形成泡沫的油品也被下面的蒸汽膨胀力抛出罐外，使液面猛烈沸腾起来，形成沸溢性火灾。

沸溢发生时，油品外溢，距离可达几十米，面积可达数千平方米，会形成大面积燃烧。在油罐的燃烧过程中，会多次出现沸溢现象。喷溅发生时油品与火突然腾空而起，向外喷出，形成空中燃烧，火柱高达十几米甚至几十米，可导致附近的人员伤亡和燃烧面积迅速增大。在同一次火灾中，会反复出现几次喷溅。

（2）油罐类型的火灾危险特点

根据我国油罐的常见类型，对拱顶罐、浮顶罐、内浮顶罐、卧式罐和非金属罐五种类型的罐进行统计。通过对55例有明显罐型记载的火灾进行统计，得到不同罐型的火灾所占的比例，具体结果见表5—2。

表5—2　　不同油罐发生火灾比例

油罐类型	拱顶罐	浮顶罐	内浮顶罐	卧式罐	非金属罐
火灾次数	9	5	2	31	8
比例（%）	16.4	9.1	3.6	56.4	14.5

由表5—2可以看到非金属罐火灾占全部油罐火灾的14.5%，应当引起足够的重视。非金属油罐多建于地下或半地下，出于结构强度方面的考虑，罐身较浅而端面面积较大，油罐周围一般不设防火堤，其容量由数百立方米到上万立方米不等，多数储存原油和重油。对于地下非金属罐，如果再考虑其他如防雷保护不及金属罐、油气在贴近地面处扩散，起火危险性和扑救难度都较大等因素，危险性更高，是一种安全度较低的罐。

由表5—2看出，浮顶罐和内浮顶罐发生火灾的相对比例较小，分别为9.1%和3.6%，这主要是由于其内部结构决定的。由于浮顶和液面之间不存在空间，罐内不易积聚油气，且能缓解内压的增加，因此这类罐不易爆炸起火，具有良好的防火性能。统计结果表明，浮顶罐的火灾一般只发生在罐顶边缘密封处，其燃烧面积小，火势较弱，油罐被破坏情况很少。内浮顶罐在浮顶罐的基础上有一固定顶，兼有浮顶罐和拱顶罐的优点。一方面可以减少大小呼吸损耗，另一方面着火爆炸的危险性大大降低。

卧式罐通常容积较小，主要是作为加油站储油罐和槽车罐。从表5—2得知，卧式罐火灾约占全部火灾的56.4%。因此，应高度重视卧式罐火灾。对31起卧式油罐火灾根据所储油品统计，其结果见表5—3。从表5—3中可以看到，汽油罐和柴油罐约占火灾总数的80.6%，危险性较其他油罐大。

表5—3　卧式不同油品储罐发生火灾的比例

油罐类型	汽油罐	柴油罐	原油罐	其他油罐
起火次数	16	9	3	3
比例（%）	51.5	29.0	9.7	9.7

（3）油罐火灾模式

油罐火灾因油罐类型、起火原因或油品种类的不同，其火灾模式也各不相同。通过对油罐火灾案例的调查，总结出油罐发生火灾时，可能的火灾模式主要有以下几种：

1）先爆炸后燃烧。当空气中的油蒸气恰好达到爆炸极限时，与火源接触则先爆炸后燃烧，这是由爆炸引起的燃烧。油罐爆炸后，有的罐盖飞出，有的掀开一部分，有的从罐壁中间或底部裂开，导致油品流出并扩散。罐盖炸飞或掀开一部分的油罐火呈稳定燃烧，火焰延伸长，高液位的油罐在大风情况下火舌可卷出数十米。由于爆炸造成油品从设备内溢出或流出的燃烧，均会向四周低洼处流淌，形成大面积火灾。

2）先燃烧后爆炸。油罐发生火灾后，在燃烧过程中发生的爆炸有三种情况：一是油罐在火焰或高温作用下，罐内的油蒸气压力急剧增加，当超过它所能承受的耐压强度时，会发生物理性爆炸；二是燃烧罐的邻近罐在受到热辐射作用时，罐内的油蒸气增加，并通过呼吸阀等部位向外扩散，与周围空气混合达到爆炸极限，遇燃烧罐的火焰，即发生爆炸；三是回火引起的爆炸。油罐发生火灾，罐盖未被破坏，当采取由罐底部倒流排油时，如排速过快，使罐内产生负压，发生回火现象，将导致油罐爆炸。

3）爆炸后不再燃烧。油罐内油品的温度低于闪点，其蒸气浓度又处于爆炸浓度极限范围内；或油罐内虽无储油，但存在油蒸气和空气的混合气体，一旦遇到明火，就会发生爆炸，把罐顶或整个油罐破坏。但爆炸后不再继续燃烧。在油罐清洗、通风和动火补焊时应注意这种情况的发生。

4）稳定燃烧。当罐内液面以上的气体空间油蒸气与空气混合浓度达不到爆炸极限时，遇明火或其他火源，燃烧仅在液面稳定进行。如果外界条件不能使罐内混合浓度达到爆炸极限范围，将会使油料烧完为止。

表 5—4 为可明显地按照上面的四种类型划分火灾模式的 62 起油罐火灾案例。由表中看出，62 例火灾中，有 43 例是先爆炸后燃烧，占火灾总数的 69.4%；先燃烧后爆炸 6 例，占火灾总数的 9.7%；爆炸后不燃烧有 4 例，占火灾总数的 6.5%；稳定燃烧 9 例，占火灾总数的 14.5%。因此，预防油罐火灾的重点应放在抑制爆炸上。

表 5—4　　油罐火灾模式统计

火灾模式	火灾起数	储油种类				所占比例（%）
		汽油	柴油	原油	其他油品	
先爆炸后燃烧	43	11	1	10	21	69.4
先燃烧后爆炸	6	2	1	2	1	9.7
爆炸后不再燃烧	4	—	1	3	—	6.5
稳定燃烧	9	1	—	3	5	14.5

（4）火灾中油罐破坏情况

油罐发生火灾时，常伴有爆炸，火势猛烈，使油罐破坏或变形，可能导致油品外溢漫流燃烧，据文献介绍，油罐发生火灾后，罐顶破坏的约占着火油罐总数的 7%，罐底破坏的约占 4%，罐体无影响的约占 21%。表 5—5 为 90 例罐底和罐顶破坏形式有准确记载的火灾案例统计。从表中可以看出，油罐的破坏形式以罐顶破坏为主，约占破坏总数的 72.2%，在油罐设计施工中将罐顶与罐壁的连接做成弱焊接，可避免了罐体炸裂，油品流散，将火限制在罐内。罐底破坏和罐壁破坏分别占总数的 16.7%和 11.1%，可见这两种类型的破坏在油罐火灾的破坏形式中所占比例不大。

表 5—5　　火灾中油罐破坏情况统计

破坏形式	火灾起数	所占比例（%）
罐顶破坏	65	72.2
罐底破坏	15	16.7
罐壁破坏	10	11.1

1）火灾中不同材质油罐的破坏情况。金属油罐主要用钢材制造，在储罐爆炸的情况下，金属罐盖全部被掀开的实例约占 40%，多数情况是罐盖产生裂口。固定顶金属罐着火爆炸后，一般顶盖破坏占大多数，这就避免了罐体炸裂，油品流散。但由

于罐内油气浓度、液位高低及油罐结构的强弱等各方面的差异，油罐的破坏不仅局限于罐顶破坏，有时在罐顶破坏的同时，还会有罐底或罐壁的破坏，油从罐内外泄，给灭火带来困难，但这种情况一般较少，统计资料表明，对于金属罐，在罐顶破坏时，罐壁和罐底同时破坏的比例约占总数的15%左右。

早期建造的大型油罐多为非金属油罐，有钢筋混凝土结构、砖石和钢筋混凝土混合结构。顶盖一般为预制钢筋混凝土板。这类油罐着火后，罐盖几乎100%受到破坏，罐顶爆裂后塌落罐内。地下或半地下罐在没有覆土的情况下，甚至罐壁也遭到破坏，造成油品流散的大面积燃烧。由于非金属罐的建筑特点多采用地下或半地下式，深度较小，一般为2～6 m，在增大容量的情况下，不得不增大储罐直径或边长，以致造成储罐液面大的不良条件。因此，造成非金属罐单位体积油品的燃烧面积大，为0.15～0.4 m^2/m^3，而标准金属罐的单位体积油品的燃烧面积仅约为0.1 m^2/m^3。另外由于非金属罐身浅，容易在短期内发生沸溢喷溅，给扑救带来很大的困难。

2）火灾中不同液位油罐的破坏情况。表5—6是对41起不同液位的油罐火灾案例统计。由表中可以看出，油罐发生火灾时，易造成损坏的是空罐或半空罐。若油罐内储油量较多，如在半罐以上时，气体空间的油气浓度较大，超过爆炸上限，遇火源时油罐不会爆炸，只能连续燃烧，油罐的破坏一般是罐顶与罐壁接触处沿罐周裂口，比较容易扑救。相应空罐或只有少量油的低液位油罐，油蒸气浓度易达到爆炸极限，遇火即引起爆炸，容易造成罐顶掀掉，或罐壁裂口，或整个油罐破坏。如低液位油罐18起火灾中，顶部全部损坏的为8起，占44.4%，而高液位油罐18起火灾中，仅有4起顶部全部损坏，占22.2%。

表5—6　　火灾中不同液位油罐破坏情况统计

油罐液位情况	火灾起数	顶部全部损坏	顶部部分损坏	底部损坏	顶部全部损坏所占比例（%）
很低液位	5	3	2	—	60
低液位	18	8	8	2	44.4
高液位	18	4	10	4	22.2

3）火灾中不同容积油罐的破坏情况。表5—7为36起不同容积油罐火灾案例统计。从表5—7可以看出，容量不大于1 000 m^3的小罐火灾共有21起，其中罐顶全掀的是12起，占总数的57.1%；而对于容量1 000～5 000 m^3的油罐火灾8起，只有两起是顶部全掀，占总数的25%，4起是部分掀开；对于容积大于5 000 m^3的油罐火灾共7起，全掀的有3起，原因是这三个罐全是非金属罐，着火后罐盖几乎100%受到破坏，而3个金属罐只发生顶部部分掀开。由此可以看出，对于小容量油罐，当发生油罐爆炸时，大部分是顶盖全掀或被抛到空中，油料外流燃烧，形成大面

积燃烧。而大型金属罐发生火灾时，多在罐顶与罐壁的弱焊接处掀开一条口子，全掀的几率较小，且直径越大几率越小。

表 5—7　火灾中不同容量油罐破坏情况破坏统计

油罐容积	火灾起数	顶部全部掀开	顶部部分掀开	底部破坏	顶部全部损坏所占比例（%）
≤1 000 m^3	21	12	7	2	57.1
1 000～5 000 m^3	8	2	4	2	25
>5 000 m^3	7	3	3	1	42.9

（5）油罐作业中的火灾危险性

作业事故主要发生在装卸油、量油、清罐和检修等环节，这几个环节都使油品暴露在空气中，如果油品或油蒸气在空气中遇到引火源，就会导致燃烧爆炸事故的发生。

1）油品装、卸作业的火灾危险性

①形成爆炸性气体混合物。在通常环境条件下装卸，不论是在被灌装的罐内还是在被抽卸的罐内，均会形成爆炸性气体混合物。当空罐灌装油品时，随着油品的不断加入，其蒸气在罐内与空气混合的浓度，将不断增加，在灌装作业的某一时刻，蒸气—空气浓度即会进入爆炸极限。当储罐卸出油品时，因液体上方的气相空间扩大，罐内压力减小，从而吸入空气，与罐内蒸气形成爆炸性混合物。

油罐灌装储存的油品更换，例如装车用汽油的罐改装煤油或柴油，装航空汽油的罐改装航空煤油时，由于高闪点油品灌入残存低闪点油蒸气的罐内时，油蒸气可被液体吸收，引起罐内压力下降，随之吸入大量空气，即可在液面和空气入口之间形成蒸气—空气爆炸性气体混合物。

油罐车、储罐在装卸过程中罐口常是敞开的，敞开的罐口周围必然有油蒸气扩散。油蒸气的扩散范围与装卸油品的性质、环境温度、罐口直径、流量，以及装卸的持续时间有关，油品的闪点越低，装卸时环境的气温越高，罐口直径越大，装卸流量越大，持续时间越长，油蒸气扩散波及的范围也越大。

②油品漫溢流淌。装卸油时，对液位监测不及时，油罐的液位报警系统失灵，造成油品跑冒。油管脱开或破损，造成大量油品喷溅流淌。油品漫溢流淌出罐后，周围空气中油蒸气的浓度迅速上升，达到或超过爆炸极限，遇到火星，随即发生燃烧爆炸。1994 年 5 月 20 日，山西襄汾县贾茂生油料门市部，由于在卸油中油管脱落，喷溅出来的汽油遇到站内炉子中的残火引燃，当即烧死 1 人，烧伤 4 人，烧毁汽车油罐车等。

③油品滴漏。由于装卸油时胶管破裂、密封垫破损、接头紧固栓松动等原因，使

液体滴漏至地面，遇火花立即燃烧。长时间滴漏，油蒸气可能集聚在低洼处，达到爆炸浓度。

2）量油作业的火灾危险性。按规定，油罐车送油到站后应静置稳油 30 min，待静电消除后方可开盖量油，如果未静置立即开盖量油，就可能引起静电起火。经输油管注入储罐的液体带入一定量的静电荷，应静置一段时间后才能进行检尺、采样等工作，否则同样易发生静电火灾。如果油罐未安装量油孔或量油孔铝质（铜质）镶槽脱落，在量油时，量尺与钢质管口磨擦产生火花，就可能点燃罐内油蒸气，引起燃烧爆炸；此外，作业人员穿化纤服装，摩擦产生的静电火花也能点燃油蒸气。

3）油罐清洗与检修的火灾危险性。油罐清洗作业时，由于无法彻底清除油蒸气和沉淀物，残余油蒸气遇到静电、摩擦、电火花等都会导致火灾。清洗不合格即动火焊割检修，则极易造成爆炸火灾。

（6）油罐非作业事故中的火灾危险性

1）油气泄漏。管道设备接口、管道油罐接口或油罐本体密封不严等造成原油或油气泄漏，其原因主要有：施工建设过程留下的隐患，如在油罐的建造时，把油罐建在不良地质上，使用一段时间后出现罐基础不均匀沉降，使得罐体倾斜、罐底板断裂，并且连接管道开裂，造成油品泄漏；或者油罐的基础设计强度不够，不能满足装载油品和罐本身重量的要求，造成罐体、罐底开裂，油气泄漏。油罐腐蚀，由于周围环境中的大气腐蚀、土壤腐蚀等，造成罐体腐蚀。对油罐的运行管理不到位，如油罐的阻火器堵塞、呼吸阀冻结，引起胀罐或瘪罐事故；浮顶油罐的排水阀堵塞、导向架卡阻、透气阀堵塞等，造成浮顶积水、倾斜，易引起沉船事故，从而导致油气泄漏。

2）油蒸气聚积。在作业过程中，会有大量油蒸气外逸，由于油蒸气密度比空气密度大，会聚积于管沟、电缆沟、下水道、操作井等低洼处，积聚于室内角落处，一旦遇到火源就会发生爆炸燃烧。

（7）存在着各种引火源的危险

对 101 起油罐火灾起火原因统计，其结果见表 5—8。

表 5—8　　油罐火灾起火原因比例

起火原因	明火	静电	雷击	自燃	其他
案例起数	54	15	13	11	8
比例（%）	53.5	14.8	12.9	10.9	7.9

1）明火

①库内烟火。在油库区内违反规定，吸烟及携带火种入内。这类引火源主要有：人为带入的烟火、打火机火焰，手机电磁火花、机动车尾气火花等。例如 1991 年

4 月22 日晚，某油库 1 000 m^3 原油储罐，加热后准备罐装油罐车外运。参加作业的民工到罐顶观察液位读数，由于天黑观察不清，民工掏出随身携带的打火机照明，引燃外溢的油气，致使民工的手和脸被烧伤。

②危险区内动火。在具有火灾爆炸危险场所内进行的施工用火作业。常见的违反用火作业安全管理规定的情况有：没有严格动火申请和逐级审批制度；动火作业前，没有按照安全管理程序，针对作业内容进行危害识别和风险评估；动火作业前，没有进行可燃气体分析检测；没有在指定的时间和地点内动火；没有采取有效的隔离措施；监火制度没有落实到位。如 2002 年 8 月 24 日，某油料装备抢修队在某场站油库一座半地下柴油罐掩体上焊接油罐采光孔盖板时，引燃油罐内油气发生爆炸，罐身与罐底拉裂飞出，罐内约 200 t 柴油顺管沟漏出，在库区流淌并燃烧，造成 4 人死亡，2 人受伤。

2）电火花。电气设备常见的不安全因素主要有：使用了不防爆或防爆等级与场所爆炸危险区域的划分不相适应的电气设备；用普通插座代替防爆插座；电气设备的电缆敷设不符合防爆要求；接地和接零不规范，接地线松动、锈蚀，金属设备、管道和构架等未和接地体连成整体，零线的最小截面不符合要求等；在易燃易爆场所中部分电气缺乏整体防爆性。如 2002 年 10 月 26 日晚，某石化供销公司 106 原油库 402 号万方油罐区，10 名民工在 402 号原油罐内清理油罐底部 50 cm 厚的油泥，清理过程中使用电动机稀释油泥，由于电动机火花引燃油气造成油罐爆炸起火，导致 1 人烧死，4 人烧伤。

3）静电放电

①油罐静电放电。油品输送、灌装过程中静电放电是重要的点火源。油料在储运过程中发生流动、搅拌、沉降、过滤、冲刷、喷射、灌注、飞溅、剧烈晃动以及发泡等一系列接触、分离现象，这就使油料在储运过程中产生静电。静电聚集到一定程度时，就会产生静电火花。如果在放电空间还同时存在爆炸性气体，便可能引起着火和爆炸。静电事故的原因主要为：静电接地不良，主要是没有静电接地装置、接地线损坏、接地电阻不符合要求等；静电积累，主要是油液流速过高、油液冲击金属容器、油液与空气摩擦等。

②人体静电放电。造成人体静电的主要因素有：化纤织物与人体摩擦产生静电；棉织品在低湿度环境中与人体摩擦产生静电。这些人体所携带的静电如果在进油库之前不能得到消除，就极有可能导致事故的发生。

4）雷击火花。雷电是一种大气中放电现象，能产生很大的雷电流。南方地区雨季长、雷电多，所以雷电放电是油库事故的重要危险源之一。

雷击火花形成的原因主要有：避雷装置失效或未设置避雷装置。油罐罐顶的呼吸阀、通气管周围存在原油蒸发产生的油气，若浓度在燃烧限范围内，遇雷击放电火花时，会引起燃烧甚至爆炸。

5）摩擦撞击火花。摩擦撞击火花形成的原因主要有：油罐的检尺和采样选择铁制检尺和采样器时，摩擦撞击打出火花。铁器碰撞打出火星。穿钉鞋摩擦、撞击火花。

6）自燃引火源。含硫油品与铁形成的硫化铁沉积在罐底，当油品排空，硫化铁与空气接触会氧化，温度上升至600～700℃即发生自燃。

轻质油、闪点低的油品，如果日光暴晒，温度超高，易发生自燃火灾。重油闪点高，但自燃点低，若温度过高，超过自燃点，一旦与空气接触即会着火。

3. 液化石油气储罐的火灾危险性

（1）液化石油气的火灾特点

液化石油气具有很强的挥发性，闪点低于－60℃，具有易燃特性，最小点火能量为0.2～0.3 mJ，一旦遇到火源，极易发生燃烧爆炸事故。液化石油气燃烧热值大，燃烧1 kg液化石油气，约可发出49 800 kJ的热量，相当于城市煤气热值的6倍。燃烧温度高，在空气中燃烧温度可达1 800℃，燃烧猛烈。

1）在常温常压下液化石油气为气态，具有气体性质，经过加压即成为液态。气相燃烧时，呈明亮的黄色火焰，当压力高、气流量大时，火焰高度可达50 m以上，并发出喷燃的哨声。液相燃烧时，呈橙黄色火焰，由于燃烧不完全，所以分离出许多炭黑，烟雾较浓。气、液相混合燃烧时，火焰颜色呈黄、橙黄交替变化，火焰高度呈高、低周期性变化，火焰低时是灭火的良好时机。

2）液化石油气的爆炸极限约为2%～10%，少量液化石油气泄漏后，就能在较大范围内形成爆炸性气体。1 L液化石油气可转变成250～300 L的气态液化石油气，则1 m^3的液态液化石油气漏失在大气中，将会变成3 000～15 000 m^3的爆炸性气体。液化石油气发生化学性爆炸威力是梯恩梯炸药当量的4～10倍，爆速可达2 000～3 000 m/s。由于热值大和火焰温度高，液化石油气爆炸起火后，会迅速引燃爆炸区域的一切可燃物，形成大面积燃烧，造成重大破坏和人员伤亡。

3）此外，液化石油气在运输、储存中屡有发生物理性蒸气爆炸。储罐内液化石油气在一定温度压力条件下保持蒸气压平衡，当罐体突然破裂，罐内液体就会因急剧的相变而引起激烈的蒸气爆炸。例如装有纯丙烷液化气的罐内，在40℃的液温下，它的气相压力约2 MPa。若罐体突然破裂，则压力将迅速降到常压，使原来40℃的液温处于过热状态。为了恢复平衡，将过热量变作蒸发热，使大部分液体变为常压沸点的蒸气，而将剩余的液体冷却到常压沸点温度，即－42.10℃。因此，在过热液体内部，必然引起液体体积的急剧膨胀与汽化，最终因急剧的相变而发生蒸气爆炸。当储罐、设备或附件因泄漏着火后，其本身以及邻近设备均会受到火焰烘烤，受热储罐内部介质在瞬间膨胀，并以高速度释放出内在能量，引发物理性蒸气爆炸。喷出的物料立即被火源点燃，出现火球，产生强烈的热辐射。若没有立即点燃，喷出的液化气与空气混合形成可燃性气云，遇邻近火源则发生二次化学性爆炸。

（2）液化石油气储罐的火灾危险性

1）泄漏引发事故。液化石油气因蒸气压高，又对普通橡胶密封件的溶胀性强，容易发生泄漏事故。造成储罐泄漏的原因很多，主要有如下几种。

①质量因素泄漏。包括设计不当，材料错误，品质不符，强度不足，加工焊接组装缺陷，结构缺陷，附件不符合要求等。

②工艺因素泄漏。有高流速介质冲击磨损，反复应力作用，腐蚀破坏，冷脆断裂，老化变质，内压超高等。储罐的排污阀，因其处于储罐的最低部，最容易被冻裂，并且经常操作易损坏发生泄漏。储罐本体第一道法兰垫片，因未及时脱水而导致冬季冻裂，或因法兰垫片质量问题破裂造成泄漏。

③受热破裂泄漏。热作用的热源有邻近火灾的热源和夏季高温辐射热源。液化石油气储罐受热后，罐壁温度升高导致设备的材料强度降低，以及内部介质压力骤升，储罐的主体或支撑件产生的应力高于其可承受的最大应力值时，机械性破裂或软塌。普通碳钢温度升至300℃以上，强度便会迅速降低。储罐内压力的升高是由于饱和蒸气压的作用、达到临界温度时的物态变化作用，以及液体体积膨胀作用引起。不超过60℃的规定充装的气罐和低于临界温度使用的气罐，其内气液两相共存，温度越高，饱和蒸气压越高。当储罐被加热到超过临界温度时，液化气便无法以液态存在，液体汽化使体积迅速膨胀，导致事故的发生。液化石油气液态时的热膨胀系数远大于气态，体积膨胀系数是水的十几倍，温度越高，膨胀越大。在邻近火灾的烘烤下或夏季高温期间，液相的液化石油气易受热体积膨胀而使其饱和蒸气压增大，造成设备、管道破裂或安全阀动作，引起液化石油气大量释放至大气中。

④外来因素破坏。如外来飞射物打击，外来车辆撞击，施工破坏，基础下沉或倾斜等。

⑤操作失误引起泄漏。如误开闭阀门；对液位监测错误或不及时，超量灌装引起储罐超压，导致储罐本体破裂或法兰垫片破裂泄漏、违章检修等。辽宁省葫芦岛市天然气分离厂液化石油气储罐泄漏，就是因为在检修时误将不带温井的温度表卸下，导致液化石油气储罐泄漏。

2）泄漏的气体易积聚。气态的液化石油气气体比空气重，为空气的1.5～2.0倍，泄漏后沿地面扩散，容易停滞集聚在地面的空隙、管道、下水道等低洼处，不易逸散掉，即使在平地上，也能沿地随风漂流而不易逸散到空气中，远处的明火也能将泄漏出来的液化石油气点燃，增加了发生火灾爆炸的危险性。

3）事故具有隐蔽性。液化石油气气体无色无嗅，当泄漏发生时不易被发觉，只有当大量气体急骤散发时，可以见到白雾或听到喷射声，遇明火发生燃烧爆炸时已经扩散了相当大一片面积，导致突发事故。

4）“满液”容器具有危险。适量充装的液化石油气容器处于气液两相共存状态，压力上升服从气液平衡方程式，蒸气压以比液化气温升速度更大的速度上升，当蒸气压超过容器的耐压强度，且安全泄压装置又未能及时将超压部分泄出，器壁会发生过量的塑性变形而导致破裂。据测定，规定充装的气罐液化石油气 0～60℃，平均每升高 1℃，饱和蒸气压力增加值为 0.02～0.03 MPa。

液化石油气的体积膨胀系数比其体积压缩系数大一个数量级，其膨胀量远大于可压缩量，如果不考虑由于温度和压力升高而产生的容积增量，则容器在“满液”情况下，温度一旦升高，就使得容器内压力急剧升高，超过其设计压力时，就有发生物理性爆炸的危险。储罐爆炸时，破坏性也很大，爆炸碎片能飞出几十米到 100 多米。

5）设备失效导致爆炸连续发生。储罐、罐车等容器因失控车辆冲撞、过量罐装、内壁化学腐蚀或焊接质量差等因素导致突然破裂失效；或罐区火灾不能迅速扑灭，使站内容器液相温度升高，压力增大，安全阀又未能及时泄压，则容器膨胀产生裂缝；当开口较大，并且在液面附近的气相空间压力迅速下降，将会导致物理性蒸气爆炸。喷出的液化石油气体和雾滴与空气混合，遇引火源，即发生二次化学性爆炸。

6）有产生引火源的可能性。电气设备产生火花（含电线接头松动，电动机封闭不严、普通手电筒等）、金属碰撞产生火花、静电产生火花（如液化石油气管道、工人穿化纤衣服等）、操作失误、加热设备故障等及其他火源。

4. 气体储罐的火灾危险性

（1）气体的燃烧特点

在石油化工生产中，气体储罐大都储存易燃易爆的气体。甲类气体爆炸极限小于 10%，如乙炔、氢气、甲烷、乙烯、丙烯、丁二烯、乙烷、水煤气等。乙类气体爆炸下限大于等于 10%，如氨气、发生炉煤气、鼓风炉煤气等。它们与空气混合达到爆炸浓度极限，遇火源，即会发生燃烧爆炸。由于可燃气体的最小引燃能较小，因此气体物料被引燃、引爆的危险性比液体和固体更大。一般可燃气体的燃烧速度比可燃液体和固体快，可燃气体一旦发生火灾，火势蔓延迅速，难以施救。

1）单一化学组成的可燃气体（如氢气），比化合物（如甲烷，一氧化碳）容易燃烧，且燃烧速度快，火焰温度高，爆炸危险性大。价键不饱和的可燃气体比相对应的价键饱和的可燃气体火灾危险性大。

2）比空气轻的可燃气体可以在空气中无限制地扩散，并可随风飘动；比空气重的可燃气体容易聚集在表层、沟道，或建筑死角处，且能长期聚集不散。

3）压缩可燃气体和液化可燃气体由容器或管道向外高速喷射时，能够产生静电，电压常达几千伏，放电火花即可引燃可燃气体。因此，在火场上对受火势威胁、具有爆炸危险的气体储罐采取泄压、放空、导流时要注意安全，防止由此而发生爆炸。

（2）气体储罐的火灾危险性

1）泄漏引起事故。储气设备处于压力状态，设备、管道容易发生泄漏。气柜焊接处或其壁出现腐蚀，导致薄弱面出现裂缝；管道、阀门、法兰连接处等都有可能发生泄漏；尤其是湿式气柜，易腐蚀，容易发生跑气泄漏事故；湿式气柜水封的水位过低，气柜也会发生漏气；气柜使用中，如果储气过多，钟罩上升过高，风大时易发生偏斜而造成大量跑气。

2）混入空气引起爆炸。储气设备在罐装气体之前，未进行惰性气体置换，或置换不彻底，使其内混入空气；湿式气柜的钟罩高度太低，输出气体后，气柜容易产生负压，吸入空气，使气体中含氧量超高，进入爆炸极限；在气体的生产工艺过程中，控制不当，均可使储气设备内混入空气。

储气设备内混入空气，遇引火源，发生火灾爆炸事故有如下情况。气柜内部发生局部爆炸，气柜的钟罩上升但没有被掀翻，钟罩回落被破坏，泄漏的气体燃烧；气柜内部爆炸，气柜的钟罩上升脱离导轨，整个气柜的钟罩被掀翻或大面积破坏，然后可能导致气柜内剩余可燃气体的发生二次爆炸；气柜内的可燃气体全部泄漏出来，与空气混合，再遇强引火源，引起蒸气云爆炸。可燃气体向外扩散的面积越大，形成火灾爆炸的面积也越大。

3）压力下运行危险性大。内盛气态物料的储气设备一般均为压力容器，容器的选择、制造与检验都有很高的要求。若储气设备质量不能满足基本的技术要求，便可发生爆炸或火灾事故。

储气设备高压运行容易发生超压，若压力表、安全阀失灵，当压力超过了其能够承受的许用压力，最终超过设备及配件的强度极限而爆炸或局部炸裂。

四、火灾爆炸特点

石油化工企业火灾不同于其他企业火灾，燃烧形式、现象、种类、规模和危害性有如下特征。

1. 燃烧速度快，火势发展猛烈

物质的燃烧速度是指在单位时间和单位体积内燃烧所消耗的可燃物的数量。化工企业火灾，燃烧的物质多为化学危险物品，其燃烧速度相当快。物质的燃烧速度越快，单位时间内释放的热量越多，加热未燃部分表面的面积越大，温升也越高。因而，邻近的未燃部分达到引燃的时间越短，火焰瞬间扩展的范围越大，火势也越猛烈。化工企业火灾，燃烧的物质多为化学危险品，其燃烧速度相当快。此外，化工生产装置多采用露天、半露天形式，在火灾情况下的空气流通良好，也促使火势发展猛烈。

2. 火焰温度高，辐射热强

单位质量或单位体积的可燃物质在完全燃烧时所放出的热量称为燃烧热值。可燃物的热值越大，火场上燃烧温度越高，火焰辐射热越强。化工原料、中间体和产品燃烧时释放出的热量多，火场上能形成很高的温度和强烈的热辐射。

化工火灾的强烈热辐射能使火场周围的温度升高，引起火势的蔓延和扩大，使扑救人员难以靠近，严重影响灭火战斗行动。

3. 容易形成立体燃烧

多层厂房的气体扩散、液体流散火，以及装置设备的爆炸等，均能引起立体形式的燃烧。其燃烧类型一般有两种情况：一是层叠式竖向布置的多层厂房室内外立体火灾，通常是由于设备、产品、原料着火后引起建筑厂房的燃烧；二是高大设备及配管系统的立体火灾，常发生在露天、半露天的装置区内，易流动扩散形成大面积火灾。

4. 容易形成大面积燃烧

化工企业火灾发展蔓延速度快，加上装置占地面积大、建筑与设备毗连、生产连续性强，极易形成大面积火灾。

在大型化工企业的露天、半露天装置区，由于燃烧时发生连锁反应，而造成大面积火灾。可燃气体储罐火灾，储罐破裂，气体向外扩散，扩散的面积越大，形成火灾的面积也越大。可燃液体储罐区火灾，常伴随储罐的爆炸，可燃液体的流散，而发生大面积火灾。重质油或含水分的油品罐着火燃烧时，还可能发生沸溢和喷溅，燃烧的油品大量外溢，甚至从罐内猛烈喷出，形成巨大的火柱，可高达 70～80 m，火柱顺风向喷射距离可达 120 m 左右，不仅容易造成扑救人员的伤亡，而且由于火场辐射热大量增加，引燃邻近罐燃烧，使火灾扩大。

5. 爆炸危险性大

(1) 爆炸的类型

1) 按爆炸物质在爆炸过程中的变化，可分为物理爆炸和化学爆炸。

物理爆炸。因状态或压力发生突变形成的爆炸称为物理爆炸。化工生产的压力设备、容器及管道由于设备缺陷、材质选择不当，腐蚀，机械穿孔，人为操作失误，以及在火场上火焰直接烧烤和强辐射热作用下，易发生物理性爆炸。

化学爆炸。由于燃烧或其他剧烈的化学反应所形成的爆炸称为化学爆炸。泄漏的可燃气、蒸气、粉尘，或某些气相空间较大的可燃物料设备容器内部，遇火源会发生化学性爆炸。在化工企业火灾中，由于化学性爆炸引起的火灾比例较大。

2) 按照爆炸的变化传播速度，化学爆炸可分为爆燃、爆炸、爆轰。

爆燃。爆炸物质的变化速度为每秒数十米至百米，爆炸时压力不激增，没有爆炸特征的响声，无多大破坏力。例如气体爆炸在接近爆炸浓度下限或上限的爆炸属爆燃。

爆炸。爆炸物质的变化速度为每秒百米至千米，爆炸时仅在爆炸点引起压力激增，有震耳的响声和破坏作用。

爆轰。这种爆炸的特点是突然升起极高的压力，其传播是通过超音速的冲击波实现的，每秒可达数千米，设备中的常用泄压装置失去作用。这种冲击波能远离爆轰发源地而存在，具有很大的破坏力。

3）物理和化学爆炸交织。在化工企业火灾中，还时有物理性爆炸和化学性爆炸交织发生，形成连锁式爆炸。有时是先发生物理性爆炸，容器内可燃气体、可燃蒸气冲出后遇引火源引起化学性爆炸；有时是先发生化学性爆炸，然后在冲击波或高温高压作用下发生设备容器的物理性爆炸；有时是物理性与化学性爆炸交替进行。这种类型的爆炸，往往发生在大型石油化工企业的装置群火灾中，具有较大的破坏力。

（2）爆炸的特征

1）易发生突发性爆炸。爆炸的突发性主要表现在生产设备运行过程中所发生的爆炸事故。生产设备在反应失控或设备内形成爆炸性混合物的条件下，遇到摩擦、撞击或其他火源可能瞬间引起爆炸，呈现出爆炸诱发时间短、爆炸先兆不明显、瞬间完成的爆炸特征。突发性爆炸因人员来不及疏散或隐蔽易导致人员伤亡惨重，爆炸性混合气体的空间爆炸或通风管道内的粉尘爆炸，危害波及更大。

2）易发生连续性爆炸。由于化工生产设备布置紧凑，相互贯通，发生火灾或爆炸后极易引起连续性爆炸事故。有可燃气体爆炸混合物或粉尘爆炸危险的场所，初次爆炸后易导致周围的可燃气体或扬起的粉尘发生第二次、第三次甚至多次的连续爆炸。

3）易发生系统性爆炸。化工生产多为连续性的生产工艺过程，工艺流程中的各种设备相互关联，某一环节或设备出现故障，会影响相邻设备甚至整个生产系统出现异常反应；某一生产设备爆炸，会迅速波及相邻设备乃至整个生产系统发生爆炸。

6. 具有复燃、复爆性

扑救化工火灾时，因指挥失误和灭火措施不当，熄灭的火灾还会复燃、复爆。灭火后的储罐、容器、设备、管道的壁温过高，如不继续进行冷却，会重新引起油品、物料燃烧。灭火后，燃烧区的压力设备，仍然继续升温升压，而造成复爆。可燃气体、易燃液体，在灭火后未切断气源、液源的情况下，继续扩散、流淌，遇火源而发生复燃、复爆。

7. 火灾爆炸中毒事故多

化工生产中物料、产品的易燃易爆毒害性，工艺流程的复杂性，操作条件的苛刻性以及设备布置的密集性决定了其火灾爆炸中毒事故发生几率比其他行业高。根据我国30余年的统计资料说明，化工厂火灾爆炸事故的死亡人数占因工死亡总人数的13.8%，居第一位。中毒窒息事故致死人数为死亡总人数的12%，居第二位。

化工生产中的许多关键设备，如高负荷的塔、槽、压力容器、反应釜、经常开闭的阀门等，运行一定时间后，常会出现多发事故或集中事故的情况，这是因为设备进入到寿命周期的故障频发阶段，若加上维护管理不到位，出现带病作业的情况，一旦设备进入故障的多发期，事故将很难控制。

8. 火灾爆炸损失严重

化工企业火灾爆炸造成的经济损失和人员伤亡较其他类型企业高，爆炸并发生火灾所造成的损失约是单一发生爆炸的损失几十倍之多，火灾爆炸导致的机械设备与原材料损失高于建筑物的损失。火灾爆炸的破坏除了所造成的直接经济损失外，还会造成停车、停产、修复等带来的间接损失。

9. 火灾扑救困难

化工企业的生产特点与火灾爆炸特点决定了其初期火灾得不到很好的控制，导致大面积或立体火灾爆炸发生，以及燃烧物质、产物的毒害作用导致火灾扑救难度大，参与灭火救援任务的人力物力多。目前国内化工火灾案例中，数百名消防指战员、数百辆消防车、数百吨灭火药剂参与灭火战斗的战例屡见不鲜。

第二节　石油化工企业火灾扑救基本对策

一、工艺装置火灾扑救对策

石油化工原料、中间体和产品是在生产装置内加热、混合、反应、分离、冷却和储存的，物料离开不了装置而独立存在，因此,. 石油化工火灾中装置与设备是燃烧的主体。石油加工装置危险性大，一旦着火扑救困难，而且容易发生二次着火、爆炸，容易造成人员窒息和中毒，所以必须引起高度地重视。为扑灭化工生产装置火灾，必须弄清起火装置特点、工艺流程和着火物料性质，弄清泄漏点的位置、有无发生爆炸和中毒的危险、有无安全装置和消防设施。在此基础上，干部职工同工程技术人员配合，科学地进行扑救。

1. 化工装置火灾控制与扑救

（1）制定事故应急预案，加强培训和演练

在事故发生时，为了快速、准确、有效地启动应急救援行动，必须制定事故救援应急预案，并定期组织应急救援能力的培训和演练，使员工了解和掌握在发生火灾时的应急措施和扑救初起火灾的方法，提高员工在事故应急救援过程中的实际作战能力。

（2）及时报警

报警时，除装有自动报警系统的单位会自动报警外，还可使用手动报警系统、电话报警、直接派人去较近的消防队报警、大声呼喊等。总之，要因地制宜采用各种方法迅速将发生火灾的情况告诉消防部门和本单位人员；即使在场人员认为有能力将火扑灭，仍应向消防部门报警。

（3）抢救伤员

化工装置发生事故时，如果有人员受伤，必须首先抢救伤员，将受伤人员撤离事故现场，并进行必要的紧急处置，如进行止血、人工呼吸等。根据人员伤亡情况组织救人小组实施救人行动，利用直流水枪或喷雾水枪掩护救人行动，搜索被困人员，重点搜索压缩机房、仪器仪表室、生产控制室、油泵房里面或支撑装置的水泥构筑物的下面等。火势已经封锁救人途径时，要集中水枪，采取强行进攻、重点突破的方法抢救伤员和被困人员。

（4）冷却防爆

化工装置发生火灾，燃烧区内的设备，管道不断增压，当压力超过设备、管道的耐压极限时，即发生物理性爆炸。与此同时，由于金属设备在火焰直接作用或辐射热作用下，壁温升高，强度下降。当机械强度下降到一定程度，设备、管道就会变形破裂爆炸，紧接着发生化学性爆炸，有时还会引起连锁反应，使临近设备发生爆炸。因此，冷却保护是扑救化工装置火灾过程中消除着火设备、受火势威胁设备发生爆炸危险的最有效措施，应重点冷却被火焰直接作用的压力设备和临近火势威胁的设备，把控制爆炸作为火灾扑救的主要方面。

1）目前企业许多生产装置内部设置了稳高压消防水系统、固定水炮和消防箱等现场消防设施，这些设施操作简单，生产装置的操作员均可操作。所以，一旦发生火灾，操作员在报警的同时，要迅速启动可能发生爆炸的装置上设置的水喷淋系统实施冷却，马上利用就近的消防水炮、水枪对着火设备和受到火焰强烈辐射到的设备、框架、管线、电缆等进行冷却，防止设备超温、超压和变形。

2）消防队员赶到后，进一步利用冷却设施进行冷却，适当扩大冷却范围，增加冷却强度，控制燃烧，防止发生二次事故。利用生产装置区设置的消火栓，消防器材箱内水带、水枪，消防车上的水炮，用强力水流对可能发生爆炸的装置实施射水冷却。在爆炸危险程度明显增强时，应当架设移动消防水炮，对装置实施冷却。条件具备时，可使用防爆消防车或遥控消防车实施冷却。根据火场火势情况设置水幕，降低装置中着火设备对相邻设备的威胁程度。

3）正确实施冷却方法，近距离冷却可采用开花喷雾射流，具有冷却面积大、出水均匀、吸热快、用水少、对水枪手有隔热作用的优点。冷却具有一定高度的垂直设备、管道时，可用密集的直流水喷射在其上部，使大量的水自上而下，在冷却上层的同时，由于水的流淌使框架下层同样受到水的冷却，喷射水或泡沫灭火时也是如此。冷却保护水平铺设的管道时，应作左右均匀来回均速喷射。在射水冷却时，要特别注意防止将水射入可燃液体罐内，以防火势突变。

（5）采用工艺灭火措施

工艺灭火措施是根据化工生产装置、设备、储罐由管道连接的特点提出的，主要有关阀断料、开阀导流、火炬放空、搅拌灭火等措施。工艺灭火措施是不可替代的科学、有效地处置化工装置火灾的技术手段。

关阀断料就是利用化工生产的连续性，切断着火设备、反应器、储罐之间的物料来源，中断燃料的持续供应，降低着火设备压力，为消灭火点创造条件。

开阀导流就是对着火设备或受到火势严重威胁的邻近设备内的可燃物料进行输转的方法，使着火设备内的物料经过安全水封装置或砾石阻火器导入安全储罐，着火设备内的残留物料大大减少，压力下降，为灭火创造了条件。但是开阀导流的方式，会因物料状态（气态、液态）、比重、水溶性的不同有所不同，特别是对于生产设备的开阀导流，要防止被导流设备内出现负压而吸入空气发生回火爆炸。应严格控制导流的速度，使被导流设备内的压力不低于0.1 MPa，也可向被导流设备（储罐）输入氮气或水蒸气等，以防止设备（储罐）内形成负压。

火炬放空就是通过与设备上的安全阀、通气口、排气管等相连的火炬放空总管，将部分或全部物料烧掉，积极地控制灾情，防止爆炸的发生。

搅拌灭火就是当设备内高闪点物料着火后，从设备底部输入一定量的相同冷物料或氮气、二氧化碳等，把设备内的燃料液体上下搅动，使上层高温液体与下层低温液体进行热交换，使其温度降至闪点以下，自行熄灭，或者使火势减弱，便于灭火。

（6）阻止火势蔓延

在化工装置火场上，经常有大量可燃、易燃物料外泄，造成大面积流淌液体燃烧。一旦造成流淌火，会给阻止火势、保护设备及储罐带来难度。因此，应特别强调在组织冷却保护的同时，根据情况尽快对流淌火采取围堵防流措施，缓解进而消除对设备、储罐的威胁。

1）对于物料泄漏流淌的化工火灾现场，应尽早组织人员用沙袋或水泥袋筑堤堵截或导流，或在适当地点挖坑以容纳导流的易燃可燃液体物料，防止燃烧液体向高温高压装置区蔓延，严防形成大面积流淌火或物料流入地沟、下水道引起大范围爆炸。

2）对高大的塔、釜、炉等设备流淌火，应布置“立体型”冷却，组织内歼外截的强攻，必要时可注入惰性气体灭火。

（7）正确使用灭火剂

化工生产的物料种类繁多，与水的作用各不相同，若灭火剂选用不当，不但起不到灭火的效果，反而会促使火势的扩大，甚至能引起严重的后果。

1）对气体装置火灾，可采用干粉作为灭火剂。对油型高热值的化工装置，可用泡沫覆盖火焰。对乙烯、丙烯、乙醚、液化石油气等装置火灾，用干粉、二氧化碳等灭火剂进行覆盖或隔离灭火。对重油、渣油、石蜡、沥青、各种树脂类火灾，可用水灭火。

2）镁粉、铝粉、钛粉、锆粉等金属元素的粉末类火灾不可用水施救，因为这类物质着火时，可产生相当高的温度，高温可使水分子和空气中的二氧化碳分子分解，从而引起爆炸或使燃烧更加猛烈。三硫化四磷、五硫化二磷等硫的磷化物遇水或潮湿空气，可分解产生易燃有毒的硫化氢气体，所以也不可用水施救。遇湿易燃类物品着火如碱金属、碱土金属等，可以与水发生强烈的氧化还原反应，直接导致火灾事故扩大的发生。氧化剂中的过氧化物与水反应，能放出氧加速燃烧或者爆炸，如过氧化钾、过氧化钙、过氧化钡等，起火后不能用水扑救，要用干砂土、干粉扑救。比水轻的非水溶性可燃、易燃液体的火灾，原则上不用水扑救，如苯、甲苯等，若用水扑救，水会沉在液体下面形成喷溅、漂流，反而扩大火势。酸类腐蚀物品，遇加压密集水流，会立刻沸腾起来，使酸液四处飞溅，所以发烟硫酸、氯磺酸、浓硝酸等发生火灾后，宜用雾状水、干沙土、二氧化碳扑救。

3）一部分毒害品中的氰化物，如氰化钠、氰化钾以及其他氰化物等，遇泡沫中酸性物质能生成剧毒气体氰化氢，因此，不能用泡沫灭火剂来覆盖着火物质。爆炸品着火禁止使用酸碱泡沫灭火剂灭火，因为化学反应使爆炸更加剧烈。另外泡沫灭火剂中含有大量的水，忌水性物质着火也不可以使用泡沫灭火剂。

4）遇水燃烧物品中锂、钠、钾、镁、铝粉等，禁止使用二氧化碳灭火剂灭火，因为它们的金属性质十分活泼，能夺取二氧化碳中的氧，起化学反应而燃烧。还有应避免使用二氧化碳及其他惰性气体扑救氧化剂火灾，由于氧化剂自身可以释放出氧气，二氧化碳的窒息作用是无效的。

5）碱金属、碱土金属以及这些金属的化合物在燃烧时可产生高温，在高温下这些物质大部分可与卤代烷进行反应，使燃烧反应更加猛烈，故不能用卤代烷类灭火剂扑救，对含氧化学品也不适宜。

（8）正确运用灭火方法

密集的直流水用于扑救可燃粉尘（如煤粉、面粉等）聚集处的火灾时必须十分慎重。当直流水难以立即将全部高温物质降温时，有可能造成粉尘爆炸。因为粉尘原来处于聚集状态，燃烧从表面进行，但如果用直流水冲喷，在水流冲击作用下造成粉尘的扬起，形成粉尘的空气混合物，粉尘的表面积大量增加，化学活性增强，可以在没被扑灭的火星甚至火焰作用下发生更剧烈的燃烧、爆炸。

1）火场受到水柱冲击，形成大量飞火引燃附近可燃物，尤其是大风天气，容易在下风方向形成多个火场。现场指挥者应谨慎处之。

2）高温设备、盐浴炉和电解铝槽火灾不能将水射入设备内，因为有可能引起设备破裂、高温物料飞溅，火灾范围扩大；冷水遇到高温熔融物还可能引起水急剧汽化，发生传热型蒸气爆炸，宜用水蒸气扑救。

3）利用泡沫扑救流淌火灾首先要控制流淌范围，喷射的泡沫必须覆盖整个流淌区域，人员一般不应在泡沫中走动，如确需走动必须做到不间断地补充泡沫使泡沫覆盖层不受破坏。

4）利用干粉扑救装置的立体火灾时，要及时通知操作平台上其他战斗员注意安全，否则，上面战斗员若不知情，一旦喷射干粉，将会使战斗员因突然被笼罩在干粉中而惊惶失措致跌落或误入危险区域。使用干粉灭流淌火后，要充分考虑对流淌范围的控制和对其他火种的控制。

5）敞口容器内可燃液体的燃烧，如果用石棉毯、湿麻袋等物覆盖容器口，而不能接触到液体表面时，覆盖层与液体之间的空气内仍有一定的氧气维持燃烧，继续产生气体与热量，但因容器被覆盖而扩散受阻，压力不断上升而引起爆炸。此时，不应用覆盖容器口的窒息法灭火。

（9）集中扑救

扑灭火灾时，一定要调集好灭火力量，安排好车、炮、枪的位置和数量，准备好灭火剂用量，指挥员一声令下，集中喷射灭火剂，必须一次将火扑灭，否则，不仅浪费药剂，也会给以后的灭火带来不利的影响，应特别注意。

（10）重视防护

进入着火区域的人员应着防火隔热服，保持皮肤不外露，防止灼伤。进入有毒区域的人员，应根据毒物特点，确定防护等级，适情佩戴空（氧）气呼吸器等安全防护器具，防止中毒。

1）在火灾扑救过程中，必须根据气象条件合理安排人员、车辆的位置，应与着火点要保持一定的安全距离。一线灭火人员要尽量少，进入阵地作战的人员要编组，尽量做到少而精，不宜采取人海战术。消防车距着火点的距离不要少于 40 m，消防车辆必须车头朝外。一定要在上风向和侧风向，避免在下风向。必须在下风向布置消防力量时，一般安排移动水枪、水炮。人员和车辆都应做到进可攻、退可守，最大限度地避免抢险扑救人员和设备的损失。

2）在冷却和灭火时要注意后方保护，充分利用好地形地物，防止爆炸造成人员伤亡。在扑救生产装置火灾时，应尽可能使用压力高、流量大的高压水枪、水炮，实施远距离射水灭火，在确认无爆炸危险时，可以实施登高或近距离灭火。

3）对于执行关阀、堵漏等危险性较大任务的人员和辐射热强的前沿阵地人员，应用开花或喷雾水流对其实施不间断掩护。

4）要对有毒气体、易燃易爆气体（液体蒸气）的浓度进行不间断的检测，以防止毒害物质和爆炸对人员造成伤害。

5）在化工装置火灾扑救过程中，要自始至终监视火场情况的变化（包括风向、风力变化，火势，有无爆炸、沸喷的前兆出现等情况）。当火场出现爆炸、倒塌等征兆时，应采取紧急避险措施。

2. 化工装置火灾扑救注意事项

（1）不可盲目灭火

若易燃可燃液体、气体只泄漏未着火时，则应在做好防护和出水掩护、防止打出火花的情况下，先实施堵漏，后处理已泄漏的物料。若易燃可燃液体、气体泄漏燃烧后，在无止漏把握的情况下，只能对着火和邻近的储罐、设备、管道实施冷却保护，切不可盲目灭火，否则更会发生爆炸、复燃、人员窒息、中毒等事故，造成更大的损失。

（2）不可盲目进攻

进入封闭的化工车间，要先在适当位置用直流或开花射流喷射，破坏轰燃条件后再实施进攻，不要盲目实施灭火，进入灭火一线的人员要精干，且要选好撤退的路线或隐蔽的位置，无关人员不准进入。

（3）合理利用水源

在火灾扑救过程中要合理用水，取水不宜过于集中。没有特殊情况，冷却和灭火的用水量不要超过系统最大供水能力，防止供水系统超负荷运行造成跳闸。在生产用水和消防用水共用一个系统时，更要互相兼顾，防止影响其他装置生产，甚至造成事故。必要时，要有计划安排生产装置停车，保证灭火需求的消防水量。消防水带横穿马路时，一定要铺设过路护桥，防止水带受损。

（4）充分发挥固定消防设施的功能

在安装有稳高压消防水系统、固定泡沫系统等固定消防设施的场所，一定要发挥好固定水炮、泡沫炮的作用，同时，应从高压消防栓（水和泡沫）接出移动炮，对固定炮达不到的地方进行冷却或扑救。高压消防栓压力高，消防队员抱枪困难，最好不要从高压消防栓直接出水枪和泡沫枪，防止伤人。

（5）防止复燃复爆发生

化工装置火灾应重视防止复燃复爆发生，对已经扑灭明火的装置还须继续进行冷却，直至达到安全的温度。流淌火扑灭后，要注意冷却水对泡沫覆盖层的破坏，要根据情况及时复喷泡沫覆盖。对于被泡沫覆盖的可燃液体应尽快予以收集，防止复燃。要适时检测，严防溢流出的易燃液体挥发形成爆炸空间，避免无意中发生爆炸而造成无谓伤亡的事故发生。

（6）选用防爆通信工具

在对易燃易爆化工装置场所发生的火灾事故进行灭火救援时，须选用具备防爆功能的电台进行通信联络，以防二次爆炸事故的发生。

（7）防止造成环境污染

灭火时，应加强对火场灭火形成的流淌水的管理，阻止流淌水未经处理直接流入雨水排水系统，造成环境污染。

二、油罐火灾扑救对策

1. 油罐火灾的控制与扑救

（1）制定事故应急预案，加强培训和演练

在事故发生时，为了快速准确有效地启动应急救援行动，必须制定事故救援应急预案，并定期组织应急救援能力的培训和演练，使员工了解和掌握在发生火灾时的应急措施和扑救初起火灾的方法，提高员工在事故应急救援过程中实际作战能力。

（2）及时报警

当火灾和泄漏事故出现时，值班人员应立即报告班长、本单位应急组织，并告知人员撤离危险区域。当火情严重，爆炸发生、大面积泄漏易燃易爆气体、液体时，应及时报告火警119；当有人员出现严重伤害时应及时报告120急救中心，寻求外部救援。

（3）火情判断和估计

油罐着火后，火势非常凶猛，瞬间浓烟滚滚，形成大火。因此，正确判断和估计火情，对尽快控制火势，防止火灾蔓延，迅速扑灭以及保障人员安全都是很重要的。

在火灾发生后，应迅速查明下列情况：燃烧油罐和临近罐的直径，间距，储存油品的种类，数量和液面高度（通常，着火油罐液面以上的罐外壁油漆已变色，而液面以下的颜色则未变，由此可以判定罐内液面高度）；着火部位、燃烧形式及对周围的威胁程度；油品外溢流淌或储罐破坏的可能部位；观察火焰颜色，判断有无产生爆炸的可能性；如果储存油品是重质油，油品内是否含有水分，判断有否沸溢，喷溅的可能，预测沸溢，喷溅发生的时间及可能造成的危害范围等；燃烧罐的防火堤是否良好，假若燃烧罐被破坏是否会影响邻近油品；罐区内的排水系统是否畅通，应检查排水井及水封装置是否良好；现有的固定式移动式泡沫灭火设备的现状，现存泡沫药剂数量，以及架设泡沫钩管或移动泡沫炮的位置和泡沫消防车、举高喷射消防车的停车位置；友邻单位的灭火器材情况，能否给予支援；最大供水量；当燃烧罐发生爆炸时，对相邻建（构）筑物的影响怎样，应采取哪些措施以防止火势的扩大。

（4）冷却降温，防止爆炸

冷却降温是防止着火罐发生爆炸、变形倒塌和油品发生沸溢喷溅的方法，必须采取有效措施防止着火罐的高温辐射引燃或破坏周围建筑物、可燃物或相邻储罐。对燃烧油罐，尤其是液面低的油罐，要进行全面冷却，以控制火势发展，防止油罐受热变形、破裂。与燃烧罐的距离小于燃烧罐直径1.5倍的邻近罐，均要进行冷却。位于燃烧罐下风方向的邻近油罐所受威胁最大，侧风方向次之，上风方向所受威胁最小，在首先冷却燃烧罐的同时，要着重冷却下风方向的邻近罐。冷却邻近罐时，应冷却面向燃烧罐的罐壁。

冷却降温的方法，主要有直流水枪射水，开花、喷雾水枪洒水，泡沫覆盖，或启动油罐固定喷淋装置洒水等方法，对于着火罐和邻近罐都可采取直流水冷却和泡沫覆盖冷却、启动水喷淋装置冷却的方法。

冷却油罐时应注意：要有足够的冷却水枪和水量，并保持供水不间断，冷却均匀，不出现空白点；着火罐实施全周长冷却，邻近罐实施半周长（着火面）冷却，视情加大强度，冷却强度地上式卧式油罐不低于6 L/(min·m^2)，相邻油罐不低于3 L/(min·m^2)；冷却水流应成抛物线喷射在罐壁上部，防止直流冲击、浪费，冷却水不宜进入罐内；冷却过程中，要安全有效地排除防火堤内的积水；油罐火焰扑灭后，仍需继续冷却，直至罐壁温度降到低于油品的自燃点，不致引起复燃为止。

（5）扑灭流淌火

当地面出现大面积流淌火时，必须组织力量先消灭地面流淌火，为冷却油罐和灭火扫清障碍。为堵截液体的流散，阻止火势无限度地蔓延，可利用有利的地形地物，采取不同的方法，筑堤拦坝，阻止漫流，把流散的燃烧液体，局限在一定的范围内，为灭火创造条件。

1）根据流淌火的情况，采取围堵防流，分片消灭的灭火方法。当大量油品由罐内流淌到防火堤内时，应充分发挥防火堤的作用，迅速组织力量关闭排水阀门，防止油品流散到堤外。当油品发生沸溢漫过防护堤燃烧时，可在防火堤外建立油品导向沟，将燃烧油品疏导至安全地点，并集聚，控制燃烧范围，利用干粉或泡沫一举消灭。未设防火堤的油罐发生火灾，油品已经流散或有可能流散时，要根据火场地形条件、流散油品的数量，溢流规模大小等情况，迅速组织人力、物力，在适当距离上建立一道或数道坝型土堤，堵截油品的流散，阻止火势蔓延。当油品由罐内流散到水面上燃烧时，将对水面或水的下游方向建筑构成威胁时，必须将水面漂浮燃烧的油品，控制在一定范围内，通常用围油栏将油品围起，使油品在有限的水面范围内控制燃烧。对于少量已流散燃烧的原油、重油、沥青和闪点较高的石油产品，可采用强有力的水流，阻挡燃烧油品的流散，并消灭火灾。

2）在灭火后，有条件的也可以将油品导入到指定地点，防止地面复燃，减少对火灾扑救人员的威胁，防止环境污染。

（6）充分做好灭火准备

在对油罐进行冷却的同时，要做好充分的灭火准备工作。

1）做好泡沫灭火准备。在进行泡沫灭火之前，要检查以下情况：是否有足够的泡沫液，要备足相当于一次灭火需要6倍的灭火剂泡沫液；是否有足够的泡沫灭火设备，对已有的泡沫液及泡沫灭火设备是否进行过仔细检查；有否一定数量的移动式泡沫灭火设备；消防人员是否能熟练地操作泡沫灭火设备。

2）做好供水准备。检查供给泡沫灭火用水量是否够用，水源是否可靠等。使用水池等水源，存水量要保证满足一次灭火的需要，中间不得断水。

3）做好进攻时水枪掩护准备。进攻时会遭到高温和浓烟封锁时（指地下罐、半地下罐），要组织喷雾水枪交叉进行掩护。

4）做好个人防护准备。穿隔热服、戴防护面罩、披湿棉被等。

（7）攻坚灭火

向油罐发起总攻，是灭火的关键时刻，一定要掌握好有利时机，在火场指挥员的统一号令下，各个阵地同时发动，一举将火扑灭。切忌各行其是，零星进攻，否则，既浪费人力物力，又达不到灭火的目的。

2. 扑救油罐火灾的灭火器材和灭火剂的使用

（1）利用固定灭火装置

储存易燃及可燃油品的油罐，特别是5 000 m^3 以上的大型油罐，一般都按规范要求设有固定式或半固定式消防设施。油罐一旦着火，只要固定或半固定消防设施没有遭到破坏，油库消防值班人员和工作人员，应首先启动消防供水系统，对着火油罐和临近油罐进行喷淋冷却保护，同时按照固定消防的操作程序，启动固定消防泡沫泵，根据着火油罐上设置的泡沫产生器所需泡沫液量，配制泡沫液，保证泡沫供给强度，连续不断地输送泡沫混合液，力争在较短时间内将火扑灭。

（2）使用泡沫钩管

使用泡沫钩管扑救油罐火灾是一种常用又比较有效的方法，它可以使泡沫沿罐壁流淌，覆盖在着火的油面上，隔绝油品与空气的接触，达到扑灭火灾的目的。并且泡沫的损失率低，便于操作，灭火彻底，是一般扑救油罐火灾最常用又十分有效的方法，扑救油池、地下油罐火灾，也可使用。挂泡沫钩管一般要架设两节拉梯，如果罐高超过 10 m，则要用 3 节拉梯或曲臂车。但是，遇到塌陷式油罐火灾，由于油罐塌陷变形，泡沫钩管无处可挂，即失去了灭火的作用。

（3）使用车载泡沫炮

使用车载泡沫炮扑救油罐火灾也是最常用的方法之一，车载泡沫炮流量大、射程远、威力大，扑救普通大型火灾十分有效。使用泡沫炮扑救油罐火灾时，炮位与着火油罐的距离不得小于 25 m，炮的仰角一般保持 30°～45°，不能间歇喷射，直至灭火后还要继续喷射至不再复燃为止。车载泡沫炮的缺点是受地形和射程的影响较大，在不能接近着火罐时，难以发挥效力；受着火罐液位的影响较大，如遇液面过高的油罐火灾，车载炮喷出的大量泡沫析出的水流入罐内，不但不能灭火，相反会因着火罐液面升高（如果是重油，还会形成油泡沫或水垫层，造成沸溢或喷溅）油液溢出，使火势扩大；车载泡沫炮扑救大型油罐火灾还受水源影响较大，少量车载炮，很难形成有效的灭火效果，一般采用“以大制大”的方法，使用多台大型车载炮车，以超过实际灭火需要（最佳理论灭火需要量）几倍甚至十几倍的泡沫供给强度同时扑救。

（4）使用移动泡沫炮和泡沫枪

移动泡沫炮和泡沫枪的机动性较强，一般在固定灭火设施受到破坏、油罐塌陷，无法使用管钩或消防车辆不能接近着火罐的情况下使用。但同样会受喷射强度、喷射角度、着火油罐液位、周边上升气流的影响。

（5）采用液下喷射灭火

液下喷射泡沫损失小，装置不易破坏；其喷射方式有固定式、半固定式和移动式 3 种，灭火效果均较好。

（6）罐壁掏孔内注灭火

罐壁掏孔内注灭火方法是目前扑救塌陷式油罐火灾比较有效的方法。当燃烧油罐液位很低时，由于罐壁温度较高和高温热气流的作用，使从油罐上部打入的泡沫遭到较大的破坏，或因油罐顶部塌陷到油罐内，造成燃烧死角，泡沫不能覆盖燃烧的液面，而降低了泡沫灭火效果时，采用罐壁掏孔内注灭火法。即用气割方法在着火油罐上风方向，油品液面以上 50～80 cm 的罐壁上，开挖 40 cm×60 cm 的泡沫喷射孔，利用开挖的孔洞，向罐内喷射泡沫，可以提高泡沫的灭火效率。但在燃烧着的油罐壁上开挖孔洞是一件非常艰难的工作，操作人员十分危险，因此，除非在万不得已的情况下，一般不采用。

（7）采用磁吸附式油罐自动抢险灭火泡沫钻枪

磁吸附式钢制油罐灭火抢险泡沫钻枪是一种新型可移动式泡沫灭火、抢险设备，主要由钻架、电磁盘、空心钻头、钻管、连通管、自动推进装置、泡沫发生器、电动机、传动机构及配电控制系统组成，在钻枪架脚部装有二个吸附力为 8 000～

14 000 N 的电磁吸盘，用于将钻枪体吸附、固定在罐壁上。空心钻管前端装有可更换的直喷式或侧喷式空心钻头，钻管与滑动轴承配合安装在钻架上，与传动机构、推进装置、连通管配合，用来迅速钻透着火油罐罐壁，实施输转罐内油品、喷射灭火剂。使用磁吸附式钢制油罐灭火抢险泡沫钻枪可迅速扑灭钢制油罐各种疑难类型火灾，并且可利用喷水压力控制钻枪启动和关闭，自动化程度高。流量可制成 16 L/s、32 L/s、48 L/s 等多种型号。

磁吸附式油罐自动抢险灭火泡沫钻枪扑救钢制油罐火灾的优点是：机动性强，不受射程和地形的限制，远距离操作安全可靠，是消防车载炮性能的有效延伸；钻入罐内灭火，不受气流、火焰影响，泡沫损失率几乎为零，灭火效率高；一机多用，在固定式灭火装置受到破坏时，钻透着火罐的罐壁喷射泡沫，可迅速扑灭油罐火灾，在工艺管线受到破坏，迅速钻透高液位着火罐罐壁，利用配装临时管线输撤油品，排除溢流造成的危害，并可实施液下喷射氟蛋白泡沫，迅速扑灭高液位油罐火灾；由于采用直喷式枪头，泡沫喷射角度小，紧贴油面但不冲击油面，灭火剂直接作用于火焰的最薄弱点的焰心，迅速隔断油气与火源，返回式枪头，泡沫向罐壁喷射，直接流入围堰，灭火效率极高；奇数台联用，泡沫可在焰心点交叉封闭，迅速遏制火势，平行喷射，灭火剂撞击对面罐壁后向罐中心反流，迅速覆盖油品表面，可实现死角互补，不留空白点，复燃率为零；喷枪头可制成直喷、侧喷、直侧混合喷与撤油用等多种形式。磁吸附式油罐自动抢险灭火泡沫钻枪是集抢险、灭火等多项功能为一体的油罐高效自动灭火抢险装备，为迅速、彻底地扑灭钢制油罐的各种类型火灾，为扑救大型恶性钢制油罐火灾开辟了新的途径。

（8）利用水油隔离法扑救油罐泄漏火灾

水油隔离法扑救油罐泄漏火灾是当罐底部发生泄漏时，利用油品比水轻且与水不相溶的性质，向罐内注入一定数量的水，以便在罐内底部形成水垫层，使泄漏处外泄的是水而不是油，从而切断泄漏源，使用水将油火隔离，火焰自动熄灭，然后采取堵漏措施。

1）利用水油隔离法扑救油罐泄漏火灾是一种比较奏效的油罐泄漏火灾扑救方法，但并不是唯一和绝对可行的方法，也有它的局限性。该法适用于泄漏部位在油罐底部，及因油罐泄漏而造成的地面流淌火被扑灭并得到有效控制后，在保证对油罐强力冷却的前提下，再采取注水措施，保证注水人员的安全。若油罐内油品液位较高，注水容易造成油罐冒顶，扩大火势，增加危险，故在注水前必须采取倒罐措施。待腾空量达到注水量要求后再行注水。注水人员要精而少，着隔热服，禁止服装、器材被油品浸沾，且一定要在开花或喷雾水枪的掩护下，尽量选择位置较低的孔口作为注水口，增加相应的安全系数。

2）在利用水油隔离法完成灭火任务后，要迅速组织堵漏抢险。待罐内水有一定液面时，停止注水，关闭一切能关的阀门。将被扑灭火灾后的流淌油面表层用泡沫覆盖，利用堵漏枪、堵漏袋、木楔、堵漏胶等对泄漏部位实施密封，进行堵漏。同时，尽快做好万一失败后，更换阀门垫片、维修阀门、修补裂口的准备工作。操作时，至少要有四人配合，使用铜板手、垫片及氧气呼吸器等工具，冒水快速作业，进行抢修处理。

（9）合理使用灭火剂

使用干粉炮扑救地下油罐和油池火灾，效果较好。扑救地面流淌火可采用普通蛋白泡沫灭火剂和高倍数泡沫灭火剂。利用原储罐的液下喷射系统时，应当使用氟蛋白泡沫灭火剂。

3. 几种类型油罐火灾扑救方法

（1）喷射火炬型油罐火灾扑救

火灾发生时油罐顶盖未被炸掉，油蒸气通过油罐裂缝、透气阀、量油孔等处冒出，在罐外形成稳定的火炬型燃烧。对于这种燃烧，可采用水封法、覆盖法扑救：

1）水封法是用数支强有力的直流水枪从不同的方向交叉射向裂缝或空洞火焰的根部，使火焰与尚未燃烧的油蒸气分隔开，造成瞬间可燃气体中断供应，使火焰熄灭，或者使数支水枪射流同时由下而上移动，用密集的水流将火焰“抬走”。用直流水流扑救裂缝喷油燃烧时，每个裂缝喷油火点至少使用3～4支水枪的强力水流喷射，最好使用带架水枪。

2）覆盖法是使用覆盖物盖住火焰，造成瞬时燃烧缺氧，致使火焰熄灭。这是扑救油罐裂缝、呼吸阀、量油孔处火炬型燃烧火焰的有效方式。在覆盖进攻前，用水流对覆盖物及燃烧部位进行冷却；进攻开始后，覆盖组人员拿覆盖物，掩护人员射水掩护，覆盖组自上风向靠近火焰，用覆盖物盖住火焰，使火焰熄灭。若油罐上孔洞较多，同时形成多个火炬燃烧，应用水流充分冷却油罐的全部表面，尽量使罐内温度及蒸气压降低，再从上风方向将火炬一个一个地扑灭。扑救火炬型燃烧的覆盖物可用湿毛毡、浸湿的棉被、麻袋、石棉被等。对从缝隙流淌出的燃烧油，可用沙土或其他覆盖物覆盖，也可喷射泡沫覆盖灭火。

3）扑救这类火灾时应特别注意，发生火炬燃烧时，不要将罐内油料抽走，使罐内形成负压，将罐外燃烧的火焰吸入罐内引起爆炸。由于油品从油罐内抽出后，油位下降，油罐内气体空间增大，大量空气补充入罐内，使罐内蒸气达到爆炸浓度，导致爆炸。

（2）无顶盖油罐火灾扑救

油罐爆炸后罐顶常被掀掉、炸破或塌落，随后液面上形成稳定燃烧。油罐上的固定式或半固定式灭火设备同时可能会受破坏。扑救这类火灾，应按下述方法扑救：

1）首先集中力量冷却着火油罐，不使其变形、破裂；同时，组织冷却邻近受热辐射威胁的罐，特别是下风位置的邻罐。为了防止邻罐的油蒸气被引燃或引爆，应用石棉被、湿棉被等把邻罐的透气阀、量油孔等覆盖起来。

2）若油罐所设固定灭火设施未受影响，应立即启动进行灭火。若无固定泡沫灭火设施或因爆炸破坏，则应迅速组织力量，采用移动式泡沫灭火装备（泡沫枪、炮等）灭火。使用移动式泡沫枪炮时，阵地应选在停靠油罐的上风方向，尽可能在地势较高处，并与油罐有一定的距离。

（3）罐盖部分破坏或塌入油罐火灾扑救

油罐发生爆炸燃烧，多数情况下罐盖塌入罐内，部分在液面下，部分在液面上，液面敞露部分燃烧猛烈，火焰能将液面上的罐顶烧得很热，对泡沫有破坏作用。罐盖遮住部分，火焰微弱，泡沫不易覆盖住被罐盖遮挡的那一部分火焰，影响灭火的效果。在此情况下，当条件允许时，可以提高油品液面，使液面高出暴露的部分罐顶，形成水平的液面，然后用泡沫扑灭火灾。也可采用泡沫钩管挂在暴露在液面上的那部分罐盖的一侧，喷射泡沫灭火。同时，灭火人员利用登高工具接近罐顶，用泡沫枪直接射击高出液面的罐盖根部，配合泡沫钩管灭火。

（4）油品外溢型油罐火灾扑救

油罐破裂后油品外溢，残存的油罐及其防火堤内均出现油品燃烧，油罐周围全是燃烧的油火，灭火人员难以接近油罐灭火。这时，即使固定泡沫灭火设备未被破坏，也不能使用，因为着火油罐中火焰既便能扑灭，也由于罐外仍有流淌火，罐内被扑灭的油火又会很快复燃。扑救这类火灾，如有可能应先冷却着火油罐，避免油罐在火焰中进一步破裂和损坏，使更多的油品流出罐外；如果油罐破坏得十分严重，比如只剩一底座或底部破裂，可不必冷却，而应集中力量先扑救防火堤内的油火，然后再扑救油罐火灾，或者同时扑救。扑救防火堤内的油火时，要集中足够的泡沫枪或泡沫炮，形成包围态势，从防火堤边沿开始喷射泡沫，使泡沫逐渐向中心流动，覆盖整个燃烧液面，然后迅速向罐内火灾发起进攻，扑灭罐内火灾。

在扑救过程中，应注意油品流淌状况，防止其流出堤外，火灾扩大。必要时应及时加高加固防火堤，提高防火堤的阻油效能。对大面积地面流淌性火灾，采取围堵防流，分片消灭的灭火方法。

（5）多个油罐同时燃烧火灾的扑救

当油罐区有多个油罐同时发生火灾时，应采取全面控制，集中兵力，逐个消灭的办法扑救。应组织力量，冷却燃烧的油罐和受到火灾威胁的邻近油罐，尽力控制住火势的发展。尽量输转油料。当没有足够的力量同时扑灭数个油罐火灾时，可逐个依次扑灭。一般情况下，应先扑灭上风方向的燃烧油罐，然后依次扑灭。当有数个并列的上风油罐时，应先扑灭对邻近油罐威胁较大的油罐。若灭火力量充足，则可在做好灭火充分准备的基础上，集中兵力，对燃烧的油罐发起猛攻。利用未遭损坏的固定式泡沫灭火设备和移动式泡沫灭火设备（例如泡沫钩管、泡沫枪、泡沫炮等）和其他器材，分配力量，同时扑灭数个油罐的火灾。

在扑救过程中，应注意不能急于求成，不允许在无把握情况下盲目喷射泡沫，在人员、装备、泡沫均不足的条件下去扑救全部燃烧罐，防止出现灭火剂用完，而一个油罐火焰也未扑灭的情况。

（6）重质油品油罐火灾扑救

扑救重质油品的油罐火灾，争取时间尽快扑灭是非常重要的。如果燃烧时间延长，重质油品就会沸溢喷溅，造成扑救困难。

1）重质油品的燃烧，发生沸溢喷溅的主要原因之一，是其液面下形成有随时间不断增厚的高温油层。破坏其高温油层的形成或冷却降低其温度是防止沸溢喷溅的有效措施。倒油搅拌是一种降低高温油层温度，破坏油品形成热波的条件，从而抑制沸溢的方法。通常采取倒油搅拌的手段主要有：由罐底向上倒油，即在罐内液位较高的情况下，用油泵将油罐下部冷油抽出，然后再由油罐上部注入罐内，进行循环；用油泵从非着火罐内泵出，与着火罐内油品相同质量的冷油注入着火罐；使用储罐搅拌器搅拌，使冷油层与高温油层融在一起，降低油品表面温度。倒油操作时应注意：由其他油罐向着火罐倒油时，必须选取相同质量的冷油；倒油搅拌前，应判断好冷、热油层的厚度及液位的高低，计算好倒油量和时间，防止倒油超量，造成溢流；倒油搅拌时不得将罐底积水注入热油层，以免造成发泡溢流；同时还要对罐壁加强冷却，以加速油品降温，并做好灭火准备，倒油停止时，即刻灭火；当发现火情异常时，应立即停止倒油。

2）由于重质油品在燃烧过程中发生喷溅的原因主要是油层下部水垫汽化膨胀而产生压力的结果。防止沸溢喷溅，还可从排出罐底的水垫层入手。排水防溅是一种可行方法，即通过油罐底部的虹吸栓将沉积在罐底的水层排出，消除发生沸溢喷溅的条件。在排水操作前，应估算出水垫层的厚度及需要的排水时间。排水时，应有专人监视排水口，防止排水过量出现跑油。排水可与灭火同时进行。

3）扑救火灾中，要指定专人观察油罐的燃烧情况，判断发生喷溅的时间，保护扑救人员的安全。油罐发生喷溅的时间与罐内重质油品的油层厚度、油品的含水量、油层的传热速度及液面的燃烧速度有关。重质油品包括原油在燃烧过程中，发生喷溅的时间可用下式进行计算：

$$T=(H-h)/(V_{o}+V_{t})-K\cdot H$$

式中　T——预计发生喷溅的时间（h）；

H——储罐液面高度（m）；

h——储罐水垫层高度（m）；

V_o——原油燃烧的线速度（m/h）；

V_t——原油的热波传播速度（m/h）；

K——提前常数（h/m）。储油温度低于燃点取 $K=0$，高于燃点取 $K=0.1$。

上式说明，油层越薄，燃烧速度、油品温度传递速度越快，越能在起火后较短时间内发生喷溅。喷溅的时间一般晚于沸溢的时间，常常是先发生沸溢，间隔一段时间，再发生喷溅。原油热波传播速度与燃烧线速度见表 5—9。

表 5—9　原油热波传播速度与燃烧线速度

油品	热波传导速度 V_t（m/h）		燃烧线速度 V_o（m/h）
	含水量＜0.3%	含水量＞0.3%	
轻质原油	0.3～0.9	0.43～1.27	0.102～0.6
重质原油	0.5～0.75	0.3～1.27	0.075～0.13

根据燃烧油罐外部变化特征，可判断即将出现的沸溢喷溅。重质油罐沸溢喷溅前，会有如下征兆：①发出巨大的声响；②火焰明显增高，火光显著增亮，呈鲜红色或略带黄色；③烟雾由浓变淡、变稀；④罐壁或其上部发生颤动；⑤罐内出现零星"噼啪"声或"啪啪"作响。在出现这些征兆后，往往持续数秒到数十秒就将发生沸溢喷溅。

4. 油罐火灾扑救注意事项

（1）做好灭火防范措施，安全可靠

在灭火的整个过程中，必须始终把人身安全放在首位。消防人员应着防火隔热服，防止高温和热辐射灼伤或高温昏迷。在有毒害性气体的场所，消防人员应当佩戴空气呼吸器或正压式氧气呼吸器等安全防护器具，防止人员中毒。

1）预先考虑到火场可能出现的各种危险情况，将灭火人员布置到适当的位置，达到既能有效灭火，又处于比较安全的地方。

2）扑救具有发生爆炸、沸溢或喷溅危险的油罐时，尽可能使用移动水炮或遥控水炮，固定位置实施冷却，减少前沿阵地人员。覆土油罐上部不能设置水枪阵地，防止蒸发的气体爆炸造成人员伤害。扑救卧罐火灾时，水枪阵地要避开油罐封头，防止卧罐爆炸时从两头冲出伤人。

3）在确定灭火方案时，应根据当时实际情况，在控制火势的同时，判断灭火的可能性和火灾蔓延的危害性。必要时，可放弃灭火，让其在限制范围内燃烧，把重点放在控制和防止火灾蔓延上，以免造成更大的损失。

（2）合理停车，确保安全

消防车尽量停在上风或侧风方向，与燃烧罐保持一定的安全距离。扑救重质油罐火灾时，消防车头应背向油罐，一旦出现危及生命的状况，可及时撤离。

（3）监视火情，防止危险

在扑救人员登上罐顶灭火前，要根据火焰燃烧的特点来判断在短期内罐是否发生爆炸。一般认为当火焰呈橘黄色、发亮有黑烟时，油罐则不会爆炸，这时罐内油气混合气体的浓度超过爆炸极限，处于富气状态。因混合气中缺氧，燃烧不完全，有黑烟冒出，还伴有烧得火红的微小炭粒，使火焰显得亮。当火焰呈蓝色、不亮、无黑烟时，说明罐内油气混合的浓度处在爆炸极限范围内，有可能在短期内发生爆炸。如果着火罐随时都可能发生爆炸，灭火人员千万不能靠近油罐，可用喷射水流、泡沫进行切割、封闭的方法灭火。

对有发生沸溢或喷溅危险的储罐火灾，应当设置观察哨，预先确定应急撤退信号和信号的传递方式，人员撤离的方向，并落实撤离通道上越过障碍的措施。根据计算可能发生沸溢或喷溅的时间，严密注视储罐的燃烧状态，发现异常情况，立即发出撤退信号，一律徒手撤退。

（4）集中优势兵力，一举扑灭火灾

储油罐着火后，必须在火灾初期集中优势兵力，力图快速一举扑灭火灾。因为油品着火预燃期短，燃烧速度快。如不能及时扑灭，随着热波厚度增加，扑救会更加困难；当热波触及乳化水层或水垫层时，会引起蒸气的爆喷沸溢现象；如果燃烧时间长，易使罐内油气混合气体浓度达到爆炸极限，造成爆炸或连续爆炸的后果。

扑救大型油罐火灾，在一般情况下必须按照一冷却、二准备、三灭火的程序进行。根据油罐面积和泡沫的供给强度计算一次灭火需要的泡沫量和泡沫储备量、灭火供水量和冷却供水量，保证在规定灭火的短期内用泡沫将油面完全覆盖。因为泡沫的抗热时间一般为 6 min，如果没有集中足够的灭火力量有效地投入灭火，迅速将油面封闭，隔绝火源，而是零星进行扑救，火焰将继续燃烧。时间一长，燃烧面积会继续扩大，从而达不到灭火作用。严禁在泡沫和供水量不足的情况下采取灭火行动。

（5）防止复燃复爆

燃烧油罐经过泡沫扑救，燃烧停止之后，为了防止罐内油品复燃，应继续供给泡沫 3～5 min。此时，必须对油罐内整个已燃烧的油面全部用泡沫覆盖，还要继续冷却罐壁，直至油温降到常温为止。

对于罐顶一半塌落在内的油罐火灾，从地面观察已经扑灭后，不要轻易利用铁梯登高观察，应不断加大泡沫供给强度，并适时对罐顶实施冷却，以阻止未塌落部分油品蒸发，消除罐顶内不完全燃烧的结炭火星，防止意外爆炸造成伤害。

三、气体或液化气泄漏处置对策

泄漏是导致石油化工火灾和爆炸的重要原因，泄漏物的易燃易爆性、蒸发速度、扩散速度、泄漏量，以及泄漏发生的周围环境条件等是泄漏危险程度的重要因素。为了防止易燃气体或液化气大量泄漏引起燃烧爆炸事故，必须采取正确的处置方法。

1. 气体或液化气泄漏后未发生火灾时的处置

（1）设置警戒区

泄漏现场的警戒区边界浓度应设在可燃气体爆炸下限的30%，其范围之内为警戒区。如果是液化气泄漏，要按气体扩散范围划定警戒区域，警戒范围按液化石油气爆炸浓度下限的1/2，即0.75%确定。因气态石油气密度比空气大，测试仪应布置在贴近地表处。因气体扩散受泄漏量、风力等条件的影响时刻在变化，警戒范围要根据测得的数值随时调整。

（2）消除引火源

在警戒区内严禁任何火源存在和带入，必须果断地熄灭可燃物料泄漏扩散危险区的一切火种，中断加热热源；对于该区域内的电气设备，保持其原来状态，不要开或关，及时切断该区域的总电源；进入警戒区的人员，严禁穿钉鞋和化纤衣服；操作各种消防器材、工具、手电、手抬泵、车辆等，严防打出火花；堵漏时应采用不发火器材工具；消防车不准驶入警戒区域内，在警戒区域内停留的车辆不准再发动行驶。根据现场情况，动员现场周围特别是下风方向的居民和单位职工迅速消除火源。

（3）关阀断料

管道发生泄漏，泄漏点处在阀门以后且阀门尚未损坏，可采取关闭输送物料管道阀门，断绝物料源的措施，制止泄漏。关闭管道阀门时，必须设开花或喷雾水枪掩护。

（4）堵漏封口

管道、阀门或容器壁发生泄漏，且泄漏点处在阀门以前或阀门损坏，不能关阀止漏时，可使用各种针对性的堵漏器具和方法实施封堵泄漏口。

（5）喷雾稀释

以泄漏点为中心，在储罐、容器的四周设置水幕、喷雾水枪，利用其喷射的雾状水，甚至利用现场蒸汽管施放蒸汽，对泄漏扩散的气体进行围堵、稀释降毒、或驱散，但不宜使用直流水。

（6）倒罐输转

储罐、容器发生小量泄漏，在不能制止泄漏时，可采取疏导的方法将内部液体倒入其他容器或储罐，或导入槽车运走，以控制泄漏量和配合其他处置措施的实施。储罐、容器、管道壁撕裂，液体大量外泄来不及导罐时，可采取筑堤导流的方法，将液体导入围堤，并喷射泡沫覆盖加以保护。

倒罐的方法有两种：一种是靠罐内压差倒罐，即液面高、压力大的罐向空罐导流，此法由于很容易达到两罐压力平衡，导出来的液体不会很多；第二种是外接泵或压缩机利用动力抽或压进行倒罐。

（7）注水排险

对于密度小于水且不与水互溶的泄漏液体如液化石油气，若泄漏点处于储罐的下部，在采取其他措施的同时，可通过罐底排污阀等向罐内适量注水，抬高泄漏液体的液位，造成罐内底部形成水垫层，配合堵漏，缓解险情。

（8）主动点燃泄漏口

对于具有可燃性的气体或蒸气，当其泄漏点位于罐顶部，可采用主动点燃的措施，使泄漏口燃起火炬而控制其泄漏。然而，在实施前应具备安全条件和严密的防范措施，必须周全考虑，谨慎进行。

1）点燃原则。根据现场情况，在无法有效地实施堵漏，不点燃必定会带来更严重的灾难性后果，而点燃则导致稳定燃烧和危害程度减少的情况下，可实施主动点燃措施。现场气体扩散已达到一定范围，很可能造成大能量爆燃，产生巨大冲击波，危及气体储罐，造成难以预料后果的，禁止采用点燃措施。

2）点燃准备。主动点燃泄漏火炬，必须做好充分的准备工作。要求担任掩护和防护的喷雾水枪到达指定位置，泄漏周边地区经检测没有高浓度混合可燃气体，使用安全的点火工具并按正确的战术行动操作。

3）点燃时机。点燃泄漏火炬，一般要把握两种时机：一是在罐顶开口泄漏，一时无法实施堵漏，而气体泄漏的范围和浓度有限，同时又有多支喷雾水枪稀释掩护以及各种防护措施准备就绪的情况下，用点火棒点燃；二是罐顶爆裂已经形成稳定燃烧，罐体被冷却保护后罐内气压减少、火焰被风吹灭、或被冷却水流打灭，但还有气体扩散出来，如不再次点燃，仍能造成危害。此时，在继续保持冷却控制的同时，应予果断点燃。

（9）引流点燃

对泄漏燃烧的储罐实施冷却控制，在保证安全的前提下，可从排污管接出引流管，向安全区域排放点燃；另外，还可视情况架设排空管线，并点燃火炬，以加速处置工作的进程。

2. 有毒气体泄漏的处置

有毒物料泄漏现场或火灾爆炸现场，四处扩散的毒气或有毒蒸气，能造成现场处置人员的严重中毒，甚至危及生命安全。毒物对人体的侵害主要是通过呼吸道、皮肤和消化道，如果对呼吸道和身体的体表采取隔绝或密封措施，就能很好地防止中毒事故的发生。

（1）查明毒害，做好防护

处置有毒气体（蒸气）泄漏事故时，首先要查明现场毒性气体（蒸气）的性质、泄漏点、泄漏量、扩散范围等。根据毒气的危害性质、扩散范围，设置危险警戒区；必须做好个人安全防护，如佩戴空气呼吸器，着防毒衣或防化服等；从现场的上风和侧风方面，进入现场危险区进行救人和险情处置。同时，尽快通知周围可能遭受毒害的人员疏散，并报警。

（2）关堵驱排，断绝毒源

关闭泄漏管线或储罐的阀门，对泄漏点实施堵漏。堵漏操作常是在带压带温下和有毒易燃易爆气体环境中进行，经常需要同时实施多项现场处置措施，如个人防毒保护、营救被困人员或伤员、现场火源控制、冷却保护等。根据事故现场泄漏点的情况，可以采取关闭法、紧固法、卡箍法、塞楔法、气垫堵漏法、胶堵密封法、焊补堵漏法等。对于已泄漏扩散的有毒气体或蒸气，应设置水幕或机械排风，或采用喷雾水流阻截、驱散和稀释现场毒气的浓度；对于厂房、车间内的毒气，采取开门窗、破拆结构或用通风设备等措施进行排除。

（3）输转洗消，解除余毒

在堵漏工作完成后，应对泄漏在地面的有毒物质进行收集或输转，并做集中消毒处理；同时，对中毒受害人员、处置人员、现场地面、物体、现场使用的器材装备等染毒体进行洗消和检测。洗消是利用大量的、清洁的、加温的水，对人员和事故发生地域进行的清洗。当发生的灾害事故特别严重，仅使用普通清水无法达到洗消效果时，要使用特殊的洗消剂进行洗消。洗消污水的排放，要经过环保部门的检测，以防止造成二次污染中毒。

3. 堵漏的技术和方法

对消防抢险救援工作来说，堵漏是控制化学危险品泄漏事故发展，避免更大人员伤亡和经济损失的重要的现场处置措施。然而，堵漏又是一项综合性强、技术性高、危险性大的特殊的密封技术。在事故现场，堵漏操作常是在带压带温下和有毒易燃易爆气体环境中进行，经常需要同时实施多项现场处置措施，如个人防毒保护、营救被困人员或伤员、现场火源控制、冷却保护等。

（1）堵漏的基本措施

密闭体介质泄漏，归结起来是由于密闭体在密封处出现间隙，在关闭体处关闭不严，或在本体上出现裂缝、腐蚀孔洞、甚至断裂造成的。由此可见，堵漏的目的就是要及时消除这些引起泄漏的间隙、裂缝、非正常开口等。应采取的基本措施，主要是：

1）对于关不严、间隙，采取使密封体靠拢、接触的措施；

2）对于裂缝、孔、断裂等，采取嵌入或填入堵塞物措施，或采取黏结剂粘合措施，或采取覆盖密封、包裹、上罩措施。

（2）堵漏的基本方法

1）调整间隙消漏法。调整间隙消漏法常用的有关闭法、紧固法、调位法、操作条件改变法等。关闭法是对于关闭体不严，管道内物料泄漏的情况，采用关阀，即可堵漏。紧固法是对于密封件因预紧力小而渗漏的现象，采用增加密封件的预紧力的方法，如紧固法兰的螺钉，进一步压紧垫片、填料、或阀门的密封面等。调位法是通过调整零部件间的相对位置，如调整法兰、机械密封等间隙和位置，达到堵漏的方法。操作条件改变法是利用降低设备或系统内操作压力或温度来控制或减少非破坏性的渗漏的方法。

2）机械堵漏法。机械堵漏法是利用密封层的机械变形力强压堵漏的方法，主要有卡箍法、塞楔法、上罩法和胀紧法。卡箍法是利用金属卡箍带和密封垫片堵漏的方法。塞楔法是利用韧性大的金属、木质、塑料等材料挤塞入泄漏孔、裂缝、洞而止漏的方法。上罩法是用金属或非金属材料的罩子将泄漏部位整个包罩住而止漏的方法。胀紧法是用堵漏工具随流体流入管道，在内部漏口处自行胀大而堵漏的方法。

3）气垫堵漏法。气垫堵漏法是利用固定在泄漏口处的气垫或气袋，通过充气后鼓胀力，将泄漏口压住而堵漏的方法，主要有气垫外堵法、气垫内堵法和楔形气垫堵漏法。

4）胶堵密封法。胶堵密封法是利用密封胶在泄漏口处形成的密封层进行堵漏的方法，主要有内涂法、外涂法和强力注胶法。内涂法是用密封机进入设备或管道内部，在泄漏处自动喷射密封胶进行堵漏的方法。外涂法是将密封胶从设备外部涂于裂缝、孔洞处进行堵漏的方法。强压注胶法是在泄漏处预先制作一个密封腔或利用部件自身的封闭腔，将密封胶强力注入密封腔体内，经固化后形成密封层而堵漏的方法。该方法适用于高压高温、易燃易爆的部位。

5）焊补堵漏法。焊补堵漏法是利用焊接方法直接或间接地把泄漏口密封的方法，主要有直焊法和间焊法。直焊法是直接在泄漏口填焊堵漏的方法。间焊法是通过金属盖或其他密封件先将泄漏口包盖住，再用焊接方法将这些罩盖物焊在设备上而堵漏的方法。该法仅适用于焊接性能好、介质温度较高的设备、容器、管道或阀门；不能用于易燃易爆的场合。

6）磁压法。磁压法是利用磁铁的强大磁力，将密封垫或密封胶压在设备的泄漏口而堵漏的方法，适用于泄漏处的表面平坦、设备内压不高，因砂眼、夹渣的漏孔泄漏的堵漏。

7）引流黏结堵漏法。引流黏结堵漏法是罩盖法的改进。它是通过特制的压盖，其上有一个引流通道，将压盖与泄漏体用胶粘连住，待胶固化后，再将压盖上的引流孔用螺钉拧上，或将引流管上的阀门关闭而堵漏的方法。

8）冷冻法。冷冻法是在泄漏处制造低温，或利用介质的汽化制造低温，使泄漏介质在泄漏处冻结起来，或使泼于其上的水冻结而形成的密封层堵漏的方法。

（3）设备本体的堵漏

设备本体泄漏是指容器、管道、阀门的本体，因器壁穿孔、裂缝、管道断裂的泄漏。

1）塞楔堵漏。塞楔堵漏适用于常压或低压设备本体小孔、裂缝的泄漏。塞楔的材料主要有木材、塑料、铝、铜、低碳钢、不锈钢等。

①塞楔选材选形。根据泄漏介质性质选材。对于易燃易爆介质，选不产生火花材料，如木质、塑料、铝、铜的塞楔。对于腐蚀介质，选塑料、木质、不锈钢，不能选低碳钢的塞楔。

根据漏口形状选形。常用的形状有圆锥、圆柱、楔形。对于较大圆形孔洞，选大圆锥塞楔；对于较小孔洞、砂眼，选小圆锥塞楔；对于内外口径相近的漏口，选圆柱塞楔；对于长孔形或缝隙，选楔形塞楔。

②塞堵方法。堵漏前，先将泄漏口周围的脆弱的锈层除去，露出结实的本体；可在泄漏口和塞楔上涂上一层密封胶；将塞楔压入泄漏口，用无火花或木质手锤有节奏地将其打入泄漏孔口，敲打点应对中，用力先小后大。

2）卡箍堵漏。卡箍堵漏方法是将密封垫压在管道的泄漏口处，再套上卡箍，上紧卡箍上的螺栓，直至泄漏停止。它适用于管道小孔、裂缝泄漏，适于中低压介质的泄漏。

该法采用的器材是卡箍和密封垫。密封垫材料为橡胶、聚四氟乙烯、石墨等。卡箍材料为碳钢、不锈钢、铸铁等。

卡箍是由两块半圆形片箍组成，其形式有整卡式、半卡式、软卡式和堵头式。

整卡式卡箍的内径微大于泄漏管道的外经，箍片的宽由泄漏口大小确定，卡箍的紧固螺栓一般有两对，对称布置，若卡箍很宽，可相应地再设几对螺栓。整卡式适用于横向和纵向的较大裂缝和孔洞的堵漏。

半卡式卡箍由一块半圆箍和两根箍带组成，主要用于单个孔洞和缝隙的堵漏。

软卡式卡箍由较薄钢片制成，呈C字形，单开口，开口上有紧固螺栓。

堵头式卡箍是在卡箍的半圆片上，装有个堵头可起导流作用，可适用于较高压力下的堵漏。

3）捆扎堵漏。捆扎堵漏法适用于管道较小的泄漏孔、缝隙泄漏。采用的器材有密封垫、捆扎（钢）带或丝、捆扎工具。密封垫材料为橡胶、聚四氟乙烯、石棉、石墨等。钢带材料为碳钢、不锈钢等。捆扎工具是由切断、夹持和扎紧机构组成。

堵漏时，将钢带包在对应着泄漏口的管道上；钢带两端从不同方向穿在紧圈中，内端头预先弯起，并卡在紧圈上，弯起量以不碍捆扎为准，以防滑脱；外端钢带穿在捆扎工具上，先进刃口槽，在拉至夹持槽中，扳动夹持手柄夹紧钢带；用手自然压住钢带的内端，转动扎紧手柄，将钢带收紧；当钢带收紧到一定程度，把密封垫放进钢带与管道之间，正对着泄漏口，然后迅速转动扎紧手柄，使钢带扎紧密封垫片而堵漏；待泄漏停止后，将紧圈上的紧固螺栓拧紧；扳动切断手柄，切断多余的钢带，并把切口端从紧固处弯折，以防钢带滑脱。

4）气垫堵漏。气垫堵漏法适用于低压设备、容器、管道本体孔洞、裂缝、管道断口的泄漏，介质为液体，温度不超过 85～95℃。气垫是由结实的橡胶制成，内可充气，并使气垫胀起。

①外堵法。外堵法是将密封垫压在泄漏处，在其上再压上气垫袋，利用气垫袋上的固定带将气垫牢固地捆绑在泄漏的设备上。然后，通过充气的气源如气瓶或脚踏气泵给气垫充气，因气垫袋的鼓起而对密封垫产生压力，将泄漏堵住。

外堵法所用气垫有方形和长方形，上有充气的接口和固定带及其导向扣。对于需要排流的介质，还可带排流管接口。气垫的大小有多种规格，可从 15 cm×15 cm×2 cm 到 69 cm×31 cm×2 cm，可根据介质压力和泄漏口大小选用。气垫袋的充气压力不超过 0.6 MPa。

密封垫是由耐温、耐腐蚀的橡胶，如氯丁橡胶制成。若泄漏介质为酸，则还需要在密封垫上套上耐酸保护袋，气垫也需如此。

②内堵法。内堵法所用气垫的形状是圆柱体，规格有多种，直径从 2.5 ～80 cm，充气的压力可达 1 MPa。充气后气垫的圆柱直径可达原来的两倍。充气气源可用20～30 MPa 的压缩空气钢瓶。

堵漏时将圆柱形气垫塞入泄漏口，然后充气使之鼓胀，而将漏口堵塞住。该法适用于堵塞地下的排水管道、断裂的管道断口等，要求泄漏介质的压力低于 1 MPa。

③气楔堵漏法。气楔有圆锥形和楔形，其上有接口与连接管连接，便于接充气气源。它适用于直径小于 90 mm、宽度小于 60 mm 裂缝或孔洞的堵漏。

5）胶堵密封法。胶堵密封法可分为胶粘法和强压注胶法。

①胶粘法。胶粘法是利用强力黏结剂将漏口粘合而堵漏。例如，消防用超级快速堵漏胶，使用温度－50～180℃，耐压达到 30 MPa，适用于油类、酸、碱、化学试剂类的泄漏。根据泄漏介质压力大小，可采取先堵后补法和盖板引流法。

先堵后补法是利用固态的软性胶棒，先将漏口堵塞住，然后用胶将其粘合、固化。该法适用于常压小孔、裂缝的泄漏。

盖板引流法是利用预先制成的钢质堵漏盖板，此盖板上有直径 5～10 mm 的螺纹孔，作为引流孔，可用强力磁铁将涂有黏结剂的盖板吸压在泄漏口的设备本体上，泄漏介质此时从引流孔流出，当黏结剂固化后，再用螺栓将引流孔拧上，即可堵漏。此法适用于带压的介质泄漏。

②强压注胶法。强压注胶法是先在泄漏部位建造一个封闭的空腔，或利用泄漏部位上原有的空腔，用专门的注胶工具，把耐高温又具有受压变形的固体密封剂，注入空腔并使之充满，从而在泄漏部位形成密封层，将漏口堵住。当泄漏停止时，必须满足：空腔内密封层的压力大于等于介质的压力。

密封剂为固体的圆棒形，由合成橡胶为基料，添加有填充剂、催化剂、固化剂等经压制而成。该密封剂有热固和非热固型两类。其种类比较多，不同的种类适用于不同的泄漏介质和温度、压力条件。

注胶工具由注胶枪、液压泵和连接的高压胶管组成。当把密封剂胶棒放入注胶枪的胶棒室后，启动液压泵，液压油进入注胶枪的油缸，推动其柱塞，柱塞向前顶，将胶棒室内的胶棒挤入枪口，若枪口与固定在泄漏部位的空腔连接，即可把密封剂注入空腔内，形成密封层。

密封剂挤压推动力 $P_{挤}$ 与液压泵的油压 $P_{油}$ 和柱塞端面积、密封剂棒的端面积有关，可用下式估算：

$$P_{挤}=P_{油}\times\frac{D_{柱}^{2}}{D_{剂}^{2}}$$

式中 $D_{柱}$——柱塞端直径（cm）；

$D_{剂}$——剂棒端直径（cm）。

例如，液压泵能产生 60 MPa 的油压，$D_{柱}=4$ cm，$D_{剂}=2.6$ cm，则挤压力 $P_{挤}=142$ MPa。

在泄漏部位形成空腔，主要是利用特制的夹具。当夹具夹持在泄漏管的外表后能构成一个封闭的空腔，且夹具上开有数个注胶口，其上有螺纹可旋上连接注胶枪口的注胶阀，便于注胶。

夹具可制作成不同的形状，以便于适合不同的泄漏部位。但是，主要的有直管夹具、弯管夹具、三通夹具。它们都是由两个半形，通过螺栓可紧固在一起，并把泄漏部位夹持住。

堵漏时，先把注胶阀安装在夹具上，打开其旋塞；将夹具固定在泄漏部位，其一个注胶口正对着泄漏口；上紧夹具上的紧固螺栓，保证夹具与管表面的间隙小于 0.5 mm；连接注胶枪和液压泵，进行注胶；形成密封层后，待密封剂固化，再用螺栓换下夹具上的注胶阀。

在注胶堵漏过程中，要注意注胶顺序。先从远离泄漏口位置的注胶口开始；然后从两边分别逐次向泄漏口处逼近；最后再对着泄漏口的注胶口进行注胶。当胶达到下一个注胶口时，进行换口，并将注过的口上注胶阀关闭。

在最后注胶口注胶制止泄漏后，要暂停注胶 10～30 min，待密封剂固化；然后，进行补注少量密封胶，只要使注胶压力在原有压力基础上增加 3～5 MPa 即可。

6）冷冻堵漏。液化气漏液时可使用冻结的方法堵漏，由于漏出的液体在罐外汽化吸热，使环境温度迅速下降，空气中的水分凝固形成白茫茫一片雾气，同时泄漏点会出现结冰现象。冻结法是在漏液处缠上一定厚度的绷带，可使用铜丝加固，然后浇水使绷带浸水。漏出的液体汽化吸热，使浸水的绷带降温结冰，从而达到止漏的目的。泄漏止住以后，绷带的温度又会逐步上升，尤其是在夏季或有太阳照射的情况下上升更快，使冰层破坏而再次泄漏。为防止气温上升冰层破坏，可用棉被覆盖并固定，起到遮挡阳光、保持局部低温的作用。2000 年 3 月 8 日，黑龙江代马沟路段一辆液化气槽车倾翻发生漏液，抢险人员使用冷冻法堵住泄漏，但中午气温升高，结冻处出现松动险情，抢险人员用棉被覆盖，遮挡了阳光，保持了结冻处的低温，排除了险情。

（4）法兰的堵漏

法兰是管道与管道的最常见的连接部件，也是最常见的泄漏部位。法兰泄漏的原因有法兰盘、密封垫圈或固定螺栓安装不正确、密封垫圈失效等。

法兰堵漏可有多种方法，例如全包式堵漏法、卡箍式堵漏法、强压注胶堵漏法、顶压式堵漏法、间隙调整堵漏法等。现仅介绍间隙调整堵漏法和强压注胶堵漏法。

1）间隙调整堵漏法。因安装的不正确，法兰盘之间间隙过大而泄漏，可采取此法。常见的法兰安装不正确有法兰偏口、错口、密封垫装偏和螺栓预紧力不够。

对于法兰盘之间一侧大，一侧小的偏口泄漏，可通过拧紧间隙大的一侧螺栓而堵住泄漏。

对于法兰的轴线不在一条线上的错口泄漏，可通过先微松螺栓，将法兰的位置校正到同一线上后，再均匀对称地轮流拧紧各个螺栓即可。密封垫装偏也可采取同样方法，待调整好垫片位置，拧紧即可。

对于螺栓上紧不够的泄漏，可按顺序逐一初步拧紧每个螺栓后，再轮流对称地拧紧一遍即可。

若螺栓有损坏的，需更换，则需使用 G 形夹紧器，先在其位置上夹紧后，再将其换掉。

2）强压注胶堵漏法。基本方法与本体相同，仅是所用夹具不同。常用夹具有卡箍和铜丝，有这些夹具与法兰盘之间形成注胶的空腔。

①卡箍。卡箍是用于箍住法兰盘的边缘。其型式有平面、凹面、凸面和密封式。注胶时是利用卡箍上均匀开设的注胶口，向法兰盘之间的间隙注胶，形成密封层。

②铜丝。当法兰盘之间的间隙较小（小于 8 mm），且介质压力低于 4.2 MPa 时，使用铜丝。铜丝的固定可使用平口錾子，将铜丝圈压入法兰盘的间隙中，并通过捻打法兰盘内边缘，将铜丝固定。注胶需用特制的耳子式注胶阀具。该注胶阀具的安装，需先用 G 型夹具，将法兰盘上一个螺栓换成一根长螺栓。然后套上耳子式注胶阀，才能注胶。

（5）阀门的堵漏

阀门的泄漏主要发生在阀门的本体上的腐蚀砂眼和裂缝，阀门与管道连接的法兰上，阀门内阀杆与填料的间隙处。

1）对于本体和法兰前两处泄漏，可采用前面使用的方法进行堵漏。对于阀门内阀杆与填料的间隙处泄漏，则可采用阀门体钻孔注胶法。

2）钻孔注胶法是在阀门体上钻一小孔，以便安装一个特制的注胶阀，通过它可向阀门内部的填料涵进行注胶，而将填料与阀杆之间的泄漏间隙堵住。

3）钻孔时需使用风钻或电钻，在填料的泄漏部位钻孔，这个孔仅是一个阀门体上的浅孔，并不需钻透至填料涵。然后对这个浅孔攻丝，以便安装注胶阀。装好注胶阀后，再用另一细长钻头，继续钻穿阀体壁，当见到有介质冒出，即可退出细钻头，并关闭注胶阀。当连接好注胶枪与注胶阀后，再打开注胶阀，就可进行注胶直至堵住泄漏为止。若阀门体的壁较薄，可选安装一个较厚的卡箍，然后在卡箍上钻孔，固定注胶阀，也能进行钻孔注胶堵漏。

4. 气体或液化石油气发生火灾后的扑救措施

气体或液化气泄漏后遇着火源形成稳定燃烧时，其发生爆炸或再次爆炸的危险性与可燃气体或液化气泄漏未燃时相比要小得多。根据气体或液化气体火灾的特点，应采取如下扑救方法。

（1）控制火势蔓延，积极抢救人员

首先扑灭外围被火源引燃的可燃物火势，切断火势蔓延途径，控制燃烧范围，并积极抢救受伤和被困人员。如果附近有受到火焰辐射热威胁的压力容器，能疏散的应尽量在水枪的掩护下疏散到安全地带。

（2）关阀断气，创造有利的灭火条件

如果是输气管道泄漏着火，应设法找到气源阀门。阀门完好时，只要关闭气体的进出阀门，火势就会自动熄灭。在特殊情况下，只要判断阀门尚有效，可先扑灭火势，再关闭阀门。一旦发现关闭已无效，一时又无法堵漏时，应迅即点燃，恢复稳定燃烧。

(3) 冷却降温，防止物理爆炸

开启固定水喷淋装置进行冷却，消防队员到场后应立即出水冷却燃烧罐和与其相邻的储罐，对于火焰直接烧烤的罐壁表面和邻近罐壁的受热面，要加大冷却强度；必须保证充足的水源，充分发挥固定水喷淋系统的冷却保护作用。冷却强度不低于 $0.17\ L/s \cdot m^2$。冷却要均匀，不要留下空白，避免物理爆炸事故发生。

(4) 灭火堵漏，消除危险源

要抓住战机，适时实行强攻灭火。对准泄漏口处火焰根部合理使用交叉射水分隔、密集水流交叉射水，或对准火点喷射干粉、二氧化碳或卤代烷等灭火剂，扑灭火焰。

气体或液化气储罐或管道阀门处泄漏着火，且储罐或管道泄漏关阀无效时，应根据火势判断气体压力和泄漏口的大小及其形状，准备好相应的堵漏器材（如塞楔、堵漏气垫、粘合剂、卡箍工具等）。堵漏工作准备就绪后，即可实施灭火，同时需用水冷却烧烫的罐或管壁。火扑灭后，应立即用堵漏材料堵漏，同时用雾状水稀释和驱散泄漏出来的气体或液化气。

如果确认泄漏口非常大，根本无法堵漏，只需冷却着火容器及其周围容器和可燃物品，控制着火范围，直到燃气燃尽，火势自动熄灭。

(5) 实施现场监控，防止爆炸和复燃

现场扑救人员应密切注意各种爆炸危险征兆，遇有火势熄灭后较长时间未能恢复稳定燃烧，或受热辐射的容器有下列情况：燃烧的火焰由红变白，光芒耀眼；燃烧处发出刺耳的呼啸声；罐体抖动；排气处、泄漏处喷气猛烈等。此时，火场指挥员要敏锐觉察这些储罐爆炸前的征兆，作出爆炸判断，及时下达撤退命令，避免造成大的人员伤亡。

5. 气体或液化气泄漏类火灾扑救注意事项

(1) 查明情况，采取措施

根据泄漏是否着火采取相应的措施，防止盲目进入气体或液化气泄漏区域引发爆炸。

1）根据泄漏的部位，是储罐泄漏，还是管线泄漏，携带相应的堵漏器材。

2）根据泄漏点缺口形状决定堵漏材料。缺口为圆形时，可用尖木料堵塞。泄漏口为较长的带状时，应选择棉被、石棉被、加压气垫或汽车橡胶内胎等较平展的物品作垫，用安全绳、铜丝，石棉绳等加固，再给加压气垫或汽车橡胶内胎充气的方法堵漏。泄漏点为环状时，可用石棉绳、棉布条等进行缠绕堵漏。泄漏点为不规则的形状时，可用密封胶填塞，再用绷带，石棉绳加固的方法进行堵漏。

3）液化气的泄漏应根据漏气和漏液两种情况采取措施。漏气时，由于液化气不再从空气中吸收热量，不会形成白雾；漏液时，由于漏出的液体在罐外汽化吸热，使环境温度迅速下降，空气中的水分凝固形成白茫茫一片雾气，同时泄漏点会出现结冰现象。漏气比漏液的危险性小。当液化气系统发生漏气时，液化气在系统内汽化吸热，使系统内温度下降，压力也随之下降，有利于堵漏抢险作业。而漏液时液化气在系统外汽化吸热，系统内的压力和温度均没有下降，不利于堵漏作业。发生漏气和漏液时堵漏的方法也不同，漏液时可使用冻结的方法堵漏而漏气时则不能。

（2）安全防护，必须到位

接近燃烧区域的人员要着防火隔热服，佩戴空气呼吸器或正压式氧气呼吸器等安全防护器具，防止高温和热辐射灼伤和中毒。

1）气体或液化气发生泄漏事故，消防队员将消防车布置在离罐区 150 m 的上风方向和侧风方向，车头朝向便于撤退的方向。通过水带长距离供水驱散和稀释气体，以保证人员、装备的安全。

2）抢险救援应当选择从泄漏点的上风方向和地势较高方向接近泄漏点。在此方向上，爆炸危险区和伤害区半径小，而下风方向和地势较低方向爆炸危险区和伤害区半径大，因而从上风方向和地势较高方向更容易接近泄漏点进行侦察和堵漏。

3）水枪阵地要选择在靠近掩蔽物的位置，尽可能避开地沟、下水井的上方和着火架空管线的下方。进行冷却的人员应尽量采用低姿射水或利用现场坚实的掩蔽体防护。在卧式罐起火时，冷却人员应要尽量避开封头位置，选择储罐四侧角作为射水阵地，防止爆炸时封头飞出伤人。冷却和灭火的水枪阵地，应当设置后排水枪保护。

（3）检测气体，防止爆炸

在火灾扑救中，要对燃烧区域外的储罐、液化石油气钢瓶、管线等进行检测。在扑救火灾没有结束之前，必须坚持连续不断地检测。当储罐、管线或者槽车的火灾扑灭后，泄漏已经制止，要继续检测。检测的主要部位是：泄漏的部位、储罐、管线阀门处、火场的低洼处、墙角、背风以及下水道井盖处等。

（4）实施堵漏，安全可靠

在抢险救援过程中，堵漏作业一定要抓紧时间在白天进行，以免照明灯具、开关等点燃气体或液化气。

1）堵漏时要停止其他作业。其他作业不仅可能产生火星引发爆炸，而且增加了警戒区的人数。1998 年 3 月 5 日，西安市液化气管理所发生泄漏，一部分抢险人员堵漏，一部分人员同时进行倒罐作业，结果爆炸发生时增加了人员伤亡数量。

2）在扑救液化石油火灾和堵漏中，由于液化气泄漏时快速汽化，吸收周围大量的热，在气体扩散源附近，形成冷地带，堵漏人员要做好防冻措施，防止液体直接喷到人的皮肤上，造成人员冻伤，防止液体溅入眼内导致失明。

（5）无法堵漏，严禁灭火

在不能有效地制止气体或液化气泄漏的情况下，严禁将正在燃烧的储罐、管线、槽车泄漏处的火势扑灭。即使在扑救周围火势以及冷却过程中不小心把泄漏处的火焰扑灭了，在没有采取堵漏措施的情况下，必须立即用长点火棒将火点燃，使其恢复稳定燃烧。否则，大量可燃气体或液化气泄漏出来与空气混合，遇到引火源就会发生复燃复爆，造成更为严重的危害。

四、化工管道火灾扑救对策

化工管道同化工设备一样是化工生产装置中不可缺少的组成部分，起着把不同工艺功能的设备连接在一起的作用，以完成特定的工艺过程，在某些情况下，管道本身也同化工设备一样能完成某些化工过程，即“管道化生产”。化工管道布置纵横交错，管道种类繁多，被输送介质的理化性质多样，管道系统接点多，火灾爆炸事故发生率高。管道发生破裂爆炸事故，容易沿着管道系统扩展蔓延，使事故迅速扩大。

1. 可燃液体管道火灾扑救

液体物料管道因腐蚀穿孔、垫片损坏、管线破裂等引起泄漏，被引燃后，着火物料在管内液压的作用下向四周喷射，对邻近设备和建筑物有很大威胁。扑救这类火灾，应首先关闭输液泵、阀门，切断向着火管道输送的物料；然后采取挖坑筑堤的方法，限制着火液体物料流窜，防止蔓延，单根输液管线发生火灾，用直流水枪、泡沫、干粉等灭火；也可用砂土等掩埋扑灭。在同一地方铺设多根管线时，如其中一根破裂漏出可燃液体形成火灾时，火焰及其辐射热会使其他管线失去机械强度，并因管内液体或气体膨胀发生破裂，漏出物料，导致火势扩大。因此，要加强着火管道及其邻近管道的冷却。

对空间管道流淌火，因其易形成立体或大面积燃烧，可从管道的一端注入蒸气吹扫，或注入泡沫，或注入水进行灭火。

若油管裂口处形成火炬式稳定燃烧，应用交叉水流，先在火焰下方喷射，然后逐渐上移，将火焰割断灭火。

输油管线在压力未降低之前，不应采取覆盖法灭火，否则会引起油品飞溅，导致人员伤亡事故。若输油管线附近有灭火蒸汽接管，也可采用蒸汽灭火。

2. 可燃气体管道火灾扑救

气体管道发生火灾，不要急于灭火，应以防止蔓延和防止发生二次灾害为重点。应在落实关闭进气阀门或堵漏措施后，才可灭火。阀门受火势直接威胁，无法关闭时，首先应冷却阀门，在保证阀门完好的情况下，再行灭火。同时，应掌握时机，选择火焰由高变低、声音由大变小，即压力降低的有利条件下灭火，灭火后迅速关闭阀门，并使用蒸汽或喷雾水，稀释和驱散余气。气体火灾，可选择水、干粉、蒸汽等灭火剂。

灭火后对容器、管道要继续射水，以便驱散周围可燃余气。如扑救有毒的可燃气体火灾，消防人员必须佩戴防毒面具。

3. 气流输送、通风、空调、除尘管道火灾扑救

化工厂着火后，火苗有可能很快蹿入气流输送、通风、空调、除尘管道，并沿其蔓延扩大，消防人员必须截击阻止，消除余火，防止流窜。

（1）火苗吸入物料输送风道

立即停止生产设备操作，关闭输送风机和风道阀门，将火焰控制在风道的局部范围，制止延烧。打开输送风道的旁通漏斗，设法将着火物料引出，就地彻底扑灭。着火物料难以取出的，应根据发烟浓度、管壁温度，判明大致燃烧范围，破拆风道，强行清理，或用水枪深入风道灌注灭火。

（2）火苗蹿入吸尘管道

生产过程中产生的火花或火苗，通过设在生产设备上的除尘装置吸入地沟、地面除尘管道时，应立即停止局部区域的吸尘风机工作，关闭局部除尘管道的阀门，尽量将火苗控制在局部区域内。

1）查明火点位置，将着火物料粉尘通过旁通管引出清除，并就地扑灭。设有火星自动探除器的，要启动火星探除器，及时导出火星，并消灭余火。

2）难以清除着火物料尘时，要破拆吸尘管道，清除着火物料尘，防止火苗蹿入邻近吸尘管道和除尘室，导致燃烧范围扩大。

（3）火苗蹿入空调管道

及时关闭局部空调设备和防火阀门，控制燃烧范围。先破拆空调管道的保温层，通过烟雾浓度、管道温度、管道颜色变化，确定火点位置，在起火点两端，分别用金属切割设备拆开空调管道。用水枪消灭管道内火焰，同时冷却降低空调管道温度。火点扑灭后，要清理出燃烧过的棉絮。燃烧范围大、火点多时，要多点同时破拆，逐点消灭，不留死角。

4. 下水道、管沟火灾扑救

化工企业生产往往要消耗大量工业用水，需排放或送往净化处理的污水量很大，污水中经常混杂有易燃易爆或有毒的物质；装置或设备若发生泄漏，可燃蒸气易在下水道、管沟等低洼地方聚集，遇到明火即会发生爆炸或燃烧。污水管网一般遍及全企业区，一旦着火，易蔓延成灾。

扑救下水道、管沟火灾的方法：用湿棉被、砂土、堵塞气垫、水枪等卡住下水道、管沟两头，防止火势向外蔓延。若是暗沟，可分段堵截，然后向暗沟喷射高倍数

泡沫或采取封闭窒息等方法灭火。火势较大时，应冷却保护邻近的物资和设施。用泡沫或二氧化碳灭火。若油料流入江河，则应于水面进行拦截，把火焰压制到岸边安全地点后用泡沫灭火。

第三节　石油化工企业火灾应急预案编制

石油化工是一个高危行业，其发生的火灾爆炸事故往往具有很强的突发性、复杂性和危害性，致使事故应急救援工作具有高度的危险性和艰巨性。因此，应急救援工作必须采取科学的态度和方法，加强事故应急预案的编制工作，根据事故原因、环境、气象因素和自身技术装备条件，实施科学的应急救援。

一、应急救援形式和预案内容

1. 应急救援的基本形式

（1）事故单位自救

事故单位自救是实施事故应急救援预案最基本、最重要的救援形式。这是因为事故单位最了解事故的现场情况，即使事故危害已经扩大到事故单位以外区域，事故单位仍需全力组织自救，特别是尽快控制危险源。

（2）对事故单位的社会救援

对事故单位的社会救援主要是指事故危害虽然局限于事故单位内，但危害程度较大或危害范围已经影响周围邻近地区，依靠本单位以及消防部门的力量不能控制事故或不能及时消除事故后果而组织的社会救援。

（3）对事故单位以外危害区域的社会救援

对事故单位以外危害区域的社会救援是指事故危害超出本事故单位区域，其危害程度较大或事故危害跨区、县或需要各救援力量协同作战而组织的社会救援。

2. 应急预案编制的基本内容和要求

（1）成立应急救援预案编制小组

企业管理层首先应指定应急预案编制小组的人员，组员是预案制定和实施中有重要作用或是可能在紧急事故中受影响的人。选择编制人员时还要充分考虑人员的代表性、人员完成相应工作的专业知识与能力以及编制小组的权威性。编制小组应由工厂的高层管理者担任领导，参加的部门一般应包括：安全、环保、生产、保卫、工程、技术服务、维修保养、医疗、环境、人事等。编制小组也可以包括地方相关部门的代表，如应急管理部门、消防部门、公安、紧急医疗服务、公共事业等。

（2）资料收集和初始评估

编制小组的首要任务就是收集制定预案的必要信息并进行初始评估，包括：适用的法律、法规和标准；企业安全记录、事故情况；国内外同类企业事故资料；地理、环境、气象资料；相关企业的应急预案等。

编制小组应提出如下问题（但不只限于这些）：会发生什么样的事故？这种事故的后果如何（要包括对现场和企业外的影响）？这类事故是否可预防？如果不能，会产生什么级别的紧急情况？会影响到什么区域？如何报警？谁来评价这种紧急情况，依据什么？如何建立有效的通讯？目前具备什么资源？应该具备什么资源？如有可能，可得到什么样的外部援助，怎样得到？谁负责做什么？什么时间？怎么做？

（3）应急反应能力分析

根据最可能发生的事故场景，编制小组可以确定出不同紧急情况下相应的反应行动。据此，应回答以下问题：在紧急情况下谁该做什么，什么时候做，怎么做？整个应急过程由谁负责，管理结构应如何适应这种情况？如何通报紧急情况，谁负责通知？可获得哪些外部援助，什么时候能到达？在什么情况下厂内和厂外人员应该进行避难或疏散？如何恢复正常操作？

（4）危险辨识与风险评价

危险辨识与风险评价是编制应急预案的关键，所有的应急预案都是建立在风险评价基础上的。

1）危险辨识的主要内容。危险辨识过程中，应坚持“横向到边，纵向到底，不留死角”的原则，主要内容包括：①厂址及环境条件。包括工程地质、地形、自然灾害、气象条件、交通运输、救灾支持条件等。②厂区平面布局。包括总图、运输线路等。③建（构）筑物。包括结构、布置、功能。④生产工艺过程。包括辨识易燃、易爆、有毒物体的作业及控制条件和事故及失控状态。⑤生产设备、装置。包括化工、机械、电气设备及危险性较大、高处作业、特殊设备，有害作业部位，辅助生产、生活设施等。⑥生产管理。包括操作规程，教育和培训、劳动组织等。

2）重大危险源的辨识。根据国家标准 GB 18218—2000《重大危险源辨识》，将重大危险源分为生产场所重大危险源和储存区重大危险源两种；根据物质不同的特性，将危险物质分为爆炸性物质、易燃物质、活性化学物质和有毒物质四大类，分别给出物质名称及其临界量。

3）危险辨识结果。危险辨识结果，通常是可能引起危险情况的材料、设施或生产条件清单：①可燃材料清单；②毒物材料和副产品清单；③危险反应清单；④易燃物品清单；⑤系统危险清单，如毒性、可燃性；⑥危险设备、设施、场所清单；⑦重大危险源清单；⑧需要制订事故应急预案的场所、设备、设施、岗位清单等。

4）风险评价。风险评价，也称安全评价，是对系统发生事故的危险性进行定性或定量分析，评价系统发生危险的可能性及其严重程度，以寻求最低的事故率、最少的损失和最优的安全投资效益。风险评价是应急预案制定与管理的基础。中国石化集团公司根据行业特点，制定了事故评价指标和等级。

①一般事故。凡符合下列条件之一的，为一般事故：一次事故造成重伤 1～9 人；一次事故造成死亡 1～2 人；一次事故造成经济损失在 10 万元及以上，100 万元以下（不含 100 万元）；一次跑油、料在 10 t 及以上；一次事故造成 3 套及以上生产装置或全厂停产，影响日产量的 50%及以上。

②重大事故。凡符合下列事故之一的，为重大事故：一次事故造成死亡 3～9 人；一次事故造成重伤 10 人及以上；一次事故造成经济损失在 100 万元及以上，500 万元以下（不含 500 万元）。

③特大事故。凡符合下列条件之一的，为特大事故：一次事故造成死亡 10 人及以上；一次事故造成直接经济损失 500 万元及以上。

（5）人员职责和应急功能的确定

正确实施应急预案必须要明确职责，特别是什么时候由谁来指挥。编制小组应评估企业组织管理结构现状，可根据正常生产管理系统职位来分配紧急时的任务。还应考虑领导的能力和在休假时的指挥系统，保证能够在更高级指挥人员到来前应对局势。要保证所有应急功能与企业正常生产和服务机构相匹配。

最常见的紧急时刻实施的重要应急功能：①通信和外部关系联络，包括媒体；②消防与营救；③物质泄漏控制；④工艺和公用设施；⑤工程措施；⑥环境状况；⑦医疗救护；⑧安全保障；⑨后勤保障；⑩行政管理。

（6）应急资源的评估

现有资源，按人力、设备和供应进行评价。

1）人力。紧急时可动员多少全职和兼职人员或志愿者？培训水平如何？

2）通报和通信联络设备。有什么样的通信设备（例如，电话、专线电话、无线电和警笛）？有多少应急指挥中心，它们位于何处？

3）个人防护设备。在何处、有多少和什么类型的个人防护设备（如自持性呼吸器、防毒面具、防酸服）？

4）消防设备和供应。有什么类型的消防设备（消防车、消防梯、液压起重机）？有无消防水系统？用什么替代水源？有什么样和多少消防设备（例如，各种便携式灭火器、泡沫罐、灭火药剂）。

5）事故控制和防污染设备及供应。有什么专用工具和设备，在什么地方？有多少掘土设备？有什么类型的防污染设备和药剂（例如，中和剂）？

6）医疗服务机构、设施、设备和供应。当地医院和其他医疗机构的位置？它们的装备如何？有多少救护车？有多少医生、护士？

7）监测系统。有什么样的监测和检测系统，有多少？化学实验室是否能进行危险物质分析？是否有专门技术参考资料的图书馆或数据库？

8）气象站。有多少气象站？是否能确定风向？它们位于何处？

9）交通系统。有多少卡车和其他交通设备以便在紧急时运输和供应？有多少车辆可用来运输和疏散人员？

10）保安和进出管制设备。是否有足够的警力以控制交通和疏散时执法？是否有足够进出管制设备（例如，路障）以便在紧急时控制交通？

11）社会服务机构、设施和设备。有多少接收疏散人员的设施？有多少房屋、毯子和其他设备、设施？

（7）应急反应组织的建立

应急预案的一个最重要的目的是建立应急反应组织。为此，要提出以下问题：紧急情况发生时由谁来指挥操作？当更多的企业和企业外反应人员到达事故现场时，指挥结构如何变化？如果紧急状况恶化时，需要更多的资源和出现更多的受影响点（包括企业内企业外），指挥结构如何变化？谁来决定分配减缓事故的资源？谁应该在紧急时与谁保持通信联络？哪些应急功能（如消防、工程、医疗等）应该行动，什么时候？如何行动？哪些人负责专项应急反应功能？各种指挥岗位应位于哪里？谁来决定采取何种行动以保护外部人群？所有应急功能协调员互相之间如何联络？谁提供技术建议来开始反应行动？谁来决定什么时候应急结束，批准重新进入危险区？

应急反应组织应包括最初反应组织、全体应急反应组织和企业应急总指挥。

1）最初反应组织。及时正确的最初应急反应行动可以在事故升级前极大地降低事故的后果。最初协调应急行动的责任一般由当班经理负责，他要临时担任企业应急总指挥的职责。反应行动由生产和维修人员实施，通信联络和通报任务由保卫人员担任。这些职责分配要预先明确下来，而不是等到紧急时刻再开始。最初应急反应组织，如图5—9所示。

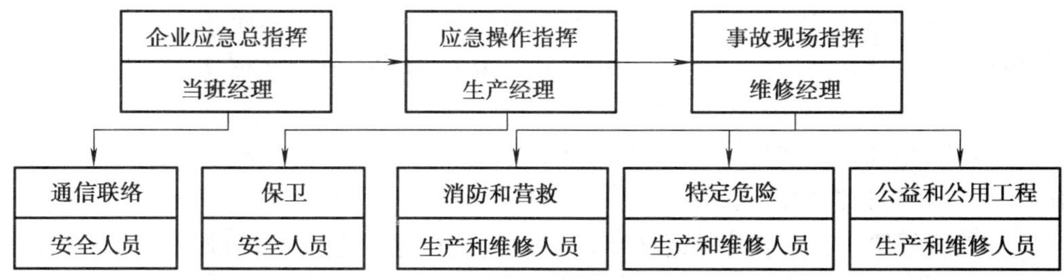

图5—9　最初应急反应组织

2）全体应急反应组织。不是所有事故都会严重到要求动员全体人员参加应急行动，但在需要全体应急的状态下，企业应急总指挥员应该启动所有应急预案要求的行动，包括启动全体应急反应组织。全体应急反应组织，如图 5—10 所示。

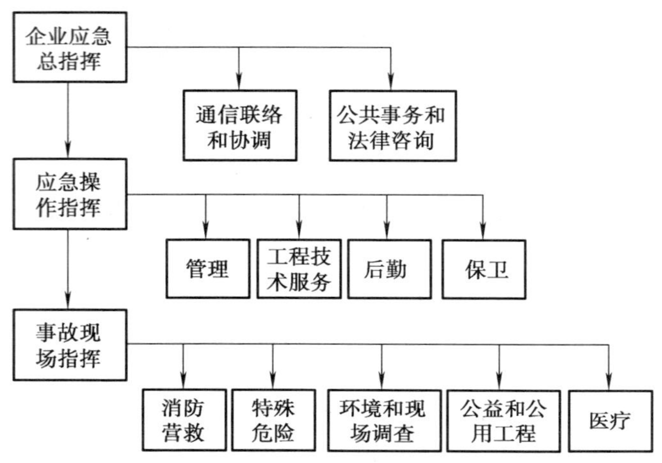

图 5—10　全体应急反应组织

3）企业应急总指挥。企业应急总指挥的职责为：分析紧急状态和确定相应报警级别，这些分析要根据相关危险类型（例如，火灾、爆炸、泄漏）、它的潜在后果（包括企业内外）、现有资源和控制紧急情况的行动类型来作出；指挥、协调应急反应行动；与企业外应急反应人员、部门、组织和机构进行联络；直接监察应急操作人员的行动；保证现场和企业外安全；增加后勤方面以支援反应组织。其主要任务是：应急反应组织的启动；应急评估，包括升高或降低应急警报级别；通报外部机构；决定请求外部援助；决定从企业或其他部分撤离；决定企业外影响区域的安全性（例如，在毒气泄漏时建议疏散或安全避难）。

企业应急总指挥是分配给企业组织内的工作职位，而不是某个人。所有应急职位特别是企业应急总指挥应该有代理人，以便他们不在现场时代行职责。当应急升级和应急反应组织开始部署时，应急指挥中心应该转移到指定的应急地区。

（8）应急预案的组成

应急预案的组成主要包括：预防程序、准备程序、基本应急响应程序、专项应急响应程序、恢复和重新进入程序。

1）预防程序。预防程序体现了事故应急管理中事故预防阶段的工作内容。该部分内容对企业的事故预防措施、关键设备的检测检验、应急知识的宣传教育、企业的安全评审作出说明和规定。

①企业的事故预防措施。描述企业为了防止生产安全事故而采取的有关安全防范措施。

②关键设备的检测检验。包括描述负责组织实施企业关键设备、设施检测检验工作的责任部门及负责人。

③应急知识的宣传教育。描述企业开展内部及周边社区人员应急救援知识宣传教育的责任部门以及宣传教育目的、基本要求、宣传教育方法和宣传教育的保障措施。

④企业安全评审。包括描述负责组织实施企业的安全评价工作的责任部门及责任人。

2）准备程序。准备程序体现了事故应急管理中应急准备阶段的工作内容。该部分内容对应急资源和应急能力的评估、企业人员的应急培训、应急人员的训练与演习、后勤保障体系、签订的有关应急协议作出说明和规定。

①预案的评审。在修改或制定新的预案之前，对已有的计划和程序进行评审，包括横向回顾和纵向回顾。

②明确应急责任。包括总指挥、事故现场指挥、公共关系代表、支持人员、信息管理人员等应急人员的职责。

③应急资源、能力及其分布评估。评估企业及其所在地区应急联动机构具备的应急资源及其分布状况，评估企业应急人员的数量、培训程度、应急能力水平及其分布状况。

④应急培训。描述企业应急培训的目的、对象、培训内容与方法、分级培训划分依据及不同级别应急人员的培训目标、培训的组织与频度等内容。不管哪种应急培训，都必须包括以下内容：灭火设施的使用及灭火步骤的训练；个人防护措施；对潜在事故的辨识；事故报警；紧急情况下人员的安全疏散。

⑤训练与演习。根据企业自身应急资源、应急能力和资金保障情况，描述企业开展应急演练的组织程序、制定企业应急演练的目的、类型、方案、频度及有关注意事项。通过训练和演练来判别和改正预案和程序中的缺陷。

⑥后勤保障。根据企业的危险分析、应急资源分析及应急人员能力评估结果，按照人员保障、器材保障、资金保障和制度保障四个方面内容，建立企业生产安全事故应急后勤保障体系。

⑦应急协议。描述企业与周边企业、设备商、承（发）包商以及社会中介机构、有关商业化应急机构等组织机构签订的发生事故时提供支援的应急协议名录。

3）基本应急响应程序。基本应急响应程序体现了事故应急管理中应急响应阶段的工作内容。该部分内容对报警与接报、通信、应急救援行动、疏散、警戒与交通管制、信息发布等对任何事故都适用的应急响应行动作出说明和规定。

①报警与接报。任何人员在发现事故或险情时，首要任务就是向有关部门报警，提供事故所有信息，并在力所能及的范围内采取适当的应急行动。该程序指导如何使用报警与通信设备（如电话、报警器、信号灯、无线电等），明确安全人员、操作人员或其他人员的报警职责。还应根据事故的具体情况，决定报警的接受对象即通告范围，对接警的有关要求作出规定。

②通信。对企业应急救援系统各组成部分人员之间的通信联络方式作出规定。程序中应考虑下列通信联系：应急队员之间；事故指挥者与应急队员之间；应急救援系统各机构之间；应急指挥机构与外部应急组织之间；应急指挥机构与伤员家庭之间；应急指挥机构与顾客之间；应急指挥机构与新闻媒体之间。

③应急救援行动。规定企业应急救援行动的优先救援原则，列出专项应急响应行动的程序名录。

④疏散。规定企业执行内部疏散的责任部门和责任人，规定事故现场及非事故现场人员清点，集合的目的、方式；描述事故应急状态的疏散路线、疏散注意事项，并确定由谁决定疏散范围；还应针对受伤人员和特殊人员的疏散制定特殊的保护措施。

⑤警戒与交通管制。规定执行警戒与交通管制的任务要求，描述不同事故类型的警戒与交通管制方案，规定企业负责执行警戒和交通管制任务的责任部门、责任人及人员设置情况。

⑥信息发布。规定企业对外发布事故应急信息的责任部门及信息发布人，规定企业对外发布事故应急信息的要求及有关注意事项，编制信息发布的通用格式。

4）专项应急响应程序。专项应急响应程序体现了事故应急管理中应急响应阶段的工作内容。该部分内容对工程救援行动和医学救援行动作出说明和规定。

①工程救援程序。根据企业的危险分析、危险目标确立结果及预案（事故）分级响应条件，按照事故危害的严重程度及应急行动优先原则分等级制定企业工程救援程序。通过实施工程救援程序，要达到尽可能控制事故的发展态势，降低事故造成的财产损失和环境污染的目的。如危险品泄漏响应程序应该明确建立事故指挥中心应注意的事项；正在泄漏的化学品种类；泄漏源的位置；泄漏过程的描述及后果；蒸气云是否存在及其位置；蒸气云是否可燃，其下风向的细节；泄漏是否可以控制；控制泄漏需采取的措施；是否存在火源以及火源的位置；估计控制需要的时间；是否需要额外援助；是否有足够空间开展应急操作；程序中还要注明对实施人员的防护，以免应急人员因过度暴露而受到伤害。火灾响应程序应详细说明各应急

组织和应急人员的灭火能力、任务和各自的职责，说明事故指挥者、安全人员及其他应急者的个人责任。

②医学救援程序。根据企业的危险分析、危险目标确立结果及预案（事故）分级响应条件，按照事故危害的严重程度及医学救援的检伤分类原则分等级制定企业医学救援程序。通过实施医学救援程序，要达到尽可能减少人员伤亡的目的。

5）恢复和重新进入程序。恢复和重新进入程序体现了事故应急管理中事故平复阶段的工作内容。该部分内容对重新进入、事故起因调查、事故现场净化与恢复、事故损失评估和索赔作出说明和规定，并列出预案的有关附件。

①重新进入。描述不同生产安全事故类型的应急救援关闭特征，规定实施应急救援关闭指令的责任人。

②事故起因调查。按照国家有关法律法规的要求，描述事故起因调查的有关内容。

③事故现场净化与恢复。明确事故现场洗消组的构成及职责，规定事故现场的清洁与净化的范围、措施和标准。

④事故损失评估。规定事故损失评价小组的组成及职责，明确事故损失评价的参照标准及事故损失评估结果的形式。

⑤索赔。明确企业索赔领导小组构成及职责，明确索赔步骤。

⑥附件。列出预案其他相关支持信息，主要包括应急预案编制准备阶段形成的各项工作成果、应急预案编制阶段形成的相关图表、规章制度、应急协议等具体内容。

某石化公司安全生产事故（突发事件）应急响应程序，如图 5—11 所示。

二、灭火力量计算

1. 油品厂房、库房和桶装堆场供水力量计算

油品厂房、库房和桶装堆场发生火灾后，油品流散，需用泡沫进行扑救。油品厂房、库房和桶装堆场供水力量依据燃烧面积和每支泡沫枪能控制的燃烧面积进行计算。

（1）燃烧面积计算

《建筑设计防火规范》（GB 50016—2006）对油品库房的耐火等级、层数、防火分隔，易燃、可燃液体堆场的容量作了较严格的规定。因此，油品厂房、库房及易燃、可燃液体桶装堆场的燃烧面积可按实际防火墙间的占地面积计算，但当计算出来的燃烧面积大于 400 m^2 时，可仍按 400 m^2 计算。

（2）泡沫枪的控制面积计算

为使泡沫枪发挥最佳效能，且能满足火场供泡沫的距离要求，泡沫枪的进口压力

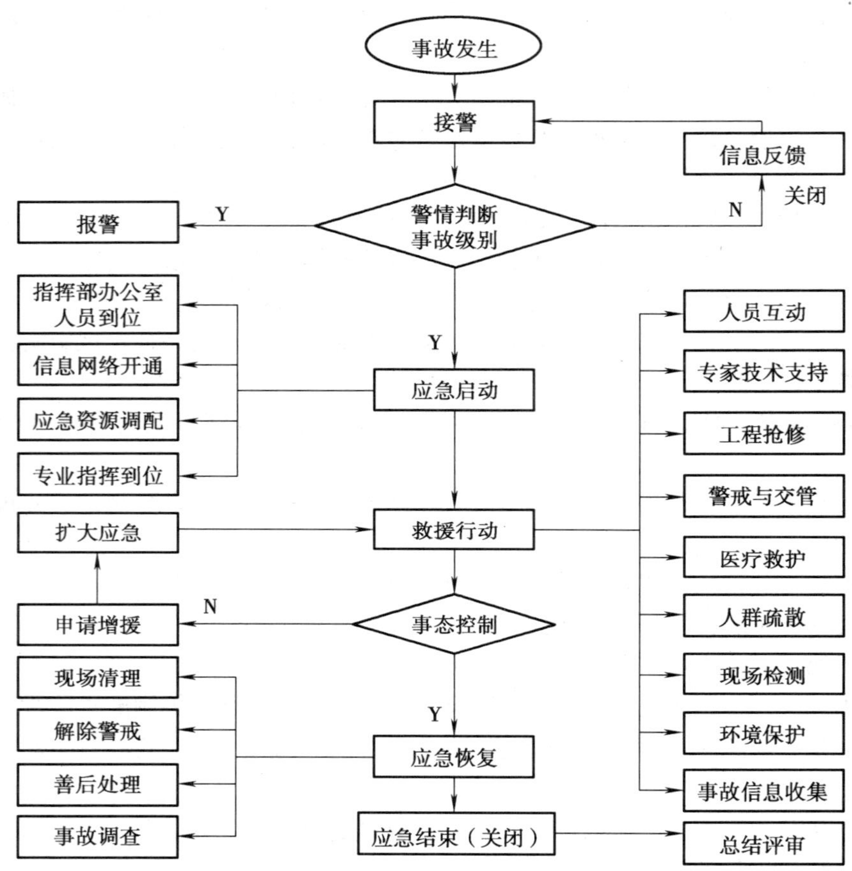

图 5—11　某石化公司安全生产事故（突发事件）应急响应程序

宜采用 5×10^5 Pa，此时各种类型泡沫枪的泡沫产生量为：PQ_4 型泡沫枪泡沫产生量为 20 L/s；PQ_8 型泡沫枪泡沫产生量为 40 L/s；PQ_{16} 型泡沫枪泡沫产生量为 80 L/s。

易燃、可燃液体厂房、库房和液体桶装堆场等处障碍物较多，对泡沫流动极为不利，应采用较大的泡沫供给强度，一般不宜小于 1.5 L/(s·m²)。每支 PQ_4 型泡沫枪的控制燃烧面积为：$A_1=20/1.5\approx13$（m^2）；每支 PQ_8 型泡沫枪的控制燃烧面积为：$A_2=40/1.5\approx26$（m^2）；每支 PQ_{16} 型泡沫枪的控制燃烧面积为：$A_2=80/1.5\approx53$（m^2）。

（3）火场消防车数量计算

易燃、可燃液体生产厂房、库房和液体桶装堆场火灾，供水消防车数量由需要的泡沫枪和掩护进攻的水枪数量，以及每辆消防车能提供的泡沫枪或水枪数量决定。轻型消防车每辆按 2 支 PQ_8 型泡沫枪或 2 支喷嘴口径 19 mm 的 水枪计算，重型消防车每辆按出 4 支 PQ_8 型泡沫枪或 4 支喷嘴口径 19 mm 水枪计算。则火场供水消防车数量可由下式计算：

$$N_1=\frac{N_2}{N_3}+N_4$$

式中 N_1——火场需要的供水消防车数量（辆）；

N_2——火场需要的 PQ_8 型泡沫枪数量（支）；

N_3——消防车能提供的泡沫枪数量（支/辆）；

N_4——掩护进攻及保护相邻设备需用的供水消防车数量（辆）。

2. 甲、乙、丙类液体储罐供水力量计算

扑救甲、乙、丙类液体储罐火灾，既要使用泡沫扑灭甲、乙、丙类液体火焰，又要使用水枪对罐壁进行冷却。因此，甲、乙、丙类液体储罐火场供水力量应按可能燃烧面积和周长，以及每支泡沫设备（泡沫室、泡沫产生器、泡沫钩管、泡沫钩管支架或泡沫枪）的泡沫产生量和每支水枪的控制周长进行计算。

根据储罐区的消防力量、储罐区的重要性及地势等情况，储罐区一般采用固定式泡沫灭火系统、半固定式泡沫灭火系统或移动式泡沫灭火设备三种形式。固定式泡沫灭火系统采用固定的消防水泵、固定的泡沫管线和固定的泡沫发射设备。半固定式泡沫灭火系统和移动式泡沫灭火设备主要靠消防车供水。这里主要介绍设有半固定式泡沫灭火系统和移动式泡沫灭火的储罐火场供水力量的估算。

（1）使用空气泡沫扑救储罐火灾供水战斗车数量计算

储罐火场供水战斗车数量应包括扑救着火罐供水战斗车数、冷却着火罐供水战斗车数、冷却邻近罐供水战斗车数、扑灭流散液体火焰供水战斗车数，以及机动（备用）供水战斗车数的总和。

1）扑救着火罐供水战斗车数量。可按储罐的液面积和每辆泡沫消防车能控制的燃烧面积，计算扑救着火罐供水战斗车的数量。一般情况下，可按每辆泡沫消防车出 1 支泡沫钩管、泡沫钩管支架或 2 支 PQ_8 型泡沫管枪计算，即按每辆泡沫消防车能控制燃烧面积 100 m^2 进行估算。

不同容量的储罐（按标准油罐，且不考虑汽油、煤油、柴油、原油、重油等油品的不同），扑救着火罐需要的供水战斗车（即泡沫消防车）数量，见表 5—10。

2）冷却着火罐供水战斗车数量。着火罐的整个周长均需进行冷却。按每辆供水战斗车出 2 支喷嘴口径 19 mm 水枪，能冷却周长 20 m 估算，不同容量储罐的周长和需要冷却使用的供水战斗车数量，见表 5—10。

表 5—10　　扑救不同容量储罐时所需的供水战斗车数量

储罐容量（t）	≤1 000	2 000	3 000	5 000
周长（m）	37.68	49.61	50.09	70.96
半个周长（m）	18.84	24.81	25.05	35.48
着火罐供水战斗车（辆）	1～2	2	3	4～5
冷却着火罐供水战斗车（辆）	2	3	3	4
冷却邻近罐供水战斗车（辆）	1	1～2	1～2	2
扑救流淌液体火供水战斗车（辆）	1	2	2	2
机动（备用）供水战斗车（辆）	1	1	1	1
总数（辆）	7	9～10	10～11	14

3）冷却邻近储罐供水战斗车数量。冷却邻近储罐按半个周长计算。按每辆消防车出 2 支喷嘴口径 19 mm 水枪，能控制 20 m 周长进行估算，不同容量邻近储罐需要冷却用的供水战斗车数量见表 5—10。

4）扑救流淌液体火焰供水战斗车数量。扑救流淌液体火焰及保护四周建筑物（储罐除外）的供水战斗车数量，应视火场具体情况作出决定。使用 PQ_8 型泡沫管枪扑救不同容量的液体储罐流淌液体火焰需用的泡沫枪数量和泡沫消防车数量（按出 2 支 PQ_8 型泡沫枪计算）见表 5—10。

5）火场供水战斗车总数量。火场供水战斗车包括扑救着火罐供水战斗车、冷却着火罐供水战斗车、冷却邻近罐供水战斗车、扑救流淌液体火供水战斗车和机动（备用）供水战斗车的总和，见表 5—10。

（2）使用氟蛋白泡沫液下喷射扑救储罐火灾供水战斗车数量计算

使用氟蛋白泡沫扑救储罐火灾供水战斗车数量的计算方法，与空气泡沫扑救储罐火灾供水战斗车数量的计算方法相同。

固定式氟蛋白泡沫液下喷射灭火系统，一般采用固定的消防水泵、固定的灭火管线和固定的泡沫灭火设备；而半固定式氟蛋白泡沫灭火系统和移动式氟蛋白泡沫灭火设备，主要靠泡沫消防车向高背压泡沫产生器供应泡沫混合液，需要火场供水战斗车较多。

半固定式氟蛋白泡沫液下灭火系统和移动式液下灭火系统的火场，需用泡沫车的数量取决于高背压泡沫产生器的数量，因此要决定火场供泡沫的供水战斗车数量，首先应决定高背压泡沫产生器的数量。

1）扑救着火罐液面火灾的火场供水战斗车数量

①储罐需要的泡沫量。储罐的液面积可由下式计算：

$$A=\frac{\pi D^2}{4}$$

式中　A——储罐液面积（m^2）；

D——储罐直径（m）。

储罐需要的泡沫量可由下式计算：

$$Q_1 = Aq$$

式中　Q_1——储罐需要的氟蛋白泡沫供给量（L/s）；

A——储罐液面积（m^2）；

q——氟蛋白泡沫供给强度［$L/(s \cdot m^2)$］，一般小于 0.4 $L/(s \cdot m^2)$。

②高背压泡沫产生器数量。高背压泡沫产生器数量可由下式计算：

$$N = \frac{Q_1}{q_{高背}}$$

式中　N——高背压泡沫产生器数量（个）；

Q_1——储罐需要的泡沫量（L/s）；

$q_{高背}$——每个高背压泡沫产生器的泡沫产生量（L/s）。当进口压力为 7×10^5 Pa 时，各种型号的高背压泡沫产生器的混合量、泡沫产生量见表 5—11。

表 5—11　各种型号高背压泡沫产生器的混合液量、泡沫量

型号	PCY450	PCY900	PCY1350	PCY1800
混合液量（L/s）	7.5	15	22.5	30
泡沫产生量（L/s）	22.5	45	67.5	90

③扑救储罐液面火灾的泡沫消防车数。扑救储罐液面火灾，使用高背压泡沫产生器时，要求进口压力较高（$\geqslant 7 \times 10^5$ Pa），应采用高强度水带向高背压泡沫产生器供应混合液。

每个 PCY450 型高背压泡沫产生器需用 1 辆轻型消防车供水；每个 PCY900 型高背压泡沫产生器需用 2 辆轻型消防车并联供水，也可采用 1 辆中型或重型消防车供水；每个 PCY1350 型高背压泡沫产生器需用 3 辆轻型消防车并联供水，也可采用 2 辆中型或重型消防车供水；每个 PCY1800 型高背压泡沫产生器需用 4 辆轻型消防车并联供水，也可采用 2 辆中型或重型消防车供水。

2）冷却着火罐、邻近罐，扑救流散液体火焰供水战斗车数量。计算方法与空气泡沫扑救储罐火灾的计算方法相同。

（3）使用抗溶性泡沫扑救水溶性液体储火灾供水战斗车数量计算。水溶性液体（如甲醇、乙醇、异丙醇、丙酮、醋酸、醋酸乙酯、有机胺等）火灾，需要使用抗溶性泡沫扑救，抗溶性泡沫能防止水溶性溶剂对泡沫的破坏，从而起到良好的灭火作用。但对沸点很低的水溶性有机溶剂火灾，抗溶性泡沫虽能覆盖整个溶剂液面，但由于这些溶剂的蒸气压力较高，仍能穿过泡沫层，在泡沫层上燃烧。因此，在采取必要的冷却措施的同时，应采用较大的泡沫供给强度才能将火灾扑灭。

抗溶性泡沫扑救储罐火灾的供水战斗车数量计算方法，与空气泡沫扑救储罐火灾的计算方法相同。抗溶性泡沫的供给强度应不小于表 5—12 的规定。

表 5—12　　抗溶性泡沫供给强度

有机溶剂名称	供给强度		
	泡沫［L/(s·m²)］	混合液	
		［L/(min·m²)］	［L/(s·m²)］
甲醇、乙醇、异丙醇、丙酮、醋酸乙酯等	1.5	15	0.25
异丙醚	1.8	18	0.3
乙醚	3.5	35	0.583

（4）扑救卧式油罐区火灾供水战斗车数量计算

卧式油罐发生火灾，可能出现个别卧式罐燃烧，也可能出现油品流散在防护堤（土堤）内燃烧。卧式油罐区的油罐数量较多，且防护堤的面积较大时，应按燃烧面积计算或按实战需要的供水量较大者计算。

1）按燃烧面积和每支泡沫枪能控制的燃烧面积计算火场供水战斗车数量

①燃烧面积的计算。燃烧面积一般按卧式油罐组内的防护堤（土堤）内面积计算。当卧式油罐组内的防护堤内面积超过 400 m^2 时，仍按 400 m^2 计算。

②每支泡沫枪的控制燃烧面积的计算。卧式油罐区发生火灾，由于泡沫在防护堤（土堤）内流淌时障碍物较多，宜采用较大的泡沫供给强度。一般情况下，泡沫的供给强度应不小于 1.25 L/(s·m^2)。当泡沫枪的进口压力为 0.5 MPa 时，每支 PQ_8 型泡沫枪的泡沫产生量为 40 L/s，则能控制的燃烧面积为：$A=40/1.25\approx 32$（m^2）。

③火场供水战斗车数量的计算。每辆轻型消防车按能出 2 支 PQ_8 型泡沫枪计算，即能控制面积为 $2\times 32=64$ m^2，则火场供水战斗车数量可按下式计算：

$$N=\frac{A}{60}$$

式中　N——火场供水战斗车数量（辆）；

　　　A——火场燃烧面积（m^2）。

2）按战斗需要确定火场供水战斗车数量。扑救卧式油罐火灾，首先要使用水枪冷却，当泡沫进攻准备完毕之后，可将冷却用水力量立即转换成泡沫进攻力量。开始使用水枪，后转换成泡沫枪，需用的水枪数量应不少于 4 支，每个邻近罐的水枪数量应不少于 2 支。扑救卧式油罐水枪数量为着火罐需用的水枪数量和邻近罐需用水枪数量的总和。

每辆轻型消防车按出 2 支水枪（泡沫枪）计算，则需要的供水战斗车数量可按下式计算：

$$N=\frac{n}{2}$$

式中　N——需要的供水战斗车数量（辆）；

n——实际需要的水枪数量（支）。

3. 液化石油气储罐火场供水力量计算

液化石油气储罐发生火灾，应采取工艺措施切断气源，将罐内液化石油气进行倒罐或送至火炬烧毁，以降低液化石油气罐内的压力，并及时采取冷却措施，防止罐内液化石油气温度升高膨胀而导致裂口扩大。液化石油气发生火灾后，在没有采取切断气源的可靠措施以前，火场的主要任务是进行冷却，防止液化石油气罐泄漏扩大，或邻近液化石油气罐受到高温作用而发生爆炸。只有在条件许可时，才能扑灭火焰。

液化石油气储罐着火后，除着火罐需要全面冷却外，靠近着火罐的半个球面（这里指球罐）也应进行冷却。因此，应按着火罐的整个球面积和邻近罐的半个球面积，以及每支水枪能控制的面积，计算火场供水量。

（1）需要冷却的面积计算

1）着火罐需要冷却的面积。着火罐需要冷却的面积可按下式计算：

$$A=\pi D^2$$

式中　A——液化石油气球罐的面积（m^2）；

D——球罐的直径（m）。

2）邻近罐需要冷却的面积。液化石油气储罐的布置不应超过两排。因此，需要冷却的液化石油气罐数量不超过 3 个。每个邻近罐需要冷却的面积为球罐面积的一半，即：

$$A=\frac{\pi D^2}{2}$$

（2）每支水枪的控制面积计算

液化石油气罐发生火灾，辐射热很大，燃烧部位的辐射热更大，需要强大的水枪射流进行冷却。根据测定，在燃烧部位罐壁的冷却水供给强度为 1 L/(s·m²）时，才能保证罐壁强度不致降低。而着火罐的背火面辐射强度较小。此外，着火部位风力和风向对燃烧火焰的辐射有很大影响，特别是在罐的底部燃烧时，对罐的影响最大；而在上部燃烧时的影响较小。为便于计算，冷却水的供给强度可按 0.2 L/(s·m²）计算，即每支喷嘴口径 19 mm 水枪的冷却面积按 30 m^2 计算。

(3) 冷却需用的水枪数量计算。冷却需用的水枪数量可按下式计算：

$$N=\frac{A}{a}$$

式中 N——需用水枪数量（支）；

A——需要冷却保护的面积（m^2）；

a——每支水枪能冷却的面积（m^2），一般按 30 m^2 计算。

1）着火罐需用的水枪数量

①若着火罐容量较小，球面积不大，计算出来的水枪数量小于 4 支时，由于水枪手在冷却储罐时站立在一个地点，不能左右移动位置，故仍需用 4 支水枪。

②若着火罐容量较大，球面积也大，计算出来的水枪数量超过 10 支时，考虑到储罐上部冷却用水流至罐的下部，仍能起到一定的冷却作用，因此可减少使用的水枪数量，一般可减少 1/3，但减少后的水枪数量应不少于 10 支。

③当着火罐冷却用水的水枪数量经计算超过 20 支时，考虑到火场供给水枪手操作的场地和流动的可能性，仍可采用 20 支水枪。当液化石油气储罐的单罐容量超过 400 m^2 时，宜在罐区设置带架水枪。

不同容量液化石油气罐的着火罐冷却用水需要的水枪数量见表 5—13。

表 5—13　冷却着火罐使用的水枪数量

球罐直径（m）	容量（m^3）	球罐表面积（m^2）	需要的水枪数量（支）	
			计算数	采用数
3	14.14	28.27	0.94	4
4	33.53	50.26	1.67	4
5	65.5	78.54	2.62	4
6	113.18	113.1	3.77	4
7	179.73	153.9	5.13	6
8	268.28	201.1	6.7	7
9	315	254.5	8.5	9
10	524	314.2	10.47	10
11	697.44	380.1	12.67	10
12	905.47	452.4	15.08	10
13	1 151.23	530.9	17.7	12
14	1 487.86	615.7	20.5	14
15	1 768.5	706.8	23.56	16

2）冷却邻近罐需用的水枪数量。距着火罐壁 30 m 范围内或距着火罐 2 倍直径范围内的液化石油气储罐，均称为邻近罐。冷却邻近罐需要的水枪数量约为同体积着火罐的一半。

当罐容量较小时，计算出来的水枪数量少于 2 支时，仍应采用 2 支；当储罐容量较大时，计算出来的水枪数量超过 6 支时，每个罐的冷却用水的水枪数量仍可采用 6 支。经计算，不同直径（容量）的液化石油气储罐，每个邻近罐需要冷却使用的水枪数量是：直径 3～7 m，使用水枪 2 支；直径 8～9 m，使用水枪 4 支；直径 10～15 m，使用水枪 6 支。

（4）液化石油气储罐区供水战斗车数量计算

冷却液化石油气储罐，一般采用喷嘴口径 19 mm 水枪，有效射程应不小于 15 m（一般可采用有效射程 17 m），每辆轻型消防车按能出 2 支水枪计算，则不同直径的液化石油气罐和有不同数量邻近球罐的数量时，所需火场供水战斗车的数量见表 5—14。

表 5—14　液化石油气罐区火场供水战斗车的数量

球罐直径（m）	着火罐供水战斗车数量（辆）	邻近罐供水战斗车数量（辆）	火场供水战斗车总数（辆）		
			1 个邻罐	2 个邻罐	3 个邻罐
3	2	1	3	4	5
4	2	1	3	4	5
5	2	1	3	4	5
6	2	1	3	4	5
7	3	1	4	5	6
8	4	2	6	8	10
9	5	2	7	9	11
10	5	3	8	11	14
11	5	3	8	11	14
12	5	3	8	11	14
13	6	3	9	13	15
14	7	3	10	13	16
15	8	3	11	14	17

三、应急预案编制实例

实例一：某加氢装置罐区泄漏事故应急救援预案

中国石化某分公司化工事业部加氢装置中间罐区，由于物料的储量大，易燃易爆特性一直作为公司的重大危险点源进行管理。造成储罐的泄漏事故原因是多种多样的，同时它对事故的影响也是深远的，为保证企业、社会及人民生命财产的安全，防止突发性重大泄漏事故发生，并能在事故发生后迅速有效控制处理，最大限度地减轻重大事故及灾害造成的损失和防止二次事故的发生，根据该分公司化工事业部实际情况，制定应急预案。

（1）方针与原则

应急救援工作本着“人员安全优先、防止事故蔓延和保护环境”的工作方针；以“预防为主、自救为主、统一指挥、分工负责”为工作原则。

（2）厂区概况

中国石化某分公司化工事业部，是一个以合成树脂、合成橡胶、有机化工原料等200种石化产品的大型综合化工企业，主要产品有聚丙烯、高压聚乙烯、全密度聚乙烯等。工艺流程复杂，具有易燃、易爆、高温、高压、有毒及生产过程连续性的特点。加氢装置中间罐区是化工事业部的乙烯、丙烯等原料储存区域，丙烯在中间罐区的储存量最大，物性易燃易爆，比空气重，能在低洼处积聚和对人有麻醉能力的特点。

工厂总占地面积160 hm^2，厂区地形较为平坦，全厂共有11个生产车间，8个辅助车间及管理部室现有职工2 184人，按照“五班三倒”形式倒班，每班300余人。

厂区常年主要风向是东南风，最大风速为47.9 m/s，年平均风速2.9 m/s；最高气压0.103 2 MPa，最低气压0.096 6 MPa；最高气温37.7℃，最低气温20℃，平均气温23℃。冬季寒冷，天气干燥；夏季炎热，雨量充沛。

（3）重大危险源识别及目标分布情况

化工事业部生产过程中，加氢装置中间罐区有可能发生泄漏事故，储罐泄漏的因素有操作失误、设备失修、腐蚀、工艺失控等，造成罐体、管线和法兰泄漏，存在着火灾爆炸、人员中毒、窒息等严重事故的潜在危险。其中以丙烯、乙烯储存量最大且最为危险。储存物品危险特性及其事故危害见表5—15。

表5—15　储存物品危险特性及其事故危害

储存物品名称	危险特性	波及范围	
		一般事故	重大事故
丙烯	与空气混合形成爆炸性混合物，其蒸气比空气重，会在低洼处积聚。对人有麻醉力，人吸入丙烯会引起意识丧失	厂区	厂区及周边界区
氢气	易燃，与空气混合形成爆炸性混合气体。在很高浓度时，由于正常氧分压降低造成窒息，在很高的分压下，可出现麻醉作用	厂区	厂区及周边界区
乙烯	与空气形成爆炸性混合物，与氟、氯等能发生剧烈的化学反应。吸入高浓度的乙烯可立即引起意识丧失。对人的眼、鼻、咽喉和呼吸道黏膜有轻微刺激性	厂区	厂区及周边界区

储罐的泄漏量视其漏点设备的腐蚀程度、工作压力等条件而不同。泄漏时又可因季节、风向等因素，波及范围也不一样。储罐泄漏的一般事故，多因设备的微量泄漏，由可燃气体检测报警系统、岗位操作人员巡检等方式及早发现，采取相应措施，予以处理。储罐泄漏的重大事故，可因设备事故导致大量泄漏而发生重大事故，报警系统或操作人员虽能及时发现，但一时难以控制。

根据化工事业部厂内生产、使用、储存危险化学物品的品种、数量、危险性质以及可能引起重大事故的特点，确定储罐区三种危险设备为应急救援危险目标：丙烯罐，共 5 个，储量 10 200 m^3；氢气储罐，共 2 个，储量 300 m^3；乙烯储罐，共 5 个，储量为 10 000 m^3。危险设备分布，如图 5—12 所示。

（4）资源分析

化工事业部上级石化公司建有专职消防队。驻厂区有消防中队，有消防车 8 辆（国产 3 辆，进口 5 辆），专职消防队员 45 人，消防队内共有司机 27 人。消防队内设有气体防护站，气防救护车 1 辆，专职防护员 4 人，气防站长 1 人。

厂前有石化职工医院驻厂门诊，有医护人员 3 人，医疗救护车 1 台。

化工事业部与上级石化公司、市消防部门订立有重大事故及灾害互救互助协议，市消防局对化工事业部内的重大危险源点的分布情况进行存档。

（5）应急救援职责

化工事业部成立事故及灾害应急指挥机构，内设应急指挥部，全面负责厂区范围内的事故及灾害应急处理工作。应急指挥部下设 9 个专业组，各专业组正副组长组织本单位人员和其他人员在应急指挥部的领导下实施具体工作。

1）应急指挥部职责。应急指挥领导小组：①负责组织本单位应急预案的制定、修订；②组建应急救援专业队伍，并组织实施和演练；③检查督促做好重大事故的预防措施和应急救援的各项准备工作。

应急指挥部：①发生事故时，由指挥部发布和解除应急救援命令、信号；②组织指挥救援队伍实施救援行动；③向上级汇报和向友邻单位通报事故情况，必要时向有关单位发出救援请求；④组织事故调查，总结应急救援工作经验教训。

应急指挥部人员分工：①总指挥负责组织指挥全厂的应急救援工作。②副总指挥协助总指挥负责应急救援的具体指挥工作。③安环部部长协助总指挥做好事故报警、情况通报及事故处置工作；负责现场医疗救护指挥及中毒、受伤人员分类抢救和护送转院工作。④消防队中队长负责灭火、洗消和抢救受伤人员工作。⑤生产部部长（或总调度长）负责事故处置时生产系统开、停车调度工作；事故现场通信联络和对外联系；事故现场及有害物质扩散区域内的监测工作；必要时代表指挥部对外发布有关信息。⑥机动部部长负责工程抢险、抢修的现场指挥。⑦供应部部长负责抢险救援物资

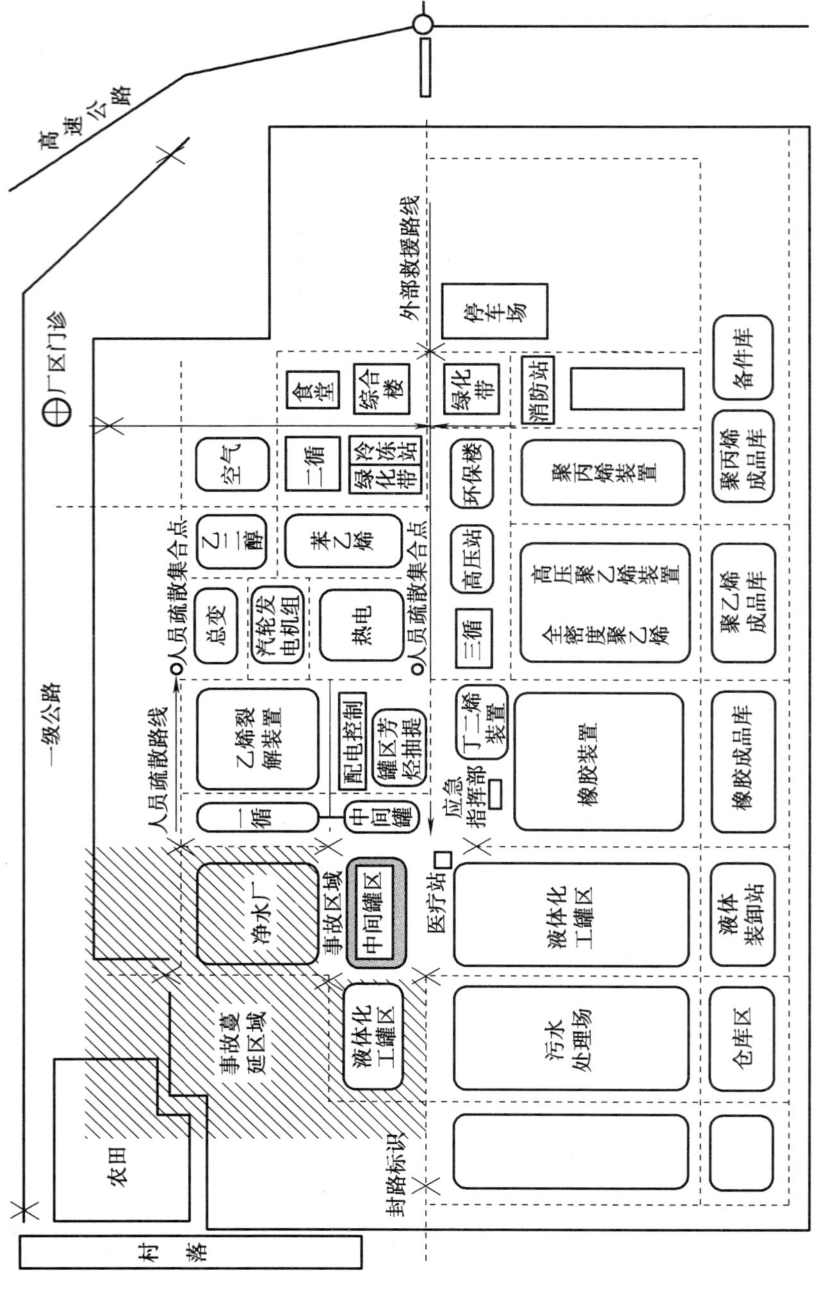

图 5—12 危险设备分布示意图

的供应和运输工作。⑧技术部部长负责确认车间工艺处理情况和提出意见。

2）应急指挥系统各专业组责任。公司各职能部门和全体职工都负有事故应急救援的责任，各救援专业队伍，是事故应急救援的骨干力量，其任务主要是担负公司各类事故的救援及处置。救援专业队伍的组成：①消防灭火组；②现场保卫组；③通信联络组；④生产指挥组；⑤安全技术组；⑥现场救护组；⑦现场抢修组；⑧物资供应组；⑨生活后勤组。

（6）应急响应

事故状态描述如下：假设丙烯罐底部出口法兰密封损坏造成丙烯大量泄漏，该罐正在收裂解产的丙烯产品，罐内存有丙烯 300 t，当时风力 3～5 级，风向东南风。丙烯气味已散发至下风向 100 m 处。可视范围内有一人中毒倒在该罐旁边。

1）操作工巡检发现丙烯罐底部出口线法兰泄漏，泄漏在短时间内由小到大，泄漏丙烯蒸气扩散面积达 300 m^2，白茫茫一片积聚在罐体底部低空空间并继续向外扩散，有人员在现场晕倒，操作工马上用对讲机向中控室报告。

2）操作工将现场情况报告完后，启动丙烯罐体消防水喷淋系统，并将就近推车式干粉灭火器推到现场备用。缓慢开启现场就近消防水炮冲散低洼处积聚丙烯蒸气。

3）中心控制室人员接到报告后马上将情况向消防中队报警。同时将情况向车间和生产总调汇报。并果断采取停送料或切罐等一切办法切断事故源。班长派人员穿戴好空气呼吸器进入现场将中毒人员抬救到空气清新处。对昏迷人员采取心肺复苏术等方法进行前期抢救。

4）班长安排人员到离事故点 100 m 外的侧上风向道路上引导消防车，气防车，并派人对通往罐区四周的道路进行封路并设置路障，人员对事故蔓延区封路时必须佩戴空气呼吸器。严禁一切车辆进入 200 m 范围内。

5）生产总调接到报警后，根据情况启动公司级应急救援指令；发出警报，通知公司领导和应急指挥机构成员迅速赶往事故现场；通知供水车间开启一循、三循消防泵以保证消防水管网压力；平衡好上下游装置的物料。

6）应急指挥部成员按专业对口通知应急救援小组人员，同时迅速向上级主管部门报告事故情况。

7）车间主任和管理人员到达现场后迅速查明泄漏部位和原因，凡能经切断物料或倒罐、注水等处理措施而消除泄漏，则以自救为主。分派工艺、设备和安全管理人员对班组进行的工艺处理、设备隔离、安全保护措施进行确认。开启与泄漏罐相邻五个罐的消防水喷淋。如泄漏部位自己无法控制的，应向指挥部报告并提出堵漏或抢修的具体措施。

8）消防队到达事故现场后，车间对消防队做好现场交底工作。气防人员佩戴好空气呼吸器，搜查现场有无其他昏迷人员，以最快速度将昏迷者救离现场，严重者尽快送医院抢救。消防中队队长根据丙烯扩散情况布置消防车进行站位。启动消防水车和消防水炮对现场泄漏点丙烯进行稀释，同时对周边的物料罐进行水幕隔离。

9）应急指挥部成员到达事故现场后，在事故区域上风侧 200 m 外迅速成立应急救援指挥部，听取车间汇报，根据丙烯泄漏量及对周边情况影响作出相应的应急决定，如通知区域人员撤离，扩大封路范围和向上级部门求援等工作，并命令各应急救援小组立即投入救援工作。

10）生产管理部长作为新闻发言人根据应急指挥部的决定协调外部公共关系并向外部和内部通告事故情况，发布重大事故的预警信号，通知厂区下风向 2 km 范围内的周边居民开始疏散，并要求杜绝一切火源。

11）物资供应组到达现场后，启用应急救灾物资并分发参加救灾抢险人员，提供必要的救灾物资做好应急人员的防护。

12）通信联络组到达现场后，在最短时间内架设一台防爆电话作为临时指挥部联络电话。

13）生产指挥组到达事故现场后，会同发生事故的单位，在查明丙烯泄漏部位和范围后，调用四台便携式可燃气体报警仪从丙烯扩散的四个方向进行监测，视能否控制对装置作出局部或全部停车的决定，若需紧急停车则按紧急停车程序通过三级调度网，即公司总调、乙烯调度和车间班长迅速执行。

14）现场保卫组到达现场后，穿戴好防护用品，在下风侧封路人员要佩戴好空气呼吸器接替车间封路人员；禁止人员进入厂区；担负治安和交通指挥，组织纠察；在事故现场周围设岗，划分禁区并加强警戒和巡逻检查。

如当丙烯扩散危及厂内外人员安全时，应迅速组织车间参加救灾的有关人员、友邻单位、厂区外过往行人在应急指挥部指挥协调下，向上侧风方向安全地带疏散。根据应急指挥部的指令通知市交警对厂区外部的下风侧一级公路进行封路，并就地疏散过往行人和车辆。

15）现场救护组到现场后，在上风侧 200 m 附近建立医疗救护中心，与气防人员配合立即救护伤员和中毒人员，对中毒人员应根据中毒症状及时采取相应的急救措施，对伤员进行清洗包扎或输氧急救，重伤员及时送往医院抢救。

16）安全技术组到达现场后，与生产指挥组一道查明丙烯浓度和扩散情况，根据当时风向、风速，判断扩散方向和速度，并将监测情况及时向指挥部报告，必要时根据应急指挥部决定通知扩散区域内的群众分批撤离或指导采取简易有效的防护措施。根据应急指挥部指令发布事故情况通报和负责对事故进行调查和取证。

经过消防队、抢修人员和各应急救援小组的共同努力，泄漏点得以控制和处理，应急总指挥下令事故警报解除。

（7）现场恢复。各单位负责人对救灾抢险人员进行清点，将现场使用的消防器材整理好，放回原位，并按有关管理要求对现场造成的污染进行处理。当现场事故调查和抢修工作完成，对厂区及周边界区进行可燃气体监测，完全符合准入条件后，应急总指挥宣布解除禁令恢复准入。

（8）教育、训练与演练

1）公众教育。为了全面提高企业员工和厂区周边群众的应急能力，规定职工每月要对应急预案进行学习，并将学习情况记录在安全活动记录中。车间每季度要进行事故演练并形成报告。通过各类宣传材料对周边的居民进行宣传。

2）训练和演练。为了对应急预案的完整性、周密性和可行性进行评估，按照实战演习采取的活动和程序进行演练。①桌面演习是为了锻炼参加人员解决问题的能力，以及解决应急指挥机构相互协作和职责划分的问题。完善应急事故预案并为实战演练提供良好的经验。要求参加人员提交一份简短书面报告，总结演练活动和提出有关改进应急响应工作的建议。②实战演习是为了检验、评价应急指挥机构组织应急运行的能力，应急专业组相互协调、车间在事故初期阶段的应急响应能力。评价不足项和对其进行整改。演练采用模拟事故处理的方法，假定系统处于事故状态，根据编写的应急事故处理方案进行模拟处理。模拟处理的方法为定点挂牌，按事故处理步骤的顺序在规定的点挂相应的牌。演习的每一个步骤，做完举手示意。演练完成后，采取口头评述的方法对预案演练过程的经验和不足进行评述，专业抢险小组要针对实际情况递交演练总结。

（9）预案管理与评审改进

化工事业部加氢装置储罐区泄漏应急救援预案是由生产管理部组织车间及相关部室人员针对现场的实际情况制定，并经公司经理批准实施。公司每年将会针对实际的人员、机构、现场环境、设施和工艺情况等变更及时修改和更新。并根据预案演练情况加以修订。

实例二：某有机硅厂事故应急预案

（1）工厂基本情况

工厂是生产有机硅产品的中型化工企业，工艺流程复杂，具有易燃、易爆、有毒、有害及生产过程连续性的特点，主要原料、产品有硅粉、氯甲烷、盐酸等。

（2）潜在危险性评估

工厂原料、产品大部分在突然泄漏、操作失控或不可抗力情况下都存在着火灾爆炸、人员中毒、环境污染等严重事故的潜在危险性，其中尤以氯甲烷、单体为最危险。生产原料、产品潜在危险性评估见表5—16。

表 5—16　　生产原料、产品潜在危险性评估

物料名称	出现根源	污染对象	涉及范围	危害程度
氯甲烷	设备腐蚀、操作失控、储槽断裂、阀门泄漏	人体、环境	周边单位及居民	严重
硅粉	工艺失控、操作失控	人体	厂区	一般
盐酸	设备腐蚀、操作失控、储槽断裂、阀门泄漏	人体、环境	周边单位及居民	中度
单体	设备腐蚀、操作失控、工艺失控、储槽断裂、火源引燃	人体、环境	周边单位及居民	严重

根据工厂生产、储存、使用化学危险品的品种、数量，危险性质以及可能引起重大事故的特点，确定三个岗位为应急救援的危险目标：氯甲烷球罐区域、单体合成区域、成品罐区。

（3）应急救援指挥系统组成、职责和分工

1）指挥系统组成及设置。由工厂厂长、副厂长和厂长助理及生产科、技术科、安全环保等部门领导组成应急救援指挥部，由厂长任总指挥，副厂长和厂长助理任副总指挥，负责应急救援工作，指挥部设在生产调度办公室。若厂部领导外出时，由安全部门和生产科领导为临时总指挥和副总指挥，全权负责救援工作。

2）职责

①指挥领导小组：负责本预案的制定和修订；组建工厂应急救援队伍；组织实施训练和演练；检查督促重大事故隐患安全防护措施的落实情况以及应急救援的各项准备工作。

②指挥部：负责发生事故时，由指挥部发布和解除应急救援命令、信号；组织指挥救援队伍实施救援行动；向上级汇报和向友邻单位通报事故情况，必要时向有关单位发出救援请求；组织事故调查，总结应急救援工作的经验教训。

3）人员分工

①总指挥厂长，指挥协调应急救援，发布和解除救援信号。

②副厂长和厂长助理为副总指挥，负责事故报警及报告，通报情况及抢险，事故处置工作的指挥。

③指挥部成员职责和任务：安全环保部门协助副总指挥做好事故报警、报告、通报情况和事故处置工作，指挥灭火，查明毒物性质，提出堵漏措施并负责事故现场及扩散区域监测工作的指挥。生产科科长负责事故处置，对生产系统停车调度和联络通信工作的指挥。技术科科长协助副总指挥，负责停车技术方案及事故现场救险，抢修

技术的指挥。质检管理人员和环保管理人员负责事故现场化学品采集、分析工作。副书记和综合办公室主任，协助总指挥做好通信联络工作，负责外来人员接待，负责事故现场及受伤、中毒人员生活必需品的组织，负责厂内治安、警戒、疏散工作的指挥，负责抢救物资供应和运输工作组织指挥，负责进厂物资转移，组织抢险物资。

（4）应急救援专业队组成、职责及分工

1）应急消防队。由工厂应急分队和义务消防队组成，由安全环保部门负责，担负着灭火、清洗和抢救伤员的任务。

2）治安队。由综合办公室主任负责，担任现场治安、交通指挥，设立警戒，指挥群众疏散。

3）通信保障组。由生产调度员，综合办相关人员组成，综合办主任为负责人，负责各救援队伍的联系。

4）抢险、抢修组。由技术科、生产科、各车间组成，包括电工、仪表工、钳工、焊工、起重工等，技术科科长为负责人，负责抢修、抢险任务。

5）医疗救护组。由综合办相关人员、医务室组成，综合办主任负责协调，担负医疗抢救任务。

6）环境监测组。由质检室和环保管理人员组成，由环保管理人员负责，担负事故现场及周围环境监控，监测结果及时向指挥部汇报。

7）物资供应组。由安环部门、综合办相关人员组成，负责提供抢险所需物资、防用品、运输车辆等等。

8）对外联络组。由综合办负责组成，接待前来增援的人员，及时向上级有关部门及兄弟单位通报事故事态发展情况。

9）信号规定。工厂报警信号主要采用现场警铃和电话报警（厂报警电话、调度室电话、调度手机、安环部门电话）。

危险区边界用黑黄带作警戒线，警戒人员佩戴黄袖章，救援车贴有黄色通行证。

（5）夜间应急系统

1）由厂值班调度负责组成临时指挥系统，在厂指挥系统人员未到之前行使指挥系统职责、权力，并负责向厂指挥系统汇报事故、抢险有关情况。

2）厂门卫在通讯保障组未赶到之前，担负临时电信联络工作，负责将事故信息通报应急救援系统有关人员及有关部门。

3）各救援小组在临时指挥系统的组织指挥下，按常规运行。

（6）应急救援系统的运行

1）事故信息是应急救援系统启动的绝对指令，接到事故信息后，本系统各责任人员应立即行动，赶赴事故应急点，接受抢险指令。

2）事故现场及附近人员应自觉组成应急救援系统，参与抢险，系统中职务最高者为系统临时负责人。

3）指挥系统运行后，立即指挥各救援队伍进入应急状态，根据事故信息及发展趋势及时发出指令，各救援小组负责人也可由指挥部临时指派。

4）事故应急点为厂大门内侧，人群疏散点为厂大门外侧。

5）对事故处理有功人员，根据事实，将实施物资、精神奖励。

（7）岗位应急人员通则

1）在岗人员平时应认真操作，熟悉工作环境，掌握毒物属性及防护常识，以便事故发生时能迅速把事故消灭在萌芽状态中，同时做好自身防护，并立即将事故情况迅速向上级领导汇报。

2）当班班长和车间值班人员在事故发生时，应立即组织处理事故和人员救护。

3）事故发生后，机修人员、电工等有义务携带工具、防护用品、材料，进入事故点抢修。

4）车间管理人员、车间主管领导负责指挥事故的，若其不在，其他管理人员有义务负责组织和参加事故抢险和人员救护。

5）车间其他人员有义务参加事故抢救和人员救护。

6）未尽职责者，工厂将从严处理。

（8）应急救援预案通则

1）事故发生后，最早发现者应立即通知附近同事，并立即向当班调度安全部门报警，同时采取一切办法切断事故源。

2）当班调度接到报警后，应迅速通知有关车间，要求查明事故部位和原因，下达按应急救援预案处理的指令，同时发出警报，通知指挥部成员或专业队伍迅速赶往事故现场，下令疏散周围人员。

3）指挥部成员通知自己所在部门按专业对口迅速向上级主管部门、公司和劳动、环保、卫生、公安等上级领导机关报告事故情况，同时安环部门迅速通知附近居民和企事业单位。

4）发生事故的部门，应迅速查明发生源点泄漏部位、原因，凡能以切断电源、事故源等处理措施而消除事故的，则应自救为主，如事故源不能自己控制的应向指挥部报告并提出堵漏或抢修的具体措施以及泄漏量或事故危害程度。

5）指挥部成员赶到事故现场后，根据事故状态及危害程度，作出相应的应急决定，并命令各应急救援队伍立即开展救援，如事故扩大时，应及时请求救援。

6）厂应急消防队或消防大队到达事故现场时，应穿戴好防护器具，首先查明有无中毒人员，以最快速度使中毒者脱离现场，轻者由医务救疗组治疗，严重者马上送医院抢救。

7）安环部门、生产科、技术科到达事故现场后，会同发生事故部门在查明判断事故危害程度后，视能否控制作出局部或全部停车的决定，若需要紧急停车的则按紧急停车程序进行。

8）医疗救护组到达现场后，与各救援专业组配合，立即救护伤员和中毒人员，并采取相应急救措施后送医院抢救。

9）治安组到达现场后，担负治安和交通指挥，组织纠察，设岗划分禁区，加强警戒，加强巡逻检查。

10）安环部门到达现场后，环保人员应迅速查明泄漏和扩散情况以及发展事态，根据风向、风速、水沟分布，判断扩散方向和速度，汇同质检人员开展扩散区气、水采样快速监测，并及时汇报指挥部，必要时根据扩散区域人员分布情况、动植物特征通知人群撤离或指导采取简易有效的应急措施。

11）抢险抢修队到达现场后，根据指挥部下达的抢修指令，迅速进行设备抢修，控制事故以防止事故扩大。

12）如氯甲烷球罐、合成、精馏发生泄漏、火灾，当班调度应第一时间通知热电厂消防控制室，以使汽动阀迅速开启，而将消防水第一时间投用，制止事故扩大。

13）在事故得到控制后，在副总指挥的指挥下，立即成立事故专门处置小组，调查事故原因和落实防范措施及抢修方案，并组织抢修，尽快恢复生产。

（9）有关附件

1）工厂危险源分布平面方位图。

2）工厂应急救援领导小组成员名单。

3）工厂应急救援指挥网络图。

4）工厂应急救援联络图。

5）工厂应急救援专业队伍名单。

6）工厂应急救援统筹图示。

7）工厂危险品安全周知卡。

（10）氯甲烷应急救援预案

1）适用范围。适用于氯甲烷泄漏以及火灾的应急救援。

2）重大危险源基本情况。氯甲烷罐区位于工厂西北角，配有 200 m^3 的球罐 2 只，泵前冷却器 1 只，0.48 m^3 卸车罐 1 只，输送泵 2 台。球罐区域西临山体，北临热电厂煤库相互距离 50 m，东靠包装站相互距离 30 m，南面是仓库相互距离为 25 m。合成工段配有 2 只 60 m^3 的立式储槽，最大储存量为 102 m^3。

氯甲烷为无色易液化气体，具有醚样的微甜气味，对人体有刺激和麻醉作用，严重损伤中枢神经系统，并能损坏害肝和肾，人吸入 18 mg/m^3 以上氯甲烷即产生急性中毒，其症状是头痛、眩晕、恶心、呕吐、视力模糊、步态蹒跚，精神错乱等，严重中毒时，可出现躁动、抽搐、昏迷等。

氯甲烷与空气混合形成爆炸性混合物，爆炸极限：7%～19%，引燃温度：632℃，遇火花或高热能引起爆炸，并生成剧毒的光气，接触铝及其合金能生成自燃性的铝化合物，沸点：－23.7℃，易溶于水、乙醇、氯仿等。

氯甲烷的灭火方法：切断气源，使用干粉、喷雾状水或卤代烷灭火器灭火。若不能立即切断气源，则不允许熄灭正在燃烧的气体，也可开启系统消防设施来隔绝火焰。

3）日常防护。生产或检修过程中，在可能接触毒物前，应穿戴好个人劳动防护用品，包括橡胶手套、防护眼镜等，佩戴过滤式防毒面具或自主正压式空气呼吸器，工作现场严禁吸烟。

4）事故防护

①应迅速撤离泄漏污染区人员至上风处，并进行隔离，严格限制出入，切断火源、热源。应急人员佩戴自给正压式呼吸器、穿化学防毒服，尽可能切断泄漏源，合理通风。

②工厂医务人员应立即赶赴现场，并针对毒物属性，认真迅速做好长时间救护工作。

③如氯甲烷球罐区域泄漏，当班调度应第一时间通知热电厂循泵岗位，立即开启气动阀喷淋。

5）危险源潜在危险性评估

①氯甲烷球罐或储槽与阀门管道等的连接法兰面垫片失效，可能引起大量物料泄漏。

②氯甲烷球罐与储槽的进出口阀泄漏，可能引起大量物料泄漏。

③由于腐蚀、超温、超压等，导致球罐或管道破（爆）裂，引起大量物料泄漏。

④泄漏的物料因静电、明火等，引起球罐火灾。

⑤周边火灾，引起二甲基二氯硅烷储槽火灾甚至爆炸。

⑥物料灼伤人体皮肤或眼睛。

6）事故预防措施

①氯甲烷球罐按《建筑防火设计规范》（GB 50016—2006）甲类防火进行设计，与周边建筑保持一定的安全间距，同时设有防火围堤和排放沟渠；现场设置一套水喷淋装置，采用气动控制或手动控制两种；现场配备数量比较充足的灭火器；现场另安装手动报警装置 1 套；储槽北面配备消防水炮及室外消火栓，南面备有灭火器。

②加强球罐和储槽的日常检查，及时发现并消除各类隐患。

③按相关规程精心操作、认真巡检，杜绝违章作业及设备超负荷运行现象。

④加强作业人员的学习培训，提高操作及安全防护技能水平。

⑤强化应急预案演练。

⑥做好防静电、防高温等相关工作。

⑦车间及操作人员均配备防护用具。

⑧规范氯甲烷装卸，加强装卸过程中的安全监督。

7）泄漏事故应急处置方案。在生产过程中有可能因设备的原因或操作原因造成球罐或储槽少量泄漏，由岗位操作人员巡检等方式及时发现，采取相应的堵漏措施，予以处理。发生大量泄漏或造成重大事故，操作人员虽能及时发现，但一时难以控制，毒物泄漏后可能危及人身伤亡或伤害，并波及周边范围，工厂应立即启动应急救援系统，并应采取相应救援措施。

①最早发现者应立即向当班班长，或调度，或安全部门报警，并按下现场手动报警器；当班班长应立即组织人员进行应急处理，职务最高者为临时总指挥，一方面组织人员向上风向进行撤离，一方面组织人员穿戴好防护用品，尽可能切断泄漏源进行应急处理，等待工厂救援队伍的到来。

②当班调度接到报警后，应立即向厂部领导汇报，迅速通知有关部门、车间，要求查明泄漏部位和泄漏原因，下达按应急救援预案处置的指令，必要时立即将事故情况通报周边单位，同时发出警报，启动工厂应急救援系统，通知指挥部成员和各专业救援队伍迅速赶往事故现场。

③发生事故的车间，应组织力量迅速查明事故发生源点、泄漏部位和泄漏原因，凡能切断物料或采用其他处理措施可以消除事故的，则以自救为主。如泄漏部位自己不能控制的，应立即向指挥部报告并提出堵漏或抢修的具体措施。

④指挥部应按专业对口迅速向主管上级汇报事故情况。指挥部成员到达事故现场后，根据事故状态及危害程度作出相应的应急决定，并命令各救援专业队伍立即展开救援。如事故扩大，应请求支援。通讯保障组根据指挥部命令，认真做好各专业队伍的联系和抢险过程中的联系工作以及对外联络工作。

⑤应急小分队或义务消防队到达事故现场后，救援人员应立即佩戴好空气呼吸器和防化服，首先要确认查明现场有无中毒人员，如有应以最快速度将中毒者脱离现场，严重者立即送医院抢救。

⑥生产管理科和技术开发科各专业到达事故现场后，会同发生事故的单位，在查明泄漏部位和范围后视能否控制之后，作出局部或全部停车的建议，由指挥部下达，调度车间执行。

⑦抢修抢险队到达现场后，根据指挥部下达的抢修指令，迅速进行抢修设备，控

制事故以防事故扩大。

⑧环境监测组到达现场后，应立即查明泄漏扩散情况，根据风向、风速，判断扩散的方向和速度，并对泄漏下风向区域进行监测，确定结果、监测情况及时向指挥部汇报，必要时根据指挥部决定通知扩散区域内的群众撤离或指导采取简易有效的保护措施。

⑨治安组到达现场后，担负现场治安和交通指挥，组织纠察，在事故现场划分禁区并加强警戒和巡逻检查。关注事态发展，如泄漏扩散危及周边，应同环境监测组和其他专业组一道迅速组织有关人员协作周边单位和住户安全转移，或采取临时的安全措施。

⑩医疗救护组到达现场后，应立即救护伤员和中毒人员，对中毒人员应根据中毒症状及时采取应急措施，对伤员进行包扎或输氧急救，重伤员及时送医院抢救。

事故得到有效控制后，指挥部应立即成立二个专门工作小组：第一组在生产副厂长指挥下，组成由安全环保、生产技术、工艺设备、保卫和发生事故车间参加的事故调查小组，调查事故发生的原因和研究制定防范措施；第二组在生产副厂长和厂长助理的指挥下，组成由设备、机修、电气修理和发生事故车间，研究制定抢修方案并立即组织抢修，尽早恢复生产。

8）火灾事故应急处置方案

①氯甲烷发生火灾，如发生在球罐上，操作人员应第一时间通知热电厂循泵岗位打开气动阀，启动喷淋系统。

②发生火灾后，当班人员应在第一时间报警、组织力量扑救、组织人员疏散；专业救援组必须以最快速度赶赴现场并立即展开抢救。

③火势较大，应急分队应迅速将着火源用水炮进行喷淋冷却和隔离，保证火势不向边上蔓延。

④其他专业组应立即展开救援工作，其方式方法同前泄漏处置方式。

9）演练

①职能部门和生产车间应经常组织相关人员学习本预案，达到“人人知预案，个个会处理”的要求。

②每年至少组织二次预案演练（上下半年各一次），演练内容包括泄漏、火灾的发生，应急救援系统的启动，当班人员第一时间的处理，各专业救援组如何联系和赶赴现场，现场的抢救和维持，人体受伤救护，对外联系，事故调查等情况。

③演练必须要有演练方案，并通过批准。

实例三：某市公安消防支队处置企业化学灾害事故救援预案

随着改革开放、经济建设的不断发展，某市各类化工企业发展迅速，生产、储存、运输化学物资的企业上千家，品种300多种。由于化工灾害事故具有发生突然，扑救困难，扩散迅速，危害严重，而且社会涉及面广大等特点，并且事故发生在单位内部，工艺流程、化工装置复杂。为提高消防队伍处置化学灾害事故的能力，保证国家和人民生命财产的安全，结合消防支队现有装备和人员的实际情况，特制定处置化工单位内部火灾爆炸事故的抢险救援预案。

（1）指导思想

处置企业内部化学灾害事故行动要在市委、市政府的统一领导下，事故单位、消防支队，各有关部门协同配合。本着对社会稳定和人民生命财产高度负责的精神，按照“先控制、后处置”和“救人第一”的指导思想，立足于“打高技术仗，坚持科技强警的方针”达到人与装备有机结合，发挥特种装备的作战效能，充分发挥消防部队在灾害事故中的突击队作用。

（2）处置原则

1）坚持“救人第一”的原则。消防支队在处置化学危险品突发事件中要坚持救人胜于救灾的方针，用各种方法积极组织抢救人命。

2）坚持“以快制快，果断处置”的原则。支队所属处置力量在战斗行动中要做到接警快、到达现场快、战斗展开快、处置方法准确、果断、有效，把危险和损失程度降低到最低限度。

3）坚持“认真细致，不留隐患”的原则。在处置化学危险品突发事件结束后，要组织专门人员对现场进行认真细致地检查，消除一切隐患，防止出现二次灾害。

（3）组织指挥

1）总指挥部：①总指挥：市长。②副总指挥：政府秘书长、公安局局长、消防支队支队长。③成员：企业主管部门、安全生产监督管理主管部门、建委、电业局、卫生局、广电局、环卫局等单位领导。④职责：确定总体决策和战斗行动方案，调集指挥各方面灭火抢险救援力量。

2）灭火救援组：①组长：消防支队长。②成员：消防支队相关人员。③职责：及时掌握灭火救援中的变化情况，提出相应措施，适时调整作战方案和调配灭火力量，组织协同作战；受理各级指挥员及联动单位的建议和请示，选择最佳灭火救援方案，及时作出或调整战斗部署；根据紧急需要，向总指挥部报告，并调集供水、供电、供气、通信、医疗、救护、交通运输、交通警察等有关单位参战；根据灭火和抢险救援的紧急需要，决定截断现场区域内的电力，破拆建（构）筑物，停止可燃气体和液体输送。

3）警戒组：①组长：公安局局长。②成员：交警、巡警、治安、警卫、武警等单位人员。③职责：负责封闭有关道路，维护事故现场交通秩序，保证执行任务的各种车辆畅通无阻，确保到场领导安全，保证抢险救援工作的顺利进行。

4）后勤保障组：①组长：政府秘书长。②成员：自来水、煤气、电业、电信、交通、环卫、商业等单位人员。③职责：负责火灾事故现场所需灭火救援器材装备、灭火剂及其他物资供给。

5）医疗救护组：①组长：卫生局局长。②成员：市属医院、急救中心等单位人员。③职责：负责现场受伤人员的救治、运送工作。

6）专家组：①组长：安全生产监督管理主管部门主要领导。②成员：相关单位工程技术人员及灭火专家。③职责：负责拟制、评估灭火救援方案，提供灭火救援技术处置措施、方法。

7）新闻报道组：①组长：广播电视局局长。②成员：新闻单位人员。③职责：负责发布火灾等灾害信息和灭火救援战斗情况。

8）事故调查组：①组长：公安局局长。②成员：安全生产监督管理主管部门主要领导、公安局、消防局等单位人员。③职责：负责火灾事故现场勘查、事故调查工作，认定火灾事故原因和责任，核定火灾损失。

（4）处置力量的构成及任务分工。根据救援任务的需要组成疏散分队、化学侦检分队、现场警戒分队、环境检测分队、交通管制分队、人员救助分队、现场通信分队、后勤保障分队。

特勤大队成立侦检、警戒、救人、堵漏处毒、洗消等小组，并配备处置化学灾害事故所需的防护、救援、侦毒、洗消、抢险等特种器材装备。

1）疏散分队由单位内部人员和公安消防人员组成。

2）化学侦检分队由事故单位技术人员和特勤大队侦检小组成员组成。

3）现场警戒分队由公安消防支队和公安、武警组成；重危区由市消防支队担任；危险区由公安、武警人员担任。

4）环境检测分队由消防特勤大队和单位技术人员组成。

5）交通管制分队由公安巡警大队人员组成。

6）救助分队由公安消防特勤大队和市卫生局相关人员组成。

7）通信联络分队由市公安局通信处和消防支队通信科人员组成。

8）后勤保障分队由市政府办公室、消防支队后勤处人员组成。

（5）处置程序

1）防护：①进入重危区，人员实施一级防护，并安排水枪掩护。②凡在现场参与处置人员，最低防护不得低于二级。

2）询情：①被困人员情况。②泄漏物质、时间、部位、形式、已扩散范围。③周边单位、居民、地形、供电等情况。④工艺处置措施。

3）侦检：①搜寻被困人员。②使用检测仪器测定泄漏物质、浓度、扩散范围。③确认设施、建（构）筑物险情。④确定攻防路线、阵地。⑤现场及周边污染情况。

4）警戒：①根据询情、检测情况设置警戒区域。②警戒区划分为重危区、轻危区、安全区；重危区是指对人员、装备、建（构）筑物等构成重大威胁，可能造成人员严重中毒和污染的区域；轻危区是指对人员、装备、建（构）筑物等构成一定威胁，可能造成人员中毒和轻微污染的区域。③分别划分区域并设立标志，在安全区外视情设立隔离带。④严格控制各区域进出人员、车辆，并逐一登记。

5）救生：①组成救生小组，携带救生器材迅速进入危险区域。②采取正确的救助方式，将所有遇险人员转移至安全区域。③对救出人员进行登记和标识。④将需要救治人员交送医疗急救部门。

6）战斗展开：①占领水源、铺设干线、设置阵地、有序展开。②铺设水幕水带，设置水幕、稀释、降解泄漏物浓度。③采用多支喷雾水枪形成水幕墙，防止泄漏物向重要目标或危险源扩散。

7）堵漏：①根据现场泄漏情况，研究制定堵漏方案，并严格按照堵漏方案实施。②关闭阀门，切断泄漏源。

8）输转：将泄漏液体导至中和溶液中，进行无公害处理。

9）洗消：①在危险区与安全区的交界处设立洗消站。②洗消的对象包括：轻度中毒的人员；在送医院治疗之前的重度中毒人员；现场医务人员；消防和其他抢险人员以及群众互救人员；抢救及染毒器具。③洗消污水的排放必须经过环保部门的检测，以防造成次生灾害。

10）清理：①用喷雾水、蒸气、惰性气体清扫现场内化工设备及低洼处、沟渠等处，确保不留残液（气）。②清点人员、车辆及器材。③撤除警戒，做好移交，安全撤离。

（6）注意事项

1）所有参战人员均应按各自分工和任务，穿戴好个人防护装具，携带好器材和工具，方能投入战斗。

2）当火场上有毒气扩散时，除了加强作战人员的防护外，并通知有关部门，组织好毒气扩散范围内的居民、群众疏散及抢救工作。

3）火灾扑灭后，要特别注意清理火场，防止某些物品没有清除干净而导致复燃、复爆。扑救某些剧毒、腐蚀性物品火灾后，要对灭火器材、战斗装备、器具进行清洗、消毒，参加灭火的人员应到医院进行专项体检。

4）搞好灭火剂和其他物品的供给及调集。

5）规定明确的进攻与撤退信号。

四、应急预案演练方案

预案的编制必须经过一个持续改进并不断完善的过程。由于经验、技术和理论等方面的限制，在实施过程中往往会有意外情况发生，因此，应定期进行预案内容的培训，并有针对性地组织模拟演练，检验和完善预案的正确性和有效性，对预案进行检查、修订和完善。

1. 培训和演练方案

（1）应急救援人员的培训和演练

企业事故应急救援队伍可分3个层次开展培训和演练。

1）班组级。班组级是及时处置事故、紧急避险、自救互救的重要环节，同时也是事故及早发现、及时上报的关键，一般事故在这一层次上能够及时处理而避免，对班组职工开展事故急救处理培训非常重要。班组级应急演练的程序如图5—13所示。

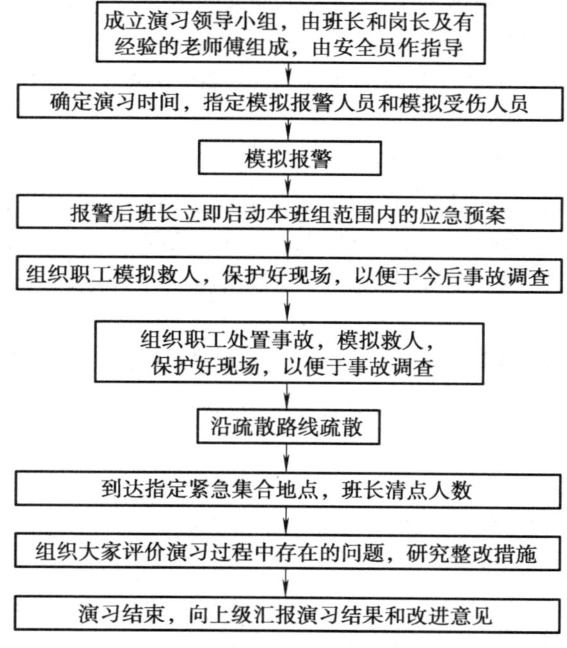

图5—13　班组级应急演练的程序

班组级应急培训和演练每季度开展一次，主要包括以下内容：①针对系统（或岗位）可能发生的事故，在紧急情况下如何进行紧急停车、避险、报警的方法；②针对系统（或岗位）可能导致人员伤害类别，现场进行紧急救护方法；③针对系统（或岗位）可能发生的事故，如何采取有效措施控制事故和避免事故扩大化；④针对可能发生的事故应急救援必须使用的防护装备，学会使用方法；⑤针对可能发生的事故学习消防器材和各类设备的使用方法；⑥掌握生产车间存在的化学危险物品的种类、健康危害、危险特性、急救方法。

班组职工在应急演习中至少要掌握“四个一”，即：“一图、一点、一号、一法”。一图，即逃生路线图。车间、厂房发生突发重大事故后，由于处在弱势地位，班组员工除了抢救身边的伤者这个首要任务外，最重要的任务不是救灾抢险，而是逃生，这是现代应急管理的基本原则，是以人为本的具体体现。既然是逃生，就要事先熟知现场逃生路线，所以班组员工一定要利用班组安全活动之机，首先学习掌握逃生路线；班组应急演习的重要任务也是熟习这条逃生路线，避免临时乱了方向。一点，即紧急集合地点。紧急集合地点是逃生路线的终点，其作用体现在：紧急疏散后，集中到此地，便于应急指挥部门点名，核实员工人数。如有缺员，立即寻救。一号，即报警电话号码。报警电话有不同的类别和层次，火警“119”、急救“120”是众所周知的，但作为班组员工，仅仅知道这两个号码是远远不够的。这里所说的“一号”，首先是指所在的单位或车间的应急指挥中心的电话号码，以及直接上级领导的电话号码，因为发生事故后，作为第一发现人，首先要向直接领导汇报，然后由直接领导向相应的上级领导或部门汇报。一法，即常用的急救方法。因为发生突发事故或事件后，班组员工的首要任务是抢救身边的伤员，所以掌握烧烫伤、中毒、触电、机械外伤、中暑等几种常见的急救方法非常必要。

2）分厂级。以分厂厂长为首、由安全员、设备、技术人员及工段长组成的分厂级应急培训和演练，要求成员能够熟练使用现场装备、设施等对事故进行可靠控制。分厂级应急人员是应急救援的指挥部与班组级之间的联系，同时也是事故得到及时可靠处理的关键。分厂级应急培训和演练每年进行二次，主要包括以下内容：①班组级培训所有内容；②掌握应急救援预案，事故时按照预案有条不紊地组织应急救援；③针对分厂生产实际情况，熟悉如何有效控制事故，避免事故失控和扩大化；④针对可能需要启动公司级应急救援预案时，分厂应采取的各类响应措施（如组织大规模人员疏散、撤离，警戒、隔离、向公司报警等）；⑤如何启动分厂级应急救援响应程序；⑥事故控制和消毒及洗消处理方法。

3）公司级。公司级培训和演练每年进行一次。主要包括以下内容：①包括班组级、分厂级的所有内容；②熟悉公司级应急救援预案，事故单位如何进行详细报警报，生产安全部门如何接事故警报；③如何启动公司级应急救援预案程序；④各单位依据应急救援的职责和分工开展工作；⑤组织应急物资的调运；⑥申请外部救援力量的报警方法，以及发布事故消息，组织周边社区疏散方法等；⑦事故现场的警戒和隔离，以及事故现场的洗消方法。

（2）社区或周边人员应急响应知识的宣传

针对公司可能发生是的事故，每年进行一次的社区和周边人员的应急响应的自身宣传活动。宣传的主要内容如下：

1）公司生产中存在的危险化学品的特性、健康危害、防护知识等；

2）公司可能发生危险化学品事故的知识、导致哪些危害和污染，在什么条件下，必须对社区和周边人员进行转移疏散；

3）人员转移、疏散的原则以及转移过程中的注意安全事项；

4）对因事故而导致的污染和伤害的处理方法。

2. 演练应考虑的问题情况设置

（1）情况设置和内容

情况设置是根据演练的目的而定的，即把欲达到的目的分列成演练的课目转换成演练方式，通过演练逐步进行检查、考核来完成。因此，为使情况设置逼真而又分项检查，在设置时要考虑下列几方面问题：①由任务设置事故等级，根据事故等级分课目，进行详细描述。部分演练一般只要简单的事件描述，如企业外应急监测演练只需设置与此相适应的空气染毒情况即可。而综合演练不单要设置空气受染情况，而且每一课目的情况都要详细描述。②演练的序列要强调时间性，演练顺序符合逻辑性。③有关情况的数据设置，符合实际情况；演练时，要求测得的数据，要从实战出发。④演练用的信号、标志和指令要统一，使每个演练者都能立即明白迅速执行。⑤待检查项目和考核内容标准清楚，容易评分和评价。⑥演练模拟条件要有一定的广度，以便于各应急救援专业分队有各自的灵活性。

（2）事故描述

事故的发生有其自身潜在的不安全因素，在某种条件下由某一事物触发而形成，或者更严重的是由此而形成连锁影响而造成更大、更严重的事故或复合事故，对此要进行简要的描述，包括：①事故的类型（如火灾、爆炸、危险化学品泄漏等），发生事故的部件和失常情况；②危险化学品的泄漏范围、火灾或爆炸的影响范围。描述的详细程度要使演练参加者可以根据此描述执行化工事故应急救援任务和相应的防护行动；考核组人员可以根据描述，对演练进行评价。

（3）时间安排

演练时间安排基本应按真实事故条件进行，但在特殊情况下，也不排除对时间尺度的压缩和延伸，可根据演练的需要安排合适的时间。演练日程安排后一般要预先通知有关单位和参加演练的人员，以利于做好充分的准备。单项课目的训练，为能更好地反映真实情况，也可以事先不通知。

（4）演练条件选择

最好选择比较不利的条件，如在夜间进行科目训练，选择能够说明问题的气象条件进行演练，和选择高温、低温等较严峻的自然环境条件进行演练。但在准备不够充分或演练人员素质较低的情况下，为了检验预案的可行性、提高演练人员的技术水平，也可选择条件较好的环境进行演练。

（5）演练时的安全保证

演练要在绝对安全的条件下进行。如燃烧、爆炸的设定，模拟剂的施放，洗消用水的排放，交通控制的安全，防护措施的安全，消防、抢险演练的安全保障等都必须认真、细致地考虑；演练时要在其影响范围内告知该地区的居民，以免引起不必要的惊慌，要求居民做到的事项要各家各户地通知到每个人。

（6）演练讲评和总结

演练后的讲评是对每个演练者的再次学习和全面提高的好机会，要求每个演练者都要参加演练后的讲评。对组织指挥者来说，通过讲评可以发现事故应急救援预案中的问题，并可以从中找到改进的措施，把预案提高到一个新的水平。因此，演练后的讲评和总结是演练必不可少的组成部分。讲评、总结的内容要整理成资料存档，并报上级部门。对于每个救援专业队来说，通过讲评要写出书面报告送交上级部门。

（7）对预案的修正

事故应急救援预案演练讲评和总结完成以后，要根据讲评、总结的意见，进行进一步的验证，认为确实需要修正的预案内容，要在最短的时间内修正完毕，并报上级批准。

3. 应急救援预案演练实例

实例一：某石油化工公司液态烃泄漏应急救援预案演练

（1）演练现场情况

烯烃事业部气体分馏装置设计加工能力 25 万吨/a。从精制岗位来的液化石油气，进入原料缓冲罐，再由脱丙烷塔进料泵打入脱丙烷塔，C_2、C_3 组分从脱丙烷塔顶部馏出，经冷凝后进入脱丙烷塔回流罐中的冷凝液，一部分用脱丙烷塔回流泵抽出，作为回流，另一部分用脱乙烷塔进料泵抽出，送至脱乙烷塔作为该塔进料。演练泄漏现场设置为气分装置脱丙烷塔回流罐出口管线液态烃泄漏。

（2）液态烃的燃烧爆炸危险性

1）燃烧性：易燃。

2）火灾危险性分类：甲类。

3）闪点（℃）：－74。

4）自燃（温度℃）：426～537。

5）爆炸极限（体积%）：2.25%～9.65%。

6）危险特性：与空气混合能形成爆炸性混合物，遇明火、高热极易燃烧爆炸；与氟、氯等能发生剧烈的化学反应；其蒸气比空气重，能在较低处扩散到相当远的地方，遇明火会引起燃烧和爆炸。

7）燃烧分解产物：一氧化碳、二氧化碳。

8）稳定性：稳定。

9）聚合危害：不能出现。

10）禁忌物：强氧化剂、卤素。

11）灭火方法：切断气源；若不能立即切断气源，则不允许熄灭正在燃烧的气体，应喷水冷却容器；可使用的灭火剂有雾状水、泡沫、二氧化碳。

（3）接警

1）指挥部人员接警后到调度会议室集合，领取防爆对讲机，听取车间情况汇报及消防队现场监护情况报告，由总指挥发出紧急处置指令。

2）启动工艺处置预案，为抢险创造条件，应急处置工艺行动组组织实施。演练方式：现场模拟挂牌操作。

3）确定疏散范围，启动疏散预案，由疏散引导组负责实施。演练方式：装置现场设 2 个临时模拟作业点。

4）启动工程抢险预案。机动能源室负责制定带压堵漏方案，由工程抢险组负责组织实施。演练方式：公司人员模拟堵漏操作。

5）实施区域管制隔离、设置警戒区域，由安全防护救护组组织实施。演练方式：模拟漏点（蒸汽）现场设 25 m 警戒区域。

6）根据现场情况决定向公司有关职能部室报告，明确告知是演习。由通信联络组负责组织实施。

（4）应急响应与现场处置

以消防指挥车停车点作为事故演练现场指挥部。

1）由应急处置（工艺）行动组向总指挥报告工艺处置情况，系统卸压、退料工作完成，具备带压堵漏条件。

2）工程抢险组指令公司带压堵漏人员进入泄漏点模拟堵漏作业。

3）疏散引导组向总指挥报告，装置现场、分析中心、检修站疏散人员，留守 16 个人，主控室待命。

4）安全防护组向总指挥报告，根据可燃气体检测仪检测结果完成区域警戒，对明沟进行了隔离，主干道 2 辆油罐车原地熄火，人员撤离。

5）带压堵漏人员作业完毕返回现场指挥部，工程抢险组向总指挥报告，带压堵漏作业成功。

6）总指挥指令，各职能科室现场配合车间恢复生产，消防车监护，演习结束。

（5）预案演练评议

1）值得肯定的方面

①《液态烃泄漏事故应急救援预案》对事故的具体设备及场所环境、应急救援的机构和人员、应急救援的设备设施和条件、救援行动的步骤、控制事故发展的方法和程序等都作出了详细的计划和安排。特别是其中的《工艺处置预案》部分和《演练程序》部分，经过了职能科室的反复商讨和事业部领导的审批，具有较强的针对性和可操作性。

②本次演练，报警自救、接警，现场指挥部成立，现场隔离和人员疏散，安全防护组行动，工艺预案启动，工程抢险组行动的各步骤都能有条不紊地按照预案进行。并进行了现场考核和讲评。

③现场指挥部成立及时，现场指挥权交接正确，调度协调联系准确无误。装置主任能准确汇报事故动态并及时移交指挥权，调度能及时完成事故信息的传达工作，能正确传达各项命令。

④各类应急响应资源较为充实，能基本满足事故的处理，外部资源能在需要时及时到位。生产装置能准确完成工艺处理任务，现场职工自我保护意识较强，能正确采取防静电措施，佩戴空气呼吸器、采用铜质扳手等防爆工具，参与人员卸掉或关闭了手机。

⑤消防大队、烯烃检维修分公司、公司带压堵漏队能及时到位，具备处理事故的设施和能力。消防大队出动消防官兵 56 人、现场指挥车 1 台、气防车 1 台、消防车 7 台、佩戴空气呼吸器 8 个，烯烃检维修分公司和公司带压堵漏队都及时赶到，并带有合格的工具和器具。

⑥现场考核跟踪紧密。负责考核的有生产室 3 人，机能室 1 人，安环室 7 人。

2）演练中暴露的问题

①预案需要进一步完善。考虑到风向及液态烃泄漏扩散范围，此次泄漏已经危及常压炉安全运行，常压炉应紧急停工处理。要求室外操作人员采取防火防爆措施，戴好空气呼吸器，带好防爆对讲机到常压现场进行关闭常压炉瓦斯手阀等操作，室内启动炉瓦斯自保。常压岗位室内操作时自保启用程序错误，在事故情况下现场操作内容较多，由于关阀操作只有 1 人，在关闭常压炉瓦斯手阀时与分馏岗位不同步，极易造成次生事故。

②应急防护方面的欠缺。根据防火防爆措施要求，处理事故的人员进入现场时必须佩戴空气呼吸器；禁止穿毛线及化纤类衣物，进入泄漏区域前应将身上衣物、头发打湿，防止静电积聚；禁止携带手机、钥匙等非防爆设备进入泄漏区域；戴防护手

套，防止冻伤；在作业时，尽量直接用手操作，无法徒手操作时可用铜质扳手，禁止使用铁质扳手等会产生火花的工具操作；操作室门口设定 1 人专门检查防火防爆措施落实情况。

但实际情况与预案有一定差距。进入事故现场处置人员较多，有工艺处理的、外围安全警戒的、工程抢险的，涉及几家单位，在防火防爆措施落实上不统一，差异较大，特别是人员着装多种多样，很难辨别能否防止静电产生。

③应急人员配备不够。常压岗位现场处理时只有 1 人，处理现场时间较长；系统及岗位联系不够；通知调度不及时，从发现泄漏到汇报调度用时 14 min。

④应急资源配备有待完善。装置无风向标；少铜质扳手；对于近视眼操作工，空气呼吸器的面罩无法佩戴；佩戴空气呼吸器面罩时安全帽带无法系扣；备用堵漏卡子规格型号少。

⑤基础训练还没严格过关。主要表现在现场处理细小环节上。在开现场掩护蒸汽时，没有用小铜质扳手；烯烃检维修分公司使用了 2 把钢扳手；公司带压堵漏队有 1 人穿短袖衣服参与抢险；装置职工向消防队报风向时将风向报错。

⑥其他问题。门卫对入厂车辆管制不严，有一车辆进厂时无人过问，直接进入了演练现场；未得到指挥部同意，抢修人员进厂后直接进入警戒线内，部分看热闹人员也在警戒区内；防爆方面，包括手机、钥匙、外单位人员注意的少，部分人员进入现场未关手机；抢修人员进入现场未定集合点，找人困难。

（6）整改措施

1）完善应急救援预案，加强岗位操作人员的培训。定期对事故救援预案组织学习，熟悉处置程序及操作步骤，提高应急救援水平。对岗位进行合理分工，加强岗位、系统间协调，避免因信息交流不够出现操作不同步现象。

2）完善应急装备器材。装置增设风向标、铜质扳手。探索解决好近视眼人员的空气呼吸器面罩佩戴问题，配置带空气呼吸器的专用安全帽。加强日常检维修人员劳保着装的管理。配备一批不同型号的堵漏卡子。

3）加强门卫管理。事故状态下，与抢险无关人员及车辆一律不准入厂。

4）专人负责警戒区域管理。未得到指挥部同意，任何人员不得进入警戒区内，并负责警戒区域防爆措施落实情况的检查。

5）安全环保室将烯烃事业部上半年事故演练不足项及年度整改项目整改表进行汇总下发，各单位按时、按要求整改，并将整改资料、整改情况及时反馈至安环室。

实例二：某化工公司罐区车间事故应急救援预案演练

2007 年 5 月，某化工公司罐区对原油罐雷击着火、原油泄漏、人员中毒进行分厂级突发事件应急预案演练。

（1）情景模拟

1）原油罐顶因密封泄漏遭雷击着火（插红旗模拟）。

2）原油罐改罐收油过程中，根部阀法兰垫片撕裂，原油泄漏（开少量蒸汽模拟），1 人中毒。

（2）启动应急预案

1）车间主任根据当班班长报告下达：立即启动《车间突发事件应急预案》、向工厂应急办公室报告要求启动分厂级突发事件应急预案。

2）根据分厂应急值班室（调度室）的报告，分厂总指挥下达：立即启动《分厂突发事件应急预案》、向公司应急办公室报告要求预警。

（3）应急行动（模拟演练程序及内容）

1）车间级应急行动。根据《车间突发事件应急预案》，开展如下应急行动：

①工业电视探头监控到 11# 原油罐顶雷击着火（插红旗模拟），立即应急报告、报火警，派人接消防车。

②切断 11# 原油罐收油流程，改 14# 原油罐收油流程（现场模拟挂牌操作）。

③启动消防水系统，开 11#、2#、14# 原油罐消防喷淋，启动 8#、9#、10# 球罐喷淋水系统。

④启动消防泡沫系统（现场模拟挂牌操作）。

⑤在 11# 原油罐改 14# 原油罐收油过程中发现 11# 原油罐根法兰泄漏（开少量蒸汽模拟泄漏），1 人中毒昏倒在平台上，现场操作员立即报告班长（班长或主操报告调度，调度拨打 120 求救），准备佩戴空气呼吸器救人。

⑥投用水体治理系统（现场模拟挂牌操作）。

⑦现场作业人员疏散（在 14# 原油罐有 2 位检维修公司仪表工、防腐保温公司 6 人在作业，被疏散到安全区）。

2）消防大队应急行动

①救助现场中毒人员（将中毒昏倒在平台上的人员抬出，进行心肺复苏术救护，交 120 救护车救护）。

②对 11# 原油罐顶进行灭火，对周围罐保护。

③确定现场应急指挥部位置（以消防指挥车停车位置为准）。

3）分厂级应急行动。根据分厂总体应急预案、火灾爆炸专项应急预案、油气管线泄漏专项应急预案、危险化学品专项应急预案等进行如下内容应急行动：

①分厂现场应急指挥部人员接到应急办公室（调度室）应急指令后，部门负责人立即指令管辖的技术人员、管理人员赶到现场并开展工作。

②综合管理科门卫立即对进入厂区人员和车辆进行管制，除消防车、工程抢险

车、救护车外一律禁止入内，已在厂内车辆立即疏散开到指定的安全区停靠。除应急救援人员（凭工作证）、观摩人员（凭临时出入证）外一律禁止入内。

③分厂现场应急指挥部成立并工作（在消防大队指挥车停车点插分厂现场应急指挥部旗）。应急救援各有关人员、消防大队负责人等赶到，车间负责人、消防大队负责人向现场总指挥汇报情况。现场应急总指挥下达紧急处置指令，各部门进行各自的应急行动。

④消防大队继续对11#原油罐顶进行灭火，对周围罐冷却保护。车间配合做好相邻罐喷淋保护。

⑤安全环保科立即设定警界区域（确定警戒范围，拉警示绳，严控人员入内），并联系公司环保监测站进行大气监测，监控水体防治、严防污水进入明沟。

⑥综合管理科负责将无关人员疏散，清点现场人员，对人员和车辆进行管制。接过对车间疏散过来的人员管理。

⑦机动科联系工程抢险单位待命，准备对11#原油罐根部阀泄漏点进行带压堵漏抢险。

⑧生产计划科负责做好公用工程系统平衡，保证消防用水及动力正常供应。

⑨火势得到控制后，得到总指挥“火势得到控制，可以带压堵漏”指令，机动科负责人立即组织抢险人员对11#原油罐根部阀泄漏点进行带压堵漏。

⑩综合管理科跟踪并联系中毒人员救护情况，及时向现场指挥部反馈信息。

根据现场应急总指挥指令，各部分负责人迅速组织技术人员、管理人员进行落实，并将实施情况、进度随时用防爆对讲机向总指挥报告。

（4）应急终止（演练结束）

应急处置后，各部分负责人反馈：火已扑灭；带压堵漏成功，泄漏点得到有效控制；中毒人员已得到成功救治；事故污水全部进入水体防控系统，环境污染得到有效控制；未造成大气污染；各部门应急处置已经终止；社会危害已控制在最小限度。

现场应急指挥部确认已满足分厂应急终止条件，总指挥下达应急终止指令，演练结束。

（5）演练后讲评

分厂各单位组队，消防大队组队等列队接受总指挥讲评。本次演练程序设定合理，应急行动准确、迅速，各部分协作有序，通信畅通，演练非常成功。本次演练演练人员、观摩人员、媒体人员等共160多人，其中公司外观摩人员60多人，6家媒体参与报道。

第四节　石油化工企业火灾扑救案例

案例一　河间市"3·18"西环路液化石油气站储罐泄漏事故

2001 年 3 月 18 日 16 时许，河间市西环路液化石油气站一个 50 m^3 的储罐，由于安全阀法兰处法兰垫圈损坏，导致储罐内大量石油液化石油气泄漏。华北油田企业专职消防支队于 16 时 11 分接到报警后，先后调动 3 个公安队，45 名指战员投入事故处置战斗。参战消防指战员冒着爆炸、起火、冻伤等危险的威胁，经过近 4 h 的抢险于当日 22 时堵漏成功，避免了一起可能的恶性爆炸事故。

一、事故单位基本情况

该液化石油气站位于河间市西环路，距市中心 1.5 km，东邻市西环路，南侧、西侧为农田，北侧为市果品冷库。站内有一个 50 m^3 卧式液化石油气储罐（当日储量为 23 t）和一个充装车间。

二、泄漏处置过程

1. 力量调集

3 月 18 日 16 时 11 分消防支队接到西环路液化石油气站液化石油气储罐发生泄漏报警，指挥中心立即报告支队领导，按照指挥员的命令支队指挥中心先后调动 3 个公安队，10 台消防车（抢险救援工具车一台，照明车两台，大型泡沫水罐车 7 台，堵漏工具 3 套），45 名指战员迅速赶赴现场。

在支队指挥员及机关各部门相关人员赶往事故现场途中，支队指挥员用无线通信台命令支队指挥中心调集相关社会抢险救援单位及抢险救援专家赶赴事故现场协助开展救援工作，并发出三项指令：

一是迅速组织疏散现场人员；

二是立即启动罐区消防水喷淋系统，对泄漏气体进行驱散稀释；

三是在实施外围警戒的同时，支队指挥员将情况迅速报告了市公安局指挥中心、市政府、省总队，请市公安局调派警力支援。

2. 了解情况，控制险情

先期赶到现场的华北油田企业专职消防支队三中队，在中队长的带领下，将消防车停在上风 80 m 处，向在场人员了解情况，对现场进行了侦察，发现罐顶距地 8 m，液化石油气在"吱吱"地泄出，随时都有爆炸的危险，情况十分严重，本队又无堵漏工具，难以处置，随即将情况向支队值班领导副支队长作了汇报，并按照要求，迅速采取了以下措施：一是切断电源，管理现场火源，对整个现场进行了供电局断电，后来又对附近居民断电，杜绝一切火种进入现场；二是严格警戒，根据当日风向，所有抢险车辆均停在上风方向 100 m 之外，由河间市公安局对西环路切断交通，过往路口派出人员警戒，严禁无关人员进入；三是对观场人员严格管理，爆炸极限范围内不得使用手持机、手机、BP 机，抢险人员一律消除火种；四是迅速与河间市 110、河间市公安局消防科、沧州市消防支队取得联系，做好警戒及准备，等候增援。

支队领导带领特勤中队、战训科、防火科工作人员，从任丘赶到现场后，迅速对各种防范措施进行了重新布置，并对现场进行了侦察，估计了泄漏扩散面积和浓度，发现问题十分严重，随着时间的推移，扩散面积将越来越大，危险越来越大，泄漏气大面积淤积在院内，一旦发生爆炸，近几百米范围内将成为一片火海，在场人员将面临生命危险，随即调派防火科长携带检测仪器，对现场周围进行不间断检测，为抢险提供参考数据。

3. 部署任务，实施堵漏

在对现场进行重新侦察后，进行工作任务部署：

（1）由特勤队组织抢险突击队进行堵漏工作，十一中队负责协助堵漏和作为预备队，尽量减少作业人员。

（2）由三中队长负责组织现场水枪进行掩护，副中队长负责供水，无关人员不得靠近。

（3）战训参谋负责协调抢险器材供应。

（4）由防火科人员进行不间断检测，随时报告情况。

（5）由防火科长到河间三处液化石油气站协调堵漏工具。

（6）十一中队、特勤中队照明车做好准备。一旦天晚组织照明，禁止无关人员进入观场，精简抢险人员。

首先，在堵漏工具不到位的情况下，由特勤中队长带领两名队员攀上储罐，在水枪掩护下，用麻绳和棉织物对法兰周围进行捆绑，并喷水降温，看能否结冰，以减少气体泄漏，但效果不大。

随后，采用了钢带和紧带器进行堵漏，抢险小组经过准备后，用钢带加橡胶带，围在法兰周围，用紧带器紧固在法兰四周，卡紧后，气体泄漏明显减少，但仍有气体从法兰螺钉处散出，经检查法兰螺丝大部分松动锈蚀严重，难以紧固，但为下一步堵漏提供了方便。

此时，十一中队和三处液化石油气站的堵漏工具均已到达，决定采取对每个螺丝更换紧固，然后加注堵漏胶的办法进行堵漏。经过准备后，首先对法兰盘进行了打卡紧固，上了三个卡箍，防止法兰松动和气体泄漏，为更换螺钉打下基础；第二步组织队员对 8 个螺钉逐一更换，卸一个换一个，加注胶环注胶，逐个进行，更换完毕后，又从两个方向同时注胶，于22时许将螺钉更换完毕，注胶发挥作用，泄漏被彻底制止。

堵漏成功后，消防支队对现场进行清理，用喷雾水枪对地面进行了喷洒稀释，为倒气做准备。图5—14为抢险救援力量部署图。

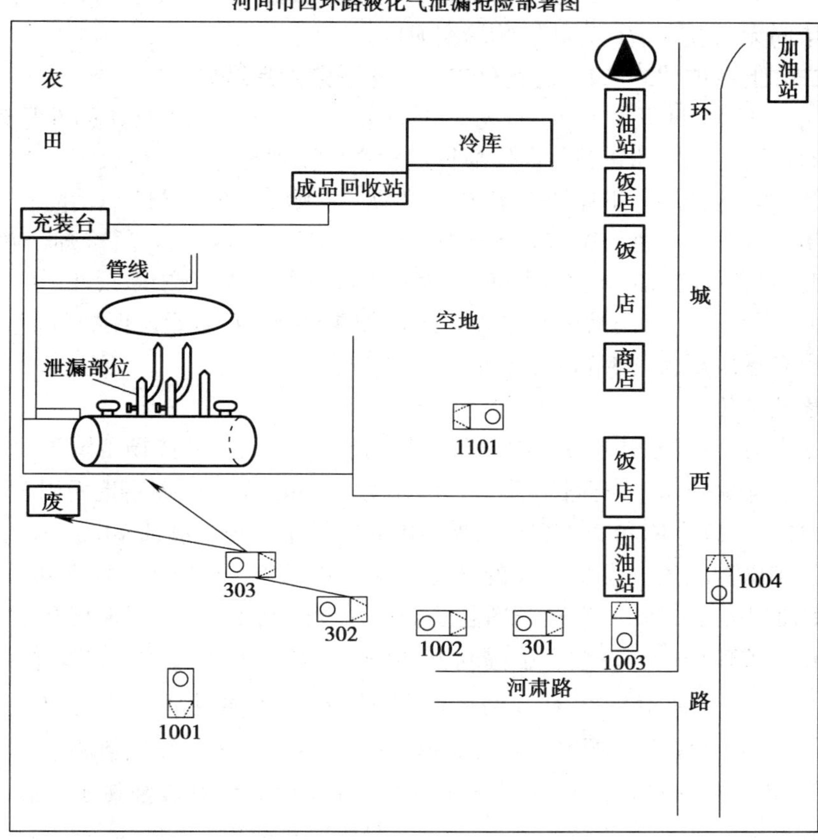

图5—14　抢险救援力量部署图

三、经验总结

第一，行动迅速，指挥果断。接到报警后，参战指战员迅速赶赴事故现场，及时切断电源，彻底清理火源，划定警戒范围，不间断地进行检测为抢险提供了可靠数据，参战车辆停到爆炸下限二分之一范围外，保证了安全。

第二，情况侦察清楚，现场准备充分。及时掌握了泄漏状况和危险范围；对现场的泄漏的气体实施了不间断喷射雾水驱散，保证了人员安全和避免火灾发生；提前备好器材，如钢带、胶、卡箍、液压泵连接线、螺钉、扳手等，保证了堵漏操作顺利无误。

第三，统一指挥，有序实施。处置行动实施了统一指挥，制定了堵漏方案，及时调整操作方法，每一个步骤准确到位，两套工具齐用，虽然一个个更换螺钉用时较长，但避免了因太紧无法注胶或太松胶往外溢的现象。

第四，企业专职消防队缺乏堵漏工具，延误了救援时间。如三中队无堵漏工具，本次先期堵漏无法兰卡箍，直接影响堵漏时间。

案例二　上海市“3·27”沈杨化工二库化学危险品爆炸

2002 年 3 月 27 日下午 13 时 41 分，上海市宝山区沈杨化工二库的 6 号库内装卸高锰酸钾时，因易燃固体粗萘与高锰酸钾混触产生剧烈反应而发生火灾。上海消防总队 119 指挥中心接警后，迅速调派了 30 个中队 72 辆消防车共 645 名消防官兵赶赴现场扑救，历经 3 个多小时的奋战，大火于 16 时 48 分基本扑灭，后冷却、收残至 28 日早上 7 时，历时 17 h。火灾燃烧面积达 4 000 余平方米，烧塌 2、5、6、7 号库，3 号棚库局部坍塌，4 号棚被削为平地，经济损失约 88 万余元。保护价值达上千万元，火灾没有造成更大灾害和人员伤亡。

一、事故单位情况

该库系上海市宝山区顾村镇沈杨村的村办企业，隶属上海沈杨工贸实业公司，占地面积 32 000 余平方米，东西长 275 m，南北宽 121 m。其中仓库占地面积 15 000 m^2，建有 14 个单层二跨仓库和 3 个棚库。库与库间距最小 1 m，最远 14.5 m，且绝大多数库与库间用雨棚相连。发生火灾的部位为库区中部 2、5、6、7 号库和 3、4 号棚库。2 号库面积为 500 m^2，存放塑料粒子 20 t、发泡剂 10 t。5 号库面积为 900 m^2，存放钛白粉、苯酚 50 t、农药、硫磺粉共 80 t。6 号库面积为 900 m^2，存放钛白粉 80 t、高锰酸钾、工业萘共 80 t。7 号库面积 900 m^2，存放化妆品原料 30 t、塑料粒子 50 t、红矾钠 10 t。3 号棚库面积为 1 400 m^2，存放 TDI、环氧树脂 2 500 桶和大量丙酮、醋酸乙酯、进口树脂。4 号棚库面积为 1 200 m^2，存放液氯 150 瓶（每瓶重达 1 t）、工业萘 200 t。保住的西侧为 8 至 15 号库，总面积 7 000 m^2，存放大量丙酮、甲苯、二甲苯、粗蒽、二氯乙烷、摩丝、除草剂、橡胶、异丙醇等化学危险物品。南侧为 1 号棚库和 4 号库及辅助房，总面积为 3 000 m^2，存有二乙二醇、毒害品、腐蚀性物品；东侧为 1 号库和办公楼，总面积为 1 000 m^2，存有塑料粒子、油剂 50 t 和颜料、焦磷等。

整个仓库大门设在东南角，唯有一条 4～5 m 宽的非等级公路可通向祁连山路，库的东面为祁连支路及郭家村住宅，南面一半为农田，另一半紧贴朱家村住宅，西面为中兴河，北面为蕴藻浜河。库区四周除东南角开大门外，其余地方都无门可入，也无路可绕。

二、火灾扑救过程

上海消防总队 119 指挥中心接警后，迅速调派大场、闸北、真如、真光等 30 个中队 26 辆泵浦车、21 辆泡沫车、8 辆抢险车、4 辆照明车、5 辆器材车、3 辆泡运车、1 辆油槽车、1 辆防化车、1 辆干粉车、1 辆 CO_2 车、1 辆给养车，645 名消防官兵赶赴现场扑救。

当日阴天，风向东到东南风，风力 4～5 级，温度 11.9～14.1℃，相对湿度 78%。

1. 短兵相接，初战阶段

13 时 55 分，主管大场中队两辆消防车首先到达现场，此时 6 号库已全面燃烧。甲车迅速停靠蕴藻浜取水，铺设水带干线，设分水器于 6 号库东南角出 3 支水枪，直接打击 6 号库火势，力图阻止火势向 4 号棚库蔓延。乙车停靠老蕴藻浜，铺设双干线，设分水器于 5、6 号库和 7、8 号库之间各出 2 支水枪，直接打击 6、7 号库内火势，并阻止其向西侧和南侧蔓延。因 6、7 号库内储存着大量可燃物，尤其 80 t 桶装的工业萘，在高温灼烤下大量熔化，形成流淌燃烧，甲车 3 支水枪难以有效地遏制火势向 4 号棚库的蔓延。

随后到场的真如、真光、闸北中队面对灾情的进一步发展，他们迅速投入战斗，各自停靠水源，在 4 号棚库东侧集中了 7 只分水器，共出动 2 门移动炮，10 支水枪以遏制 4 号棚库火势进一步发展。但此时火势已扩大到 2 000 m^2，现场力量对强大火势而言，显得杯水车薪，尤其 4 号棚库内堆放的 200 t 工业萘的急速熔化，燃烧更为猛烈，致使混存于 4 号棚内每只重达 1 t 的液氯钢瓶开始爆炸，燃烧面积顷刻成倍扩大。短兵相接的大场、真如、真光、闸北四个中队近百名指战员，冒着浓烟烈火和随时遭受液氯钢瓶爆炸物侵袭的威胁，勇敢顽强，浴血奋战，毫不退缩。针对现场情况，火场指挥员果断下达了转移阵地、撤至库外的命令，整个短兵相接从主管中队到场，到所有车辆、人员撤至库外共用了 37 min。图 5—15 为沈杨化工二库初期阶段进攻路线。

2. 蓄势待援，相持阶段

此时 4 号棚库内液氯钢瓶爆炸持续不断，火势并直接向 1 号库和 3 号棚蔓延，后援大部队又尚在途中，如果未有效重新组织出水，后果将不堪设想。到场地的总队指挥员及时对撤至库外的车辆进行重新组合部署：一是利用库外祁连路地势较高的有利条件，组织了真光二门移动炮和已到场的车站、国和各一门移动炮在祁连路居高临下，向 3 号棚库射水；二是在库区东南角组织真如、闸北、天山各出一门移动炮，对 1 号库射水冷却；三是对正在到场的消防车安排各自水源停靠，相互串联供水等任务。这一阶段持续了 46 min。图 5—16 为沈杨化工二库相持阶段进攻路线。

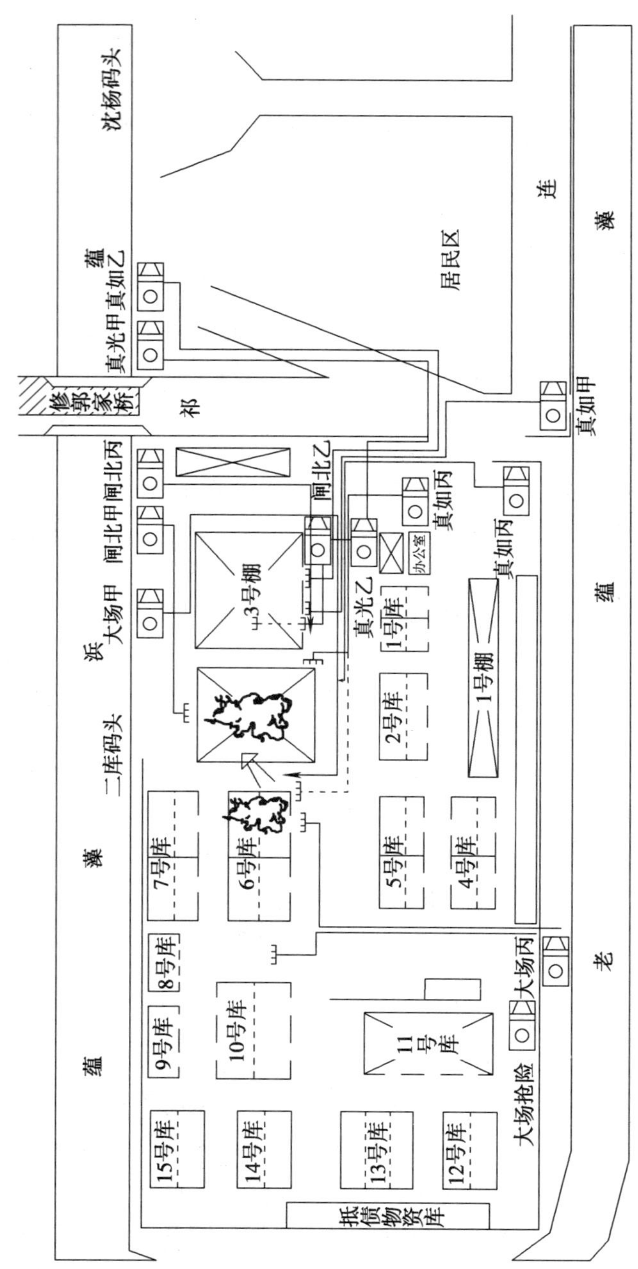

图5—15 沈杨化工二库初期阶段进攻路线

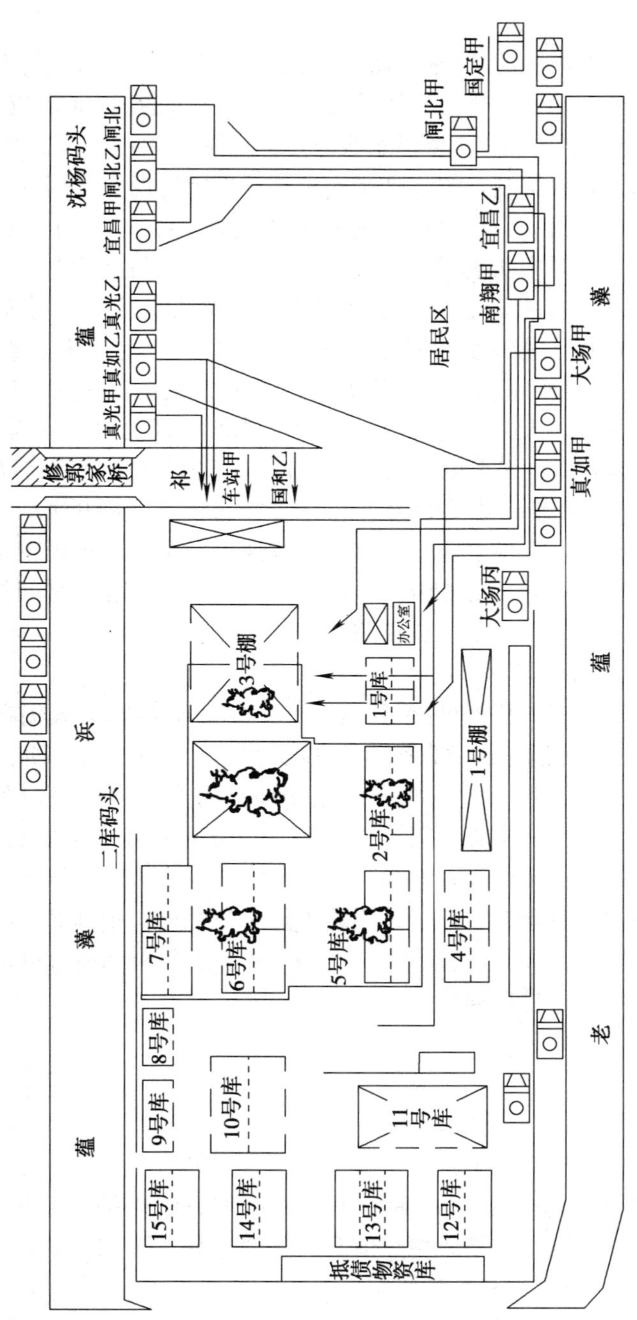

图5—16　沈杨化工二库相持阶段进攻路线

3. 力挽狂澜，总攻阶段

至15时20分调派应援的72辆消防车都已到达现场。在蕴藻浜南侧安排了20辆消防车取水，在蕴藻浜北侧安排了5辆消防车取水，从而在正面形成了15条供水线路，在侧面蕴藻浜桥堍形成了10条供水线路，同时由于相持阶段的冷却保护对3、4号棚库爆炸也起到了有效抑制，爆炸处于一种相对稳定时期。根据这一有利形势，现场指挥部及时发出总攻指令：一是由应援到场的大连、宝一、国定、内江、天山、杨浦、宝二、南翔、铜山等中队组成南线进攻力量，从南大门进库然后又分成2个进攻梯队，一梯队从1号库东端绕至3号库南侧，另一梯队直接从1号库边门插入打击3号棚库火势；二是由应援到场的周渡、庆宁、国和、嘉定等中队组成北线进攻力量，阵地设置于3、4号棚库北侧的滩涂上；三是将原先在祁连路和库区东南角组织冷却保护的车站、真光、天山、闸北等中队力量转入库区内攻，从而在3、4号棚库南侧组织了7门移动炮、8支水枪，在3、4号棚库北侧组织7门移动炮，最终形成南北二翼对3、4号棚库齐头并发的灭火态势，并保持不间断供水。随着总攻深入，各中队又及时伸长水带，变换射流，由移动炮改换带架水枪，再由带架水枪改为普通水枪，终将火势最猛、爆炸最激烈的4号棚库予以歼灭。这段时间持续了24 min。图5—17为沈杨化工二库总攻阶段进攻路线。

4. 扑灭余火，收残阶段

虽然4号棚库最猛烈火势被歼灭了，但2、5、6、7号库余火仍在燃烧，并有一定的强度，指挥部及时调整战斗部署，将总攻力量分成东、南、西、北、中5股力量，分别实施对余火最后歼灭。东面3号棚库残火由大场、闸北、车站、天山、国定、宝一、内江、宜昌中队实施歼灭；南面东北角2号库残火由周渡、庆宁、真光、国和、嘉定、大场中队实施歼灭；西面5、7号库残火由铜山、车站、南翔中队实施歼灭；北面7号库残火有真光、庆宁、周渡中队实施歼灭；中部2、5、7号库和4号棚库残火有宝二、杨浦、天山、宜昌中队实施歼灭。这段时间持续66 min。图5—18为沈杨化工二库收残阶段进攻路线。

三、经验总结

1. 火灾特点

(1) 可燃物种类多，燃烧强度大

该化学品仓库储有200余种化学危险品，发生火灾的2、5、6、7号库和3、4号棚库就有25种可燃化学物品，其中高锰酸钾、络酸、红矾钠、TDI都是强氧化剂，工业萘又是还原剂，尤其工业萘燃烧热值高，铁桶包装TDI液体都能发生爆炸。4号棚库存放有80多桶TDI、180 t工业萘，还有每只重达1 t共计150只的液氯钢瓶，该库燃烧最为猛烈，最高火焰达50 m，而且萘等化工品燃烧后，小流量射水灭火根

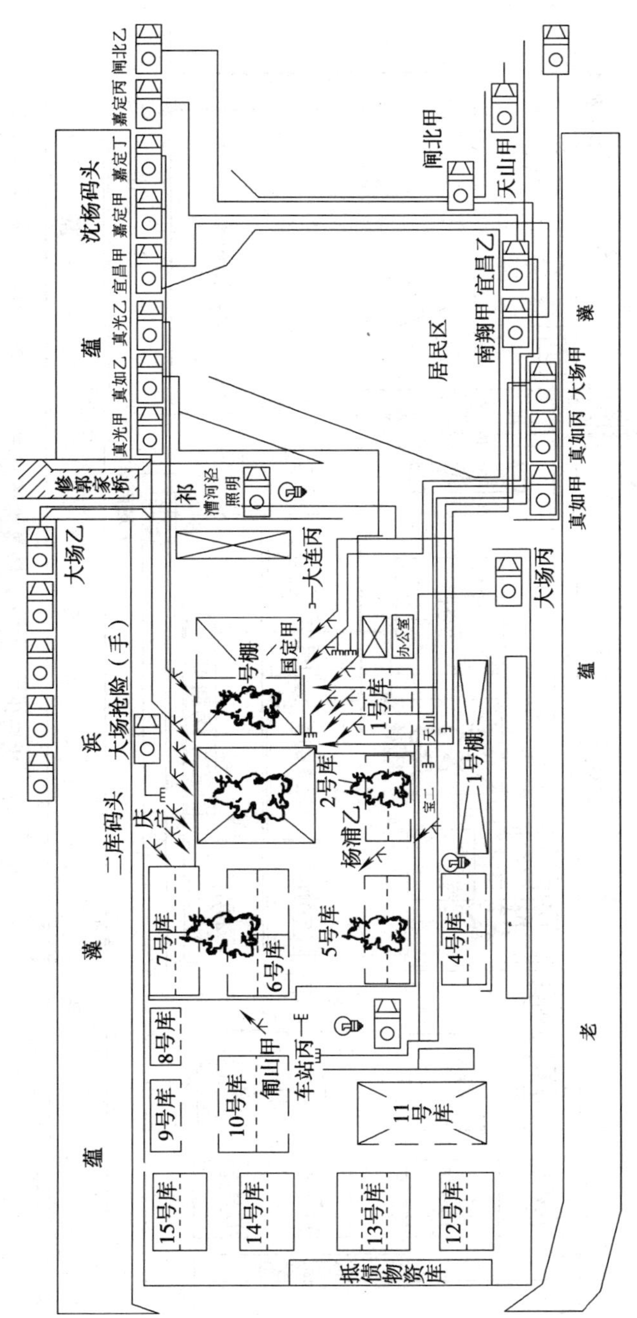

图5—17　沈杨化工二库总攻阶段进攻路线

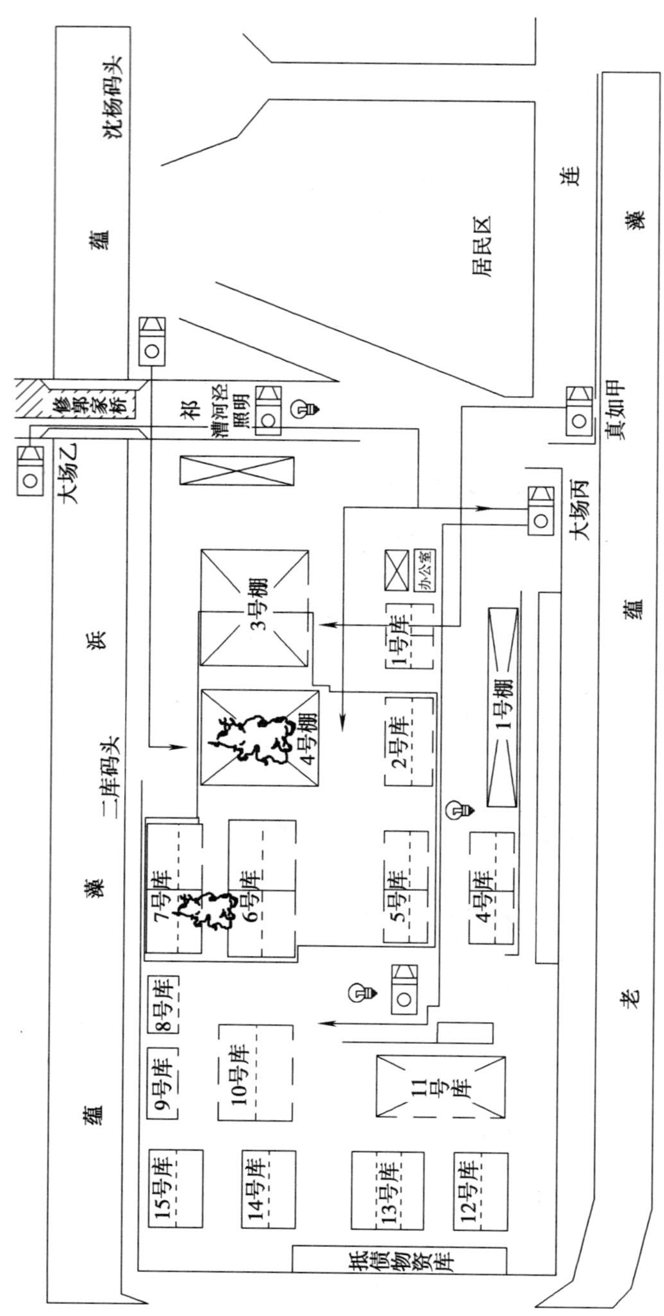

图5—18 沈杨化工二库收残阶段进攻路线

本难见其效。

（2）爆炸威力大，坠落物距离远

火灾中，150 只液氯钢瓶发生爆炸了 122 只。其中罐体撕裂 80 只，罐体顶端炸飞 50 只；飞离原位 50 m 远的 20 只、100 m 远的 20 只、150 m 远的 20 只、200 m 远的 10 只，最远一只飞过了 500 m，越过蕴藻浜砸坏了对岸商店；有一只钢瓶坠落造成现场 100 m 外的大桥栏杆砸断，还有一只钢瓶坠落造成马路下陷后回弹砸坏仓库墙体后，再飞出 10 m，有 2 只钢瓶横飞穿破库墙后镶入墙内，最高的一只液氯钢瓶飞向空中近 500 m。整个 4 号棚库炸成了一个直径达 30 m、深 5 m 大坑。在爆炸中除液氯钢瓶爆炸外，还有 180 只桶 TDI 爆炸，以及已形成腰鼓形铁桶 200 只，对消防员的行动构成了极大威胁。

（3）有毒物质品种广，毒气浓度高

该库存放的危险化学品除液氯、TDI 等本身都具有较高毒性外，还存放了大量中、高度毒性农药如甲胺磷、除草剂等，由于这些农药受高温灼烤和爆炸坠落物撞击以及灭火射流打击，造成这些农药泄漏，所以这次火灾不仅大气中含有较高浓度毒气，而且地面也流淌了一定浓度的毒性农药，除毒气对消防员呼吸造成侵袭外，流淌的毒液也对消防员暴露的皮肤造成了很大的侵袭，对自身防护提出了更高要求。

2. 应急救援力量调集快速

该单位位于市郊结合部，消防力量比较薄弱，距主管中队 7.2 km，所以 119 指挥中心接警后根据化工仓库火灾的特殊情况，首批就调派了 11 辆消防车，当主管中队在行驶途中续报消息后，又一次派出了 13 辆消防车，并根据现场水源缺乏，火场有很多意想不到的情况，立即又分三次调派了 11 辆、12 辆、16 辆消防车奔赴火场，同时还调派了 5 辆器材装备车、4 辆照明车、给养车、修理车等特种后勤保障车辆，为总攻的有效发起提供了人员装备保证。

3. 审时度势，果断撤退，避免伤亡

这次火灾先期到达的四个中队，面对熊熊烈火，无所畏惧、短兵相接以图实现快攻近战，但终因火势强大，力量悬殊，加上现场出现了意想不到的爆炸，支队、总队二级指挥从全局考虑，及时作出了转移阵地，将一线消防员从爆炸现场撤至库外的决定。当消防车刚撤出，液氯钢瓶就砸向原先车辆停靠位置，让人毛骨悚然，如撤退稍晚，先期到场的消防战斗员都将面临灭顶之灾，由于果断撤退，为有效保存力量，避免无谓伤亡起到了关键作用。

4. 灭火战术措施运用得当

（1）冷却保护，抑制爆炸

面对库区爆炸物横飞，快攻近战难以实施的情况下，各级指挥员有效组织了第二阶段的冷却保护，集中了最初到场的所有力量，在较为安全有利的位置设置了 7 门移动炮，保住了堆于 1 号库北墙距 4 号棚不到 20 m 的另外 30 多个液氯钢瓶群，同时也保住了 3 号棚库近 200 桶 TDI 桶堆群安全，使爆炸仅控制在 4 号棚库桶堆群。

（2）交替掩护，层层推进

针对现场火焰高、辐射强，在总攻期间，指战员除做好脸部、颈部自身防护外，指挥部还要求进攻人员做好前后掩护，当前面移动炮变换水枪时，就组织后面水枪对前面水枪手用开花射流掩护。同时，采取分层次灭火推进战术，即最先打击火势用射程远、流量大的移动炮；待火势稍有减弱后，将洪水水枪推上阵地，使打击火点更准、更狠；当爆炸基本控制、火势基本抑制后，将 19 mm 水枪推上阵地，而移动炮、带架水枪又转换至另一阵地。这个战术在对 3、4 号棚库推进中灭火效果明显。

（3）重点突破，逐片消灭

4 号棚库既是火场中心，又是火灾扑救最危险地带，攻下 4 号棚库火灾，就会减轻给其他库区灭火行动构成的危险。现场指挥部在定下总攻决心时，对 4 号棚库作为重点突破对象，几乎集中了所有应援力量，并将车辆装备好、作风顽强的中队作为先攻击梯队，并从南、北两侧发起攻击，为求得重点突破有效，当时最高灭火强度达到 500 L/s。在取得对 4 号棚库决定性胜利后，将整个火场及时分成了 4 个区段，每个区段配置若干力量，然后实施逐片消灭。

5. 安全防护措施到位

整个灭火战斗中，参战官兵注重了自身的安全防护。一是在上风或侧上风，建立进攻阵地，设置指挥部，避免人员中毒和袭击，同时又有利于展开和有利于指挥部目视所有区域；二是所有水枪手在短兵相接进入燃烧区后，都始终佩戴好空气呼吸器，并组织轮换，尤其在火势得到控制后，为减少毒气对大气的污染，组织抢险专业队实施对液氯钢瓶堵漏，由于重视了现场的自身防护，最低限度地减少了一线参战官兵的受伤，同时考虑毒物有 24 h 潜伏期，还对所有归队后的指战员进行跟踪医疗，防止事后病变。

6. 灭火用水得到不间断保障

这次火场虽然背靠蕴藻浜，滩涂可作消防取水，但由于取水点离爆炸源近，处于爆炸危险范围内，所以要实现大流量不间断供水只能舍近求远，开辟另外的消防用水。一是在桥堍东侧停靠了 8 辆消防车，实施单泵供水；二是在距单位对岸 300 m 利用其装卸码头停靠 5 辆消防车，实施 2 车串联供水；三是在距现场 800 m 外，老蕴藻浜停靠了 15 辆消防车实施 3 车、4 车串联供水。由于较好地开辟了灭火用水，保证在总攻阶段灭火用水源源不断，为取得总攻胜利起到了关键作用。

7. 协同配合确保灭火行动有序展开

机关其他各部门能够协同配合，全力做好各项保障。这次后勤装备部门送空气呼吸器钢瓶 194 只、水带 67 根、移动炮 12 门、战斗服 90 套；给养部门送牛奶 600 袋、盒饭 950 盒、矿泉水 180 瓶、油料车运汽油 1 400 L、柴油 3 700 L、运泡沫 7 t、抢修车在现场抢修车辆 2 辆；政府部门在现场鼓舞士气并收集突出的好人好事。防火部门做好调查取证，提供各库区的情况，并建议灭火对策。同时现场交巡警对道路进行管制疏导，当地警察对 500 m 内的居民实施疏散转移。正是在各方力量的协同配合下，才使得这次灭火战斗有条不紊有序推进。

案例三　石家庄市“4·28”轻工化学厂爆炸

1998 年 4 月 28 日上午 9 时 18 分，石家庄市轻工化学厂 SAS 车间一楼磺氧化工序原料输入端的纳氏泵处发生爆炸并引起火灾，造成该厂职工死亡 6 人，伤 4 人，消防官兵中毒 10 余人，经济损失 500 多万元。火灾发生后，石家庄市消防支队调集了 32 部消防车、256 名消防人员参战。广大消防指战员冒着高温烈火、有毒气体和爆炸的危险，奋力扑救 2 h 将大火扑灭，保护住了相毗邻的厂房、仓库和易燃易爆的罐区。

一、事故单位基本情况

轻工化学厂位于石家庄市放射路 99 号，北侧为汽车修理厂，东侧为市地毯厂和化纤厂，南侧为车站货场，西侧为放射路，占地面积 8 000 m^2，建筑面积 3 200 m^2，主要生产仲链烷基磺酸钠。生产车间为 SAS 车间，原料为石蜡油、酒精、二氧化硫、硫酸、工业烧碱、双氧水、氧气等。生产工艺为：石蜡油经发烟硫酸处理后得到精油，精油在紫外光作用下与二氧化硫、氧气、水发生水光磺氧化反应，得到磺酸和副产物硫酸，浓缩后两酸分离，磺酸经双氧水漂白、烧碱皂化，生成烷基磺酸钠单体，再经酒精淬取。加水调成 60%的浆状物，即得 SAS 60%产品。

起火的 SAS 车间为四层框架结构工业厂房，高度为 29.88 m，建筑面积 2 100 m^2。第一层高度为 6 m，主要生产设备有 2 个 8 m^3 的二氧化硫罐，1 个 20 m^3 玻璃钢蜡油罐，4 个 5 m^3 的磺酸罐，2 个分别为 12 m^3 和 50 m^3 的酒精玻璃钢罐。第二层为6 m，主要生产设备有玻璃钢材质的磺氧化反应器。第三层为 7 m，主要生产设备有 2 个 8 m^3的玻璃钢磺酸罐，2 个 4 m^3 的酒精罐。第四层为 6 m，主要生产设备有 2 个 3.5 m^3的玻璃钢蜡油罐和 1 个 20 m^3 的酒精罐。距该车间东南侧 18 m 处有 2 个 20 t 二氧化硫卧式罐；东侧 7 m 处为配件仓库和液氧钢瓶库；西侧 5 m 处为杂品库和电镀车间；南侧 7.5 m 处为 2 个 300 m^3 的石蜡油罐和 1 个 30 m^3 的硫酸罐及 1 个 5 t 的酒精罐；北侧 5 m 处为制氧车间。在距 SAS 车间东南 30 m 处有一个 300 m^3 水池。

二、火灾扑救过程

4 月 28 日上午 9 时 6 分许，石家庄市消防五中队官兵正在车库前清洁车辆，突然听到东南方向一声巨响，同时看到火光冲天，浓烟滚滚，全体官兵立刻意识到发生了火灾。中队指挥员立即带领2部消防车赶赴火场，到达火场后，火势已发展到猛烈阶段，SAS车间已全部起火。当天气象为阴转小雨，偏北风1～2级，温度16℃。指挥员立即布置力量扑救火灾。同时向支队指挥中心报告情况。

9时22分，支队指挥中心接警后，迅速调集了一、二、三、四、五、六、七等7个公安消防中队和市油漆厂、华北制药厂、市炼油厂、市焦化厂四个企业专职消防队32部消防车，256名消防官兵前往扑救。

9时30分，第一批力量到达火场后，首先组织两个救人小组。第一小组分别从室外楼梯二层平台和楼梯口救出2名职工，又从一层门口救出1名职工；第二小组从车间西侧半成品着火罐旁救出1名职工。

9时35分，支队值班首长到达火场后，立即成立了火场指挥部。指挥部根据火场内部人员不清的情况，又分别组成两个抢险救人小组，在水枪的掩护下，先后三次深入内部侦察救人，先后共搜救10名重、轻受伤职工并组织送往急救中心抢救。

面对现场的火情，消防指战员运用“先控制，后消灭”的原则，采取上下合击、重点突破、内外夹攻的战术方法：

一是保重点，防止火势蔓延。9时30分，分别在着火车间南侧由301号车出1支水枪、在着火车间侧由501号车出1支水枪，阻止了火势向制氧车间和罐区的蔓延。9时35分，根据指挥部下达的确保罐区和车间安全的命令，对灭火力量进行了调整，加强了南北两侧的灭火力量。北侧阵地部署4支水枪，保护制氧车间。南侧部署3支水枪和2支带架水枪，确保了罐区各种储罐的安全。

二是上下合击，内外夹攻，重点突破。9时40分，所有力量到场后，指挥部指挥员根据现场控制火势的情况，确定灭火方案：二中队利用大吨位黄河水罐车水炮一门，由东向北进攻，强压三、四层火势；三、四中队利用南侧一架带架水枪和在南北两侧出3支水枪，进攻一、二层火势，与黄河水炮形成了上下合击的攻势；一、四中队从南侧破拆铁门深入内部出2支水枪，近战灭火和冷却一层车间内的玻璃钢罐体；同时，在南侧利用两节拉梯与挂钩梯联挂的方法，攀登到二楼、三楼逐层消灭残火。图5—19为灭火力量布置图。

为保证火场不间断供水，指挥部制定如下五条线路的供水方案：

第一条供水线路，消防三中队一部东风水罐车占据东南侧300 m^3 水池出2支水枪自供灭火；

第二条供水线路，403号车占据该厂对面消火栓，与404号消防车双干线串联向402号战斗车供水灭火（供水距离200 m）；

第三条供水线路，502号车占据消防队门口处消火栓与101、503号车双干线串

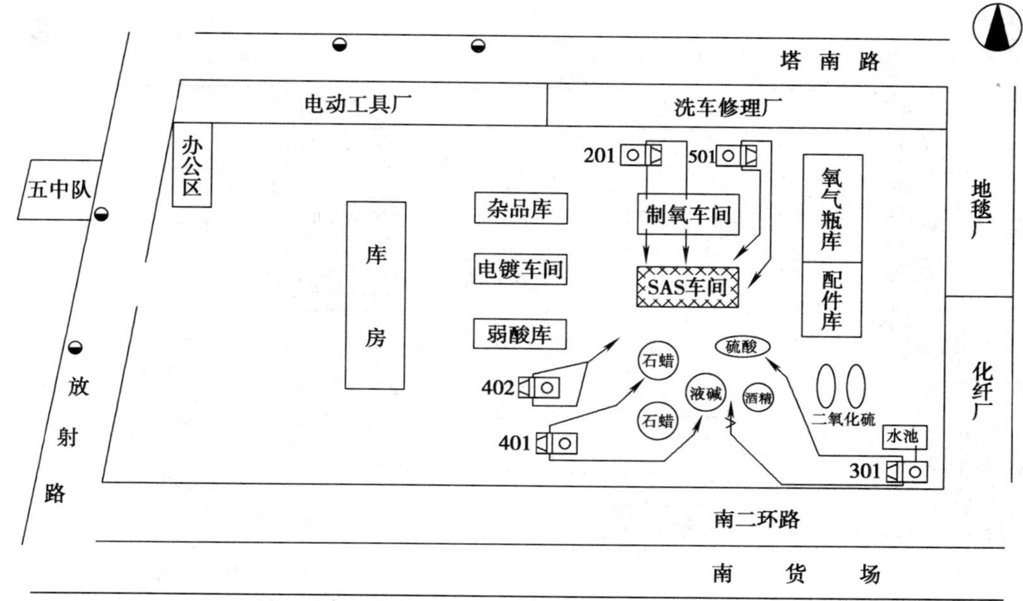

图 5—19　灭火力量布置图

联向 201 号战斗车供水灭火（供水距离为 350 m）；

第四条供水线路，701、702 号车占据塔南路 2 个消火栓，与 703、油漆厂、102、103 号车双干线串联向 501 号战斗车供水灭火（供水距离为 850 m）；

第五条供水线路，由 303、302、104 等 6 部大型水罐车以运水形式通过 601、602 号供水车向 401 号战斗车供水灭火。

经过 2 h 的激烈战斗，于上午 11 时 23 分将整个大火扑灭。保住了相邻的东侧配件仓库和液氧钢瓶库，东南侧 2 个 20 t 二氧化硫罐，西侧的杂品库和电镀车间，南侧的各种储罐，北侧的制氧车间。图 5—20 为灭火供水布置图。

三、经验总结

1. 力量调集及时和充足

9 时 22 分，石家庄市消防支队指挥中心接警后，立即调集了 4 个中队 8 部消防车，45 名官兵赶到火场。9 时 35 分，支队值班首长到达火场，又调集了 10 部消防车，120 余人赶赴火场；并集中调集 3 个消防中队和 4 个企业专职消防队 21 部消防车增援火场。在 18 min 时间内调集的所有消防车共 32 部全部到达火灾现场，为及时有效地控制火势蔓延，集中兵力打歼灭战赢得了时间。

2. “救人第一”的思想贯彻到位

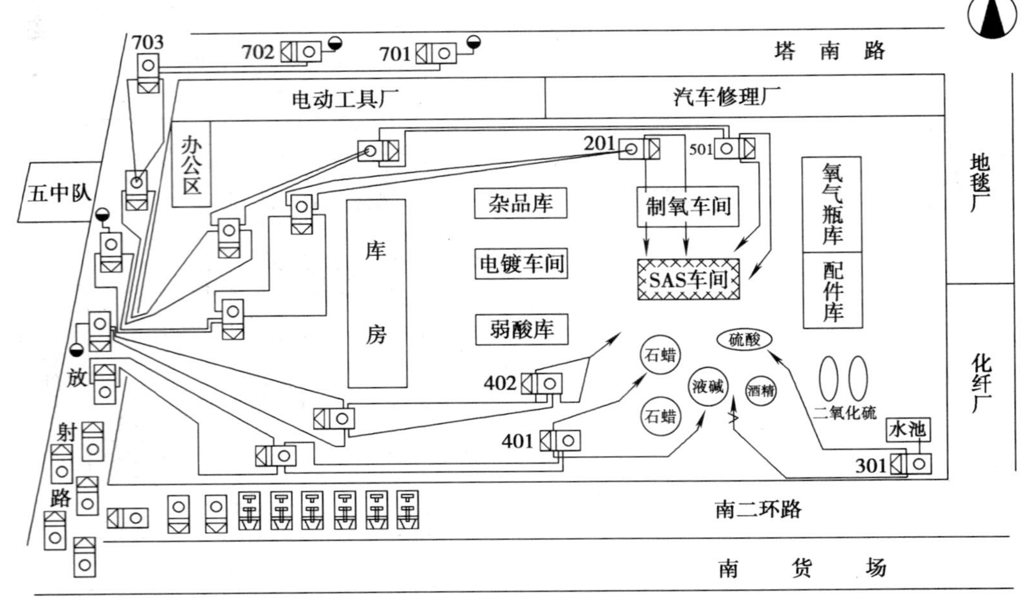

图 5—20 灭火供水布置图

第一批力量到达火场后，立即组织了有效的救人行动，及时救出了 4 名受伤被困的职工。支队首长到达火场后，根据火场内部人员不清的情况，又分别组成两个抢险救人小组，在水枪的掩护下，先后三次深入内部侦察救人，较好地完成了抢救人命的艰巨任务。

3. 灭火战术方法运用正确

保重点，防止火势蔓延，贯彻了“先控制，后消灭”的原则，有效地阻止了火势向制氧车间和罐区的蔓延和确保了罐区各种储罐的安全。采取了正确的战术方法，整个火场形成了上下合击、内外夹攻的战斗部署，既起到了强压车间火势的作用，又形成了合击近战灭火攻势，灭火效果良好。

4. 火场供水组织合理

这次灭火用水和冷却用水需要量大，火场供水至关重要，直接关系到整个灭火战斗的成败。在整个火灾扑救过程中，为保证火场不间断供水，按照先池后栓、由近及远的供水原则，确定的五条供水线路满足了前方水枪阵地的灭火用水需要，确保了火灾扑救的成功。

5. 110 联动为扑救火灾创造了良好条件

110 接到报警 30 min 内，组织公安、交通、医疗等单位前往火场救援。120 急救中心救护车一次到场就达 9 部，共计 36 名救护人员，及时将受伤职工及消防官兵送往急救中心，为抢救生命赢得宝贵时间。公安、交通共调集100余人到场，确保了道路畅通和良好的火场秩序。

从事故灭火救援中也总结出了一些问题。一是个人防护器材差，特别是抗高温、防剧毒的特殊防护器材十分缺乏；二是通信联络不够及时准确，给指挥员与供水及水枪阵地之间带来了不少困难，有时还靠呼喊来传达指挥命令。三是大型水罐车少，供水能力差。

案例四　北京市“6·9”海弘涂料厂爆炸

2004年6月9日17时45分许，北京海弘涂料厂一辆载有10 t甲苯的槽车在输料给立式储罐时发生爆炸并引起大火。北京消防总队119调度指挥中心接到报警，迅速分两批先后调集14个消防中队、64部消防车、400余名官兵赶赴火场。经过近12个小时艰苦的战斗，大火被扑灭，危险化学品储罐的二次爆炸得到有效遏制，周边单位和群众免遭大火威胁。

一、事故单位基本情况

该单位位于北京市大兴区庞各庄桥南200 m路西，南侧仅一墙之隔为北京科宝橱卫家具有限公司；西北侧50 m为庞各庄村和繁荣村，常住人口约1 500人；西侧与北京蓝炼润滑油厂毗邻；东侧为京开高速路；东北侧紧邻北京祥达汽修厂。

单位建筑总面积约3 000 m^2，共有生产车间3个，厂房30间，产品为涂料和润滑油，仓库2个（一个储存润滑油、一个储存硝化棉），厂内罐区有17 t立式二甲苯储罐5个、20 t立式甲苯罐1个、17 t卧式苯罐2个、5 t立式圆柱丁醇罐1个、3 t甲苯罐1个，40 t和60 t的润滑油罐2个及桶装润滑油150 t、甲苯26 t、树脂14 t。

二、火灾扑救经过

2004年6月9日17时46分，总队119调度指挥中心接到火灾的报警后，立即分两批调集14个消防中队、64部消防车赶赴火场。

17时47分，主管队大兴中队一辆指挥车、两辆水罐车、两辆泡沫车、一辆排烟车出动。中队行至京开高速路上发现正南方向上空被黑色浓烟所笼罩，中队指挥员迅速将情况报告至调度指挥中心，并请求增援。鉴于海弘涂料厂位于京、冀交界处，现场水源匮乏、灭火剂需求量大的实际，调度指挥中心及时向政府报告，抽调11辆环卫洒水车（每辆载水8 t）到场实施供水。

整个扑救分四个阶段。

1. 首批力量展开阶段

18时02分，大兴中队到达火场时，大火正处于猛烈燃烧阶段，火焰高达30余米，并伴有爆炸声，周围群众四处逃散，危险物品正在受到火势威胁。

中队指挥员通过火情侦查和询问知情人，了解到起火原因系工人违章操作致使槽车向储罐输料时大量甲苯泄漏爆炸，地面形成了约 1 000 m^2 的流淌火，直接烧烤着 4 个容量为 17 t 的甲苯、二甲苯储罐、1 个容量为 5 t 的丁醇储罐和 150 桶成品甲苯（每桶 170 公斤），其中已有多处装置管道和十余个甲苯桶起火爆炸。同时，与起火部位毗连的还有 2 个卧式储罐，距火场 5 m 处的西北部库房里还存有危险品硝化棉 3 t（超过 25℃即发生爆炸），南侧 4 m 处还有 2 个分别存有 60 t 和 40 t 润滑油油罐以及 14 t 桶装树脂，南部 10 m 处还有库存润滑油 150 t。

该厂内部有一座地下消火栓，因断电不能正常使用，距火场 1 500 m 以内也没有消火栓，火场供水相对困难。

参战指战员通过侦察、检测，科学划定警戒区域，安全迅速地疏散厂区周边群众。同时，现场指挥员根据到场灭火力量和火势发展态势，在地形狭窄、毒气弥漫、爆炸危险性大的恶劣环境下，迅速实施战斗展开，官兵们顶着强烈辐射热，在佩戴防护装备的情况下，在火场北侧、西侧、西南侧出 3 支直流水枪和 2 支泡沫枪对着火罐体进行冷却和控制流淌火，防止火势进一步扩大蔓延。同时设置火场安全员，随时观察火势变化情况。

18 时 15 分，高碑店中队、支队指挥、大红门中队、丰台中队先后到场。支队指挥到场后，火场安全员报告发现火势发生变化：大量燃烧液体泄漏，地面形成大面积流淌火，火场温度急剧升高，罐体产生异常响声。指挥员迅速对参战官兵下达撤出命令。在最后一名官兵到达安全地点后，现场连续传来几声爆炸，火焰再次腾空而起。

2. 火势控制稳定阶段

针对部分罐体爆炸后，燃烧处于相对稳定阶段和增援力量到场的实际情况，指挥员迅速研究部署第二阶段进攻方案，把硝化棉仓库、着火罐区及西侧桶装甲苯存放地作为了进攻防范的重点，以阻止火势向四周蔓延，形成大范围立体燃烧，造成更大的危害。指挥员下达命令：大兴中队对罐区位置继续进行射水冷却；丰台中队在仓库北侧 100 m 过道出两支水枪，一支向罐区着火点射水冷却，一支冷却硝化棉仓库；在罐区西侧由大红门中队出两支水枪、高碑店中队出一支泡沫枪冷却罐区。

19 时，总队指挥、特勤大队处置力量相继到场。在迅速了解火场情况后，确定了扩大警戒、严格侦检监测、加强个人防护、集中兵力控制火势蔓延，确保不发生二次爆炸的灭火指导思想，明确了火场分工。相继到场的右安门、方庄、五里店、亦庄、长辛店、府右街、西直门、石景山、花市等消防中队水罐车及 11 辆环卫洒水车采取接力供水方式，形成了两条供水干线，保证了前方不间断供水，为冷却降温、防止再次发生爆炸创造了条件。

3. 近战快攻灭火阶段

20 时许，指挥部根据现场力量和火势发展情况，确定以集中优势兵力先灭火后处置，加强个人防护、侦检检测和严格警戒的作战意图和要求，并迅速作出具体部署。在火场西南侧，大兴中队出两支泡沫枪、两支水枪，长辛店中队出两支泡沫枪，在北侧丰台中队出两支水枪，方庄、西客站中队出两支泡沫枪。

此时，厂方负责人提出建议将库房内危险品硝化棉运离现场。经专家组研究认为：硝化棉危险性极高，厂方运输车辆及运输路线无法保证运送过程安全，一旦在运输过程中硝化棉发生爆炸，极有可能造成灾害的进一步升级，故否定了厂方的意见，令其运送车辆迅速撤离至安全地带，同时增加力量，加强对硝化棉仓库的冷却保护。

20 时 33 分，指挥部果断下达向火场发起总攻的命令。水枪手从不同方向，冒着浓烟烈火进一步向燃烧区推进。5 min 后，大火被彻底扑灭。

4. 堵漏洗消阶段

大火扑灭后，做好全身防护的特勤队员深入罐区内部侦察，发现罐体有六处泄漏点，仍有大量有毒液体外泄。指挥部意识到起火储罐罐体温度较高，泄漏液体遇明火随时都有爆炸的危险。现场指挥部作出了以下部署：

一是继续对着火罐体进行高强度冷却；

二是由特勤队员组成堵漏小组，深入罐区实施强行堵漏；

三是利用易燃易爆气体探测仪、可燃气体探测仪、测温仪等侦检器材对火灾现场、周边环境及储罐温度进行不间断检测；

四是对火场周围一公里以内的电源、火源进行控制，防止出现爆炸复燃；

五是进入现场人员必须着防化服、佩戴空气呼吸器，并做好检查登记；

六是要及时对参战人员及器材装备进行洗消；

七是加大对排污水沟的冲刷用水量，对距事故现场 1.5 km 处的排污沟出口气体浓度实时监控。

任务下达后，参战官兵按照分工，有条不紊地展开处置行动。

4 名特勤员进入现场内部进行侦检，经检测有机挥发性气体为 2 ppm，可燃气体为 4%，随时有发生复燃和爆炸的危险，罐体泄漏点分别为卧罐阀门两处、丁醇罐壁阀门、南侧中间罐两处阀门和法兰、北侧中间罐法兰。根据侦检结果，堵漏组由 8 人组成，在该厂技术人员的带领下，携带木质堵漏工具对罐体泄漏点实施堵漏。由于罐区周围情况复杂给堵漏工作带来了很大的困难，队员们想尽一切办法利用无火花工具将法兰阀门卸掉后进行封堵，直到将所有 6 个泄漏点全部处置完毕，并及时向指挥部汇报。

洗消组迅速架起洗消帐篷，铺设水带干线，配制好洗消剂，设立洗消站，对进入现场的参战人员进行洗消。现场处置结束后，对所有参战人员和器材进行了全面的消毒和清洗。

在特勤大队实施堵漏的同时，大兴中队、大红门中队根据指挥部命令，分别出 2 支开花水枪对罐体和外漏液体继续进行冷却、稀释，长辛店中队出 1 支泡沫枪以防复燃。针对罐体燃烧时间长，冷却降温缓慢，一旦冷却不及时也会发生危险的实际，加强了冷却措施，要求特勤中队采用红外线测温仪定时对罐体进行检测。由于丁醇储罐冷却速度缓慢，在大火扑灭后，又经过近 10 h 的不间断冷却，最终使着火罐温度降到了安全范围之内。经测定事故现场、周边环境、排污沟等处空气指标正常，险情已被彻底排除后，消防队员才陆续撤离现场。

三、经验总结

在此次火灾扑救中，火场指挥员坚持科学指导，充分发挥专家和技术的优势，准确把握时机，灵活运用战术，积极稳妥地实施灭火抢险行动，有效地控制了火势和灾害的扩大蔓延，避免了重大的人员伤亡，最大限度地减少了爆炸火灾的损失，主要经验有：

1. 现场组织指挥坚强有力

火灾发生后，各级领导亲临现场组织指挥灭火抢险救险工作，迅速成立专家决策组，为整个灭火救援现场提供技术支持，各级各部门领导各司其职，各负其责，在整个火灾扑救中，形成了强有力的组织指挥，为灭火抢险救援提供了坚强的组织保障。

2. 灭火战术措施运用妥当

在大火扑救过程中，分别成立各类处置小组，积极稳妥地采取侦察、冷却、稀释、堵漏、排险、撤退、强攻等行之有效的抢险措施，取得了灭火救援的最后胜利，在复杂多变的灭火战斗中，确保数百名消防指战员无一人伤亡，无一人中毒。

3. 不间断火场供水得到有效保障

针对火场周边消防水源缺乏（1 500 m 内没有消防栓），且用水量极大的实际，火场指挥部果断调集大功率泡沫、水灌消防车及 11 台环卫洒水车到场增援，在火场南北两侧形成了两条充足的供水干线，从而确保了火场 1 900 余吨的用水量，为火灾扑救提供了充足的后方保障。

4. 社会力量联动迅速，协同配合

火灾发生后，119 调度指挥中心分两批，先后从 4 个支队调集了 14 个公安消防中队，64 部消防车，400 余名指战员，以及公安、交通、环卫、供电、卫生、环保等部门的人员，形成了多警种、多单位、多层次、大规模的协同作战，各部门、各单位在火场总指挥部的统一指挥下，分工负责、各司其职、密切配合、协同作战，从而确保了此次灭火救援的成功。

案例五　北京市“1·18”化二股份有限公司聚氯乙烯聚合装置爆炸

2005 年 1 月 18 日 0 时 40 分，北京市化二股份有限公司聚氯乙烯装置发生爆炸起火事故。北京消防总队“119”调度指挥中心接到报警后，迅速调集18个消防中队、55部消防车、380余名官兵赶赴现场扑救。经过近30 h灭火战斗，成功地处置了这起重大爆炸火灾事故。

一、事故单位基本情况

北京市化二股份有限公司位于朝阳区化工路大郊亭2号，属于化工生产类一级重点单位，单位占地面积77.5万平方米，建筑面积27.2万平方米。设有聚氯乙烯、氯碱和氧氯化三个分厂，主要产品分别是聚氯乙烯（年产量15万吨）、烧碱（年产量16万吨）、氯乙烯（年产量16万吨）。

单位西侧（东四环路）、北侧（广渠门东路）500 m内共有600 mm管径市政消火栓15座，单位内部共有地下消火栓98座。

事故发生的聚氯乙烯分厂聚合装置，其生产工艺流程为：氯乙烯由外界管道进入A、B储料槽，再经单体泵传送到A、B、C 3个反应釜罐。氯乙烯在釜罐内加热到60℃，经过6～7 h生成砂浆状聚氯乙烯。然后通过电机泵将砂浆状聚氯乙烯传送到出料槽，随即传送至气提塔，在塔内经过蒸馏脱气后，釜罐内15%～20%未反应的氯乙烯经冷凝器冷却压缩成液体状回收至储料槽，生成的聚氯乙烯经电机泵传送出成品。图5—21为聚氯乙烯工艺流程图。

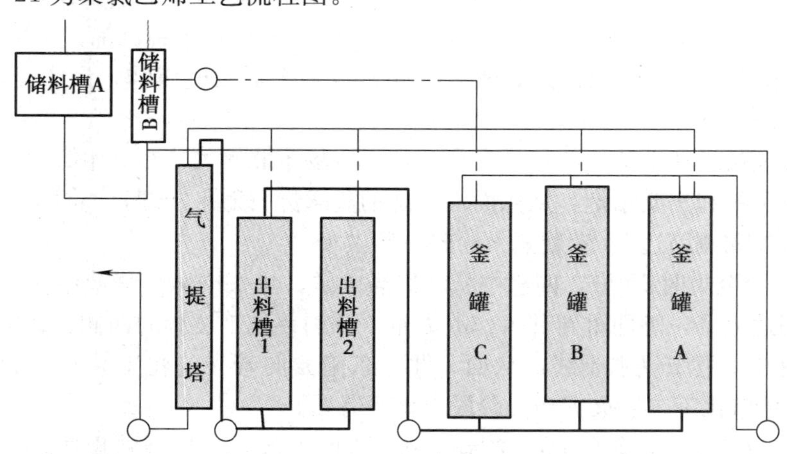

图5—21　聚氯乙烯工艺流程图

这起事故造成的原因是由于某商贸公司职工，驾驶吊车卸货时，吊车吊臂碰到化工二厂的高压输电线，造成高压线掉闸断电，致使化工二厂的动力电源不能正常工作，循环冷却水中断，直接导致聚氯乙烯分厂聚合装置A反应釜内氯乙烯的温度、压力急剧升高，超过釜罐防爆膜和安全阀的安全限度，泄漏喷出的氯乙烯气体产生静电后引起爆燃。事故造成7名职工受伤。

二、火灾扑救经过

18日0时40分，总队“119”调度指挥中心接到报警后，立即启动《北京市化学危险品事故抢险救援预案》，第一批迅速调派百子湾、四惠、红庙、垡头、华威共计5个中队、23部消防车、总队指挥和二支队指挥员赶赴火场。根据现场指挥员反馈的信息，1时25分，又迅速调集了特勤大队和府右街、花市、西直门、方庄、西客站、建国门、亚运村、开发区、大兴、右安门、双榆树、采石路、高碑店等13个中队的32部消防车（主要包括大功率水罐车、泡沫车、照明车、防化救援车、后援保障车、燃料供给车等）第二批力量，并及时通知自来水公司对该地区管网加压，通知急救中心到场。整个灭火战斗共分成四个阶段：

1. 迅速控制火势阶段

辖区中队百子湾中队在听到化工二厂方向剧烈的爆炸声后（约1 km远），在准备出动的同时，接到“119”调度指挥中心出动命令，5 min后到达现场。此时，火势正处于猛烈燃烧阶段，同时到场的有机化工厂专职消防队正在展开射水冷却。

中队前方指挥员通过火情侦察、询问厂内技术人员，得知：聚氯乙烯生产厂房为五层呈开放式的钢混结构，高30 m，长度23 m，宽度7 m，着火层为第二、三、四层。聚合装置内有釜罐3个、出料槽2个以及气提塔、电机泵等诸多设备，各种管线纵横交错，工艺设备排列紧凑。3个釜罐内A釜存有约100 m^3 氯乙烯、B釜存有55 m^3 氯乙烯、C釜存有15 m^3 氯乙烯。氯乙烯从A釜泄漏后发生爆炸，形成釜罐、管道、阀门多处泄漏起火。

中队指挥员迅速下达战斗展开命令，位于火场东北侧的一车（水罐车）由7名指战员出1支水枪和1支水炮，从东面对燃烧的釜罐进行射水冷却，同时由二车（泡沫车）占领火场北侧路边50米处消火栓向一车供水。

1时05分至1时15分，四惠中队、红庙中队、垡头中队、华威中队及二支队指挥车陆续到达火场，随即重新部署作战力量，分别在化工装置的西侧、北侧、东南侧实施战斗展开，组织供水干线，从西、北、东南方向着火的化工装置发起进攻。图5—22为北京市化工二厂火灾初始阶段力量部署图。

1时20分，当日值班的总队领导带领总队值班备防人员赶到现场，成立现场指挥部（东北侧距前沿阵地40 m处）。为了获取详细的火情信息，指挥部成员一面向厂方领导和技术人员询问化工装置的相关情况，要求厂方立即采取关阀断料、转移危险品的措施。一面深入到距离化工装置仅十几米已形成的水枪阵地，调整水枪阵地、讲明安全措施，并进行火情侦察，分析研究灭火处置措施。此时由于发生过一次剧烈爆炸，生产装置遭到严重破坏，大量的氯乙烯气体伴随着嘶嘶的尖叫声从已被破坏的反应釜中喷出，火焰逐渐变白，现场被有毒的氯乙烯气体所笼罩，令人窒息，并伴有

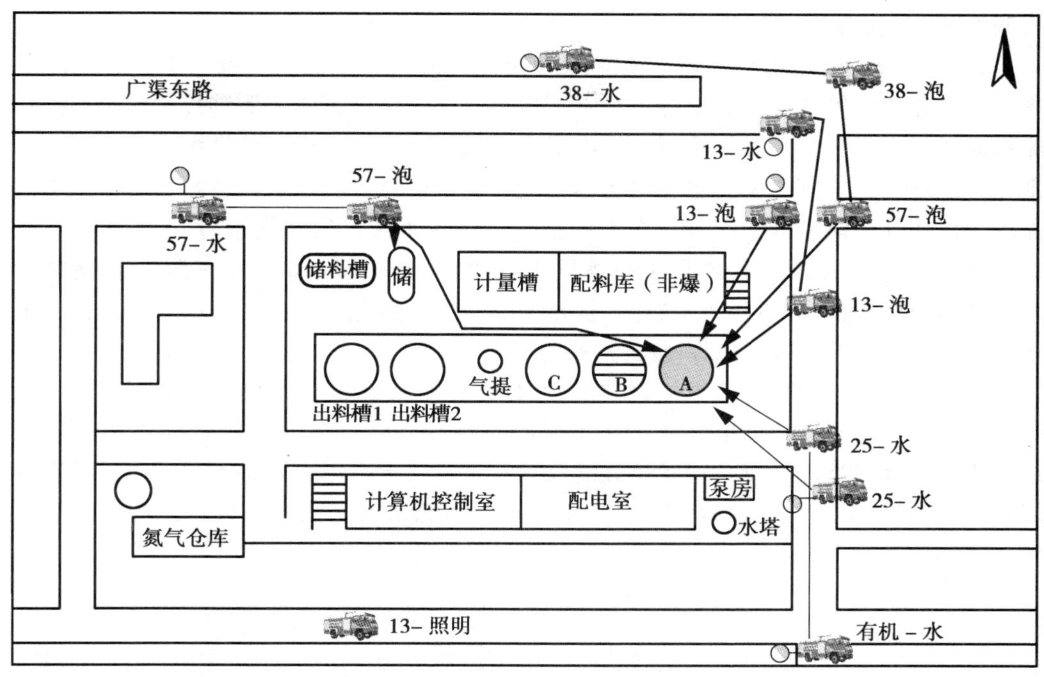

图 5—22　北京市化工二厂火灾初始阶段力量部署图

刺耳的气体啸叫声，形成巨大的火龙。针对化工装置可能发生再次爆炸危险情况，凭借丰富的火场指挥经验，总指挥员果断下达命令：所有参战人员和车辆向后撤退，在没有形成不间断供水线路的情况下，不能盲目对化工装置进行灭火。

1 时 30 分，当前方官兵向后撤至距前沿阵地 50 m 处时，A 反应釜发生了第二次爆炸。大火冲天高达 50～60 m；整体装置破坏严重，造成钢混结构厂房北侧、东侧的空心砖墙飞落最远处约有 30 多米；距南边 15 m 处的三层办公楼的门窗及设备全部损坏，部分碎落物体飞出建筑外；北边配料车间（高 20 m）的房顶女儿墙被炸坏，墙体碎块飞落最远约 40 m；厂区 500 m 范围内建筑门窗被严重损坏。飞火溅落在火场周围 40 m 范围内，烤着了灌木、草坪和来不及撤出的水带，水枪阵地落满了碎石，如果参战人员和车辆后撤不及时，人员、车辆将会受到严重损失。

2. 调整力量实施强攻阶段

第二次爆炸发生后，燃烧处于相对稳定阶段，增援力量陆续到场，现场指挥部进一步划定警戒区、设置安全监督哨、加强个人防护、集中力量冷却釜罐、控制火势蔓延、确保不发生再次爆炸，把化工装置西（两个储料槽）、南侧作为冷却防御重点，东、北面作为灭火进攻的主要方向。为此，各级指挥员也进行了明确的任务分工，分头调整部署人员和车辆。

1时40分，现场参战的各中队立即开始进行人员、车辆和水枪（炮）阵地的调整：东南和东北侧各一部五十铃大功率水炮车，向燃烧点罐体上下进行射水冷却，同时形成两条供水干线，分别给五十铃水炮车供水；东北侧形成一条供水线路分别由两部车出三支水枪，其中一支水枪对未爆燃配料装置进行冷却保护，另两支水枪出水向A釜二层爆炸燃烧点周边冷却；东南侧形成一条供水线，出两支水枪向A釜三层爆炸燃烧点周边冷却；西南侧形成一条供水线出两支水枪冷却B釜东侧面和储料槽（自身有自动喷淋装置且正常运行），保护相邻装置；西北侧形成一条供水线出两支水枪对A釜北侧相邻未爆炸配料装置进行冷却。

力量调整后，实施强攻近战，共出2门水炮，9支水枪，占领8座消火栓，形成6条供水干线。之后，总指挥员下达了参战官兵必须做好个人防护，确保不间断供水，水枪手加强冷却，维持稳定燃烧的命令（一旦着火点熄灭，聚氯乙烯挥发散出毒气且遇火易爆燃，对火灾扑救不利）。图5—23为北京市化工二厂火灾二次爆炸后力量部署图。

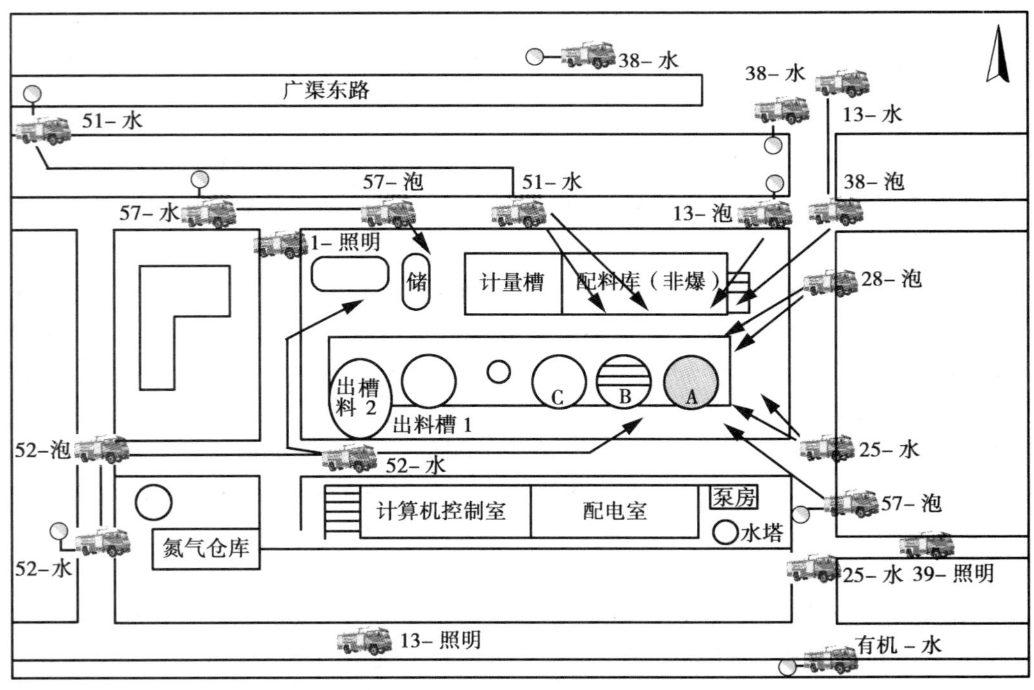

图5—23 北京市化工二厂火灾二次爆炸后力量部署图

3. 冷却保护维持稳定燃烧阶段

2 时 30 分左右，现场指挥部领导及到场的专家、技术人员多次深入火场实地勘查，经过反复研究论证，根据现场力量和火势发展情况，明确提出了控制和扑灭火灾的关键就是对化工装置进行不间断冷却，必须集中优势兵力，坚持先冷却、后灭火的处置原则，做好个人防护，加强现场侦检，严格警戒，适时组织堵漏的处置行动方案。

为了准确掌握燃烧罐体的温度变化和氯乙烯气体扩散浓度，指挥部决定由特勤大队和厂方有关人员组成侦检小组进入化工装置内部对罐体和泄漏点周围实施检测；实际测量燃烧釜罐各部位的温度，不间断地监测现场氯乙烯浓度和扩散范围。

在强大的水流攻击下，火势稳定燃烧，此时为了防止墙体长时间受热倒塌，造成不必要的伤害，将装置下方的水枪阵地转移，在装置北侧 10 m 配料装置 3 层窗口处设置 2 支水枪、外楼梯处设置 1 支水枪、装置南 15 m 配电室顶部设置 2 支带架水枪进行冷却。

4. 实施堵漏和监控残火阶段

18 日 7 时 40 分，现场指挥部针对现场火势得到基本控制的实际情况，经与厂家专家研究论证后，制定了组织专业力量实施堵漏、转移物料，继续对燃烧罐体进行冷却降温，稀释泄漏气体浓度，防止再次发生爆燃，加强现场安全防护和检测，严防出现伤亡，把火灾损失控制在最小范围内的决策。

18 日 10 时 15 分，按照现场指挥部的统一部署，特勤大队侦检小组再次进入化工装置内检测罐体表面的温度和气体浓度，并侦察气体泄漏阀门能否实施堵漏，然后研究堵漏措施。经过侦检小组和厂方技术人员侦检、研究确定无法实施堵漏，只能不间断冷却，维持稳定燃烧至物料燃尽。又经过长达十几个小时的不停射水冷却，稀释泄漏气体浓度，最终使持续燃烧的化工装置温度降到了安全范围之内。

19 日 6 时 05 分，A、B 釜罐内的氯乙烯物料基本燃尽，明火减弱并最终熄灭。根据现场情况，指挥部要求继续冷却稀释一段时间，特勤大队做好检测。19 日 9 时 47 分，在进一步确认了温度、气体浓度等所有数据均符合安全要求后，指挥部命令留守 1 个中队监护，其他参战力量全部撤离现场。图 5—24 为北京市化工二厂火灾 14 h 后力量部署图；图 5—25 北京市化工二厂火灾扑救水源图。

三、经验总结

总结这起危险性和危害性极大的化工装置爆炸火灾扑救工作，主要经验有：

1. 统一指挥，科学决策

爆炸发生后，各级领导相继迅速赶到现场，及时成立现场指挥部。现场指挥员坚持科学指导，及时组织火情侦察，掌握现场情况，充分发挥专家和技术人员的辅助决

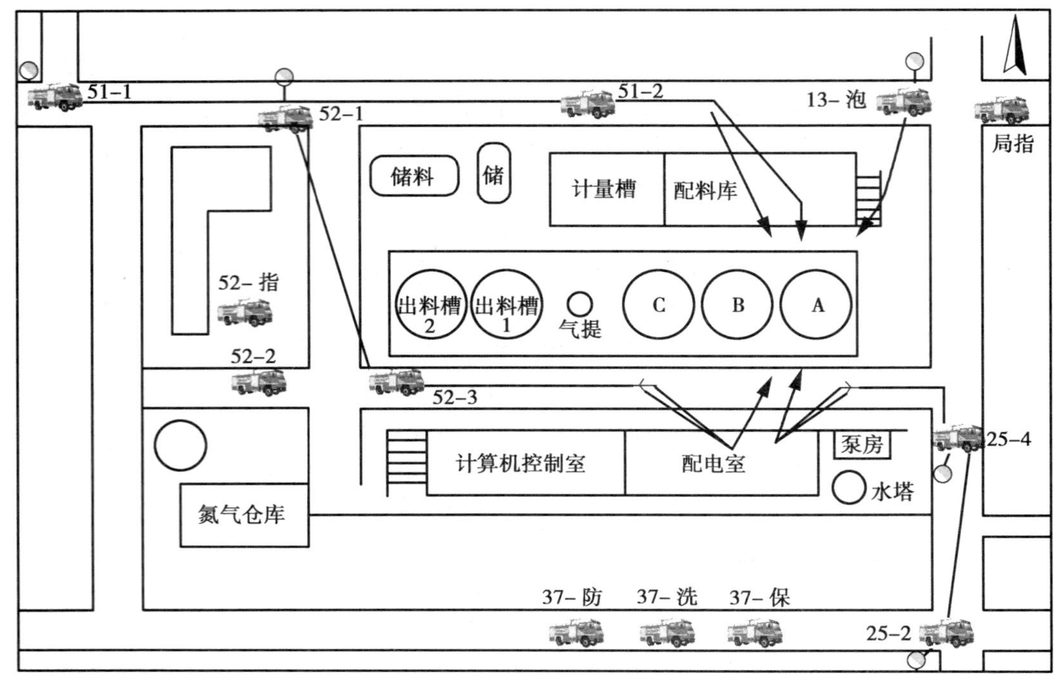

图 5—24　北京市化工二厂火灾 14 h 后力量部署图

策作用，准确把握时机，灵活运用战术，积极稳妥实施灭火抢险行动，在第二次爆炸之前，及时采取安全撤离的战法，既避免了人员伤亡，又为二次强攻明确了主攻方向，最大限度地减少了爆炸火灾的损失。

2. 冷却保护，控制蔓延

在整个灭火战斗过程中，强行冷却作为进攻的主要战术方法，既科学，又符合现场实际情况，这是打赢这场战斗的关键环节。在爆炸发生后，指挥部根据现场情况果断决定，调整力量部署，集中优势兵力强攻进战，控制火势蔓延。现场参战力量迅速形成了 6 条稳定的供水线路，从东、南、西、北四个方向对熊熊燃烧的生产装置形成包围，通过强攻近战不间断射水冷却，成功控制住了火势向西侧的两个储料槽（氯乙烯各 100 t）、北侧的配料车间以及南侧控制室的蔓延趋势，为下一步控制火势稳定燃烧起到了决定性的作用。

3. 科学检测，消除隐患

根据指挥部要求，特勤大队的侦检分队侦察检测工作贯穿于整个灭火战斗过程的始终，为指挥部决策提供了大量科学、可靠的技术数据。侦检队员多次登上装置对燃烧罐体周围的温度、泄漏气体的浓度进行检测，对泄漏点位置进行确认，实施冷却、

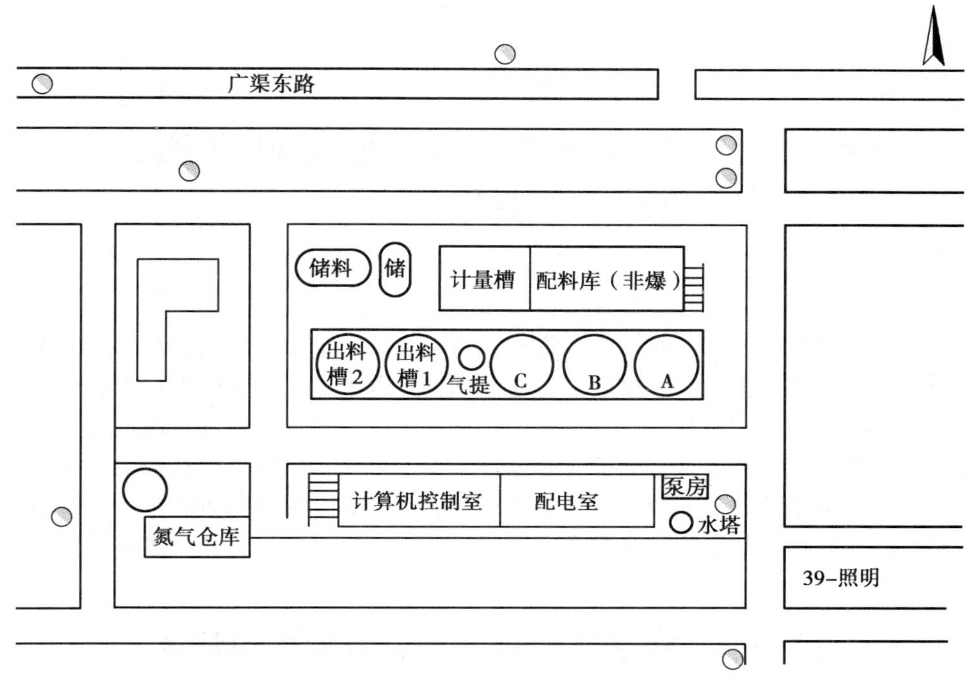

图 5—25　北京市化工二厂火灾扑救水源图

堵漏、灭火。

大火被彻底扑灭以后，厂方技术人员需要进入现场进行清理管道中的余料等善后处置工作，为保证善后处置工作的安全，彻底消除隐患，根据指挥部要求，垡头中队2部消防车形成一条供水干线，出1支带架水枪，对整个现场以及聚合装置进行监护，协助善后处置工作，保证了现场的安全。

4. 后方保障，坚强有力

总队司、政、后、防各有关部门快速反应，配合密切，协同作战，为成功扑灭火灾提供了强有力的保证。针对火场用水量大的实际，现场形成了6条稳定的供水干线，确保了火场6 000余吨的用水量，为火灾扑救提供了充足的灭火剂；后勤部装备处、修理厂等部门连夜赶到现场，为现场调集装备、抢修车辆，联系参战官兵的饮食等保障工作；18日夜，总队领导亲自率领总队政治部、后勤部等相关部门人员到现场看望并慰问了参战官兵，极大地鼓舞了士气。

第六章　轻工纺织企业火灾应急预案编制与应用

轻工纺织企业的火灾危险性大多为乙、丙类生产，少数为甲类生产。火灾爆炸危险性虽次于石油化工生产，但此类生产遍布城乡，有大型连续化生产，也有中、小型间断生产，其原料、产品及生产过程中均潜藏着一定的火灾危险性。制定应急预案有效地控制事故发生、事故灾害的扩大蔓延，减少人员伤亡、减少财产损失，是安全系统工程的重要组成部分。本章将从轻工纺织企业火灾危险性和特点入手，系统地介绍灭火对策、应急预案编制内容和要求、预案演练方案，以及火灾扑救案例。

第一节　轻工纺织企业火灾危险性和特点

一、纺织厂火灾危险性和特点

纺织生产根据原料不同可分为棉纺、毛纺、麻纺和丝织等类型。纺织工厂的生产是密集性劳动，生产工人多，机械设备复杂，生产工序繁复，用电量大，而且还有明火高温作业；生产过程需排除大量杂质，会造成尘埃飞扬，在一定条件下会发生纤维粉尘爆炸；生产用的原料纤维细小，与空气接触面积大，容易燃烧，还能阴燃和自燃。特别是棉纺织厂和麻纺织厂，火灾发生率高，损失数额大，在我国火灾总数中占有一定的比例。

1. 原料的燃烧性能

（1）易燃

棉纤维的主要成分是纤维素和蜡质、脂肪等，都是可燃物质。棉纤维属长纤维，燃烧的速度快，其燃烧速度约为木材的 16～25 倍，棉纤维的燃点是 150℃，自燃点为 407℃，氧指数为 20.1%。由于棉纤维细小并蓬松，与空气的接触面积很大，遇到极小的火星就能引起燃烧。即使是打了包的棉纤维，其外表松散，仍有充分的空气供应。棉纤维的燃烧热值高，燃烧热值约为 17 000 kJ/kg，火焰温度可达 1 500℃。

麻纺织生产中应用得较多的黄麻、亚麻、苎麻和红麻，化学组成主要是纤维素、半纤维素、木质素、果胶、蜡质、脂肪、含碳物质和灰分。麻的燃点在150℃左右。麻纤维在130℃的条件下5 h可变黄，200℃分解。麻纤维燃烧速度快，产生黄色火焰及蓝烟。与棉纤维相比，麻纤维比较长而且粗硬，也很松散，棉纤维是单纤维，而麻则通常呈束纤维状态，其长度是500～1 500 mm，如果一端起火，能迅速延烧到另一端，其燃烧速度比棉花快。

毛纺织生产的主要原料是羊毛，其主要成分是角朊，由谷氨酸、丝氨酸等约18种α一氨基酸组成，具有蛋白质的化学性质。羊毛在130℃时开始分解；在150℃条件下长时间（如48 h）处理时，将分解出氨与二硫化氢；205℃时焦化，着火点为480～675℃，氧指数是25.2%。

丝绸生产的大部分原料蚕丝是由蚕的分泌物蚕茧经抽拉和一系列加工的天然纤维，其主要成分是甘氨酸、丙氨酸和酪氨酸等多种氨基酸组成的蛋白质。蚕丝的燃点为170℃，在235℃分解，275～405℃燃烧，氧指数为25%左右。

粘胶纤维的燃烧性能与棉花相似，容易燃烧，燃点235℃，自燃点462℃，接触火焰不熔融而迅速分解燃烧。合成纤维大多是可燃固体，涤纶纤维燃点390℃，自然点440℃。腈纶纤维燃点355℃，自然点304℃。

（2）阴燃

棉花遇到火种，但因处在紧压的棉包内，氧气供应不足，靠着棉花空隙中少量的氧维持，既不熄灭，又不迅速燃烧，形成阴燃。阴燃顺着紧压的棉花间隙向四周缓慢扩展，从外部见不到火光和烟，闻不到气味（当温度逐渐升高，加剧燃烧时也有煳味和假烟）。阴燃的棉花在开包后接触充分的空气，就会迅速燃烧起来。表面火焰扑灭后，还可能复燃。

麻纤维和棉纤维一样，具有阴燃的特性。在氧气不足的情况下，麻纤维燃烧会生成一氧化碳，突然遇到空气对流时，即可能与空气形成爆炸性混合物，以致能发生爆燃。

（3）自燃

棉纤维的吸湿性强，导热性差，便于微生物生长繁殖，生物作用产生的热量不断蓄积，棉纤维进一步分解氧化，产生更多的热量，在没有外界火源和热源的情况下出现自燃。沾染油污的棉花就更容易自燃。

黄麻、大麻、剑麻都是能够自燃的物质。从发生的事故来看，以黄麻最多。

沾有动、植物油脂的羊毛，堆积后能自燃；含水率超过24%、温度超过23℃时，由于微生物的繁殖会导致羊毛腐败、分解发热，吸附空气中的氧而不断生热、产生高温，在通风不良的情况下长期堆积后也能自燃。

蚕丝上面含有胶质和油脂，受热后积热不散，也容易引起自燃。

（4）析出毒害气体

纤维燃烧时会产生大量有害气体，天然纤维与化学纤维的混纺织物燃烧时会析出有毒气体。

（5）纤维粉尘爆炸

生产过程中，棉、麻、毛等粉尘在空气中悬浮，达到爆炸极限，遇火源有发生粉尘爆炸的危险。1987 年 4 月 10 日，青岛国棉六厂特大火灾即是因粉尘爆炸引起，大火吞没了 51 138 m^2 的厂房，使 159 台机械设备变成废铁，43 t 原棉制品化为灰烬，直接经济损失高达 92 万元；大火还夺去了 3 名工人的生命，并造成极为严重的间接损失。1987 年 3 月 15 日哈尔滨亚麻厂发生的粉尘爆炸死亡 47 人，伤 179 人，13 000 m^3 的厂房遭到严重破坏，189 台机器受到损坏，火灾直接损失 690 万元。我国对一些纤维粉尘的爆炸参数测定见表 6—1。

表 6—1　纤维粉尘爆炸指标

物质名称	最低着火温度（℃）	最低点火能量（mJ）	爆炸浓度（g/m^3）	最大爆炸压力（MPa）	压力上升速度（MPa/s）
棉短绒	25	25	500	0.32	1.03
棉籽尘	25	25	50	0.72	20.7
亚麻尘	350	20	16	0.39	7.5
大麻尘	335	15	20	0.91	78.4
黄麻尘	190	640	70	0.17	3.33
苎麻尘	—	110	100	0.22	1.86
羊毛尘	480	80	40	0.63	20.6

2. 棉纺织生产过程的火灾危险性

（1）开清棉

原棉在清棉车间经过各种型号的开清棉设备进行开松、混合、除杂后，制成棉卷。在生产工艺过程中，松散的棉花布满各机及梳棉管道，经过多次梳打、滚压，遇到火源极易出现火警，并且蔓延迅速。因此，在棉纺织厂中开清棉工序是火灾危险性较大的工序之一。开清棉过程中引起火灾的主要原因有：打击火花、摩擦发热及尘道尘室易使火灾发生蔓延。

1）抓棉机、豪猪式开棉机、六滚筒开棉机内打手以及抓棉机、松包机、棉箱给棉机内剥棉罗拉转速都较快，例如抓棉机打手为 750 r/min，六滚筒开棉机为 462～722 r/min，豪猪式开棉机打手为 560～750 r/min，梳针打手为 750～1 000 r/min，倘若这些机器内带进硬质杂物，如铁钉、铁丝头、石块，或者零件松动而掉入，检修时遗留金属工具在机器内部，均会摩擦撞击起火。机台安装不良，打手打磨其他部件也会发生火花，引燃原棉蔓延成灾。

2）轴承缺油、罗拉窜动，机台安装不良、棉花噎塞堵缠机件等原因造成摩擦发热引起的火险，在开清棉车间也是常见的。开清棉机的打手多、罗拉多，这些传动的轴头都很容易缠棉花，尤其是回花棉条，清除不及时，一旦缠在轴头上，越缠越实，瞬间即可发出烧焦气味或局部燃烧，甚至引起火灾。松包机、抓棉机和给棉机常因喂花多而缠轴，因摩擦发热引燃棉花。

3）原棉经开清棉处理后，大部分杂质和短纤维落入各机的车肚，然后借风力达到尘室或其他设备。因此，排气管和尘道中存在大量棉絮、棉绒和尘杂，开清棉机内起火，极易沿排尘管道蔓延。此外尘室设在地下室，也容易因电气原因或其他火灾蔓延而着火，开清棉工序地下尘室是着火最多又不易扑救之处。

（2）梳棉

棉花经过梳棉机由棉卷加工成棉条，在生产过程中仍处于松软状态，故引燃的可能性仍很大。该机具有特殊性的火险有金属物打击摩擦火花和磨车操作不当所引起的火灾。

1）梳棉机一些部件之间的隔距很小，而且有的转速较高，当棉卷中仍夹有金属物时，卡在给棉板与刺辊的间隙中，或碰撞在除尘刀上，卡在刺辊、锡林上的金属物与大小漏底或道夫摩擦，都会产生火花。如梳棉机内刺毛辊转速达 900～1 000 r/min，且工艺要求刺毛辊与锡林之间距离仅有 0.18～0.23 mm，故此处遇硬物极易因摩擦撞击起火。

2）梳棉机上的针布（钢丝）需经常磨光，当砂轮与针布相磨时，会打出火花引燃飞落在锡林盖板上的棉短绒。若磨车时吸棉风道口未堵，火种吸入尘笼，灾情就更为严重。

3）清棉和梳棉除尘室中积花多，且有滤尘布袋，火灾危险性较大。青岛第六棉纺厂梳打工段曾因滤尘器内杂棉沉积过多，且有大量的螺帽、螺钉、垫圈等铁质杂物，运行中撞击滤尘器的吸风机和风筒壁而产生火花，引起网笼内的杂棉爆燃形成大火，造成 3 人死亡，直接经济损失 92 万元。

（3）粗纱和细纱

1）锭带缠滚筒，这是细纱工序引起火灾的主要部位。粗、细纱机都是由电动机带动，再由大滚筒通过锭带带动锭子回转工作的，倘若传动锭带打滑，或锭带过紧，会因局部长时间摩擦发热起火。

2）机器车头传动齿轮咬合不严、中心接轴及滚筒接轴安装过松，致使运转过程中互相撞击产生火星；或由于安装过紧，因缺油摩擦生热，都易引燃飞花。

3）细纱工序的电动落纱机，其机台上有加安全电压（一般为 36 V）的导电轨道，电压虽低，但短路及接触不良的电火花仍然是火灾隐患。由于落纱时操作不当，或是落纱后未切断电源，而被其他导电体触及，造成短路打火，落纱时落纱机开关触头与导轨铁条间产生的火花过大，均能点燃附近积聚的飞花而起火。

4）细纱辅助部门筒管间使用的涂料和溶剂，脲醛树脂、醇溶性树脂、过氯乙烯，以及酒精、香蕉水、丙酮、环己酮等为易燃、可燃液体，必须由专人保管，存放在危险品仓库。

（4）织造

1）纺织传动的机械摩擦部位较多，倘若缺乏润滑油而摩擦生热发出火星，往往引起飞花棉絮着火。

2）一个轮班中织机开车、关车的次数较多，一般织机的开关车是由电开关直接控制的，有时可能因开关接触不良或开关箱盖松动不严打出火花而起火。

3）烘纱房中所用蒸汽干燥设备，如果蒸汽压力过高，又未能及时调节，或自控装置失灵，会导致烘房温度上升到织物的自燃点而起火。烘燥物与加热设备表面接触，如果烘干的时间过长，会使烘燥物变黄发焦，直至燃烧成灾。干燥设备温度过高，还会加速鼓风机润滑油挥发，导致轴转动偏心或窜动，叶片与机壳撞击起火。

（5）染整

该工序的操作中需使用许多化学危险物质，配制染液时使用的太古油、火油、硫酸、甲酸、保险粉、亚硝酸钠、重铬酸钠、重铬酸钾等，均为化学危险物品。所使用的染料如硫化染料与强氧化剂、强酸、强碱接触易引起燃烧；硫化蓝、红光硫化元等颜料含游离硫大于 2%时，自燃危险性即增加；不溶性偶氮染料的快色素遇明火容易引起燃烧爆炸；显色液重氮盐，特别是含有硝基的重氮盐在温度稍高或光的作用下易分解，有些重氮盐不稳定，受摩擦、撞击能分解爆炸，含重氮盐的溶液若洒在地上、蒸气管道上，干燥后也能燃烧爆炸，在酸性介质中，有些金属如铜、铁、锌等会促使重氮化合物激烈分解，甚至爆炸；尚有许多易燃的染料，如重氮绿、直接青莲 C、直接黑 K、酸性铬媒红及其某些含硝基的染料，遇明火有燃烧爆炸的危险。

3. 麻纺织生产过程的火灾危险性

（1）麻袋生产的火灾危险性

1）软麻和堆仓发酵工序，软麻是在原料麻中加入 25%～30%的乳化液，使麻浸润变软，然后送入发酵仓，保持 40～45℃温度堆积一周左右，夏季稍短，冬季稍长，进行发酵，使麻进一步松散变软。在堆仓发酵过程中，麻纤维本身会发热，如果控制不好，温度过高，有引起自燃的危险。

2）梳麻机容易因撞击和摩擦引燃麻纤维，并能很快地蔓延到周围的原麻和麻卷上去，使灾情扩大。

3）精纺机的飞轮如果缺油容易造成摩擦起火。

4）络纬机容易在纡碗下部的锭杆上挤塞麻纱或杂物，造成摩擦起火。

5）轧光和折切工序中，轧光是将织成的麻布熨平轧光。折切是按需要的尺寸下料和折叠好，以备缝边，缝口。折切机的刀片要经常刃磨，磨时会迸出火花引起麻布着火。

（2）亚麻纤维原料生产的火灾危险性

1）原料准备。原料准备工序，由于收购农作物原茎有季节性，因此，先要将大量的原茎在露天堆成高垛，可燃物多，量大，遇到引火源就会发生燃烧，酿成火灾。

2）制麻生产。在制麻生产中，利用各种机械将干茎加工成纤维，同时，产生大量的麻秸，易燃物质量大。

在制麻生产中，散发出来大量的可燃性粉尘（如在机械加工、手工梳理以及打包等工序，为收集和运输麻秸而建立的运输系统都会散发亚麻粉尘），遇火源易引起燃烧和爆炸。

对地下水位比较高的生产区，车间的低洼处可能有积水（如地沟积水）。积聚在该处的亚麻尘杂物遇水可能会产生沼气，增加火灾和爆炸危险。

4. 毛纺织生产过程的火灾危险性

（1）选毛工序

1）毛包。毛纺厂的毛包、散毛及麻袋片等堆放量大，且比较散乱，遇有火星即可能引起燃烧。运输毛包的电瓶车、小型拖拉机、汽车，进出车间比较频繁。如果堆毛过多，通道狭窄，容易引起火灾。如电瓶车露在外面的启动接触器——铜接点，离合时产生的电弧；变速电阻片碰到地面掀起的铁丝打出火花；驱动电动机电刷打出的火花；汽车、拖拉机排气管排出的烟炭火星极易落在毛堆上，特别是包皮堆上引起着火燃烧。

2）烘毛松包。暖房储存加热松包时，暖房内温度要求在50℃左右，热源一般采用高压蒸汽管道排管式散热器。毛包与管道靠近有被高温烤着起火的危险。采用高频电加热松包是将高频电分别加在两块铝板上，铝板间的毛包处于交变电场中，加快了毛包中电子运动的速度，从而产生热能，使毛包发热松解。使用的电源线若绝缘不良，易短路放电，引起包皮等可燃物着火。

（2）洗毛工序

1）开毛机如机械间隙过小或混入硬物，与钢质机件撞击能打出火花引起毛纤维燃烧。积落在电气设备上的毛屑可导致绝缘不良，或因电气设备过热而被引燃。

2）洗毛过程中使用大量含碳、含碱，温度在50～60℃的水溶液，空气中湿度较大，容易降低电气设备的绝缘性能，导致短路起火。

3）洗毛烘烤工序的电气设备易潮湿、腐蚀。电气设备下面堆放毛堆及其他可燃物易被引燃。

（3）炭化工序

1）羊毛炭化过程中，使用的硫酸是强氧化剂，浓硫酸若容器碰碎后，流到可燃物上会引起火灾。

2）浸酸、烘焙过程中，产生大量的酸蒸气，容易使电气装置、线路受到腐蚀，降低绝缘，或使电气设备接点锈蚀，产生高电阻，而造成短路和发热起火。

3）轧碎除尘机的轧辊与沟槽之间的空隙小，互相碰撞产生火花。

4）烘干机烘干羊毛时，若温度过高，时间过长，易引起燃烧。

（4）和毛与给毛工序

1）和毛过程中毛块内混入铁块等硬物，易摩擦、撞击打火。毛机的剥毛辊和工作辊上的钉尖若歪斜、残缺，也易打出火花。电气设备易潮湿。

2）给油操作时，当植物油乳剂的使用量过大时，如果堆毛时间过长，水分蒸发，毛堆含油量增加，有自燃起火的危险。

（5）梳毛

梳理机最易发生火灾，因为一些辊轴式机件运转很快，常达 1 000 r/min 以上，而机件之间的隔距很小，只有 0.23 mm。如果毛内混有铁钉等杂质，经过撞击很容易产生火花。磨针时易产生火花。

（6）再生花生产

1）分类消毒和撕扯工序，消毒常用的方法是用 2%～3%工业苯酚溶液浸渍、硫黄气熏蒸、在真空密封容器中充入甲醛气体进行熏蒸，洗涤。消毒时使用的甲醛应密闭，防止挥发的蒸气与空气混合形成爆炸性化合物。回收原料中如果有铁钉等杂质，在呢片机中易打击产生火花。呢片进料不当、不均匀，易卡住机械影响运转及摩擦过剧发热起火。

2）开呢片、回丝的机件工作轴辊上，几乎全部是钢质锯形齿尖或钉齿，转速较高。如锡林最高可达 750 r/min；中风轮可达 1 240 r/min；尾风轮可达 1 075 r/min；除尘风扇可达 1 700 r/min；翼片罗拉可达 940 r/min。各运转部件之间的隔距应认真调节，以免相碰撞摩擦产生火星。开呢过程中会产生大量易燃的呢屑。

5. 丝绸生产过程的火灾危险

（1）从丝绸生产的特大火灾统计看，其火灾多发生在蚕茧库房，这多是由于这些仓库安全安全管理不严、技术落后而造成，且多数是因电气原因或电线短路而造成的火灾。

（2）烘烤蚕茧时，容易发生温度过高引燃蚕茧而起火的事故。特别是农村蚕茧收购站大多用明火作为热源，通过烘墙、烘道对蚕茧进行烘干时，温度不易控制。

（3）有些丝织物的特殊整理火险性较大，如滑雪衫尼龙织物表面连续涂上一层薄的涂料，它不但不透水，而且不透气。涂料为丙烯酸酯的合成物，溶剂为醋酸乙酯，具有较大的火灾危险性。

6. 纺织工厂的火灾特点

（1）易形成大面积立体火灾

由于大面积的建筑形式，生产设备较多，其中有大量可燃物质和可燃构件，因此，纺织车间着火后，火势发展迅速，燃烧猛烈，如棉花的燃烧速度是木材的16～25倍，极容易形成大面积火灾，并导致建筑倒塌。旧厂房的建筑耐火等级低，燃烧速度更快。无论建筑构件、设备，或原料、产品发生火灾，都可能互相威胁，极易形成上下同时燃烧的立体火灾。

（2）火灾蔓延的途径多

沉积在建筑构件、设备或黏附在墙壁上、地沟内的飞絮，燃烧速度极快，会把火焰迅速传递到其他易燃物品和构件上，造成新的燃烧点。

用来输送纤维的管道（风筒）和排尘设备，如车间着火后，输棉管道和通风、排尘设备没有关闭，也将成为火灾蔓延途径，火种通过风筒带到他处，引起新的火灾。例如棉花在梳棉筒内的速度达15～20 m/s，甚至更快。

多层或高层厂房着火，火势会沿电梯井、楼梯间以及竖向布置的管道、孔洞等垂直向上蔓延。

（3）有粉尘爆炸危险

纺织加工生产中，如果控制不当，有发生粉尘爆炸的危险。

纺织加工中，会产生许多可燃纤维飞絮、粉尘，如除尘不良，就会积聚或悬浮在车间中，当达到爆炸浓度下限时就有发生爆炸的危险。亚麻粉尘因其纤维尘埃细长、比表面积大、爆炸下限和点火能量低、可燃有机成分多等因素，更容易发生爆炸，其爆炸威力大、影响广，人员伤亡和经济损失都十分突出。爆炸事故大多发生在干燥季节。

容易发生粉尘爆炸的首爆点，是除尘系统的集尘部位，其中最危险的是梳理设备的上集尘系统。除尘地沟、管道中可燃粉尘的浓度较高，发生爆炸的可能性大，特别是在除尘系统风机停止运转的瞬间，地沟、管道内的粉尘会停止流动而使浓度增加，爆炸危险性更大。

爆炸在管道或地沟内形成时，可以传播到远处，而且易于转变成爆轰。最典型的连续爆炸模式是除尘系统的集尘部位爆炸→除尘器爆炸→除尘室爆炸→除尘地沟和送风通道爆炸→生产场所爆炸。爆炸实例说明，除尘管道的地沟，是传播灾害和增强破坏威力的主渠道。

（4）燃烧时产烟量大

棉、麻、毛等纺织纤维燃烧时产生大量烟雾，会很快弥漫整个车间、库房。能见度很低，寻找火点困难，还会造成内攻人员的心理压力。

发生在管道内的阴燃火灾，烟气会通过车间连通的各种管道、竖井、地沟、孔洞、门窗蔓延，在短时间内使整个厂房充满烟雾，致使消防人员难以判明燃烧范围。

（5）易阴燃和复燃

仓库、车间堆放的大量纺织品原料，捆扎成包的棉、麻、毛原料或成品，着火后，由于管状纤维内含有空气，火焰会向包内、垛内蔓延，表面火势扑灭后，仍可以引起阴燃和复燃，需要边扒、边翻、边灭，作战时间长。

（6）扑救困难

纺织车间内机械设备排列密度相当高，通道窄小，加上建筑支柱多，常影响消防人员的灭火行动，妨碍水枪的有效射程和准确程度。

二、造纸厂火灾危险性和特点

造纸厂是指以植物纤维（木材、芦苇、稻草、麦草、亚麻、棉等）或以回收废纸（板）为原料，生产纸张、纸板的企业。目前，我国生产的纸张品种已近 500 种，主要包括文化用纸、包装用纸、生活用纸和特殊用纸四大类。纸板有箱板纸、黄板纸、白板纸等。造纸厂的原料和成品均是可燃物品，在生产过程中的某些工序具有很大的火灾危险性，个别大型造纸企业还建有自备热电联供车间。造纸厂历来是火灾事故易发、多发的地方。

1. 造纸生产过程中的火灾危险性

（1）手工造纸的火灾危险性

手工造纸的火灾危险性主要在于原料的储存、摊晒和烘干等工序。以宣纸生产为例，将稻草等原料经沤煮后摊在晒场晒干时，如遇天气干燥，碰到火星就有引起燃烧的可能，而且在开始燃烧时，不易被发现。烘干一般采用烟道气加热的火墙，火墙不严密有缝隙，发生漏火，就会引燃纸张。

（2）机械造纸的火灾危险性

1）备料。备料车间存在较大的火灾危险，是造纸厂防火的重点部位之一。备料车间里不仅堆放大量的原料，而且还有经过切碎的木片、草片、苇片，以及在加工过程中产生的树皮、锯末、木屑、苇毛、草灰、蔗渣等，其表面积大，易于燃烧。车间里还有大量的粉尘产生，当悬浮在空中的粉尘与空气混合达到一定浓度时，遇到点火源，有可能引起燃烧爆炸。夹杂在原材料中有小石块、金属物件等杂物随原料进入削片机或切草机后，与刀片摩擦、撞击而打出火花，可引燃木屑、草尘而起火。木屑、草尘等可燃粉尘聚集在各种机械设备的轴承或照明灯具上，往往因运转时间较长、摩擦生热或灯泡的烘烤而起火。除尘系统的鼓风机，因磨损偏心，造成叶轮与机壳摩擦、撞击出火花，引燃可燃粉尘。切好的料片，如果堆放时间过长，管理不善，有自燃起火的可能。

2）制浆。制浆中的蒸煮、洗浆、筛选净化、漂白等制浆工序，都是在带水湿润的情况下进行，不易起火。在漂洗工序中，有的使用氯气，易造成人员中毒。

3）打浆、调浆。该工序除浆板和制备松香胶具有火灾危险性外，整个过程基本上是在水的伴随下，在池槽和管道中运行，无火灾危险。

4）造纸。造纸机分为湿部和干部两部分。从流浆箱经网部到压榨等工序称为“湿部”，是在带水湿润的状态下作业，同打浆、调浆一样，无火灾危险。从烘干、压光到卷纸等工序称为“干部”，“干部”存在较大火灾危险。烘干的纸，特别是单张的纸易燃；压榨部用的毛布，干燥部用的毛毯以及纸毛、纸屑和破损的纸片，也都容易着火。在抄纸、干燥、切纸和包装等过程中，不仅纸张与皮辊磨动，而且在生产过程中形成的纸毛、纸屑、碎纸等掉落在机器上、蒸气管道上或地沟里，一旦轴瓦缺油摩擦生热，烘缸温度过高，蒸气管道防护层脱落或裂缝，烧焊动火或用火不慎，电气设备故障和静电放电等，均易引起火灾。

（3）玻璃纸生产的火灾危险性

玻璃纸生产工艺中硫化工序所使用的二硫化碳是易燃液体，其蒸气与空气混合能形成爆炸性混合物，爆炸浓度极限为1.3％～50％。造纸厂使用的二硫化碳储罐、管道、阀门容易腐蚀氧化，出现滴漏现象，遇明火极易发生着火或爆炸。

（4）沥青纸生产的火灾危险性

沥青纸生产过程中，沥青块的堆放和熔融具有较大的火灾危险性。沥青是可燃物，燃烧生成的烟雾和刺激性气体使人难以接近，施救困难。沥青堆放不当，甚至到处乱放，遇引火源（如在输电线路下堆放遇电气引火源）易发生火灾。沥青纸浸渍时，首先是将沥青熔融，采用蒸汽盘管加热，比较安全；采用的明火直接熔融沥青，在沥青熔化后有轻馏分逸出，当沥青温度升高到200℃左右时，接触明火会发生闪燃，当温度超过300℃时则会自燃。一旦填料过满，沥青外溢，接触明火，容易造成火灾。

（5）所用化学物品的危险性

造纸生产中，在制浆、调料、漂白、造纸和废液回收等工序还使用一些化学物品，有的用量相当大。在这些化工物品中，根据具有的火灾爆炸危险性可分为三类。

1）本身有自燃危险。如大量用于制备亚硫黄盐蒸煮液，蒸煮木片、芦苇、蔗渣等的硫化铁、硫黄，若储运不当，能引起自燃。硫黄粉末与空气或氧化剂混合，还会引起燃烧爆炸。

2）本身有燃烧爆炸危险。如用于制浆或造纸的氨水、硫化钠、蒽醌、液氯、保险粉、松香、甲醛、乙醚、酒精、硝化棉、二硫化碳等，储运不当，能引起燃烧爆炸，有的还有毒性、腐蚀性。

3）本身没有燃烧爆炸危险，但如储运不当，或遇水受潮，或与酸及其他有机物接触，能引起其他物品燃烧或爆炸。如化学制浆所使用的石灰、漂白所使用的漂白粉、过氧化氢等。

（6）所用燃料的危险性

造纸厂的燃料有常规燃料和从纸浆中回收的有机物燃料两种。

常规燃料有煤炭、燃油（主要是重油）、燃气（包括天然气、煤气等）和木材。煤炭是一种固体燃料，其主要化学成分是碳。各种煤一般具有不同程度的自燃能力，这是煤炭储存的主要危险。燃油的危险性主要在于易燃烧、易产生静电、易受热膨胀、易流动扩散、易沸溢等。天然气、煤气是易燃易爆危险化学物品，一旦发生泄漏，极易引起火灾爆炸事故。

回收的有机物燃料主要是从制浆废液中通过蒸发浓缩提取的木质素及废化学药剂，这种燃料必须投入专用的燃烧炉燃烧。

设有热电联供的造纸厂中，燃料（煤、油、气）易着火或爆炸。

2. 原料堆场和成品仓库的火灾危险性

原料堆场是露天存放造纸原料的地方，一般都成垛、成排堆放，原料的存量有多有少，一般存量都在万吨以上。原料堆场是造纸企业容易发生火灾的部位，堆垛一旦着火，扑救困难，损失大，影响生产。原料场起火的主要原因有：①发热自燃。堆垛草类、麻类植物时，如果植物含水量较高，堆垛通风不良，易发酵生热，由于草的传热性很差，产生的热能便积蓄起来，温度也不断上升，当温度达到 60～70℃时，微生物死亡，接着是氧化反应加速，继续生热升温，直至 200℃时，即可自行着火。具有自燃性质的物质包括稻草、麦秸、黄麻、亚麻、棉花、沾有油脂的破布、甘蔗渣等。②外来火种。机动车、船进入原料场时，排气管窜出火星，机车的火星或炉灰（带有残火），小孩玩火、放鞭炮，在原料场地随地吸烟和用火烧饭，以及动火作业等引火源，往往会引起火灾；原料场距离铁路、公路、居民区、企业等太近，会受到外来引火源的威胁或火势蔓延的威胁。③电气设备的故障。电气设备和线路安装、使用不当，或乱拉临时线路，由于短路、接触电阻过大等原因会引起火灾；在堆场上空或堆场附近架高压线，也易引起火灾。④雷击。造纸原料场大都设在空旷地区，堆垛高，如无避雷设施，或避雷设施安装不当、失修，往往会遭到直接雷击引起火灾。

成品仓库内存放大量可燃和易燃物质，成品纸和纸板都是植物纤维制品，为固体可燃物质。纸和纸板的燃点一般在130℃左右，自燃点为180℃左右。纸和纸板的燃烧特性，在许多方面与木材相同。但纸和纸板的水含量低于木材，比木材更容易燃烧。特种加工纸，如打字纸、油毡纸、防潮纸以及又轻又薄的玻璃纸等，比其他纸更容易燃烧。

3. 造纸厂的火灾特点

(1) 易蔓延扩大

造纸厂的原料、造纸车间内的半成品或成品都是可燃物质，燃点低，热值高，起火后燃烧强烈，火势会迅速发展蔓延。部分主要造纸原料和纸张的燃点、热值见表6—2。

表 6—2　　部分主要造纸原料和纸张的燃点和热值

名称	木材	稻草	麦草	废棉	亚麻	沥青	二硫化碳	纸张
燃点（℃）	250～350	333	200	210	150	270～300	90	130
热值（kJ/kg）	6 800～14 000		4 200			9 550	33 526	3 730～4 350

造纸厂生产厂房单层建筑一般空间高大，两层建筑内多设有管道、孔洞和不同高度的操作平台，纵横贯通。车间内毛、绒等松散可燃物质大量黏附在建筑物的表面，易使火灾沿表面蔓延扩大。

造纸厂绝大部分为流水线生产，机械设备较多，集中排列，体积大，连接紧密，设备周围粘有许多油垢、草毛、棉绒、布绒等可燃物质，易使火势沿表面快速蔓延。

(2) 易产生飞火

粉碎、制纸、切割、包装等工段发生火灾后，火势猛、燃烧快、温度高、热气流上升快，会将燃烧物的碎块、纸片等卷向上空，产生飞火，顺风飘落，形成新火点。露天原料堆场发生火灾时，由于棉、麻、草、苇木材等物质密度低，质地疏松，也容易产生飞火，飘落到其他可燃物上，会造成多处火点。

(3) 火灾扑救困难

造纸厂中可燃物多，堆垛高，面积大，成品卷筒纸质量重，着火后，燃烧热值高，温升快、排烟难，给火灾扑救和人员疏散工作带来很大的难度。

(4) 易造成人员伤亡

造纸厂生产厂房大多采用钢筋混凝土结构，耐火等级为一、二级，老式厂房一般采用砖木结构建筑，耐火等级为三级。成品仓库多数采用单层的钢筋混凝土排架结构或门式钢架轻型结构。生产车间和成品仓库跨度大，空间高，堆垛密，对承重构件冷却保护难，而且钢结构屋顶耐烧时间较短，着火后如果处理不当，易造成钢屋架倒塌，导致人员伤亡。卷筒纸堆垛着火后，容易发生卷筒纸滚落，致使现场人员被压伤或砸伤。堆垛燃烧一定时间后，会出现内部塌陷，容易造成登垛灭火人员被埋压伤亡。

（5）易发生复燃

由于棉、麻、草、苇木材等具有阴燃的特性，当明火扑灭后，要逐垛、逐箱（卷）检查，边翻、边浇水、边疏散，并需要进行长时间的留守处置和观察，才能彻底扑灭火灾，否则在一定时间后仍有再次燃烧的可能。

三、卷烟厂火灾危险性和特点

卷烟厂是指以烟草、纸张、丝束为原材料，经过加工制成卷烟的企业。不同规模的卷烟厂，其建筑、工艺等情况不完全一致，但车间布置紧密、生产工艺连续、设备多、价值高是卷烟厂共同的基本特点。卷烟生产的主要原料烟草和纸张，均属可燃物，烟草要经过烘烤，烟草储存时要用危险物品杀虫，大型卷烟厂都设有印刷分厂（车间），因此，卷烟厂有一定的火灾危险性，而且一旦发生火灾往往造成严重的损失。

1. 卷烟生产的主要火灾危险性

卷烟生产主要由制丝、卷制、包装三大部分组成。

（1）制丝过程的火灾危险性

制丝过程中，使用现代化设备多，自动化程度高，各种管道多，用电量大，有高温、高压作用，车间内烟尘多，杂物多。

烟叶的燃点很低，只有172℃。制丝工艺中的打叶去梗、制丝两道工序均需采用高速运转的金属切刀，切制过程中，切刀边工作边在砂轮上刃磨，打出的火花容易引燃周围的可燃物。

（2）卷制过程的火灾危险性

卷制车间内布满设备，载烟车、人员较多，使用材料主要有烟丝、盘纸、粘合剂、滤嘴棒、包头纸等可燃物质。

卷制过程中，在卷烟机上烫干烟条搭口，需使用温度为170～300℃的电烙铁。工作时，电烙铁搭在前进速度为70～280 m/min的烟条上，一旦失控，容易引起火灾。

（3）包装过程的危险性

生产中包装机周围堆有大量的纸张，粘合剂如丙酮环氧树脂等有机可燃物品，遇到明火极易燃烧蔓延。

（4）火灾危险重点部位

卷烟生产工艺比较复杂，生产工艺连续化。从以往的火灾事故来看，切丝、热风润叶、烘丝、灰房、梗丝膨胀、卷制、包装等工段部位是发生火灾比较多的部位。

能产生火花或高温引火源引起燃烧的设备，如烘焙机，干燥区最高温度达150℃；烘丝机，热风温度80～120℃；卷烟机、烙铁温度在250℃左右，有的达330℃；切丝机、磨刀产生机械火花；电动机工作时产生电火花或被堵塞导致过负荷起火燃烧；蒸汽管道产生高温等，这些设备均为火灾危险重点设备。

2. 卷烟厂的火灾特点

(1) 燃烧速度快，蔓延途径多

卷烟厂可燃物多，数量大。烟叶本身的热分解温度和燃点较低，烟草的辅助化学原料又有助于其燃烧，当烟草受热或外界火源作用使它的温度达到172℃时，即可发生有焰燃烧。生产中的烟丝质地松软，比表面积大，膨化后的烟丝更加松软易燃。烘干后的烟叶、烟丝及卷烟等，遇明火更易燃烧。以醋酸乙酯为主要成分的卷烟过滤嘴丝束滤棒也易燃烧。包装所用的纸张燃点为150℃，也很容易发生燃烧。

卷烟生产车间内设有热风管、蒸汽管、吸尘管、输料管等各种管道；卷烟生产从烟丝原料到卷烟成品包装出厂，要通过真空机、打叶机、储叶储梗柜、切丝机、烤丝炉、制嘴机、卷烟机、包装机等较多生产设备。流水线生产大量采用带传动方式，输送烟叶、烟丝等原料。这些管道、输送带及生产设备，将各生产工序联系在一起，火灾时，是扩大蔓延的主要通道和途径。

生产中产生的烟尘，烟末黏附在建筑物和设备上，体积小，重量轻，含水分少，易燃烧，是火势迅速蔓延的媒介。

车间内和设备周围堆积的成品、半成品、辅料较多，起火后都是火势蔓延的途径。

(2) 容易形成大面积立体火灾

由于车间和仓库的空间大，通风好，通道多，地面、生产设备等到处分布着大量可燃物，火灾发生时，短时间内温度可达到纸张、烟叶的燃点，瞬间使燃烧面积增大，导致立体燃烧。

因工艺需要，卷烟厂生产厂房内通常设有很多竖井管道和孔洞。多层厂房除楼梯外，一般都设有电梯或简易吊梯。用于烟丝输送的管道吸料装置、管道送料装置，通过管道连接，将烟丝输送到各层生产设备，致使上下楼层多处贯通。墙壁多开设孔洞，用于敷设管道和安装输送设备，一旦发生火灾，热气流和烟雾迅速向上扩散，易导致立体燃烧。

卷烟生产中，多数车间设在同一建筑物内，原料仓库与烟丝车间之间，烟丝车间与卷烟车间之间，生产车间与成品仓库之间多连为一体，密不可分，有的虽然设在不同的建筑物内，但都用过道相连，火灾时易导致大面积燃烧。

（3）烟雾大，燃烧产物有毒

卷烟厂着火可燃物燃烧速度快，火焰温度高，燃烧中能产生大量浓烟，且含有大量的一氧化碳等有毒气体，烟雾能在较短的时间内充满车间空间，容易造成人员伤亡，给灭火救援行动带来严重影响。

烟叶的化学成分较复杂，包括芳香油、烟草树脂、无机盐和有机酸，烟叶燃烧中能产生大量刺激性（含氯化合物）浓烟，烟叶热解后产生的氨及其衍生物，也能引起对眼睛、口舌、鼻腔、喉部的强烈刺激。以醋酸乙酯为主要成分的香烟过滤嘴丝束滤棒，燃烧时生成的气体有麻醉作用，刺激人的眼睛、皮肤和黏膜，大量吸入可发生急性肺水肿。卷烟生产中的木质素、纤维素、果胶和挥发性酸等能使人产生呛咳、辛辣灼热感。

（4）能发生粉尘爆炸

卷烟生产中产生的烟尘在空间悬浮易与空气混合形成爆炸性混合物，起火后易发生爆炸事故。

（5）易发生自燃、阴燃和复燃

烟叶在储存过程中，采取磷化物熏蒸杀虫，如果施药不当或者监护不利，当空气中的磷化氢浓度达 26 g/m^3 时，就会自燃和起爆。

黏附在管道、机器、加热器和干燥器等设备上的烟尘受热容易阴燃，吸尘间的尘末遇到火星，在密闭条件下，能持续很长时间的阴燃。

灭火时，烟包表面如不彻底清理残火，烤烟成品着火，表面火灾扑灭后，如不开包清理，不彻底消灭余火，还会复燃成灾。

（6）易产生飞火，形成新的火点

发生火灾时，烟叶、烟丝、烟尘、纸张等，由于体积小，质量轻微，容易带着火星飘出车间、仓库，遇上可燃物会形成新的燃烧点，造成燃烧面积扩大，加剧火灾扑救难度。

烟叶仓库发生火灾时，特别是露天烟叶堆放场，由于烟叶高度集中，燃烧猛烈，空气对流快，特别是大风天，更容易产生飞火。

四、粮食加工厂火灾危险性和特点

粮食加工厂主要是指将小麦、稻谷、玉米、高粱及其他食用农作物加工为成品粮或半成品粮的企业，通常包括制粉、制米两大类。由于粮食是可燃物，加工量很大，加工过程中有发生火灾的危险。尤其在筛选、砻谷和磨粉时，杂质粉尘或粮食粉尘达到一定浓度，还可能发生粉尘爆炸。随着生产的发展，机械化、自动化程度不断提高，各种电气设备日益增多，火灾危险性也相应地有所增加。粮食加工过程中一旦起火，火势容易沿着粮食的升运管道和通风管道蔓延扩大，火灾扑救困难。

1. 粮食加工生产过程中的火灾危险性

(1) 面粉加工过程的火灾危险性

1）清理。小麦中含有无机和有机两类杂质。无机杂质包括石块、金属块等坚硬杂质，一旦混入机械里，就会与机械的内表面发生强烈的撞击和摩擦，容易引起火灾或爆炸事故。有机杂质包括草秆、麻绳、布屑等，一旦混入机械里，容易使其堵塞，增大负载，从而烧坏电动机，引起火灾。小麦在清理过程中易形成各种粉尘，其粒度为 1～150 μm，在空气中的浓度如果达到爆炸极限时，遇火源会发生爆炸。部分粮食类物质粉尘爆炸的有关参数见表 6—3。

表 6—3　　部分粮食粉尘爆炸参数

物质名称	爆炸下限 g/m^3	最大爆炸压力 MPa	自燃点℃	最低点火能量 mJ
小麦	9.7～60	0.41～0.66	380～470	50～160
玉米	45	0.5	470	40
黄豆	35	0.46	560	100
花生壳	85	0.29	570	370

清理主要分为筛选、打麦和升运三个过程。在筛选的过程中，麦流如果不连续、厚度不均匀，都会引起筛面受力不均或过载，影响麦筛振动，使电动机烧毁。小麦进入筛面后，若筛内和车间内的粉尘浓度过高，会引发粉尘爆炸事故。机器、照明灯具上的粉尘不及时打扫，也会引起火灾。小麦进入打麦机，若其中混有石块、金属杂质，它们与机件撞击、摩擦可能产生火花，从而引起燃烧和粉尘爆炸事故。打麦机的吸风效果不好、打麦机附属风箱的外壳和风道漏气，都会增加车间空气中的粉尘浓度，增大发生粉尘爆炸的危险。小麦加工升运有风运和带式升运机两种方式，风运管道内，物料运动易产生静电火花；升运机中的传送带由于接头不牢，过松或过紧、跑偏、发生摩擦，产生高热，都可能引燃物料。如果升运机内发生火灾，初期阶段只是在机壳内阴燃，往往不易被发现，但可闻到一种异味。这时，应立即检查升运机的头部，及时予以处理。

2）制粉。制粉包括磨粉和筛理两道工序。在磨粉工序，传动带传动中的摩擦或物料在风运管道内的摩擦易产生静电火花；轧距过小时，钢磨辊本身摩擦或磨辊与进入磨粉机内的坚硬杂质摩擦也容易产生火花。磨粉机的布筒、集尘器多为可燃物，容易起火。磨出的面粉，其粉末粒度为 1～100 μm，易飞扬，悬浮在空气中，其爆炸极限为 9.7～60 g/m^3，最大爆炸压力 0.66 MPa。制粉车间空气中的粉尘浓度也较大，粉尘爆炸的危险性也较大。筛理过程一般以平筛为主筛，而平筛又多为木制筛格，以丝绢或尼龙丝绢做筛面。它们都是可燃物，一旦磨粉机物料起火，会向筛面蔓延，扑救困难。

（2）稻谷加工过程的火灾危险性

稻谷加工过程中，碾米之前的各工序的火灾危险性，与面粉加工的清理工序基本相同。

碾米加工过程中产生的稻米尘、糠尘具有可燃性和爆炸性。

产生的稻糠油含量约为15%～20%，在储存过程中易自燃起火。采用新型制米机制米时，由设备内流出的米糠的温度很高，需要散热，若未来得及散热便包装堆垛，易造成自燃起火。

加工过程中广泛使用通风吸尘设备，风管四通八达，风管内壁往往附着谷物粉尘和灰尘，一旦燃烧，火势沿着风管迅速蔓延，会引起大面积火灾。

（3）粮食储存的火灾危险性

粮食加工厂厂区内储存粮食较多，且大多为露天堆垛，间距及通道较为狭窄，由于粮食进出频繁，易出现因装卸粮食而造成通道堵塞的现象，一旦发生火灾，消防车难以接近火场，给扑救工作带来一定影响。

原粮仓库大多为单层的钢屋架混合结构建筑，库房长，跨度大；成品粮仓库大多为单层钢筋混凝土结构建筑，少数为单层砖木结构建筑或钢筋混凝土结构筒式建筑；粮壳（糠、麸）仓库不少为钢屋架简易房屋，火灾中在火焰直接作用下易失去承载能力，使建筑物倒塌。

建有立筒仓的面粉厂，在立筒仓的门吸、除尘室、筒仓和计量、提升机系统都存在着粉尘爆炸的危险。特别是提升机系统，它类似一个搅拌机，不断翻动，使粮食粉尘飞扬，与空气混合达到爆炸浓度时，遇到火星，就会发生粉尘爆炸。

粮食入仓前，一般要经过一段开放的传送带的输送，如遇火种，会将其带进筒仓系统，导致燃烧。立筒仓的粮食装卸、测温测湿、过秤清理等机械装置安装或使用不当会发生事故，引起火灾。进入立筒仓的小麦，含有一定的水分，有可能发生小麦的自燃。

2. 粮食加工厂的火灾特点

（1）可燃物多，燃烧迅速

粮食加工厂的原料和产品都是可燃的，并且加工数量巨大；其副产品稻壳、麸皮和糠等，更容易燃烧。

粮食加工厂生产中，部分设备本身是可燃的，如磨粉机的布筒、丝漏，尼龙丝制作的筛面，木制的托筛体、筛框，塑料传输管道和传输带等。粮食加工厂车间的木制门窗、楼梯、楼板等都给火势蔓延创造了条件。

粮食加工厂厂房高、空间大，加速了火势的燃烧和发展。厂房之间墙壁、楼板孔洞较多，车间内门、窗也多，起火后加强了气体对流，导致快速燃烧；特别是通过管道向上蔓延进展更快，烟气流向上升速度快。

（2）易发生粉尘爆炸

粮食加工过程中，极易产生大量粉尘，悬浮粉尘达到爆炸极限时，遇到引火源易发生爆炸。容易形成爆炸浓度而发生爆炸的部位有：磨粉机的磨膛，集尘过滤筒（当过滤筒爆炸使设备内的粉尘吹入车间内会再次扬起引起爆炸），清理中的筛选、打麦的吸尘系统等。

车间着火后，沉积在地面、设备和建筑构件上的粉尘，灭火时，若受到水流冲击或建筑、设备倒塌震动时，都会使其飞扬悬浮，引起爆炸。

粉尘爆炸易产生二次爆炸，其威力和破坏性将更为严重。第一次爆炸气浪把沉积在设备或地面上的粉尘吹扬起来，在爆炸后的短时间内爆炸中心区会形成负压，周围的新鲜空气便由外向内填补进来，形成所谓的“返回风”，与扬起的粉尘混合，在第一次爆炸的余火引燃下引起第二次爆炸。二次爆炸时粉尘浓度一般比一次爆炸时高得多，故二次爆炸威力一般比第一次要大得多。

（3）有自燃的危险

稻谷加工中的稻壳、谷物不够干燥，其中微生物繁殖、积热、发酵，容易引起自燃。粮食为了防蛀、防霉和防鼠，需要进行熏蒸，而熏蒸使用的药剂如磷化钙、磷化锌等，容易产生自燃性气体。

粮食加工厂的机械设备一般都长时间运转，容易发热，有时可能引起沉积在其表面的粉尘受热自燃。

（4）火灾蔓延途径多

工艺过程是连续式的，物料由下向上或由上向下流动是通过管道进行的，一旦着火，火势可在管道内迅速蔓延。通风管道、除尘管道纵横交错，是火势蔓延的重要途径。

制粉车间的主体建筑为多层建筑，且上下楼板有很多孔洞，老厂房多为三级耐火等级的建筑，楼板、设备通常也是由可燃材料制作的，起火时，火势上下蔓延快。火势还可通过建筑物内部结构和设备上黏附着的沉积粉尘蔓延。

（5）易造成建筑倒塌

粮食加工厂房楼板负荷较大，着火后的建筑承重构件（如梁、柱、钢屋架等）在火焰的长时间作用下，容易失去承载能力，导致建筑倒塌。粮食及其副产品（糠、麸）比较干燥，容易吸水，当大量粮食过量吸水时，重量会成倍地增加，容易导致建筑构件过载而倒塌。

老式粮食加工厂厂房多为砖木结构建筑，门窗、楼板、楼梯等多用木质材料制成，可燃物多，耐火等级较低，火灾中易发生倒塌。

生产车间发生粉尘爆炸时，易将建筑摧毁而发生倒塌。

五、植物油加工厂火灾危险性和特点

植物油加工厂是指以植物为原料，加工制取食用植物油的企业。植物油原料主要有大豆、油菜籽、花生、芝麻、向日葵籽、棉籽等。植物油除供食用外，也是重要的工业原料。

植物油加工厂的原料和产品都是可燃物质，生产过程中还涉及压榨、浸出、熬炼等工艺过程，并使用氢气、己烷等危险化学品，因而具有较大的火灾危险性。

1. 植物油生产过程中的火灾危险性

植物油生产工艺的火灾危险特点，可因生产的方法不同，而有很大的差别。机械轧制是具有火灾危险性的丙类生产，而用溶剂浸制，属于易燃易爆的甲类危险性生产。植物油厂的火灾爆炸事故多发生在浸出车间的物料浸出工段、湿粕蒸烘工段、混合油蒸发工段、溶剂回收工段、溶剂储存与运输工段、粕库、炼油车间。其次多发生在预处理、压榨车间。另外锅炉房及其他部位（如油料堆架）也易发生爆炸和火灾。

（1）原料及产品具有危险性

植物油的原料、半成品和成品及其伴随物都是可燃物，成品车间的包装材料中，塑料和纸板也是可燃物。一般植物油脂的闪点多在 200～300℃之间，较低的大豆油和菜籽油，仅为 140℃和 163℃。棉绒的燃点较低，只有 150℃，其燃烧速度比木材快 16～25 倍。采用浸出法加工时，其浸油溶剂多属于甲类危险化学品中的易燃液体。而且，还要加热蒸发，使溶剂变成 140℃高温的气态。氢化工序中还使用氢气。因此，一旦发生火灾，火势容易迅速蔓延扩大，在短时间内就可达到一定的灾害规模。

浸出法工艺中使用的溶剂一般有四种类型：脂肪族碳氢化合物，如己烷、轻汽油等；氯化脂肪族碳氢化合物，如二氯已烷、三氯乙烯等；芳香族碳氢化合物，如苯等；脂肪醇化合物，如乙醇、异丙醇等。许多溶剂属于低闪点易燃液体，具有较大火灾危险性。如 6 号抽提溶剂油和己烷等常用于大豆加工，其燃烧特性及其蒸气的爆炸极限见表 6—4。

表 6—4　两种常用溶剂油的危险特性

名称	相对密度	闪点（℃）	自燃点（℃）	爆炸极限（%）
6 号抽提溶剂油	0.725	—23	520	1.25～6.0
己烷	0.660	—21.7	225	1.2～7.5

（2）有自燃危险

棉短绒等副产品，含 0.6%左右的蜡质脂肪和 1.2%左右的果胶，容易滋生微生物，微生物呼吸繁殖产生热量，积热不散引起自燃。

油料经加热工序（破碎、软化、轧胚）加热时，如果温度过高，或停车时有油料残留在设备内，就有焦煳、炭化、燃烧的危险。蒸发处理后的粕，具有很高的温度，如不及时冷却，堆积发热，能够自燃。

高温管道易引起物料自燃起火；堆积的油抹布、滤布、油麻袋，长时间聚热自燃起火。

（3）“跑”“冒”“滴”“漏”的危险因素

设备漏气、漏油、漏出的溶剂大量蒸发，遇引火源，都会形成火灾、爆炸危险。

造成泄漏的原因主要有：设备、容器、管道等如溶剂罐、蒸发器、冷凝器、吸收器（塔）、输送泵、汽提塔等设备或与之相连接的管道密封不严，发生渗漏；检修操作中违反操作规程，在打开容器和容器设备盖、孔或拆卸管道时，使溶剂（或溶剂蒸气）外溢；卸料时未减压，蒸气大量泄漏；不按操作规程，造成局部高压，或造成泛罐事故等，使溶剂大量外溢；冷凝器断水、不凝气体中带有溶剂蒸气排出；废水排入下水道中，带出部分溶剂；在出饼粕时，溶剂未蒸发干净，粕处理不当，扒粕时，溶剂蒸气大量挥发；通风不良，蒸气滞留，散发不掉等。2001 年 8 月 4 日，黑龙江省尚志市油脂厂锅炉车间发生爆炸火灾，烧毁厂房 350 m^2，火灾直接财产损失 23 万余元，重伤 1 人，轻伤 2 人。该事故就是溶剂蒸气与空气的混合气体，达到爆炸极限，遇锅炉房水处理室的火源所致。

（4）有粉尘爆炸的危险

在生产过程中，如果积落的粉尘形成悬浮状态，达到爆炸浓度，遇引火源会发生爆炸。如棉纤维粉尘爆炸下限为 50 g/m^3，米糠粉为 40 g/m^3，大豆粉为 35～50.4 g/m^3，花生粉尘为 70 g/m^3。

（5）能引起着火和爆炸的引火源

齿轮打滑，轴承损坏，摩擦发热，地绞龙撞击水泥槽，传动带连接铁钉与转动轮快速接触等，都有可能造成局部高温或打出火花引燃可燃物和溶剂蒸气；过热蒸气散热器和管道的表面温度较高，如有可燃物接触，会被烧焦起火；停产检修中容器、管道没有清洗干净，遇明火发生火灾爆炸事故；电气设备，特别是非防爆电气设备发生故障，产生火花，引起火灾爆炸；物料运动产生静电火花，引发火灾爆炸事故；设备安装不当，操作不熟练，维护保养不够，突然停车、停电造成事故；违反安全规章制度，如明火焊接，带入打火机、吸烟、照明、取暖和穿化纤衣服、带铁钉的鞋等造成火灾；汽车和拖拉机等机动车辆产生的火星引起火灾；因无避雷设备，雷击和电感应火花造成火灾。

3. 植物油加工厂的火灾特点

（1）易形成大面积立体火灾

由于生产过程连续，生产车间一体化，许多部位上下贯通，通风条件好，加上设备、管道内的大量可燃液体，一旦局部工序发生火灾，如果控制不当，下部火势除能向周围可燃物水平蔓延外，还能通过建筑孔洞、竖井、楼梯、设备管道等途径垂直蔓延；上部着火溶剂则容易向下层流淌蔓延，极易形成立体火灾。

（2）油垢和绒毛着火易延烧

食油加工过程中，能产生油料短绒（如棉籽的短绒）、油料碎屑（如花生壳碎屑）和油渍。油料处理工序的设备和建筑物上，常大量积聚这种短绒和碎屑。火灾时，虽然这种短绒和碎屑燃不起大火，但能像地毯燃烧那样向四周扩展蔓延，从而导致火势发展扩大。

常年加工生产食油的设备和建筑上，通常还会积聚一层油垢，地面、地沟内也会积有油垢和油污。火灾时，这些油垢和油污会使火势扩大。

（3）溶剂或粉尘有爆炸危险

浸出车间“跑”“冒”“滴”“漏”逸出的溶剂，蒸发成蒸气，或加热蒸发过程中溶剂蒸气发生泄漏，与空气混合后，能形成爆炸性混合物，遇明火易发生爆炸。

扑救油料处理工序火灾时，如果过度冲击或掀动设备和建筑，导致绒尘和碎屑粉尘飞扬悬浮，达到爆炸极限时，遇明火也会发生爆炸。

（4）易造成人员伤亡

植物油加工厂火灾造成人员伤亡通常有爆炸、倒塌和中毒三种情况。

浸出车间发生溶剂或溶剂蒸气泄漏时，溶剂蒸气与空气形成爆炸性混合物，易发生大规模的爆炸事故。如果在场的操作工人来不及撤离，或正在处理的人员无法有效抑制爆炸发生，容易造成重大人员伤亡。

如果植物油加工厂房耐火等级低，无防爆泄压设施，无必要的防火分隔，防火间距小等，一旦失火或爆炸，受害范围较大。爆炸或较长时间燃烧可能会造成建筑倒塌，引起重大人员伤亡。

火灾时，燃烧产生的烟气，以及溶剂本身的毒性，也可能会造成人员中毒、伤亡。溶剂本身具有一定的毒性，如6号抽提溶剂油，其蒸气浓度达30～40 mg/L时，即会致人死亡。

六、木材加工厂火灾危险性和特点

木材加工主要是指制材、木器加工、模型制造、胶合板、纤维板和其他人造板的生产过程。木材加工的木料及其下脚废料是可燃物质，使用的油漆等为易燃易爆品，其加工过程火灾危险性较大，而且一旦发生火灾，往往会“火烧连营”。

1. 木材加工生产过程中的火灾危险性

（1）干燥的火险因素

干燥工序火灾危险性较大，尤其是人工干燥操作。从工艺看，辐射干燥和电介质干燥火灾危险性比蒸汽干燥要大，石蜡干燥较为安全，烟气干燥的火灾危险性最大。

烟气干燥时，烟气有很高温度（进口温度600～700℃，出口温度约为200℃），通过墙壁将热传到干燥室内，或直接进入干燥室，这就可能因烟气温度过高，或者干燥室内窜入火星，使木材发生燃烧。

中小型木材厂常利用火窑中锯末阴燃的热烘烤木材，在空气流通良好的情况下，木屑和锯末会由阴燃转为火焰燃烧，引燃干燥的木材。

蒸汽干燥时，若温度和时间控制不当，清扫不严格，带入的木碎片长时间被烘烤也有可能着火。

（2）制材和零部件加工的火险因素

在锯材、纤维板生产、切片、筛选、研磨、锯边、刮（砂）光等工序，经常产生大量锯末和木粉尘，锯末和被加工材料之间的摩擦力很大，易产生火花引燃锯末；零部件加工工序大量使用机械，若进钻或进刀速度过快，因刀具与木材摩擦加剧会产生火花；混入原料中的砂石等硬性杂质与机械设备撞击打出火星等，会引燃锯末和木粉尘。

（3）涂胶、喷胶、胶料调配的火险因素

胶合板涂胶、纤维板喷胶、装配工序涂胶用的胶，其中脲醛树脂和酚醛树脂具有较大火灾危险性。配制脲醛树脂和酚醛树脂时需用易燃液体作稀释剂，如遇火源极易引起火灾。胶料需加热才能使用，在火炉熬胶时，炉火控制不当，可能引起火灾。

（4）热压工序的火险因素

胶合板、纤维板的生产都有热压过程，经热压使胶合板、纤维板结为一体。纤维板的燃点为190℃，在温度160℃以上时，它的发热反应加剧，而热压温度在160～200℃之间，如控制不当，尘埃受烘烤，易发生火灾。热压后的胶合板、纤维板，由于本身温度高，如不经散热处理，易发生聚热自燃。

（5）涂漆与喷漆的火险因素

制品的涂漆和喷漆过程中，使用的油漆、硝基漆和各种溶剂、干性油大都是易燃和可燃液体，特别是喷刷硝基漆，会产生溶剂蒸气与空气形成爆炸性混合气。

2. 木材加工厂的火灾特点

（1）火灾蔓延速度快、火势猛烈

木材的燃点和自燃点较低，燃烧速度快，热值、燃烧温度较高。木材火灾时热辐射强，相邻的可燃建筑、木器、木材堆易被辐射热引燃。

在木材加工厂内大量的刨花、木屑和木粉，尤其是木粉，能在空间飞扬，积留在墙壁、屋架等构件及设备上，因这些物质比疏松，与空气接触面大，含水分少，一旦着火，便是火势蔓延的良好媒介。

木材受热至300℃左右时，便会分解析出大量可燃气体，能形成较长的火焰燃烧。此外，木材加工厂厂房大多为砖木结构，发生火灾后蔓延速度快，火势猛烈，往往容易在短时间内倒塌。

（2）燃烧面积大

木材加工厂的原料、产品都是木质材料，其厂房和车间内存放着大量原木、成品或半成品及油漆等物质，有的原木堆垛与厂房毗连，发生火灾时，极易导致大面积燃烧。木材加工厂内刨花、木屑、木片较多，着火后随风飘扬，易形成飞火，飞出距离几十米甚至几百米，落在可燃物上就会形成新的火场。

（3）容易阴燃、复燃

木材加工厂或车间的带锯、台锯、圆锯的底部均设有储存锯末（木屑）的地沟，有的车间内还设有木屑除尘室，当这些部位起火时，大多数呈隐燃或阴燃状态，不易及时发现、施救和处理，如灭火不彻底，还会引起复燃。

（4）有粉尘爆炸危险

木材加工生产过程中产生的木粉，能在空中飞扬，或黏附在墙壁、屋架等构件及设备上。这些木粉在空气中一旦形成爆炸性混合物，遇着火源就会发生爆炸。此外，灭火时，若直流水冲击沉积粉尘或建筑构件倒塌等，引起沉积粉尘飞扬，也可能引发粉尘爆炸。2003年1月3日，河北廊坊市某家具厂，发生火灾爆炸事故，死亡1人，烧伤10人，火灾原因是由于实木车间内砂光机摩擦出的火星被吸入集尘箱内，引起集尘箱内锯末阴燃，操作人员在发现有煳味，组织检修时，未采取必要的防范措施，在未找到火源的情况下，开启吸风机，将阴燃锯末吹起，发生爆炸，继而引发大面火灾。

七、烟花爆竹厂火灾危险性和特点

烟花爆竹是一种火工产品，从原料到产品都是易燃易爆物质。从烟花爆竹内部充填的烟火药的组成和理化性质来看，属于火药、炸药类。过去生产烟花爆竹原料是自制土硝，爆炸力小，产量和数量少，危害性也小，随着化学工业的发展，它的生产原料都用化工原料混合制造，容易引起化学反应，引起燃烧和爆炸，而且爆炸力很强。

1. 原料、产品的火灾危险性

（1）氧化剂的火灾危险特性

作为烟花爆竹的氧化剂有硝酸盐、氯酸盐、高氯酸盐，过氧化物，氧化物，硫酸盐，铬酸盐，高锰酸盐等。有些氧化剂具有较强烈的氧化性能，受热、摩擦、冲击、遇酸、碱、潮湿、或与易燃物、还原剂等接触，能发生化学反应并引起燃烧或爆炸。

硝酸钾受热 350℃时，开始分解放氧；硝酸钾易与过氯酸铵反应生成吸湿性很大的硝酸铵，如果烟火药中含有金属粉末，则金属粉末就可能受潮发热，甚至会自燃、自爆，因此，在配制烟火剂时，硝酸钾不宜与过氯酸铵混合并用。

硝酸钡受热超过 600℃时，分解放氧；与氯酸钾混合，易生成敏感性较强的氯酸钡，配制成烟火药时有可能产生自燃自爆。

氯酸钾受热 352℃时，熔化、分解、放氧，至 550℃，全部放氧，氯酸钾分解过程中同时放出热量，高温下能分解爆炸；与有机物、硫、硫化物、酸类或其他易氧化物质混合后，受热、受到撞击和摩擦，均能发生强烈的燃烧和爆炸；与氧化铁、氧化铅、氧化铜、石英粉、泥沙、灰尘等混合，不但其分解温度显著降低，而且受热、撞击和摩擦，均能发生爆炸；与硫酸、盐酸或硝酸接触即会发生燃烧、爆炸，如有硫化物、可燃物和有机物存在，其反应更为强烈；浸有氯酸钾溶液的木材、棉花，受到摩擦就能着火，而且燃烧速度很快。

高氯酸钾受热到 610℃时，分解放氧，其化学稳定性比氯酸钾好，对机械感度低，与还原物混合时，其性质与硝酸钾相似。

氯酸钡受热 310℃时开始分解，600℃时分解放氧，氯酸钡分解放出的热量比氯酸钾更多，因此它比氯酸钾更敏感，爆炸力更大，且有自爆性质。

（2）可燃物质的火灾危险性

烟花爆竹生产中使用的纸张、炭粉、有机物等，具有可燃性。

可燃物与氧化剂混合，燃烧反应剧烈，甚至发生爆燃、爆炸。如硫、炭和硝酸钾混合可形成黑火药。

有的可燃物氧化自燃性很强。例如铝粉、镁铝合金粉等，化学稳定性差，遇水、受潮能反应生热，如散热不及时可自燃、自爆。

常用的黏合剂有酚醛树脂、虫胶（即漆片）、浆糊（淀粉），另外还有人造树脂和天然树脂、胶、糊精、乳糖、沥青等，均为可燃物质。

很多药物在烟火剂中能起多种作用。火焰着色物质，同时又是氧化剂，或是可燃物质。松香、石蜡加入烟火剂中，既是钝感剂，又是缓燃剂和可燃物质。

（3）黑火药的火灾危险性

黑火药的敏感度较高，对热非常敏感，明火、静电火花、电火花、撞击火星都可将它点燃。黑火药对冲击感度为 1.2～1.8 $kg \cdot m/cm^2$，在 40℃以上时对任何冲击都较敏感。黑火药对摩擦感度非常高，甚至在两块木板之间的摩擦也能使之爆发。黑火药若敞露在大气中，以速燃形式分解，其分解速度为 400 m/s 左右；若密度适中，并在密闭状态下时，即可由燃烧转为爆炸。黑火药爆发点为 270～300℃，爆温为 2 100～2 380℃。黑火药的爆发分解反应比较复杂，其分解过程与成分、配比、物理状态、反应条件、装药密度等因素有关。

(4) 烟火剂的火灾危险性

烟火剂具有燃烧爆炸性质，其特点是当被火焰、冲击或摩擦引燃时，开始以适当速度燃烧，随即转为爆燃或爆炸。

氯酸盐烟火剂由于能产生放热的分解反应，因此，不需要吸收外部热量就能够分解，很不安全，易发生自动分解，稳定地传播，以致可以引爆邻近的烟火剂。

高氯酸盐分解时需要吸收外部一些热量，所以含高氯酸盐的烟火剂的爆炸分解和传播比含氯酸盐的困难，但高氯酸盐比同种氯酸盐的含氧量高，分解时产生的氯化物较少，而生成的气体较多，其爆轰威力也较大。

硝酸盐分解时，除硝酸铵外，大都需要从外部吸收大量热，因此含硝酸盐的烟火剂发生爆炸分解比较困难。但是含镁的硝酸盐烟火剂较容易引起爆炸分解，且爆速很高，可达1 000 m/s。硝酸钡与铝作为主要可燃物配制的烟火剂，需要强烈的激发能，才会发生爆炸分解。

(5) 烟花爆竹的危险性

爆竹是以纸筒作为壳体，装入烟火药加工而成，烟花的外壳更为坚实些，通常需用拉力较大的纸卷制。爆竹70%左右是泥土、纸张等物品，其装药量一般在0.05～2 g/支之间；小鞭炮的装药量在0.02 g/支以下；敏感度高的摩擦类爆竹，其粒重也在0.05 g/支以下。爆竹的装药量少，加之纸筒的钝化、延迟和阻隔作用，具有一定的稳定性，其燃烧变化主要形式为着火和纸筒壳体的粒状爆炸，一般不会形成整件包装的爆轰和引起殉爆，它的燃速、爆炸威力和破坏作用比相等药量的黑火药小得多。对烟花爆竹的安全管理，既应重视其爆炸危害性，也应充分重视其火灾危险性。

2. 烟花爆竹工厂的火灾爆炸事故特点

烟花爆竹生产属于高危行业，其火灾爆炸事故的特点，一是事故发生率高；二是群死群伤恶性事故多；三是易发生事故的工序多。烟花爆竹内部装填的烟火药是易燃易爆药物，其热度和机械感度都很高。烟花爆竹企业的绝大多数带有药物的工序都具有危险性，其中烟火剂的配制工序最为危险。对78起烟花爆竹生产重大事故发生工序进行分析，结果见表6—5。

表6—5　　烟花爆竹生产重大事故发生工序分析

主工序	事故起数（次）	占总数%	子工序	事故起数（次）	占总数%
生产准备	9	11.54	分发药	3	3.85
			清理	3	3.85
			管理	3	3.85

续表

主工序	事故起数（次）	占总数%	子工序	事故起数（次）	占总数%
配药与混合	34	43.59	配药	8	10.26
			搓药	5	6.41
			混药	9	11.54
			制药、筛药	12	15.39
造粒	2	2.56	手工造粒	1	1.28
			机械造粒	1	1.28
烟火剂干燥	3	3.85	日晒	1	1.28
			火室干燥	1	1.28
			采暖干燥	1	1.28
引线加工	8	10.26	手工制引	3	3.85
			机械制引	3	3.85
			切引	2	2.57
成品制作	12	15.38	扎眼	3	3.85
			插芯	4	5.13
			冲炮	5	6.41
其他	10	12.82	明火、照明、吸烟	7	8.97
			点药	3	3.85

四是事故多发生在个体户、联营户和乡镇企业。

五是事故发生具有季节性。烟花爆竹生产爆炸事故发生的季节性很强，多发生在10月份至次年1月份之间。

六是燃烧和爆炸并存。烟花爆竹厂爆炸会引起燃烧，燃烧又会引起爆炸，燃烧和爆炸常常交替发生。

先爆炸后燃烧。烟花爆竹工厂事故，一般是先发生爆炸，由爆炸引起燃烧，除爆炸点可燃物燃烧外，由于花炮有升高、飞跃、跳动、旋转等特点，会引起一定距离之外的可燃物燃烧，形成大面积火灾，燃烧引起爆炸。烟花爆竹工厂的纸张、建筑物起火，引起火药、花炮成品、半成品爆炸，散落在地面上的火药，堆放在工作台上的火药，先发生燃烧，然后引起火药库、花炮成品爆炸，燃烧、爆炸交替进行。先爆炸，后燃烧的情况大多发生在生产工序，由燃烧又引起新的更大的爆炸。而先燃烧，后爆炸大多发生在药库、原料库、成品库，这种爆炸的破坏力更大，往往又会引起大面积的燃烧。

七是燃烧爆炸具有突发性。一般可燃物燃烧要经过与空气中氧或氧化剂接触才能进行化学反应，而烟花爆竹产品中的黑火药是可燃物和氧化剂组成的均匀混合物，它的燃烧、爆炸所需要的氧，大部分是氧化剂提供的，黑火药的燃烧爆炸则是组成烟火药的几种物质之间在固体状态下发生的化学反应，减少了汽化过程，使燃烧和爆炸具有瞬时性。当黑火药受到触发能时，在其内部很快形成源动力，迅速推动相邻黑火药参加反应，放出巨大的热量，导致所有的黑火药全部参加反应，形成在极短的时间内连锁反应，直至黑火药全部反应完毕。因此，烟花爆竹工厂的燃烧爆炸是在瞬间发生的，爆炸产生的火种到处飞散。由于厂内到处是纸张和易燃易爆物品，爆炸后在短时间内就能引起大面积燃烧，一般在数分钟内火势就发展到猛烈阶段。

八是易形成大面积燃烧。按照要求烟花爆竹工厂应设在偏僻地区，与其他建筑物保持较大的距离；厂房应为单层，每幢面积较小，厂房之间的距离较大；耐火等级不低于二级，采用轻质屋顶。目前，大部分烟花爆竹工厂是乡镇企业或个体户，厂房建筑没有达到要求，厂房多为三级和三级以下耐火等级，有些是易燃建筑，有些利用简易民房、仓库作为厂房，厂房与厂房之间、厂房与其他建筑物之间的距离较小，有的花炮厂离村庄、居民区及公路不足百米距离，一处发生火灾，爆炸会引起连锁反应，形成大面积燃烧，造成严重后果。

九是燃烧产物有毒性。烟火药本身具有一定的毒性，在烟火药中的氟化钠、氟硅酸钠、六氯乙烷、氧化钡、氯化钡、硫（代）氰酸铜、硝酸钡、硝酸锶等均属于氧化剂，具有很强的毒性。一旦吸入其粉尘或烟雾都可能引起血液循环系统和呼吸系统障碍，造成人员中毒，甚至死亡。烟花爆竹燃烧、爆炸的产物一氧化碳、二氧化碳、硫化氢、一氧化氮等，都有一定的毒性，赤磷等燃烧时产生有毒烟雾，危害人身安全，妨碍灭火行动。

十是救援困难。烟花爆竹燃烧爆炸事故具有鲜明的突发性、群体性、危害性、复杂性，事故发生后每一个带药车间都可能是下一个燃爆点，再加上烟花爆竹工厂大都远离城镇与交通要道，给烟花爆竹事故的自救与外援都增加了困难。“严禁扑救”是人们面对烟花爆竹事故发生后无奈而又明智的选择，一旦救援不当，会引起二次燃烧和爆炸，导致事故扩大。

第二节　轻工纺织企业火灾扑救基本对策

一、纺织厂火灾扑救对策

纺织厂火灾具有易形成大面积立体火灾，火灾蔓延的途径多，有粉尘爆炸危险，燃烧时产烟量大，易阴燃和复燃，扑救困难等特点。火灾扑救中应根据其建筑特点、物资性质和设备条件，及时营救被困人员、尽快控制火势蔓延、尽力避免爆炸发生。

1. 纺织厂火灾扑救措施

（1）制定事故应急预案，加强培训和演练

制定事故应急预案，落实消防安全责任制，定期组织应急救援能力的培训和演练，使员工了解和掌握在发生火灾时的应急措施和扑救初起火灾的方法，提高员工在事故应急救援过程中的实际处置能力。

（2）及时发现火情，迅速报警

工作人员发现起火后，应当及时向调度或主管报警，向公安消防部门报告火情，并立即通知在场所有人员利用就近的消防设施及灭火器材进行灭火，若火势一时难以扑灭，则要采取防止火势蔓延的措施，做好疏散准备。

派专人到路口接应消防车，并清理出停车区域。

报警内容包括：①单位名称、地址；②发生火灾的时间；③发生火灾的部位、燃烧物情况；④人员被困情况；⑤火灾的发展阶段、规模，对周围的影响。

派专人到路口接应消防车，并清理出停车区域。

（3）抢救遇险人员

燃烧部位或充烟区域有人员被困时，要快速寻找被困人员。车间面积大、烟雾浓时，应在熟悉环境的人员带领下进行，以尽快确定被困人员和火源的方位。对已找到的被困人员，可向其提供简易防护面具，并协助或引导其逃生。

（4）及时扑灭设备火灾

火焰在生产设备上燃烧蔓延很快，不仅威胁到邻近设备和地面可燃物，更主要的是威胁上部的可燃建筑。应采取针对性的措施，及时扑灭设备上的火灾。

清棉机内着火，应立即停止喂棉，关闭风扇，移开棉花，将火苗遏制在着火机器范围内。火势不大时，可设法直接取出着火棉花，用水、简易灭火器材等就地扑灭。如火星已吸入机器，应立即关闭输棉风道，隔离火源部位，打开机器取出燃棉，用简易灭火器材就地灭火。火势较大时，应采用开花或喷雾射流灭火，避免高压直流水冲击机器设备，以防止飞花飘逸使火势蔓延。

梳棉机着火，不可随意关车，防止火焰烧毁铁丝针布。关闭风扇，立即移走车前棉条、车后棉卷，停转邻近机器，防止波及周围。火势较小时，可使用滑石粉、干粉等灭火，尽量避免用水。火势较大时，可用喷雾水灭火。

细纱机着火，应停止邻近机器运转，保持着火细纱机运行，防止火焰烧坏锭带。迅速移走机台上的纱锭，用干粉、二氧化碳灭火器就地灭火。防止机器上火苗吸入通风、空调、吸尘管道，扩大灾情。

织布机着火，烧断纱线会自行停车，如火势较小，可用湿布、湿纱扑救。火势较大时，应用水桶、喷雾射流灭火，防止因扑救不力，使火苗扩散、蔓延扩大。

（5）阻止火势沿管道蔓延

纺织厂火灾蔓延的途径多，沿输送、通风、空调、除尘管道蔓延是主要的途径，必须采取措施阻止火势沿管道蔓延扩大。

当火苗吸入原料输送风道时，应立即停止清棉机工作，关闭输送风机和风道阀门，将火焰控制在风道的局部范围，制止延烧。打开输送风道的旁通漏斗，设法将着火原料引出，就地彻底扑灭。着火原料难以取出的，应根据发烟浓度、管壁温度，判明大致燃烧范围，破拆风道，强行清理，或用水枪深入风道灌注灭火。

加工过程中产生的火花或火苗，通过设在生产设备上的除尘装置吸入地沟、地面除尘管道时，应立即停止局部区域的吸尘风机工作，关闭局部除尘管道的阀门，尽量将火苗控制在局部区域内。查明火点位置，将着火棉尘通过旁通管引出清除，并就地扑灭。设有火星自动探除器的，要启动火星探除器，及时导出火星，并消灭余火。难以清除着火棉尘时，要破拆吸尘管道，清除火棉，防止火苗蹿入邻近吸尘管道和除尘室，导致燃烧范围扩大。

火苗蹿入空调管道时，及时关闭局部空调设备和防火阀门，控制燃烧范围。先破拆空调管道的保温层，通过烟雾浓度、管道温度、管道颜色变化，确定火点位置，在起火点两端，分别用金属切割设备拆开空调管道。用水枪消灭管道内的火焰，同时降低空调管道温度。火点扑灭后，要清理出燃烧过的棉絮。燃烧范围大、火点多时，要多点同时破拆，逐点消灭，不留死角。

（6）采取有效的灭火战术和方法

当车间的一端起火，除在起火点两侧出入口设水枪夹击射水外，要适时派水枪手上车间的锯齿型房顶，在适当部位击破天窗玻璃，设水枪阻截火势蔓延。

若火势燃烧在中部，应尽力从两端拦截，将火势控制在中部。拦截火势时，要关闭通风、空调、除尘管道，防止火势窜入管道，扩大蔓延。

若整个车间起火，要采取四面包围上下合击的灭火战术。应及时利用防火墙作为屏障，在防火门的一侧固守阵地，堵截火势向邻近车间蔓延。用大口径水枪向燃烧车间射水，降低燃烧强度，全力阻止火势向另一车间蔓延。冷却保护承重构件，防止建筑结构变形倒塌。

多层、高层生产厂房火灾，应采取上堵下防的战术。多层、高层钢筋混凝土结构厂房或仓库，要重点在燃烧层的上层部署力量，堵截火势通过楼梯间、电梯井、管道、楼板缝隙向上层蔓延。必要时，对上一层楼板地面实施喷水保护。火焰突破外墙窗口向上蔓延时，外攻水枪重点保护上层窗口、洞口，拦截火焰卷入上层，防止形成垂直延烧。要在燃烧层组织强有力进攻的同时，在下层部署一定的灭火力量，防御火势向下蔓延。

如果是一级无窗厂房起火，室内人员业已撤出，可关闭防火门窒息灭火，堵截火势向其他毗连建筑蔓延。

在控制火势的同时，进入车间内部，分割燃烧区，逐片消灭。纵深距离长、内部情况较复杂的车间或仓库，要以车间、仓库大门作为进攻起点。在门口设置两道分水阵地，先用支线水带伸长进入，内攻灭火，再根据现场情况，变换供水流量和水枪数量。

（7）防止粉尘爆炸发生

及时向粉尘飞扬的部位喷洒雾状水，降低车间内悬浮粉尘浓度。车间设备发生火灾时，要提前对除尘室的设备、管道进行洒水降尘、增湿，防止火星吸入除尘管道，进入除尘室引发爆炸。沉积粉尘表面着火后，应用雾状水喷洒，不能用直流水枪冲击，防止粉尘飞扬，引发爆炸。

生产设备、输棉管道、局部除尘管道起火，不要关闭全部除尘风机，应切断部分除尘管道的阀门，清理火星，防止因除尘设备突然停转引发爆炸。

粉尘一次爆炸后，不要急于反攻，要注意观察变化动态。多次爆炸后，再度进攻时，要先行清除不稳定的物件，确认安全后，方可组织进攻。

（8）采取排烟散热措施

纺织厂火灾火场烟雾浓、温度高，使消防人员的能见度降低，人身安全受到威胁，应采取排烟散热措施。

锯齿型厂房在采光窗上设有固定摇杆开启装置的，要启动摇杆或手拉绳，开启采光窗排烟散热。无固定摇杆、手拉绳或固定开启装置锈蚀失效的，要在车间内用挠钩或长柄锤击碎玻璃排烟散热。还可利用车间防火墙作承重支点，登高至屋顶，破拆采光窗排烟。砖木结构建筑不宜采用此法，防止结构烧穿，人员踩空跌落。

钢结构厂房设有低熔点排烟窗（采光带）的，要设法破拆未熔化的低熔点排烟窗，排除燃烧车间内的浓烟和高温。设有高位采光、排烟窗的，要及时登高开启或破拆，实施排烟散热。未设低熔点排烟窗的，要组织突击力量，用金属切割器、撬棒、液压切割器等破拆工具，登上屋顶，破拆钢板和保温层，进行排烟散热。

钢筋混凝土多层或高层厂房、库房设有机械排烟系统的，应优先启用机械排烟系统排烟散热；未设排烟系统或在机械排烟系统失效等情况下，应设法打开采光窗，利用对流排烟散热。配有移动排烟车、排烟机的，应及时启动移动排烟设备，在进攻口强制送风，在排烟口强制排烟，降低燃烧区浓烟和高温对灭火进攻的影响。

设有中庭回廊式结构的厂房或仓库，应及时打开或破拆中庭的天棚，进行排烟散热和导流，同时要阻止高温烟气通过中庭流向其他楼层，防止扩大灾害。

排烟口破拆位置要选择在下风方向的上部。破拆后的排烟散热泄压口或已经烧穿的屋顶，尽量不设水枪压制火焰，以减缓高温烟气对内攻扑救人员的压力。

(9) 灭火与疏散结合

在扑救纺织加工厂火灾过程中，采取边灭火、边疏散的方法，以提高灭火效率，加快灭火进程。

车间火灾火势局限在车间部分设备或物资时，应迅速搬移、疏散与着火设备、物资、金属管道相邻、相近的可燃物资，切断火势延烧途径。火势发展到整个车间，来不及疏散可燃物资的，应以防火墙为屏障，设法搬移、疏散紧贴防火墙处的可燃物资。为便于进攻、转移或撤退，应搬移主要进攻通道上的障碍物。

仓库火灾火势在局部燃烧时，要全力控制燃烧堆垛，喷水冷却保护邻近堆垛或实施覆盖喷水保护，同时组织力量，抢救和疏散未燃物资。对已燃物资，在表面火势控制后，还要采取边翻垛、边灭火、边疏散的方法，将着火棉包等及时疏散到室外安全地方，必要时调用铲车、吊车等机械设备配合。

钢筋混凝土结构多层或高层厂房和仓库，尤其是预应力楼板的仓库，灭火出水后，纤维的大量吸水和楼板的大量积水，会明显加重建筑结构的承重负担，应更加重视物资疏散，并及时排除楼面积水，防止结构倒塌。

2. 纺织厂火灾扑救注意事项

(1) 做好个人防护

消防人员要做好个人防护，进入室内要佩戴隔绝式呼吸器，携带必要的照明工具和生命呼救器等安全辅助设备。进入室内人员不能单独行动，侦察、灭火每组应不少于 2 人，以便相互照应，共同完成作战任务。

登高破拆排烟沿屋面行走，一定要小心谨慎，破拆时，战斗员要注意躲避突然涌出的高温烟气流；沿梯破拆外墙窗户或通风口排烟时，人要站稳并做好保护，尽量靠破拆口一侧，防止高温烟气流喷出伤人。

登垛翻包灭火或侦察时，因火焰钻心延烧，堆垛内可能被烧空内陷，要注意行走安全，防止人员陷入堆垛而发生危险。

灭火时，要做好结构冷却保护、结构变化观察、撤退、防范建筑倒塌等的准备工作，防止建筑物倒塌伤人。

清理残火时，搬移物资和设备要防止触电事故。

（2）防止复燃发生

由于生产过程中可燃飞絮较多，无论哪个环节发生火灾都有可能蔓延到管道内，因此余火检查一定要细心、周到，不放过任何细节。发现的管道设备余火要仔细、彻底清除，不留隐患，即使是冒烟不见火的棉絮或棉尘都要清出管道，防止阴燃和复燃。灭火后要对设备和管道保持一段时间的冷却降温，直到降至纤维的燃点以下。必要时，破拆部分隐蔽或保温材料保护的管道，进行测温，防止引起可燃物复燃。

由于纺织品燃烧具有阴燃、延烧、钻心特性，在堆垛燃烧时可能不停地向垛内、包内纵深蔓延。扑救仓库火灾时，翻垛要全面、彻底。必要时，要拆箱、拆包检查内部燃烧程度，发现内部延烧要就地浇水灭火。就地灭火困难时，应将阴燃可疑的纺织品原料或成品箱、包转移到室外宽阔地方；要分包、分箱散放，不要堆积。堆场要有防火间距，并保证对周围不构成危险；已燃和未燃物资要分别堆放在不同的临时堆场。组织力量看守、监护疏散出来的物资，并设水枪保护。对阴燃冒烟的棉包，要继续冷却，拆包灭火，彻底清除余火。

（3）控制火场飞火

棉纺厂、麻纺厂的清花间和排风室以及梳麻、粗纺等车间、除尘室等处发生火灾，应采用雾状水扑救，防止直流水柱冲击沉积的花絮，使花絮飞扬，造成火势扩大，或使粉尘悬浮空中发生爆炸。

纺织加工厂车间、仓库，尤其是砖木结构厂房、仓库或露天堆场，发生大火后，应在下风向一定距离范围内设置防线，防止飞火引发新火场。

组织职工群众监视燃烧飘落物，及时扑灭飞火，防止火场周围特别是下风方向的可燃建筑和物品被引燃。

二、造纸厂火灾扑救对策

造纸厂火灾具有易蔓延扩大，易产生飞火，易造成人员伤亡，易发生复燃的特点。扑救造纸厂火灾重点是堵截火势蔓延，防止火势扩大。

1. 造纸厂火灾扑救措施

（1）制定事故应急预案，加强培训和演练

制定事故应急预案，建立应急救援机制，落实消防安全责任制，定期组织应急救援能力的培训和演练，使员工了解和掌握在发生火灾时的应急措施和扑救初起火灾的方法，提高员工在事故应急救援过程中的实际处置能力。

（2）及时发现火情，迅速报警

工作人员发现起火后，应当及时向调度或主管报警，向公安消防部门报告火情，并立即通知在场所有人员做好灭火和疏散准备。派专人到路口接应消防车，并清理出停车区域。

(3) 加强火场情况侦察

火灾扑救人员应迅速查明火场主要情况，如有无人员被困，以及着火的部位和火势发展蔓延的主要方向。漂白车间起火，要查明氯气钢瓶受火势威胁情况，输出氯气的管道阀门是否关闭；玻璃纸生产工序起火，要查明硫化设备是否受火势威胁，是否有二硫化碳外泄；沥青纸生产工序起火，要查明沥青熔融等部位受火势威胁的程度。成品仓库起火，要查明排烟散热途径及钢结构受火势威胁的程度等。

(4) 采取针对性的火灾扑救措施

造纸车间起火，应重点阻止火势向邻近造纸机蔓延，如果整个车间在燃烧，要重点阻止火势向干燥、卷纸、切纸车间蔓延。

切料车间起火，应重点阻止火势通过传送带向蒸煮车间蔓延。

卷纸、切纸（打包）车间起火，应重点阻止火势向成品仓库及干燥、造纸车间蔓延。

粉碎、制纸、包装等工段火灾，应控制火势，使其不向造纸车间和成品纸库蔓延。

对受到火势威胁的氯气钢瓶、二硫化碳设备，要及时用水冷却，关闭送料阀门；对已燃烧的沥青锅，应用泡沫、干粉或雾状水扑救；对滴漏的二硫化碳液体和外溢的沥青，应用砂土、水泥粉等堵截和覆盖；对已打包的贵重成品纸，应用雾状水扑救。

(5) 及时扑灭飞火

粉碎、制纸、包装等车间着火，燃烧物的碎块、纸片等易产生飞火，形成新火场，灭火时应注意监视燃烧飘落物，及时扑灭飞火，防止引起新的火点。

2. 造纸厂火灾扑救注意事项

(1) 合理组织供水

造纸厂发生较大火灾时，需要大量的灭火用水。当火势从表面渗入堆垛内部和卷筒纸内部时，由于水流短时间内难以有效打击深层的火势，也需要消耗大量的水。扑救造纸厂火灾要合理组织供水。一方面要充分利用厂内消防水源和生产用水；另一方面要及时根据火场水源情况，调派大型水罐车到场或组织运水供水；还要视情况利用火场灭火、冷却的回流水等。

(2) 加强个人防护

在扑救生产车间、成品仓库火灾时，因添加料（漂白剂、沥青等）燃烧会析出大量有毒气体和烟雾，消防人员必须佩戴空气呼吸器，以防中毒。

成品仓库火灾，扑救人员一定要避免发生因卷筒纸堆垛长时间燃烧或用大口径水枪直流水冲击，而引起的卷筒纸滚落伤人事故。一般情况下，应避开卷筒纸滚动方向，侧向进攻。

采用钢结构屋顶的厂房受火势威胁极易变形倒塌，要强化排烟与冷却工作，并注意行动安全。

扑救漂白车间火灾时，要防止烧碱的灼伤；扑救沥青锅火灾时，严禁用强直流水冲击，以防喷溅伤人。

（3）防止复燃发生

造纸原料、半成品和成品都极易燃烧和复燃，在明火扑灭后应进行彻底检查，消灭阴燃火源，防止发生复燃。必要时，要留守一部分力量，监护一段时间。

造纸厂切料车间的切料底部，存有大量草木屑，起火后大多数处于阴燃状态，扑救时要注意彻底消灭余火，防止复燃成灾。

（4）减少水渍损失

成品纸张着火，在火势基本控制后，要及时更换水枪，以减少水渍的损失。

三、卷烟厂火灾扑救对策

卷烟厂火灾具有燃烧速度快，蔓延途径多，容易形成大面积立体火灾，烟雾大，燃烧产物有毒，能发生粉尘爆炸，易发生自燃、阴燃和复燃，易产生飞火，形成新的火点等火灾特点，在火灾扑救中要采取针对性扑救措施，重点把握侦察、救人、阻止火势蔓延、排烟、疏散、防止复燃等环节。

1. 卷烟厂火灾扑救措施

（1）制定事故应急预案，加强培训和演练

制定事故应急预案，落实消防安全责任制，定期组织应急救援能力的培训和演练，使员工了解和掌握在发生火灾时的应急措施和扑救初起火灾的方法，提高员工在事故应急救援过程中的实际处置能力。

（2）及时发现火情，迅速报警

工作人员发现起火后，应当及时向调度或主管报警，向公安消防部门报告火情，并立即通知在场所有人员利用就近的消防设施及灭火器材进行灭火，若火势一时难以扑灭，则要采取防止火势蔓延的措施，保护要害部位，转移物资。

报警内容包括：①单位名称、地址；②发生火灾的时间；③发生火灾的部位、燃烧物情况；④火场内是否有人员受到火势围困；⑤火灾的发展阶段、规模；⑥卷烟机等贵重设备和原料库、成品库受火势威胁的程度等。

派专人到路口接应消防车，并清理出停车区域。

（3）积极抢救生命

当发现火场内有人员受到火势围困，要立即组织力量，利用各种途径救人，对抢救出来的受伤人员，要及时采取现场急救措施。

卷烟厂着火会产生大量的烟雾，严重影响灭火救援行动的安全。应突破烟雾封锁，深入火场内部将被困人员迅速抢救出来。救人途径被烟雾和火势封锁时可用水枪驱散烟雾，启动排烟机等驱散烟雾，保证抢救工作的胜利完成。必要时可直接向被疏散人员喷射雾状水，强行掩护救人。被困人员较多、烟雾浓、现场环境复杂、救人行动进展困难时，应视情况采取边救人边排烟、边救人边控火、边救人边灭火同步进行的措施，努力创造救人的条件。

（4）阻止火势蔓延

卷烟厂发生火灾时火势蔓延的途径多，阻止火势蔓延，控制燃烧范围，是扑救卷烟厂火灾的重要任务。当烘焙房间发生火灾时，应迅速将力量部署在鼓风机口和通道口，堵截火势，不使其向邻近工序蔓延，用喷雾水流扑灭烘焙房的火焰。当制丝、卷制工序发生火灾，应迅速切断电源，停止输料，停止风机送风。同时，在进出料口等部位堵截火势，阻止向邻近工序蔓延。当楼层车间发生火灾，应在上下层的楼梯间、电梯井、吊料口设置灭火力量，阻止火势向上下楼层蔓延。灭火时要重点保护卷烟机和其他贵重设备，阻止火势向贵重设备蔓延。

（5）采取防排烟措施

卷烟厂着火产生的大量浓烟给灭火救援行动带来严重影响。在灭火过程中应及时实施防排烟措施，有利于提高灭火效率，减少火灾损失。组织进攻时，当水枪力量部署到位后，要适时派出做好防护的人员，进入内部打开采光窗排烟散热，以迅速提高火场能见度，减少烟热和有毒气体对施救人员的威胁。自然排烟效果不明显时，要在下风方向上部的适当部位实施破拆排烟，有条件时可采用移动排烟机，进行送风排烟。

（6）灭火和疏散相结合

当火点周围有可移动的可燃物品，或物资比较集中时，应采取灭火和疏散相结合的措施。在灭火的同时，及时组织力量疏散受到火势威胁的烟叶、烟丝、成品和香料等物资，降低火灾荷载，最大限度地减少火灾损失。对难以疏散的重型设备应及时加以遮盖保护。对原料和成品集中的车间、仓库，要积极采取边翻垛、边施救、边疏散的措施，加速灭火进程。

（7）防止复燃发生

烟草和纸张容易发生复燃，扑救中必须彻底消灭残火。大火扑灭后要及时清理制丝、卷制工序阴燃的火星、冒烟的烟尘、烟包的残火。必要时对管道进行降温，并破拆吸尘、输料等管道，清理内部的烟叶和烟尘，防止管道内可燃物发生复燃。

2. 卷烟厂火灾扑救注意事项

（1）注意个人防护

卷烟厂火灾烟雾浓，有毒气体多，进入火场内部侦察时，消防人员要佩戴空气呼吸器，做好必要的自身防护，防止吸入一氧化碳、二氧化碳气体而中毒。

在烟雾重的情况下，进行火场侦察，救人、灭火时要携带呼救器、导向绳等安全防护器材，摸索前进，以防坠入电梯井吊料口，造成摔伤、烧伤事故。

卷烟厂原料堆垛发生火灾时容易塌陷，消防人员不可随意爬上堆垛灭火，以防止塌垛伤人。在扑灭烟叶自动高架仓库火灾时，不可随意进入货架间的通道或攀架登高，防止倒塌伤人。

（2）正确选择水流

卷烟厂许多物资忌水。根据起火部位和火势情况，灵活机动地更换水枪，内攻人员一定要接近火点，视情采取疏散和灭火等措施，做到不盲目射水，不无效射水，最好使用喷雾水流灭火，以减少水渍损失。

高架烟叶仓库火灾，形成大面积燃烧时，应用大口径直流水枪或移动炮灭火。

（3）防止飞火蔓延

灭火时对烟叶、烟丝及纸张等质轻易燃物，要防止飞火引起新的火点。

设置二道防线，留有机动力量，组织现场员工，做好应对第二火场的准备。

（4）正确使用灭火剂

使用磷化物熏蒸烟草场所，磷化物发生火灾时不得用水灭火，应用砂土或二氧化碳等灭火剂进行扑救。

四、粮食加工厂火灾扑救对策

粮食加工厂火灾具有可燃物多，燃烧迅速，易发生粉尘爆炸，有自燃的危险，火灾蔓延途径多，易造成建筑倒塌的特点。扑救粮食加工厂火灾，除要救助人员、控制火势、防止爆炸外，保护粮食免受危害也十分重要。

1. 粮食加工厂火灾扑救措施

（1）制定事故应急预案，加强培训和演练

制定事故应急预案，落实消防安全责任制，定期组织应急救援能力的培训和演练，使员工了解和掌握在发生火灾时的应急措施和扑救初起火灾的方法，提高员工在事故应急救援过程中的实际处置能力。

（2）及时发现火情，迅速报警

工作人员发现起火，应当及时向调度和主管报警，向公安消防部门报告火警，并立即通知在场所有人员做好灭火和疏散准备。派专人到路口接应消防车，并清理出停车区域。

(3) 查明火场情况

专业消防人员到达火场后，除应查明一般情况外，重点要查明以下内容：火场是否有人受到火势威胁，受威胁人员数量、所处位置和受威胁程度，可实施救助的途径和方法；起火部位，火势沿建筑构件、输料管道、排送风管道、楼梯间水平和垂直蔓延的情况，是否形成了立体燃烧；有无粉尘爆炸危险，已经发生粉尘爆炸的车间，会不会发生第二次爆炸。

(4) 采取工艺灭火措施

对于初期阶段火灾，不同着火部位要采取不同的工艺灭火措施。

磨粉机磨子部位起火，可采用粮食淹埋灭火。立即关闭升运机和进风闸门，迅速松开磨辊，放大流量，用不易燃烧的麦粒淹埋小火，压灭火焰。火势较大，上述工艺灭火处理无效时，可用雾状水扑救。

管道内起火时，可采用灌注粮食灭火。停止送风、排风或物料输送，然后采取灌入大米、麦粒的方法，将火压灭，再导出清理；也可打开生产管道上部的视孔望板，向下灌水灭火。同时，在下部部署力量，防止火势扩散。

(5) 阻止火势蔓延

粮食加工厂发生火灾后，应及时在着火层上、下部的管道口、孔洞口布置水枪，阻止火势向上下左右蔓延，特别是要阻止向上层和向原料库、成品库蔓延。

根据生产车间孔洞多、管道多、设备立体性强，起火后向上蔓延较快的特点，火灾扑救人员要快速利用室内外楼梯和临时架设的消防梯或举高消防车，攀登到车间顶层，及时控制和消灭上窜的火势。

当火势被基本控制住以后，应逐层予以消灭，其顺序是先上层后下层。

对于着火层下层也应留有一定的力量进行监护，特别是竖向管道井的下层出口处，要防止燃烧掉落物引起下层可燃物着火。

(6) 防止爆炸和二次爆炸

扑救粮食加工厂车间火灾，宜用开花、喷雾水枪扑救，以防粉尘浮起导致爆炸事故。特别是制粉厂的磨粉车间、制米厂的碾臼车间，粉尘爆炸的危险性很大。

粉尘发生第一次爆炸后，要迅速观察情况，准确作出判断，有再次爆炸危险时，必须果断撤离到安全地带。爆炸过后，应立即从外围向内逐步推进喷射水流，抑制扬尘，防止再次爆炸。为确保安全，可先从较远处或掩蔽体后，向粉尘飞扬处喷射直流水，等安全后再靠近，改用喷雾水。

2. 粮食加工厂火灾扑救注意事项

(1) 做好个人防护

扑救粮食加工厂火灾时，内攻扑救人员必须做好个人防护，必要时要进行水枪掩护。在浓烟和夜间进入车间灭火时，要加强照明，试探前进，防止从楼板孔洞坠落伤人。深入车间内部灭火时，应注意建筑的燃烧程度，以防屋顶和物体塌落伤人。

（2）防止水渍损失

原料和成品库粮食都是忌水的，因此在扑救火灾中，必须加强保护粮食意识，慎重用水扑救，努力减少水渍损失。扑救粮食堆垛表面阴燃火灾时，应使用雾状射流，既可增大覆盖面，又可减少用水量。为防止粮食、麸皮、稻壳等吸水增重，威胁承重构件安全，要尽可能使用雾状水，并要注意及时排水。

（3）防止复燃发生

粮食着火容易发生阴燃，现场清理要细致，消灭残火必须彻底，防止发生复燃。火灾扑灭后应对燃烧物逐层进行清理，彻底消灭残火；对于过火后的堆积物，应当全面翻开清理，防止复燃；输送管道、通风管道阴燃的可能性极大，应逐一仔细清理，彻底消灭残火。必要时，应留守力量监护，并妥善做好火场移交。

五、植物油加工厂火灾扑救对策

植物油厂火灾，具有可燃物多，溶剂蒸气、粉尘有爆炸危险，易形成大面积立体火灾，有可能造成人员伤亡的特点，因此，扑救时要仔细侦察，周密部署，谨慎处置。

1. 植物油厂火灾扑救措施

（1）制定事故应急预案，加强培训和演练

制定事故应急预案，落实消防安全责任制，定期组织应急救援能力的培训和演练，使员工了解和掌握在发生火灾时的应急措施和扑救初起火灾的方法，提高员工在事故应急救援过程中的实际处置能力。

（2）及时扑救初起火灾

1）生产工段初起火灾的扑救。当生产设备和车间发生火灾爆炸事故时，在场操作人员或现场人员应迅速采取如下措施：

①迅速查明着火部位、着火物质及其来源，及时正确地关闭阀门，切断物料来源和各种加热源；保持冷却水畅通，进行冷却或有效隔离火源；关闭机械通风装置，防止风助火势或沿通风管道蔓延；从而有效地控制火势，为灭火创造有利条件。

②压力容器的物料泄漏引起着火时，除应立即切断进料外，还应打开泄压阀门，进行紧急放空；同时将物料排入系统或其他安全部位，火势可因此减弱，便于扑灭。

③根据火势大小、设备和管道的损坏程度，现场当班人员应果断作出是否需要全线或工段停车的决定，并及时向调度或主管报警，在报警时要讲清着火地点、着火设备和物质，最后报告自己的姓名。

④出现火灾后，当班班长应迅速组织人员采取正确的灭火措施，并利用就近的消

防设施及灭火器材进行灭火。若火势一时难以扑灭，则要采取防止火势蔓延的措施，保护要害部位，转移物资。

⑤在专业消防人员到达火场时，当班调度及班长要主动向消防指挥人员介绍情况，说明着火部位、物料情况、设备及工艺状态及已经采取的措施等。

2）植物油储罐初起火灾的扑救。

①植物油罐区中某一个油罐发生着火爆炸十分危险，一旦发现火情应迅速向调度或主管报警，说明罐区的位置、着火罐的位号及储存物料的情况，以便消防部门迅速赶赴火场进行扑救，并开启喷淋装置对周边油罐喷淋降温。

②若着火油罐正在进油，必须采取措施迅速切断进料。如无法关闭进油阀门，可在消防水枪的掩护下进行强关，或通知送油部门停泵。

③若着火油罐为压力容器，应迅速打开水喷淋管，对着火管和邻近储罐进行冷却保护，以防升温、升压而引起爆炸。打开紧急放空阀门，将油脂排放到安全地点进行泄压。

④现场指挥员应根据储罐的损坏情况，组织人员采取筑堤堵洞措施，防止油脂流散，避免火势扩大，特别注意对相邻储罐的保护；对于黏度较大的油品，应警惕物料爆沸而引起飞溅，以防造成人员伤亡和火势的扩大。

3）粕库初起火灾的扑救。粕库内存放豆粕或菜粕，初起火灾冒轻烟，管理员应选择仓库配备的合适的灭火器材灭火，用水喷射着火一面，同时要迅速移出豆粕，否则蛋白会变性变臭。管理员应主动向消防指挥人员介绍情况，说明物品位置及相应的灭火器材，以免扩大火势，甚至引起爆炸。

大型油厂的散粕库和包装粕库的建筑面积超过 3 000 m^2，应安装现代化的消防系统和防火隔离区。豆粕燃烧开始冒烟，是暗火，如果豆粕或菜粕含溶剂量过高，燃烧是明火，应启动喷淋系统和灭火系统。

（3）积极抢救遇险人员

通过火情侦察，如发现有人员被困或受伤、中毒，应根据被困或受伤、中毒人员的数量、所处位置、受威胁程度等具体情况，迅速部署力量，积极进行保护或救援。必要时，要迅速组织精干力量，突破火势，攻入火场内部，抢救被困人员。火势较大而威胁救人行动时，要组织水枪掩护，保证抢救工作的顺利进行。

（4）覆盖稀释，防止爆炸

火灾现场有爆炸危险时，可按以下方法处置，以防爆炸。

火灾中发生溶剂泄漏流淌时，要及时用泡沫进行覆盖，防止溶剂蒸发，与空气形成爆炸性混合物。泡沫要适时补充，保持覆盖层厚度，防止泡沫破碎。

溶剂蒸气发生泄漏时，可迅速喷射雾状水稀释。有条件时，可释放水蒸气或二氧化碳、氮气稀释，防止发生爆炸。及时采取关阀、断料、堵漏、导料等工艺措施，制止泄漏，从源头上消除爆炸危险。

对有可能引起粉尘飞扬时，应先用雾状水浇湿。

（5）阻止火势蔓延，冷却保护设备

油料处理工序发生火灾时，重点控制火势，勿使其向榨油、浸出工序蔓延。采用浸出法加工的工厂，应迅速关闭与溶剂罐相通的阀门，阻止火势向溶剂罐蔓延。

浸出工序发生火灾时，要重点冷却溶剂罐、浸出罐、热交换器、精炼设备和各种管线；同时，要控制火势向油料库、成品油库（罐）及其邻近建筑蔓延；下部燃烧时要拦截火势向上发展；上下同时燃烧时，要视实际情况，如有可能，应层层部署力量，堵截火势向上和向周围扩展。

浸出工序火灾扑灭后，若溶剂继续外溢，应立即向车间充入蒸汽或用喷雾水流稀释，驱散可燃蒸气，降低浓度，断绝火源。根据“跑”“冒”“滴”“漏”的程度，采取关阀、断料、堵漏、导液等工艺措施，防止溶剂扩散，再次引起燃烧、爆炸。

2. 植物油厂火灾扑救注意事项

扑救食油加工厂火灾，要充分考虑溶剂的毒害性，溶剂蒸气、粉尘的爆炸危险性，建筑倒塌的可能性等情况，严格行动要求，注意安全防护。

（1）加强安全保护

灭火进攻人员应佩戴必要的防护器具，防止吸入有毒气体或蒸气，溶剂的毒害性效果较慢，不可侥幸、麻痹，只要溶剂泄漏，处理时就一定要采取佩戴空气呼吸器等防护措施。

进攻过程中不可距离高温金属设备过近，防止高温气浪反扑伤人。避免在覆盖泡沫的流淌液体区域行走，防止搅动导致液体蒸发。

灭火时要时刻注意观察建筑物顶部的燃烧程度，防止屋顶或建筑构件塌落伤人。植物油泄漏流淌时，会造成地面滑腻，灭火战斗行动必须注意安全，要防止跌倒摔伤。

（2）正确选用灭火剂

扑救食油加工厂火灾，可按以下情况，针对性选择灭火剂。

桶装油料库、少量植物油火灾和油料处理工序火灾，宜用喷雾水流或泡沫扑救。

溶剂火灾，一般使用普通泡沫或干粉扑救。对水溶性的脂肪醇化合物溶剂，要用抗溶性泡沫或干粉扑救。但溶剂量较少或溶剂罐、浸出罐裂口不大时，根据实际情况，也可用雾状水扑救。此外，普通泡沫与干粉相互干扰，灭火时，不宜联用。

植物油罐、油槽火灾，一般情况下，如果火势不大，宜用二氧化碳等灭火剂扑救，以避免污染食油，造成间接损失。

（3）防止溶剂、粉尘爆炸

扑救浸出工序火灾，在有溶剂泄漏的情况下，要积极采取有效措施，防止发生爆炸或连续性爆炸。如溶剂泄漏量较小时，可用干沙或水泥粉吸收，铲入桶内密闭，移出现场。泄漏量较大时，按前面方法用泡沫持续覆盖。

油料工序火灾，严禁使用直流水枪冲击设备和建筑，以免造成沉积粉尘飞扬悬浮，引发粉尘爆炸。

（4）彻底消灭残火，防止复燃

火势扑灭后，对金属构件、设备和容器要持续冷却一段时间，防止因高温引起复燃。

对烧至花生壳、葵花籽壳、棉籽绒及油垢、油污等处的阴燃火势，要注意彻底消灭残火，防止发生复燃。

六、木材加工厂火灾扑救对策

木材加工厂火灾具有火灾蔓延速度快、火势猛烈，燃烧面积大，容易阴燃、复燃，有粉尘爆炸危险，易出现新的火场等火灾特点，在火灾扑救中必须迅速有效地控制火势，彻底消灭残火。

1. 木材加工厂火灾扑救措施

（1）制定应急预案，加强培训和演练

制定应急预案，建立应急救援机制，全面落实消防安全责任制，对工作人员进行应急预案的培训和演练，使他们了解和掌握在发生火灾时的应急措施和扑救初起火灾的方法，提高事故处置能力。

（2）及时发现火情，迅速报警

工作人员发现起火后，应当及时向调度或主管报警，向公安消防部门报告火情，并立即通知在场所有人员利用就近的消防设施及灭火器材进行灭火，若火势一时难以扑灭，则要采取防止火势蔓延的措施。

派专人到路口接应消防车，并清理出停车区域。

（3）掌握火场情况

木材加工厂火灾燃烧猛烈，蔓延迅速，专业消防人员到达火场后，指挥员必须通过外部观察和询问知情人，迅速了解和掌握现场的基本情况，并组织侦察小组深入火场内部，查明火场主要情况。查明有无被困人员及其数量和所处的位置；查明燃烧部位、燃烧范围以及火势发展蔓延的主要方向；查明火场有无倒塌或爆炸的危险；查明进攻通道以及救人的途径等。

（4）阻止火势蔓延

火灾初起时，消防人员要迅速深入火场内部，开窗排烟散热，并利用墙式消火栓快速出水灭火。

火场面积较大时，应组织力量在火场形成围歼态势，并在火势蔓延的主要方向部署一定的灭火力量和一定数量的水枪，重点做好不间断供水保障。必要时，在车间纵深位置设置带架固定摇摆水炮，阻止火势发展。

必要时应拆除毗连的建筑物，搬移可燃物资，切断火势蔓延线，把火势控制在一定范围内。

对一些门式钢结构建筑，可根据车间布局，在下风方向或侧下风方向，实施强行破拆，以改变热对流方向，将高温热流引向室外。

（5）防止飞火引起新的火点

在火势猛、飞火多的情况下，要设置第二道防线，防止强辐射热或飞火突破水枪阵地，扩大燃烧范围。组织员工扑灭火场周围特别是下风飘落的燃烧物，防止引起新的火情，必要时，应组织消防人员设防。

（6）针对不同情况采取扑救方法

干燥间、木屑除尘室或其他能封闭的部位燃烧，最好采取封闭出入口灭火，有条件时可注入蒸汽，窒息灭火。

圆木堆垛燃烧时，战斗员应站在木头一侧，向堆垛上部射水，使水由上向下流滴，压下表面火势，然后从木材的一端顺向射水，使水渗入火源部位灭火。

刨花、木屑堆燃烧时，因水流易受刨花、木屑阻挡，妨碍直接灭火，应边翻动边射水，防止留下残火，造成复燃。

油漆车间（工段）火灾，应以喷射泡沫为主，辅以水枪配合，灭火、疏散同步进行。

扑救大面积火灾，必须抢占下风，保护重点，并组织大口径水枪（炮）阻击，达到控制火势的目的；而后根据不同的情况采取穿插分割的方法，水枪要强行攻入火场深处，分割火源，分段逐片灭火。

（7）积极组织疏散

及时疏散受火势威胁的物资，能够减少火灾负荷，加快灭火进程，最大限度地减少火灾损失。对受到火势威胁的重要物资和设备，要组织人员进行疏散，转移至安全区域。对难以转移的生产设备、成品或半成品，要采取水枪冷却等保护措施。

2. 木材加工厂火灾扑救注意事项

（1）做好防护工作

承担强攻任务的灭火人员要求佩戴空气呼吸器和氧气呼救器，穿着隔热服，采取雾状水掩护，以防燃烧产物的毒害作用和热损伤。

扑救圆木堆垛火灾时，要防止水枪盲目横向射水，以免堆垛滚塌，不能登垛或近距离灭火，应尽力避开圆木滚动方向，防止堆垛溜滚或人随堆垛原木滚滑受伤。

在扑救火灾时，要防止建筑倒塌，构件坠落伤人。实施屋顶破拆排烟时，要选准前进路线，沿承重部位行进；作业时用力要均衡，防止因用力过猛而坠落伤人。

（2）保持灭火用水

扑救木材加工厂火灾，火场用水量大，必须保证不间断供水。消防车要直接占领水源，组织多条供水干线向火场供水。位于城区的，应及时协调自来水公司，对管网进行加压；位于农村的，应与农灌站联系，请求启泵通过农渠向取水河塘送水。水源缺乏地区要充分利用火场灭火回流水，从窨井直接抽取或临时挖坑围堤，集中回流水使用浮艇泵向消防车供水。对供水的消防泵的工作状况要不断巡检，及时发现和排除故障，并落实好燃料供应，确保消防车火场供水持续、不间断。

（3）防止复燃发生

对隐燃、阴燃的部位，要彻底消灭火源，以防复燃。对堆垛等物资组织翻垛时，要尽可能调用叉车、铲车等实施机械翻垛，彻底消灭余火。

在大风天气里，应认真检查下风建筑有无飞火坠落，防止出现新的燃烧点。

七、烟花爆竹厂火灾扑救对策

烟花爆竹工厂火灾具有事故发生率高，群死群伤恶性事故多，燃烧爆炸并存，具有突发性，易形成大面积燃烧的火灾爆炸事故特点，一旦发生事故，容易造成大量的人员伤亡。火灾扑救中必须积极抢救人命，及时控制再次爆炸的发生，最大限度地减少火灾损失。

1. 烟花爆竹厂火灾扑救措施

（1）制定事故应急预案，应对突发事故

制定事故应急预案，建立应急救援系统，建立健全消防安全责任制，定期组织应急救援能力的培训和演练，提高应对突发事故的实际处置能力。

（2）及时扑灭初期火灾

烟花爆竹工厂可燃物、化学危险品、爆炸品多，及时扑灭初期火灾至关重要。应尽早发现火情，及时分析判断燃烧位置、起火原因、威胁范围，及时确定处置内容、扑救方法，扑救动作要迅速，将火灾扑灭于初期。

在操作台旁应放置灭火水桶、砂袋，在工作间门外宜有灭火器，以备急需。单独工作间内的上方宜设置手动控制的水喷淋系统或翻斗水箱，一旦着火可立即启动。也可装设由塑料薄膜制成的简易灭火袋，内装 2～5 kg 水，挂在工作台上，着火时火可烧破袋子，水即流出灭火。操作人员超过 4 人，面积超过 24 m^2 的工作间内，宜设手动控制的水喷淋系统及水塔或气压水罐供水设备，消防延续时间按 30 min 计算。操作人员多于 6 人，面积超过 60 m^2 或存药量大于 30 kg 时，宜设自动控制的水喷淋系统，其消防延续时间按 1 h 计算。

（3）迅速查明火情

消防人员通过外部观察、询问知情人和深入火场内部进行侦察，掌握火场主要情况：火场内是否有人员伤亡，其所处的位置、数量、施救的途径；现场内有无尚未起火和爆炸的原料和成品；有无人员埋压在倒塌的建筑物下面；起火位置对有爆炸危险的仓库的威胁程度，能否进行疏散转移；现场仍存在着火和冒烟的散落点情况，周围有无重要的建筑物等。

（4）积极救助人员

在烟花爆竹工厂燃烧爆炸中如有人员被围困或受伤，要首先抢救人命。接到报警后要立即通知医疗救护人员、社会联动力量到达现场，协同作战；迅速组成救人小组，展开救人行动；认真搜寻受伤的幸存人员，妥善处理遇难人员；根据需要设置水枪掩护救人行动。在展开救人行动的同时，也要部署力量迅速灭火。救助倒塌建筑内的人员时，应利用相关仪器和消防搜救犬，仔细搜寻定位，然后有序救助，同时要防止建筑倒塌和未爆炸的炸药爆炸。

（5）设置警戒区

扑救火灾时要及时划定警戒线，禁止一切无关人员越过警戒线，避免人员聚集干扰灭火行动，同时也可以避免爆炸伤人。警戒区的范围和距离，一般以爆炸时人员不受到伤害的距离和不影响消防人员战斗行动为原则。一些小型烟花爆竹厂发生火灾时，往往会出现人员聚集的情况，应严格实施警戒区的管理，严禁非灭火人员进入现场。

（6）确保火灾扑救人员安全

进入火灾现场的扑救人员，必须得到火场指挥员的批准，并按照规定做好安全防护工作。

在有发生爆炸危险的情况下，第一线灭火的人员应尽量减少。

对有爆炸危险的厂房、仓库发生的火灾，应采用大口径水枪远程扑救。

进攻人员要根据现场的实际情况，选择掩蔽的物体进行射水。如果没有可以掩护的物体，要采取卧姿的方法。在确认爆炸危险已经消除后，方可进入建筑内进行灭火。

原料库、成品库或者有爆炸危险的场所尚未着火，为了避免发生爆炸，应当根据需要设置警戒安全哨，监视火势对原料库、成品库或者有爆炸危险场所的威胁情况。一旦发生危险，立即发出撤退信号，坚持徒手向低洼处撤离。

固体物爆炸，一般呈“V”字形泄压，在灭火行动中要充分利用爆炸的夹角选择掩体或低洼地，最大限度减少人员伤害。

（7）正确使用灭火剂

纸张、木炭、材料库等一般可燃物发生火灾，或装有药的成品、半成品纸筒燃烧，均可用水扑救。

镁粉、铝粉、锌粉、钛粉等金属粉末火灾不可用水施救，因为金属处在燃烧状态时，温度很高，性质活泼，可与水发生化学反应，从而引起爆炸或使燃烧更加剧烈。例如燃烧着的镁遇水会生成氧化镁，同时放出氢气，使火灾发展得更剧烈。镁粉、铝粉等，也禁止使用二氧化碳灭火剂灭火，因为它们的金属性质十分活泼，能夺取二氧化碳中的氧，起化学反应而燃烧。

三硫化四磷、五硫化二磷等硫的磷化物遇水或潮湿空气，可分解产生易燃有毒的硫化氢气体，所以也不可用水施救。

大部分氧化剂引起的火灾都能用水扑救，最好用雾状水，一般也可用砂土进行扑救。由于氧化剂自身可以释放出氧气，所以窒息法灭火是无效的，应避免使用二氧化碳及其他惰性气体扑救氧化剂火灾。烟花爆竹工厂的化学危险品往往是多品种混存于一座仓库，扑救时要区别对待，防止顾此失彼。若仓库内同时存有氧化剂和铝粉、镁粉，则不可用水扑救，要使用砂土、干粉、7150 等作灭火剂，既可以扑救氧化剂火灾，也可以扑救铝粉、镁粉火灾。

（8）防止爆炸发生

烟花爆竹工厂火灾，燃烧而尚未爆炸，要首先设法防止爆炸发生。

在有生产用药的建筑发生火灾时，要用喷雾水将炸药喷湿，同时迅速扑灭建筑上火势。

库房的建筑物发生火灾，要用消防水炮远距离对库房上、窗户内喷射强大的水流，迅速消灭库房上部的火焰。当库房上的火势消灭后，要继续向库房内射水，确认没有危险时，再用水枪依靠防爆堤卧姿射水，准确打击火点。

要把药库、成品库作为重点部位，当火势威胁到这些部位时，须集中一定力量，阻止火势向这些部位蔓延，并对这些部位进行冷却。注意监视建筑燃烧时产生的飞火，防止飞火落到存放炸药的仓库和生产车间。

2. 烟花爆竹厂火灾扑救注意事项

（1）灭火设施要完备

烟花爆竹工厂的灭火设施要完备，以便及时扑救初期火灾。根据工厂规模大小、厂房布置分散密集程度、建筑物耐火等级以及市镇消防车到达时间长短等布置消火栓系统，配备固定式灭火装置、消防泵、灭火器、沙箱、覆盖物等消防器材。

消防水源充足可靠。当利用天然水源时，在枯水期，应有可靠的取水设施；当采用市政给水管网或自备水源，并且厂区内无消防蓄水设备时，消防给水管网宜设计成环状，并有两条输水干管接自市政给水管网或自备水源井；当厂区内设置蓄水池、水塔或有天然河、湖、池塘可利用时，宜设有固定式消防泵组或手抬机动泵。危险品总仓库区可设消防蓄水池、高位水池，室外消火栓的保护半径不应大于 150 m。消防储备水应有平时不被挪作他用的措施，消防用水量和消防供水延续时间应符合《烟花爆竹工厂设计安全规范》（GB 50161—1992）的规定。2002 年春节前夕河南省邢阳市一烟花爆竹销售点发生爆炸，整栋楼顷刻间被大火包围，消防部队出动消防车二十多辆参与灭火行动，火灾很快被控制住了，但是邢阳市的城市消防基础设施不健全，周围 10 km 范围内竟然没有一个消火栓出水，参与灭火的消防车需要到很远的地方运水，大火很快又再次燃烧起来，整个灭火战斗竟然持续了 9 h。

（2）烟火剂、火药及其产品禁止用窒息法灭火

烟火药的燃烧在外表现象上与一般燃料在空气中的燃烧很类似，但它们有本质的区别，一般燃料的燃烧需要外界供氧或其他助燃气体，烟火药的燃烧是依靠自身所含的氧进行反应的。烟火剂、火药及其产品一旦着火，一般只要不堆积过高，不装在密封的容器内，散装不一定会形成爆炸，而如用砂土等覆盖层压盖则会造成爆炸。因为覆盖层根本隔绝不了其自身的供氧，反而造成燃烧产生的大量气体和热量无法蒸发和扩散。如果烟火药类物质在房间内着火时，要迅速将门、窗打开，向内射水冷却，不可用窒息法灭火。

（3）避免水枪直接冲击

在使用大口径水枪射水灭火时，要防止直接冲击花炮和原料堆垛，以免撞击导致堆垛倒塌而发生爆炸。大口径射流，也不可直射简易厂房结构的承重墙，防止其倒塌伤人。

对粉末原材料的燃烧，不可用直流水枪冲击，以防在水流冲击作用下造成粉尘扬起，形成粉尘的空气混合物，粉尘的表面积大量增加，化学活性增强，可以在没被扑灭的火星甚至火焰作用下发生更剧烈的燃烧、爆炸。

（4）疏散物质时注意安全

火灾时如果条件许可，应将火药、成品疏散到安全地点。选择疏散路线应根据最短、充分利用掩护体的原则，迅速安全脱离危险区；对疏散路线要部署一定力量进行掩护，使之畅通无阻。

在疏散化学危险品及花炮半成品、成品时，应轻拿轻放，防止因撞击、拖拽、抛掷、倒垛而发生二次灾害。

（5）防止复燃复爆

一些原料、黑火药可能在水的作用下，爆炸危险性暂时降低，但由于火场情况复杂，应十分注意防止复燃复爆发生。在火场内明显感觉温度过高时，应当继续进行射

水冷却；对已经被水淋湿的原料、黑火药等要继续进行喷水，然后在专业人员指导下进行专门处理；对已经倒塌的建筑物，在屋顶坠落物的覆盖下，可能还有未燃烧或未爆炸的原料、黑火药，仍然存在着火和爆炸的危险，要用大量的水流实施淹没，使其彻底失去着火和爆炸能力。

第三节　轻工纺织企业火灾应急预案编制

一、应急预案内容

应急预案随事故类型和影响范围而异，但事故应急预案一般应由企业重大事故风险分析、应急组织、应急措施、应急设施、现场医疗救护、紧急安全疏散和外援机构等内容组成。

1. 企业重大事故风险分析

企业重大事故风险的情况直接决定了预案编制的必要性，是预案中所有其他内容的编制基础。因此，在预案中必须明确企业存在的各类重大事故风险，主要内容有：

（1）主要危险物质的种类、数量、分布、危险特性及其危险工艺过程。

（2）可能发生的重大事故类型（含企业内危险物质运输事故）及其后果分析，包括可能发生事故的类型、最严重事件发生的过程、有害效应（毒性、热辐射、爆炸波）的评估、可能的影响区域、区域内的人员和重要目标情况，并确定该区域是否超出企业范围。

（3）可能诱发重大事故或影响应急救援工作的不利条件，包括非严重事件可能导致严重事件的时间间隔、可能出现的恶劣自然和气象条件、相邻企业重大事故对本企业可能造成的重大影响等。

2. 机构设置和职责

建立应急组织和指挥中心，明确应急组织各级人员的职责，任命指挥者和协调人员，是保证应急过程中有关人员迅速各就各位、各司其职，确保应急救援工作迅速有序的重要前提。

（1）指挥机构

生产经营单位成立事故应急救援“指挥领导小组”，由企业负责人、有关副职及生产、安全、设备、保卫、卫生、环保等部门领导组成，下设应急救援办公室，日常工作由安全部门兼管。发生重大事故时，指挥领导小组立即到位，企业负责人任总指挥，有关副职任副总指挥，负责企业应急救援工作的组织和指挥，指挥部可设在生产调度室。在编制预案时应明确，若负责人和副职未在企业时，由安全部门或其他部门负责人为临时总指挥，全权负责应急救援工作。

（2）指挥机构职责

指挥领导小组：负责单位预案的制定、修订；组建应急救援专业队伍，组织实施和演练；检查督促做好重大事故的预防措施和应急救援的各项准备工作。

指挥部：发生重大事故时，由指挥部发布和解除应急救援命令、信号；组织救援队伍实施救援行动；向上级汇报和向友邻单位通报事故情况，必要时向有关单位发出救援请求；组织事故调查，总结应急救援经验教训。

（3）指挥人员分工

总指挥：组织指挥企业的应急救援。

副总指挥：协助总指挥负责应急救援的具体指挥工作。

指挥部成员：在统一指挥下进行工作。

安全科长：协助总指挥做好事故报警、情况通报及事故处置工作。

保卫科长：负责灭火、警戒、治安保卫、疏散、道路管制工作。

生产科长（或调度长）：负责事故处置时生产系统、开停车调度工作，事故现场通信联络和对外联系。

设备（机动）科长：协助总指挥负责工程抢险抢修工作的现场指挥。

卫生科长（包括气防站长）：负责现场医疗救护指挥及中毒、受伤人员分类抢救和护送转院工作。

总务科长：负责抢救受伤、中毒人员的生活必需品供应。

供销科长：负责抢险救援物资的供应和运输工作。

环保科长：负责事故现场及有害物质扩散区域内的无害化处理及监测工作，必要时代表总指挥部对外发布有关信息。若无相应的科室时，其分工内容由职责相近的科室承担，且在预案中予以明确。

（4）处理紧急事故的组织结构

如图6—1所示，为保证快速反应，企业可根据自身规模等具体情况，针对事故严重程度和响应范围实行分级响应。对不同的响应级别，分别明确事故的通报和应急动员的范围、应急总指挥和副总指挥等，例如，一级紧急情况：事故可能或已经对厂外周边造成威胁，或必须动员全厂或大部分有关部门及其资源的紧急情况；二级紧急情况：事故可能威胁到事故现场以外的厂内其他区域，需要全面调动两个以上有关部门协同救援的紧急情况；三级紧急情况：事故预计可以控制在事故现场，能被一个部门正常可利用的资源处理的紧急情况。

3. 事故预防

对已确定的危险源，根据其可能导致事故的途径，采取有针对性的预防措施，避

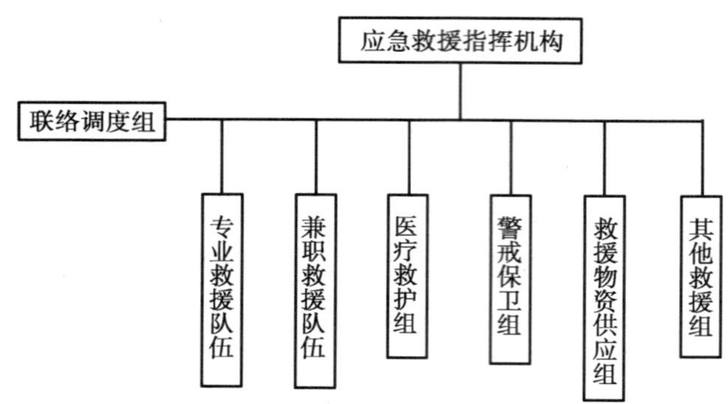

图 6—1　处理紧急事故的组织结构

免事故发生。各种预防措施必须建立责任制，落实到部门（单位）和个人。针对发生大量有毒有害物料泄漏、着火等情况，还应制定降低危害程度的措施。

4. 应急计划和措施

制订有效的应急计划和措施，将事故灾害控制在萌芽时期，尽量减小事故对人员和财产的影响。任何事故从隐患形成到灾害发生都有一定的发展过程和各自的特殊规律，应根据事故发生规律，建立灾情感知和信息传递系统，及早发现灾情并立即通知相关人员将其消灭在萌芽时期。事故发生时要求操作人员和紧急事故处理人员必须迅速行动，科学有效地启用应急设施，防止事故扩大。对于具有复杂设施的重大危险源应包括以下内容：

（1）对潜在事故危险的性质和规模及紧急情况发生时可能的危害进行预测和评估。

（2）根据危险源模拟事故状态，制定出各种事故状态下的应急处置方案，如大量毒气泄漏、多人中毒、火灾、爆炸、停水、停电等，包括通信联络、抢险抢救、医疗救护、伤员转送、人员疏散、生产系统指挥、上报联系、求援行动方案等。

（3）指挥部应制定事故处理程序图，在发生重大事故时，第一步先做什么，第二步应做什么，第三步再做什么，都有明确规定，应做到临危不乱，正确指挥。

（4）重大事故发生时，各有关部门应立即处于紧急状态，在指挥部的统一指挥下，根据对危险源潜在危险的评估，按处置方案有条不紊地处理和控制事故，既不要惊慌失措，也不要麻痹大意，尽量把事故控制在最小范围内，最大限度地减少人员伤亡和财产损失。

（5）在存在危险设施的危险源内外，应制定事故现场的工人应采取的紧急补救措施。特别应包括在突发事故初期能采取的紧急措施，如紧急停车、及时堵漏排险等。

5. 应急设施

应急设施包括警报系统、通信器材、消防器材、疏散通道、急救器材和设备等。应建立灵敏的警报系统和可靠的通信联络网，确保一旦事故发生就能立即通知相关机构和人员。通信设备、线路及方式进行合理安排，以保证紧急状态下能够进行通信联络。要有足够的消防和救灾器材，消防和救灾器材应取用方便，简单实用。应对安全通道与安全出口进行合理设计并标志明确，确保事故发生时疏散路径畅通。

6. 应急救援专业队伍的任务和训练

（1）救援队伍

生产经营单位根据实际需要应建立各种不脱产的专业救援队伍，包括：抢险抢修队、医疗救护队、义务消防队、通信保障队、治安队等，救援队伍是事故应急救援的骨干力量，担负生产经营单位各类重大事故的处置任务。生产经营单位的职工医院应承担中毒伤员的现场和院内抢救治疗任务。

（2）训练和演习

加强对各救援队伍的培训。指挥领导小组要从实际出发，针对危险源可能发生的事故，每年至少组织一次模拟演习，把指挥机构和各救援队伍训练成一支思想好、技术精、作风硬的指挥班子和抢救队伍。一旦发生事故指挥机构能正确指挥，各救援队伍能根据各自任务及时有效地排除险情、控制并消灭事故、抢救伤员，做好应急救援工作。

7. 现场医疗救护

及时有效的现场医疗救护是减少伤亡的重要一环。

（1）车间应建立抢救小组，每个职工都应学会心肺复苏术；一旦发生事故，首先要做好自救互救。发生化学灼伤，要立即在现场用清水进行足够时间的冲洗。

（2）对发生中毒的病人，应在注射特效解毒剂或进行必要的医学处理后才能根据中毒和受伤程度转送各类医院。

（3）在医院和企业卫生所抢救室应有抢救程序图，每一位医务人员都应熟练掌握每一步抢救措施的具体内容和要求。

8. 紧急安全疏散

发生重大事故，可能对厂区内、外人群安全构成威胁时，必须在指挥部统一指挥下，紧急疏散与事故应急救援无关的人员。生产经营单位在最高建筑物上应设立“风向标”。疏散的方向、距离和集中的地点，必须根据不同事故，作出具体规定。总的原则是疏散安全点处于当时的上风向。

在可能威胁到厂外居民（包括相邻人员）安全时，指挥部应立即和当地有关部门联系，引导居民迅速撤离到安全地点。

9. 外部救援

外部救援包括消防部门、公安部门、公共卫生机构、上级主管部门等。生产经营单位一旦发生重大事故，本单位抢险抢救力量不足或有可能危及社会安全时，指挥部必须立即向上级和相邻单位通报，必要时请求外部力量援助。外部救援队伍进入厂区时，指挥部应责成专人联络，引导并告之安全注意事项。

二、灭火力量计算

1. 丙类火灾危险性厂房和库房供水力量计算

轻工纺织生产多数属于丙类生产，丙类火灾危险性厂房和库房内部一般均为固体可燃物，火灾荷载密度较大，要求有大量灭火用水。可采用按可能燃烧面积和每支水枪能控制的面积计算火场供水力量。

（1）燃烧面积计算

丙类火灾危险性厂房和库房内，一般受风力的影响较小，因此可按在 3 m/s 风速情况下计算其燃烧速度。根据我国目前消防站的布局，要控制消防站责任区边缘的建筑物火灾，一般采用 15 min 的燃烧时间计算火场供水力量。实验和火灾统计资料表明，在 3 m/s 风速的条件下，15 min 内火灾蔓延速度为 0.95 m/min。火场上需要控制的燃烧面积如下。

1）单层建筑的燃烧面积。按火灾在平面上向四周均匀发展计算为：$A_1=\pi r^2=3.14\times(0.95\times15)=637.94\ m^2\approx600\ m^2$。为了便于采用和记忆，单层丙类危险性厂房和库房最大燃烧面积按 600 m^2 计算，当厂房、库房的实际面积小于 600 m^2 时，按实际的占地面积计算。

2）多层建筑的燃烧面积。火灾统计资料表明，多层建筑面积为单层燃烧面积的 1.5 倍。多层建筑的燃烧面积为 900 m^2。

（2）火场供水消防车数量计算

丙类火灾危险性厂房和库房单层建筑物的燃烧面积为 600 m^2，多层建筑的燃烧面积为 900 m^2，而每支口径 19 mm 水枪的控制燃烧面积为 30～50 m^2，则火场供水消防车数量可按下式计算：

$$N=\frac{A}{nf_1}$$

式中　N——火场供水消防车数量（辆）；

A——火场最大燃烧计算面积（m^2）；

f_1——每支水枪控制燃烧面积（m^2）；

n——每辆消防车所能出的口径 19 mm 水枪数量。

1）单层建筑火场供水消防车数量。以轻型供水消防车可出 2 支口径 19 mm 水枪，重型供水消防车可出 4 支口径 19 mm 水枪为例。

当建筑物内可燃物较少，每支水枪控制燃烧面积按 50 m^2 计算时，火场轻型供水消防车数量为：

$$N_1=\frac{A}{2f_1}=\frac{600}{2\times50}=6\text{（辆）}$$

当建筑物内可燃物较多，每支水枪控制燃烧面积按 30 m^2 计算时，火场重型供水消防车数量为：

$$N_1=\frac{A}{4f_1}=\frac{600}{4\times30}=5\text{（辆）}$$

2）多层建筑火场供水消防车数量。当建筑物内可燃物较少，每支水枪控制燃烧面积按 50 m^2 计算时，火场轻型供水消防车数量为：

$$N_1=\frac{A}{2f_1}=\frac{900}{2\times50}=9\text{（辆）}$$

当建筑物内可燃物较多，每支水枪控制燃烧面积按 30 m^2 计算时，火场重型供水消防车数量为：

$$N_2=\frac{A}{4f_1}=\frac{900}{4\times30}=7.5\approx8\text{（辆）}$$

2. 易燃材料堆场火场供水力量的计算

轻工纺织企业的易燃材料堆场往往有大量稻草、麦秸、棉花、竹木等易燃材料。易燃材料堆场发生火灾，火势发展快，往往由于飞火的作用，形成大面积火灾。尤其是易燃、可燃材料的露天堆垛，发生火灾后，在明火燃烧的同时，火焰深入到材料内部，形成阴燃火灾，给火灾扑救造成很大困难。除阻止火势扩大需要有大量水流外，还需对易燃材料倒垛扑救，不仅用水量大，而且扑救时间长。易燃材料堆场火场供水力量，依据燃烧周长和每支水柱的控制周长进行计算。

（1）燃烧周长的计算

易燃材料堆场的火灾发展和蔓延速度与风力和风向有极大的关系，燃烧速度还随着燃烧时间增长而增大。燃烧发展速度是风力和燃烧时间的函数。易燃材料堆场在不同风力、风向和不同燃烧时间内，火灾燃烧发展的平均速度见表 6—6。

表 6—6　　　　火灾蔓延发展的平均速度

燃烧时间（min）	5			10			15			20		
平均速度（m/s）＼风向＼风力级别	上风	侧风	下风	上风	侧风	下风	上风	侧风	下风	上风	侧风	下风
2	0.3	0.5	1.0	0.4	0.5	1.0	0.5	0.5	1.0	0.5	0.5	1.0
3	0.3	0.5	1.0	0.5	0.5	1.0	0.5	0.6	1.2	0.5	0.75	1.5
4	0.6	0.8	1.0	1.0	1.0	1.5	1.0	1.1	2.0	1.0	1.25	2.5
5	0.8	1.0	1.5	1.0	1.5	2.0	1.0	1.5	2.6	1.0	1.5	3.2
6	1.0	1.2	1.8	1.5	1.5	2.5	1.3	2.0	4.0	1.5	2.5	5.5
7	1.2	1.4	2.0	1.5	2.0	4.0	1.5	2.2	5.0	1.5	2.5	6.0
8	1.3	1.5	3.0	2.0	2.7	6.5	2.0	3.0	8.0	2.0	3.5	10.0
9	1.5	1.8	6.0	2.6	3.7	9.0	3.2	4.0	11.0	2.8	4.5	13.0

易燃材料堆场和易燃建筑密集区发生火灾，火灾向四周蔓延，下风方向的蔓延速度最快；其次是侧风向；上风向最慢。火灾蔓延的距离为燃烧时间乘以蔓延的平均速度。火灾的蔓延距离与燃烧时间成几何级数的关系，因此，必须加大火场供水力量，迅速地控制初期火灾。

易燃材料堆场和易燃建筑密集区发生火灾后，在不同时间、不同风力情况下，火场可能燃烧的周长见表 6—7。从表中看出，风力对燃烧周长影响很大。在起火后 15 min 控制火势，3 级风时燃烧周长 80 m，只需少量火场供水力量；若为 5 级风，燃烧周长为 182 m，就需较多的火场供水力量；当刮 9 级大风时燃烧周长 620 m，需要很大的火场供水力量。

表 6—7　　　　不同风力、不同时间内可能燃烧的周长

燃烧周长（m）＼燃烧时间（min）＼风力级别	5	10	15	20
3	21	46	80	139
4	29	81	142	195
5	39	109	182	268
6	47	127	157	403
7	54	175	300	473
8	67	258	448	723
9	104	353	620	928

（2）火场需用水枪数量计算

火场需用水枪数量可根据火场燃烧周长和每支水枪能控制的周长计算，按下式计算：

$$N_{枪}=\frac{L_{燃周}}{L_{枪}}$$

式中　$N_{枪}$——火场需用水枪数量（支）；

$L_{燃周}$——火场燃烧周长（m）；

$L_{枪}$——每支水枪能控制的周长（m）。

（3）火场供水战斗车数量

火场供水战斗车数量，根据火场需用水枪数量和每辆消防车能提供的水枪数计算：

$$N_{车}=\frac{N_{枪}}{n_{枪}}$$

式中　$N_{车}$——火场供水战斗车数（辆）；

$N_{枪}$——火场需用水枪数（支）；

$n_{枪}$——每辆消防车能出的水枪数（支），轻型消防车按出 2 支水枪计算，重型消防车按 4 支计算。

三、应急预案编制实例

实例一：某植物油厂事故应急预案

植物油厂尤其是浸出油厂属于特级防爆防火单位，拥有预处理车间、浸出车间、精炼车间、灌装车间和小包装车间，辅助车间有原料仓、锅炉车间、多功能油罐区、成品粕库、地下溶剂库、高低压配电间等。植物油厂建有一套完整的消防系统，全员基本熟悉防护和消防知识，对可能出现的溶剂泄漏、火灾、爆炸等事故，编制应急预案。

（1）应急救援危险目标及分布

根据本植物油厂使用、储存溶剂等的危险性及可能引起的火灾及爆炸事故的特点，确定以下危险场所为应急救援危险目标（按危险等级排列）：溶剂卸料区、浸出车间和禁区、溶剂库、成品粕库（散粕库、包装粕库、装车间）、精炼车间、灌装车间、废白土间、锅炉房、多功能油罐区及灌油房、原料立筒及工艺仓、预处理车间、高低压配电间、吹塑瓶车间等。

（2）应急救援指挥部的组成和职责和分工

1）应急救援指挥部的组成及设置。应急救援领导小组组成：分管生产副总经理，生产、技术/设备、行政、储运、财务等部门经理、主管调度、机电班长等。

应急救援指挥部：总指挥为分管副总经理；指挥部设在行政部办公室。

2）应急救援指挥部职责

①制定或修改火灾、溶剂大量泄漏等事故应急救援预案。

②组建应急救援队伍，组织实施、训练和演习，并检查各项工作实施情况。

③发布和解除在应急救援行动中的命令。

④负责向上级报告和向友邻单位通报情况。

⑤负责组织调查事故发生原因，处理事故及总结经验教训。

3）应急救援指挥成员职责

①总指挥：负责指挥协调全公司的应急救援、抢险、抢修、救人、抢救物资、供应、运输及事故通报、安置工作的指挥。

②生产部经理：负责协助总指挥做好事故报警、报告、通报和事故处理工作；负责事故现场及扩散区域监测工作的指挥。

③行政部经理：负责指挥协助消防人员灭火、警戒、疏散工作；组织抢救受伤、中毒人员；指挥保安做好财产保卫，防止有人趁乱偷窃。

④生产调度：负责事故处理时指挥执行生产系统开停机调度工作。

⑤技术/设备部经理：负责事故的分析，事故处理工作中技术问题的解决。

⑥安全员：负责协助技术保障部经理的工作；负责在事故处理全过程中与安全相关的各项工作，防止事故蔓延。

4）应急专业队的组成和职责

①通信联络负责人：生产部经理，负责公司内各部门间联络及对外联络。

②抢险队：由事故发生所属部门人员组成，负责人应是所在部门的负责人，负责组织当班人员及就近区域其他人员控制事故蔓延。

③消防队：由保安队、机电人员、所属部门当班人员组成，负责人为行政部经理，负责协助公安消防队确定灭火方案、灭火人员的组织、火势的控制（直到火灾完全被扑灭）以及相关的抢救任务。

④抢修队：技术/设备部，负责人应是技术/设备部经理，负责抢修任务。

⑤医疗救护队：由所属部门人员及行政部人员组成，负责人应是行政部主管，负责抢救中毒或受伤人员。

（3）溶剂大量泄漏事故处置方案

1）事故发生现场。对于溶剂、含溶剂毛油、含油白土、植物油、溶剂含量超标的废水，溶剂气体顺着刮板跑到预处理车间，浸出车间因突发事故溶剂气体顺着刮板跑到粕库，浸出车间出现溶剂等易燃物质外泄需要紧急救援时，当班操作人员或现场人员必须立即向当班调度及所属主管报警，如有必要，立即佩戴相应防护用品，采用一切可行办法切断事故源并用合适的材料设置隔离带，防止溶剂或其他易燃品扩散，不得开停非防爆性电器。本工段或邻近工段必要时进行紧急停车处理。

2）事故应急处置方案

①当班调度在接到报警后，应迅速通知有关部门负责人，查明易燃品泄漏部位和原因，同时下达启动应急救援预案的指令：发出警报，通知指挥部成员及消防队、医疗救护队迅速赶往事故现场，并指令当班保安人员立即在泄漏区域外设立保障安全的封锁带，禁止任何机动车辆及无关人员接近泄漏区域。

②指挥部应迅速组织有关人员对事故原因作出正确判断，立即选择或调整不同阶段的应急救援方案。指挥部成员到达现场后，根据事故情况及危害程度作出相应的决定，各应急救援队立即展开救援，如事故扩大时应对外求援。

③发生事故的部门，应迅速查明事故发生的原因和泄漏部位，采取措施消除事故源，及时向指挥部报告事故处理进展情况。

④消防队到达事故现场后，如有必要消防人员应佩戴好防护用品（如氧气呼吸器等），首先查明现场有无中毒人员，若有则以最快速度将中毒者救离现场。对溶剂外泄事故中可能发生火灾、爆炸的情况，应即时采取具体控制措施。

⑤调度和安全员到达事故现场后，会同发生事故的部门在查明泄漏部位和范围后，视能否控制事故作出局部或者全部停车决定，若需紧急停车则立即由调度员按照紧急停车程序执行。

⑥医疗救护队到达现场后，与消防队一起立即救援伤员和中毒人员，中毒程度较轻者采取救离现场通风，中毒较重人员必要时进行人工呼吸，对伤员进行伤口清洗、简单包扎，较严重者尽快送往医院，以减少或避免死亡。

⑦抢险抢修队到达事故现场后，根据指挥部下达的抢修指令、在安全员监督和协作下，迅速进行设备抢修（对有易爆品的部位必须使用防爆工具），控制事故，防止事故扩大。

⑧在事故得到控制后，立即组织两个小组。第一小组在分管生产副总经理指挥下，组织安全、技术、设备和发生事故的部门参加的事故调查小组，调查事故原因和落实防护措施；并配合社会安全部门的调查和接受处理。第二小组在分管生产副总经理指挥下，组成由技术/设备部和发生事故部门参加的抢修小组，研究并制定抢修方案，并立即组织抢修，尽早恢复生产。

（4）火灾、爆炸事故处置方案

1）事故发生现场

①在生产过程中，初起火灾的发现和扑救意义重大。生产操作人员一旦发现火情，根据各车间出现的火势大小应果断采取措施：如果是小火，应使用就近配备的适合的灭火器材及时扑灭。如果火势扩散速度快，应立即向上级报告并向外求援，不能

迟缓。如果浸出车间出现火情，火势不能扑灭，应立即向调度报告，由调度拨打火警（119）报警，并指挥在场人员进行力所能及的扑救，为公安消防队伍赶到现场扑救赢得时间。操作人员或现场人员应立即进行紧急停车处理。

②发生爆炸事故时，如果锅炉或压力容器爆炸，浸出车间内含溶剂容器爆炸，当班操作人员或现场人员应采取自救互救措施，无人员受伤时采取自救，可使用劳动防护用品（滤毒罐、口罩等）或逆风脱离现场，脱离后立即向调度报警。

③溶剂卸料区、浸出车间和禁区、溶剂库发生火灾必须具备一定条件：空气中含有超标溶剂量，有点火源。

④大豆烘干机内部如果因粉尘或高温出现火情，有传感器显示，自动启动蒸汽阀灭火。

⑤浸出车间设备内部如果在维修时，物料清除未彻底，烧焊时出现爆炸，一般不激烈，炸完则溶剂干净，可用水冲一下。在正常操作中的烘干段，如果温度过高或气流过快引起火灾，自动启动蒸汽阀吹入灭火。

⑥废白土间如在高温下氧化冒烟，可用水灭火。

⑦如脱臭塔玻璃视镜破裂，氧气进入高温区燃烧，用布盖住洞口隔氧。

⑧如果设备轴承因缺润滑油过热冒烟可添加润滑油。

⑨输送设备转动部分因麻袋缰绳多而摩擦起火，可用水或灭火器灭火。

2）事故应急处置方案

①调度接到报警后，应迅速通知事故发生部门负责人查明事故情况（着火部位、着火物质及其来源），下达启动应急救援预案的指令，通知指挥部成员及消防队、医疗救护队、抢险队迅速赶往事故现场。

②消防队到达现场后应边灭火边与部门抢险队查明现场中毒及受伤人员，以最快速度使其脱离现场，严重者立即送医院抢救。

③指挥部成员到达现场后，根据事故情况及危害程度作出相应的决定，并命令各应急救援队展开救援，如事故扩大时，应另请救援。

④调度和安全员到达事故现场后，会同发生事故的部门确定事故范围，作出局部或全部停车决定，若需紧急停车则由调度员指挥按紧急停车程序迅速执行。

⑤医疗救护队到达现场后，与消防队一起立即救援伤员和中毒人员，对中毒较轻人员采取救离现场通风，中毒较重人员必要时进行人工呼吸，对伤员进行伤口清洗、简单包扎，较严重者尽快送往医院，以减少或避免死亡。

⑥抢险抢修队到达事故现场后，根据指挥部下达的抢修指令，在安全员监督和协作下，迅速进行设备抢修（对有易爆品的部位必须使用防爆工具），控制事故，防止事故扩大。

⑦在事故得到控制后，立即组织两个小组。第一小组在分管生产副总经理指挥下，组织由安全、技术、设备和发生事故部门参加的事故调查小组，调查事故原因和落实防护措施；并配合社会安全部门的调查和接受处理。第二小组在分管生产副总经理指挥下，组成由技术/设备部和发生事故部门参加的抢修小组，研究并制定抢修方案，并立即组织抢修，尽早恢复生产。

实例二：烟花爆竹事故应急救援预案

烟花爆竹易燃易爆的特性和各种化学材料的不稳定性，决定了烟花爆竹制造业属于事故多发行业。烟花爆竹事故小则连着人民群众生命财产安全，大则影响到社会的稳定和发展。烟花爆竹事故应急救援是烟花爆竹安全管理工作中的一个重要环节，建立健全烟花爆竹事故应急救援预案十分重要。

（1）应急救援预案的指导思想和原则

为确保烟花爆竹工厂、社会及人民生命财产的安全，防止突发性事故发生，并能够在事故发生的情况下，及时、准确、有条不紊地控制和处理事故，有效地开展自救和互救，尽可能把事故造成的人员伤亡、环境污染和经济损失减少到最低程度，做好应急救援准备工作，落实安全责任和各项管理制度。根据烟花爆竹工厂的实际情况，本着“快速反应、当机立断，自救与外援接合，统一指挥、分工负责”的原则，制定烟花爆竹事故应急救援预案。

（2）应急救援危险目标的确定

烟花爆竹生产是利用各类性质相互抵触的化学药物经配制混合而成的，这种混合药剂的敏感度决定了烟花爆竹具有易燃易爆性能。烟花爆竹生产过程工艺复杂而且以手工操作为主，操作的不稳定性是导致生产性燃烧爆炸事故的主要因素。有的混合药剂在外力的作用下具有自燃自爆的功能，使得烟花爆竹事故更加难以控制。烟花爆竹事故案例表明，几乎所有花炮生产工序均发生过燃烧爆炸事故。根据烟花爆竹工厂使用、储存危险物质的性质及可能引起的火灾及爆炸事故的特点，确定生产车间、储存库为应急救援危险目标。

（3）事故应急救援的组织准备

1）应急救援指挥中心：承担烟花爆竹事故应急救援预案的编制、培训与演练，组织和指挥整个事故的应急救援工作。

2）应急救援专家组：在烟花爆竹事故应急救援行动中，负责对事故危害进行预测，为事故救援决策提供依据和方案。

3）应急救护队：包括现场抢救组、医疗急救组和救援后勤组，负责事故现场急救处理、转送伤员等。

（4）应急救援网络体系

烟花爆竹事故应急救援工作涉及众多部门的协调配合，行之有效的应急救援网络体系应包括：事故救援的指挥体系；各救援部门的通信网络；上级救援部门的联系网络；本区域公安、消防、卫生、交通、环保等部门的协作水平。

（5）应急救援工作的实施

1）事故报警。报警内容应包括：事故单位，事故发生的时间、地点，危爆品的名称与储存量，事故原因，燃烧爆炸性质，危害程度和对救援的要求，以及报警人与联系电话。

2）应急救援基本程序。烟花爆竹事故应急救援的基本程序包括：事故接报、进入现场、划定警戒线、向指挥中心汇报现场情况与接受指令、开展救援、清场撤离。

3）现场医疗急救注意事项。烟花爆竹事故造成的人员伤害具有突发性、群体性、特殊性、紧迫性，事故现场的医务力量和急救药品、器材会相对不足，应在保证重点伤员得到有效救治的基础上，兼顾到一般伤员的处理。在急救方法和调用救护车辆上可对群体性伤员按轻度、中度、重度简易区分后，执行先重后轻的急救治疗原则。其次，合理选送医院也是事故现场急救的一项重要工作，在伤员转送过程中实行就近入院的原则，但应根据伤员的人数和伤情，以及医院的医疗特点和救治能力，有针对性地合理调配，特别要注意危重伤员不要多次转院，导致延误最佳救治时间。

（6）应急救援训练与演习

烟花爆竹事故应急救援训练是指通过开展救援模拟演练的方式获得或提高应急救援技能，并在演练中检验预案的科学性和实用性。只有平时充分做好救援的各项准备工作，在训练与演习中不断提高应急救援的能力与水平，才能在面对突发事故时临危不惧，临阵不乱，因此，经常性地开展应急救援训练与演习应成为烟花爆竹安全管理工作的一个重要内容。

四、应急预案演练方案

1. 培训和演练方案

企业事故应急救援队伍可分三个层次开展培训和演练。

（1）班组级

班组级是及时处理事故、紧急避险、自救互救的重要环节，同时也是事故及早发现、及时上报的关键，一般事故在这一层次上能够及时处理而避免，对班组职工开展事故急救处理培训非常重要。每季开展一次，培训和演练包括以下主要内容。

1）针对系统（或岗位）可能发生的事故，在紧急情况下如何进行紧急停车、避险、报警的方法。

2）针对系统（或岗位）可能导致人员伤害类别，现场进行紧急救护方法。

3）针对系统（或岗位）可能发生的事故，如何采取有效措施控制事故和避免事故扩大化。

4）针对可能发生的事故应急救援必须使用的防护装备，学会使用方法。

5）针对可能发生的事故学习消防器材和各类设备的使用方法。

6）掌握分厂存在的危险物品的种类、健康危害、危险性、急救方法。

（2）分厂级

以分厂厂长为首，由安全员、设备、技术人员及工段长组成，成员能够熟练使用现场装备、设施等对事故进行可靠控制。它是应急救援的指挥部与班组级之间的联系，同时也是事故得到及时可靠处理的关键。每年进行两次，培训和演练包括以下主要内容。

1）包括班组级培训的所有内容。

2）掌握应急救援预案，事故时按照预案有条不紊地组织应急救援。

3）针对分厂生产实际情况，熟悉如何有效控制事故，避免事故失控和扩大化。

4）针对可能需要启动公司级应急救援预案时，分厂应采取的各类响应措施（如组织人员疏散、撤离，警戒、隔离、向公司报警等）。

5）如何启动分厂级应急救援响应程序。

6）事故控制所需的洗消方法。

（3）公司级

各单位日常工作把应急救援中各自应承担的职责纳入工作考核内容，定期检查改进。每年进行一次。培训和演练包括以下主要内容。

1）包括班组级、分厂级的所有内容。

2）熟悉公司级应急救援预案，事故单位如何进行详细报警，生产安全部门如何接事故警报。

3）如何启动公司级应急救援预案程序。

4）各单位依据应急救援的职责和分工开展工作。

5）组织应急物资的调运。

6）申请外部救援力量的报警方法，以及发布事故消息，组织周边群众疏散方法等。

7）事故现场的警戒和隔离，以及事故现场的洗消方法。

2. 灭火救援预案演练实例

实例：某纺织有限公司灭火救援预案演练

（1）单位概况

1）基本情况。某纺织有限公司位于占地面积 2 300 m^2，建筑面积 83 700 m^2，主要建筑有生产车间（耐火等级三级），原棉库（耐火等级四级），成品库（耐火等级三级）。公司共有职工 1 360 人，有专职消防队员 18 名，昼夜在库内巡逻监护；另外，有 3 个义务消防队，人员有 144 名。公司注册资金 1.9 亿元，年产值 1.2 亿元。该地常年主导风为西北风，平均风力 3 级，相对湿度 68%。

2）消防设施。该公司外部有消火栓 2 个，管径 100 mm，呈枝状铺设，压力 2 kg/cm^2。公司内部有进水管 1 条，管径 100 mm，呈环状铺设，压力 5 kg/cm^2，有室外消火栓 10 个，室内消火栓 23 个，有 2 个总容量为 1 500 m^3 的消防水池，储备干粉灭火器 170 具。

3）重点部位及其火灾危险性。该公司的重点部位有位于公司中部的前后纺车间、位于公司东北部的络筒车间、位于车间南部的原棉库、位于车间东部的成品库及位于公司南部的成品库。重点部位具有如下火灾危险性：

①火势发展猛烈，蔓延途径多，火势会从堆垛的外层通过缝隙燃烧到内部。

②飞火飘落，燃烧面积大。

③扑救时间长。当棉花堆垛上明火消灭后，需逐垛检查，边翻垛、边浇水、边疏散，要经过较长时间的扑救和观察，才能彻底消灭火灾。

④用水量大。火灾面积大，持续时间长，灭火用水量多。

⑤有可能发生粉尘爆炸。

⑥厂房跨度大，容易部分塌落。

⑦车间内线路复杂易触电。

（2）演练现场情况

2007 年 6 月 15 日 15 时 35 分，该公司成品库 8 号库南门内因工人乱扔烟头，引燃棉包，造成火灾，由于发现较晚，库内存放成品棉多，发现时火势已经很大，并有向 7 号、9 号成品库蔓延的趋势。发现 2 min 后，燃烧面积已达 100～120 m^2。

气象条件：该地常年主导风为西北风，平均风力 3 级，相对湿度 68%，当天风向东南风，风力 3 级，气温 27℃。

（3）演练方法

1）演练采用模拟事故处理的方法，假定系统处于事故状态，根据编写的应急事故处理方案进行模拟处理。

2）模拟处理的方法为定点挂牌，按事故处理步骤的顺序在规定的点挂相应的牌。演习的每一步骤，做完举手示意。演练完成后，采取口头评述的方法对预案演练过程的经验和不足进行评述，专业抢险救援小组要针对实际情况递交演练总结。

（4）应急响应与现场处置

1）第一阶段：单位自救阶段（疏散物资，向消防队报警）

①组织指挥：由公司经理和保卫科科长负责。

②战斗任务：疏散物资，开展自救。

③战术措施：积极疏散物资，迅速向消防队报警；切断电源；组织人员密切监视下风方向的飞火飘落情况，设置机动力量及时扑灭由飞火造成的新火点，视情况建立第二道防线。

④力量部署：发生火灾后，纺织公司工作人员利用电话向“119”报警的同时，公司经理和保卫科长带领保卫人员、专职消防队员和部分义务消防队员迅速赶到火场。成立临时火场指挥部，采取以下战斗力量部署：保卫科长带领保卫人员和部分义务消防队员进入堆垛仓库区利用机车疏散受威胁的棉包；专职消防队员利用堆垛附近的两个室外消火栓，出两支 65 mm 直流水枪，一支水枪阻止火势向南蔓延，另一支水枪进行灭火；公司经理带领部分职工设置警戒区，非救火人员禁止进入警戒区内。

由于单位灭火力量不足，火势继续向四周扩大蔓延。

2）第二阶段：消防大队组织指挥阶段（调度力量，控制火势，疏散物资）

①火场态势。由于自救力量不足，火势迅速扩大蔓延，燃烧面积达 150 m^2。

②接警出动和灭火力量调集。公安消防大队于 15 时 36 分接到报警，考虑到是重点单位的棉花堆垛火灾，灭火难度大，立即按计划出动 4 部水罐消防车共 20 名指战员赶赴火场，途中电台命令中队调度室：向支队值班员汇报；迅速向区公安局、区委、区政府报告情况；同时通知交警、医疗、供水、供电等各部门协助灭火。

③作战任务。积极抢救疏散物资，控制火势蔓延。

④火情侦察。15 时 41 分，消防大队到达火场，大队指挥员立即组织人员进行火情侦察。发现 8 号库内烟雾弥漫，库内燃烧面积已达 200 m^2，砖木结构的房顶已经燃烧，火势正向北边 7 号库蔓延，专职消防人员正在组织扑救。

⑤力量部署。消防大队到达火场，在组织火情侦察后，火场指挥根据火场情况命令：01 号车占据 8 号库南门偏南位置，出两支 65 mm 水枪从南门正面进攻火点，04 号车负责给其供水；03 号占据 8 号库北门的消火栓，用车载水炮主攻仓库的顶棚火势；02 号车占据 8 号库北门，出一支 65 mm 水枪，阻止火势向北蔓延；组织公司专职消防员在 8 号库北门利用该公司的两台疏散机和职工向外疏散棉包。

3）第三阶段：围歼火势，消灭大火

①增援力量到场。15 时 47 分，支队 1 部指挥车、特勤中队 1 部水罐车，梁园大队 1 部水罐车相继到达火场。

②火场情况。火势仍处于发展阶段，借风势向南边 7 号库蔓延，内部发生阴燃。

③主要任务。开辟多种途径，积极疏散棉包，全面围攻，消除火点。

④灭火决策。成立火场指挥部。支队指挥员通过现场查看和大队指挥员的报告，

及时宣布成立火场指挥部。指挥部在区委、区政府的统一领导下开展工作，火场总指挥由到场的支队领导担任，设在生产车间北侧，用红旗作为标志。指挥部下设四个组：一是灭火救援组，组长由参谋长担任，成员由司令部参谋及该库负责人组成，主要任务是合理部署灭火战斗力量，根据火情变化适时采取战术措施和方法，把握时机，尽快灭火。二是后勤保障组，组长由后勤处处长担任，成员由后勤处助理、市人民医院副院长组成，主要任务是满足火场的油料、食品供应，负责抢修车辆故障，及时抢救伤员。三是疏散组，组长由防火处处长担任，成员由防火处参谋和纺织厂专职消防队员组成，主要任务是组织疏散棉包。四是宣传报道组，组长由政治处主任担任，成员由政治处干事和报道员组成，主要任务是搞好宣传鼓动工作，接待新闻记者，掌握火场上表现突出的好人好事。

4）第四阶段：加强防护，防止复燃

①火场态势。10 min 后，仓库内的棉包大部分已被疏散到安全地带，明火熄灭，内部仍有浓烟。

②主要任务。消除阴燃火灾，防止复燃。

③处置对策。深入内部，分片消灭，消除阴燃火灾，加强冷却，防止倒塌。

④力量调整。15 时 57 分，大火基本扑灭，指挥部命令 01 号车改为出一支水枪从 8 号库北门进攻，由北向南逐片消灭火点；02 号车改为出一支水枪从 8 号库南门进攻，由南向北逐片消灭火点；03 号车撤出战斗。5 min 后，各战斗段向指挥部报告，大火全部扑灭，火场指挥部命令各战斗段清点人员器材后返回，该库专职消防员负责保护火灾现场。

（5）预案演练评议

本次演练程序设定合理，应急行动准确、迅速，各部分协作有序，通信畅通，演练成功。通过演练，全面提高了快速反应能力、灭火战斗能力、应变能力、协调能力及保障能力，为掌握灭火战斗的主动权，成功扑救纺织类火灾打下良好的基础。

（6）改进建议

1）完善应急救援预案，加强岗位操作人员的培训，定期对事故救援预案组织学习，熟悉处置程序及操作步骤，提高应急救援水平。对岗位进行合理分工，加强岗位、系统间协调，避免因信息交流不够出现操作不同步现象。

2）完善应急装备、灭火器材，并加强日常检查、维护，提高应对初起火灾的能力。

3）火场可燃物多，火势猛、燃烧时间长，要加强第一出动、调足灭火力量。

4）搞好安全防护，不应轻易登上棉花堆垛，注意堆垛坍塌，防止人员伤亡。进入库内的战斗员要佩戴空气呼吸器。

5）合理利用水源，正确运用供水方法，确保供水不间断。

第四节　轻工纺织企业火灾扑救案例

案例一　石家庄辛集市“7·28”郭西烟花爆竹厂爆炸

2003 年 7 月 28 日 1 8 时 08 分，石家庄辛集市王口镇郭西烟花爆竹厂发生特大爆炸火灾。当地消防部门接到报警后，先后调集公安及企业消防队 80 多名消防指战员、11 部消防车和公安、武警、预备役、驻军及当地干部群众 800 多人、2 部洒水车、6 部铲车赶赴事故现场，经过近 18 h 的灭火救援战斗，扑灭了火灾，救出被困职工 49 人。这次事故造成 31 人死亡，91 人受伤，其中重伤 12 人，轻伤 79 人。

一、事故单位基本情况

该烟花爆竹厂位于辛集市南 38 公里处王口镇郭西村北，占地面积 112 亩，装药工房 20 间，无药工房 15 排 160 间。大体分为三部分：厂区东半部为原料库区，西半部的南侧为生产区、北侧为生活区。有职工 220 人，事发当天在厂职工 169 人。

二、火灾扑救过程

此次特大爆炸火灾的扑救战斗分为三个阶段。

1. 初期疏散救人阶段

7 月 28 日 18 时 09 分，辛集市消防大队接到报警后迅速出动 3 部消防车，15 名指战员。在行驶途中，指挥员及时与报警人取得联系，询问现场情况，得知爆炸比较猛烈，火势较大，并有人员伤亡后，立即请求增调了采油五厂企业消防队 3 部消防车支援；同时，将情况及时向辛集市公安局、支队 119 指挥中心做了汇报。

由于道路路况较差，距离较远，第一出动力量于 18 时 55 分到达现场后，立即组织现场火情侦察。当时，现场情况异常复杂，爆炸声不断，火光四射，砖块、炮皮等杂物被炸得到处乱飞，厂区内部还有人员被困。根据现场情况，指挥员一边向支队 119 指挥中心报告请求增援，一边立即组成警戒、救人和灭火三个战斗小组。警戒组重点对厂区西门周围警戒；灭火组出 2 支水枪边灭火边掩护救人组；救人组又分成三个救人小组，一组从南侧围墙缺口处疏散抢救出 3 人；一组从厂区北门疏散抢救出 11 人；一组在水枪的掩护下，从西门疏散出 6 人。

19 点 30 分，辛集市政府和公安局领导先后到达现场，了解现场内还有被困人员情况后，迅速组织人员进行第二次搜救。此时，现场情况更加危急，爆炸更为猛烈，消防官兵冒着生命危险进入西门附近施救。正当官兵全力抢救被困人员的时候，又发生了一次大的爆炸，冲击波和碎石、砖块击伤了部分官兵和公安干警。救援人员被迫撤后，此次施救共救出 10 人。图 6—2 为初期灭火救援阶段力量部署图。

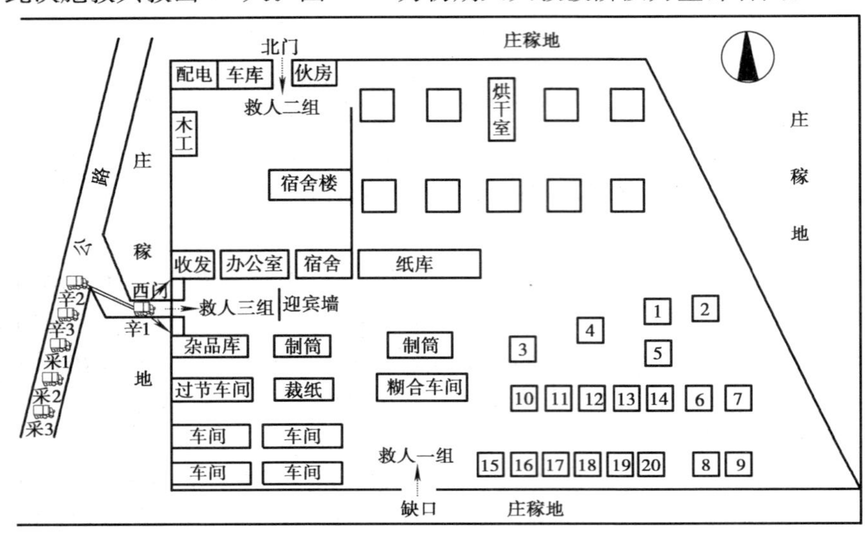

图 6—2　初期灭火救援阶段力量部署图

2. 灭火控爆和内部搜救阶段

21 时，支队增援力量赶到现场，成立了火场指挥部，立即调整战斗力量，组织侦察小组加强对现场的侦察和对有关知情人的询问。得知：爆炸现场面积大，爆炸点多，且东南角还有部分原料库未爆炸，遇险人员分散，灭火进攻的路线单一，只有西门可以进入。根据火场情况，指挥部确定全力抢救遇险人员并确保参战官兵安全的原则，制定了五项措施：一是重点突破，全力以赴抢救被困人员；二是调整灭火力量，掩护救人组向前推进，边灭火边救人；三是加强警戒和现场情况的侦察，确保参战官兵和有关人员的安全；四是根据爆炸现场情况，适时深入内部搜救被困人员；五是启动车载照明和移动照明对现场实施照明。同时，组成了灭火、抢险突击队，并迅速调集铲车、大吨位供水车（洒水车）和抢险工具赶赴现场。

22 时，在有关知情人的配合下，从北门深入爆炸较弱的生活区边侦察边搜寻救人。当进入北门 50 m 处时，突然发生连续爆炸，人员被迫撤出。

22 时 30 分，指挥部命令，组成突击队进入生活区实施救人，在生活区一座已坍塌的二层楼宿舍内发现有 3 名被埋压人员，并且有可燃物在燃烧，由于坍塌物较碎，无法使用特勤器材，只能用双手和铁锹等简单的工具挖掘。

29 日零时 30 分，近 80 000 m^2 的现场内爆炸声此起彼伏，内部还有部分原料库未爆炸，情况万分危急，必须及早灭火，消除再次大爆炸的危险。指挥部决定：利用铲车在水枪的掩护下清理出消防车前进的道路，从西门开始突击，边进攻灭火边搜救被困人员。对灭火抢险力量进行了调整：特勤中队1部车出双干线2支水枪，从西门开始灭火并向现场内部推进。由特勤二中队随前沿指挥部负责实施移动照明；由特勤大队在水枪的掩护下搜救被困人员；辛集中队和企业消防队及地方洒水车共8部供水车组成后方供水线路，并做好前方队员的替补工作。利用距现场3 km的郭西粮站水源，采取运水的方法确保现场供水不间断。消防官兵冒着随时都可能发生大爆炸的危险，迎着零星的爆炸，在现场搜救出19名遇难者，同时扑灭了大部分火点。

29日7时30分，厂区内大火已被基本扑灭，绝大多数的遇险人员和遇难人员被救出，潜在的爆炸危险被消除。指挥部命令：由驻军和预备役官兵对现场全面展开搜寻工作，由公安干警和驻军组成两道警戒线，消防官兵消灭余火和继续冷却各爆炸点。图6—3为全面展开灭火救援阶段力量部署图。

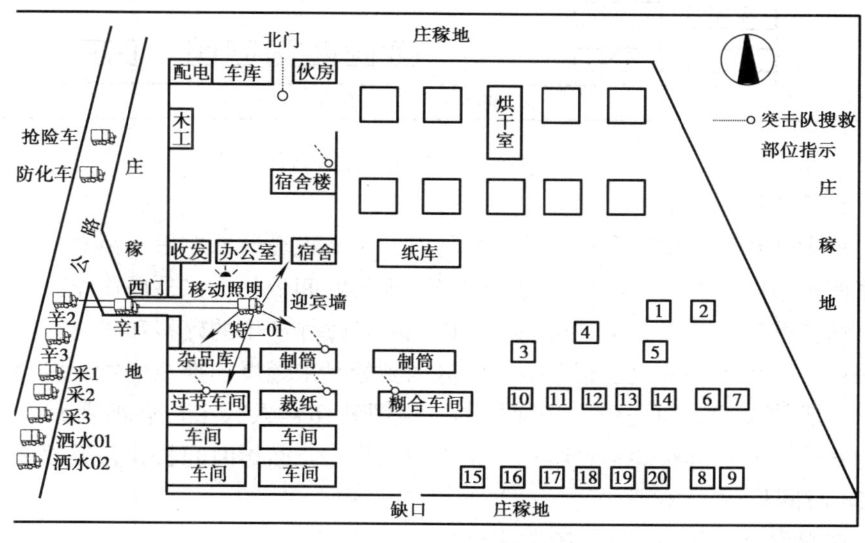

图6—3　全面展开灭火救援阶段力量部署图

3. 现场清理和监护阶段

29日10时，全面搜救工作结束，6部铲车开始对现场进行清理，指挥部安排抢救人员，跟随铲车寻找被埋压的遇难者。为了防止在清理中发生爆炸、复燃，消防官兵又组织2支水枪进行监护，铲车到哪，水就射到哪，确保清理工作的顺利完成。至29日12时许，全面清理工作基本结束。辛集中队留守2部水罐车对现场实施监护，防止复爆复燃，至30日20时全部撤离现场。图6—4为现场清理阶段力量部署图。

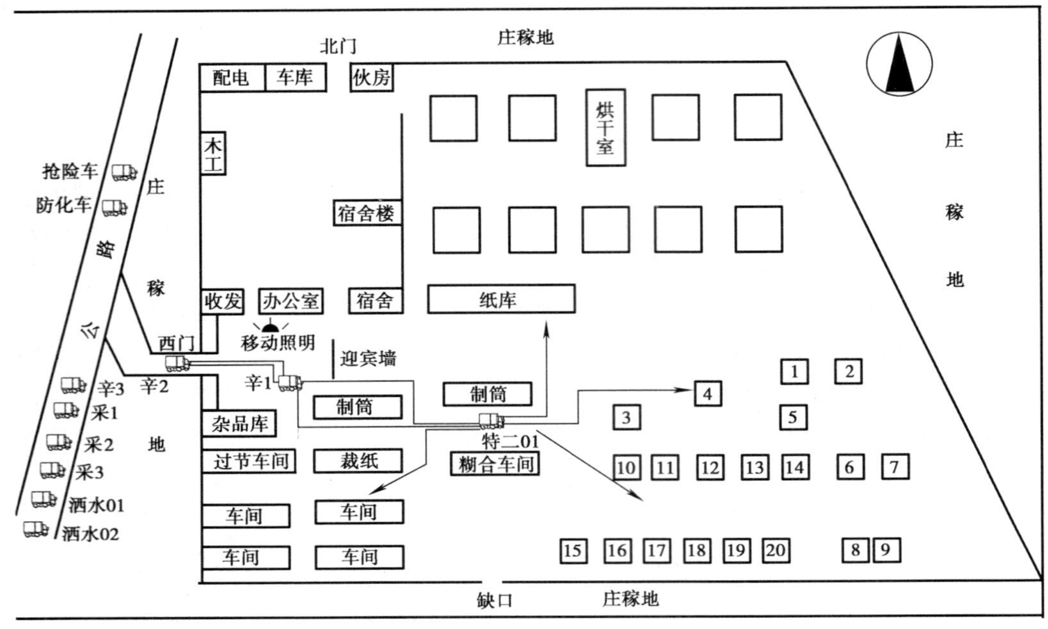

图 6—4　现场清理阶段力量部署图

三、经验总结

这起特大烟花爆竹爆炸事故，其主要特点：一是现场地处农村，距辛集市消防大队和石家庄市消防支队较远，第一力量到场距报警时间较长；二是爆炸面积大，爆炸点多，爆炸持续时间长，在 112 亩的厂区内到处是爆炸产生的碎石和砖块，给救援工作带来困难；三是现场情况复杂危险，厂区内到处是未燃爆的烟花爆竹、坍塌的建筑物和爆炸造成的大坑；四是受灾场面惨烈，被困和伤亡人数多，遇难者大多难以辨认，有的残缺不全，其状惨不忍睹；五是参战人员多，救援时间长，各类救援人员达 800 余人，时间长达 18 h。

总结这起事故的处置工作，有如下经验：

1. 反应迅速，调集增援力量及时

辛集市消防大队接到报警后，迅速出动 3 部消防车赶赴现场，并在行驶途中向报警人了解情况，得知情况危急后，立即向有关部门汇报并调集就近企业消防队 3 部消防车增援。到场后，根据侦察情况，立即向石家庄市“119”指挥中心报告情况并请求增援。119 指挥中心迅速调集增援力量赶赴辛集，为抢救遇险者赢得了时间。

2. 指挥正确，措施有力

面对如此罕见和复杂的爆炸灾害现场，现场指挥部及时确定了全力抢救遇险人员，并确保参战官兵安全的原则，制定了五项有力措施，并得到了有效的贯彻落实，为完成抢险救援任务奠定了基础。

3. 落实安全措施，确保官兵安全

在这次抢险救援中，由于建筑物的坍塌，很多未燃未爆的烟花爆竹被埋压在下面，时刻威胁着救援人员。指挥员根据情况，命令各级指挥员及时掌握爆炸物品的存放地点、数量和种类；密切关注现场情况，警戒观察现场的异常情况；在未了解清楚之前，不能盲目地采取进攻行动；各救援人员必须穿戴好个人安全防护装具，首先清除废墟下未燃未爆的爆竹，用铲车清理石块、砖头等各种障碍，积极排除各种影响抢救和危害人身安全的因素，确保了抢险救援人员的安全。

4. 现场后勤保障及时但水源不足

现场指挥部及时启动联动机制，在较短时间内及时调集了铲车、洒水车、救护车、加油车等救援车辆，并协调有关单位运送铁锹、镐、铁铤、手套等救援所需装备，保证了抢险救援工作的顺利开展。

此次火灾爆炸事故发生在偏远的农村，其消防基础设施建设落后，消火栓、消防水池等供水设施严重缺乏，甚至根本没有。这些地方发生火灾，受路况、交通等限制，大型供水消防车有时难以到达，火场供水困难。厂区内虽有水池，但也无法使用，需调集足够的供水车供水。由于距城市较远，通信不畅，需调集移动通信设施。

案例二　湖南省岳阳市“2·2”泰格林纸集团芦苇堆场火灾

2007 年 2 月 2 日 13 时 30 分，湖南省泰格林纸集团岳阳纸业股份有限公司芦苇堆场发生火灾。岳阳市消防支队接到报警后，先后调集了 27 台消防车、4 台洒水车，185 名消防指战员赶往现场灭火。总队接到报告后，又迅速调集临近三个支队共 14 台消防车、99 名官兵赶到现场增援。2 月 4 日 17 时 30 分，大火被彻底扑灭，成功地保护了堆垛场西北部分近 6 万吨的原材料以及东面华能电厂煤厂，南面该公司木材堆场，废纸仓库和制浆车间共计近 1.4 亿余元的财产。火灾过火面积近 30 000 m^2，无人员伤亡。

一、事故单位基本情况

泰格林纸集团岳阳纸业股份公司，目前有职工 6 000 余名，纸及纸板年生产能力 70 万吨，资产总值超过 70 亿元。

发生火灾的芦苇堆场，东邻华能电厂煤场，西邻长江，南边紧邻公司木材原料堆场和废纸仓库并与生产区相连，北边是煤灰池；东、南、北三面均有围墙隔开，西面是新建长江防洪大堤及芦苇专运码头。分南、北苇场两部分，总面积近 160 000 m^2，存放有芦苇、竹子、龙须草约 70 000 t，共有堆垛 142 个，每个堆垛长 45 m、高 10～12 m、宽 12 m，约存放 500 t 左右芦苇，均为露天堆放。苇场内消防道路为“井”字形，设有室外消火栓 54 个（每 50 m 设一个）、消防柜 13 个、水带 260 m、水枪 13 支，有专用的消防水泵供水。苇场的四周设有 6 个值班岗楼，中心设有一个瞭望塔，每个岗楼内配有 2 个灭火器，2 盘水带及水枪，有 40 人分四班三倒负责苇场值班巡逻。公司消防队距苇场 200 m，配有专职消防战斗员 31 名，消防车 4 台。

火场气象情况：2 月 2 日 13 至 21 时，天气晴朗，平均气温 10℃，西北风向，风力 2～3 级；2 月 2 日 21 至 2 月 3 日 6 时，东南风向，风力 3～4 级；2 月 3 日 6 至 2 月 4 日 17 时，多云，气温 6～21℃，东南风向，风力 1～2 级。

二、火灾扑救过程

根据火灾发展态势和火场发展变化情况，火灾扑救分四个阶段。

1. 阻止火势蔓延阶段

2 月 2 日 13 时 30 分发生火灾后，现场作业的泰格林纸义务消防队员利用苇场消防栓出水灭火，公司专职消防队 3 辆消防车、13 名指战员于 13 时 34 分对着火芦苇堆垛形成围堵，并迅速向消防支队指挥中心报警。

13 时 37 分，岳阳支队指挥中心接警后，按照《湖南省消防部队灭火救援行动要则》，迅速启动火灾应急预案，岳阳支队首批力量（二中队、三中队、一中队、特勤中队共 13 台消防车、73 名指战员以及华能电厂专职队、巴陵石化分公司专职队共 4 台消防车，25 名指战员）到场后，火场风向为西北风，火势已经完全失控，由着火点向四周堆垛迅速蔓延，整个堆垛中心一片火海。支队迅速成立了火场指挥部，下设作战组、供水组、通信组、后勤保障组。指挥部通过火情侦察，迅速研究行动方案，果断确定了“堵截火势、阻止蔓延、等待增援”的战术指导思想，下达了战斗命令，并将火灾现场情况每隔 30 min 向上级汇报一次。战斗措施如下：

（1）在火场东面，二中队 1、2 号车占据消火栓出 4 支水枪控制火势，防止火势向东扩展。

（2）在火场南侧，岳纸 1、2 号车占据消火栓出 4 支水枪，阻止火势向南蔓延；三中队 2 号车占据消火栓出一支水炮，阻止火势向西南角 75、76 号堆垛蔓延。

（3）在火场西侧，一中队 1、2、3 号车，特勤中队 1、2 号车，华能电厂 1 号车，巴陵石化 1 号车，利用消火栓供水出 4 门水炮、6 支水枪，阻止火势向西边邻近芦苇堆垛蔓延。

（4）在火场北面，华能电厂 2 号车、巴陵石化 2 号车利用消火栓供水，出 2 支水炮进攻火点，阻止火势向北面堆垛蔓延。特勤中队照明车停在火场最北面，随时为整个火场照明。

接警后 35 min 内，第一出动的消防车辆，迅速部署到位，对火势形成了有效的初期控制。

2. 全力控制火势阶段

14 时 03 分，火场指挥员迅速将情况向市委、市政府、市公安局报告，立即启动社会应急预案，先后调集了 4 台洒水车、7 台挖掘机、6 台铲车、2 台推土机、2 台叉车到场协助灭火。同时调动医疗、供水、供油、供电、餐饮等部门，提供后勤保障。

大火燃烧 45 min 后，岳化总厂消防队、长炼公司消防队共 4 辆大功率消防车赶到现场。此时，火场形势十分严峻，南面、东北面堆垛已全部起火，风向已转为东南风，火势向西北面全线蔓延，西北方向堆垛群岌岌可危。

根据火场情况，指挥部迅速调整战术措施，确定“利用屏障、画线阻击、全力堵截、重点保护、扑灭飞火”的战术，利用 75、61、45、28 号堆垛作为天然屏障，将火势堵截控制在已全部起火的东面堆垛燃烧区域内，全力保护好受火势严重威胁的西侧、北侧芦苇堆垛。战斗措施如下：

（1）在火场西侧，部署巴陵石化 1、2 号车，岳化 1 号车，特勤中队 1、2 号车，岳纸 1 号车，长岭炼化 1 号车，采取多种供水方式，出 9 门水炮进攻火点，阻止火势向西蔓延，并适时向毗邻堆垛群射水，降低辐射热和扑灭飞火。

（2）在火场北侧，部署一中队 2 号车、长炼 2 号车、华能电厂 2 号车，利用消火栓供水，出 2 门水炮、3 支水枪进攻火点，扑灭飞火，控制火势，防止火势向北、西北面蔓延。

（3）在火场东侧，部署一中队 3 号车，二中队 1、2 号车、岳化 3 号车，利用消火栓供水，出 1 门水炮、6 支水枪进攻火点、控制火势，防止火势进一步蔓延扩大到华能电厂。

（4）在火场南侧，部署三中队 1 号车、岳纸 2 号车，利用消火栓供水，出 1 门水炮，2 支水枪进攻火点，防止火势向西南面蔓延。

（5）临湘中队 1 号车、华容中队 1 号车、三中队 2 号车、环卫局 4 台洒水车部署在火场西侧的堆垛群内，利用消火栓供水、运水等方式向火场供水，并适时向西面堆垛群射水，防止飞火。

（6）组织纸厂义务消防队员提着携带灭火器材，每 4 人一个堆垛，迅速进入西面、北面 50 m 范围内所有未着火的堆垛顶，死看死守，发现飞火，立即消灭。

（7）为确保火场供水不间断，指挥部迅速与纸厂技术人员协商，确定从南侧污水处理管道开口接水到火场，纸厂接到指挥部命令后，立即组织技术人员现场增铺供水管道，迅速开通了一条管径 200 mm，压力 0.2 MPa，接口达 35 个的供水线路，有效地提升了供水能力。

（8）为及时掌握现场风向、风力情况，为灭火决策提供依据，指挥部报请市政府安排市气象局技术人员携带设备到现场进行即时的气象数据观测。

3. 重点突破阶段

2月2日21时30分左右，风向逐渐改变为东南风，主要原因是苇场地处洞庭湖周边，每天傍晚后风向都会有一定变化，当地人称为“阴风”，同时，由于火场面积大，热对流强度大，从而导致风向完全改变。

22时10分，总队领导到达现场，迅速成立了以总队长为总指挥的火场总指挥部，下设6个小组：作战行动组、供水组、通信保障组、后勤保障组、宣传鼓动组、物资疏散组。同时，迅速调集长沙、湘潭、株洲三个支队和总队机关相关力量赶往火场增援。2月2日23时40分至2月3日2时26分，长沙、湘潭、株洲、总队机关14辆消防车、99名指战员相继到达火场。为确保火场通信畅通，火场指挥统一使用350兆手持对讲机脱网指挥，其中总队使用1频道，岳阳支队使用3、4、5、6频道（支队机关3频道，特勤中队4频道，二中队5频道，三中队6频道），长沙支队使用7频道，湘潭支队使用8频道，株洲支队使用9频道。

根据火场情况，为防止火势失去控制危及参战官兵的安全，指挥部对占据火场西面的大功率消防车进行了调整，并在西面增加水枪阵地，在西面防线形成了上有水炮，下有水枪的合击态势。

2月3日23时左右，火场风力仍然不断加大，火势急速向西北蔓延，西北芦苇堆垛、火场周围其他可燃物和建筑物受到火势严重威胁，指挥部迅速研究灭火对策，果断采取“保护屏障、穿插分割、围点冲击”的战术措施。调整力量部署如下：

（1）保护屏障

死守75、61、45、28堆垛形成的防线，保证其西面不形成燃烧，堆垛不烧塌，否则将前功尽弃，没有防线可守。在火场西侧，岳纸1号车、特勤中队1、2号车，长沙1、2号车，巴陵1、2号车，长炼1号车，汨罗中队1号车，岳化1号车，华容中队1号车，环卫4台洒水车，利用多种供水方式出8门水炮，重点攻击火势猛烈的芦苇堆垛，阻止火势向西蔓延及扑灭飞火。另外，长沙支队1、2号车各出1门移动水炮深入防线，逐垛扑灭防线上的明火。

（2）穿插分割

为了减少75、61、45、28号堆垛东侧火势，指挥部决定由长沙支队特勤大队派出战斗小组，强行进入火场中心，利用移动水炮对东侧火势进行打击。

（3）围点冲击

到2月4日凌晨6时，火场中心部位经过近40 h的燃烧，所有堆垛均成为一个个火球，呈鲜红色，火焰不高，热辐射有所减低。指挥部决定将消防车逐渐深入各个堆垛之间，用开花水和喷雾水覆盖，防止风吹开燃烧堆垛形成飞火。组织纸厂职工迅速搬运未燃烧的部分芦苇，为完全扑灭火灾开辟消防车通道，同时，组织专人密切监视下风方向飞火飘落情况。

4. 总攻灭火阶段

经过近 2 h 的围点冲击，火势逐渐减弱，火场指挥部根据现场情况变化，认真研究灭火对策，果断下达“全线出击，翻垛除屏，消灭余火”的作战指令，战斗措施如下：

（1）全线出击

在火场西侧，部署 6 台消防车，出 4 门水炮、13 支水枪；在火场南侧，部署 2 支水枪重点攻击 75、76 号着火堆垛；在堆场中间间距内，部署 10 支水枪全面攻击堆场中间着火堆垛；在火场北侧，部署 4 支水枪全力攻击 28～31 号着火堆垛。向火场发起总攻。

（2）翻垛除屏

在着火堆场西侧及中间部署 7 台挖掘机。挖掘机在水枪掩护下将仍在燃烧的堆垛挖开，边翻垛边浇水、边运残渣，彻底扑灭堆垛内部的余火。这是尽快结束战斗，防止天气突变，形成飞火的重要举措。

（3）消灭余火

在火场西侧，出 2 门水炮、11 支水枪攻击消灭西面余火；在火场南侧，出 4 支水枪重点消灭 62、64、76、77 着火堆垛余火；在堆场中间，出 10 支水枪消灭堆场中间着火堆垛余火；在火场北侧，出 2 支水枪重点消灭 28、29 号着火堆垛余火。

2 月 4 日 7 时 30 分，经过 52 个小时的艰苦奋战，大火被彻底扑灭。

三、经验总结

1. 火灾特点

（1）火势发展猛烈

露天芦苇堆场起火后，在氧气充足供应下，火势发展迅速，燃烧猛烈。同时，火势会从堆垛的外层通过缝隙燃烧到内部。尤其当时苇场正在入苇堆垛，零散在地的芦苇较多，有 2～3 级西北风，加快了蔓延速度。

（2）飞火飘落，燃烧面积大

芦苇密度低，质地疏松，在大风或火场热气流的作用下，燃烧碎片或燃烧堆被抛向空中，飘落到其他堆垛或可燃物上，极易造成大面积火灾。

（3）扑救时间长，用水量大

芦苇堆垛每垛都设置有通风通道，一旦着火，火势迅速进入堆垛内部。当芦苇堆垛上明火消灭后，内部火势仍燃烧，需逐垛检查，边翻垛，边浇水，边疏散，需经过较长时间的扑救和观察，才能彻底消灭火灾。火灾面积大，持续时间长，灭火用水量大。

2. 第一出动力量充足

接警后，岳阳支队加强了第一出动力量，立即调度市区4支公安消防队、3支企业专职消防队共20台消防车、111名消防指战员赶往现场灭火，能够及时在下风方向部署主要力量，在其他方向也能够部署其余力量，阻止了局势的进一步恶化。

3. 运用战术正确

此次灭火战斗，指挥部（员）正确决策，遵循“先控制、后消灭”的战术原则，在火灾发展阶段，抓住火场的主要矛盾，全力以赴地阻止火势蔓延，采取疏散、冷却、转移等方法，就地保护受火势威胁的堆垛。同时，组织人员密切监视下风方向飞火飘落情况，设置机动力量及时扑灭飞火，防止造成新的蔓延和死灰复燃，为成功遏制火势奠定了基础。增援力量到场后，指挥部根据风向、火情等变化，不断调整作战部署，始终确保了火场周围建筑和芦苇、龙须草堆垛的安全。当火势转向下降阶段时，指挥部又及时调集挖掘机，果断采取逐片分区（垛）作战的战术方法，迅速发起总攻，成功将大火扑灭。

4. 水源利用合理，供水方式灵活

这次火灾过火面积大，火灾荷载大，持续时间长，用水量大，为保证不间断供水，火场指挥部及时作出决策并要求：一是要求事故单位水厂定向加压，并迅速调集环卫局4台大型洒水车；二是在火场西面架设一条直径200 mm、长210 m的供水管道；三是采取水炮与水枪灵活互换，充分发挥水的灭火效能；四是采取换人换车不换水带线路，先接防再撤防，依次换防的方法，保证了火场供水不间断。

5. 参战力量协同配合

在此次跨区域灭火战斗中，共调集了岳阳、长沙、湘潭、株洲公安消防支队，5支企业专职消防队，共41台消防车、284名消防指战员。在灭火指挥部的统一指挥下，各参战力量服从安排、部署，分工明确，坚守阵地，形成了一个坚强有力的战斗集体。各战斗小组实行专人负责，队与队，班与班，前线与后方以及战斗员之间配合密切，保证了火场秩序忙而不乱。同时，岳阳市委、市政府迅速启动社会联动机制，调动洒水车、挖掘机、推土机、铲车、油料供应车等车辆装备投入灭火战斗。泰格林纸集团公司全力协助灭火，做到了要人有人，要车有车，各种力量形成了强大合力。另外，参加战斗的总队、支队机关各部门围绕灭火中心工作，紧密配合，各行其责。后勤装备部门积极与泰格林纸集团公司协调，及时做好了装备、油料供应，车辆装备器材抢修及官兵饮食等服务保障工作；政治部门在现场鼓舞士气，并及时收集突出的事迹；防火部门认真做好调查取证，收集火场第一手资料。正是在各参战力量的协同配合下，灭火战斗才得以有条不紊地进行。

第七章　商贸经营单位火灾应急预案编制与应用

商贸经营单位指从事商品贸易、存储和销售的场所，按其规模、经营范围分为商厦、小商品批发市场、饭店旅馆、商品仓储场所和危险化学品仓库五大类。商贸经营单位大多建在城市商业地区或主要道路的中心位置。商贸经营单位具有经营范围广泛、店（摊）铺众多、人员比较集中的特点，一旦发生火灾，极易造成重大人员伤亡和经济损失。本章将从商贸经营单位火灾危险性和特点入手，系统地介绍灭火对策、应急预案编制内容和要求、预案演练方案以及火灾扑救案例。

第一节　商贸经营单位火灾危险性和特点

一、商厦火灾危险性和特点

1. 楼层多，人员密，疏散困难

商厦一般人员集中，而且流动性大，在营业时间，特别是节假日，人员密度和流动量大，高峰时段可达 5～6 人/s，且妇女和儿童比重大。在营业期间发生火灾时，因出口少、通道窄，使顾客易惊慌、混乱，使疏散人员工作困难加大，极易出现拥挤、堵塞现象，导致大量人员伤亡。在非营业时间，特别是夜间，有些商厦内部设有娱乐场所或员工宿舍，由于夜间不易及时发现和处置初期火灾，一旦不能及时施救，易发生人员死伤事故。

2. 电器多，线隐蔽，隐患复杂

电器设备按功能和用途主要有以下几类：

（1）安装在各部位的照明设备

由于大型商厦内跨度较大，为了照明的需要，在顶、柱、墙上安装了大量的荧光灯具，同时为了衬托某些商品的特殊效果，还要在柜台、橱窗等处安装众多的射灯、彩灯。

（2）出售的家用电器

在大型商厦内，均有电视、冰箱等家用电器出售，为了吸引顾客，常常使家电处于工作状态，由于数量众多，其用电量不可忽视。

（3）食品加工部用电设备

现代的大型商厦内为了满足使用功能的需要，通常都设有食品加工部，提供快餐、点心等食品，这些加工部基本都采用了大功率的电蒸锅、炒锅等设备。

（4）功能电器

商厦的中央空调、自动扶梯和电子屏幕等功能设备。

（5）其他用电设备

如商厦内为了方便顾客，还附有服装加工部、家电电器维修部，钟表、眼镜、照相机等修理部，这些部位常常使用电熨斗、电烙铁等加热器具。以上各种电气、照明设备，品种数量众多，线路复杂，加上每天营业时间长，容易在表面产生高温，如碘钨灯具的石英玻璃管表面温度可达500～700℃，如若设计、安装、维修、使用不慎，极易引起火灾。同时商厦内用电部位多，线路多采用埋铺暗设方式，线路隐蔽，检修、检查都不方便，易形成难以发现的火灾隐患。

3. 火灾荷载大，蔓延快，易形成大面积立体火灾

商厦经营的商品绝大多数是可燃的，且周转频繁。商品除在柜台或橱窗内摆放外，一部分商品（如服装、布料）还采取悬挂展销的方法，另外柜台后也堆放着商品，为火势蔓延提供了物质条件，也给疏散、扑救增加了难度。当发生火灾后，烟火容易沿柜台、货架、立体堆垛的货物和吊顶向水平方向迅速蔓延。根据有关数据，烟雾在水平方向蔓延速度为0.5～0.8 m/s，垂直方向为3～4 m/s，并以向楼梯间和低燃点商品方向发展为快，尤其向整个大楼中庭蔓延，起火楼层容易形成全面燃烧。大型商厦可燃物集中，对流条件好，火灾时火势极易蔓延扩大。大型商场着火后，火势首先由起火点向四周延烧和扩散，直至火势充满整个防火分区。随着火势的发展，若防火分区的防火分隔物失去隔火作用，火势会迅速向相邻的防火分区蔓延扩大。迅速发展的火势会突破外墙窗口向外延烧，同时通过连廊等向相邻的部位蔓延，强烈的热辐射还会导致毗邻的建筑着火燃烧。此外，有的商厦设有大面积共享空间，在大厦中央设有中庭，直通楼顶，而且竖向管井多，“烟囱”效应强；同时火势还可沿楼梯间、内装修或堆积的可燃商品上、下蔓延，沿外墙窗口向上蔓延，形成立体燃烧。

4. 烟雾浓，毒性强，易造成人员伤亡

大量的棉、毛、化纤物、塑料商品和家电燃烧时，会产生大量烟雾或析出有毒气体。此外猛烈的燃烧消耗了大量的氧气，使得烟气的含氧量往往低于生理上所需的数值。当空气中的含氧量低于15%时，人的肌肉活动能力将明显下降；降低到10%时，人的判断能力将迅速降低，出现神智混乱现象；降低到10%～14%时，短时间内就

会晕倒，甚至死亡。烟气中含有各种有毒气体，其含量有的已大大超过了人们正常生理所允许的最低浓度，会造成人员中毒死亡。此外，火灾烟气具有较高的温度，这也是对人的一个很大的危害。人对高温烟气的忍耐程度是有限的，在 65℃时，人可短时间忍受；在 120℃时，15 min 内就将产生不可恢复的损伤；烟气温度进一步升高，损伤时间将更短：140℃约为 5 min，170℃为 1 min；而在几百度的高温烟气中，人是一分钟都无法忍受的。当火势到发展阶段时，沿街面的大块橱窗玻璃幕墙破碎，易伤害人员，损坏设备，特别是对水带损坏最为严重，可能导致水枪中断供水，贻误灭火战机。如 2000 年 12 月 25 日河南省洛阳市老城区东都商厦发生特大火灾，大火是因电焊工违章工作，电焊渣溅落到可燃物上引起的着火，造成 309 人死亡，其中绝大部分是由于烟雾窒息、中毒而死。

5. 火势猛，灾期长，建筑易发生坍塌

商厦内由于可燃物多，长时间猛烈的燃烧，会超过建筑物钢筋混凝土楼板的耐火极限，在荷载的作用下，楼板会发生局部倒塌。普通建筑构件在轰燃发生后承重能力会受到影响。如烧结后的黏土砖能承受 800～900℃高温，而硅酸盐砖在 300～400℃就开始分解开裂。石料如大理石、花岗石等，虽属不燃材料，但在高温下遇冷水喷射容易爆裂。钢结构虽然其本身不会燃烧，但在火灾情况下，强度会迅速下降，一般结构温度达到 350℃、500℃、600℃时强度分别下降 1/3、1/2、2/3。在全负荷情况下，钢结构失去静态平衡稳定性的临界温度为 500℃左右。混凝土材料在温度超过 300℃以后，抗压强度逐渐降低，当温度超过 600℃以后，混凝土抗拉强度则基本丧失。不少大型商厦的屋顶部分均采用钢结构，如果受到火灾长时间的作用，会使经过防火处理的钢结构达到或超过耐火极限，并失去承载能力而倒塌。或者因局部过热的钢结构遇水急剧冷却发生局部变形，失去静态平衡稳定性，导致钢结构屋顶整体失效倒塌。如 2003 年 11 月 3 日凌晨 5 时许，湖南省衡阳市珠晖区衡州大厦发生火灾，8 时 37 分，这幢 8 层高楼忽然整体倒塌，20 名参加救援的消防官兵被掩埋在废墟中殉职。

6. 影响大，干扰多，扑救火灾难度大

（1）灭火干扰大

由于商厦通常位于市中心最为繁华地段，围观人员多，妨碍消防车停靠着火建筑，战斗展开困难。当救人、疏散和灭火同步进行时，相互干扰比较大。

（2）战斗展开受限

大型商厦周边交通拥挤、人流交织，消防队到场后战斗展开将会受到人流、车流的严重影响。大型商厦大多与周边建筑毗连，规范确定的登高作业面往往会受到高空架物、临时停车、增设摊位等地形地物的影响，妨碍消防人员登高救人和外攻灭火。

（3）救人任务艰巨

火灾时由于商厦人员集中，大量的人员不能在短时间内完成疏散，特别是当疏散楼梯被烟火封堵时，楼内待救人员会更多。大量沿楼梯向下疏散的人流与登高救助的消防人员之间产生冲撞，将延误有利的救人时机，降低救人效率。楼上大量待救人员与有限的消防救生装备，如消防梯、举高消防车等之间的矛盾将十分突出。

（4）内攻作战困难

大型商厦内大量商品燃烧，造成火场浓烟高温，不仅能见度低，而且辐射热强，给消防人员内攻灭火和救人行动带来很大困难。大型商厦火灾时，一般燃烧面积大，特别是形成立体火灾后作战范围更广，在着火层内攻、着火层上层堵截、着火层下层设防等任务都将十分艰巨。

（5）易受水渍损失

商厦内部的绝大部分商品怕水，特别是高档贵重物品，当发生火灾时，用水量大，容易造成水渍损失。

二、小商品批发市场火灾危险性和特点

1. 摊点多，人流密，人员伤亡大

小商品批发市场跨度大，内部摊位多，易燃可燃的商品多。小商品批发市场的经营性质决定了市场内商户多而杂，且占道经营的现象比较严重。调查还显示，绝大多数市场虽然按规范设计了消防车道，也经常被人员、车辆和地摊等挤占。一旦发生火灾，人员、物品“出不来”，消防队“进不去”，给灭火救援带来了极大的困难。

2. 烟气浓，毒害强，灭火救援难度大

批发市场销售物品种类繁多，大量可燃、易燃商品一旦发生火灾，就会产生大量的浓烟和有毒气体。这些烟气对消防员有三个方面的影响：一是有毒，CO 等有毒气体直接造成消防员中毒，燃烧消耗了氧气还会造成火场内局部缺氧。二是高温，火场烟气本身具有很高的温度，炙热的烟气会烧伤消防员的皮肤。火灾中 800℃以上的高温，人无法生存，干燥空气条件下，人的生存温度是 40～149℃，而在潮湿空气条件下，人的生存温度更小，只要吸入含有大量水汽的热空气，就有窒息死亡的危险。此外 500℃以上的高温烟气所到之处都会引起可燃物着火。三是减光性，烟气浓度太高会影响消防员在火场中的能见度，造成扑救的诸多不便。

3. 燃料多，蔓延快，火灾燃烧面积大

小商品批发市场主要从事服装、饰品、玩具、小百货和日杂用品等小商品的批发销售，商品库存量较多。这些商品都是可燃商品，有的市场采用木板、PVC 板等可燃的板材进行简单的分隔，一旦发生火灾极易蔓延，形成“火烧连营”的局面。

4. 观念淡，意识弱，消防安全管理薄弱

小商品批发市场经营者良莠不齐，大多数没有受过消防培训，缺乏必要的消防安全意识。

5. 火源多，隐患杂，消防监督乏力

小商品批发市场内火源种类多，如生活用火、取暖设备和吸烟等。电气致火隐患，如乱接乱拉电线，违章使用电器等。

6. 水源稀，器材缺，日常维护保养差

大多数批发市场普遍存在缺水现象，有的市场消火栓数量不足，有的市场消火栓布局不合理或压力不足，还有的市场人为将消火栓封堵、遮蔽。由于批发市场火灾面积大，货物集中，火灾持续时间长，因此水源不足将会给灭火救灾带来很大的难度。批发市场建设初期都会配备灭火器材，然而大多数市场没有按《建筑灭火器材配置设计规范》的要求配备足额的灭火器材并进行日常的维护，发生火灾时灭火器材的功效非常有限。

三、饭店旅馆火灾危险性和特点

1. 楼层多，管井多，易形成立体火灾

饭店旅馆主体建筑高、层数多，发生火灾后，烟、火蔓延途径多。饭店旅馆大多有多个管道竖井、电梯井、电缆井、垃圾道和人、货楼梯、通道等。还有些通风管道纵横交错，延伸到建筑各个角落，一旦发生火灾，极易产生“烟囱”效应，使火焰沿竖井和管道迅速蔓延。此外，一些饭店旅馆的玻璃幕墙面积大，缝隙比较多，也容易传播火焰，在短时间内形成立体火灾。

2. 人员多，功能杂，人员疏散困难

饭店旅馆服务、入住和就餐人员较多，属于人员密集的公共场所。饭店旅馆里大多是暂住的旅客，流动性大，他们对建筑内的环境情况、疏散设施并不熟悉，加之发生火灾时烟雾弥漫，心情紧张，极易迷失方向。

3. 装修多，烟气大，火灾扑救困难

饭店旅馆多采用豪华装修招揽顾客，同时有的饭店的外观装有大量玻璃幕墙，如果发生火灾产生高温时，易造成玻璃爆裂坠落对扑救火灾和抢救人员带来较大的困难，而且容易造成参加战斗指战员的伤亡。当饭店旅馆发生火灾后，家具和装修材料中产生的高温、浓烟、有毒气体对火灾的扑救、疏散和抢救人员带来较大困难，产生的浓烟、有毒气体使火场的能见度降低，人员易产生恐惧心理，同时容易造成大量的人员中毒、窒息甚至死亡。

4. 电器多，用电管理不严

饭店旅馆内由于餐饮、住宿和娱乐的功能兼备，电冰箱、电热器、电风扇、电视机、空调、电梯、照明、广告等多种用电设备大量使用。一旦电气设备过载，或使用不当，就会引起火灾。

5. 消防意识差，用火管理不严

(1) 用火不慎

饭店旅馆用火部位较多，许多从业人员消防安全意识较差，用火不慎的现象时有发生。

(2) 吸烟

有些旅客缺少必要的安全意识，在饭店旅馆休息、餐饮时，思想松懈，在沙发、床上吸烟易引燃床单、沙发等可燃物，从而引起火灾。

四、商品仓储火灾危险性和特点

商品仓储场所是物资集中储存的场所，包括国家、集体和个体经营的储存物品的各类仓库、堆栈、货场等。

1. 种类多，火灾荷载大

仓储商品种类繁多，尤其是综合仓库，储存的商品少则几十种，多则上百种。按各类商品的燃烧特性，可分为易燃商品、可燃商品及难燃或不燃商品。

(1) 易燃商品主要包括用硝化纤维、赛璐珞制成的乒乓球、眼镜架、手风琴、三角尺，以及日常生活中使用的酒精、花露水、打火机气体、樟脑丸、漆布等。这些商品着火后燃烧最为猛烈，对火势的发展变化影响很大。

(2) 可燃商品主要包括棉、麻、毛、丝等天然纤维和人造纤维制成的纺织品和针织品、各种塑料制品、文化教育用品以及可燃材料制成的玩具和工艺美术品等。这些物品大多成捆包扎，如果发生火灾，在明火扑灭之后，往往还会留有阴燃火源，容易复燃。

(3) 难燃或不燃商品主要包括钟表、照相机、缝纫机、自行车、日用五金、家用电器、搪瓷、陶瓷、玻璃器皿、铝制品等。在火灾情况下，包装和填充这类商品的木材、稻草、麻袋、纸箱、泡沫塑料等都能着火燃烧。虽然这些商品本身不会被完全烧毁，但在火焰、高温和灭火水流的作用下，也会遭受一定的损失。

2. 蔓延迅速，易形成大面积火灾

仓库内储存的易燃、可燃商品和可燃的商品包装物、填充物，一旦发生火灾，燃烧猛烈，火势蔓延迅速。

(1) 仓库着火后，货垛间的间距、货架间的空隙以及高架仓库层与层间的缝隙形成的风道，给火势猛烈燃烧、迅速蔓延创造了条件，火势可迅速从初起阶段进入到全面发展阶段。

(2) 由于货物堆垛较高，与屋架、屋面等可燃构件距离近，堆垛、货架蔓延燃烧，直接威胁到建筑物，引起建筑构件着火燃烧。

(3) 屋顶烧穿、货架塌落、堆垛倒塌或打开门窗时，仓库内供氧充分，可燃商品都会加速燃烧，在热对流、热辐射共同作用下，火势蔓延速度也随之加快。

（4）露天堆场易发生飞火蔓延。棉、麻、草、苇、木材等物质密度低，质地疏松，在大风或火场热气流的作用下，燃烧碎片或燃烧纤维团被抛向空中，随风或热气流飘落到其他堆垛或可燃物上，会造成多处火点。如 1995 年 5 月 13 日，内蒙古自治区大兴安岭林管局甘河林业公司储木场因电线短路发生火灾，烧毁木材 49 034 m^3、机器设备 50 台，房屋 10 354 m^2，致使 4 个单位和 96 户居民受灾，直接财产损失 1 043.7 万元。

3. 堆放密集，易形成立体火灾。

仓库内空间大，库内通风良好，易形成立体火灾。

（1）仓库内可燃物资堆垛和货架发生火灾时，最初火势只沿堆垛和货架的表面蔓延，但随着燃烧时间的持续，很快沿着堆垛的缝隙向内部纵深发展，并向上部延烧。

（2）强烈的热辐射会引燃相邻的其他堆垛，库房内会形成多个商品堆垛同时燃烧的状况。

（3）多层仓库的某一层着火，火势会沿着楼梯间、电梯井、通风管道、楼板孔洞以及外墙窗口等迅速向上层蔓延，形成立体火灾。

4. 存储条件特殊，易发生特殊灾害

（1）室内仓库轰燃

轰燃是室内火灾发展过程中，燃烧面积迅速扩大，热的产生率迅速增加的一种火灾状态。一旦着火房间出现轰燃现象，火灾立即进入旺盛期，这时，人员、物资的疏散就无法进行，扑救也十分困难。研究证实，可燃货物堆放越多，货物放越高，会促使轰燃出现时间大大提前。

（2）粉尘爆炸

在粮食仓库的建筑构件及设备上，沉积着许多可燃性粉尘，发生火灾时，粉尘飞扬，易发生爆炸。此外，在灭火射水时，水流冲击到沉积的可燃粉尘，使之悬浮于空中，也能引起爆炸。

（3）特殊物质爆炸

许多仓库存储的商品或包装、填充物受热后会产生爆炸性气体，还有些仓库本身使用的空调系统内使用了氨等危险性气体。如冷库内氨制冷系统如果出现故障，造成氨气泄漏，除会散发出强烈的刺激性毒气外，若在空气中的浓度达到爆炸极限，遇明火即会发生爆炸，给现场人员造成直接伤害。如 2005 年 8 月 2 日上午，安徽省马鞍山蒙牛乳业有限公司北冷库发生火灾。消防人员到场后，共疏散和抢救出单位员工 223 人，保护了价值 1.9 亿元的冷冻饮品生产线和制冷机房设备的安全，避免了距离着火部位只有 23 m 的制冷机房内 90 t 液氨发生泄漏和爆炸的危险。但由于燃烧猛烈，现场环境复杂，灭火持续时间长，钢结构屋顶发生局部倒塌，造成3名消防人员牺牲。

5. 烟雾浓，危害大，火灾扑救困难

（1）能见度低，难以发现火源

一些大型库房内某一处着火后，烟雾很快充斥整个库房空间，库内能见度低，堆垛多，情况复杂，深入内部侦察和发现火源比较困难。

（2）毒害性强，危害人员安全

大量的棉、毛、化纤物、塑料商品和家电燃烧时，会产生大量烟雾或析出有毒气体，危害现场人员安全。

（3）烟气温度高，促进火势蔓延

火灾发生后，商品货物存储量大，发烟量大，相对排烟不足，烟气久聚不散，烟气温度迅速上升，500℃的高温热烟气蔓延就会引起绝大多数可燃商品的燃烧。如1998年10月27日19时许，北京市“居然之家”家具城（总面积19 800 m^2）发生火灾，烧死2人，火灾产生大量高温热烟气，造成火灾迅速蔓延，烧毁参展的62个厂家的摊位，过火面积6 000 m^2，直接财产损失380万元。

6. 位置隐蔽，地处偏远，扑救困难

为了节约成本，有些仓库多设在老旧建筑、临时建筑、人防工程内。这些仓库不仅自身建筑耐火等级低，而且一旦发生火灾极易蔓延到邻近建筑。还有些仓库设在地下建筑或人防工程内，由于缺少固定消防设施，一旦发生火灾，具有难以发现、难以扑救的特点。

（1）地下仓库

许多商场、超市等在其地下设置一个商品周转仓库。这些地下仓库往往出口较少，货物集中，一旦发生火灾烟雾浓密，疏散和扑救都很困难。2000年12月12日11时50分左右，重庆市渝中区民生巷17号A栋负二层地下美容美发用品仓库因200 W白炽灯爆裂，火星引燃下方纸质包装箱等可燃物，发生火灾。燃烧面积255 m^2，烧毁大量美容美发用品和器件，致使2个单位、1家住户受灾，造成直接经济损失23万余元。

（2）偏远仓库

一些木材、造纸、棉麻、粮食仓库由于占地面积大，往往选在城市边缘区域。这些仓储场所一般市政消防水源不足，距离消防站点较远，火灾发生后不能及时扑救，易形成大面积的火灾。如2002年9月5日11时15分左右，温岭市纸箱厂废料仓库发生火灾，造成1 000余吨筒纸被烧毁，过火面积900余平方米，直接经济损失惨重。

（3）临时仓库

一些经营业主缺少消防安全意识，在居民区或公共建筑内临时设置仓库，还有些工厂在输转产品时，会在交接地点设置一些临时仓库。这些临时仓库由于未经消防审核、验收，普遍存在多种消防安全隐患。如 1995 年 12 月 16 日上午 8 时 5 分，北京市朝阳区中外合资兴建的罗马花园公寓地下临时仓库发生火灾，过火面积达 2 400 m^2。

7. 用水量大，消防水源紧张

仓库发生火灾后，燃烧面积大、火场荷载大、燃烧时间长、火场总用水量大，对供水的要求较高。对于偏远仓库、临时仓库、地下仓库由于事先就没有经过严格的消防审核，现场更难找到水源。

五、危险化学品仓库火灾危险性和特点

1. 化学危险品种类繁多，灾情复杂，扑救难度大

据《常用危险化学品的分类及标志》GB 13690—1992，化学危险品可分为 8 大类，常见的化学危险物品约 1 000 余种。化学危险品种类繁多、特性复杂、侦察困难，给指挥决策带来了直接的影响。因灾情不明，难以作出正确的决策，导致处置延误，造成灾害随时间不断扩大，甚至因情报不准，处置失当，造成灾情升级，危及受困和救援人员的情况也时有发生。如 2004 年 12 月 9 日 21 时 04 分，湖南长沙铁路总公司黑石铺化学品仓库因相邻液化气站液化气泄漏爆炸起火，造成 1 人死亡，21 人受伤，15 间仓库被夷为平地，3.13 万件烟花爆竹发生连锁爆炸。

2. 存储条件严苛，包装易发生泄漏、破损

危险化学品都需要进行严密的封装或存储，并对防震、防潮、防静电等均有特殊的要求。然而由于危险化学品仓库储存量大，搬运中不可避免发生碰撞、挤压，加之日常管理中的疏忽，包装物或容器易发生破损、泄漏，具有强化还原性的物品易遇空气发生氧化，油脂类的物品浸渍棉纱、纸箱等易发生自燃。2002 年 3 月 27 日下午 13 时 41 分许，位于上海市宝山区的沈杨化工二库在 6 号库内装卸高锰酸钾时，由于铲车工人操作不当，装卸时不小心把碰倒的易燃固体粗萘与高锰酸钾混在一起，从而产生剧烈反应着火而发生火灾。火灾造成的燃烧面积达 4 000 余平方米，经济损失约 88 余万元。

3. 混合存放危险性大，易发生激烈反应

某些性质相抵触的物质混合或接触后，自发地开始放热反应，温度上升到一定程度，发生燃烧或爆炸。常见由于混合接触引起的火灾或爆炸有：强氧化性物质（如硝酸盐、氯酸盐、过氯酸盐、高锰酸盐、过氧化盐、发烟硝酸、浓硫酸、氧、氯、溴等）和还原性物质（如烃类、胺类、醇类、有机酸、油脂、硫、磷、碳、金属粉等）混合或接触；强酸或强碱混合接触其他物质；硝酸铵化肥与有机杂质或金属粉末接

触；炸药如TNT、苦味酸、特屈儿、黑索金与活性炭接触等。

4. 品性特殊，灭火方法特殊，灭火力量多

危险化学品的燃烧、爆炸、毒性、腐蚀和放射的特性对抢险条件、救援的装备和操作规程提出了苛刻的要求。如果没有严谨科学的救援规程，极易导致处置失当。此外化学灾害抢险的内容包括了侦检、人员抢救、事故区警戒、交通管制、疏散群众等诸多环节，灭火、救人、抢险、后勤等各环节必须衔接紧密，科学高效。化学灾害事故处置中，需要公安、消防、交通、运输、医疗、气象、供水、供电、供气甚至驻军等多部门、多警种共同参与，有时甚至需要跨区作战。在灾害突发后，迅速调整聚集相关力量参战，并迅速建立一个有效的现场指挥体系的困难很大。而事实上，各单位互不相属，平常缺少协同，因此配合难免生疏。

5. 毒害性强，防护要求高，处置难度大

危险化学品仓库存放的化工品大多都具有毒性，如液氯、TDI、甲胺磷、除草剂等，由于这些有毒危险化学品受高温灼烤和爆炸坠落物撞击以及灭火射流打击时，会造成毒物泄漏，甚至在地面流淌，在现场弥散，这些毒气会对消防员呼吸系统造成侵害，流淌毒液对消防员暴露皮肤也会造成很大的侵害。

（1）受热毒害

火场上，盛装有毒物品的容器破损发生泄漏，在燃烧或受热条件下，能分解或蒸发出有毒气体，有的毒性还很大，如乙基三氯硅烷遇高温能分解产生有毒光气，二甲硫醚遇高温能分解产生有毒的硫的氧化物烟气，三氟甲苯常温下就能挥发出有芳香气体的有毒气体。

（2）泄漏毒害

盛装有毒气体或液体的容器破损后，造成有毒气体或有毒蒸气外泄，如氟化砷、氧氯化硒、四乙基铅、3－丁烯腈等。

（3）反应毒害

一些危险化学品与水等灭火剂发生反应，能产生有毒气体。

（4）自燃毒害

用于半导体生产设备中的某些自燃性气体及液体，如乙硼烷、乙硅烷、硅烷等危险化学品不仅具有毒性，还能自燃，火灾危险性大。

6. 污染严重，影响深远，善后难度大

化学灾害不仅有自身灾害，而且易造成衍生、次生灾害。如危险化学品泄漏后带来的环境污染和造成的社会恐慌等。这就决定了化学灾害事故的抢险救援外延的扩大，任务也随之成倍增加。

第二节 商贸经营单位火灾扑救基本对策

一、商厦火灾扑救对策

1. 制定商厦应急疏散预案

商厦一般是消防安全重点单位，在制定灭火预案时，要重点针对火灾后易发生群死群伤恶性火灾事故的特点，制定应急疏散预案，以便于平时进行演练，火灾时按预案有序地组织疏散救人，避免或减少人员伤亡。

2. 迅速核警，及时报警

商厦值班人员应当通过消防控制中心发现火情，并迅速核实，及时向当地公安消防部队和商厦保卫部门报告火警。

报警内容：①发生火灾的单位名称、地址；②发生火灾的时间；③发生火灾的部位；④燃烧的物品种类；⑤火灾的发展阶段、规模。

3. 组织有序疏散

商厦保卫人员应当在接到报警后，迅速按照预案的分工和部署，迅速组织人员疏散和初期火灾扑救。

（1）疏散分工

商厦工作人员按预案迅速到指定位置集合，并按照分工对辖区内人员进行有序疏散。

（2）引导疏散

启动应急广播系统，稳定遇险人员情绪，指引人员疏散方向。利用手提扩音设备进行喊话，进一步稳定被困人员情绪，并组成救人小组深入火场，利用消防电梯或沿疏散楼梯疏散遇险人员。当疏散通道被烟火严重封堵，且外部救人措施无法实施时，可采取将遇险人员转移至屋顶、毗邻建筑的平台等相对安全区域的措施。

（3）开启通道

商厦工作人员应首先检查疏散通道的畅通情况，及时开启各个出口，指挥受困人员疏散。对于不能使用的通道，应派专人到关键部位引导。

（4）救助疏散

对失去行动能力（如老弱病残或受伤）的遇险人员，采取背、抬、抱等方法进行救助；取出备用疏散器材，如消防梯、软梯和救生绳索等营救被困人员。

4. 扑灭初期火灾

火灾发生初期是扑灭火灾的最有利时机。因此，商厦值班人员在发现火灾后，应当及时利用商厦的消防设施、器材，主动扑灭火灾。

（1）利用固定设施灭火

大型商厦都安装了自动喷淋系统，发生火情后，值班人员应迅速启动自动喷淋系统。

（2）利用室内消火栓灭火

值班人员可以利用各楼层的室内消火栓进行灭火。

（3）利用消防器材灭火。

（4）隔断火灾区域

当火势较大，难以控制时，商厦保卫人员应当启动消防水幕和卷帘等，将火焰控制在初发区域。

（5）开启排烟设施

建筑物根据其高度、规模、使用性质等的不同，采取不同的排烟方式。固定排烟设施主要包括以下几个方面：一是自动或手动排烟机械，在高层建筑或大型商厦的防烟楼梯间前室、消防电梯前室以及合用前室，设置有机械排烟竖井或排烟口，当排烟口开启时，排烟风机自动启动，将烟排出；二是机械加压送风，向楼梯间及前室、消防电梯前室以及合用前室送风，以阻止烟雾流向楼梯间及前室，以利于人员开启疏散门，顺利逃生或疏散；三是利用通风、空调系统排烟。

5. 主动汇报火情

公安消防部队到场后，应主动向消防指挥员报告火灾发生情况和已采取的措施，回答消防部队火情侦察人员的询问。主要内容包括：①火源位置、燃烧物种类、性能和火势扩散方向；②人员被烟火围困情况，所处位置、数量，疏散救人的通道；③疏散救人通道及安全出口是否畅通，有无被烟火封锁；④是否有带电设备及切断电源和预防的措施；⑤该场所的建筑特点、结构，疏散救人、灭火、排烟等是否需要破拆，破拆的具体位置；⑥消防电梯是否好用，设置的位置，建筑内部消防给水系统、通风排烟系统能否正常发挥作用，是否启动；⑦有无救生设施，是否能用，如能用是否已使用。

6. 配合消防部队灭火

商厦保卫人员和工作人员有义务参加和协助消防队的灭火行动，主要任务如下：

（1）协助救人

派出熟悉火场的工作人员，参与消防部队的救人小组，进入人员被困区域，疏散和救援被困人员。同时，根据灭火指挥部的命令，协助公安等部门对受火灾威胁的附近居民进行疏散。

（2）协助灭火

派出精干人员参加消防队的灭火作战。

（3）协助警戒

派出工作人员协助消防部队和公安、交警等对火灾现场进行警戒。

（4）协助排烟

开启固定排烟设施，利用建筑物本身的排烟竖井、排烟道或普通电梯间，从顶部排烟口将热气流排除。及时打开门窗或排烟口排烟，一般应将上风方向的下窗、下风方向的上窗开启，利用风力加速横向排烟。

（5）其他任务

根据灭火指挥部的命令，担负其他灭火协助工作。

7. 及时疏散和保护物资

大型商厦物资集中，特别是部分商品不仅价格昂贵，而且精密程度高，火灾时，必须遵照消防指挥员的命令，对这一部分物品进行有针对性的疏散和保护。

（1）对受烟火威胁大且忌水、忌烟熏的贵重商品，如高档电器、计算机、珠宝等，要及时组织力量，对其进行转移和疏散；对不能及时转移的，应采用防水物遮盖，如油布、塑料薄膜等，并射水保护。

（2）对影响侦察、救人、破拆、进攻等灭火战斗行动的商品，应及时予以疏散和转移，为灭火、救人开辟通道。

（3）对零售经营打火机、瓶装打火机气体及护发摩丝等易燃易爆危险化学品的大型商场，应组织力量预先对该经营区域进行射水冷却或使用泡沫进行覆盖。

二、小商品批发市场火灾扑救对策

小商品批发市场火灾初期，燃烧范围小，容易控制和消灭，是扑救火灾的最佳时期。在无控制或控制不当的情况下，15 min 左右即可达到猛烈燃烧阶段，该阶段的火势很难控制，极易形成大面积火灾。扑救大面积火灾需要迅速掌握火情，准确判断火情，并采取相应的对策才能有效地控制和消灭火灾。

1. 制定灭火预案，加强日常演练

批发市场是消防安全重点单位，在制定灭火预案时，要重点针对火灾后易发生群死群伤恶性火灾事故的特点，制定灭火预案，以便于有效控制火灾，避免或减少人员伤亡和财产损失。

2. 查明火情，迅速报警

（1）观察建筑物外部的烟气流动情况，初步确定着火的部位和火灾的发展阶段。

（2）了解燃烧物的性质及着火点的大致位置等。

（3）查明内部被困人员的位置和数量，以及受火势威胁的程度。

（4）查明着火部位和火势发展蔓延的主要方向。

（5）查明内部储存货物的种类、数量，有无需要疏散或保护的重要物资。

（6）查明进攻和疏散救人的路线等。

（7）查看自动报警系统、自动喷水灭火系统、防排烟系统等的动作情况。

（8）查看监控系统，了解火势发展的状况及固定消防设施的灭火成效等。

3. 救人第一，救疏并举

小商品批发市场人员密集，市场内通常都会有人员居住和活动，因此市场保卫人员和工作人员的首要任务是保护商户和群众的生命安全，主要应采取以下措施：

（1）开启安全出口，组织人员有序疏散。

（2）组织搜救小组，营救被困人员。

（3）查明火势走向，疏散附近群众。

4. 内攻近战，堵控火势

火灾发生初期，火势集中于批发市场的一个部位时，及时内攻近战，可以有效地堵截火头，控制火势的蔓延。在内攻近战时，应当派出两支以上水枪突入，水枪互相掩护。同时，内攻小组还要配备必要的破拆人员和营救人员。许多小商品如塑料、包装纸（箱）等燃烧后会产生大量有毒的烟气，内攻人员必须采取必要的保护措施，最好佩戴空气呼吸器等。

5. 疏散物资，隔离火场

大型批发市场物资集中，火灾荷载大，如不及时疏散火势会不断扩大并持续燃烧，因此必须遵照消防指挥员的命令，对一部分物品进行有针对性的疏散和保护。

（1）对受烟火威胁大且忌水、忌烟熏的贵重商品，如高档电器、计算机、珠宝等，要及时组织力量，包括组织商场工作人员，对其进行转移和疏散；对不能及时转移的，应采用防水物遮盖，如油布、塑料薄膜等，并射水保护。

（2）对影响侦察、救人、破拆、进攻等灭火战斗行动的商品，应及时予以疏散和转移，为灭火、救人开辟通道。

（3）对零售经营打火机、瓶装打火机气体及护发摩丝等易燃易爆危险化学品的大型商场，应组织力量预先对该经营区域进行射水冷却或使用泡沫进行覆盖。

6. 协助消防队灭火

批发市场保卫人员和工作人员有义务参加和协助消防队的灭火行动，如协助救人、灭火、警戒、排烟等。

7. 火场清理，谨防复燃

火灾扑灭后，市场内许多棉麻、纸、粮食制品等堆积物内部易形成阴燃。因此，在火灾扑灭后，应当彻底清理现场，消灭残火，并组织工作人员留守，看护现场，谨防火灾复燃。

三、饭店旅馆火灾扑救对策

扑救饭店旅馆火灾，必须加强第一出动，积极营救被困人员，有效控制火势发展，最大限度地减少人员伤亡和财产损失。

1. 制定饭店旅馆应急疏散预案

在制定灭火预案时，要重点针对火灾后易发生群死群伤恶性火灾事故的特点，制定应急疏散预案，以便于平时进行演练，火灾时按预案有序地组织疏散救人，避免或减少人员伤亡。

2. 迅速掌握火情，及时报警

值班保卫人员发现火警后，必须迅速展开火情侦察，查明火场主要情况，确定火场主要方面，并根据掌握情况报警和自救。

（1）查明火场被困人员数量及可能藏身的位置、受烟火威胁程度、疏散营救被困人员通道和安全出口位置，以及有无被人为封堵等情况。

（2）查明饭店旅馆起火部位、燃烧面积、火势蔓延的途径、内攻及撤退的路线和设置水枪阵地的位置。

（3）查明被遮挡的外墙窗口的具体位置、封闭情况，初步确定破拆方法。

（4）查明自动灭火系统、防排烟系统等消防设施运作显示情况，特别是自动喷水灭火系统扑救初起火灾的效果情况。

3. 积极疏散和营救被困人员

采取一切措施，积极疏散和营救被困人员，是火场中的主要工作。

（1）工作人员利用手提式扩音设备进行喊话，稳定被困人员情绪；同时，组成救人小组深入火场，组织引导被困人员疏散。

（2）当安全疏散出口被烟火封堵时，消防人员应采取水枪封堵火势、排烟降温，确保救生通道畅通。

（3）在水枪掩护（必要时可梯队掩护）下，救人小组深入内部对失去行动能力的遇险人员，采取背、抬、抱等方法进行救助，并尽可能为其提供简易的防护面具等。

（4）选择封闭不够牢固的外墙窗口作为破拆点，利用消防梯、举高消防车等登高设备以及采用救生绳索、救生气垫等救生装备在外部开辟新的疏散救生通道，实施救人。

4. 全力组织内攻灭火

在全力救人的同时，灭火工作要同步开展，采取以内攻为主、攻防结合的措施，及时启用固定消防设施，将火灾消灭。

（1）着火部位是灭火力量部署的重点。首先要利用室内消火栓出水枪，建立进攻阵地，尤其要在火势发展蔓延的主要方向上部署力量，强攻近战，将火势控制在一定的范围内，并切断向其他方向蔓延的途径。

（2）条件允许的情况下，开启自动喷水灭火系统，全力灭火。

（3）在相连建筑的开口部位设置水枪阵地，或下降防火卷帘和水幕等以阻止火势发展蔓延。

5. 有效实施火场排烟

饭店旅馆内大量可燃物品燃烧产生的高温浓烟，是妨碍人员疏散和灭火战斗行动的重要因素之一，有效地组织排烟至关重要。

（1）火灾初期，应及时启动固定排烟设施，以提高火场能见度，为人员疏散和自救等行动创造有利条件。

（2）规模较小的饭店旅馆内部空间较小，可利用排烟机、排烟车等移动设备进行排烟，并根据火场需要使用开花或喷雾射流等进行人工排烟。

（3）对封闭不够牢固的外墙窗口，应组织力量破拆，进行自然排烟散热，但要选准破拆的方位和时机。

6. 协助消防队灭火

饭店旅馆保卫人员和工作人员有义务参加和协助消防部队指挥的灭火行动，如协助救人、灭火、警戒、排烟等。

四、商品仓储火灾扑救对策

商品仓储场所火灾，一般火势较大，时间较长，应认真做好火情侦察，采取针对措施及时控制火势，消灭火灾。

1. 制定灭火预案，经常开展演练

在制定灭火预案时，要重点针对火灾后易发生重大损失的特点，制定应急灭火预案，以便于平时进行演练，火灾时按预案及时扑救火灾，避免或减少财产损失。

2. 迅速组织火情侦察

商品仓储场所火灾情况复杂，值班人员必须认真组织火情侦察，为灭火和疏散决策提供依据。

（1）查明商品仓储场所的建筑结构及布局情况、储存商品的品种与数量。

（2）查明火源位置，燃烧物的性质、燃烧的范围、火势发展的主要方向。

（3）查明火灾发展阶段，是大面积燃烧还是局部阴燃。

（4）查明毗邻库房情况和仓库的道路、水源情况等。

3. 采取针对性灭火措施

扑救商品仓储场所火灾，必须针对其不同的燃烧对象、不同的燃烧面积、不同的火势发展阶段，采取针对性的灭火措施。

（1）初期火灾，深入内攻

火灾初期，仓库燃烧部位往往限于局部或某一堆垛。此时库内烟雾弥漫，火源不明，消防人员到场后，不应盲目射水，必须组织精干力量深入内攻灭火。当进库水枪难以控制火势时，应与库外指挥员联系，让外部力量在着火场所上部破拆屋面，采取上下夹击的战术灭火。

（2）发展阶段，上下堵截

消防人员到达现场后，如火势已突破屋顶，并顺着库内物品及库房屋顶向一端或两侧蔓延时，应布置力量在火势发展方向的上部和下部同时堵截。

（3）猛烈阶段，合力围歼

当火势发展到库内若干堆垛全面燃烧，库房屋顶烧穿塌落等猛烈阶段时，应组织力量，先用大口径的水枪、水炮压住火势；然后改用开花喷雾水枪穿插分割，近战灭火。

4. 坚持灭疏结合

仓库空间大、货物架空、通道串风，发生火灾后蔓延极为迅速，应在积极控制火势的同时，组织力量，包括单位职工疏散受火势威胁的商品，尽可能地减少损失。库内堆垛明火被扑灭后，要组织人员逐堆翻垛，扑灭捆包的阴燃火源。

5. 火场清理，谨防复燃

火灾扑灭后，市场内许多棉麻、纸、粮食制品等堆积物内部易形成阴燃，因此，在火灾扑灭火，应当彻底清理现场，消灭残火，并组织工作人员留守，看护现场，谨防火灾复燃。

五、危险化学品仓库火灾扑救对策

1. 建立消防档案，制定灭火预案。

辖区消防部队应制定危险化学品仓库的档案，详载危险化学品仓库日常储存物品的种类和数量，标明化学危险品的性质、特点，注明灭火措施，备齐灭火器材和药剂，并在此基础上制定灭火预案，加强日常对化学危险物品的熟悉。

2. 查明火情，及时报警

危险化学品仓库火灾情况复杂，值班人员必须认真组织火情侦察，为灭火和疏散决策提供依据。

（1）查明仓库着火的部位、燃烧物品的性质及储存的数量。

（2）查明火势的范围及发展蔓延的主要方向。

（3）查明火场有无爆炸危险，若已发生爆炸，还需查明人员伤亡及被困情况，建筑物的破坏程度，以及有无再次爆炸的可能。

（4）调查仓库的建筑结构、平面布局，以及危险化学品分区储存情况。

（5）查明邻近库房物品储存的情况，以及受火势威胁的程度。

(6) 准备灭火作战预案和单位建筑图样，初步确定进攻路线和灭火方法等。

3. 设立警戒，疏散人员

扑救危险化学品仓库火灾，现场情况复杂，必须实施警戒，并及时疏散危险区域内的人员。

(1) 根据仪器检测结果和现场气象情况，确定警戒区域，划定警戒范围。

(2) 疏散危险区域内的人员，并会同地方政府和公安部门，疏散火场危害可能波及范围内的群众。

(3) 严格控制进出警戒区域的人员、车辆，并做好登记。

4. 控制险情，抢救人员

采取相应的措施，控制火源防止爆炸，稀释浓度减弱危害，设置水幕防止扩散，堵漏止流、包封隔离、沙埋土填，采用疏堵结合的方法控制险情。同时，积极抢救受伤人员。

5. 扑灭火灾，消除险情

条件成熟后，即力量充足后，可以组织对险情进行处置。要根据危险化学品的不同性质，正确选用灭火剂，积极采取针对性的灭火措施。

6. 协助消防队灭火

危险化学品仓库保卫人员和工作人员有义务参加消防部队指挥的灭火行动，协助灭火作战。

7. 灾后洗消，防止污染

火灾扑灭后，要对现场的人员、器材进行必要的洗消处理。同时，对于有污染的物质应控制其范围，并通过政府协调，派出专门的部门对残液、废料进行回收、处理。

第三节　商贸经营单位火灾应急预案编制

商贸经营单位由于其自身的特点，易在短时间内造成火势蔓延扩大，酿成群死群伤的恶性火灾事故。未雨绸缪，从预案着手，遇有险情，快速处置，成为商贸经营单位面临的一项重要和紧迫的任务。

一、应急预案的内容

火灾应急预案的制定是一项复杂而细致的工作。除了对场所、内容等需做大量的调查研究外，还要科学预测、综合分析一旦发生火灾后可能出现的各种情况，研究制定相应的战术对策，正确部署灭火疏散人员及相关力量，制定出切实可行的火灾应急预案。应急预案主要包括以下内容：

1. 基本情况

（1）预案单位的地理环境、消防设施、水源等。

（2）预案单位的主要负责人、主管人、值班人等。

（3）政府主要职能部门联系人及联系方式等。

（4）供水、供气、供电、供热、气象等单位联系人及其联系方式。

（5）预案制作单位、制定人、审核人、批准人及制作日期。

2. 火灾危险性和扑救措施

（1）火灾的危险性。

（2）火灾的扑救措施。

3. 灭火的指导思想和原则

（1）统一领导和统一指挥的原则。

（2）分级负责和区域为主的原则。

（3）单位自救与社会救援相结合的原则。

4. 组织指挥体系

（1）灭火救援指挥部。

（2）灭火救援专家委员会。

（3）现场指挥组。

（4）作战组。

（5）医疗救护组。

（6）后勤保障组。

5. 人员部署和任务分工

（1）灭火救援指挥部

灭火指挥部是事故救援工作的指挥机构和指令的传输中心，由总指挥、指挥人员、通信人员组成，其职责如下：①组织制定灭火疏散预案；②邀请灭火救援专家委员会评估审定预案；③组织预案相关人员参加消防安全培训；④组织开展灭火疏散演练；⑤组织实施灭火救援行动；⑥参与公安消防部队的灭火指挥。

（2）灭火救援专家委员会

灭火救援专家委员会由相关专业的专家组成，其职责如下：①负责对火灾危害进行预测，对重大危害控制系统进行评价；②协助建立重大危险源、危险设施、主要化学毒物数据库，向各有关机构提供咨询；③为救援决策提供依据和方案，为事故预案的制定提供技术支持；④对编制人员进行培训，负责咨询和专业讲座；⑤对编制的事故预案进行评价，提出改进意见；⑥及时通报事故源的变化，新救援技术的发展情况，为预案的修订提供依据；⑦为灭火救援提供技术支持。

（3）现场指挥组

现场指挥组由救援现场的指挥员组成，其职责如下：①收集现场火情及时向灭火救援指挥部汇报；②根据灭火救援指挥部的命令指挥灭火救援活动；③依据灭火救援指挥部的授权进行独立作业；④预测可能发生的危险，判断各种突发险情。

（4）作战组

作战部包括火情侦察组、搜救组、灭火组，其职责如下：①对火灾现场环境及火情进行侦察；②查明火灾受困人员数量与位置；③探明现场存在的爆炸、毒害、触电、倒塌等危险；④组织搜救组营救受困人员；⑤开展必要的破拆、堵漏等作业；⑥控制火势发展，扑灭火灾；⑦控制灾害进一步发展；⑧协助公安消防部队灭火救援。

（5）医疗救护组

医疗救护组由医务人员和志愿人员组成，其主要职责如下：①现场救护；②转运受伤人员过程的医疗监护；③为现场救护人员提供医疗咨询；④对群众做自救与互救的宣传；⑤对专业和义务消防队员进行医疗救护培训。

（6）后勤保障组

后勤保卫组包括警戒组、供水组、通信组，其主要职责如下：①维护现场秩序，阻止无关人员进入；②进行人员疏散，保证人员安全撤离；③保证交通路线畅通，保证救灾物资安全、顺利到达目的地；④保障消防水源、药剂和器材的供应；⑤保障现场消防通信；⑥保障现场人员的饮食。

6. 可能发生的紧急情况及其类型和规模

（1）危险源评估

根据同类场所发生火灾的规律，评估场所内可能形成的危险源，如发生火灾的火源、可燃物、发生爆炸和毒害的化学危险品、火灾发生后发生坍塌的可能性等。

（2）危险部位评估

危险源发生和可能影响到的区域，这些危险部位是灭火救援的重点。对危险部位评估应当判断其具体位置、范围大小和可能形成的不利后果。

7. 疏散方案

（1）组织疏散的方法

商贸经营单位值班人员或值班负责人确认火灾后，应立即向消防队报警，同时通报灭火指挥部和各处工作人员。组织者和工作人员听到警报后，应按计划进入指定位置，立即组织疏散。消防队未到场前，起火单位的领导和工作人员就是疏散人员的领导者和组织者。火场上受困人员应服从领导听从指挥，遵照秩序疏散。公安消防部队到场后，由公安消防指挥员统一指挥。单位领导和工作人员应汇报火场情况，积极协助公安消防部队开展疏散。

1）广播引导疏散。通过现场事故广播报告火警，说明发生火灾区域，明确需要疏散人员区域，指明安全区域方位和标志，告知受困人员正确的疏散逃生方法。

2）口头引导疏散。现场工作人员应在指定的区域向受困群众呼喊，表明自己疏散组织者的身份，指明正确的疏散路线，消除现场人员恐慌心理，稳定情绪，维护疏散秩序。

3）标志引导疏散。利用原有疏散标志和临时设置的疏散标志为受困者指引正确的疏散逃生路线。

4）强行引导疏散。人员受伤被困火场时，应组织搜救人员强行进入火场搜救；在人流较大的，易发生拥挤和堵塞的部位采取必要的疏散控制措施；在封堵的出口或死胡同应设置专门的哨位，防止误入；对于情绪失控或蓄意破坏，影响正常逃生秩序的人员应采取必要的强制措施。

（2）允许疏散时间

人们若要在火灾中安全疏散，疏散所需时间必须小于等于危险状态发生时间。火灾危险状态确定条件为：①当烟气层界面高于人眼特征高度时，若上部烟气层的热辐射强度能够对人构成伤害，就可以认为达到危险状态。有资料表明，烟气温度超过180℃时便可构成这种危险。②如果烟气层界面低于人眼特征高度，对人的危害是直接烧伤或吸入热气体，这种危险状态的烟气温度值为110～120℃，取115℃。③当烟气层界面低于人眼特征高度时，还可以根据某种有害燃烧产物的临界浓度判定是否达到了危险状态。人眼的特征高度通常为1.2～1.8 m，取为1.5 m。

有关部门通过对火场实测，并考虑一定的安全系数后确定，高层民用建筑的允许疏散时间为5～7 min，一、二级耐火等级公共建筑的允许疏散时间为6 min，三、四级耐火等级建筑物的允许疏散时间为2～4 min，大型批发市场一般设为5 min。

（3）确定疏散路线，合理分配人流

发生火灾后，人员疏散的路线应该是疏散距离和疏散时间最短的路线。一般情况下，商贸经营单位应就近疏散人员。对于人员高度集中的区域，则应考虑从其他相邻的疏散通道和安全出口组织疏散。安全出口数量在设计时已经考虑到了人员负荷，即可以认为在通常情况下，安全出口数量是满足疏散需要的。对于特殊情况，即人员高度密集或安全出口封堵情况下，有可能在疏散时间内人员难以全部疏散。这种情况下，还应及时组织人员从其他出口疏散，或集中引导至便于救援的平台、窗口等处待救。

（4）注意事项

1）疏散秩序。在引导疏散过程中，应始终注重疏散秩序，尤其防止出现拥挤、践踏、摔伤等事故。对于自顾逃生、破坏秩序者应及时劝阻，必要时采取强制措施。对于老弱病残应及时救助、搀扶。

2）遵照合理的疏散顺序。疏散应按照先着火层，再着火层上部充烟区域，后着火下层的顺序组织疏散，优先安排受火势威胁最大区域内人员疏散，力量充足时可同时展开。

3）灭火应围绕疏散展开。疏散人员的同时，应组织人员在受火威胁的疏散通道和安全出口处设置水枪，控制火势蔓延，打开疏散通道。同时，可以利用防火门、防火卷帘、水幕等控制火势，启动通风、排烟设施降低烟雾浓度，为疏散创造良好的条件。

4）原则上禁止使用普通电梯疏散。普通电梯由于缝隙多，极易受烟火侵袭，电梯竖井又是烟火蔓延的主要通道，因此普通电梯不应作为逃生通道。此外，普通电梯还易发生中途停电，造成人员滞留，难以逃生。

8. 灭火方案

（1）灭火原则

“先控制，后消灭”是火灾扑救的基本原则。控制是把火势限制在原有的燃烧范围或状态，不使其继续发展、蔓延和扩大。控制与消灭是辩证的统一。

（2）具体措施

1）要选择正确的控制部位。主要包括火灾蔓延的主要方向上设置堵截；下风向设置堵截。多层建筑发生火灾时，主要在上层堵截，下层防范。高层建筑发生火灾，火势主要通过管井、楼梯和外墙蔓延，应主要控制这些蔓延通道。

2）要采用适当控制方法。对于明显的火源可以直接向燃烧区射水控制火势；对于火势猛烈的区域可以用水幕或遮挡方法控制火势；可开辟隔离带控制火势；破拆建筑结构控制火势。

（3）要求

1）抓住时机，速战速决。要快攻和近战，抓住火灾初期的有利时机，贴近火源，直击要害。

2）集中力量，力求消灭。火灾初起时，应尝试集中所有力量灭火。

3）有效控制，固守待援。火灾猛烈发展后，如灭火力量相对不足，应当在火场主要位置重点设防，重点守护，等待增援力量到达后再向火点进攻。

9. 险情假定与处置

假定商贸经营单位最不利条件下发生火灾。最不利的条件包括：

（1）最不利时间

如人员密集场所营业时人员最多时；商品储存场所人员最少，初起火灾难以发现时。

（2）最不利火源

如易发生猛烈燃烧的易燃物质；易发生爆炸的石油液化气体；易发生粉尘爆炸的面粉等。

（3）最不利火点

如可燃货物集中的仓库；难于发现的棉麻堆垛阴燃；初起火灾难以扑救的线缆、沟管、高架火点等。

（4）最不利条件

如报警延迟、消防安全设施故障、消防水源不足等。

10. 演练计划和安排

（1）制订演练计划

按照预案的内容，制订针对假想火情的具体演练计划。演练计划可以分为两套：一是单位初期灭火自救演练计划；二是消防部队到场后单位协助消防部队灭火救援演练计划。

（2）定期开展演练

根据国家消防法规的内容，明确每年大型演练次数和时间安排（每年两次）。单位应将演练作为员工上岗前培训和日常安全培训的有效手段，经常安排（每季度1次）定期演练。实践中许多单位常借着消防设施年检、器材更换的时机一并进行演练，效果比较好。

（3）评估演练效果。

11. 预案编制要求

（1）明确编制责任人与编制程序

单位应当明确预案的制作责任人（一般是单位分管领导和安保部门负责人），并明确制作、审核、审定的编制程序。

（2）明确应急预案更新周期

预案应当随着单位场地、人员、设施的变化而及时更新。如场地、人员、设施没有明显变化时，应当重新设定假想起火部位更新预案。

（3）明确演练计划实施时间

火情瞬息万变，演练计划应当相应地对时间进行严格规定，侦察火情、报警、到场和疏散、扑救都应当明确时间，并以时间和任务完成情况作为考核的主要依据。

（4）规范使用图、表、术语等

预案编制中应当借鉴消防部队的制图、制表方法，使用规范的图例和标识，这既便于预案的规范统一，也有利于日常防火监督和紧急情况时消防部队调用。

二、灭火力量计算

1. 水枪控制面积计算

水枪控制面积可按下式计算：

$$A_{枪}=q_1/q$$

式中　q_1——水枪流量（L/s）；

q——供水强度［L/(s·m²)］。

一般直流水枪喷嘴口径为 19 mm，流量 6.5 L/s，供水强度 0.12 L/s·m²，则可计算出 1 支水枪控制面积：

$$A_{枪}=\frac{q_1}{q}=\frac{6.5}{0.12}=54\ (\text{m}^2)$$

2. 水枪控制周长计算

水枪控制周长可按下式计算：

$$L_{枪}=\frac{A_{枪}}{h_s}$$

式中　$A_{枪}$——水枪控制面积（m²）；

h_s——水枪控制纵深（m）。

口径 19 mm 直流水枪的控制面积 54 m²，可控制纵深（h_s）取 5 m，则其控制周长为：

$$L_{枪}=\frac{A_{枪}}{h_s}=\frac{54}{5}=10.8\ (\text{m})$$

3. 消防车可出水枪数量计算

一辆消防车可出水枪数量按下式计算：

$$N_{枪}=\frac{Q_1}{q_1}$$

式中　Q_1——消防车泵出水流量（L/s）；

q_1——水枪流量（L/s）。

根据消防车泵出水流量可以计算出消防车可出的水枪数，一般普通的水罐消防车可以出 2～3 支口径为 19 mm 直流水枪。

4. 基于燃烧面积计算火场需要水枪数

燃烧面积可由下式计算：

$$A_{燃}=\alpha\pi(vt)^2$$

式中　$A_{燃}$——燃烧面积（m²）；

α——燃烧面积扩散系数（取值见表 7—1）；

π——圆周率；

v——火灾蔓延平均速度（m/min）；

t——从起火至出水的时间（min）。

表 7—1　　燃烧面积扩散系数

α 的取值	条　　件
1	起火点在建筑物内防火分区中心
0.5	起火点在建筑物内防火分区一侧的中心
0.25	起火点在建筑物内防火分区一角

灭火需要冷却的燃烧区周边面积：

$$A_{冷}=\beta A_{燃}$$

式中　$A_{冷}$——冷却面积（m^2）；

β——冷却面积系数（取值见表 7—2）。

表 7—2　　冷却面积系数取值表

β 的取值	条　　件
0.25	单层建筑
0.5	2 层及 2 层以上至 50 m 以下的建筑
1.0	50 m 以上的高层建筑

5. 基于控制周长计算火场需要水枪数

火场需要水枪数可按下式计算：

$$N_{枪}=\frac{L_{火}}{L_{枪}}$$

式中　$L_{火}$——火场周边长度（m）。

6. 供水管网上可用消火栓数量计算

可用消火栓数量按下式计算：

$$n=\frac{Q_{管}}{Q_{栓}}$$

式中　n——使用消火栓的数量（个）；

$Q_{管}$——管道供水流量（L/s）；

$Q_{栓}$——平均每个消火栓使用的流量（L/s）。

7. 大荷载场所供水强度计算

对于火灾荷载大于 48 kg/m^2 的场所，灭火实际所需供水强度应按下式计算：

$$q_m=0.5\left(1+\frac{w}{48}\right)q$$

式中　w——火灾荷载密度（kg/m^2）。

大火灾荷载场所，灭火实际供水强度要大于一般火灾荷载场所灭火所需供水强度

0.12 L/(s·m²)。因此，计算的每支水枪控制面积和周长相应地变小，即实际需要的水枪数增多。

例：大型商贸三层建筑的中间层大厅起火，起火点在建筑物内防火分区的一侧的中心部位，火灾荷载为 60 kg/m²，工作人员在起火后 15 min 利用室内水消火栓出水，计算灭火所需出口径 19 mm 水枪数。

解：由题意可知，$\alpha=0.5$，$\beta=0.5$，所以，火场控制面积为：

$$A_{燃}=\alpha\pi\ (vt)^2$$

$$=0.5\times3.14\times(1\times15)^2$$

$$=354\ (\mathrm{m}^2)$$

$$A_{冷}=\beta A$$

$$=0.5\times354$$

$$=177\ (\mathrm{m}^2)$$

火场供水强度为：

$$q_{\mathrm{m}}=0.5\left(1+\frac{w}{48}\right)q=0.5(1+60/48)\times0.12=0.135\ [\mathrm{L/(s\cdot m^2)}]$$

$$q_{冷}=q=0.12\ [\mathrm{L/(s\cdot m^2)}]$$

火场所需水枪数量为：

$$n_{灭}=\frac{A_{灭}}{A_{枪}}=354\times0.135/6.5=8\ (支)$$

$$n_{冷}=\frac{A_{冷}}{A_{枪}}=177\times0.12/6.5=4\ (支)$$

火场需要水枪数量为：

$$n=n_{灭}+n_{冷}=8+4=12\ (支)$$

三、应急预案编制实例

实例：某商厦火灾扑救预案

1. 基本情况

（1）现场环境

某商厦属某市百货纺织品总公司，地处某市区中心地段，总用地面积 4 275 m²，建筑物占地面积 2 975 m²，总建筑面积为 185 000 m²，高 28.8 m。该建筑为钢筋混凝土框架结构，耐火等级为一级。该商厦以六层建筑为主，结合地下室形成一个多功能的综合性商业中心。每层面积 3 000 m²，具体使用情况如下：营业性楼层为 1～4 层（一层主营鞋帽、皮件、化妆、百货、针织、五金、钟表、通信类，其中东面为中国移动某分公司，西面租给肯德基；二层主营文化、纺织、服装；三层东段主营家电，西段为儿童娱乐城；四层主营家具）五至六层大部分为仓库，一小部分是行政办公室，七层为楼顶，并设有行政办公室。地下室西边为停车场、配电间。大厦中央设有中庭，顶部采用玻璃采光罩，商厦共有 5 部楼梯、2 部客货电梯、2 部手扶电梯，具体设置为：中部有 2 台升降梯，一台为货运梯，另一台设置为消防梯（消防梯可通地面），并且在两升降梯边上有一踏步梯也可通往楼面。中部天井旁设有双向楼梯，同时有两部自动扶梯可至四楼，西边北侧有一踏梯上可通楼面，下可通地下室；西边南侧也有一踏梯上可通楼面，下可通地下室；东边南侧有一踏步梯，可通南侧出商厦。

（2）消防设施

大楼共有义务消防队员 23 人，商厦于 2001 年 8 月份给地下室安装了温感器、烟感器、营业性楼层一、二、三、四楼安装了消防安全自动喷淋灭火系统，共安装了 1 100个喷淋头（一楼 250 只、二楼 230 只、三楼 250 只、四楼 250 只、地下室 120 只），手动按式报警器 16 套（一楼 3 只、二楼 3 只、三楼 3 只、四楼 3 只、地下室 4 只），烟感报警器 5 套（位于地下室），各个楼层设有应急照明灯、应急广播。在楼层面各段都配有灭火器，ABC 干粉灭火器 94 个，泡沫灭火器 29 个，地下室配电间泡沫灭火器 11 个，干粉灭火器 5 个；发电房配有干粉灭火器 2 个；消防中心配有干粉灭火器 1 个。消防控制室设在一楼南侧地下室出口道旁。

商厦大楼共有室内消火栓 46 只，其中地下室 5 只，一层 6 只，二至六层均为 7 只。每个室内消火栓接口口径均为 65 mm，消火栓箱内有口径为 65 mm 的水带 1 盘，直流水枪 1 支。商厦楼顶设有一个消防水池（90 m^3），地下室也有 1 蓄水池（400 m^3），该蓄水池连接市政消火栓管道，管道口径为 100 mm，采用自动控制阀，水满后自动关闭，缺水时自动加满；同时在地下室有 5 台水泵，其中 1 台为生活水泵，2 台为消防水泵，2 台为喷淋水泵。

（3）室外消防水源

商厦室外附近设有消火栓 6 个，其中 1 个位于商厦右侧大门前（但已废弃，无法使用），商厦周围 100 m 以内共有市政消火栓 5 只。

（4）平面图

（略）

2. 指导思想和原则

（1）统一领导和统一指挥的原则。

（2）分级负责和区域为主的原则。

（3）单位自救与社会救援相结合的原则。

3. 组织指挥体系和职责分工

（1）灭火救援指挥部

总指挥：×××（总经理）。

副总指挥：×××（副总经理）。

职责：①组织制定灭火疏散预案；②邀请灭火救援专家委员会评估审订预案；③组织预案相关人员参加消防安全培训；④组织开展灭火疏散演练；⑤组织实施灭火救援行动；⑥参与公安消防部队的灭火指挥。

（2）灭火救援专家委员会

主任：市消防支队防火处长。

副主任：某学院土木工程系教授。

成员：市供电局高工、市煤气公司副经理、市建筑设计院副院长、市消防支队参谋。

职责：①负责对火灾危害进行预测，对重大危害控制系统进行评价；②协助建立重大危险源、危险设施、主要化学毒物数据库，向各有关机构提供咨询；③为救援决策提供依据和方案，为事故预案的制定提供技术支持；④对编制人员进行培训，负责咨询和专业讲座；⑤对编制人的事故预案进行评价，提出改进意见；⑥及时通报事故源的变化、新救援技术的发展情况，为预案的修订提供依据；⑦为灭火救援提供技术支持。

（3）现场指挥组

组长：保卫部部长。

副组长：商厦义务消防队队长。

职责：①收集现场火情及时向灭火救援指挥部汇报；②根据灭火救援指挥部的命令指挥灭火救援活动；③依据灭火救援指挥部的授权进行独立作业；④预测可能发生的危险，判断各种突发险情；协助公安消防部队灭火救援。

（4）作战组

火情侦察组：商厦值班员、义务消防队员等商厦工作人员 3 人。

疏散搜救组：商厦工作人员等 26 人。分工情况见表 7—3。

表 7—3　　疏散搜救组分工情况

项目	组织人员	疏散通道	疏散范围
一层 5 人	×××	安全出口 1	1 区
	×××	安全出口 1	2 区
	×××	安全出口 1	3 区
	×××	安全出口 1	4 区

续表

项目	组织人员	疏散通道	疏散范围
二层 5 人	×××	楼梯 1 手扶电梯 1	1 区
	×××	楼梯 2	2 区
	×××	楼梯 3	2 区半部 3 区半部
	×××	楼梯 4 手扶电梯 2	3 区
	×××	楼梯 5	4 区
三层 5 人、四层 5 人、五层 2 人、六层 2 人、顶层 2 人，具体分工略			

灭火组：由义务消防队组成，其成员由各楼层工作人员或商户 80 人组成，使用的器材装备见表 7—4。

表 7—4　　灭火组人员装备

项目	义务消防队员			
	保卫人员	指定器材	柜台商户	指定器材
一层	×××	一层 1 号消火栓	×××	东 1 灭火器
	×××	一层 2 号消火栓	×××	东 2 灭火器
	×××	一层 3 号消火栓	×××	东 3 灭火器
	×××	一层 4 号消火栓	×××	东 4 灭火器
	×××	一层 5 号消火栓	×××	中 1 灭火器
	×××	一层 6 号消火栓	×××	中 2 灭火器
			×××	中 3 灭火器
			×××	中 4 灭火器
			×××	中 5 灭火器
			×××	中 6 灭火器
			×××	西 1 灭火器
			×××	西 2 灭火器
二至六层室内消火栓 7 处，指定灭火器材点 3 处，具体分工略				

职责：①对火灾现场环境及火情进行侦察；②查明火灾受困人员数量与位置；③探明现场存在的爆炸、毒害、触电、倒塌等危险；④组织搜救组营救受困人员；⑤控制火势发展，扑灭火灾；⑥控制灾害进一步发展；⑦协助公安消防部队灭火救援。

（5）医疗救护组

义务消防队员3人组成。

救护单位：①市第一人民医院（距离1 200 m）；②市消防支队卫生队（距离500 m）。

（6）后勤保障组

组长：×××（副总经理）。

成员：警戒组、保障组等6人。

职责：①维护现场秩序，阻止无关人员进入；②进行人员疏散，保证人员安全撤离；③保证交通路线畅通，保证救灾物资安全、顺利到达目的地；④保障消防水源、药剂和器材的供应；⑤保障现场消防通信；⑥保障现场人员的饮食。

4. 可能发生的紧急情况及其类型和规模

（1）危险源评估

1）电气火灾。电线老化短路、电线过载、电器故障、照明/装饰灯具故障、电暖器故障和电梯故障的可能性。

2）用火不慎。商户生活用火、工作人员用火的可能性。

3）吸烟。商户在柜台吸烟、商户/搬运工在仓库吸烟、顾客在商厦内吸烟的可能性。

4）自燃。仓库内棉麻制品自燃、包装纸箱自燃、发电机房油品和可燃物混存自燃和装修用化学危险品自燃可能。

5）飞火。邻近建筑内使用火源飞火、烟花爆竹飞火等的可能性。

6）纵火、玩火。人为纵火、小孩玩火等的可能性。

（2）危险部位评估

1）家电商场。家电商场位于商厦三层，商场内电器多，用电量大，各类包装箱、盒及防震填充品均是可燃材料。此处一旦发生火灾极易蔓延扩散。

2）服装商场。服装商场位于商厦二层和四层，商场内各类服装、饰品、床上用品都是可燃材料，且堆放密集。经营期间人流密度大，疏散困难。

3）货物仓库。货物仓库位于商厦五层，货物囤放量大，且管理人员较少，一旦发生火情可能难以发现。

（3）疏散方案

1）组织领导

领导：由现场指挥部成员担任。

成员：广播员 1 人、疏散搜救组 26 人、医疗救助组 3 人。

2）疏散允许时间。商厦疏散允许时间取 5 min。

3）疏散路线

①广播室播放火情通报，告知火灾发生区域，通知按照着火层——着火上层——着火下层顺序疏散；提示 5 个安全出口和两部自动扶梯的位置；提醒顾客按疏散标志行进。

②一至四层疏散搜救组人员按各自分工组成辖区内人员疏散。

③五至七层疏散搜救组人员逐层检查有无人员遗漏。

④医疗救助组人员迅速协助老弱病残人员撤往安全区域，并对受伤人员进行初步治疗处理。

⑤未参加灭火的灭火组人员协助各楼层进行疏散。

⑥参加战斗的灭火组人员应使用水枪掩护人员疏散，控制火势和烟气蔓延。

⑦控制中心人员应启动自动喷水灭火系统和水幕，控制火势蔓延。

⑧控制中心人员启动通风排烟系统，排除烟气。

4）安全区域

①一至四层人员疏散到一楼安全出口外街道和广场。

②五至六层人员疏散到顶层露台等待救援。

（4）灭火方案

1）组织领导

领导：由现场指挥部成员担任。

成员：警戒组 5 人、火情侦察组 3 人和灭火组 80 人。

2）火情侦察

①消防控制中心接到自动报警或人工报警后，迅速通知所在楼层灭火组人员赶到现场核实火情。

②观察建筑物外部的烟气流动情况，初步确定着火部位和火灾的发展阶段。

③了解燃烧物的性质及火点的大致位置等。

④查明内部被困人员的位置和数量，以及受火势威胁的程度。

⑤查明着火部位和火势发展蔓延的主要方向。

⑥查看监控系统，了解火势发展的状况及固定消防设施的灭火成效等。

3）灭火。火灾发生初期是扑灭火灾的最佳时机。因此，商厦值班人员在发现火灾后，应当及时利用商厦的消防设施、器材，主动扑灭火灾。

①利用固定设施灭火。发生火情后，值班人员应迅速启动自动喷淋系统。

②利用室内消火栓灭火。值班人员可以利用各楼层的室内消火栓进行灭火。

③利用消防器材灭火。所在楼层的指定商户使用灭火器材迅速灭火。

④隔断火灾区域。当火势较大，难以控制时，商厦保卫人员应当启动消防水幕和卷帘等，将火焰控制在初发区域。

4）火场警戒

①火场警戒组应迅速对附近交通进行暂时管制，阻止无关车辆进入附近区域，阻止无关人员进入商场。

②根据指挥部的命令对火灾可能威胁的附近场所、建筑人员进行疏散。

（5）最不利险情假定与处置

某节假日 16:30，商厦二层服装城因用电线路短路发生火灾，由于营业人员处置不当，发生大面积的燃烧和蔓延，同时烟雾充满整个大楼的中庭，且火势又有向三层蔓延的趋势。

1）发现火情和报警。发生火灾后，营业员用手动报警向消防控制中心报告，值班人员接到报警后，立即启动室内消火栓和自动喷淋灭火装置进行灭火，同时向市消防指挥中心报警，请求调派力量进行灭火救人。

报警内容如下："市消防支队指挥中心，××商厦二层服装城发生火灾，正在二层中庭部燃烧，我们的地址是××中路××号，电话号码 8××××××。"

2）启动预案疏散群众。火场指挥部根据值班人员汇报的情况，立即启动疏散预案。具体内容如下：

①利用大楼内应急广播或用扬声器进行呼喊，讲明火场情况，告诫商厦内人员不要慌乱和跳楼，以及在火场应急的方法，以稳定被困人员的情绪，以免发生慌乱，造成不必要的伤亡。

②开启固定通风排烟系统。

③疏散组人员迅速到位，就近组织各区人员沿指定路线疏散。

④组织搜救组人员对火灾区域进行侦察，确定有无人员被困。

⑤通道受阻时，引导受困群众集中在阳台、楼顶等敞开部位。

⑥向到场的公安消防部队汇报火情，指明火灾受困人员位置，借助公安消防部队云梯车、拉梯和软绳等疏散剩余群众。

3）启动灭火预案。开展有序疏散的同时，启动灭火预案，主要内容如下：

①启动固定消防设施灭火。

②根据灭火区域估算需要水枪数量。每支水枪控制面积按 30 m^2 计算。

③火灾发生区域，即二层灭火组，根据估算水枪数量，分别从 7 个室内消火栓和 3 个灭火器材设置点取用灭火器材进行灭火。

④火灾发生区域上层，即三层灭火组分别从 7 个室内消火栓出水枪防守各楼梯和通道，控制火焰向上蔓延。

⑤火灾发生区域下层，从中心位置出 2 支水枪，防止坠落可燃物引发的火灾。

⑥组织剩余灭火组人员疏散贵重物品。

4）配合公安消防队灭火。公安消防队到场后，商厦所有工作人员均服从公安消防指挥员的调度和安排。

5）医疗救助。商厦发生人员伤亡事故后，应迅速通知医疗救助单位（市消防支队卫生队、市第一人民医院），并将伤员暂时安置在商厦附近安全区域（新跃广场东门）。

四、应急预案的演练

灭火应急预案制定完成之后，要组织反复演练，检验预案的可行性，修改和完善。同时，通过训练，熟悉消防器材、设施的性能及操作方法。

1. 演练方案

应急预案演练的主要目是验证各应急小组执行任务的能力，检查他们的相互协调性，检验各类组织能否充分利用现有人力、物力来最大限度地降低事故后果的严重程度。应急预案的演练完全可以展示应急准备及应急行动的各个方面。所以，演练设计的要求，应能全面检查各个组织及各个关键岗位上的个人表现。

（1）建立演练领导机构

演练领导机构是演练准备与实施的指挥部门，对演练实施全面控制，其主要职责是：确定演练目的、原则、规模、参演的单位，确定演练的性质方法，选定演练的时间、地点，规定演练的时间尺度和公众的参与程度；协调各参演单位之间的关系；确定演练实施计划、情况设计与处置预案，审订演练准备工作计划、导演和调理计划及其他有关重要文件；检查与指导演练准备工作，解决准备与实施过程中所发生的重大问题；组织演练总结评价。

（2）导演与调理

导演与调理人员通常参与全部的准备工作，其主要职责是：根据演练目的，制定演练目标，选择演练场地，进行演练具体设计；制订演练进程计划，进行总体情况的构筑、拟制导演和调理计划、演练组织与准备工作计划等；指导参演单位按演练要求进行演前训练，组织导演部分人员开展活动；提出演练所需的通信、技术、物资器材，生活用品等项目清单及经费申请；组织与指导参演单位预演，从中发现问题，并加以纠正；指导演练实施，组织参演单位的演练总结与评价，并进行评估，提出演练成败的结论性报告；对预案的修改和完善提供决策性的建议。

（3）演练文件的编写

演练中所需的各类文件是组织与实施演练的基本依据。不同性质、规模的演习，需要编写的文件不同。有关文件大体包括：演练准备工作计划、演练实施（进程）计划、情况设计方案、处置方案示例，各种保障计划等。演练文件必须符合演练目的和要求，力求简明和实用，经反复讨论、修改，由事故应急处理演练领导小组审核、批准。

（4）演练的实施

演练开始前，根据需要，演练领导机构应进行组织情况介绍。其内容主要包括：演练的性质与规模；事故情况设定的主要考虑，演练开始时间及持续时间的估计；对非参演人员的安排，导演、调理人员及演练人员的识别，为保证演练不被误认为真实事故而应采取的措施，如果在演练期间，一旦发生真实事故，应采取的具体措施等。

演练实施中，应严格按导演调理计划指导参演者正确处置情况；坚持因势利导，以情况诱导为主，行政干预为辅；导演应注意控制演练态势，把握演练节奏，不要干预各种细节，注意的重点应放在协调演练与实际应急可能行动之间的关系，从演练效果出发，发挥整体效能，提高演练效率；调理人员应抓住调理重点，选择调理时机与渠道，灵活地处理参演部门出现的问题，及时向导演提供必要的情况和建议。

（5）演练结束

各参演部门应按统一规定的信号或指示停止演练动作。在演练宣布结束后，所有演练活动应立即停止，并按计划清点人数，检查器材，查明有无伤病人员，并迅速进行适当处理。演练保障组织负责清理演练现场，尽快撤出保障器材，尤其要仔细查明危险品的清除情况，决不允许任何可能导致人员伤害的物品遗留在演练现场内。

（6）演练评价，修改预案

对演练进行评价的依据主要有：导演和调理人员的记录和他们的看法，消防机构有关专家的意见，参演单位的自我评估，上级领导与机关的指示等。评价范围应包括演练组织者、参演的所有单位、演练保障单位等。评价可参照演练计划中所规定的各项具体指标进行，最后根据演练的总目标，得出总的评价结论。只要有条件，各种评价和总评价结论尽可能量化。对预案中暴露出来的问题要充分讨论，找出切实可行的解决办法，并补充到预案中去，使预案得到充实和完善，以达到提高单位自防自救能力的目的。

2. 演练应考虑的问题

（1）人员的流动性

商贸经营单位都有人员新增、调动现象，如果在预案中灭火疏散的责任实施对象是单位中具体的人，那么当该具体人员出现调动的情况时，就不能发挥其灭火疏散的职责作用。预案的实施对象应以岗位为中心，而不是以具体的人为中心。开展经常性的演练，使其参与预案灭火疏散的这个岗位上的人，履行这个岗位的职责，负起这个岗位的责任，从而加强岗位与岗位互相配合，有序地进行灭火疏散救助。

（2）起火点的不确定性

火灾有其突发性，是随时、随地都有可能发生的，这就决定了火灾的起火点是不确定的。而在大部分的预案中，单位往往会指定起火点，通常是单位的消防安全重点部位，并注重于重点部位的消防演练，这样固然有其针对性，但缺乏灵活性。当其他部位引起火灾时，岗位人员无法灵活应变操作。所以，在预案的制定中，不能硬性的规定重点部位为起火点，在演练时根据演练目的的不同来假设不同的部位或楼层为起火点，这样就可提高参加人员的积极性、灵活性和创造性。

（3）消防设施、器材的运用

消防设施、器材的运用方法是应急演练的主要项目之一。熟练掌握灭火器的使用方法，运用灭火器和固定灭火设施，及时扑灭初期火灾，防止火灾的蔓延扩大；及时启动防火分区的防火分隔物，在一定时间内有效地把火势控制在一定的范围内，减少火灾损失；及时开启防排烟设施，疏通疏散通道，为人员安全疏散提供有利条件，有效地保护人员生命安全。通过培训和演练，熟悉消防器材、设施的性能，掌握其操作方法。

（4）安全疏散时间

公众聚集场所单位预案的演练要纳入安全疏散时间的概念。安全疏散时间即建筑物发生火灾时，人员离开着火建筑物到达安全区域的时间。一般而言，暴露在火灾环境的人员必须在 90 s 内疏散到安全区域。高层建筑，安全疏散时间可按 5～7 min 考虑；一、二级耐火等级公共建筑，可按 6 min 考虑；三、四级耐火等级的建筑，可按 2～4 min 考虑。如演练的安全疏散时间过长，则要从疏散引导投入的人力、疏散路线的合理性等方面来修订预案，并进一步考虑人员密度、楼梯的形式、疏散通道和安全出口的条件是否符合要求。

3. 应急预案演练实例

实例：某商厦灭火应急预案演练

（1）目的

通过演练，使全体人员了解人员密集场所火灾特点、扑救措施。训练指挥员在商厦火灾复杂情况下的组织指挥能力，增强协同作战能力；训练疏散和灭火人员快速反应，灵活应用各种战斗技能的能力，提高商户的逃生自救能力，为遇到类似火灾的扑救打下基础。

（2）时间

×月×日（每年举行一次）16:30—17:10

(3) 演练指挥部和参演人员

演练指挥部：总指挥市政府副市长。

副总指挥市消防支队支队长。

副总指挥××商厦总经理×××。

参战人员：商厦灭火预案所列人员。

部分商户（义务消防队员）。

市公安消防支队市区一中队、二中队、特勤队。

部分顾客。

评估小组：灭火救援专家委员会成员。

(4) 设定基本情况

商厦二层服装城因用电线路短路发生火灾，由于营业员处置不当，发生大面积的燃烧和蔓延，同时烟雾充满整个大楼的中庭。火灾发生后，商厦人员发现火情，及时报警，并启动疏散和灭火预案。

(5) 演练准备阶段（时间 16:00—16:30）

16:00 成立演习总指挥部，总指挥由灭火指挥部领导担任，同时设立现场指挥部，以及疏散、灭火、保障等组。

16:05，各个小组的人员到位。

16:10，商厦保卫科人员对商场工作人员作演练安排。

16:15，警戒组对一些演习道路进行管制，严禁车辆通过。

16:26，发烟装置放入商厦内。

16:30，火场指挥部向演习总指挥报告，全体参加演习力量进入演习位置，准备工作就绪，总指挥宣布演练开始。

(6) 演练实施阶段

16:30，演习总指挥宣布演练开始，火场指挥部按演习预案进行组织指挥。

16:31，火场指挥部命令放烟。

16:32，点烟者点燃发烟罐，顷刻商厦二层出现大量浓烟。

16:34，营业员发现烟雾后，按照预案有的同志利用手动报警器向商厦消防控制中心报警，有的同志大声喊叫“着火了”，有的同志向商厦保卫部报告情况，有的营业员组织疏散顾客，有的向 119 指挥中心报告。

16:35，商厦消防控制中心接到报警后，立即启动自动喷淋装置，室内消火栓供水装置，同时向消防指挥中心报告，及时向商厦领导及保卫部的人员报告。

16:36，疏散预案启动，5 min 内撤出除灭火组外所有顾客和商户。

16:36，灭火预案启动，控制火势。灭火组迅速到位，占据两侧楼梯室内消火栓对起火点和可能蔓延的方向进行堵截。消防控制室迅速启动自动喷水灭火系统（假定为失效）。

16:39，消防一中队到达火场，灭火指挥部向公安消防指挥员移交指挥权，并汇报火情。消防指挥员报告指挥中心，要求增援。消防指挥中心同时调集二中队、特勤队的增援力量赶赴火场，同时支队指挥车出动。

16:40，商场保卫人员及时向消防一中队汇报商场的基本情况、火情和潜在的隐患。若情况允许，应当主动出示单位平面图和预案。一中队两个侦察小组，佩戴好各项防护装备（每组 3 人），其中必须要有一名中队指挥员，分别从东面 1 号楼梯和北面 5 号楼梯进入火场内部进行火情侦察，把侦察到的被困人员情况、火势发展蔓延的方向以及哪些地方受到火势威胁情况向火场指挥部报告。

16:42，支队指挥车到达火场，立即成立火场指挥部，一中队指挥员把现场情况及侦察小组所侦察的情况向火场指挥部报告，报告火场内部有 4 名营业员、3 名顾客被困在二层，火势蔓延较快。

16:45，增援中队二中队、特勤队到达火场指挥，立即进行各项工作分工，随即进行灭火救人的各项工作展开，同时按照灭火预案的方案，命令特勤队登高车停靠在正门前路边，抢救 1 班抢救被困在商厦楼顶的同志，一中队三班救助被困在商厦东面 4 名营业员，特勤中队救援二班救助被困在南面 3 名顾客。

16:46，命令一中队一班 5 名消防员深入火场，占据二层的 1、3、4 号室内消火栓灭火。

16:47，命令一中队 SBPC01 号消防车停在正门前路边，二班四名队员出一干线两支水枪从 3 号楼梯进入，在二层的楼梯口阻止火势的蔓延。

16:49，命令一中队 SBPC02 号消防车停靠在商厦侧门，二班分四名战士出一干线两支水枪，一支从 1 号楼梯进入二层进行灭火，另一支水枪设置在正门外，对外部的火灾进行扑救。同时，二中队 SBPC04 号消防车停在邻街 03 号室外消火栓处，二队一班连接好消火栓，向 SBPC01 号消防车供水，且 SBPC03 号消防车停靠在商厦正门外连接 01 号消火栓，组织人员向 SBPC02 号消防车供水。

16:52，演习指挥部命令自来水公司进行供水管道加压。

16:55，火场指挥员根据火场情况立即对火场力量进行调整，命令 SBPC05 号消防车连接 06 号消火栓，接替 SBPC04 号消防车向 SBPC01 号消防车供水，SBPC04 号消防车直接出一干线两支水枪从 4 号楼梯口进入火场进行灭火。同时撤掉室内 4 号消火栓，连接 5 号室内消火栓灭火。

17:00，火场指挥部根据火场的情况，对灭火力量作最后调整，命令一中队 SBPC01 号从二层撤出一支水枪设置在商厦正门外，把特勤中队的三班 SBPC06 号消防车停在室外 04 号消火栓处，连接好消火栓，出一干线两支水枪从 5 号楼梯进入火场灭火。最后根据各阵地的情况，火场指挥员下达总攻的命令。

17:05，各救援小组报告，火场被困人员全部救下。

17:10，大火基本扑灭，火场指挥部命令停止进攻，并向演习指挥部报告，最后演习指挥部宣布停止演习，撤出战斗。

（7）演练评估阶段

1）统计疏散时间，评估疏散效率。根据现场人流量和疏散用时间，评估演练的疏散效率。同时，根据商场最大人流量计算可能需要的疏散时间，对照疏散效率，得出演练成功与否的结论，并提出改进意见。

2）统计灭火时间，评估灭火效率。根据预案内容，统计作战人员侦察、报警、到位、出水的时间，评估灭火效率。同时，消防部队也应就到场消防力量的灭火效率进行评估。

3）评估各环节业务熟练程度。根据预案内容，对参加演练人员各自分工和作业情况进行评估，得出其个人业务和协同配合的熟练程度。

第四节　商贸经营单位火灾扑救案例

案例一　大同市“12·13”云中商城服装大世界火灾

2000 年 12 月 13 日 18 时 10 分许，云中商城服装大世界发生火灾。大同市公安消防支队接警后，迅速调集了公安消防部队和企业消防队 36 辆消防车，310 名公安消防指战员，调动武警 150 人、警察（包括交警、巡警）200 余人赶赴火场展开扑救。经过近 13 h 的作战，扑灭了火灾，保住了营业区一、二、三层共 196 间门店以及与营业区相连的办公楼和 6 m 之隔的五彩市场和烟酒批发市场。此次火灾总过火面积 14 400 m^2，直接经济损失达 19 642 289 元。

一、事故单位基本情况

云中商城位于大同市东部，占地面积 220 000 m^2，有服装大世界、百货商厦、万圣精品服装城等大型商贸市场 10 个，总建筑面积 235 000 m^2。服装大世界是云中商城最早建设的主要商场之一，处在云中商城的中心区域，南邻万寿路，东邻五彩市场（间距 6 m），北侧 20 m 处为义乌小商品批发市场，西为烟酒批发市场（间距 6 m）。图 7—1 为服装大世界的平面图。

服装大世界商场建成于 1993 年 10 月，占地面积 11 618 m^2，建筑面积 21 000 m^2，为一座三层（局部五层）建筑，南北长 141.6 m，东西宽 59.64 m，分为办公区和营

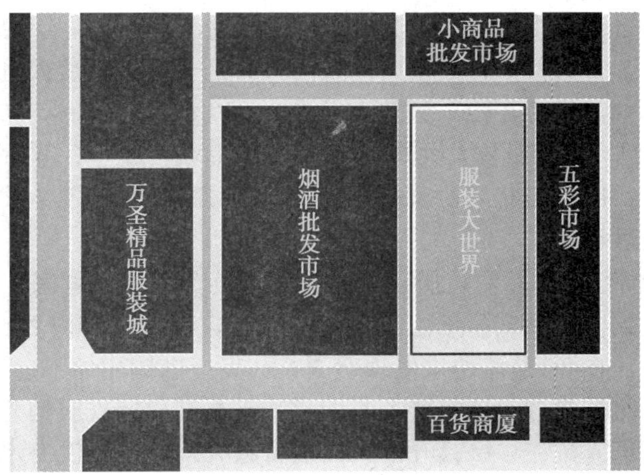

图 7—1　服装大世界的平面图

业区。南侧的办公区为砖混结构的五层楼房，建筑面积约 4 200 m^2。北侧的营业区建筑面积 16 800 m^2，为框架结构三层建筑，屋顶为双拱形轻钢龙骨可燃玻璃钢瓦，整个营业区内部为两个相连的长方形建筑结构，上下相通，形同两个竖井；内部门店围绕长方形结构呈环绕状分布，二、三层分别有固定房间 150 间，在过道上又建了简易边棚 68 个；中间的两条天桥上，也建有简易中岛棚 50 个，样品货架 30 个，楼梯间建有铝合金柜台 50 个；一楼内部有固定门店 130 个，铝合金柜台 370 个以及临时摊位 50 余个。图 7—2 为服装大世界的立体图。

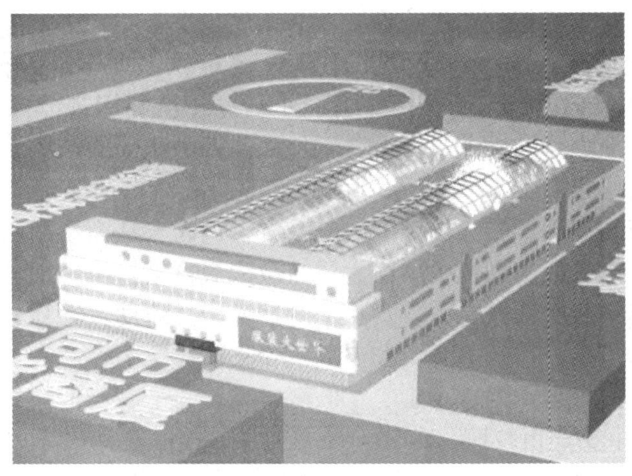

图 7—2　服装大世界的立体图

服装大世界内设自动报警系统和室内消火栓系统，共有507个感烟探头、26个室内消火栓和468个灭火器，营业区内未设防火分区。由于服装大世界地处市郊，地下未铺设自来水管网，只有在距离服装大世界西250 m和400 m、700 m处的御河北路有3个市政消火栓，另距服装大世界南57 m处有商城自建500 m^3 的储水池1个。

当日气象情况：风向西北风，风速每秒1 m，最高气温14℃、最低气温零下。

二、火灾扑救过程

12月13日18时10分左右，服装大世界值班负责人在经营区一层西门处听到火灾报警器报警，赶到监控室（位于西门北侧）查看，确定报警位置在三层的36号摊位，随即上楼检查，在36号摊位未发现明火，却发现南侧相邻不远的23、24、25号摊位从卷帘门上方向外冒烟。该负责人当即通知正在三层换衣服的几名清洁工下楼叫人救火。同时，值班人员在二层打开消火栓准备救火，却发现没有水枪，由于火势猛烈，蔓延迅速，消火栓水量不足，灭火没有成功，人员被迫从经营区撤离。

大同市公安消防支队18时30分接警，迅速调集公安消防二中队、四中队、五中队的11辆消防车、77名消防官兵赶赴火场，18时38分第一出动力量到达火场展开扑救。此时服装大世界经营区内浓烟与烈火透过楼层的上下通道和窗户向四周蔓延并形成立体燃烧，经营区屋顶的玻璃钢瓦已被火烧穿，经营区一、二、三层已被包围在浓烟烈火中，火势已威胁到南侧的办公区，形势非常严峻。经火情侦察和询问知情人，结合现有灭火力量，现场指挥员果断决定将主攻方向确定在保护与经营区毗连的办公楼。整个灭火战斗共分四个阶段进行。

第一阶段：抢救人命，堵截火势

根据火场情况，火场指挥员迅速通知119调度指挥中心调集全市公安消防中队和部分企业专职队赶赴火场增援。命令二中队3辆东风水罐车从办公区南门出3支19 mm水枪堵截火势向办公区蔓延，并组织4名战斗员利用二节拉梯与挂钩梯联挂登上三层，系好安全绳将被困人员安全救下地面。四中队3辆东风水罐车占据服装大世界东侧巷内消火栓出2支19 mm水枪堵截火势向五彩市场蔓延。五中队照明车停于办公区南侧的万寿路上实施火场照明，其余4辆消防车从商场西侧堵截火势和负责火场供水。组织一部分战士和机关参谋人员疏散围观群众，维护现场秩序，确保战斗顺利展开。同时召集云中商城有关负责人了解情况，并协助火场扑救工作。同时，迅速向省消防总队和市委、市政府及市公安局报告火情。

第二阶段：四面合击，阻止蔓延

18时55分，市委、市政府、市公安局有关领导相继赶到火场后，成立了火场总指挥部，设火场总指挥1名，副总指挥、火场指挥、前沿指挥各若干名。下设作战组、通信组、后勤保障组、警戒组。根据火场情况，总指挥部采取以下措施：

（1）迅速调集武警、巡警、交警等警力到场维持秩序，实施交通管制。

（2）消防支队从四面合击，阻止蔓延，控制燃烧范围。

在兵力部署上以服装大世界的东西出口南侧为重点，将主攻方向放在服装大世界的南半部分。

火场指挥员按照总指挥部的作战意图，决定内攻、实施穿插分割，命令东、西两个战斗区强行从东西出口深入商场内部突破、实施分割包围，但由于火势处于猛烈燃烧阶段，火焰高，燃烧面积太大，进攻路线上堆积物多，水枪手视线受限，只能盲目射水，不仅推进速度慢，而且效果也不明显，无奈只好撤出。而后又想利用制高点设水枪阵地，居高临下控制火势，但由于内部摊位排列无序、结构复杂，加之营业区内火焰高、烟雾大，水枪不能直射火点，灭火效果不佳。南部战斗区三支水枪从商场南出口深入到商场办公楼和营业区结合部，控制火势向办公楼蔓延。

根据火场情况，指挥部决定重新调整力量，布置水枪阵地。西侧五中队一辆东风水罐车、一辆 22 m 登高车和二电厂消防队两辆东风水罐车分别出一支 19 mm 水枪、一支 32 mm 带架水枪和一支 40 mm 水炮从地面、二层窗户和高空控制消灭火势，登高车适时左右移动，形成立体布防。南侧正门撤出东风加长供水车，留二、四中队两辆东风水罐车，出三支 19 mm 水枪在商场办公楼与营业区结合部，一层的两支水枪向东西两侧进攻，控制火势，消灭东西两侧火灾。在办公楼二层设一水枪阵地，控制火势向南蔓延。东侧留四中队和矿务局消防大队三辆东风水罐车出三支 19 mm 水枪分别从门洞和窗户堵截火势向办公区和东侧蔓延。北侧由一中队两辆东风水罐车出两支 19 mm 水枪从北门灭火。并确定东、西、南、北四个区域前沿指挥员。同时，为保障火场供水，在服装大世界南侧的 500 m^3 消防水池利用加压泵加压后连接室内消火栓，增加一辆消防车，采用 80 mm 水带双干线向南作战区和东作战区供水。其余消防车利用分布在御河南北路及迎宾东路的 6 个市政消火栓采取拉运水的方法向东、西、南、北四区的战斗车补充供水。图 7—3 为第二阶段力量部署图。

19 时 20 分，各战斗区按火场指挥部的命令展开有力的进攻，地面战斗车辆利用 9 支 19 mm 水枪、1 支 32 mm 带架水枪和 1 支 40 mm 水炮从四周向火场进攻，将火势逐渐压缩到办公区以北的区域。20 时许，火势处于稳定燃烧阶段，大火得到了有效的控制。

第三阶段：深入内部，实施内攻

20 时 30 分，指挥部召集一线指挥员对火情进行了分析，决定派出两个精干小组佩戴个人防护装备分别从东西两个通道强行进入火场内部进行火情侦察。通过侦察发现，此时内部虽然温度较高，但火势集中在营业区内形成稳定燃烧，已没有再蔓延扩大的趋势。根据侦察的火场内部燃烧情况，指挥部认为此时已具备了实施内攻的条

图 7—3　第二阶段力量部署图

件，并采取了以下措施：

（1）各区指挥员清点人员装备，补充器材和燃料。

（2）检查供水线路，调整力量部署。

（3）落实个人防护装备，保证内攻人员安全。

20 时 50 分，按照指挥部下达的战斗命令，西侧将登高车撤出，保留两辆东风水罐车出两支 19 mm 水枪，东侧保留两辆东风水罐车出两支 19 mm 水枪，南侧两辆东风水罐车出两支 19 mm 水枪，北侧两辆东风水罐车出两支 19 mm 水枪，从四面门洞深入内部向营业区内进攻。在实施内攻中，由于一层大厅的 370 多个摊位分布杂乱密集，通道上各种货架、柜台、燃烧的货物堆在通道上，进攻路线异常复杂。在向二层、三层实施内攻时，遇到的困难更大，一是二、三层的摊位呈环形状排布，堆积的燃烧物将本来不宽的通道全部堵死；二是分布在二、三层的部分房间有火点且火势隐蔽，指挥员只好采取边开辟通道边寻找火点的方法逐片消灭火势，灭火战斗非常艰难，经过 4 h 的激烈战斗，至 14 日凌晨 1 时，大火被基本扑灭。图 7—4 为第三阶段力量部署图。

第四阶段：搜巡火场，消灭残火

大火被基本扑灭后，但由于火灾现场复杂，残余的物料较多，整个服装大世界阴燃点随处可见，被埋压且尚未燃尽的布匹、衣物，被风一吹，又冒出火苗。为了彻底扑灭火灾，防止复燃，火场总指挥部决定：每个中队一半人员吃饭，留一半人员从四面通道进入，各保留 1 支 19 mm 水枪出水，铺设多条机动水带消灭残火；并派出多名战斗员搜巡火场，注意发现着火点。为防止灭火秩序混乱，避免留有死角，指挥员

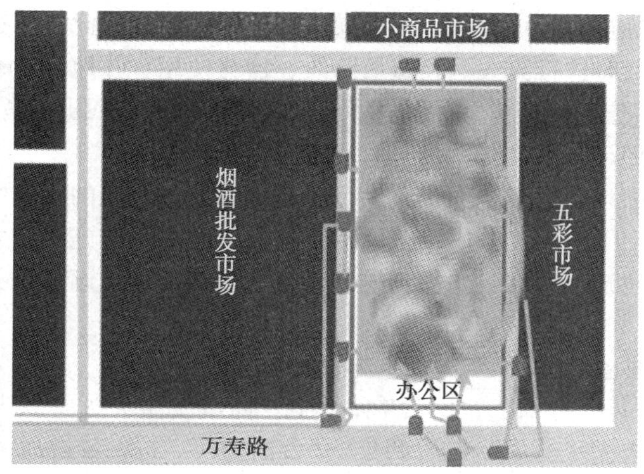

图 7—4　第三阶段力量部署图

给各中队划定了责任区，一中队负责内部东区房间摊位；二中队从南门进入负责一楼大厅摊位；三中队从北侧通道进入负责北区房间；五中队从西门进入负责西区房间，四中队待命。经过近 6 h 的持久作战，到 14 日 7 时，扑灭商场内残火。

三、经验总结

1. 火灾特点

（1）火势蔓延快，燃烧面积大

起火部位是在三层东北侧 17 号边棚，位置高，距可燃玻璃钢瓦较近，引燃了屋顶；加之时值元旦春节前，商场业主仓库和门店储存的货物成倍增加，有的还堆放在营业区内；此外，商场空间大，跨度大，可燃物集中，营业区一、二、三层上下相通，竖井式结构加快了火场情况下的空气对流，燃烧时火焰高达数米且迅速形成立体燃烧。因此，从发现起火到消防队赶到火场，30 min 时间火势就已发展到猛烈阶段，造成了大面积立体燃烧。

（2）扑救难度大，火场用水量大

由于形成了大面积立体燃烧，火场内温度高，大部分设施熔流变形，阻塞了原本不宽的通道，内攻中遇到房间多、摊位多、隐蔽燃点多和内攻路线复杂等困难，无法实施内攻，加之灭火登高装备不足，立体进攻力不强，使得整个灭火战斗异常艰难。灭火中除三处固定接力供水线外，消防部队还组织了 18 辆消防水罐车不停地向火场补充供水，在长达十几个小时的灭火战斗中，火场总用水量达 4 000 余立方米。

2. 灭火预案起到重要作用

服装大世界是消防重点单位，消防支队每年都要按照预案组织一次灭火演练，工作人员和消防指挥员对进攻路线、疏散通道等较为熟悉。因此，在火灾发生后，能够及时疏散群众，及时进行灭火。在疏散路线、器材使用、阵地设置、进攻路线等方面按照预定的方案实施，减少了不必要的中间环节，抓住了有利战机，赢得了灭火主动权。

3. “重点保护、分区堵截”是有效战术

在这次火灾中，针对燃烧面积大，可燃物多，装备有限的火场情况，分阶段采用了“重点保护、上下合击、分区堵截、逐步消灭”的战术措施，把主要力量布控在保护办公楼和周围建筑上，在火势得到控制后分区堵截，最后逐片消灭，取得了明显的成效。

案例二　吉林省吉林市“2·15”中百商厦火灾

2004 年 2 月 15 日 11 时左右，吉林市中百商厦发生大火灾。吉林市消防支队调度指挥中心接到火灾报警后，先后调集 60 台消防车、320 名指战员赶赴现场灭火救援。经过近 4 h 的奋力扑救，大火终于被扑灭，抢救出被困人员 190 人，保护了二层布匹服装商场、三层浴池和四楼台球厅、舞厅大部分财产。火灾燃烧面积 2 040 m^2，一层商品全部烧毁；火灾造成 54 人死亡，70 人受伤（其中 14 人重伤，56 人轻伤），直接经济损失 426 万元。

一、事故单位基本情况

吉林市中百商厦位于吉林市长春路 53 号，商厦共四层，二级耐火等级建筑，建筑长 53.3 m，宽 20.4 m，高 20.65 m，总建筑面积 4 328 m^2。一、二层为商场（一层举架高 6 m，内设钢结构回廊），主要经营食品、日杂、五金、家电、钟表、鞋帽、文体用品、化妆品、箱包、针织、服装、布匹、床上用品、工艺品、小百货等；三层为浴池；四层为舞厅和台球厅（其中舞厅 886.05 m^2，可容纳 240 人；台球厅 100 m^2，可容纳 30 人）。发生火灾时，商厦内共有 450 余人。商厦东西两侧均为建筑工地，北面连接高度 2.7 m、长 42 m 的仓房和锅炉房，南面 15 m 处为长春路。当时气象：多云，偏西风 3—4 级，气温－10℃。图 7—5、图 7—6 分别为中百商厦的总平面和立体图。

二、火灾扑救过程

2004 年 2 月 15 日 11 时 28 分，吉林市消防支队调度指挥中心接到电话报警：“中百商厦后边着火了，楼上火苗呼呼窜”，消防支队立即调出 4 个公安消防中队（包括辖区长春路中队和邻近的东局子中队、特勤一中队、造纸厂中队），共 18 台消防车、67 名指战员赶赴火场。

第一阶段：控制火势，掩护外部救人

辖区中队指挥员在出动途中（辖区中队距火场 1.5 km），看到火场方向浓烟滚滚，路上的行人和出租车都向这一方向涌动，预感到火势很大，情况严重，向支队调度指挥中心报告情况，请求增援。

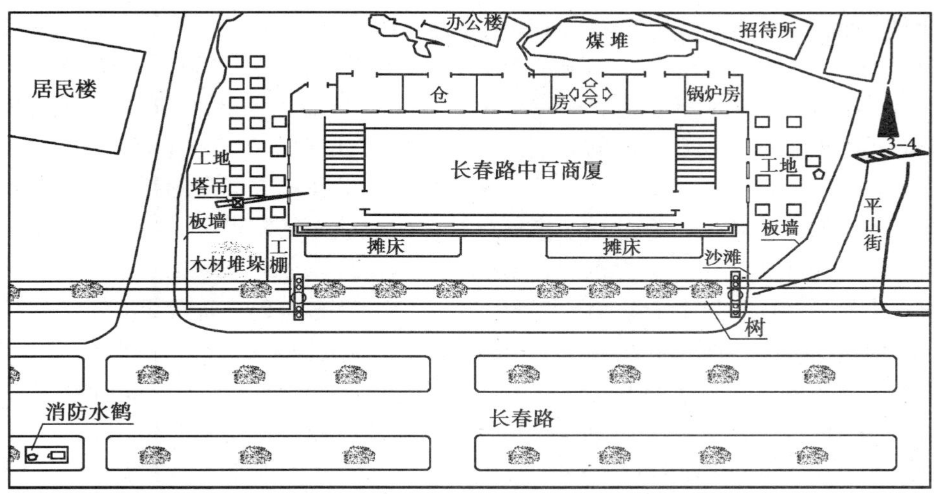

图 7—5　中百商厦的总平面图

图 7—6　中百商厦的总立体图

11 时 32 分，辖区中队指挥员带领 5 台消防车，17 名指战员到达火场。这时中百商厦一层已猛烈燃烧，火势已突破窗口，整个大楼被浓烟笼罩，各楼层多个窗口和二层阳台东西两侧有大量被困人员呼救，而且已经有不少被困人员跳楼，摔死、摔伤，情况万分危急。中队指挥员在向支队调度指挥中心报告情况的同时，部署力量：由副中队长带领 1 名班长和 1 名战斗员组成侦察组，侦察了解被困人员、火势发展蔓延和抢救人员可利用的通道等情况，引导被困人员疏散。指导员将中队其他人员分成 4 个救人小组和 2 个灭火小组。指导员带领 1 个救人小组架设 9 m 拉梯在商厦南面二层阳台西侧实施救人，并于11时36分救出第1名被困群众。此时，商厦南面三层西侧有6名被困群众呼救，战斗班长带领1个救人小组在二层阳台上利用9 m拉梯实施救人。当时浓烟从二层和三层窗口翻卷喷出，指战员不顾个人安危，在浓烟中升梯，利用安全绳保护将二层阳台西侧的24名被困群众和三层西侧的6名被困群众安全救出。商厦西面四层窗口有2名被困人员呼救，中队指战员在地方群众的帮助下，利用安全绳将2名被困人员救出。通过进一步侦察，在四层北面又发现有大量人员被困，中队指挥员命令在四层北面东侧由东向西第三、第六窗口，分别采取二节拉梯和挂钩梯联挂的方法救下20名被困人员。将1号车、2号车、3号车停在商厦北面，1号车在商厦北面锅炉房和仓房顶部各出1支19 mm水枪控制火势，保护被困群众，2号车、3号车为1号车供水；4号和5号车停在商厦南面，5号车出2支19 mm水枪从正门深入商厦一楼内部，阻截火势蔓延和掩护群众疏散，4号车给5号车供水，3号车供完水后占据距火场60 m处消防水鹤向前方供水。由于火势猛烈，辐射温度高，部分指战员的战斗服被烧焦，头盔面罩被烤变形，北面四层东侧第五窗口处用于救人的挂钩梯被大火烧断。

11时35分，政委在赶赴火场途中，发现火场方向烟雾弥漫，听到长春路中队通过电台报告的火场情况，政委命令调度指挥中心调出市区公安消防队所有执勤力量，通知支队机关和市内各消防大队全体干部到场，通知120救护中心到场协助救援。第一批增援力量为市区剩余的7个公安消防中队，共25台消防车、107名指战员。

11时41分，政委到达火场。根据火场情况，接受火场指挥权，察看和询问现场情况，对现场灭火救援实施统一指挥。命令相继到场的特勤一中队在商厦南面一层回廊出3支水枪掩护救人、进攻灭火；派出1个救人小组到商厦北面全力抢救被困人员；命令东局子中队利用曲臂登高平台消防车（32 m）在南面西侧实施救人、出1支水枪掩护；命令造纸厂中队组成1个救人小组，利用曲臂登高平台消防车（22 m）在南面东侧实施救人，出1支水枪掩护。图7—7为第一阶段力量部署图。

第二阶段：深入内部，加强搜救

11时45分，支队领导相继到达火场，成立了火场指挥部，支队长任总指挥。指挥部根据现场情况作出决策：一是明确将“抢救被困人员”作为整个火场的主要任务，集中全部灭火救援力量，在水枪掩护下搜寻、营救被困人员，最大限度减少人员伤亡；二是派出侦察组对起火建筑内部情况、疏散通道、火势蔓延情况和人员被困情况进行仔细侦察，为指挥部决策提供依据；三是调集吉化公司企业专职消防支队全部力量到场增援；四是将火场划分为北面、东面、西南面3个战斗段，对到场的支队级指挥员进行任务分工，并将到场的灭火救援力量在先期已部署4个救人小组和2个灭火小组的基础上又组成10个救人小组（每个小组8～10人），8个灭火掩护小组（每

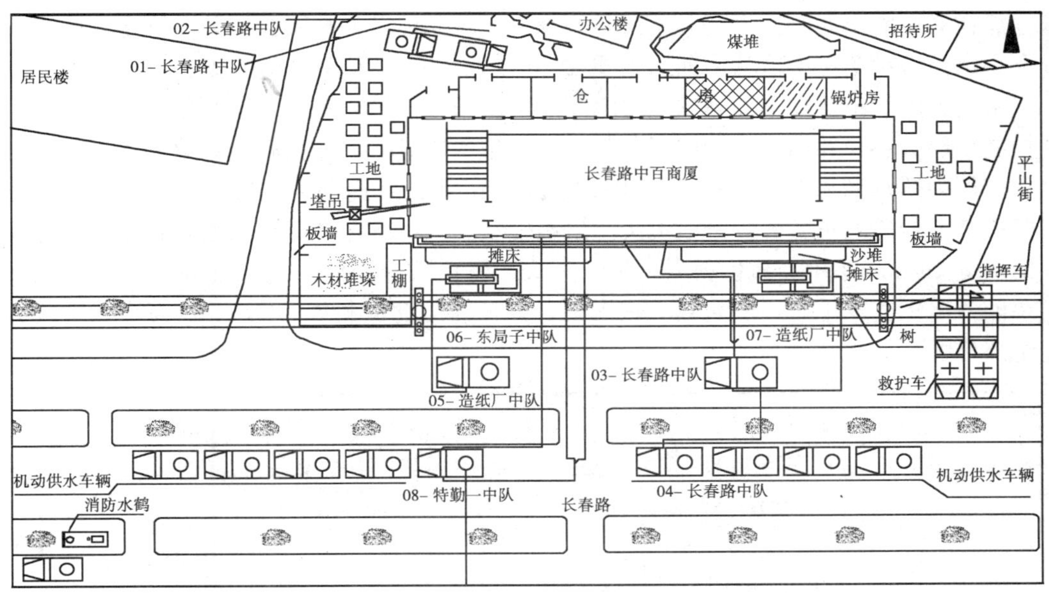

图 7—7 第一阶段力量部署图

个小组 5 人)，全力抢救现场被困人员；五是向市公安局指挥中心、市政府办公室和省消防总队值班室报告火场情况。

第一救人小组利用东局子中队曲臂登高平台消防车在商厦南面西侧深入三层、四层侦察，搜救被困人员，将四层 6 名被困群众救出，同时利用 15 m 金属拉梯在二层阳台救出 20 人；第二救人小组利用造纸厂中队曲臂登高平台消防车在商厦南面二层阳台东侧救出 24 人，在商厦北面三层东侧第六窗口救出 1 人；第三救人小组利用 15 m 金属拉梯在商厦东面二层窗口救出 8 人；第四救人小组利用 9 m 拉梯在商厦二层西侧和西北侧救出 21 人；第五救人小组利用安全绳、担架，采取背、抱、扛、抬等方法在商厦四层东侧台球厅救出 18 人；第六救人小组利用安全绳、担架，采取背、抱、扛、抬等方法在商厦四层东侧台球厅救出 13 人；由吉化公司企业消防支队人员组成的第七、第八、第九、第十救人小组分别利用安全绳、担架、棉被、床单通过背、抱、扛、抬等方法在商厦四层东侧台球厅救出 26 人。各救人小组先后共救出 190 人。

第一灭火小组由特勤一中队从商厦南面西侧回廊窗口出 3 支 19 mm 水枪灭火，控制火势，掩护第一救人小组救人；第二灭火小组由东局子中队利用曲臂登高平台消防车车载水炮扑救四层火灾，掩护疏散救人，同时利用腰斧打破玻璃幕墙，开辟救生通道，侦察火情，疏散被困人员；第三灭火小组由造纸厂中队在商厦南面东侧一层回廊利用曲臂登高平台消防车出 1 支 19 mm 水枪掩护救人，同时 5 号车（15 t 水罐）

停靠在商厦南面西侧铺设两条干线，为东局子中队曲臂登高平台消防车供水；第四灭火小组由轻型车厂中队从南面出 2 支 19 mm 水枪进攻灭火，掩护救人；第五灭火小组由新力电厂中队在商厦东面二层窗口破拆，开辟救人通道，出 1 支 19 mm 水枪，控制二层火势，并向三、四层延伸灭火，实施内攻近战，掩护救人；第六灭火小组由化肥厂中队从商厦南面一层回廊出 2 支 19 mm 水枪，向一、二层窗口射水，掩护曲臂登高平台消防车救人；第七灭火小组由轻型车厂中队在商厦北面西侧和仓房顶部各出 1 支 19 mm 水枪，掩护救人；第八灭火小组由吉化企业消防队在商厦北面中间和东侧各出 1 支水枪对一层回廊实施灭火，掩护商厦北面救人。图 7—8 为第二阶段力量部署图。

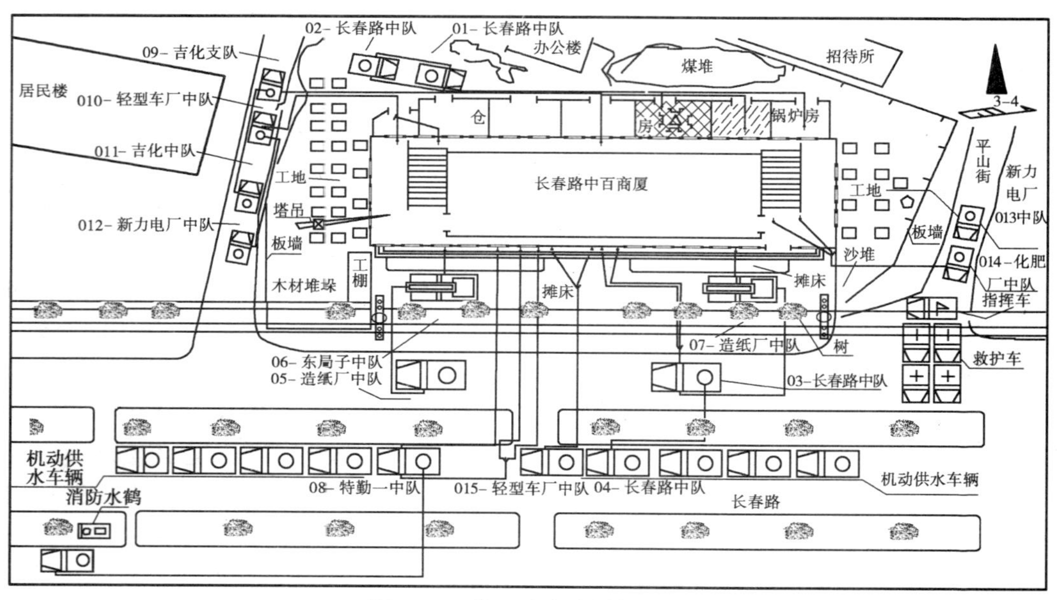

图 7—8　第二阶段力量部署图

火灾发生后，市公安局调集警力 500 余人，维护现场秩序；120 急救中心派出 24 辆急救车，100 多名医务人员到场组织救护工作，将抢救出的受伤人员送往医院救治。

第三阶段：反复搜寻，彻底灭火

13 点 45 分，大火得到有效控制，现场救人工作也接近尾声。火场指挥部调整力量部署，在继续扑救火灾的同时，组成 4 个搜救组（每组 15 人），分别由支队指挥员带领，逐层逐房间反复搜寻被困人员。15 时 30 分，大火被彻底扑灭。

整个火场共出 18 支 19 mm 水枪，总用水量达 1 300 余吨。火场供水中，指挥部成立了供水组，确定 1 名支队级指挥员具体负责指挥供水工作，供水方法采取直接供水和运水供水：一是占据火场东侧约 60 m 的一处消防水鹤，利用 80 mm 水带双干线向火场直接供水；二是分别占据距火场 1 500 m 和 2 000 m 处的两处消防水鹤，运水向火场供水，从而保证了火场供水不间断。

三、经验总结

此次火灾由于报警晚、建筑空间大、可燃物集中、现场环境复杂等各种不利因素，给现场灭火救援带来了较大影响，火灾中共有 54 人死亡，70 人受伤，在全国范围内造成较大影响。及时总结此类火灾的扑救经验教训十分重要。

1. 火灾特点

（1）可燃物集中，空间大，火势燃烧猛烈

商厦一层可燃物集中，空间大，空气流动强，供氧充足，火势蔓延到一层营业厅后加快了火势蔓延的速度。火焰、浓烟以及有毒、有害气体通过商厦两侧楼梯间的“烟囱作用”，扩散到二至四层，封堵了人员逃生的通道和出口。

（2）烟雾大，毒性强，逃生困难

商场内商品的品种复杂，加之采用高分子材料装修，发生火灾时，不仅烟雾大，而且毒性强。由于烟气的减光作用，人在浓烟中的能见度大大降低，当人在刺激性烟雾中行走时，只能以“之”字形或沿墙壁移动，逃生相当困难。

（3）火灾报警时间晚，顾客疏散不力

火灾发现时间为 2 月 15 日 11 时左右，而吉林市消防支队调度指挥中心接到第一个报警的时间为 11 时 28 分。待 11 时 32 分首批出动力量到达现场时，整个建筑已浓烟滚滚，并已有多人跳楼伤亡，贻误了最佳的灭火救人时机。火灾发生后，中百商厦职工既没有报警，也未组织顾客疏散；特别是四层舞厅因起火而停电，但有人竟说“5 min 就来电，接着玩”，误导了顾客，从而丧失了逃生的最佳时机，使大量人员被困。楼内人员在发现起火时，高温有毒浓烟和火势已蔓延，并封堵了可供群众疏散的两侧楼梯间。加之被困群众缺乏逃生自救常识，在四层参加舞会的人员又多为中老年人，在惊慌紧张且弥漫大量有毒浓烟环境下，很快中毒晕倒、窒息身亡。

（4）现场外部环境复杂，曲臂登高车无法就近停靠救人

发生火灾时，商厦南面有十余个露天售货摊床，附近停放近百辆自行车，南面距商厦 9 m、距地面 5 m 有一电缆架空线路和 8 棵杨树；东西两面均为扩建工程工地，挖坑立桩，水泥桩上钢筋裸露，地面坎坷，且四周修建了木板墙；北面地域狭窄。致使救援行动多方受限，无法顺利施展。举高车在带电的电线附近举升，由于举高车的安全自锁装置，会导致自锁而无法升降，影响救援工作的顺利进行。

2. 大型商场火灾扑救，必须加强第一出动力量

及时准确调集第一出动的战斗人员与技术装备，是扑救大型商场火灾的要点，消

防指挥中心应依据报警情况，结合灭火预案的要求，迅速作出判断，及时调出灭火作战所需的力量。调派力量应掌握的原则是：营业期间以加强疏散与抢救人员的力量为重点，确定出动人员与装备的数量。非营业时间发生火灾，以控制火势，迅速消灭火灾为重点，确定以灭火为主的人员与技术装备。由于大型商场火灾的特殊性，第一出动力量，除调集一定数量的大功率水罐车和泵浦车外，应立即调派登高车、照明车、排烟车等专勤车辆到达火场。同时要将配备的空气呼吸器、切割、救生等设备调集火场，为实施侦察、救人和灭火等创造有利的条件。

3. 多种救援手段结合使用，增加救援能力

在整个灭火救援行动中，各级指战员始终贯彻了"救人第一"的指导思想，将"火场救人"作为战斗行动的首要任务和主要方面，将现场70%的救援力量部署在抢救现场被困人员方面，调集了市区全部举高消防车，成立了14个救人小组，将现场划分3个作战区域，通过向被困人员喊话稳定被困人员情绪，使用金属切割机、无齿锯、液压破拆组合工具、消防斧等破拆工具进行破拆，开辟灭火和救人通道，使用排烟机排出现场烟雾；利用举高消防车、15 m金属拉梯、9 m拉梯、挂钩梯、安全绳、救生担架等装备器材，采取背、抱、扛、抬等方法，全力抢救被困人员，先后抢救出被困人员190人，尽最大努力最大限度地减少了人员伤亡。主攻方向放在被困人员最为集中的北面和西面三、四层以及南面二层阳台，落实"灭火为救人服务、灭火与救人同步"的战术要求，有效地控制了火势发展，扑灭了火灾，保护了二、三、四层大部分商品和财产的安全。

4. 建立消防联动机制对灭火救援工作十分重要

发生特大火灾时往往需要地方政府的统一协调，需要公安民警、交通管理部门、医疗部门、供水、供电、供气部门的大力配合，需要警民密切配合。在此次灭火救援行动中，市公安局派出500多名干警帮助维护现场秩序，积极参与现场救人行动；医疗部门派出24辆救护车，100余名医护人员到场抢救受伤人员。

案例三　北京"12·16"罗马花园公寓地下仓库火灾

1995年12月16日上午8时5分，北京市朝阳区罗马花园公寓地下临时仓库发生火灾，北京市消防局"119"调度室接到报警后，先后调出12个消防中队，52辆消防车，320余名干警前往扑救。经过超过15 h的顽强奋战，成功地扑救了火灾，地下临时仓库过火面积达2 400 m^2，保住了地下临时仓库内近三分之二的物资；保住了地下价值600万元人民币的4座变配电设备；保住了正在装修的6栋豪华公寓。

一、事故单位基本情况

罗马花园公寓始建于1993年10月，地处北京市朝阳区安苑路与惠新西街交汇处，发生火灾前公寓正在施工尚未投入使用，分地上和地下两部分。地上部分占地面积

30 000 m^2，6 栋住宅大厦 A、B 座高各为 18 层，C、D、E、F 座高各为 26 层，地下部分面积为 6 800 m^2，其中地下车库距地面高为 7.5 m，面积为 5 400 m^2，是一座大型停车场，现为临时仓库，东西两侧为出、入口（1 处）。存放 6 栋大厦装修用的材料，主要有油漆 15 t（铁桶装），氨水 20 桶，约 4 万平方米的木地板块，门窗半成品木材，纤维板和大量涂料及保温材料等易燃易爆物品，堆放杂乱，相互毗连，没有防火分隔。地下仓库内东、西、南、北距离长，弯路多，无法直接通行，且没有事故照明，地下情况十分复杂。

二、火灾扑救过程

12 月 16 日上午 8 时 5 分，市消防局“119”调度室接到报警，罗马花园公寓发生火灾。8 时 6 分，立即调出主管中队亚运村中队 1 部指挥车、3 部水罐车、1 部斯太尔车前往扑救，当行至惠新西街时见到罗马花园公寓上空浓烟滚滚，到场后经初步侦察火情，着火部位为地下室，烟雾很大，没有人员被困，燃烧猛烈，辐射热很强，除西口外到处是浓烟，特别是 E 座南侧墙根窗口处已向外喷火，并伴随爆炸声，如不及时堵截灭火，随时会有火势蔓延至楼层和地下全部燃烧的可能。

第一阶段：堵截火势，控制外延

首先到场的亚运村中队在部署灭火力量的同时，立即向局调度室报告了火势情况并请示增援，亚运村中队斯太尔车出两支水枪堵截由地下室蔓延到 E、F 楼的南侧窗口喷出的火焰，一车使用附近楼内两座墙壁消火栓，出两支水枪延伸至地下车库强攻灭火，另两部水罐车各占 1 座消火栓给斯太尔供水，战斗展开之际，北新桥和左家庄两个中队到达火场，北新桥中队两部水罐车使用室内墙壁消火栓自成一条供水线，出 1 支水枪进入地下车库与亚运村中队并肩作战，左家庄中队的两部水罐车从地下室东北角出入口出两支水枪进攻灭火。

第二阶段：查明内部情况，确定主攻方向

8 时 55 分许，一支队、战训处指挥车及正在值班的副局长相继到达火场，局指挥在听取中队、支队汇报火扬情况的同时，立即找到单位负责人和工程技术人员询问情况，并让其提供现场图样。根据图样和现场侦察到的有关情况，基本上摸清了地下车库结构、储存物资的种类、数量及大概位置，迅速成立了火场指挥部，立即调整灭火力量，划分 4 个战斗段，确定主攻方向，明确各自的任务。

10 时许，消防局长等局领导纷纷到场，指挥灭火，并下达了坚决阻止火势上楼，确保变电设备、强攻灭火、保证安全的战斗命令。紧接着，按照指挥部的分工，分别从西通道口、地下车库的南北西侧形成了西面堵截、南北两侧夹击，东通道口一处放烟的战斗格局，战训处和支队后方组织供水。在西面，双榆树和西直门中队出两支水枪进攻灭火；在南面酒仙桥中队出 3 支水枪进攻灭火；在北面亚运村中队出两支水枪，北新桥中队出 1 支水枪，左家庄中队出两支水枪进攻灭火；故宫、左家庄、花市等中队负责后方供水，广安门、府右街中队两部照明车负责火场照明，初步实现了指挥部的战略意图。图 7—9 为第二阶段力量部署图。

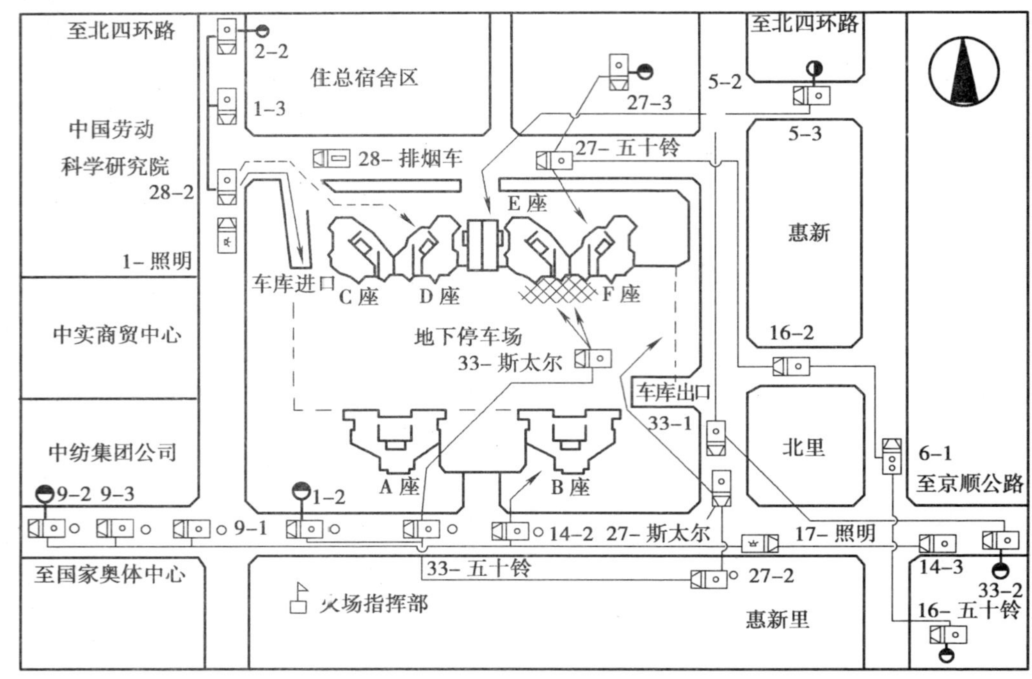

图 7—9 第二阶段力量部署图

第三阶段：组织力量突击，彻底扑灭火灾

13 时 20 分许，由于火场地势低下，受光线、温度、供水方面的局限，加之车库内物资绝大部分为易燃易爆物品，火势仍然十分猛烈。对此，火场指挥员、战斗员顽强奋战，表现出了一不怕苦、二不怕死的战斗作风，指挥部曾连续召开会议，研究部署战术，组织力量突击。17 时 50 分灭火战斗仍在继续。19 时左右，为保证抢险器材充足，组织各充气点连夜充气，运送火场，并调集了油料车和泡沫车。经过超过 15 h 的激烈战斗，于 17 日凌晨 1 时 30 分将大火彻底扑灭。

三、经验总结

1. 火灾特点

罗马花园公寓地下工程特殊的构筑特点，加之地下车库内储存各种可燃、易燃易爆材料多，决定了此次火灾特点。

（1）地下仓库空间高、面积大，且没有明显的防火分隔，燃烧猛烈地下仓库高 7.5 m，面积为 5 400 m^2，空间面积大，风流畅通，物资堆放相互毗连，油漆桶连续爆炸燃烧，火势蔓延迅速，燃烧猛烈。

（2）浓烟、高温、爆炸、有毒气体危险性大

由于油漆、塑料、木材、氨水等燃烧和爆炸时，产生浓烈的烟雾，炙热的高温和有毒气体，严重威胁消防人员的生命安全，给火情侦察、火灾扑救增大了难度，难以强攻近战。

（3）灭火进攻道路狭窄，途径少

地下建筑环境复杂，出入口少，上下不方便，只有从 E、F、B 座楼下及西车道口进行灭火进攻，深入地下，道路狭窄而又距离长，并堆放包装物品及脚手架等，且出入口、楼梯间都成为烟热外冒的“烟囱”，又无照明，使得灭火战斗展开、灭火进攻受到很大阻碍和影响。

2. 地下仓库排烟是灭火成功的关键

地下仓库高度聚集的浓烟，不仅毒害人员，影响可见度，而且高温的烟气会加剧火灾的蔓延。此外，通风条件不畅的情况下，室内还易发生轰燃（即室内所有可燃物表面同时着火）。因此，在灭火预案中，应着重加强地下仓库的通风排烟。可以利用机械排烟系统、空调系统排烟，还可以打开通道形成自然通风排烟。

3. 迅速逃生、及时报警

地下仓库处置难度较大，烟雾蔓延迅速。一般仓库都没有专门的空气呼吸器等个人防护装备，因此，地下仓库发生火灾后，应在预案中应体现迅速逃生，及时报警的原则，由配备的防护、排烟、破拆等器材的公安消防部队处置。

案例四　南京“3·16”塞天皇星餐饮娱乐责任有限公司火灾

2007 年 3 月 16 日 23 时 07 分，南京塞天皇星餐饮娱乐责任有限公司发生火灾（以下简称塞天皇星），支队接到报警后，先后调集了 8 个消防中队、24 辆消防车、122 名官兵前往扑救。经过 4 个多小时的艰苦奋战，有效控制了火势，成功营救出 14 名被困人员，疏散了近百名人员。

一、事故单位基本情况

塞天皇星位于鼓楼区清凉门大街 68 号，此建筑地上为六层，地下为一层。每层建筑面积 1 134.9 m^2，总建筑面积为 6 208 m^2，建筑长度为 49.1 m，宽度为 23.4 m，高度为 18.2 m，地下一层为车库，地上一层为临街门面，二层为演艺吧，三层为 KTV 包间，四层为桑拿按摩房和休息大厅，五层为桑拿洗浴和小吃餐饮区，六层为办公室、仓库和员工食堂。在建筑东侧有一敞开式楼梯间，西侧设有一封闭楼梯间。图 7—10、图 7—11、图 7—12、图 7—13、图 7—14 分别为塞天皇星二、三、四、五、六层内部平面图。

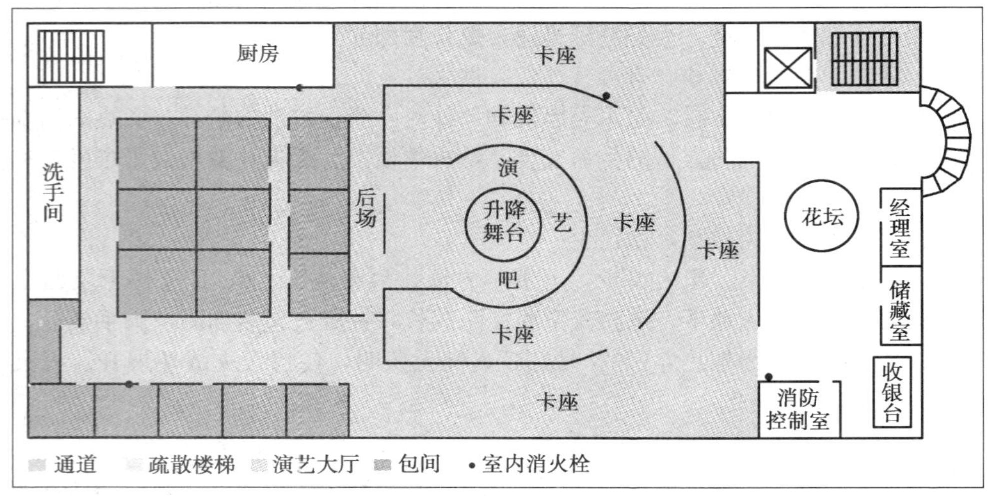

图 7—10　塞天皇星二层内部平面图

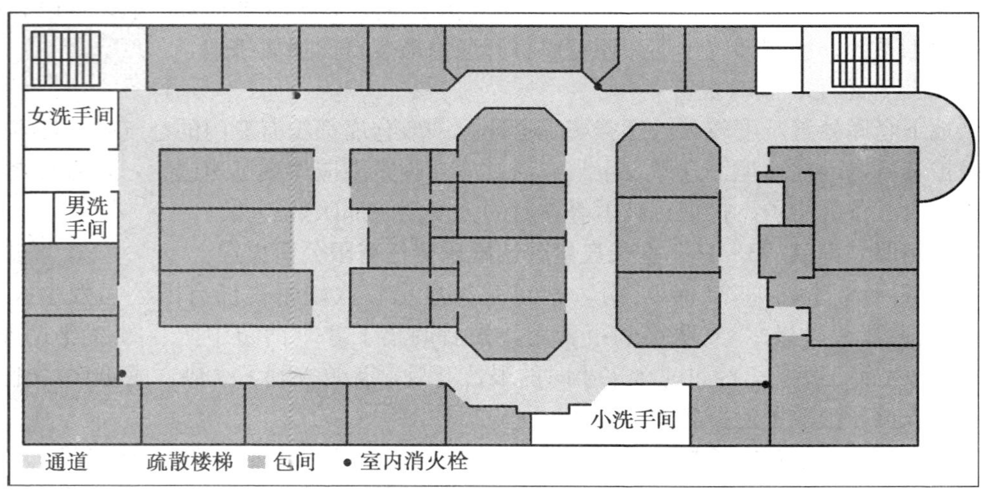

图 7—11　塞天皇星三层内部平面图

火灾当日，塞天皇星内部 KTV、演艺吧、桑拿共有人员 700 余人。其中工作人员 106 名，二层演艺大厅和 KTV 包间共有顾客 200 余人，三层 KTV 包间共有顾客 200 余人，四层桑拿包间共有顾客 80 余人，五层共有顾客 70 余人，六层办公人员 20 余人。

该公司设有火灾自动报警系统、自动喷淋灭火系统、室内消火栓系统、火灾应急

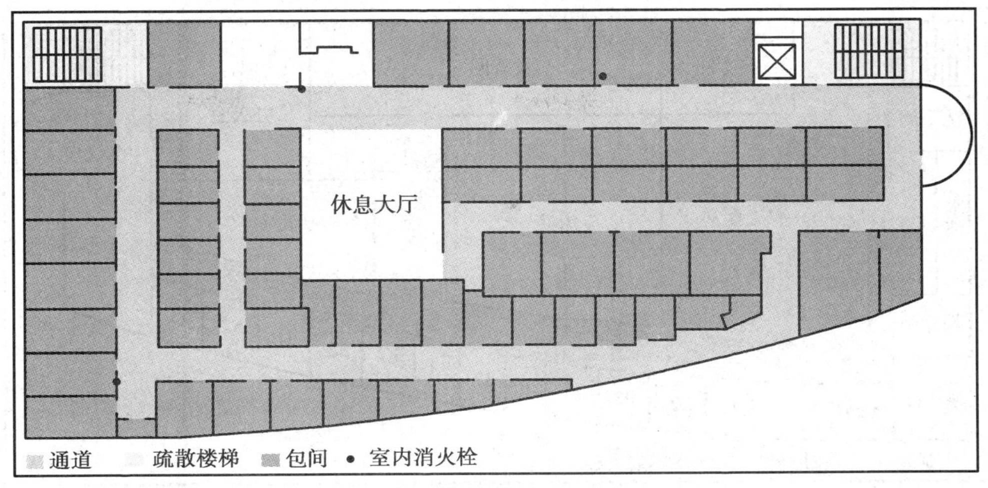

图 7—12 塞天皇星四层内部平面图

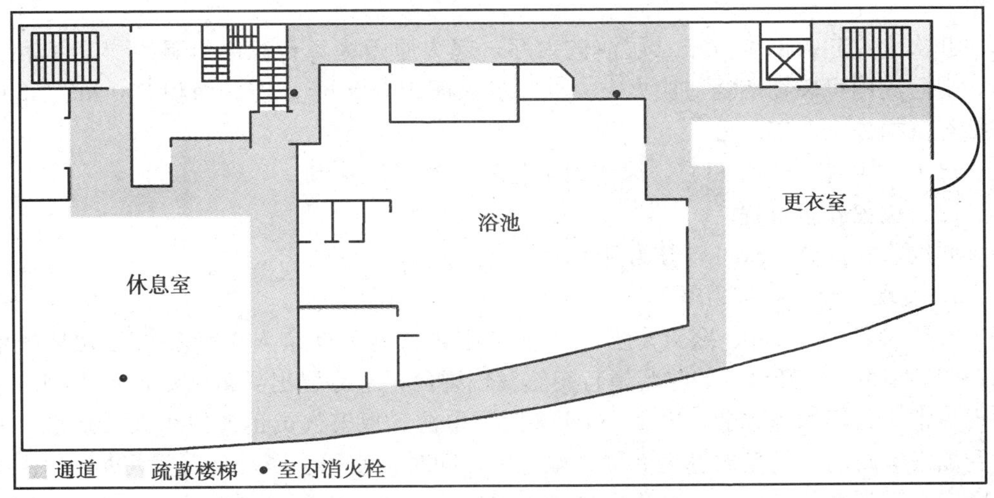

图 7—13 塞天皇星五层内部平面图。

照明和疏散指示标志，消防水箱位于该建筑楼顶，容量为 30 t。

塞天皇星周围共有市政消火栓 3 个，东面 1 个（好又多超市门口）分别距离现场约 600 m、西面 2 个（裕国宾馆门口），分别距离现场约 800 m、400 m（湛江路），压力为 0.3 MPa。南面小区（华阳佳园）距离现场约 250 m、北面小区（金信花园）距离现场约 20 m 各有 1 个消火栓，压力为 0.15 MPa。消火栓地下管网为环状，直径为 300 mm。

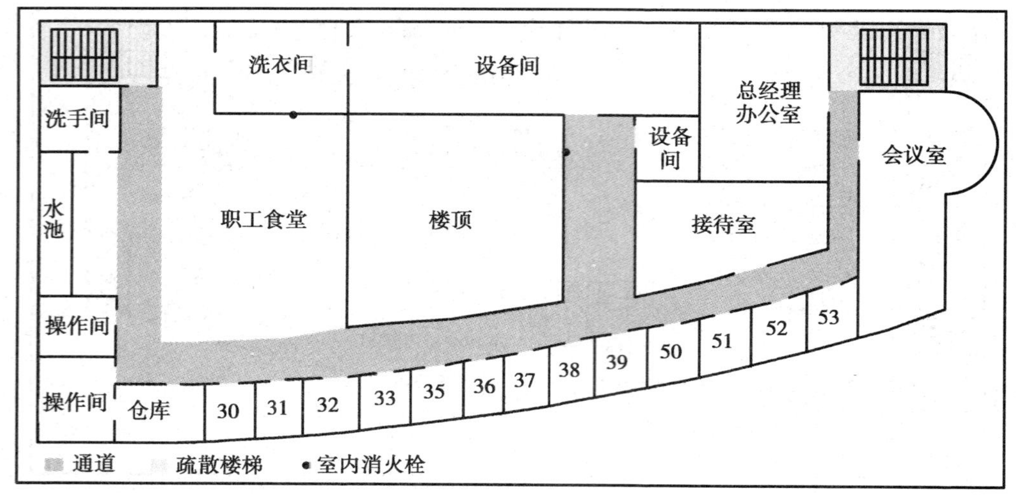

图 7—14　塞天皇星六层内部平面图

此次火灾起火部位位于二层演艺大厅，起火原因为舞台高温灯具引燃彩纸和幕布，引起周围可燃物燃烧造成火灾。火灾过火面积 600 m^2，烧毁面积 300 m^2。造成直接经济损失 187 212 元。

火灾发生时，气温 11℃，风向为东北风，风力 5～6 级。

二、火灾扑救过程

此次火灾扑救大致可以分为五个阶段：

1. 发现火情，调集力量

2007 年 3 月 16 日，塞天皇星二层演艺吧内，有 200 余人正在参加公司店庆活动。22 时 50 分，舞台上的时装模特突然发现舞台正上方冒出异常浓烟，台下观众也发现异常，大家惊呼逃命。电工和 DJ 关闭了电源，保安人员迅速组织人员疏散，并向受烟气威胁的人员发放逃生面罩、湿毛巾，同时，使用手提式灭火器灭火，后由于自身安全受到威胁而放弃，工作人员撤出现场后于 23:07 报警待救。

23:07，支队指挥中心接警后，立即调出辖区汉中门中队，随即将火情向支队值班指挥长汇报，指挥长根据夜间人员密集场所火灾特点，要求指挥中心加强“第一出动”，增调南湖、鼓楼两个中队和特勤一中队的 53 m 云梯车、奔驰抢险救援车。同时带领支队灭火救援指挥中心值班人员赶赴火场，并向支队总值班长以及军政主管汇报。

2. 火情侦察，营救人员

23:14，辖区中队汉中门中队到场，中队指挥员立即带领火情侦察组进入消防控制室，通过监控显示和询问值班经理得知，起火部位在二层演艺大厅，现场有人员被困。指挥员立即命令搜救小组从二层开始自下而上展开搜救，灭火小组出两支水枪掩护救人，出1支水枪进入三层设防。搜救小组从东面楼梯进入二层后，发现楼内浓烟弥漫，并发现部分人员，由于现场烟雾较大，能见度低，无法找到通道，仍然滞留在三、四层楼梯处，搜救小组立即引导他们从疏散楼梯下到地下室，砸开地下室的门后，将人员疏散到安全地带，官兵从疏散楼梯共疏散出80余人。

23:21，指挥长到场后，迅速带领作战参谋深入火场进行火情侦察，根据汉中门中队指挥员汇报的“目前六层和顶层仍有部分人员被困”的情况，指挥长当即要求汉中门中队再次组织搜救小组深入六层，搜救被困人员。并向增援队下达作战任务：鼓楼中队到场后，救人小组利用水枪掩护从建筑东面楼梯进入六楼救人；南湖中队到场后，救人小组利用水枪掩护从建筑西面楼梯进入六楼救人；特勤一中队到场后，云梯车停靠建筑东面升至楼顶救人。

同时，指挥长根据火场实际情况，增调夫子庙中队、逸仙桥中队、开发区中队、修理所共计45人、11辆消防车到场增援。

23:27，增援队南湖、鼓楼、特勤一中队三个中队相继到场。按照支队指挥长下达的命令，战斗展开。

23:35，支队总值班长到场，成立火场指挥部。指挥长向总值班长汇报火场情况，总值班长根据火场情况立即调集后援车和生活保障车为现场运送空气呼吸器备用气瓶和保障物资。并要求指挥长增派搜救小组，对每层楼、每个房间进行全面搜索，同时组织力量实施内攻灭火。

23:45，支队葛洪正支队长、陆军副支队长相继到场，总值班长立即汇报火场情况并移交指挥权，火场由葛洪正支队长担任总指挥。

总指挥在听取了指挥长和总值班长的情况汇报后，命令：

(1) 增加搜救小组，组织第三次地毯式搜索，防止遗漏人员造成伤亡。

(2) 破拆广告牌排烟，为内攻创造条件。

(3) 全力堵截火势，防止火势向上层蔓延。

(4) 参战官兵要做好个人防护。

(5) 通知另外两位指挥长到场协助指挥。

23:50，汉中门、鼓楼中队救人小组相继将被困在636和651房间的3人救出。23:57，南湖中队救人小组将被困在631房间的2人救出。00:07，特勤一中队利用云梯车将楼顶上被困的9名人员分三批营救至安全地带。至此，被困在六层的5名人员和被困在六层楼顶的9名人员全部被官兵成功救出。

00:12，所有增援力量全部到齐，指挥部指示力量待命。

3. 合理破拆，大胆内攻

辖区中队汉中门到场后，对建筑北面疏散通道内的窗户实施了破拆，但排烟效果不明显，室内温度不断升高，延缓了内攻和搜救的进度。01:15，逸仙桥中队利用22 m登高平台车在水枪的掩护下，首先在广告牌上破开了一个约1 m^2 的口子，二层积聚的烟热迅速喷涌而出，火场内温度明显降低，指挥部果断决定强攻火点。指挥长接到命令后，组织水枪交替掩护，强攻火点，现场扑救工作出现了转机。

4. 调整力量，发起总攻

01:35，指挥部召集各参战中队指挥员到指挥部集中，调整作战部署，对火场实施总攻。指挥部将火场划分为东、南、西、北四个作战片。东面由汉中门中队、鼓楼中队各出三支水枪进入二层实施内攻；特勤一中队派出排烟组和照明组在二层实施排烟和照明，照明车停靠建筑东面实施照明。西面由南湖中队出三支水枪、逸仙桥中队出两支水枪从疏散楼梯进入二层实施内攻，堵截火势向西面蔓延。南面由特勤一中队、逸仙桥中队战斗员利用53 m云梯、22 m登高平台车继续破拆，并扩大破拆面，加快自然排烟速度。北面由开发区中队利用大功率水罐车，停靠建筑北面窗口垂直铺设水带出两支水枪进入三层，同时，利用室内消火栓出两支水枪实施堵截，南湖中队、汉中门中队、鼓楼中队、逸仙桥中队、夫子庙中队组成五个救人小组分别进入二至六层内仔细搜索被困人员。

5. 扑灭火势、现场监护

3月17日02:10，东、西侧水枪会合，火势被控制在二层演艺大厅内；03:40火被扑灭；04:30，指挥部决定南湖、鼓楼两个中队继续留守，清理火场并再次组织人员对楼内每个房间进行搜索，确保现场没有被困人员。

三、经验总结

此次火灾现场环境复杂，人员聚集且比较分散，如果处置不当，极易造成群死群伤恶性火灾事故。在灭火战斗中，各级指挥员指挥若定，科学决策；参战官兵英勇顽强，不怕牺牲，连续作战，以过硬的技能和优良的作风出色完成了灭火救援任务。

1. “救人第一”的指导思想贯彻坚决

火灾发生后，由于该单位的内部喷淋系统在火灾初期的10 min内正常运作，发挥了至关重要的作用，大大降低了火场温度，阻止了火势蔓延，为破拆排烟、官兵深入火场内部进行内攻救人赢得了时间并提供了安全保证。进而使得指挥员能够大胆果断地抓住火场的主要方面，将“救人第一”作为灭火救援的首要任务。由于火场内部结构复杂，包间分布密集，部队各级指挥员能够及时采取深入内部侦察、外部观察和询问知情人等侦察方法，迅速掌握被困人员的具体位置、数量等情况，在确保个人防护到位的情况下采用强攻措施。担负救人任务的官兵在浓烟条件下，能够机智灵活地运用搜索救助操进行室内搜救，同时，积极稳定顶层被困人员情绪，利用云梯车快速营救被困人员。在整个火灾扑救过程中，火场指挥部自始至终组织5个救人小组对二至六层进行地毯式搜索，确保了搜救工作不留死角，最终实现了“零”伤亡。

2. 技战术措施运用合理

从当时的火情判断，东南面的窗户都被铝合金的广告板钉得严严实实，不但烟散不出来，水也无法打进去；加上高温烟气久聚不散，如果随着管道井和电梯井向上蔓延，在局部凝聚容易引起新的火点。为了加快排烟速度、降低火场温度，为内攻近战创造条件，指挥部果断地采取了多种排烟措施，先利用移动排烟机排烟和破拆建筑北面窗口，排放出一定烟气，同时，增加水枪数量，降低火场温度。待破拆时机成熟后，选准了破拆位置，采用由点及面，由小到大的破拆方法实施破拆，成功避免了火场轰燃的发生。外部破拆成功后，果敢地实施强攻近战，在能见度极低的情况下，实施梯次掩护，逐步推进，并在两侧布置水枪对火场实施夹攻，同时利用登高车辅以外攻，在较短时间内成功地扑灭了火灾。

3. 保障有力，补给充足

火灾发生后，支队迅速启动了战勤保障方案，针对可能发生的复杂情况，迅速调集生活保障车、后援车、油料补给车在第一时间到达火场。据统计，整个战斗期间，后援车为一线官兵及时更换了140具空气呼吸器气瓶，油料补给车共补充燃油1.5 t，生活保障车为官兵提供盒饭200余份、矿泉水300余瓶。此次灭火救援战斗持续了超过4 h，由于战勤保障及时到位，没有一辆消防车因为油料、故障原因造成供水间断，为成功扑灭火灾提供了有力保障。

案例五　沈阳市“4·6”汽车配件中心市场火灾

2007年4月6日8时左右，沈阳汽车配件中心市场发生火灾。沈阳消防指挥中心接到报警后，先后调集160辆执勤战斗车辆、1 000多名指战员前往扑救。经过23 h奋力扑救，将大火扑灭，共救助被困人员44人，疏散人员95人，成功保护了地下1层车库和配件库，1、2层大部分商铺和4层部分办公区，东部4至9层居民楼和西侧中部一栋居民楼，以及南侧相连的外汇商品大楼，并有效防止了起火建筑倒塌。此次火灾燃烧面积15 067.1 m^2，烧毁4层仓库50个、3层仓库179个、1层商铺16个，造成1人死亡。

一、事故单位基本情况

沈阳汽车配件中心市场位于沈阳市和平区南京街213号甲。建筑主体高37 m，市场裙房20 m，南北长130 m、东西长80 m，整体呈“凹”字形，“凹”面朝西。该建筑地下1层、地上3层，西侧局部为4层，东侧局部为9层，市场建筑面积38 000 m^2，内部共设有298个档口，265个业户，246个库房，主要经营和存放轮胎、塑料保险杠、各种垫圈、包装材料等汽车配件，以及汽车内饰商品和汽车用各类油品。其中，地下一层部分为车库、部分为库房，面积为 11 974.9 m^2；一层、二层为营业档口，面积分别为 7 000 m^2、5 000 m^2；3 层为库房，面积为 9 551.6 m^2；四层西侧部分为库房，南侧为办公室，面积为 4 473.5 m^2；负一层至顶层南北两侧各有一个竖井，其中北侧竖井二层以下（含二层）在银行内，二层以上被封堵在仓库内，并存有货品；东侧四至九层为居民楼，住有 272 户居民，建筑面积 14 800 m^2。

该市场东侧为徐州街，与对面居民楼间距 11.8 m；西临南京北街，路宽 33 m，凹进处为六层居民楼，居民楼东、南、北三侧距离市场外墙分别为 7.5 m、2 m、2 m；南侧东部与外汇商品大楼的附属四层建筑相接，南侧西部与在建地铁站相邻，间距 6.4 m；北部西侧与在建消防队相邻，间距 25.6 m，北部东侧与市出版局相邻，间距 18.5 m。图 7—15 为沈阳汽车配件中心市场总平面图。

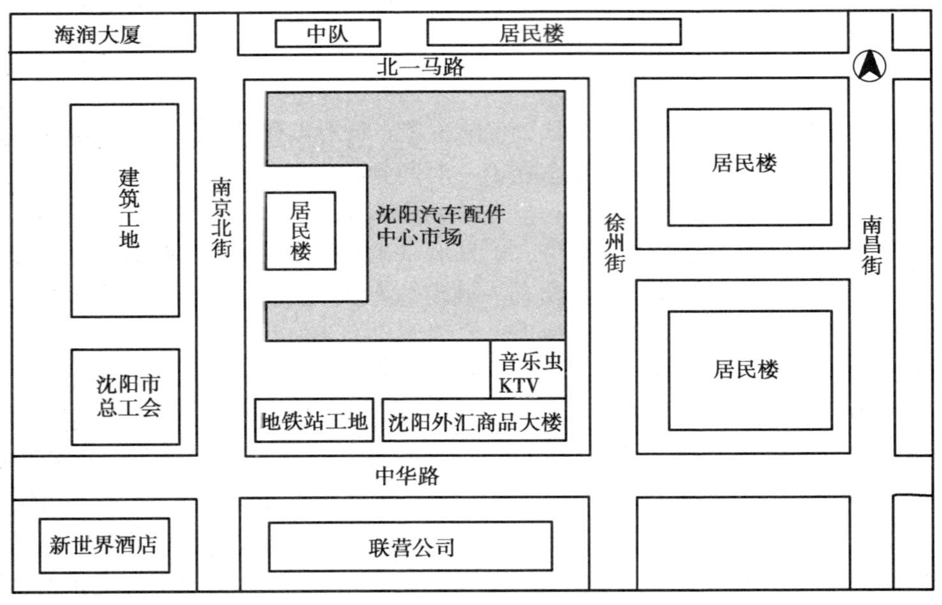

图 7—15 沈阳汽车配件中心市场总平面图

该市场共有疏散出口 4 处，东侧中部 1 处，西侧北部、南部各 1 处，北侧中部 1 处；建筑内共有疏散楼梯 8 处，其中可供使用的 4 处，分布在东、西、南、北侧中部，西侧中部楼梯直通四层，其余 3 部楼梯只通三层，另外 4 处楼梯被业户封堵；共有滚梯 2 部，西侧南部、北部各 1 部，只通二层；货梯 2 部，位于建筑中间，可通四层。市场一、二层使用防火卷帘划分防火分区，三、四层未设防火分区，市场整体设有自动喷水灭火系统、火灾自动报警系统、消防应急广播、疏散指示标志及火灾应急照明。消防水池（500 m^3）、泵房设在地下一层，消防水箱（20 m^3）设在屋顶水箱间，火灾发生时，水箱无水，供水阀门处于关闭状态，压力表指针全部指向“零”。

市场有 500 m^3 的储水池 1 个，周边方圆 3 km 范围内有市政消火栓 38 处，压力 0.1 MPa；单位储水池 2 处，其中联营公司储水池储水 1 200 m^3，市建设银行储水池储水 800 m^3；消防水鹤 4 处，压力充足。

当日多云转晴，西南风转北风 2～3 级，气温 3～13℃。

二、火灾扑救过程

2007 年 4 月 6 日 8 时 37 分 58 秒，沈阳消防指挥中心接到单位报警，立即调集南市、北陵、启工、铁西、特勤二、特勤三等 6 个中队的 25 台消防车辆、90 名官兵前往扑救。同时，向支队指挥员汇报火场情况，向总队、市公安局指挥中心汇报，请求调派交警到现场维护交通；通知 120 指挥中心调派医务人员到场准备抢救伤员；通知自来水公司对南京北街 213 号附近地区消防管网加压；通知电业局、煤气公司、环保局等部门到场。并调集 20 个中队和 7 个企业专职消防队 86 辆战斗车辆，551 名指战员前往增援。

总队指挥部到场后，又调集了鞍山、抚顺、本溪、辽阳、铁岭、盘锦等 6 个公安消防支队 44 辆消防车、334 名官兵，辽化企业专职消防队 5 辆消防车、25 名官兵赶赴现场增援。

此次火灾扑救共调集执勤战斗车辆 160 台、指战员 1 000 多人，公安干警 500 多名、武警官兵 300 名，环卫、市政等单位洒水车辆 80 辆，工程机械车辆 3 辆。

此次火灾扑救可分为三个阶段：

1. 控制火势，全力救人

8 时 45 分，辖区中队南市中队和增援的北陵中队首先到达现场，汽车配件中心市场西侧北部三层浓烟滚滚，大火已呈猛烈燃烧，内部不时发出“砰砰”的爆炸声。经侦察，火场内有人员被困。根据现场情况，南市中队立即设两个水枪阵地，从西侧北门进入三层堵截火势向南蔓延；利用 20 m 举高车在西北角出设车载炮阵地从外部控制火势，堵截火势向四层蔓延；出设 1 个水枪阵地从北门进入三层堵截火势向东侧蔓延。并立即组成 1 个救人小组，在水枪的掩护下，从西侧北门进入三层强攻救人，成功将疏散楼梯旁 3 名被困人员救出。同时，命令北陵中队 52 m 举高车从西北侧出设车载炮阵地从外部直打火点，堵截火势向四层蔓延；出 1 个水枪阵地从西侧北门进入三层，堵截火势向南蔓延；出 1 个水枪阵地从北门进入三层，堵截火势向东蔓延。

9 时左右，增援力量、支队及总队指挥员相继到场。此时大火燃烧异常猛烈，三层的东北角、西北角都已突破外壳。市场内储存的大量易燃、可燃物资燃烧产生的大量浓烟，迅速从窗口翻卷而出，市场上部居民楼被浓烟包围，楼内居民受到烟火的严重威胁，在窗口呼喊、向支队指挥中心拨打电话求救的人员越来越多。根据现场情况，到场的支队部门以上领导立即组成指挥部，指挥救人灭火工作。总队领导到场后，成立了以总队长为总指挥的灭火救援指挥部，确立了“集中主要力量抢救和疏散被困人员，采取有效措施控制火势发展蔓延”的作战指导思想，到场领导分兵把口，各负其责，全面指挥灭火救人工作。指挥部命令到场的指战员先后组成了23个救人小组，具体部署如下：

(1) 在着火市场内部，东陵中队组成1个救人小组，特勤二中队组成两个救人小组，搜寻着火市场内部被困人员。东陵中队在水枪的掩护下，于西南侧二楼滚梯处，采取背的方式，成功救出2名被困人员。

(2) 在着火市场上部居民楼，道义中队从东侧北门和南门进入市场楼顶平台，在2个疏散楼梯内分别设置水枪阵地，掩护各救人小组疏散救人。北陵中队组成1个救人小组，采取背、抱的方式救出1人，疏散10人；启工中队组成3个救人小组，采取背、抱的方式救出4人，疏散6人；铁西中队组成2个救人小组，采取背的方式救出4人，疏散10人；特勤二中队组成1个救人小组，通过登高车进入室内，利用登高车救出4人，疏散21人；特勤一中队组成1个救人小组，采取背、抱的方式救出1人，疏散2人；开发区中队组成2个救人小组，利用担架救出1人，疏散9人；沈河中队组成两个救人小组，一组利用登高车救出5人，另一组疏散15人；浑南中队组成1个救人小组，利用担架和背的方式救出2人；大东中队组成1个救人小组，采取背、抱的方式救出2人，疏散10人；道义中队组成1个救人小组，在市场西南侧利用42 m举高车救出1人，在东侧利用软梯救出8人；沈海中队组成1个救人小组，利用担架和背的方式救出2人，疏散1人；南湖中队组成2个救人小组，一组利用54 m举高车救出5人，另一组疏散5人。

(3) 在西侧居民楼，南市中队组成一个救人小组，在西侧居民楼疏散被困人员6人。

救助和疏散历时2个多小时，成功救出44人，疏散95人。同时，根据现场情况，指挥部组织其余力量，全力控制火势发展蔓延。命令启工中队出1个水枪阵地从西侧北门进入三楼，堵截火势向南侧蔓延。特勤二中队狂牛泡沫消防车从西北角利用车载炮压制三层突破外壳的大火，18 m高喷车在西侧控制三层火势，堵截火势向四层蔓延，32 m举高消防车出设2个水枪阵地在四层堵截控制火势。皇姑中队从市场和西侧居民楼之间的北侧通道进入，出设3个水枪阵地，利用9 m拉梯上至西侧平台，进入三层堵截火势向南蔓延。开发区16 m高喷车在北侧东部控制三层火势。沈河中队42 m高喷车，启工中队、皇姑中队20 m举高车在东侧北部控制三层火势。南湖中队54 m举高车、浑南中队32 m高喷车在东侧中部全力控制火势向居民楼蔓延。图7—16为沈阳汽车配件中心市场三层作战部署图。

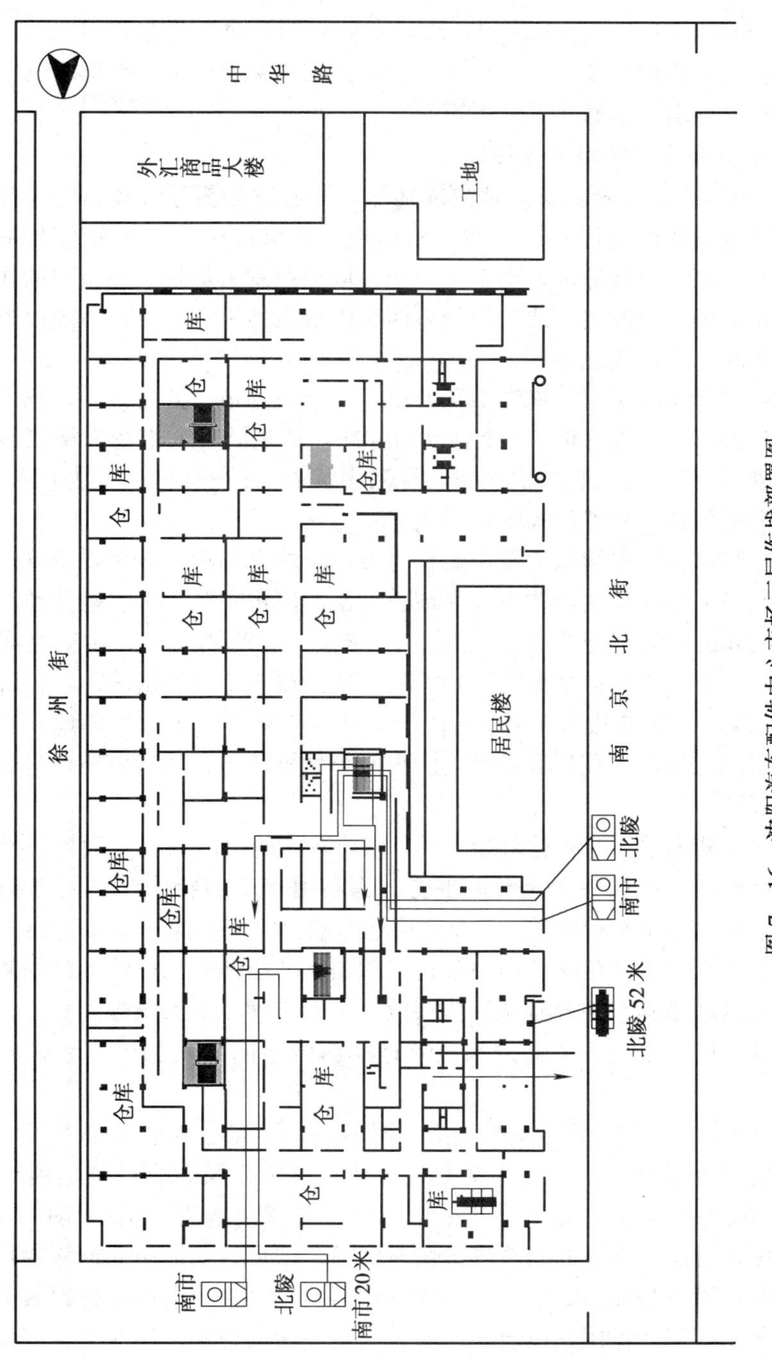

图 7—16 沈阳汽车配件中心市场三层作战部署图

10 时 50 分，由于火场高温作用，市场东侧北部、西侧北部二层、三层、四层外墙出现明显裂痕，指挥部及时将正在作战的特勤二中队 32 m 举高车、狂牛泡沫消防车，北陵中队水罐消防车撤离危险区域。

2. 全力堵截蔓延，实施重点保护

11 时 15 分左右，三楼大火燃烧更加猛烈，并通过北侧存有货品的竖井向上蔓延至四层，火场情况变得更加复杂严峻。根据现场情况，在救人任务基本完成的前提下，指挥部及时调整作战部署，确定了“全力堵截控制火势发展蔓延”的作战指导思想，并形成在市场三、四层“凹”字形东西跨度最短处进行内攻，并辅以外攻，全力堵截控制火势的基本作战思路。

在市场东侧，命令沈河、南湖中队各出 1 个水枪阵地，开发区中队出两个水枪阵地，启工中队出 3 个水枪阵地、1 个移动炮阵地，从东门进入市场三楼堵截火势向南侧蔓延；命令开发区中队 16 m 高喷车、沈河中队 42 m 高喷车、皇姑中队 20 m 举高车出设两个水枪阵地，从外部控制堵截火势。

在市场西侧，为加强堵截力量，配合先期设置的皇姑中队 3 个水枪阵地，命令此前由于西侧北门二层屋顶装修物塌落而被迫撤出的南市中队 1 个水枪阵地，从市场和西侧居民楼之间的北侧通道进入，利用 9 m 拉梯上至西侧平台，在三层堵截火势向南蔓延。特勤一中队出 1 个水枪阵地，浑南中队出设 1 个移动炮阵地，桃仙机场出设 1 个泡沫枪阵地，抚顺支队出 3 个水枪阵地，铁岭支队出 1 个水枪阵地，从西侧南门进入三层，堵截火势向南蔓延。鞍山支队出两个水枪阵地，从南侧窗口进入三层，堵截火势向南蔓延。

命令大东中队出设 1 个水枪阵地、1 个移动炮阵地从市场和西侧居民楼之间的南侧通道进入，利用 9 m 拉梯上至西侧平台，再利用 6 m 拉梯上至四层堵截火势向南蔓延。铁西中队出 1 个水枪阵地、1 个移动炮阵地，浑南、沈海中队各出 1 个水枪阵地从西侧南门进入四层堵截火势向南蔓延；鞍山支队出两个水枪阵地从南侧窗口进入四层堵截火势向南蔓延，并及时从四层疏散 3 个满装液化石油气罐。

命令特勤一中队出设两个监护水枪阵地从西侧南门进入二层，堵截火势向下蔓延。

18 时 40 分左右，由于燃烧时间过长，建筑东侧北部、西侧北部二层、三层、四层外墙裂痕增大。同时，大火已在北侧通过楼板预留孔洞等途径蔓延到地下室和一层、二层，情况万分紧急，如不迅速采取措施，整个市场将形成一至四层的立体燃烧。特别是深入三层、四层的内攻阵地由于高温、浓烟、通道南北纵深狭长、东西横向错位、内部仓库自身障碍阻隔多、空气呼吸器使用时间受限等多种因素影响，内攻阵地无法充分发挥堵截作用，三层、四层大火迅速向南蔓延。面对复杂多变的火场形势，指挥部及时调整部署，将三、四层内攻阵地撤出，并确定“重点保护地下室、一层、二层和外汇商品大楼，从外部进攻并逐渐深入消灭三层、四层大火”的作战指导思想，并相应调整了战斗部署。

命令建筑破拆车立即拆除市场和外汇商品大楼的连廊；道义中队 16 m 高喷消防车、铁西中队遥控泡沫消防车在南侧出水炮阵地，全力堵截火势向外汇商品大楼和上部居民楼蔓延。

命令特勤二中队出两个水枪阵地、1 个移动炮阵地，黎明消防队出 1 个水枪阵地，从北侧进入地下室消灭大火。

命令铁西中队出两个水枪阵地，道义中队出 1 个水枪阵地，铁岭支队出 1 个水枪阵地，分别从西侧南门和北门进入堵截消灭一层火势；命令开发区中队出 1 个水枪阵地，特勤二中队出两个水枪阵地，1 个移动炮阵地，从北门进入堵截消灭一层火势。命令沈河、启工、东陵中队各出 1 个水枪阵地，从东门进入一层堵截消灭火势。

命令特勤一中队出 3 个水枪阵地，沈海中队出 1 个水枪阵地，抚顺支队、铁岭支队、盘锦支队各出两个水枪阵地，从西侧南门进入二层，鞍山支队出两个水枪阵地，从南侧窗口进入二层，皇姑中队出 1 个水枪阵地，从西侧北门进入二层堵截火势蔓延。辽阳支队出两个水枪阵地，从东门进入二层，堵截消灭大火。

3. 登高外攻，消灭大火

命令道义中队 16 m 高喷消防车、42 m 高喷消防车，特勤二中队 18 m 高喷消防车，鞍山支队水炮消防车在西侧南部利用车载炮消灭三层、四层大火；命令皇姑中队出两个水枪阵地，大东中队出 1 个水枪阵地，从西侧居民楼五层消灭对面市场三层、四层大火；命令北陵中队 52 m 举高车，皇姑中队神龙水炮车，特勤一中队 18 m 高喷车，在西侧北部利用车载炮从外部消灭三层、四层大火；命令特勤二中队狂牛泡沫消防车、32 m 举高车利用车载炮在北侧从外部消灭三层、四层大火；命令东陵、新民中队各出 1 个水枪阵地，辽化支队出两个水枪阵地从北侧分别进入三层、四层消灭大火；命令沈河中队 42 m 高喷车，开发区中队 16 m 高喷车，皇姑中队 20 m 举高车，启工中队 20 m 举高车，南湖 54 m 举高车设置车载炮阵地，同时延伸阵地消灭三层大火；命令本溪支队出两个水枪阵地进入三层消灭大火。4 月 7 日 7 时，大火被基本扑灭。图 7—17、图 7—18、图 7—19、图 7—20、图 7—21 分别为沈阳汽车配件中心市场一、二、三、四层作战部署图和火场供水部署示意图。

三、经验总结

1. 火灾特点

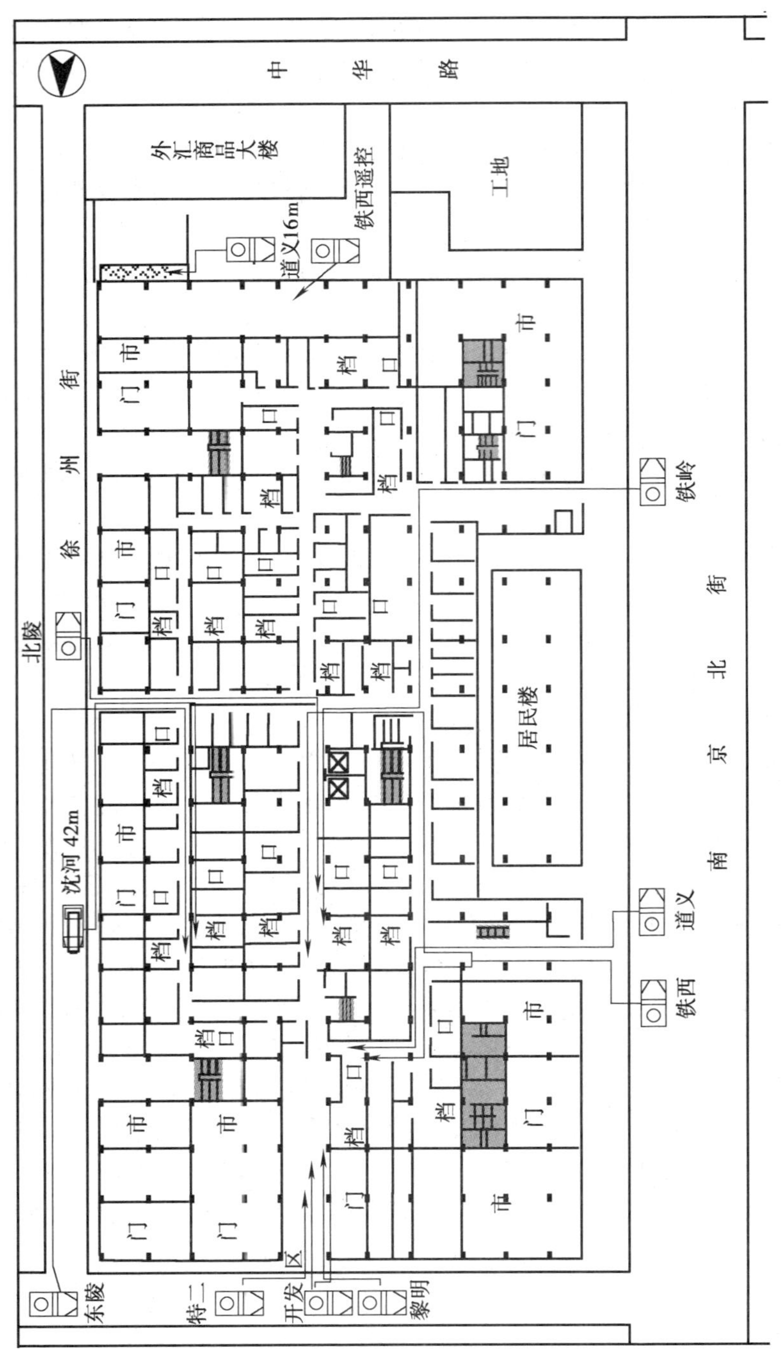

图 7—17　沈阳汽车配件中心市场一层作战部署图

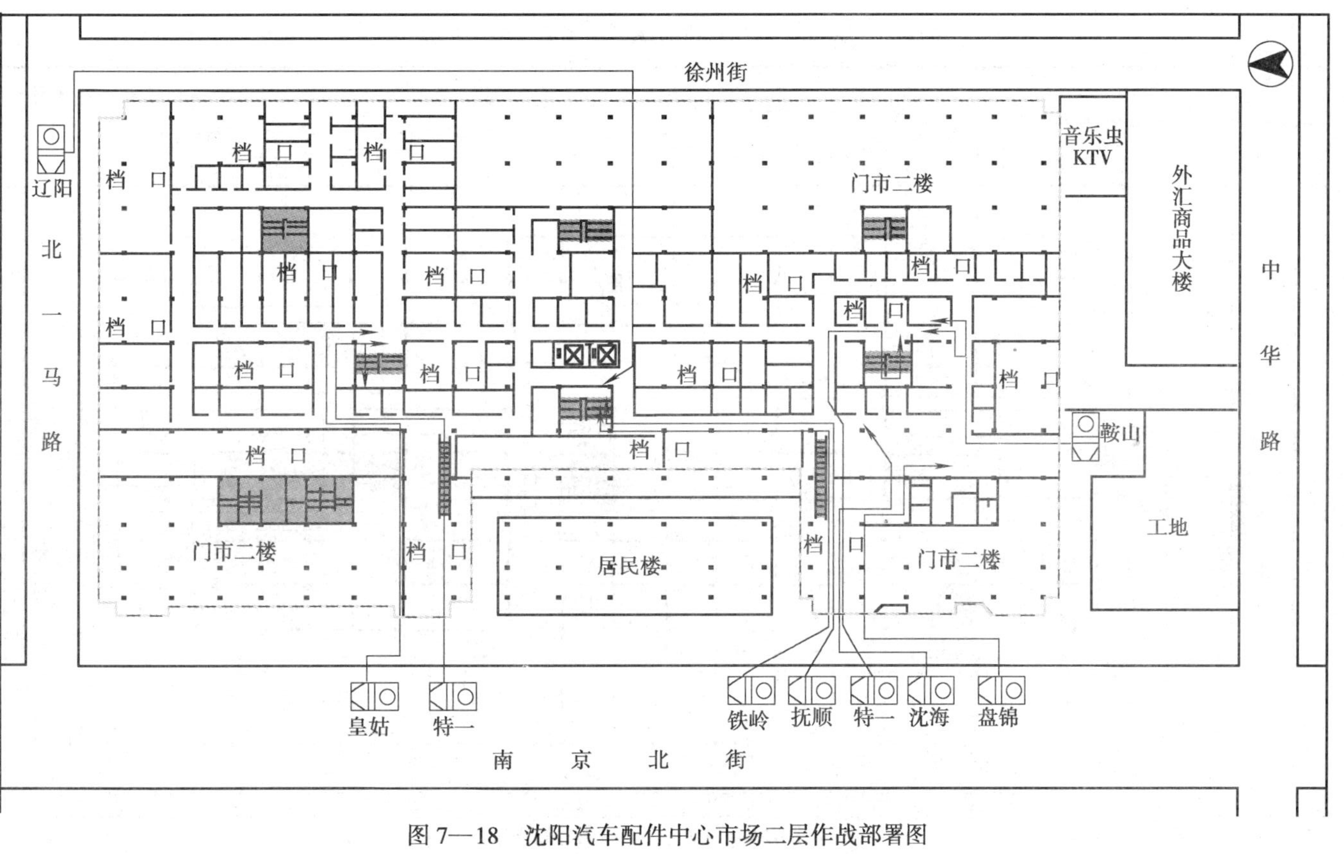

图7—18　沈阳汽车配件中心市场二层作战部署图

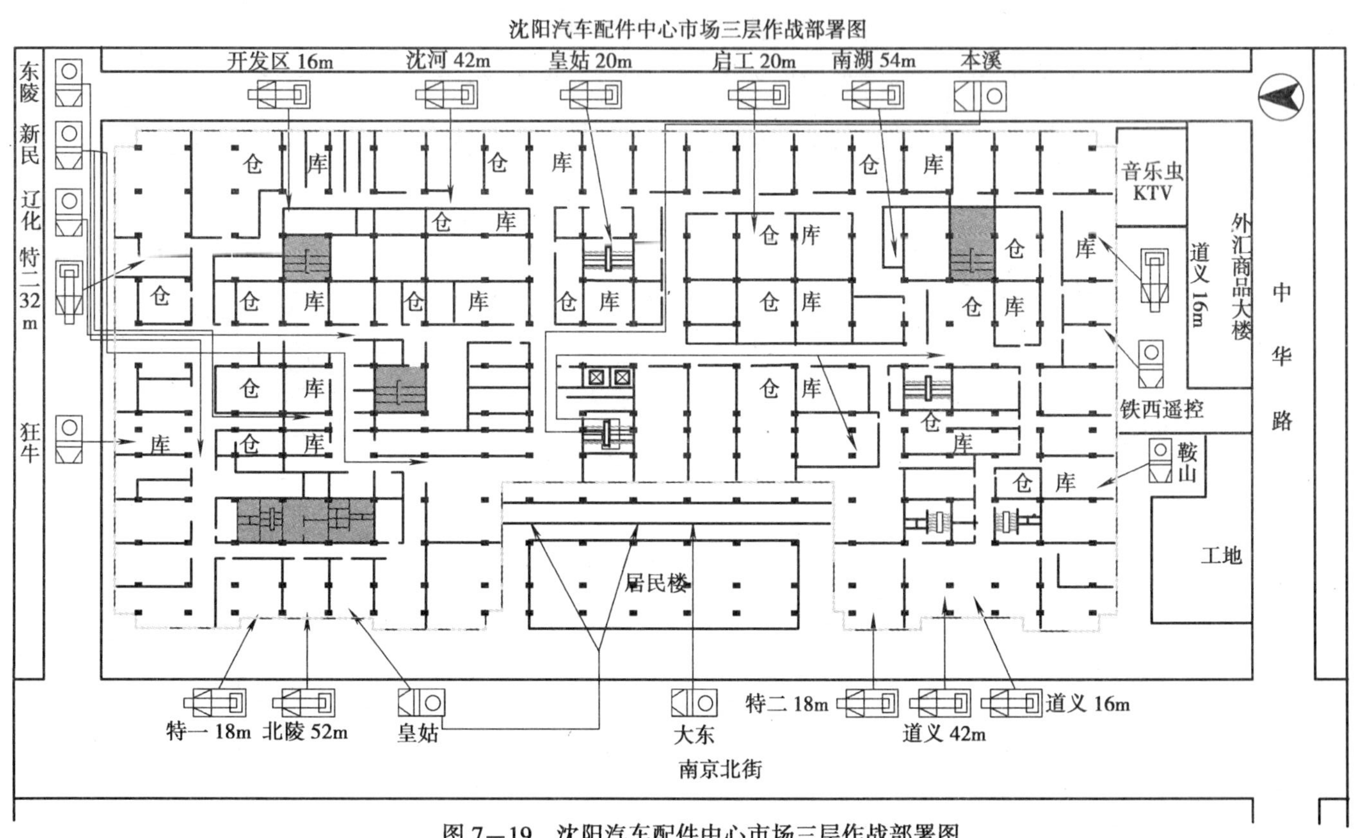

图 7—19 沈阳汽车配件中心市场三层作战部署图

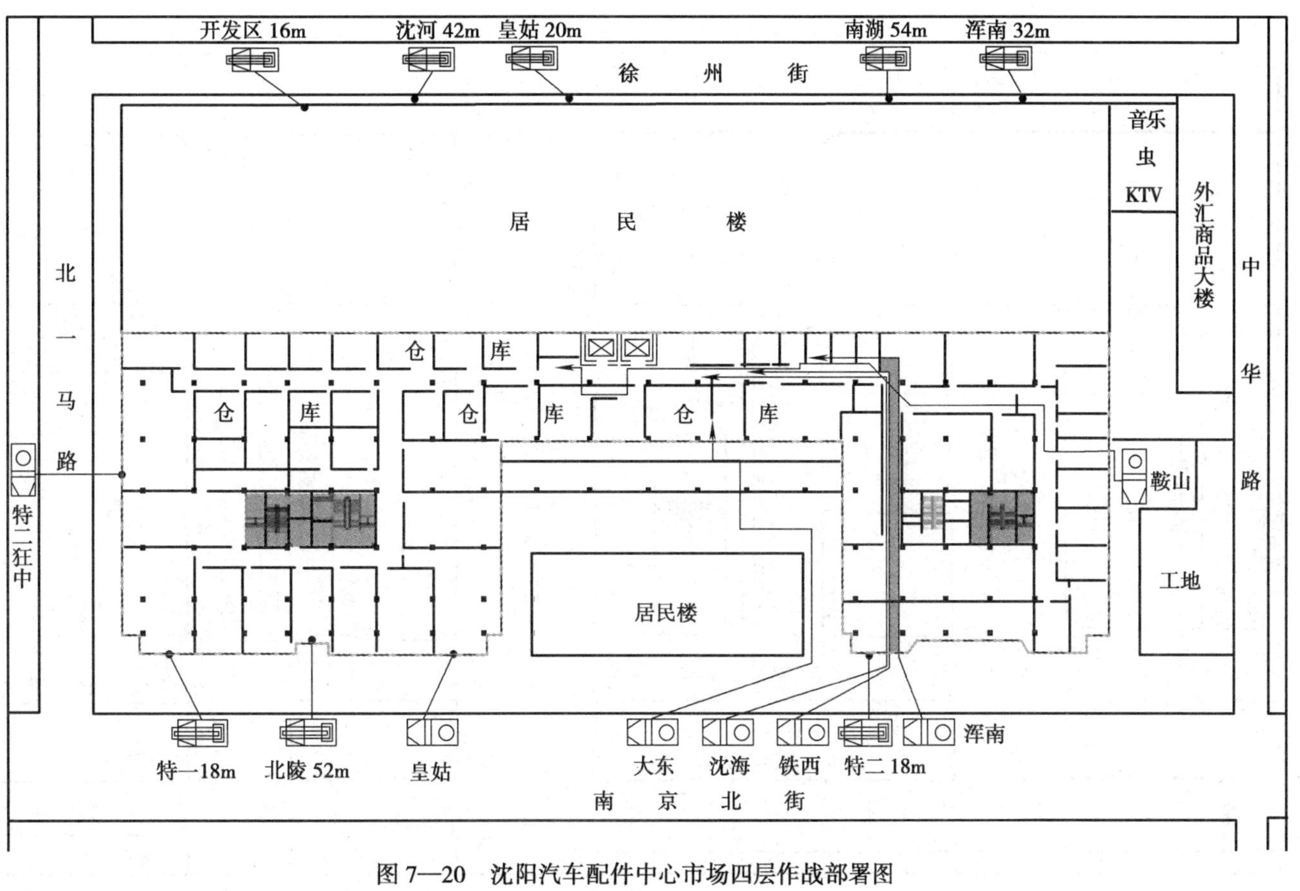

图 7—20　沈阳汽车配件中心市场四层作战部署图

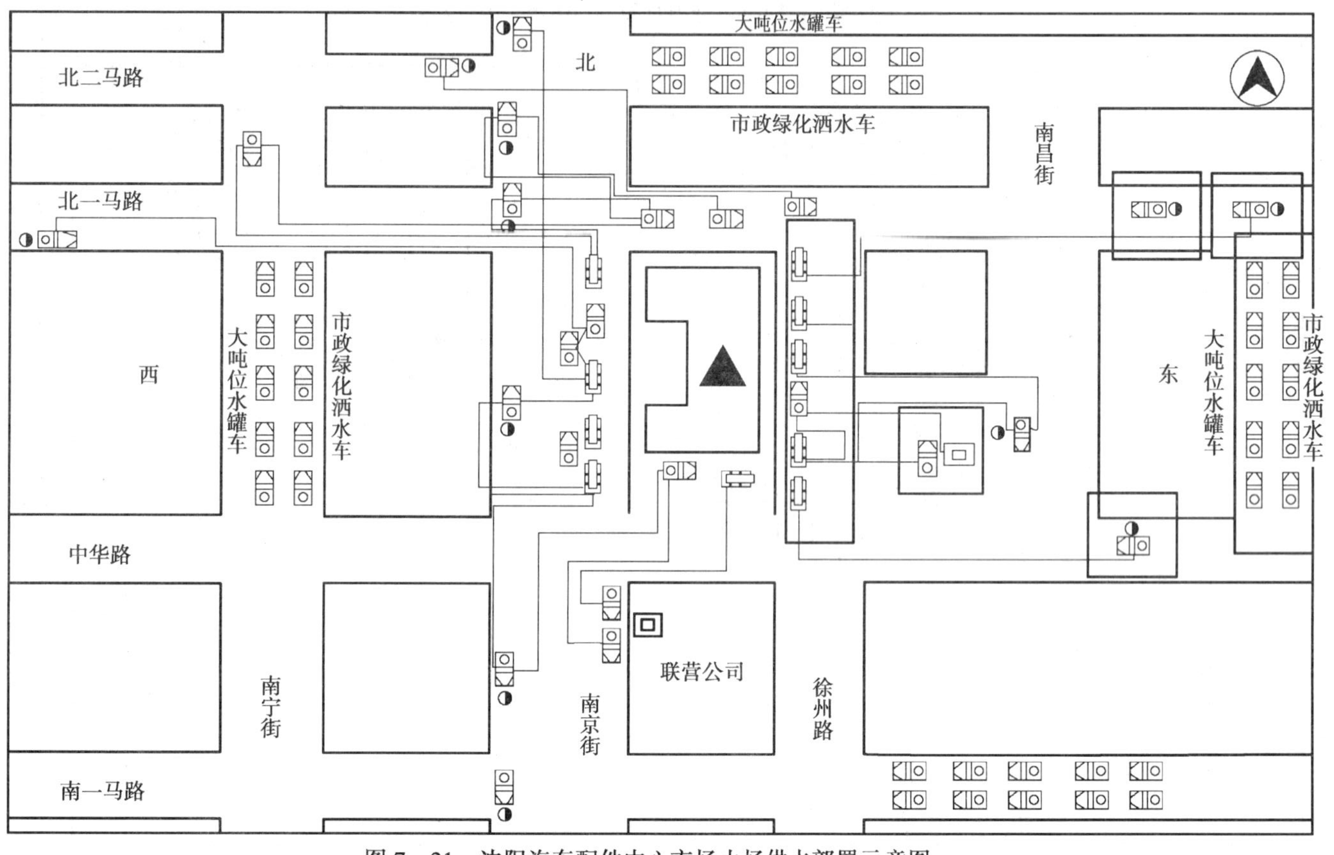

图7—21 沈阳汽车配件中心市场火场供水部署示意图

该起火建筑融市场、仓库、居民楼为一体，面积之大、情况之复杂、持续时间之长、扑救之艰难，在建筑火灾施救中是不常见的。

（1）建筑空间高大，开口面积小，大部窗口被商铺、档口和仓库货架遮挡，使燃烧产生的高温浓烟积聚不散。

（2）市场面积大（3.8万平方米），而直通室外的出入口只有4个，可供内部进攻的通道较少。

（3）内部8部疏散楼梯，有4部被商户全部或局部封堵，部分楼梯错位布置，不但减少了内部进攻通道，而且增加了纵深作战距离，加大了作战难度。

（4）商铺、档口和仓库货架采用角钢和钢丝网架分隔，货物堆放密度大，甚至直达棚顶，吊棚与楼板之间有较大间隔空隙，其内部被一些商户堆放货品，成为火灾蔓延的另一条通道。

（5）建筑内未形成防火分区，火灾时自动喷水等内部消防设施不能使用。

（6）10时50分，该建筑东侧北部、西侧北部二层、三层、四层外墙出现裂痕等倒塌征兆，并由裂痕处向外窜烟。

（7）可燃物质多，储存的轮胎、垫圈、油品等可燃、易燃物资密度大，火灾荷载大大超过一般市场、仓库。

2. 力量调度有序，指挥决策果断

沈阳支队调度指挥中心接到报警后，加强了第一出动，首先一次调集6个消防中队力量赶赴现场，并陆续调派增援力量，保证了第一时间救人和第一时间控火。同时，立即启动《沈阳市重、特大火灾事故应急预案》和《辽宁省消防部队跨区域应急预案》，迅速调集建委、城建、公安、武警、卫生、城管、安监、环卫、气象等部门，以及鞍山、抚顺、辽阳等6支公安消防队，辽化、桃仙机场、五爱市场等8支专职消防队力量到场增援，为灭火救援各项工作的顺利进行提供了有力保障，形成强大的整体作战能力。

从作战过程看，指挥决策果断，抓住了火场的主要方面。火场指挥员面对复杂的火灾形势和艰难的内部作战环境，在利用高喷车、水炮等压制打击已经突破窗口的火势，阻止火势向上方居民楼蔓延的同时，确定了内攻堵截、控制火势蔓延的作战思想，从东侧、西侧、北侧4个出入口进行强行内攻，阻止火势向下蔓延，并在三、四层的东、西两侧南部建立内攻堵截阵地，目的是将火势控制在三、四层的中部和北部，但堵截没有达到预期目的。分析原因主要是：一是火灾发生后，燃烧产生的大量高温有毒浓烟积聚不散，很快充满了整个建筑，能见度已小于3 m的危险视距，强光手电等照明工具难以发挥作用，深入内部的作战人员只能摸索前进；二是建筑内部障碍物多，通道复杂，大量的隔断、货架高大，货物堆放密集，内攻阵地很难发挥有效的堵截作用；三是深入内部作战纵深距离长，加之能见度低、通道狭窄曲折、空气呼吸器使用时间有限等原因，内攻阵地很难快速到达有效堵截位置，并长时间坚持作战；四是受内部档口和货架布局影响，南北走向通道多狭长，东西走向通道多错位，造成三、四层东西两侧进入内部实施堵截的阵地难以形成合力，切断火势蔓延；五是多数增援中队参战官兵对市场和仓库改造后的内部布局、档口和货架材质、储存商品的数量和种类、内部通道等不够熟悉，深入内部作战行动受阻；六是建筑外墙出现多处裂痕等倒塌征兆后，受个别建筑火灾次生灾害造成消防官兵伤亡的阴影影响，参战官兵在内攻近战中承受了极大的心理压力，一定程度上影响了深入三层、四层内部阵地，实施堵截灭火的行动。

3. 战术得当，措施得力

由于火灾现场大量人员被困、火场内攻推进极其艰难等因素，此次火灾扑救确立了“集中主要力量抢救疏散被困人员，采取有力措施控制火势蔓延”的战术指导思想，坚持救人控火同时进行。现场成立了 23 个救人小组，对居民住宅逐门逐户疏散、救助被困人员，成功救出 44 人、疏散 95 人；积极运用堵截、夹攻、破拆等战术措施，成功地将火势控制在三、四层，防止了建筑倒塌，保住了市场的地下一层，地上一、二层，居民楼和毗邻的外汇商品大楼，最大限度地减少了人员伤亡和财产损失。

4. 战勤保障到位，特种和新型装备还不足

火灾发生后，沈阳支队立即启动大型灾害事故现场通信保障方案。1 名通信参谋专门值守无线通信系统，保证设备运行正常；立即将支队所有备用手台、电池运到火灾现场；立即成立现场通信指挥组，1 人负责总体协调现场通信，1 人负责设备调配；2 人分别跟随支队军政首长，保证命令及时下达；成立设备维护组，现场进行通信设备维修，保证了火场通信工作的畅通、高效。

后勤保障人员及时成立物资供应组、钢瓶充运组、车辆维修组、医疗救护组、给养供应组等 5 个保障小组。出动后勤保障车 16 台，调集空气呼吸器钢瓶 120 个、防护毛巾 200 条、隔热服 20 套、战斗服 50 套、指挥服 10 套、棉衣绒衣 280 套、照明手电筒 100 个。充气车现场充气 4 000 余瓶，为火场运输备用氧气瓶 210 个。提供各种配件和机油等，抢修战斗车辆 25 台次，共为 760 台次战斗车辆加油 23.3 t。及时购买矿泉水和各种食品，保障了现场所有参战官兵的饮食所需，使现场后勤保障工作有条不紊，保证了前方作战的需要。

整个火场作战持续时间长，所需的空气呼吸器和用水量非常大，根据火场形势需要，迅速调动了自行研制的空气呼吸器充气车到场，现场充装空气呼吸器气瓶 4 000 余瓶，灭火战斗共占领市政消火栓 12 处、单位内部储水池 2 处、消防水鹤 4 处，形成 21 条供水干线，并调动市政工程运水车和城建绿化洒水车 80 余台，与大吨位水罐

车、普通水罐消防车编组运水，共向火场供水两万余吨，为火灾扑救工作提供了有力保障。

指挥部根据现场情况，调动了破拆楼板的机械设备，欲从楼顶进行破拆，改变烟火流向，为堵截火势创造有利条件，由于不能及时到场，未能实现。也试图用高倍数泡沫辅助内攻灭火，因部队没有储备，无法实施等。这次火灾充分暴露了部队仍缺少相应的装备器材和必要的物资储备：一是进入火场内部的作战人员缺少防火隔热服等战斗服装，常规战斗服装耐火、耐高温等性能差，部分人员被内部高温灼伤；二是目前使用的空气呼吸器使用时间较短，很难满足深入内部长时间作战的要求，需加强氧气呼吸器、移动供气源等能够保证长时间连续作战的呼吸保护器具配备；三是缺少能够在高温浓烟环境下，破拆清除内部障碍、打通内部进攻通道的特殊高效破拆器材和大功率的排烟设备；四是缺少在浓烟条件下，快速开展灭火战斗的侦检、通信及穿透力强的照明等工具；五是缺少针对此类火灾及大型地下建筑火灾，辅助内攻的高倍数泡沫等灭火剂的储备。

第八章　文教体育卫生单位火灾应急预案编制与应用

文教体育卫生单位是指从事文化、教育、体育、卫生等活动的单位，按其使用功能分为影剧院、博物馆、图书馆、学校、体育馆以及医院等类别。

第一节　文教体育卫生单位火灾危险性和特点

一、影剧院火灾危险性和特点

影剧院包括电影院、剧场、礼堂、曲艺厅、俱乐部等，其特点是人员高度集中，发生火灾容易造成重大人员伤亡。

1. 电气设备多，线路繁杂，易形成隐患

影剧院的电气设备主要有灯光、放映、音响、空调、发电、变电等设备，耗电量很大。各种电气线路也十分复杂，如果安装不当、电线绝缘层老化损坏或者三相用电不平衡等原因，均会使电气线路发热，造成局部过载，发生漏电短路而引起火灾。此外，移动式照明灯具、明火效果设备以及吹风机等一些临时用电设备若使用不慎也容易造成火灾。

2. 火灾荷载大，火势蔓延迅速，易形成立体火灾

舞台是影剧院最易起火的部位。舞台通常铺设木地板，侧台上经常堆放大量的布景、道具、服装、箱子等可燃物，并且舞台上悬挂大量的幕布。若在台上吸烟，或为增加演出效果在台上使用明火烟雾，使用高温灯具照射舞台，都容易引起火灾。

影剧院出于美观和音响效果的需要，通常会采用大量可燃材料进行装修，如观众厅坐椅一般是胶合板椅，回音墙壁敷设了大面积的泡沫海绵，顶棚多为木质结构等。这些材料一经点燃会迅速蔓延，同时产生大量有毒烟气，使整个影剧院空间充斥烟火。

3. 火灾持续时间长，火势猛，建筑物易发生坍塌

影剧院大都为大跨度屋顶，空间高，空气流通好。由于有大量可燃构件和可燃设备，且分布不均，有的处于垂直和悬吊状态。因此在发生火灾的情况下，火势会迅速

向上窜入闷顶并蔓延开来，形成大面积的立体燃烧。同时，屋顶在火势的猛烈燃烧下，建筑构件的应力、强度会急剧下降而失去支撑能力，以致引起房屋倒塌。

4. 人员密集，疏散困难，易造成人员伤亡

影剧院在营业时间时，人员比较密集，一旦发生火灾，被困人员出于求生本能，会在短时间内向有限的安全出口快速聚集，极易出现拥挤、踩踏、堵塞通道现象，影响疏散，造成人员伤亡。

观众厅很少采用自然采光，火灾时大量可燃物燃烧产生高温浓烟会很快降低能见度，不仅进一步造成被困人员的惊慌失措，而且严重影响疏散速度。

规模较大的影剧院内部布局复杂，通道狭窄曲折，增大了疏散时间。未能及时疏散营救出来的人员，很容易由于影剧院吊顶、屋顶塌落砸压而造成伤亡。

5. 建筑结构特殊，火灾扑救受限多

影剧院主体建筑为观众厅和舞台相连通所形成的封闭大空间，火灾时产生的浓烟高温不易散出，易形成大面积的立体火灾，不适宜采用分割包围的灭火战术。

影剧院一般周围毗邻建筑多，外部作战环境往往会受到街道狭窄、临时停车和增设摊位等地形地物的影响，妨碍消防车停靠和消防人员的救人和灭火战斗行动的展开。

影剧院一般外墙窗口少，被困人员的疏散和消防人员深入内部实施救助只能通过有限的安全出口进行，容易造成人流之间的相互对撞，延误有利的救人和控火时机。

顶部闷顶内各种电气设备和线路错综复杂，灭火死角多，能见度低，且框架结构在烈火烘烤下随时有垮塌的危险，消防人员难以深入内攻。

二、博物馆、图书馆火灾危险性和特点

博物馆、图书馆在使用性质、建筑特点上有许多相似之处，博物馆内馆藏物品贵重，图书馆内图书资料集中，开馆时间内人员密集。发生火灾后，不仅会造成难以估价的损失，而且还会造成一定的人员伤亡。

1. 火灾荷载大，火灾发展呈现复杂性

博物馆、图书馆因通风条件、可燃物数量、建筑构造等因素使火灾发展呈现复杂性。馆内储存了大量的文献（磁带、图书、光盘、录像带）或文物（多为棉、毛、化纤织物制品等），众多的木制箱柜，加上出于音效、光影的需要，其内部装饰多采用可燃材料，发生火灾的可能性较大。

图书馆书库相对密闭性良好，一旦发生火灾，由于初始阶段燃烧所需空气充足，火势会发展很快。随着燃烧时间的增加，在氧浓度降低的情况下，由有焰燃烧转为阴燃，当室内通风条件一旦改变，空气量增加，火势迅速由阴燃转为有焰燃烧，甚至会发生轰燃，发展蔓延速度加快。火势在水平发展蔓延的同时，高温烟气会很快充满整

个楼层，并通过电梯、楼梯等各种竖井管道和共享空间等垂直向上蔓延，强烈的“烟囱效应”会导致浓烟高温在短时间内充满整幢大楼。有可燃屋顶的混合结构或利用古建筑设置的图书馆发生火灾后，火势会很快发展蔓延到屋顶，并在闷顶内横向发展蔓延，极易形成内部图书资料和建筑同时燃烧的局面。

博物馆通常建筑空间高大、可燃物分布均匀，火灾时，火势极易蔓延扩大，甚至形成立体燃烧。博物馆着火后，火势首先由起火点向四周延烧和扩散，由于展品、展具大多处于悬吊、架空摆放状态，燃烧速度快，火势会很快充满整个防火分区或展厅、展室。随着火势的发展，若防火分区防火分隔物失去隔火作用或突破展厅、展室，火势会迅速向邻近的防火分区蔓延扩大。迅速发展的火势会突破外墙窗口向外延烧，同时通过廊桥、连廊向相邻的展室蔓延，强烈的热辐射还会导致毗邻的建筑着火燃烧。

2. 易造成人员伤亡，救人任务艰巨

博物馆、图书馆由于可燃物众多，着火后能短时间产生浓烟高温，使能见度降低，严重影响疏散速度，并易造成人员中毒窒息伤亡；而且博物馆、图书馆人员集中，火灾时人员惊惶失措，场面混乱，逃生困难，有序疏散非常困难，馆内大量人员不可能在短时间内迅速完成疏散，着火点和遇险人员的位置又不易确定，给消防人员搜救行动带来很大难度。

3. 疏散和保护展品困难，容易造成财产巨大损失

博物馆、图书馆内部存有大量珍贵文物和图书、音像资料，火灾发生后，若得不到及时控制，将会烧毁大量珍贵物品，损失无法用金钱弥补。

图书馆藏书众多，博物馆的展品由于防盗和保护需要，相对固定，很难被搬移，又缺少固定的保护装置，均不易疏散，火灾时将面临巨大的损失。贵重文物、字画、标本及图书等物品，一经烟熏、水渍或高温烘烤，极易受到严重破损。

由于博物馆、图书馆内物品大多忌水，对射流的使用，灭火剂的选择和物品保护的重点一时难以确定和把握。

4. 内攻作战制约因素多，难度大

博物馆、图书馆火灾时，大量可燃物燃烧，造成火场浓烟高温，不仅能见度低，而且辐射热强，加上馆内建筑布局曲折多变，通道狭窄悠长，给消防人员内攻救人、疏散物资和实施灭火带来极大困难。

博物馆、图书馆内存有大量的珍贵图书、画卷、胶片、档案等材料，遇水后可能严重受损或破坏，灭火技术要求高，灭火时一般不能用水直接扑救，应使用干粉或气态灭火剂。但此类灭火剂不能消除阴燃和高温现象，同时在大面积火灾中又难以保证灭火剂用量，因此内攻作战时灭火剂的使用受到很大的限制。

博物馆、图书馆发生火灾，一旦火势长时间得不到控制，在火焰和高温的作用下，部分承重构件会失去承载能力，发生倒塌，给内攻作战带来极大危险。

三、学校火灾危险性和特点

学校由于人员集中，主体对象是青少年学生，因此，发生火灾不仅会带来较大的人员伤亡和财产损失，而且还会造成较大的社会影响。

1. 火灾隐患重点部位相对集中，先天性火灾隐患突出

对于集学习、科研、生活于一体的学校而言，火灾隐患是无处不在的。大量案例表明，学校火灾隐患重点部位主要存在于教室（实验室）、图书室（馆）和学生寝室。这三室是学校图书资料、仪器设备和学生教师相对集中的地方，而且在管理上存在着诸多不可控因素。如实验室、阅览室、自习室等人员流动性比较大，管理比较困难；学生寝室内乱拉乱接电源和使用大功率电器以及明火的现象则较为严重。许多旧房子改建的学校，房屋结构复杂，电气线路老化，消防通道不畅，消防设施不到位，导致其火灾隐患较多。

早期修建的学校由于当时建筑防火设计等方面的技术规范尚不完备、法律不健全等原因，达不到现行消防技术规范要求，还有部分学校的教学楼、学生宿舍为砖木结构建筑，耐火等级低，再加上年久失修，致使火灾隐患十分突出。而近期新建、改建、扩建的工程因部分学校没有依法报经公安消防部门审核、验收，同样存在建筑布局不合理，消防通道、防火间距不足，疏散出口缺乏，大型建筑无防火防烟分区，未按消防技术规范要求设置室内外消火栓、自动灭火系统，内部装饰大量使用易燃材料等许多先天性火灾隐患，对整改工作造成极大的困扰。

2. 消防设施和器材不足，防火管理混乱

许多学校特别是农村、乡镇学校地处偏远，市政给水管网还没有引入到校内，加上经费问题，有的没有专门设置消防水池、消防水泵。有的教学楼和宿舍没有按现行消防技术规范要求设置消防设施和器材，隐患很多。

不少学校单纯考虑日常的防盗和学生人身安全问题，将安全出口、疏散通道上锁、封闭以及阻塞；有的学校在楼道中间加门栏、隔墙等分隔物将一幢宿舍楼分割成两部分以供男女生分住，从而人为地将原本符合疏散条件的两部楼梯分开使用，只留了一个疏散出口；有的学校为了防止学生私自外出和确保寝室夜间安全，在关灯后把宿舍出口锁住；有的学校宿舍楼安装防盗门、铁栅栏等，不利于火灾扑救及人员逃生。

大功率电器的使用，使学校电气线路和电力设备常常处于超负荷运行状态。一些学校的电气线路布置多不规范，又不及时进行检修更换，导致绝缘层脱落、线芯裸露以及电气设备老化现象十分严重，极易引发电气火灾。学生在寝室内使用明火的现象

也屡禁不止，防火安全管理做不到及时有效。

3. 可燃物多，烟火扩散速度快

学校某一单体建筑着火后，火势首先由起火点向四周延烧和扩散，直至火势充满整个着火房间。特别是学生宿舍多为二层床，如果其着火，生活用品等可燃物集中，火势会很快突破外墙窗口向上层蔓延，形成立体火灾。同时，火势通过连廊等向相邻的部位蔓延，强烈的热辐射还会导致毗邻的建筑着火燃烧。

火势在水平发展蔓延的同时，高温烟气会很快充满整个楼层，并通过外窗口、楼梯间、电梯井、各种竖井管道等向上垂直蔓延，强烈的“烟囱效应”会导致浓烟高温在短时间内充满整幢大楼。

实验室内通常存有大量化学试剂和危险物品，如果实验室着火，化学试剂以及遇水燃烧物质会加速火势发展扩大。

4. 人员密集，疏散和灭火难度较大

火灾情况下，人员心理紧张，特别是青少年学生，遇到紧急情况自控能力不强，更容易出现惊慌、拥挤、踩踏等现象，造成人员伤亡。由于人员集中，大量的人员不能在短时间内完成疏散，特别是当疏散通道被烟火封堵时，疏散更加困难。消防人员在深入内部救人时，会与向外逃生的人流发生冲撞，延误有利的救人时机，降低救人的效率。

建筑内大量人员待救与有限的消防移动救生装备，如救生气垫、消防梯、举高消防车等之间的矛盾将十分突出。

学校内多层或高层建筑发生火灾时，一般燃烧面积大，特别是形成立体火灾后，作战范围广，在着火层内攻、着火层上部堵截及重点部位设防等任务都将十分艰巨。

四、体育馆火灾危险性和特点

体育馆在举行体育训练、竞赛和表演以及举行大型集会和演出等活动期间人员高度集中，一旦发生火灾，极易造成重大人员伤亡的事故。

1. 空间大，供氧充足，燃烧速度快

体育馆着火后，火势首先由起火点向四周延烧和扩散，高温浓烟会很快充满整个空间。体育馆内主席台桌椅、观众坐席、比赛场地的地板等一般都为木质或塑料制品，易于燃烧。随着火势的发展，若没有防火分隔设施或其失去隔火作用，火势会迅速向邻近的区域蔓延扩大，甚至烧向附属房间。

体育馆在举行大型比赛或演出时一般都悬挂有巨型的宣传条幅，并布置了大量的装饰彩色条幅等，火灾时，火势会沿着这些可燃的物品迅速向上蔓延至屋顶，导致立体燃烧。基于体育馆的建筑形状特点，着火后，无论是吊顶，还是坐席，其火势大都是沿着建筑呈环形发展。

2. 钢结构屋架跨度大，火灾易造成坍塌

体育馆的屋架大多采用钢结构，钢结构虽然其本身不会燃烧，但在火灾情况下，强度会迅速下降，在全负荷情况下，钢结构失去静态平衡稳定性的临界温度为500℃左右。火灾的长时间作用，会使钢结构达到耐火极限，失去承载能力而倒塌。或者因局部受热遇水急剧冷却后，发生局部变形，而失去静态平衡稳定性，导致钢结构屋顶整体倒塌失效。

3. 场馆使用性质多变，防火管理问题多

市场经济条件下的场地出租、多种经营、豪华装修等举措改变了体育馆的使用性质，势必增加用火用电频率，加大火灾荷载，给消防管理带来许多新情况、新问题。如在演出过程中需要的烟火效果；乱拉临时电线；演职人员随便吸烟；在观众休息室、走道内搞服装、家具展销等。由于临时工作人员的整体消防安全意识较差，加之流动性大，难以有效管理，稍有不慎都会引发火灾，造成严重后果。

4. 内部环境复杂，灭火难度大

体育馆由于可燃物较多，扩散、蔓延条件好，初起火灾易失控，消防队到场时，火灾大多已处于发展阶段，有的甚至发展成为大面积火灾或立体火灾，火场产生的大量浓烟高温，给灭火内攻作战带来极大困难。

体育馆发生火灾后，火势会迅速沿吊顶蔓延，被烘烤过热的钢结构屋架随时都有垮塌的危险，对内攻消防人员的安全构成严重威胁。

体育馆由于高大，缺乏通往吊顶或屋盖的通道，若这些部位发生火灾，消防人员不易接近火点，水流难以击中目标。

5. 安全通道易被堵塞，人员疏散困难

体育馆属于人员密集的公共场所，馆内绝大多数观众对场地疏散路线不熟悉，更不了解建筑布局及周围环境。一旦发生火灾，人们往往惊慌失措，争相逃命，极易造成安全通道堵塞，发生踩死、踩伤事故；馆内燃烧产生的大量有毒气体极易使人中毒昏迷或窒息死亡；馆内被困人员大多是通过底层或二层安全出口向外疏散，消防人员深入内部救人的通道较少，还可能与疏散人员发生对撞，因此短时间内很难疏散出全部被困人员。

五、医院火灾危险性和特点

医院由于人员集中，服务对象特殊，一旦发生火灾，现场情况复杂，其危害和影响将会相当严重。

1. 火势蔓延迅速，烟气毒害性大

医院建筑大多采用走廊式布局，通风良好、可燃物较多。医院着火后，火势和高温烟雾首先在起火房间迅速发展扩大，突破门窗阻隔后，火势和高温烟气通过走廊、连廊、各种通道在水平方向迅速蔓延。

火势在水平发展蔓延的同时，高温烟气会通过共享空间、楼梯间、电梯井、各种竖井管道、玻璃幕墙缝隙等向上垂直蔓延，发展阶段的烟气上升速度可达 3～5 m/s，强烈的“烟囱效应”会导致浓烟高温在短时间内充满整幢大楼。随着火势的进一步扩展，火势会突破外墙窗口向外延烧，强烈的热辐射和高温烟气还会导致毗邻的建筑着火燃烧。

高压氧舱、病房氧气管线或走廊存放的输氧用氧气钢瓶，在高温烟气和火焰的作用下可能发生爆炸，从而助长火势。

药房或药库的药品多为化学制剂，即便是中草药燃烧时也能产生有毒烟雾。制剂室里储存有易燃、易爆危险化学物品，而且种类繁多，性质复杂，如乙醚、乙醇、丙酮、甲氧氟烷以及胶片室里的胶片、手术室中所使用的麻醉剂等，发生火灾不但产生高温烟雾，还会产生大量有害气体或蒸气，严重危害遇险人员和疏散营救人员的安全。

2. 弱势群体密集，人员疏散困难

火灾情况下，人员心理紧张，特别是医院内病人比例大，疏散时更容易出现惊慌、拥挤、踩踏等现象，造成人员伤亡。

着火后产生的浓烟高温，使能见度降低，不仅进一步造成被困人员惊慌，并且行动能力受限的病人和具有完全行动能力的陪护人员、探病亲友也急于逃生，容易造成混乱，导致出口堵塞，严重影响疏散速度。

医院重症监护（特护）、待产病房多数病人是术后患者。特别是有些重症监护病人的身上有很多急救用的导管和连线，疏散和营救这些病人不但需要救助的人员多，而且行动过程中保护要求高。

楼内大量人员待救与有限的消防移动救生装备，如消防梯、举高消防车、多功能救援担架、婴儿呼吸袋、躯体和肢体固定气囊等之间的矛盾将十分突出。

3. 灭火作战难度较大

医院内病床、床具及药品等大量物品燃烧，造成火场浓烟高温，不仅能见度低，而且辐射热强，给消防人员内攻灭火和救人行动带来很大困难。

医院发生火灾时，一般燃烧面积大，特别是形成立体火灾后作战范围广，在着火层内攻、着火层上部堵截、着火层下部设防等任务都将十分艰巨。

医院里有不少精密医疗设备、器械（具）和贵重药物等，着火后，不宜用水扑救，灭火剂使用受限，增加了火灾扑救难度。

4. 建筑结构易倒塌

钢筋混凝土结构的医院一般耐火等级为一、二级，砖木结构的一般耐火等级为三级，一旦火势长时间得不到控制，在火焰和高温的作用下，建筑结构会发生局部或整体塌落。

钢筋混凝土楼板会发生局部倒塌。医院内由于可燃物多，长时间猛烈的燃烧，会超过建筑物钢筋混凝土楼板的耐火极限，并在荷载的作用下，使楼板发生局部倒塌。

中庭屋顶会发生整体倒塌。近些年不少新建的高层建筑医院，一般都设有中庭，其屋顶部分均采用钢结构，火灾长时间的作用，会使经过防火处理的钢结构达到耐火极限，失去承载能力而倒塌。或者，局部受热的钢结构遇水急剧冷却后，会发生局部变形，失去静态平衡稳定性，导致钢结构屋顶整体倒塌失效。

砖木结构屋顶会整体塌落。建造年代较早的医院，有不少采用的是砖木式结构，火势一旦蔓延至屋顶，短时间内就会塌落。如 2005 年 12 月 15 日辽源市中心医院火灾，因 1 区至 3 区是砖木结构带闷顶的建筑，火势蔓延至闷顶后，屋顶很快就发生了倒塌，增大了疏散救人和内攻灭火的难度。

第二节　文教体育卫生单位火灾扑救基本对策

一、影剧院火灾扑救对策

扑救影剧院火灾，必须及时报警，迅速疏散场内观众和贵重物资，组织力量开展初期火灾扑救，有效控制火势发展，最大限度地减少人员伤亡和财产损失。

1. 影剧院火灾扑救措施

（1）制定预案，加强消防培训教育

制定应急疏散预案，落实消防安全责任制，对工作人员进行消防安全培训，使他们了解和掌握在发生火灾时的应急措施和扑救初期火灾的方法。

（2）及时发现火情，迅速报警

工作人员发现起火或火灾自动报警设施报警经核实后，发现人应当及时向公安消防部门报告火警，并立即通知在场所有人员作好疏散和灭火准备。

报警内容包括：①单位名称、地址；②发生火灾的时间；③发生火灾的部位、燃烧物情况；④人员被困情况；⑤火灾的发展阶段、规模等。

（3）组织人员和物资疏散

火灾发生后，工作人员应当按照预案的分工和部署，迅速组织人员和贵重物资疏散。

1）疏散分工。工作人员按预案迅速到指定位置集合，并按照分工对场内人员进行有序疏散。

2）引导疏散。影剧院应及时启动应急广播系统，稳定遇险人员情绪，向被困人员指引安全疏散方向，避免挤伤、踩伤等事故的发生。

3）开启应急照明系统。

4）及时开启消防安全出口。工作人员应首先检查疏散通道的畅通情况，及时开启各个安全出口。对于不能使用的通道，应派专人到关键部位引导。

5）救助疏散。对失去行动能力，如老弱病残或受伤的遇险人员，采取背、抬、抱等方法进行救助。对一时无法疏散的遇险人员，应为其提供湿毛巾等简易的防护用品。

6）对影剧院内音响设备、音像资料等贵重物资，在火势控制、确保安全的前提下，组织人员进行疏散转移。

（4）开展初期火灾扑救

火灾发生初期是扑灭火灾的最佳时机。发现火灾后，影剧院工作人员应当及时利用单位内部的消防设施、器材，主动扑灭火灾。

1）关闭电源。工作人员迅速关闭剧场内总电源，为火灾扑救提供保障。

2）利用自动消防设施灭火。设有自动灭火设施的单位发生火情后，值班人员应迅速启动消防水泵、消防水幕、防火卷帘和排烟系统等消防设施，控制火势蔓延发展。

3）利用室内消火栓灭火。工作人员利用室内消火栓出水枪向燃烧区域射水。

4）利用灭火器灭火。对于小范围起火点或火势较小区域，工作人员可以利用灭火器喷射灭火。

（5）配合消防队灭火

1）引导消防队员入场。派专人到路口接应消防车，并清理出停车区域。

2）主动汇报火情。公安消防部队到场后，向消防指挥员报告火灾发生情况和已采取的措施，并回答消防人员的询问。主要内容包括：①被困人员的数量、位置以及受烟火威胁情况和疏散通道情况；②起火部位、燃烧面积、火势蔓延情况；③自动灭火系统、防排烟系统、通风空调系统运作情况；④初期火灾处置情况；⑤单位周围水源情况。

3）维护火场秩序。派出工作人员协助消防队和公安民警等维护好火场秩序。

4）协助疏散救人。派出熟悉火场的工作人员，参与消防队的救人小组，进入人员被困区域，疏散和救援被困人员。对消防队员救出的人员，协助向外部输转。同时，根据灭火指挥部的命令，协助公安等部门对受火灾威胁的附近居民进行疏散。

5）协助火场供水。引导消防车停靠消防水源，协助开展好火场供水工作。

6）其他任务。根据灭火指挥部的命令，担负其他灭火协助工作。

2. 影剧院火灾扑救注意事项

(1) 加强火场行动安全

1) 影剧院内可燃物较多，燃烧强度大，火场产生有毒的浓烟高温对人员疏散和灭火行动构成重大威胁，必须加强防烟和灭火安全防护。

2) 需要破拆影剧院外墙窗户或玻璃幕墙时，要特别注意碎落的玻璃伤及损坏行人和消防人员以及损坏器材装备。

3) 影剧院长时间、高强度的燃烧会对其建筑主要承重构件，如柱、梁、屋顶等的承载能力造成严重破坏，有可能导致建筑物局部或整体倒塌，因此，必须密切注意观察建筑变化，做好报警、防护和撤离准备。

(2) 正确处理救人与灭火的关系

1) 火势较大，处置力量不足时，由于影剧院内遇险人员较集中，救人与灭火的矛盾会十分突出。此时，救人是火场的主要方面，应集中主要力量组织救人。

2) 火势不大，可以控制时，灭火、救人行动要同步开展，在全力救人的同时，要及时组织开展初期火灾扑救。有效控制火势将为救人行动创造有利条件，同时又有利于救人任务的完成。

(3) 有效组织火场照明

1) 影剧院高大密闭，着火后产生大量浓烟，能见度低，进入内部开展疏散和灭火行动，要携带照明灯具，以提高行动的安全性。

2) 影剧院周围环境一般都比较复杂，特别是夜间发生火灾，应协助消防部门做好火场照明，积极引导从火场疏散出来的人员认清疏散地点，缓解被困人员的紧张情绪。

二、博物馆、图书馆火灾扑救对策

扑救博物馆、图书馆火灾，必须贯彻“救人第一”的指导思想和“先控制、后消灭”的战术原则，积极疏散和营救被困人员，疏散和保护珍贵文物和图书资料，有效控制火势发展，最大限度地减少火灾损失和危害。

1. 博物馆、图书馆火灾扑救措施

(1) 制定预案，加强消防培训教育

制定应急疏散预案，落实消防安全责任制，对工作人员进行消防安全培训，使他们了解和掌握在发生火灾时的应急措施和扑救初期火灾的方法。

(2) 及时发现火情，迅速报警

工作人员发现起火或火灾自动报警设施报警经核实后，发现人应当及时向公安消防部门报告火警，并立即通知在场所有人员作好疏散和灭火准备。

报警内容包括：①单位名称、地址；②发生火灾的时间；③发生火灾的部位、燃烧物情况；④人员被困情况；⑤火灾的发展阶段、规模等。

（3）疏散和营救遇险人员

博物馆、图书馆在开馆时间发生火灾，必须采取一切措施，积极疏散和营救被困人员。

1）博物馆、图书馆应首先启动应急广播系统，稳定遇险人员情绪，指引人员疏散方向。同时，工作人员按预案有序展开疏散工作。

2）利用扩音设备进行喊话，特别要稳定窗口、阳台和屋顶呼喊救命的被困人员情绪，防止有人跳楼；同时，利用疏散楼梯疏散上层遇险人员。

3）对因烟火作用失去行动能力的遇险人员，采取背、抬、抱等方法进行救助；当疏散楼梯被烟火封堵时，应采取水枪掩护，开辟救生通道，并尽可能为被困人员提供简易的防护面具。

4）当疏散通道被烟火严重封堵且外部救人措施也无法实施时，可采取将遇险人员转移至屋顶或可利用的平台等相对安全区域的措施。同时积极控制火势，消除烟火对被转移人员的威胁。

（4）疏散和保护珍贵文物和图书资料

博物馆、图书馆内存有大量图书资料和珍贵文物。火灾时，在开展营救被困人员的同时，要积极采取疏散和保护措施，最大限度地减少火灾损失。

1）由单位技术人员牵头组成珍贵文物或图书资料疏散保护小组，确定疏散和保护方法。

2）疏散和保护珍贵文物或图书资料的顺序，首先是燃烧区内的，其次是受火势直接威胁的，然后是可能受到高温烟雾熏烤的。

3）对文物和图书资料，能够疏散的，坚决疏散；不能疏散的，应采用防水物遮盖，如油布、塑料薄膜等。同时，利用消火栓出水切断火势蔓延的路线，并进行排烟降温。

（5）开展初期火灾扑救

发现火灾后，博物馆、图书馆工作人员应当及时利用单位内部的消防设施、器材，主动扑灭火灾。

1）关闭电源。工作人员迅速关闭场馆内总电源，为火灾扑救提供保障。

2）利用自动消防设施灭火。设有自动灭火设施的单位发生火情后，值班人员应迅速启动消防水泵、消防水幕、防火卷帘和排烟系统等消防设施，控制火势蔓延发展。

3）利用室内消火栓灭火。工作人员利用室内消火栓出水枪向燃烧区域射水。

4）利用灭火器灭火。对于小范围起火点或火势较小区域，工作人员可以利用灭火器喷射灭火。

（6）配合消防队灭火

1）引导消防队员入场。派专人到路口接应消防车，并清理出停车区域。

2）主动汇报火情。公安消防部队到场后，向消防指挥员报告火灾发生情况和已采取的措施，并回答消防人员的询问。主要内容包括：①被困人员的数量、位置以及文物、图书资料等受烟火威胁情况和疏散通道情况；②起火部位、燃烧面积、火势蔓延情况；③自动灭火系统、防排烟系统、通风空调系统运作情况；④初期火灾处置情况；⑤单位周围水源情况。

3）维护火场秩序。派出工作人员协助消防队和公安民警等维护好火场秩序。

4）实施火场警戒。博物馆、图书馆内部存有大量的珍贵文物和图书资料，扑救火灾时，要采取现场警戒措施。博物馆、图书馆发生火灾，消防力量到场后，要以着火建筑为中心，根据作战和疏散保护珍贵图书和档案资料的需要划定警戒区域，设置警戒线。对于重要的文物库房、书库疏散出来的珍贵文物和图书资料存放地点、疏散路线以及不能疏散就地保护的地点等，要设置人员警戒，防止盗窃、丢失、遗散和哄抢。

5）协助疏散救人。派出熟悉火场的工作人员，参与消防队的救人小组，进入人员被困区域，疏散和救援被困人员。对消防队员救出的人员，协助向外部输转。同时，根据灭火指挥部的命令，协助公安等部门对受火灾威胁的附近居民进行疏散。

6）协助火场供水。引导消防车停靠消防水源，协助开展好火场供水工作。

7）其他任务。根据灭火指挥部的命令，担负其他灭火协助工作。

2. 博物馆、图书馆火灾扑救注意事项

（1）加强安全防护

1）图书馆、博物馆可燃物资多，燃烧强度大，火场产生有毒的浓烟高温对场馆内人员行动构成重大威胁，必须加强防烟和灭火安全防护。

2）需要破拆图书馆、博物馆外墙窗户或玻璃幕墙时，要特别注意碎落的玻璃伤及行人和消防人员以及损坏器材装备。

3）图书馆、博物馆长时间、高强度的燃烧会对其建筑主要承重构件，如柱、梁、屋顶等的承载能力造成严重破坏，有可能导致建筑物局部或整体倒塌，因此，必须密切注意观察建筑变化，做好报警、防护和撤离准备。

（2）做好文物和图书资料安全保护

1）扑救博物馆、图书馆文物和图书资料的库房火灾时，要尽量使用气体或干粉灭火剂，用水时尽量使用喷雾和开花射流，严禁盲目射水，防止对珍贵文物和图书资料的损害，造成不必要的损失，扩大灾害后果。

2）对于博物馆贵重藏品、展品的展柜不要盲目进行破拆，防止砸坏展品或使展品失去展具保护。

3）对疏散出来的文物和图书资料存放的地点选择要慎重，要选择在火场的上风方向和地势较高处，防止流水浸泡和飞火引燃。

4）疏散和保护文物和图书资料时，因其大多为容易损坏的物品，在疏散时要注意轻拿轻放，严防损坏。

5）针对火场内疏散出的珍贵文物和图书资料，单位要派专人进行看管和登记，并对其进行妥善保护。

（3）正确处理救人、疏散保护物资与灭火的关系

1）火势较大，处置力量不足时，救人与疏散保护物资、灭火的矛盾会十分突出。此时，救人是火场的主要方面，应集中主要力量组织救人和疏散贵重资料和物品。

2）火势不大，可以控制时，灭火、救人、疏散保护物资行动要同步开展，在全力救人的同时，要及时组织开展初期火灾扑救、疏散保护物资。有效控制火势将为救人和疏散保护物资创造有利条件。

三、学校火灾扑救对策

扑救学校火灾，必须贯彻“救人第一”的指导思想和“先控制、后消灭”的战术原则，积极抢救被困人员，有效控制火势发展，最大限度地减少人员伤亡和财产损失。

1. 学校火灾扑救措施

（1）制定预案，加强消防培训教育

制定应急疏散预案，落实消防安全责任制，对全校师生、教职员工进行经常性消防安全培训，使他们了解和掌握在发生火灾时的应急措施、疏散逃生和扑救初期火灾的方法。

（2）及时发现火情，迅速报警

学校师生或教职员工发现起火或火灾自动报警设施报警经核实后，发现人应当及时向公安消防部门报告火警，并立即通知起火建筑所有人员做好疏散和灭火准备。

报警内容包括：①单位名称、地址；②发生火灾的时间；③起火建筑、发生火灾的部位、燃烧物情况；④人员被困情况；⑤火灾的发展阶段、规模等。

（3）迅速疏散和营救被困人员

学校发生火灾，有人员被困，要采取一切措施，迅速疏散和营救被困人员。

1）利用广播或手提式扩音设备进行喊话，稳定窗口、阳台、屋顶等处被困人员情绪，防止跳楼事故发生；同时，组成疏散救人小组，利用消防电梯或沿疏散楼梯引导、疏散遇险人员。

2）在楼层较低、待救人员较多的情况时，也可上抛救生绳，让其利用绳索自救。

3）对因烟火作用失去行动能力的遇险人员，采取背、抬、抱等方法进行救助；对一时无法疏散的遇险人员，应为其提供简易的防护面具等。

4）当疏散通道被烟火封堵时，应采取水枪掩护，开辟救生通道。如果疏散通道被烟火严重封堵且外部救人措施也无法实施时，可引导遇险人员转移至屋顶、毗邻建筑的平台等相对安全的区域。

5）疏散有序，严防发生互相挤压、跌倒，出现意外伤害事故。

6）被困人员救出后，应将其集结到指定位置，由学校工作人员进行清点，防止出现遗漏。

（4）开展初期火灾扑救

发现火灾后，学校应当及时启动应急预案，充分利用人力资源，分组行动，利用建筑内部的消防设施、器材，主动扑灭火灾。

1）关闭电源。迅速关闭起火建筑总电源，为火灾扑救提供保障。

2）利用自动消防设施灭火。设有自动灭火设施的建筑发生火情后，值班人员应迅速启动消防水泵、消防水幕、防火卷帘和排烟系统等消防设施，控制火势蔓延发展。

3）利用室内消火栓灭火。利用室内消火栓出水枪向燃烧区域射水。

4）利用灭火器灭火。对于小范围起火点或火势较小区域，可以利用灭火器喷射灭火。

（5）疏散和保护贵重资料和物资

在灭火和救人的同时，对起火区域内受火势威胁的档案、贵重设备等物品，要组织专门力量进行疏散保护。

1）疏散和保护贵重资料和物资的顺序，首先是燃烧区内的，其次是受火势直接威胁的，然后是可能受到高温烟雾熏烤的。

2）对贵重资料和物资，能够疏散的，坚决疏散；不能疏散的，应采用防水物遮盖，如油布、塑料薄膜等。同时，利用消火栓出水切断火势蔓延的路线，并进行排烟降温。

（6）配合消防队灭火

1）引导消防队员入场。派专人到路口接应消防车，并清理出停车区域。

2）主动汇报火情。公安消防部队到场后，向消防指挥员报告火灾发生情况和已采取的措施，并回答消防人员的询问。主要内容包括：①被困人员的数量、位置以及受烟火威胁情况和疏散通道情况；②起火部位、燃烧面积、火势蔓延情况；③学校内危险品存放及受火势威胁情况；④自动灭火系统、防排烟系统、通风空调系统运作情况，初期火灾处置情况；⑤单位周围水源情况。

3）维护火场秩序。派出专人协助消防队和公安民警等维护好火场秩序。

4）协助疏散救人。派出熟悉火场的师生和教职员工，参与消防队的救人小组，进入人员被困区域，疏散和救援被困人员，协助消防队员向外部输转救出的人员。

5）协助火场供水。引导消防车停靠消防水源，协助开展好火场供水工作。

6）其他任务。根据灭火指挥部的命令，担负其他灭火协助工作。

2. 学校火灾扑救注意事项

（1）保障火场秩序

学校内发生火灾，青少年学生众多，特别是中小学校，均为未成年学生，有序疏散困难，火场秩序混乱，不利于火灾扑救，必须加强日常消防宣传培训和演练工作。火灾时落实专门小组维护火场秩序，疏散时防止发生挤、压、跌、踩等伤害事故，最大限度保障救人和火灾扑救的正常进行。

（2）正确处理救人与灭火的关系

1）火势较大，处置力量不足时，救人与灭火的矛盾会十分突出。此时，救人是火场的主要方面，应集中主要力量组织救人。

2）火势不大，可以控制时，灭火、救人行动要同步开展，在全力救人的同时，要及时组织开展初期火灾扑救和疏散转移贵重物品及资料。

3）严禁组织未成年人参加灭火行动。未成年人对伤害的辨识程度和防范、处置认知程度不高，极易在火灾中受到伤害，严禁组织未成年人参加灭火行动也是我国法律法规中一项明确的规定。

4）注意不同场所的灭火方法，如计算机房就避免使用水性灭火剂，化学试剂仓库应注意爆炸和危险品泄漏的发生。

5）及时设置警戒。遇险学生的家长或亲属救人心切，可能会不理智的要求进入火场救人，影响灭火战斗行动的正常进行。因此，必须做好火场警戒。学校发生火灾，由于校内人员较多，而且消防作业场地有限，因此，必须根据现场环境和条件，立即划定警戒区域，设置警戒线。派出专人在警戒区出入口处看守，严格控制车辆和人员进出，防止学生家长等亲属突然闯入，对不听劝阻强行进入现场的，应当采取制止措施，以控制现场秩序。

四、体育馆火灾扑救对策

扑救体育馆（场）火灾，必须贯彻“救人第一”的指导思想和“先控制、后消灭”的战术原则，积极抢救被困人员，有效控制火势发展，以最大限度地减少人员伤亡和财产损失。

1. 体育馆火灾扑救措施

（1）制定预案，加强消防培训教育

制定应急预案，全面落实消防安全责任制，对工作人员进行消防安全培训，使他们了解和掌握在发生火灾时的应急措施和扑救初期火灾的方法。

（2）及时发现火情，迅速报警

工作人员发现起火或火灾自动报警设施报警经核实后，应当及时向公安消防部门报告火警，并立即通知在场所有人员做好疏散和灭火准备。

报警内容包括：①单位名称、地址；②发生火灾的时间；③发生火灾的部位、燃烧物情况；④人员被困情况；⑤火灾的发展阶段、规模等。

（3）积极引导、疏散和抢救被困人员

火灾发生后，工作人员应当按照预案的分工和部署，迅速组织人员和贵重物资疏散。

1）疏散分工。工作人员按预案迅速到指定位置集合，并按照分工对场内人员进行有序疏散。

2）迅速开通应急广播系统，及时通知场馆内的全体人员，避免人员慌乱，影响疏散；稳定观众情绪，指引人员疏散方向，同时工作人员分区、有序地疏散观众。

3）必要时，可以将发生火灾部位的观众先疏散到尚未起火的观众席或比赛场地上，再组织向外疏散。

4）对失去行动能力，如老弱病残及受伤的遇险人员，采取背、抬、抱等方法进行救助；对一时无法疏散的遇险人员，应为其提供简易的防护面具等。

5）当安全疏散出口被烟火封堵时，应采取水枪压制火势，排烟降温，确保救生通道畅通。

6）在组织疏散和抢救人员时，要做好人员分流，避免大量人员涌向一个出入口，发生拥挤。

（4）开展初期火灾扑救

体育馆发生火灾，在全力救人的同时，灭火工作要同步开展，工作人员应当及时利用单位内部的消防设施、器材，及时控制并消灭火灾。

1）关闭电源。工作人员迅速关闭体育馆内总电源，为火灾扑救提供保障。

2）利用自动消防设施灭火。设有自动灭火设施的单位发生火情后，值班人员应迅速启动消防水泵、消防水幕、防火卷帘和排烟系统等消防设施，控制火势蔓延发展。

3）利用室内消火栓灭火。工作人员利用室内消火栓出水枪向燃烧区域射水。

4）利用灭火器灭火。对于小范围起火点或火势较小区域，工作人员可以利用灭火器喷射灭火。

（5）配合消防队灭火

1）引导消防队员入场。派专人到路口接应消防车，并清理出停车区域。

2）主动汇报火情。公安消防部队到场后，向消防指挥员报告火灾发生情况和已采取的措施，并回答消防人员的询问。主要内容包括：①被困人员的数量、位置、受烟火威胁的程度、疏散和营救通道，以及运动员、裁判员休息室和工作人员办公室等可能有人存在的附属房间分布情况；②起火部位、燃烧面积、火势蔓延情况；③自动消防设施、防排烟系统、通风空调系统运作情况；④初期火灾处置情况；⑤单位周围水源情况。

3）维护火场秩序。派出工作人员协助消防队和公安民警等维护好火场秩序。

4）协助疏散救人。派出熟悉火场的工作人员，参与消防队的救人小组，进入人员被困区域，疏散和救援被困人员，协助消防队员向外输转救出的人员。同时，根据灭火指挥部的命令，协助公安等部门对受火灾威胁的附近居民进行疏散。

5）协助火场供水。引导消防车停靠消防水源或水泵结合器，协助开展好火场供水工作。

6）其他任务。根据灭火指挥部的命令，担负其他灭火协助工作。

2. 体育馆火灾扑救注意事项

（1）加强火场行动安全防护

1）体育馆内可燃物较多，燃烧强度大，火场产生有毒的浓烟高温对人员疏散和灭火行动构成重大威胁，必须加强防烟和灭火安全防护。

2）需要破拆外墙窗户或玻璃幕墙时，要特别注意碎落的玻璃伤及行人和消防人员以及对器材装备的损坏。

3）对高空作业人员，要依托屋顶固定物使用安全绳进行保护，防止发生高空坠落事故。

4）体育馆长时间、高强度的燃烧会对其建筑主要承重构件，如柱、梁、屋顶等的承载能力造成严重破坏，有可能导致建筑物局部或整体倒塌，因此，必须密切注意观察建筑变化，做好报警、防护和撤离准备。

（2）确保疏散通道畅通，注意疏散顺序

1）灭火中的水带要尽可能沿疏散通道一侧施放，避免影响人员疏散速度以及造成人流拥挤和人员摔倒。

2）当疏散通道及出口被烟火封堵时，要组织力量使用水枪压制火势，保持疏散通道畅通。

3）要加强对疏散出入口处、疏散广场的警戒，以及体育馆周边的交通疏导，保证人流疏散畅通和有序散开。

4）做好馆内观众的疏散引导工作，严防挤、压、踩、踏等意外伤害事故的发生。

（3）正确处理救人与灭火的关系

1）火势较大，处置力量不足时，由于体育馆内遇险人员较集中，救人与灭火的矛盾会十分突出。此时，救人是火场的主要方面，应集中主要力量组织救人。

2）火势不大，可以控制时，灭火、救人行动要同步开展，在全力救人的同时，要及时组织开展初期火灾扑救。有效控制火势将为救人行动创造有利条件，同时又有利于救人任务的完成。

五、医院火灾扑救对策

扑救医院火灾，必须加强第一出动，贯彻“救人第一”的指导思想和“先控制、后消灭”的战术原则，采取多种方法积极稳妥地疏散和营救被困人员，有效控制火势发展，最大限度地减少人员伤亡和火灾损失。

1. 医院火灾扑救措施

（1）制定预案，加强消防培训教育

制定应急预案，落实消防安全责任制，经常对医院全体人员进行消防安全培训，使他们了解和掌握在发生火灾时的应急措施、疏散逃生和扑救初期火灾的方法。

（2）及时发现火情，迅速报警

发现起火或火灾自动报警设施报警经核实后，应当及时向公安消防部门报告火警，同时按照预案向院内通报，并立即通知起火建筑内所有人员作好疏散和灭火准备。

报警内容包括：①单位名称、地址；②发生火灾的时间；③起火建筑、发生火灾的部位、燃烧物情况；④人员被困情况；⑤重点部位情况；⑥火灾的发展阶段、规模等。

（3）迅速疏散和营救被困人员

医院发生火灾，必须采取一切措施，积极疏散和营救被困人员，把握火场的主要方面。特别是医院“三房四室”的人员是救助的重中之重，“三房”即病房、妇产房、婴儿房；“四室”即手术室、监护室、治疗室、急诊室。

1）引导疏散

①医院应首先启动应急广播系统，稳定遇险人员情绪，指引人员疏散方向。同时，医护工作人员按预案有序展开疏散工作。

②利用手提式扩音设备进行喊话，进一步稳定被困人员情绪；同时，组成救人小组利用疏散楼梯或消防电梯疏散遇险人员。

2）救助疏散

①对失去行动能力的患者，必须在医务人员的指导下，采取背、抱、抬等方法进行救助疏散。对一时无法疏散的遇险人员，应为其提供简易的防护面具等。

②对采用背、抱、抬等方法可能造成病人死亡的，应使用担架、推车式病床或轮椅等进行营救。

③对医院重症监护（特护）危重病人，患者有吸氧管、胃肠减压管、气管切开管、引流管、输液管、心电监护等，有的可在医生的指导下暂时拔掉；不可拿掉的，可将人与不能取下的管、线等连同床、急救用的仪器设备及输液器具等一并疏散出来。

④对不能翻动的病人，如大型手术后或严重骨折患者，应采取躯体固定气囊、肢体固定气囊、多功能救援担架等器材进行营救。

⑤在楼层较低、待救人员较多的情况下，可上抛救生绳，让其利用绳索自救。

⑥当疏散楼梯被烟火封堵时，应采取水枪掩护，开辟救生通道。

⑦当疏散通道被烟火严重封堵且外部救人措施也无法实施时，可采取将遇险人员转移至屋顶、毗邻建筑的平台等相对安全区域的措施。

⑧对较多的处于烟火严重围困中的遇险人员，应分批次将其救出危险区域，并尽可能地缩短营救的间隔时间。

3）保护重点

①对无条件疏散的患者，如正在手术急救中和生命危急正在抢救的病人，不能疏散转移，要采取有力措施，切断烟火向手术室和急救病室蔓延，保证手术、急救正常进行。

②重症监护（特护）危重病人如果条件不允许疏散，也要尽最大可能采取排烟散热措施，部署力量切断火势蔓延的路线，进行积极的设防保护。

（4）开展初期火灾扑救

发现火灾后，医院应当及时启动应急预案，充分利用人力资源，分组行动，利用建筑内部的消防设施、器材，主动扑灭火灾。

1）关闭电源。迅速关闭起火建筑总电源，为火灾扑救提供保障。

2）利用自动消防设施灭火。设有自动灭火设施的建筑发生火情后，值班人员应迅速启动消防水泵、消防水幕、防火卷帘和排烟系统等消防设施，控制火势蔓延发展。

3）利用室内消火栓灭火。利用室内消火栓出水枪向燃烧区域射水。

4）利用灭火器灭火。对于小范围起火点或火势较小区域，可以利用灭火器喷射灭火。

5）及时组织排烟。医院有大量药剂等可燃物品，不仅燃烧产生大量高温有毒烟雾，而且燃烧猛烈。因此，必须组织好火场排烟和火场供水。火灾初期，应立即启动固定排烟设施，或打开着火层及其上层的外窗，进行自然排烟散热，以提高火场能见度，为人员疏散和自救等行动创造有利条件。

6）重点设防。对无条件或条件不允许救出的病人所在病室，部署力量重点设防，切断烟火向其蔓延的路线。

（5）疏散和保护贵重设备和物资

在灭火和救人的同时，对起火区域内受火势威胁的档案、贵重设备等物品，要组织专门力量进行疏散保护。

1）疏散和保护贵重资料和物资的顺序，首先是燃烧区内的，其次是受火势直接威胁的，然后是可能受到高温烟雾熏烤的。

2）对危险化学物品、制剂室、氧气钢瓶（管线）、高压氧舱、重要资料（病历档案）和贵重仪器设备（医学影像、放射治疗、核磁共振、CT）等火势能够或可能蔓延到的重点部位，要部署足够力量进行堵截设防。能够疏散的要组织力量坚决疏散，疏散不走的要切断火势向这些部位蔓延的路线。

（6）配合消防队灭火

1）引导消防队员入场。派专人到路口接应消防车，并清理出停车区域。

2）主动汇报火情。公安消防部队到场后，向消防指挥员报告火灾发生情况和已采取的措施，并回答消防人员的询问。主要内容包括：①被困人员的数量、位置以及受烟火威胁情况和疏散通道情况；②着火点的位置、火势燃烧的范围、蔓延的主要方向，以及对手术室、重症监护（ICU）病房、重危病人抢救病房等重要部位的威胁程度；③医院内存放危险化学物品（高压氧舱、药房、制剂室、输氧管线）、贵重物资设备（医学影像设备、放射治疗设备）和重要资料（病历档案）等重点部位的位置及受火势威胁的程度；④自动消防设施、防排烟系统、通风空调系统运作情况；⑤初期火灾处置情况；⑥单位周围水源情况。

3）维护火场秩序。派出专人协助消防队和公安民警等维护好火场秩序。

4）协助疏散救人。派出医护人员，参与消防队的救人小组，进入人员被困区域，疏散和救援被困人员。协助消防队员向外部输转救出的人员。

5）协助做好火场供水工作。启动建筑物内消防水泵，向竖管供水；必要时，协助消防车通过水泵接合器向竖管补水；引导消防车停靠消防水源。

6）其他任务。根据灭火指挥部的命令，担负其他灭火协助工作。

2. 医院火灾扑救注意事项

（1）加强个人安全防护

1）医院可燃物品多，燃烧强度大，防止火场产生的浓烟高温对人员灭火和疏散行动构成重大威胁。

2）营救传染病患者，要穿封闭式防护服，疏散传染病病房患者的人员和所有的装备，事后要进行全面洗消。

3）扑救医院辐射装置时，要穿防核防化服。对扑救医院高压氧舱或有氧气管线的病房，要采取防爆措施。

（2）合理选用射流形式

对病房或有贵重仪器的部位，应尽量用喷雾射流灭火，切忌盲目射水，避免密集射流伤及遇险人员和对贵重医疗器械（医学影像设备、放射治疗设备、核磁共振、CT、数字DSA、多功能碎石机等）造成损坏。扑救医院火灾，参战力量多，救人灭火任务重，作战时间长，对灭火战斗行动的有效性必须提出更高的要求。

（3）注意做好患者安抚和保护

1）医院发生火灾，对尚未受到火势威胁的人员要稳定情绪，制止随意行动，尤其是心脏病、高血压、精神病等患者，要避免其因火灾产生恐慌心理，影响病情。

2）消防力量到达现场后，医护人员应紧密配合对患者的疏散营救工作，避免在转移过程中造成不必要的人员伤亡，对特殊患者，如危重患者的疏散应由医护人员进行，消防人员负责保护。

3）对于被救出的遇险人员，特别是患者，要在医护人员的配合下妥善安置，并由医护人员清点人数，对已搜寻过的房间和场所要做好标记，防止遗漏。

（4）保障火场秩序

医院内发生火灾，由于病员、家属众多，人员杂，火场秩序混乱，不利于火灾扑救，必须派出专门力量维护火场秩序，最大限度保障救人和火灾扑救的正常进行。

（5）正确处理救人与灭火的关系

1）火势较大，处置力量不足时，救人与灭火的矛盾会十分突出。此时，救人是火场的主要方面，应集中主要力量组织救人。

2）火势不大，可以控制时，灭火、救人行动要同步开展，在全力救人的同时，要及时组织开展初期火灾扑救和疏散转移贵重设备和物品。

第三节　文教体育卫生单位火灾应急预案编制

《中华人民共和国消防法》和《机关、团体、企业、事业单位消防安全管理规定》（公安部第61号令）明确规定了消防安全重点单位和一般单位都应根据本单位的实际情况编制灭火和应急疏散预案，并定期履行灭火和应急疏散预案演练的职责，这是提高单位职工消防素质、减少火灾危害的重要措施。

一、应急预案的基本内容

根据《机关、团体、企业、事业单位消防安全管理规定》（公安部第61号令）第

39条的规定，消防安全重点单位制定的灭火和应急疏散预案应当包括下列内容：组织机构；报警和接警处置程序；应急疏散的组织程序和措施；扑救初起火灾的程序和措施；通信联络、安全防护救护的程序和措施。参照此要求，结合文教体育卫生单位的实际，应急预案应包括以下具体内容：

1. 引言

阐述应急预案编制的指导思想、方针和原则及法律法规依据，反映单位发生火灾后灭火救援工作的优先方向、政策、范围和总体目标，灭火和应急疏散的各个环节都应当围绕此展开。

2. 单位基本情况

主要包括单位经营性质、从业人数、隶属关系、周边环境、道路和水源情况，人员密集和重点场所等消防安全重点部位状况，消防设施、器材和救护设施等设施设备资源，火灾疏散时应救助对象和应疏散物品的分布情况，消防安全人力资源，组织运作保障能力等内容。

3. 火灾危险性特点及分析

火灾危险性和特点可以根据基础资料和相关部门的安全评价等资料，分析单位实际消防安全状况和火灾隐患，确认消防设施配备和维护状况，结合人员安全素质、致火因素、内部抢险和社会救援能力、同类场所的火灾案例分析等，有条件的单位，可组织进行火灾危险因素辨识和火灾风险评估，确定重点火灾危险目标。并对火灾危险目标及其周围环境内的火灾荷载、燃烧性能、蔓延途径、消防设施的保护效果等总体情况进行分析，对单位内部应对火灾实际能力与资源和社会能够提供的救援能力进行评估，确定火灾影响范围、火灾预案响应范围和等级。

4. 组织机构

成立灭火和应急疏散指挥部，下设灭火行动组、通信联络组、疏散引导组、安全防护救护组、公众信息组等。

（1）人员组成

指挥部由单位消防安全责任人任指挥。各职能组由单位有关负责人任组长，其他人员组成可根据单位内部的职责分工予以确定。通常情况下，保安、工程部门和火灾危险目标的工作人员组成灭火行动组；通信管理和综合部门组成通信联络组；火灾危险目标的工作人员、工程等部门人员组成疏散引导组；卫生保健部门组成安全防护救护组；外联和宣传教育部门组成公众信息组。

（2）主要职责和分工

灭火和应急疏散指挥部的主要职责是：组织制定灭火和应急疏散预案并开展演练；负责人员、资源配置、应急队伍的调动；相关指挥人员缺位情况下确定现场指挥人员；协调事故现场各组开展工作；批准预案的启动与终止；监督事故状态下各级人员履行职责；事故信息汇总、上报和发布；接受政府的指令和调动；保护事故现场和必要的记录等。

灭火行动组的主要职责是：组织人员利用固定消防设施和其他灭火器材，迅速有效地实施火灾扑救，控制火灾的扩大蔓延，扑灭初起火灾。公安消防队到场后，听从其指挥并协助火灾扑救等。

通信联络组的主要职责是：向公安消防部门报告火警，向现场人员通报火情并利用广播等设施引导疏散，通知值班领导及相关部门到场组织指挥灭火救人，保证火灾现场的通信联络畅通等。

疏散引导组的主要职责是：利用各种疏散设施、采取各种方法引导人员安全疏散和逃生，及时清点人员，避免人员伤亡等。

安全防护救护组的主要职责是：维护火灾现场秩序和确定安全警戒区域，严禁无关人员入内；加强对脱离火场人员的看护，严禁重返火场；对受伤者实行医疗救护；通知120急救中心并协助其开展工作；在主要路口接应消防车，并引导消防车辆停靠水源；清除和疏散现场周围及消防车道上的车辆和人员等。

公众信息组的主要职责是：对事故各种信息进行确认核实并汇总，经指挥部同意后上报和发布；注意与政府部门、社区和相关组织的沟通；提供客观准确的事故信息，避免社会恐慌和救援力量的不足等。

5. 火情设定

火情设定应选择具有普遍意义的、可能性最大的、具有实用价值的情况，并设定当时的自然气象条件、发生时间、发展状态和伤亡状况等。为了加强针对性和适用性，可设置多处火情，分别制定方案。文教体育卫生单位是人员密集和重要物品场所，具体设定火情和部位时应在如下方面加以考虑。

(1) 设定部位必须是人员集中部位、关键设备、贵重物品、资料集中，并可能由火灾引起人员重大伤亡和财产、信息资源巨大损失的部位。

(2) 疏散环境比较复杂、疏散条件困难，比如可能是夜间、停电、没有防火卷帘、有烟气威胁等不利条件。

(3) 疏散人群应有属于弱势群体需要帮助的，或缺少行为能力或已经受伤中毒需要紧急救护等。

(4) 预案疏散部分的情况设置要考虑：重点部位发生火灾、直接威胁相关范围人员的安全；选择具有代表性，可能性大，具有实用价值和意义的情况；设定火灾和火灾发展的阶段，注意可操作性、适用性而且通过实际演练让培训人员有收获并增强其自信心。

6. 报警和接警处置程序

包括自动报警（通过消防控制室接警处置程序）、人工报警（单位内部人员报警）和向公安消防队报警等三种形式。接警处置程序包括以下行动：

（1）自动报警系统报警后派人员核实火情。

（2）确认（发现）火情后内部报告、启动相应级别灭火和应急疏散预案。

（3）同时向公安消防队报警。

（4）发出紧急通告和疏散指令。

（5）启动各种消防设备。

（6）加强警戒和接应公安消防队。

7. 应急疏散的组织

应急疏散由疏散引导组实施。成员分工明确，设事故广播、事故照明、内部疏散引导、外部疏散引导等职能小组。在应急预案编制时，对应急疏散的组织，主要应做好如下准备：

（1）绘制应急疏散平面和立体示意图。

（2）明确现场疏散指挥人员和指挥程序。

（3）明确疏散通道和安全出口数量及分布情况。

（4）明确疏散路线。

（5）明确建筑内部消防设施。

（6）明确有无其他救生设施。

（7）事故现场人员的清点、疏散方式方法和路线。

（8）事故现场周围人员的清点、疏散方式方法和路线。

（9）外部疏散救人的措施和方法。

（10）其他可以采取的为疏散救人创造条件的措施（如排烟、水枪掩护等）。

（11）搜寻查找被困人员的方式方法（如询问知情人、派人查找等）。

（12）逃生自救方式方法。

（13）其他注意事项。

8. 扑救初期火灾的程序和措施

初期火灾的扑救主要由灭火行动组实施。灭火行动组成员分工明确，通常可设侦察组、水枪组、移动器材组、固定灭火设施组和机动组等。扑救初期火灾的程序和措施如下：

（1）接受报警，报告火警。

（2）调集灭火行动组人员。

（3）火情侦察与确定火情。

（4）启动固定消防设施。

（5）对被困人员的施救。

（6）控制火势和灭火。

（7）检查火场，防止复燃。

单位的灭火和疏散预案中扑救初期火灾的措施至关重要，例如：由消防控制室操作报警、拉动报警铃和警灯、通知领导、拉下电闸、关闭通风管线和空调管线、启动消防泵组、开通应急事故照明、关闭防火门和防火卷帘、启动防烟排烟设施等反应措施，能够有效地控制初期火灾，防止其蔓延和发展。

9. 通信联络

为保障应急通信联络的畅通，应做好如下准备：

（1）编制单位内部人员通信联络簿（固定电话、对讲机、个人手机、家庭电话）。

（2）编制外部相关单位通信联络簿。

（3）确定事故情况下联络的先后顺序。

（4）制定联络畅通的保障措施。

（5）制定消防控制中心通信中枢功能保障的措施。

10. 安全防护救护

（1）确定现场指挥和人员分工。

（2）确定安全警戒区的划定、划定方法及警戒措施。

（3）确定人员的控制和安抚手段。

（4）确定伤亡人员路线的转移路线、方法。

（5）确定伤员的现场救护设备和措施。

（6）确定通知120及协助其开展工作的措施。

（7）确定接应引导消防车辆停靠水源的保障措施。

（8）确定清除和疏散现场周围及消防车道上的车辆和人员的措施。

（9）确定重要物资设备的转移措施。

11. 灭火和应急疏散救援保障

（1）内部保障

1）建筑结构图、消防设施配置图、现场平面布置图和周围地区图等资料。

2）应急通信系统、应急电源和照明。

3）灭火及应急疏散救援装备、物资、药品等。

4）保障制度。包括责任制规定，值班制度，应急人员和全员培训制度，应急救援装备、物资、药品等配备、检查和维护制度，灭火和应急疏散演练制度等。

5）灭火疏散的其他保障措施。

（2）外部救援

依据对外部应急救援能力的分析结果，确定以下内容：

1）周边单位可以利用的消防资源和救援方式。

2）请求政府协调应急救援力量的方式。

3）应急救援专业组织信息咨询。

4）专家信息。

12. 注意事项

（1）立足于初期火灾的应对，整个预案是建立在及时发现的前提下，岗位人员对火灾的迅速反应：及时报警，及时启动消防设施进行灭火，及早扑灭火灾或减少火灾损失，及时疏散人员和重要物资，减少人身伤亡。

（2）立足于对发生火灾部位的人员，利用对火灾特点熟悉，对于火灾部位的灭火设施器材熟悉、对于紧急情况下应采取的应对措施熟悉、对于疏散通道熟悉等条件来编制切实可行的、行之有效的应急预案，让火灾部位的人员和灭火器材、设施发挥最大的效用，尽可能将火灾扑灭在蔓延之前。

（3）预案的目标是成功地将人员疏散、贵重物品转移并将火灾扑灭在初期阶段。火灾发展阶段的重点是配合公安消防队进行灭火。

（4）保障人员紧急疏散是最大限度地减少人员伤亡的关键措施。在火灾发生后，一方面是充分体现出“疏散优先”“救人第一”的原则，及时组织人员安全疏散和贵重物资物品的疏散，疏散时要注意疏散秩序和防烟、防止损坏贵重物品。另一方面要积极灭火，采取应急措施扑救初期火灾，注意安全防护和正确使用灭火剂。

13. 编制要求

（1）明确编制责任人与编制程序。

（2）明确应急预案更新周期。

（3）明确演练计划实施时间。

（4）规范使用图、表、术语等。

14. 附件及其他材料

（1）灭火和应急疏散组织机构名单。

（2）值班联系电话。

（3）灭火和应急疏散组织机构人员联系电话。

（4）社会应急咨询服务电话。

（5）外部救援单位联系电话。

（6）政府有关部门联系电话。

（7）单位平面布置图及周边地区、重要基础设施分布图。

（8）消防设施配置图。

在预案制定中，以上内容可依据单位实际情况略有取舍，但应包括组织机构、报警和接警处置程序、应急疏散的组织、扑救初期火灾、通信联络及安全防护救护措施等必需方面的内容。

二、灭火力量计算

鉴于文教体育卫生单位属于建筑类火灾，灭火力量计算可参照第七章的有关计算方法。在此仅介绍火灾荷载及其所需灭火供水强度的确定。

1. 火灾荷载

火灾荷载，是指火场燃烧区单位面积上具有的所有可燃和难燃物的质量，可按下式计算：

$$P=W/F$$

式中　P——火灾荷载（kg/m^2）；

W——可燃和难燃物的质量（kg）；

F——火场燃烧区的面积（m^2）。

建筑物的火灾荷载不仅包括设备、家具、产品等，而且还包括可燃或难燃材料的建筑构件如墙、地板、天棚、窗扇、门、支架、楼板、间隔墙等。火灾荷载越大，燃烧时间越长。常见民用建筑物火灾荷载见表 8—1。

表 8—1　常见民用建筑物火灾荷载

建筑名称	火灾荷载（kg/m^2）	建筑名称	火灾荷载（kg/m^2）
居宅建筑	35～60	教室	30～45
医院	15～30	图书室	150～500
单身宿舍	25～40	阅览室	100～250
会议室	20～35	仓库	200～1 000
办公室	30～150		

2. 灭火供水强度

灭火供水强度，指灭火所需的单位时间内向单位面积的供水量，通常由实验和统计数据确定。

对于固体可燃物，其灭火供水强度一般为 0.12～0.2 L/(s・m^2)，由火灾荷载决定。

火灾荷载＜50 kg/m^2，灭火供水强度按 0.12 L/(s・m^2) 计算；

火灾荷载≥50 kg/m^2，灭火供水强度按 0.2 L/(s・m^2) 计算。

三、应急预案编制实例

实例：某展览馆火灾应急预案

1. 引言

（1）编制目的

为了保证本展览馆有效应对火灾，提高火灾防范能力和灭火救援能力，减少火灾事故造成的损失，维护企业稳定，特制定本预案。

（2）编制依据

《中华人民共和国消防法》《中华人民共和国安全生产法》《机关、团体、企业、事业单位消防安全管理规定》（公安部第 61 号令）。

2. 单位基本情况

（1）建筑概况

某展览馆位于某市大道交汇处，于 2001 年动工兴建，2002 年 10 月一期展厅投入运行，为举办大型会展和商贸活动的重要场所，单位员工 120 名。该建筑为全钢结构，主体为大空间、大平面布局，占地面积 83 000 m^2，总建筑面积 50 000 m^2，南北长 186 m，东西宽 180 m，建筑呈西高东低构建，西边高 20.8 m，东边高 11.5 m，梁、柱屋面等建筑构件经防火处理，耐火等级不低于二级。建筑一层主要用于商贸布展和中心办公用房，其中 1 号展厅面积为 10 692 m^2，2 号展厅面积为 8 497 m^2；建筑西部局部 3 层，主要是餐饮、会议场所；地下一层为设备用房和停车场（目前闲置）。举办会展活动时，日最大人员流量为 30 000～50 000 人次，高峰时，内部聚集人员最大数量为 3 000～5 000 人。

（2）消防设施情况

展览馆建有消防控制中心和消防泵房，消防控制中心位于 4 号通道北侧，消防泵房位于负一层西侧，消防水池位于地下一层，容积为 1 000 m^3。

1）防火分区。展览馆共设置防火分区 10 个，分别采用防火卷帘或防火玻璃分隔，具体分布为：一层 6 个（会议区 4 个，1 号展厅、2 号展厅各 1 个），二、三层各为一个独立分区，地下车库 2 个。

2）火灾报警系统。采用区域报警和控制中心报警两种形式，共设报警点 2 100 个，具有感烟探头、感温探头、手报按钮、声光报警等，可联动控制消防泵、喷淋泵、排烟风机、正压送风、排烟阀、送风阀、消防电梯等重要消防设施。

3）自动喷淋系统。喷淋泵 3 台，两用一备，流量 50 L/s，扬程 120 m。喷淋系统设有水泵接合器 8 组，安装于南北两侧景观墙各 4 组。

4）室内消火栓系统。消火栓泵 2 台，流量 20 L/s，扬程 60 m。安装室内消火栓 114 只，其中一层 54 只，二层 18 只，三层 11 只，地下一层 31 只。在南北两侧景观墙上安装有消火栓水泵接合器各1组。

5）疏散通道。一层出入口共18个，其中南北各2个、东面6个和西面8个。

地下一层有4个出入口直通地面，其中西北、西南角各有1个地下车库入口，北面（5、6号通道间）和南面（13、14号通道间）各有1个出口通向地面，行政区南北两侧与2号展厅结合部各有1个出口通向地面。

6）室外消防水源。地下给水管网与市政连接，管径250 mm，环状分布。建筑周围共有室外消火栓16只（地上14只、地下2只），分布于建筑四周，火灾时，可同时开启使用消火栓5～8只。建筑东面自南向北有7个喷泉水池，储水量75～90 t，2条直径为200 mm的进水管线与市政给水管网连通。

7）防排烟系统。机械排烟：地下车库设机械排烟，安装4台61 845 m^3/h风机；展厅设8台61 845 m^3/h风机。

正压送风：地下商务区过道设正压送风机2台，风量为35 000 m^3/h。

8）气体灭火系统。中心设有全充满式二氧化碳灭火系统，保护容积2 200 m^3，主要保护对象是高低压配电室、电缆沟等。

3. 火灾危险性特点及分析

（1）火灾危险性特点：

1）可燃物质多，燃烧猛烈，蔓延迅速，通风良好，具备形成大面积火灾的各种条件。

2）内部烟雾浓，能见度低，部分装饰材料燃烧后易产生有毒气体。

3）人员聚集，分布广泛，疏散与救助困难，极易造成群死群伤。

4）空间巨大，内部进攻行动困难，火势难以控制。

5）全钢结构在火焰的作用下，有坍塌的危险。

（2）危险性分析

1）内部烟气。火灾发生后，烟气的流动方向会随火势呈现如下变化：火灾发生后，短时间内充斥大空间为部；随着建筑物顶部和玻璃破裂，烟气向上部流动；如果发生建筑局部变形坍塌，由于空间挤压，烟气迅速向会议区流动，因此进入内部人员必须做好个人防护，同时，应安排力量迅速疏散会议区人员。

2）建筑物倒塌因素及可能。相对与整幢建筑而言，火灾部位仍属于局部，且该建筑全钢结构经防火处理，短时间内发生整体突然坍塌的可能性不大，但是在火焰作用下，东部钢结构发生变形，形成局部塌落几乎是必然，参照该建筑耐火等级，预计发生局部变形坍塌的时间应当在30～60 min。同时，不能排除由于东部构件剧烈变形对整体的牵拉，致使应力平衡受到破坏，发生大面积坍塌的可能。

（3）灭火资源

1）水源的供水能力。室内消火栓。该单位消火栓泵流量为 20 L/s，竖管直径 150 mm，无外部补充时，最多可使用室内消火栓数量约为 3～4 个，因此需要利用其水泵接合器实施补水，以增加可用室内消火栓的数量。

室外消火栓。该单位给水管网为环形，直径 250 mm，经常压力约 0.3 MPa，考虑到火灾时灭火需要，应当对管网实施加压，以增加供水能力。

室内喷淋系统。喷淋泵 3 台，两用一备，流量 50 L/s，开启后能够满足喷淋系统供水需要。

2）人员疏散。该单位疏散通道较多，在有引导的情况下，满足 6 min 安全疏散的要求，但不排除地下一层商务区或会议区内人员不知情或思想麻痹滞留的可能。

4. 组织机构

展览馆成立灭火和应急疏散指挥部，下设疏散引导组、灭火行动组、后勤保障组、安全防护组。主要职责和分工如下。

（1）灭火和应急疏散指挥部

总指挥：法人代表、展览馆主任。

副总指挥：副主任、总务科长。

职责：组织、协调、监督各职能部门小组开展初期火灾扑救和人员、物资疏散工作；协调配合到达火场的公安消防队开展各项灭火救援行动；协调配合公安消防机构做好现场保护、火灾事故调查等善后工作。

（2）疏散引导组

职责：负责本单位人员和物资的疏散自救工作，及时清点人员，避免人员伤亡。

（3）灭火行动组

职责：利用固定消防设施和其他灭火器材，迅速有效地实施扑救，控制火灾的扩大蔓延，扑灭初起火灾。公安消防队到场后，听从其指挥并协助火灾扑救。

（4）后勤保障组

职责：负责通信联络、道路畅通、电路控制、水源保障、医疗救护、火场警戒等。

（5）安全防护组

职责：维护火灾现场秩序和确定安全警戒区域，严禁无关人员入内；加强对脱离火场人员的看护，严禁重返火场；对受伤者实行医疗救护；接应消防车，并引导消防车辆停靠水源；清除和疏散现场周围及消防车道上的车辆和人员等。

5. 火情设定

（1）某日，展览馆的 1、2 号展厅正举办一次大型家具和室内装饰材料博览会，因参展厂家在展示一种油漆的性能时不慎起火，引发火灾。

（2）起火时，第 1、2 号展厅内约有人员数百名。

（3）有100余名人员分别聚集在二、三层会议室进行商务洽谈，地下一层商务区有工作人员30余名。

6. 报警和接警处置程序

（1）工作人员发现火情，立即拨打“119”报警电话，并通知附近其他人员、值班领导，以便及时开展灭火和人员疏散工作。

（2）火灾自动报警系统接到报警信号，消防控制中心立即派人员核实火情，确认火情后立即向公安消防队报警，同时通知值班领导和所有义务消防队员到场按各自分组处置。

（3）报警时，讲清起火地点、部位、燃烧物质、来路走向、楼层高低、火势大小及蔓延情况。

（4）火灾发生后，消防控制中心值班人员立即启动以下消防设施，或确认其运转情况：

1）喷淋泵和消火栓泵。

2）一号展厅排烟风机。

3）地下一层商务区正压送风。

4）一号展厅防火卷帘。

5）开启事故广播，引导人员疏散。

（5）加强警戒和接应公安消防队。

7. 疏散的组织程序和措施

疏散由疏散引导组实施，具体措施如下：

（1）按着火层——着火层上层——着火层下层的疏散顺序逐层检查人员和物品受火势威胁情况，疏散时随时向指挥部汇报人员被困情况。

（2）疏散人员告知疏散出展厅的人员使用防毒面具或将毛巾打湿，视情况捂住口鼻低姿前进，从疏散通道逃生，人员进入防烟楼梯间后应随手关闭防火门。

（3）若火势蔓延出起火展厅或疏散人员不足时，疏散组负责人向指挥部请求疏散增援，与此同时，安排专人迎接疏散增援人员。

（4）若起火区域有人员被困，且疏散人员无法进入，应采用应急广播、固定电话、大声呼喊等方式通知被困人员将门窗紧闭，打开窗户，利用湿窗帘等物堵住房间门的缝隙避免烟气进入，若房间距地面较低，地面人员应铺设梯子、绳索、缓冲物等，协助被困人员逃生。

（5）疏散时，应注意重点对火势附近的可燃物资及影响人员疏散和灭火行动的物资进行疏散。

（6）人员疏散完毕后，在确保安全的前提下，对火势尚未蔓延到的贵重物资进行疏散，对于无法搬移的物品，通知并协助灭火组实施堵截火势的保护措施。

当所疏散区域内所有人员和贵重物品都已疏散至安全地点，所有房间、区域都已清查完毕后，可向指挥部报告，并按指令撤离或完成其他任务。

8. 扑救初期火灾的程序和措施

（1）灭火行动组全体成员在接到通知后，应立即携带防护设施赶到现场，迅速对现场情况作出判断，并向指挥部汇报。

（2）所有成员应在组长指挥下正确选择灭火剂和扑救方法，以最快速度展开扑救行动。对燃烧范围小，局部烟雾不大，人员可以抵近时，可用灭火器，将火扑灭。对燃烧范围较大，局部烟雾浓，人员无法抵近着火点时，击碎消火栓的启动按钮，用直流水枪依托房门、柱、不燃分隔物向燃烧方向射水灭火或控制火势蔓延，等待公安消防人员到场。

（3）如火势很大，无法采取有效措施，或现场环境险恶，一般措施无法在相应时间内保证人员自身安全时，可在将此部位其他人员全部疏散完毕的情况下，采取关闭门窗、击碎火势蔓延通道上的喷淋头等措施后，撤至防烟楼梯间等安全地带，等候公安消防人员到场。

（4）公安消防队到场后，协助开展火灾扑救行动。

（5）灭火行动组要与指挥部保持不间断联系，随时将现场火势及固定设施启动情况向指挥部反馈。

（6）火灾扑灭后，灭火行动组人员应对所有燃烧区域及烟气流经部位进行清查，彻底清除残火，防止复燃。

9. 注意事项

（1）火灾发生后，应当及时向消防部门报警，所有人员立即按分工迅速就位，及早扑灭火灾或减少火灾损失，及时疏散人员和重要物资。

（2）所有行动人员在处置过程中，要注意自防、自救，防范危险发生。

（3）疏散时充分体现出“疏散优先”“救人第一”的原则，及时组织人员安全疏散和贵重物资物品的疏散，疏散时要注意疏散秩序和防烟、防止损坏贵重物品。

（4）灭火时注意安全防护和正确使用灭火剂，避免盲目射水造成重大财产损失。火灾扑灭后，防止阴燃、复燃。

10. 附则

（1）本预案责任部门为总务科，负责预案的制定、修订、演练、培训教育、解释说明等工作。

（2）各部门要结合实际，组织好各类人员的消防知识培训和训练，并做好培训记录。

(3) 展览馆每半年组织一次预案模拟演练，同时，对演练的结果应进行记录并作出评价，检验预案是否可行并作出修订。

(4) 本预案所涉及人员岗位和联系方式如有变动，应及时告知总务科。

11. 附件及其他材料

(1) 灭火和应急疏散组织机构名单及联系电话（略）。

(2) 外部救援单位联系电话（略）。

(3) 政府有关部门联系电话（略）。

(4) 单位平面布置图及周边地区、重要基础设施分布图（略）。

(5) 消防设施配置图（略）。

四、应急预案演练方案

应急预案演练是按照应急疏散预案内编制的内容，为全面检查执行预案可能性而进行的重要活动。主要目的是提高本单位充分利用现有人力、物力资源，最大限度地消除事故后果的能力，检验预案设定的合理性，并作为预案修订的一项重要依据。

1. 演练方案

应急预案演练方案是组织与实施演练的基本依据。演练设计的要求，应能全面检查单位各个组织及各个关键岗位、成员的表现，为正确应对火灾事故做好准备，避免预案编制脱离实际，停留在“纸上谈兵”。其内容大体包括：演练准备工作计划、演练实施计划、情况设计方案、处置方案示例，各种保障计划等。演练方案必须符合演练目的和要求，力求简明和实用，通常包括以下几部分：

(1) 演练情况说明

阐述演练的指导思想、演练目的、原则、规模、参演人员，演练的时间、地点，确定演练的实施方法和有关要求。

(2) 演练组织机构及职责

明确演练组织机构，其主要职责是：对演练实施全面策划、准备、指挥和协调控制，解决准备与实施过程中所发生的重大问题，组织演练总结评价和对预案的修订工作。

(3) 演练程序

通常按单位预案的全部或部分内容一次或分次开展实施。程序制定可参照单位预案的内容编制。

(4) 演练文件的编写

演练文件大体包括：演练准备工作计划、演练实施（进程）计划、情况设计方案、处置方案示例，各种保障计划等。演练文件必须符合演练目的和要求，力求简明和实用，经反复讨论、修改，由事故应急处理演练领导小组审核、批准。

（5）演练的实施

演练开始前，根据需要，演练领导机构应进行组织情况介绍。其内容主要包括：演练的性质与规模；事故情况设定的主要考虑，演练开始时间及持续时间的估计；对非参演人员的安排，导演、调理人员及演练人员的识别，为保证演练不被误认为真实事故而应采取的措施，如果在演练期间发生真实事故，应采取的具体措施等。

演练实施中，应严格按导演调理计划指导参演者正确处置情况；坚持因势利导，以情况诱导为主，行政干预为辅；导演应注意控制演练态势，把握演练节奏，不要干预各种细节，注意的重心应放在协调演练与实际应急可能行动之间的关系，从演练效果出发，发挥整体效能，提高演练效率；调理人员应抓住调理重点，选择调理时机与渠道，灵活地处理参演部门出现的问题，及时向导演提供必要的情况和建议。

（6）演练结束

各参演部门应按统一规定的信号或指示停止演练动作。在演练宣布结束后，所有演练活动应立即停止，并按计划清点人数，检查器材，查明有无伤病人员，并迅速进行适当处理。演练保障组负责清理演练现场，尽快撤出保障器材。

（7）演练评价，修改预案

演练结束后，对演练进行总结与讲评。演练评价可参照演练计划中所规定的各项具体指标进行，最后根据演练的总目标，得出总的评价结论。通过讲评，可以发现预案中的问题，并可以从中找到改进的措施，使预案得到充实和完善，以达到提高单位自防自救能力的目的。

2. 演练应考虑的问题

（1）演练内容简单实用，易于操作

演练的情况设置和内容应尽可能结合实际情况，简单实用，并易于操作。通过演练达到切实树立起消防意识，了解消防安全知识，能有组织、迅速地开展疏散和初期火灾扑救工作，提高应对突发事件的应变能力的目的。

（2）加强灭火操作培训

通过培训和演练，熟悉消防器材、设施的性能，掌握其操作方法。熟练掌握灭火器的使用方法，运用灭火器和固定灭火设施，及时扑灭初期火灾，防止火灾的蔓延扩大；及时启动防火分区的防火分隔物，在一定时间内有效地把火势控制在一定的范围内，减少火灾损失；及时开启防排烟设施，疏通疏散通道，为人员安全疏散提供有利条件，有效地保护人员生命安全。

（3）考虑安全疏散时间

文教、体育、卫生单位检验预案要考虑安全疏散时间。安全疏散时间即建筑物发生火灾时，人员离开着火建筑物到达安全区域的时间。一般而言，暴露在火灾环境的人员必须在 90 s 内疏散到安全区域。高层建筑，安全疏散时间可按 5～7 min 考虑；一、二级耐火等级公共建筑，可按 6 min 考虑，其中剧院、电影院和礼堂、体育馆出观众厅的控制疏散时间按 3～4 min 考虑；三、四级耐火等级的建筑，可按 2～4 min 考虑，其中三级耐火等级的剧院、电影院和礼堂建筑出观众厅的控制疏散时间按 1.5 min 考虑。

如演练的安全疏散时间过长，则要从疏散引导投入的人力、疏散路线的合理性等方面来修订预案，并进一步考虑人员密度、楼梯的形式、疏散通道和安全出口的条件是否符合要求。

（4）注意演练安全

参演人员多，演练时要注意认真组织，加强进行现场秩序的维护及警戒保卫工作，避免拥挤、踩踏等事件，防止伤害事故发生。

3. 应急预案演练实例

实例：某学校应急预案演练方案

为了让广大师生深入地了解消防逃生常识，切实树立起消防意识，真正掌握好消防安全知识，并具备自救互救的能力，提高应对突发事件的应变能力，能有组织、迅速地开展疏散和初期火灾扑救工作，学会正确使用灭火器以及掌握逃生的方法。根据学校消防应急预案内容，制定应急预案的演练方案如下：

（1）演练时间、地点

时间：××××年×月×日（星期×）下午 16:20—17:20。

地点：学生宿舍楼、足球场。

（2）演练内容

1）火灾报警。

2）宿舍楼火灾情况下的安全疏散。

3）火场救护。

4）使用手提式灭火器灭火。

（3）组织领导

组织领导由组长、副组长、成员组成。

（4）演练现场组织：

演练现场组织由总指挥、现场指挥、报警人、疏散 A 组、疏散 B 组、疏散 C 组、物资疏散组、灭火组、抢险救护组、后勤保障组、广播组、宣传组组成。

疏散 A 组负责 A 座宿舍学生疏散。疏散 B 组负责 B 座宿舍学生疏散。疏散 C 组负责 C 座宿舍学生疏散。物资疏散组负责重要物品的疏散。灭火组由学校义务消防队组成，负责扑灭初期火灾的任务。抢险救护组负责对“受伤人员”的抢救，并配合消防队抢救被困人员。后勤保障组负责对后勤工作的保障及配合有关部门进行现场秩序维护及警戒保卫工作。广播组负责向起火建筑通报火情，指引行动。宣传组由学生会宣传部成员组成，负责标语、摄影、报道、摄像，出版消防专题板报。

（5）演练准备事项

1）总务处准备燃油、木块、燃烧的器皿（或铁桶）、灭火器等。

2）医务室准备药水、纱布、盐水、胶带等药用品。

3）各班主任通知学生疏散线路、方向等各项要求，并准备好毛巾。教育学生，撤离时要用湿毛巾捂住口鼻，弯腰从宿舍撤离；在走廊上不要拥挤，避免踩踏事件发生；高年级学生要照顾低年级学生，男生要照顾女生。

4）后勤保障组在救护处（体育器材室边）摆放一张台和3张凳子；在C座楼顶东侧摆放1张台和1张凳子。

5）广播组在操场和宿舍安装和调试好音响设备；在消防室安装电视和影碟机。

6）宣传组制作宣传标语；在学生会板报出版消防知识专版；制作“救护处”牌；通知各班出版消防知识板报，并作评比；布置消防室；制作欢迎牌；联系有关新闻单位。

7）安排好2名受伤学生（1男1女）；安排好5名被困学生，要求被困的学生进行招手求救。

8）宿舍管理员关好宿舍硬盘录像机，以备切断电源。

（6）有关要求

1）参加人员要严肃认真，听从指挥。

2）演习过程要充分体现出不同阶段的处理方法，层次分明。

3）宿舍楼人员疏散时要注意行动秩序，按照疏散要求实施。

4）演练时注意安全，防止伤害事故发生。

（7）疏散演练步骤

1）16时10分学校广播室广播：消防演练准备开始，请在10 min之内有关老师和同学各就各位，寄宿生直接返回宿舍，外宿生集中到足球场，按指定位置就位。

2）现场指挥整理好队伍，后勤保障组协助。

3）灭火组宿舍管理员在C座宿舍二楼走廊生起一堆烟火。

4）16时20分宿舍准备妥当，通知广播室在操场广播：消防演练正式开始。

5）广播模拟拨打“119”火警电话：“市消防队：我是××路××号××学校，我校学生宿舍发生火灾，被困学生有200多人，请火速前来抢救，报警人：徐××，联系电话：×××××××。”

6）灭火组拉响消防警铃，20 s后切断宿舍电源。

7）广播（重复两次）：各位师生，学生宿舍发生火灾，请大家保持镇静，按疏散线路有秩序地进行疏散，逃生时要注意用湿毛巾（湿手帕）捂住口鼻，弯着腰撤离火灾现场，到足球场按体操站立位置集队。

8）灭火组分别用灭火器和宿舍楼室内消防栓出水枪进行初期火灾扑救。

9）疏散组的老师要稳定学生的情绪，大声地指挥，教育学生撤离时要用湿毛巾捂住口鼻，弯腰撤离，注意楼梯口行走安全。

10）后勤保障组成员分布在通道位置，引导学生向操场疏散，不要阻塞消防通道。

11）广播（重复两次）：请同学们向操场疏散，不要阻塞通道，以免妨碍消防车通行，同学们撤离到足球场后，按指定位置坐好，各班体育委员整理好队伍。

12）疏散组发现有学生受伤，立即通知救护组进入宿舍楼，扶出2名受轻伤的学生到救护处，校医对受伤者的受伤部位作简单处理。

13）学生撤离到足球场后，广播（重复）：各班主任整理队伍，分别清点检查学生人数，并迅速报告年级主任，年级主任将情况报告学校副校长。

14）向119报警5 min后，公安消防队到达学校，消防车由保安员引路至火灾现场。

15）在C座楼顶，3名学生被困在火场，学生向下挥手求救，消防队员组织扑救火灾，同时使用云梯车将火场被困人员救出，将学生送到救护处，校医检查身体状况并作出相应处理。

16）消防员继续扑救火灾，灭火组做好辅助配合工作，直至火灾扑灭。后勤保障组做好现场秩序维护及警戒保卫工作。

17）疏散演练完成，灭火组开启宿舍电源和恢复现场。

（8）演练讲评

1）通过本次预案的演练工作，提高了参演人员应对火灾事故和应急疏散的能力。

2）掌握初期火灾的扑救方法及消防设备的使用。

3）使岗位人员掌握如何报警，如何抢救伤者。

4）本次演练工作取得圆满成功。

第四节　文教体育卫生单位火灾扑救案例

案例一　新疆克拉玛依友谊馆“12·8”特大火灾

1994年12月8日18时20分，新疆克拉玛依市友谊馆发生特大恶性火灾。18时

25 分，新疆石油管理局消防支队接到报警，调度室先后调动 4 个中队 120 名消防干警、11 部消防车、10 部大型水罐车、3 部指挥车赶赴火场扑救。但因火势迅猛、可燃材料产生大量有毒气体、安全疏散门封闭等原因，造成死亡 325 人、烧伤 130 人，直接经济损失 210 余万元。

一、事故单位基本情况

克拉玛依市友谊馆位于该市人民公园南侧，始建于 1958 年，1991 年重新装修后投入使用。该馆为砖混结构，横型水泥钢梁屋架 58.6 m、宽 31.8 m，主体高 14.4 m，局部高 22.8 m，建筑面积 3 556.13 m^2，占地面积 1 600 m^2。由西向东依次为前厅、观众厅、南北过厅、舞台等。前厅三层，南北两侧楼梯口分别通向二、三层。第一层正门内侧为 3 个 1.94×2.2 m^2 的双扇铝合金茶色玻璃门，外侧安装铝合金卷帘门。观众厅与南北过厅用推拉式防盗门分隔。第二层为内廊通道式房屋（办公室、音响室、灯光控制室、放映室），第三层为简易卡拉 OK 厅。观众厅长 25.5 m、宽 20.9 m，设 810 个坐椅。两个纵向通道，两个横引通道，南北两侧各有 2 个过渡门。与过渡门对应的是通向室外的疏散安全门，其内侧均安装推拉式防盗门。舞台长 16.3 m、宽 19.2 m、高 0.93 m，由地面向高空 7.3 m 为舞台天幕，舞台通向室外有一高 3.5 m、宽 3.26 m 的木质角铁框架双扇门（简称道具大门）。图 8—1 为克拉玛依市友谊馆平面图。

1994 年 12 月 8 日下午，新疆石油管局为迎接自治区教委成人扫盲和中小学九年制义务教育（简称“双基”）评估验收团，由克拉玛依市教委组织在友谊馆举行专场文艺演出。全市 7 所中学、8 所小学有 15 个规范班和部分教师及验收团成员和石油管理局、克拉玛依市部分领导共 796 人到会。

18 时 05 分演出活动开始。当演到第二个节目时，人们看到舞台正中偏后上方掉下火星和片状物。自治区教委某副主任见状，大喊“快切断电源”。克拉玛依市教委教育中心普教科科长试图将着火幕布拽掉（未奏效），负责拉大幕的工作人员将一具推车式泡沫灭火器拿到舞台，但未打开。由于舞台空间大（20 m 高），舞台用品又都是高分子纯纤织物，起火时幕布拉合。因此，火灾一开始便形成立体燃烧，火场温度在短时间内就高达 1 100～1 200℃，大量有毒气体随即产生，使舞台燃烧区空气压力急剧增大。同时，舞台上空 15 m 高空的影幕配重钢管及大量可燃物、高温灯具从高空坠落，产生轰响，瞬间产生的强大灼热气浪，使火灾迅速向观众厅蔓延。

二、火灾扑救过程

新疆石油管理局消防支队 18 时 25 分接到报警后，一中队 3 部消防车、23 名消防员迅速赶往火场，同时支队及战训科领导乘指挥车赶赴火场。随后一中队第二出动 2 部消防车、5 名消防员也赶赴火场。在往火场途中，支队长命令调度人员立即调二、

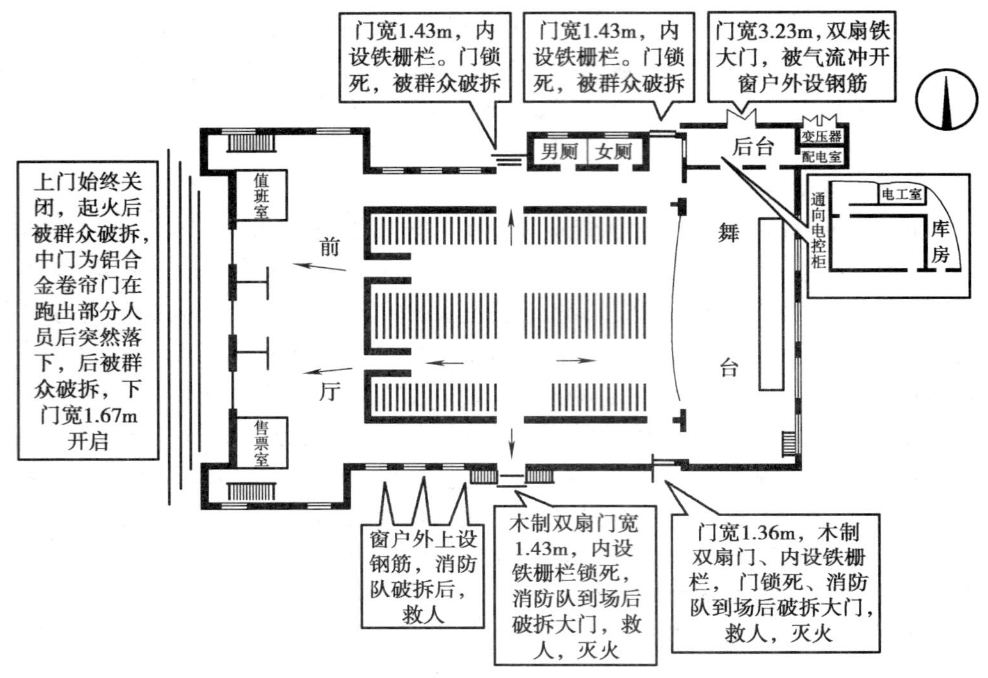

图 8—1　克拉玛依市友谊馆平面图及出口情况

三、四中队各派两部消防车增援。支队其他领导也先后赶到火场。

18 时 28 分，一中队第一出动到场时，火势呈猛烈燃烧状态，带有毒气的浓烟从窗口向外翻滚。中队长命二班在正面大门右前方、三班在南侧靠近舞台出口处、一班在南侧出口处，迅速展开战斗，破拆、救人、灭火。18 时 32 分，一中队第二出动到达火场后，将车停在北侧，迅速进行救人、灭火。图 8—2 为一中队到场后的力量部署图。

在支队领导的统一指挥下，一中队 1 号车 1 支水枪强行进入观众厅救人、灭火；2 号车、3 号车消防队员迅速破拆 2 个推拉式防盗门、木门和 1 个钢筋封闭窗，冒着浓烟烈火，在 2 支水枪掩护下，强行突破深入观众厅救人、灭火；4 号、5 号车消防员出 1 支水枪，攻入观众厅救人、灭火。此时，支队专用工具车到火场，立即抬下发电设备，迅速启动，给火场照明。工具车随即将数名伤员送往医院。

增援二中队到场后，2 部消防车各出 1 支水枪，分别向正门和南门攻入观众厅救人、灭火。三中队、四中队增援的 4 部消防车到场后，迅速向一中队、二中队供水，保证火场用水不间断。图 8—3 为增援中队到场后力量部署图。

在救人、灭火过程中，支队领导和消防队员不顾个人安危，在浓烟、烈火、高温及缺少防毒面具的情况下，无数次冲入火海抢救被困人员。

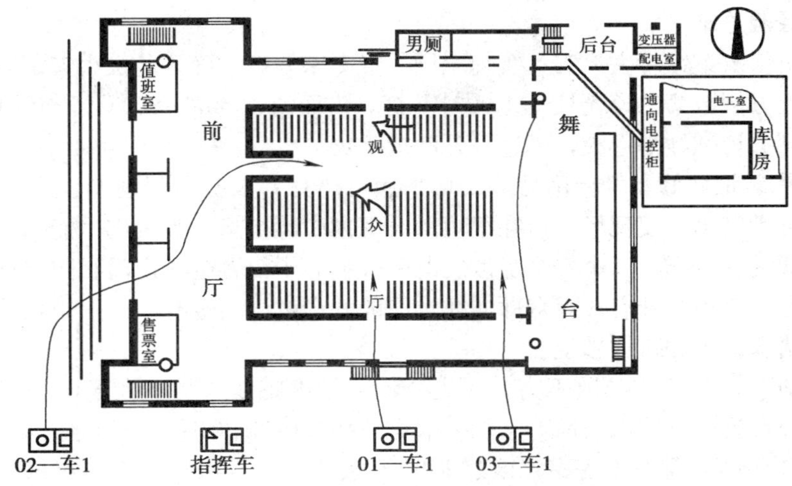

图 8—2　一中队到场后的力量部署图

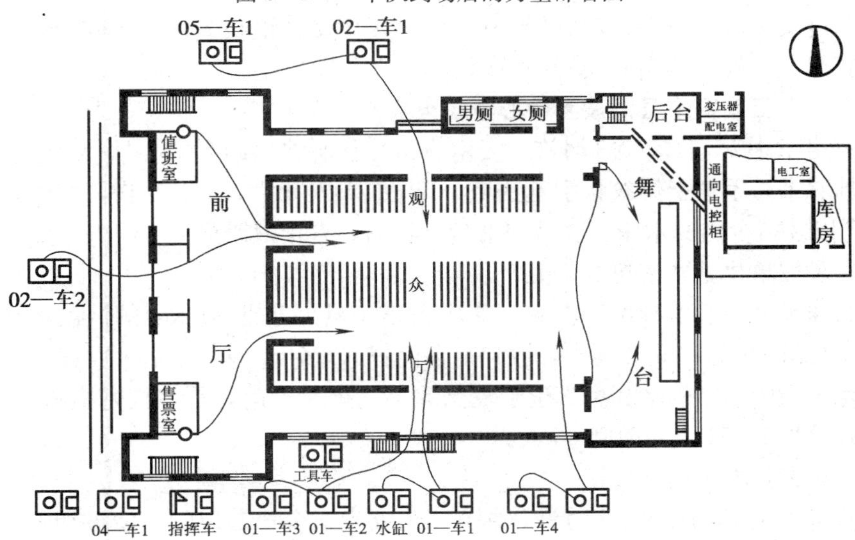

图 8—3　增援中队到场后力量部署图

在火场总指挥部的统一指挥及公安干警、武警、解放军和人民群众的配合下，消防支队在整个救人灭火中，本着救人重于灭火的原则，运用两侧夹击、分割包围的灭火战术，19 时 10 分，全面控制火势。19 时 25 分将大火扑灭，清场工作全面铺开。20 时 10 分清场完毕，救人灭火战斗全部结束。在救人灭火中共抢救出 260 余人。消防支队有 27 人中毒，6 人昏倒在救人灭火现场。

三、经验总结

克拉玛依友谊馆特大火灾，震惊全国。经专家鉴定，确认此次火灾是因舞台正中偏后北侧上方倒数第二道光柱灯 1 000 W 灯（表面温度 600～800℃）与纱幕过近，7 号光柱灯高温烤燃纱幕起火，迅速蔓延酿成重灾。

1. 室内装饰装修及舞台用品等大量采用可燃材料及高分子材料。火灾时产生大量有毒、可燃气体，使现场人员在很短的时间内中毒窒息，丧失逃生能力。

2. 疏散通道不畅。7 个安全疏散门的门外加装了铝合金卷帘门和防盗推拉门，并上锁，仅有 1 个正门开启。观众厅通往过厅的 6 个过渡门也有 2 个上锁，致使火灾时人员拥挤堵塞，无法疏散逃生。

3. 初期扑救和组织疏散不力。火灾初期，馆内工作人员不在场，人们又无灭火逃生常识。在场人员惊慌失措，未能采取有效扑救措施和组织人员疏散。

4. 违规经营，整改不落实。该馆 1991 年装修后，未经消防部门审核，就投入使用。消防部门多次提出整改意见，但无人去落实。该馆曾多次发生过火险，但平时既无管理制度又无应急方案。796 人参加的大型重要文艺汇报演出，对安全工作竟没有进行认真研究和检查落实有关安全措施。

案例二　云南富宁县洞波乡中心学校火灾

1997 年 5 月 23 日凌晨 3 时许，云南省富林县洞波瑶族乡中心学校女生宿舍因学生点蜡烛看书，不慎引燃蚊帐引起火灾，造成 21 人死亡，2 人受伤，烧毁建筑面积 24.7 m^2 以及宿舍内的木床、衣被和书籍等物品，直接财产损失 15 100 元。

一、事故单位基本情况

洞波瑶族乡中心学校位于云南省文山州富宁县城东北 61 km 的洞波瑶族乡政府旁，占地面积 5 789.5 m^2，其中，教师宿舍面积 626.7 m^2，学生宿舍面积 617 m^2。起火建筑是一间砖木结构平瓦房，位于校园北部，坐北朝南，是该校寄宿班女生宿舍。全校共有学生 1 351 人，教师 65 人。

二、火灾扑救过程

1997 年 5 月 23 日凌晨 3 时许，住寄宿班女生宿舍第二层的学生被烟呛醒，立即翻身起床逃生；住在第一层的学生听到喊声后也及时逃出，1 位学生被火烧伤右肩、烧焦头发后也及时逃出。教师等听到学生的呼救声后立即赶到学生宿舍，三次冲进学生宿舍，救出三名学生。几分钟后，教师、学生和闻讯赶到的派出所干警、乡政府干部职工共 300 多人也赶到现场，用盆、水桶从生活用水管、水沟等处取水灭火。经过 20 多分钟的扑救，大火于 3 点 30 分左右被扑灭。校方立即将 6 名从火场上救出、伤势严重的女学生送往乡卫生院抢救，将 15 名当场烧死的女生尸体移至乡粮管所晒场。由于该校距富宁县城较远，起火时学校没有向消防部门报警。

三、经验总结

这起火灾烧毁建筑面积 24.79 m^2，造成 15 人当场死亡、6 人重伤、2 人轻伤，重伤者分别在送往医院途中或抢救中死亡。公安消防部门经过调查，认定该起火灾的原因是：该校 1 位女生在床上蚊帐内点蜡烛看书，由于极度困倦，进入朦胧睡眠状态，当意识到蜡烛火还未熄灭时，在迷糊状态中，用右手拿书向头顶纸箱上的蜡烛火扇去，不慎碰倒蜡烛，首先引燃靠该女生头部右侧的衣物和蚊帐并迅速蔓延，造成这起特大火灾事故。

该起火灾暴露出洞波瑶族乡中心学校和富宁县在消防安全工作中存在的很多问题，主要是：

1. 学校领导消防意识淡薄，忽视消防安全工作

发生火灾的寄宿班女生宿舍仅 24.7 m^2，住着 38 名学生，人均住房面积 0.6 m^2。分三层搭建的床铺，全为木板等可燃材料，学生上下第二层、第三层床铺没有专用梯子、通道，只能徒手攀登。更为严重的是，住着 18 人的第三层床板距屋檐只有 0.6 m，出入通道只有一个长 1.6 m、宽 0.5 m 的洞口，当晚发生火灾时，此口空气流通快，火势特别猛，被困学生根本无法从这唯一的通道逃生，因此，住在这一层的 18 名学生全部被烧死。据调查，该校搭建这些床铺时，根本未考虑消防安全，只想多住人，从而留下这次特大恶性火灾的“祸根”。

2. 消防安全规章制度缺乏，官僚主义作风严重

面对该校火灾隐患十分严重的状况，学校本应从管理上采取措施，并及时专题报告上级机关予以解决。但在学校查不到一项消防安全规章制度，也没有一份消防安全检查记录、报告，学校党支部、校办公会从未专题研究过消防安全问题。尽管口头上规定晚上 22 时学生宿舍断电熄灯后不准点蜡烛照明，但无检查、未落实。

3. 学生缺乏消防安全知识，毫无自防自救能力

从调查了解中证实，晚上熄灯后，学生普遍在床上蚊帐内点蜡烛看书，一个重要的原因是学生没有意识到引发火灾的危险性和火灾的危害性。此次火灾发现较早，如果学生稍微懂一点逃生自救常识，住在第三层床铺上的 18 名学生可以揭开房顶的瓦逃生。但是，学生没有从老师那里获得这方面的知识，发生火灾时，这些学生因自救无术、逃生无门而全部遇难。

4. 缺乏消防设施、器材和消防应急措施

该校学生宿舍均为砖木结构，耐火等级低，室内人员集中，可燃物多，而全校没有任何专用灭火工具。这起火灾发现较早，但由于缺乏必要的消防设施、器材和应急方案，救火时只能用桶、盆抬水灭火，一片混乱，贻误了救人时机，影响了灭火速度。

5. 公安机关监督不力，安全管理存在漏洞

对该校的消防安全工作，按照属地管理和派出所工作职责，属富宁县公安局洞波瑶族乡派出所管辖。但该所平时工作仅仅停留在一般布置安排上，工作作风不扎实，监督检查不到位，不能及时发现并消除火灾隐患。

案例三　辽源市中心医院“12·15”特大火灾

2005年12月15日16时30分许，吉林省辽源市中心医院发生火灾。辽源市公安消防支队调度指挥中心接到火灾报警，立即调派全市公安消防力量共26辆消防车、123名指战员赶赴现场。总队接到报告后，及时调集邻近消防支队共20台消防车、100名指战员赶赴现场增援和公安、卫生、环保、武警、驻军部队等相关力量千余人到场协助开展灭火救援工作。经过6 h的扑救，抢救、疏散遇险人员179人，保护了医院综合楼及5 000余万元医疗设备的安全，火灾被彻底扑灭。火灾共造成37人死亡，28人重伤，2名消防官兵受轻伤，烧毁建筑面积5 714 m^2，火灾直接损失821.921 4万元。

一、事故单位基本情况

辽源市中心医院位于吉林省辽源市龙山区东吉大路150号，占地面积62 000 m^2，建筑总面积43 000 m^2，医院东邻医院住宅小区，南邻明珠花园小区，西邻滨河住宅小区，北邻东吉大路，路北侧为辽源市第一实验中学。

该单位建筑布局从北至南由1区、2区、3区、4区、环廊园林门诊楼和一座综合楼组成。1区至3区均为三层砖木、闷顶结构的三级建筑，建筑面积10 323 m^2；其中1区一层为急诊、CT室，二层为ICU（重危抢救科）和肾病疗区，三层为病理、预防、康复科。2区一层为手外科疗区，二层为妇科疗区，三层为耳鼻喉科疗区。3区一层为普外科疗区，二层为儿科疗区、手术室，三层为神经外科疗区。4区为四层砖混结构的二级建筑，建筑面积3 600 m^2；一层为骨科疗区，二层为循环内科疗区和血液、肿瘤疗区，三层为神经内科疗区，四层为眼科、介入科疗区。1区、2区、3区、4区建筑之间由“通廊”连接贯通。环廊园林门诊楼为三层天井式建筑，拱形透明屋顶，建筑面积5 340 m^2，南北纵向于1区和3区之间。综合楼为九层砖混结构的二级建筑，建筑面积6 800 m^2。图8—4为辽源市中心医院总平面图。

医院共有职工735人，床位686张。火灾当日登记入住病人235人（其中重患及行动不便患者71人），医院在班职工80人，另有陪护、探视人员260人，总计575人。

该单位有室内消火栓89个，并有深水井、地下储水池等其他消防设施，3区与4区之间“通廊”的二、三层均设有防火卷帘、环廊园林门诊楼与二“通廊”接合部设有喷淋水幕。火灾前因发生电路故障，导致供电中断，使单位内部消防设施无法正常

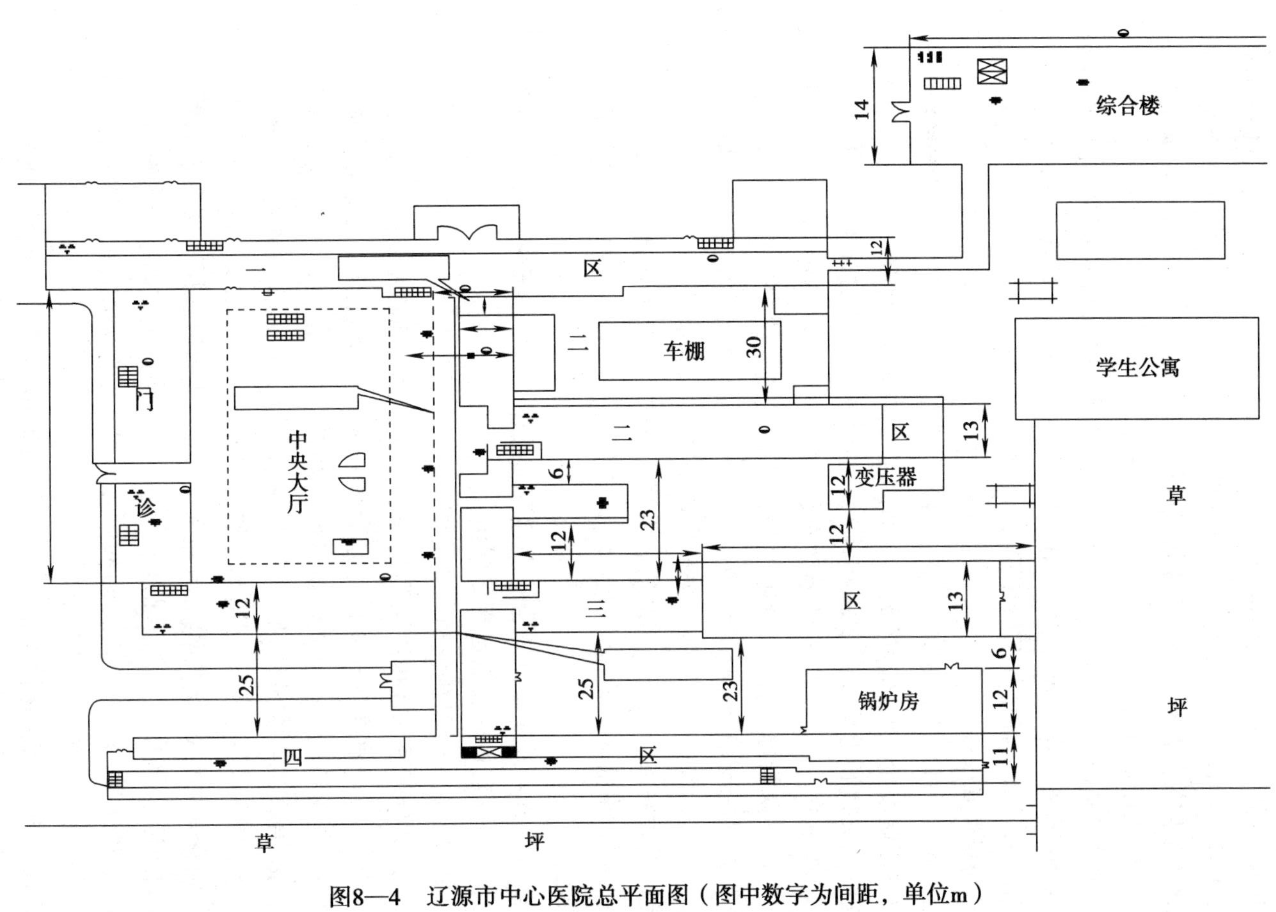

图8—4　辽源市中心医院总平面图（图中数字为间距，单位m）

启动使用。单位北侧东吉大路距该单位 5 m 有地下消火栓 1 处；距该单位南侧 45 m 为辽源市净水厂，有 2 个储量为 5 000 m^3 的水池；距该单位 700 m、1 400 m 各有 1 处消防水鹤（连接地下 400 mm 的环状供水管线，出水口径 200 mm，流量 48 L/s）。

二、火灾扑救过程

此起火灾系由于市中心医院 1 区至 2 区之间二层通廊东侧的配电室电缆沟内主电源供电电缆短路引发火灾。火灾当时气象情况：晴，西南风 2～3 级，风速 3 m/s，最高气温－7.4℃，最低气温－18℃。

1. 力量调集

2005 年 12 月 15 日 16 时 57 分 55 秒，辽源市公安消防支队调度指挥中心接到辽源市中心医院发生火灾的报警后，立即调派市区龙山、特勤、西安、电厂公安消防中队及支队机关执勤力量，共 18 辆消防车（其中 13 辆水罐消防车、2 辆举高消防车、1 辆器材消防车、1 辆抢险救援消防车、1 辆通信指挥消防车）、82 名指战员赶赴现场，同时向支队指挥员报告。支队指挥员在赶赴现场途中，命令指挥中心立即调派东辽、东丰两县公安消防中队全部力量共 7 辆消防车（其中 2 辆举高消防车、5 辆水罐消防车）、35 名指战员和市区矿务局专职消防队 1 辆水罐消防车、6 名指战员赶赴现场增援；同时向市公安局、市政府和省消防总队报告，提请政府立即启动《辽源市重大火灾、灾害事故应急救援处置预案》，调集公安、医疗救护、武警和驻军部队到场参加救援。

17 时 25 分，总队接到报告，立即调动长春、四平、通化三市公安消防支队共 20 辆消防车、100 名指战员赶赴现场增援。

2. 集中力量抢救被困人员

17 时 02 分，辖区龙山中队到达现场，经侦察发现 3 区顶层火势已突破屋顶，2 区、3 区之间的“通廊”和 4 区三层、四层大火燃烧猛烈，大部分房间窗口向外喷火，中部房间窗口内已有火光，窗口玻璃爆裂，浓烟滚滚；1 区、2 区的三层冒出浓烟，东侧综合楼也有大量浓烟，1 区北侧出口有大量人员向外逃生；4 区西侧三层、四层多个窗口和 3 区三层与“通廊”的连接处北侧窗口以及 3 区与 4 区之间三层“通廊”的顶部平台有数十人呼喊“救命”，有人已从 4 区三层、四层窗口跳楼，4 区二层有人利用床单向下逃生，情况万分危急。中队指挥员立即组织力量全力救人，命令两个战斗小组利用 6 m 拉梯、9 m 拉梯等器材实施救人，同时出水枪保护窗口处浓烟中的被困人员，控制火势，配合救人行动。

17 时 08 分，特勤中队全部力量和正在支队指挥员到达现场。此时，整个医院已被浓烟笼罩，1 区中部房间起火、2 区火势已突破屋顶，猛烈燃烧，贯通各区域的“通廊”及 3 区、4 区的火势已连为一体，并迅速向其他方向蔓延。支队立即成立了火场指挥部，将“救人第一，全力抢救、疏散被困人员”作为火场的主要方面，并将现场划分为6个作战区域，由支队指挥员靠前指挥作战，在1区北侧、南侧，2区北侧、南侧，3区北侧、南侧、西侧，4区北侧、南侧，全面展开救人行动。同时，派专人负责组织后方供水和侦察组对现场情况实施进一步侦察。

随后，市公安局长带领有关人员赶到现场，立即组织人员对现场实施警戒、维护秩序，并组织公安、武警和卫生部门协助消防官兵展开疏散救人工作。

辽源市市委、市政府领导到场后，及时对抢救工作作出安排部署。一是首先全力救人，尽最大可能减少人员伤亡。二是加强组织协调。启动应急预案，紧急成立了市领导任总指挥的抢险救援总指挥部，立即组建了灭火指挥组、伤员救治组、善后工作组、综合协调组、后勤保障组、媒体协调组等工作小组。市级领导、军分区和辽源驻军首长、中省直单位领导、市直部门和县区负责同志近200名，赶到现场，协助抢险救灾。

17时12分，支队火场指挥部命令到场的龙山中队、特勤中队迅速成立7个救人小组，在水枪掩护下，全力实施救人。龙山中队3个救人小组，分别在3区东侧北部与“通廊”夹角处、4区中部与“通廊”夹角处、2区南部与“通廊”夹角处利用9 m拉梯进入室内实施救人，先后抢救出41名遇险人员。同时，分别在4区中部与“通廊”夹角处、3区东侧北部与“通廊”夹角处、2区南部与“通廊”夹角出水枪，掩护救人行动。在实施救人的过程中，2号车驾驶员听到2区东侧1层平台上有大量人员呼救，便竖起拉梯将自行疏散到平台上25人员疏散出。特勤中队4个救人小组分别在1区西侧二层和三层、4区南侧中部三层和四层、4区和3区之间的西侧部位利用6 m拉梯、9 m拉梯和举高消防车等装备器材实施救人，先后抢救出28名遇险人员。

17时20分，电厂中队2辆水罐消防车、7名指战员和西安中队3辆水罐消防车、11名指战员到达现场。指挥部命令两个中队分别成立2个救人小组，各出1支水枪掩护救人。西安中队2个救人小组在1区东侧三层、1区中部二层利用6 m拉梯、9 m拉梯等器材进入室内实施救人，先后抢救出39名遇险人员；并在1区东侧南部出1支水枪掩护救人。电厂中队2个救人小组在3区西侧南部三层、4区西侧北部三层、4区东侧三层、四层利用拉梯与挂钩梯连挂、室内疏散楼梯救人，先后抢救、疏散出36名遇险人员；并在3区、4区之间“通廊”的西侧出1支水枪掩护救人。

17时25分，3区和附近“通廊”顶部屋架坍塌。17时30分，2区和附近“通廊”顶部屋架坍塌，1区三层闷顶火势猛烈。

17时32分，东辽中队3辆水罐消防车、1辆登高平台消防车、20名指战员到达现场。迅速按照火场指挥部的命令，出1支水枪在1区东侧通向综合楼“通廊”顶部堵截火势发展蔓延；并成立3个救人小组，利用6 m拉梯、举高消防车、室内疏散楼梯分别在1区东侧一层平台、1区西侧一层、4区西侧四层先后抢救、疏散出10名遇险人员。

在救人和控制火势的过程中，火场指挥部通过医务人员了解到，位于3区东侧一层的氧气充装间及仓库内有67个氧气瓶和1台氧气充气机受火势威胁。火场指挥部立即组织消防和武警官兵实施搬运疏散。在搬运出全部氧气瓶后不到5 min，大火便迅速蔓延过来，由于疏散及时，消除了氧气瓶受热爆炸的危险。

18时20分，正在赶往现场途中的消防总队长通过电话向火场指挥部作出五点指示：一是集中一切力量，运用一切手段，全力抢救被困人员；二是明确主要方面和主攻方向，对火势进行有效控制，防止火势威胁被困人员；三是认真做好参战官兵的安全防护，救人和灭火战斗行动要严密组织，坚决禁止盲目行动；四是现场救援工作要在当地政府的统一组织和领导下进行，与相关部门搞好密切配合；五是组织专人收集掌握现场情况，搞好信息报送工作。

18时33分，东丰中队2辆水罐消防车、1辆登高平台消防车、15名指战员到达现场。火场指挥部命令东丰中队迅速利用登高平台消防车在1区东侧出1支水枪堵截二层、三层火势向综合楼蔓延；在1区二层西侧北部利用6 m拉梯出1支水枪控制火势向透析室蔓延。图8—5为灭火救人总体力量部署图。

18时40分，1区和附近“通廊”顶部屋架坍塌。

火灾发生时，辽源市中心医院的医务人员积极疏散各疗区的患者和陪护、探视人员。消防部队到场后，辽源市中心医院的医务人员积极协助消防指战员营救疏散被困人员，避免了更大人员伤亡。

3. 调整部署，强攻近战，保护重点部位和贵重医疗设备

19时02分，总队指挥员到达现场，在简要听取情况汇报后，立即接替指挥权。命令各阵地继续全力抢救疏散被困人员，控制火势发展。随后，深入现场进行全面侦察，了解情况。通过询问医务人员得知：建筑内部可能还有人员被困；3区东侧二层手术间有价值1 000多万元的进口手术设备，2区、3区之间一个与“通廊”连通的三层建筑内一层存放的C臂X光机等价值2 000多万元的进口精密仪器受到火势威胁；1区东侧一层门诊部内有16层螺旋CT机，1台核磁共振治疗仪和1台普通螺旋CT机（价值2 000多万元），1区二层西侧透析室内的大量透析设备，受到火势威胁。

在对火场情况进行详细侦察基础上，火场指挥部研究决定：各救人小组在水枪掩护下，继续深入内部实施救人。同时，调整力量控制火势蔓延，保护1区东侧综合楼和一层门诊室、1区二层西侧透析室、3区东侧手术间、2区和3区之间建筑内的精密仪器设备。火场指挥部命令东辽中队和特勤中队各出1支水枪在3区东侧堵截火

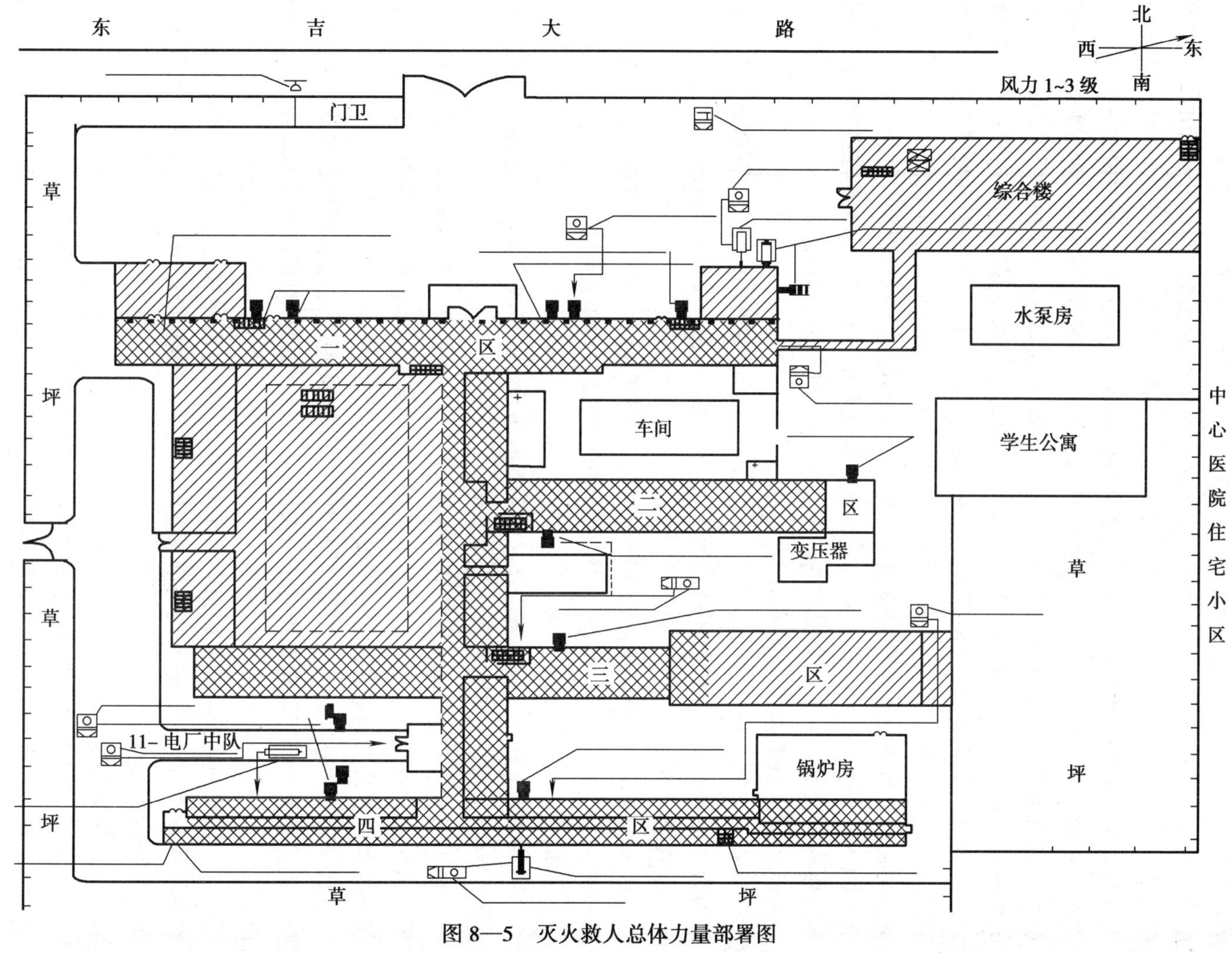

图8—5　灭火救人总体力量部署图

势，保护手术室内贵重仪器和设备的安全；东辽中队在1区西侧利用登高平台消防车出1支水枪堵截火势向二层西侧透析室蔓延；四平支队力量利用6 m拉梯出2支水枪深入建筑内部控制火势，保护C臂X光机等进口精密仪器；通化支队梅河口大队出1支水枪在1区东侧设置阵地，近战阻截火势向综合楼方向蔓延，同时阻止火势向一层门诊室蔓延。总队战训处、后勤处领导负责协调相关力量协同作战，确定利用距该单位5 m的北侧东吉大路地下消火栓铺设水带直接向现场供水，同时使用距现场45 m的净水厂和距医院700 m、1 400 m的消防水鹤运水供水，保障供水不间断。19时10分，19时38分通化支队梅河口大队2辆水罐消防车、12名指战员和四平支队8辆水罐消防车、28名指战员分别到达现场，火场指挥部命令为前方阵地供水。经过指战员英勇奋战，各重点部位和贵重设备、精密仪器都得到了有效保护。

20时25分，火场指挥部又及时对现场作战力量进行调整：“实施强攻近战，迅速控制火势发展，为指战员深入内部搜救人员扫清障碍，创造条件”。

21时许，火势基本得到控制。

21时，长春支队10辆消防车、60名指战员赶到现场。火场指挥部命令所有车辆为前方水枪阵地供水，同时组成搜救小组，准备进入现场搜救被困人员。

4. 集中力量，全力搜救遇难人员

21时30分，火场指挥部命令所有力量，对医院所有房间进行搜救，扑救残火。

22时20分，第一次搜救工作结束，搜救出22具遇难者尸体。

23时许，大火被彻底扑灭。

23时05分至16日2时25分，火场指挥部又组织参战力量连续进行了3次“拉网式”搜救工作，又搜救出部分尸体残骸。

16日凌晨2时30分，为了不影响各地区的执勤工作，火场指挥部决定长春、四平、通化支队以及东丰、东辽两县的增援力量全部返回本单位投入执勤。现场搜救工作由辽源市区公安消防和武警、公安、卫生等力量负责。

16日凌晨4时，火场指挥部根据现场废墟可能埋压遇难者尸体的情况，组织消防、武警和卫生部门对现场进行了再次清理，又搜救出少量已经严重烧损的遇难者肢体。

在5次拉网式搜救的基础上，16日中午火场指挥部再次组织300多名驻军官兵，对现场进行最后清理，未发现遇难者遗体。至此，现场搜救工作全部结束，先后共找到22具遇难者遗体。

三、经验总结

1. 造成火势迅猛发展和众多人员伤亡的主要原因

（1）建筑耐火等级低，内部结构复杂，并存有大量易燃或助燃的医用设施和物品。起火的 1 区至 3 区建筑均为闷顶、砖木结构，耐火等级低、构造复杂，尤其是“通廊”的二层、三层与 1 区连接处为木质楼板，“通廊”的三层顶部与 1 区闷顶相连。着火后，燃烧猛烈、蔓延迅速。同时，医院存有大量的病床、桌椅、被褥、办公设施、酒精、碘酒等易燃物品，氧气管路遍布各区房间，大大增加了火灾荷载。

（2）报警晚，失去了抢救、疏散人员和控制火势的最佳战机。据调查，当晚 16 时 10 分医院突然停电，16 时 30 分许值班电工手动启动备用电源后，配电箱产生电弧和烟雾，引发火灾。在自救无效的情况下，于 16 时 57 分打电话报警，前后延误了 39 min。消防力量到场时，2 区、3 区、4 区及“通廊”火势猛烈、浓烟滚滚，大量人员因无法及时逃生而被困险境。

（3）中心部位起火，“烟囱”“风洞”效应较强，使火势迅速发展蔓延。起火部位位于建筑中心部位的中间层“通廊”中部，火势迅速沿“通廊”、楼梯、各种竖向管井、孔洞和闷顶等向东西和南北方向呈立体蔓延，使各区建筑短时间内迅速起火燃烧；1 区至 4 区建筑南高北低，相对封闭，刚刚发生火灾时，医护人员为了防止住院患者免受浓烟熏呛，打开部分窗户排烟、通风，并在组织人员疏散时打开通道门、窗，形成了建筑内部的“烟囱”“风洞”效应，为火势迅速发展蔓延创造了条件。同时，位于 3 区、4 区接合部二层、三层的防火卷帘因断电未能及时启动，也是火势迅速向 4 区发展蔓延的因素之一。

（4）患者、医务人员、陪护探视人员多，疏散抢救难度大。医院人员密集，发生火灾后患者和陪护、探视人员对内部疏散通道情况不熟悉，一部分危重患者、瘫痪病人、手术后患者都无法自行疏散，只能等待医护和救援人员施救。

2. 始终贯彻“救人第一”的指导思想，积极抢救被困人员

在整个作战行动中，火场指挥部自始至终坚持“救人第一”的指导思想，自始至终将抢救被困人员和搜救遇难人员作为主要任务和主要方面。迅速成立救人小组，合理部署水枪阵地，掩护救人，分别利用云梯消防车、登高平台消防车、6 m 拉梯、9 m 拉梯、拉梯与挂钩梯联挂、强攻深入内部利用疏散楼梯、救生担架、安全绳和病床上的床单等多种手段，采取背、抱、扛、抬等多种方法实施救人，成功抢救和疏散遇险人员 179 人。

3. 正确处理救人与灭火的关系，有效控制火势

此次火灾燃烧面积大、被困人员多、蔓延速度快，情况极其复杂，现场指挥员在组织力量全力抢救和疏散被困人员的同时，正确运用“强攻近战，重点设防，堵截包围”等战术方法，适时调整部署，有效地保护了各重点部位价值 5 000 余万元的贵重设备和精密仪器，并保证了毗连综合楼的安全。

4. 准确判断、果断决策、靠前指挥

火情侦察是全面了解火场情况、准确判断火场形势的有效手段，是实施灭火救援工作的首要任务。辖区龙山中队第一到场后，迅速成立侦察小组对现场情况进行初步侦察，并及时向上级指挥员报告了有关情况，同时结合侦察情况，将抢救疏散遇险人员作为首要任务；支队指挥员到场，立即成立了火场指挥部，并从东、西两个方向对火场情况进行全面侦察，将“采取各种有效方法和手段，全力疏散和抢救被困人员”作为火场主要方面，全力展开救人行动。总队指挥员到场后，立即深入现场进行细致的火情侦察，根据现场情况，协调指挥长春、四平、通化支队增援力量，全面实施救人的同时，保护贵重进口精密仪器设备和毗连综合楼的安全，确保了灭火救援作战行动取得实效。在火灾扑救中，各级指挥员深入一线靠前指挥，为全体官兵作出了表率，极大地鼓舞了全体参战官兵的斗志。

5. 在政府和公安机关统一领导下，各参战力量协同作战

火灾发生后，辽源市委、市政府及时启动《辽源市重大火灾、灾害事故应急救援处置预案》，迅速调集了公安、交通、医疗救护、武警和当地驻军等相关力量到场增援。市委、市政府、市公安局领导也及时到场指挥灭火救援工作。火场指挥部在积极抢救被困人员、有效扑救火灾、保护重点部位的同时，及时向市委、市政府、市公安局领导汇报情况，贯彻执行上级指示，积极协调其他参战力量协同配合，并肩作战，有效完成了火场搜救、警戒和运送伤员等任务。总队接到报告后，立即启动跨区域作战方案，迅速调集长春、四平、通化支队力量到场增援，总队领导到场后及时接替现场指挥，协调现场公安、武警、驻军部队、医疗卫生部门等参战力量，密切配合，确保了现场灭火救援工作的顺利实施。

第九章　交通运输业火灾应急预案编制与应用

随着交通运输工具种类日益增多，如超级货轮、大型飞机、气垫船、双体客船、双层汽（列）车、高速列车、轻轨列车、磁悬浮列车等，交通运输业正在逐渐向大型化、多样化、复杂化的方向发展，人员及货物的相对集中、电力或燃油的大量使用、运输工具的高速运行等因素，带来的火灾及其他事故也相继出现。制定事故应急预案，防止突发交通工具的火灾或其他事故（件）发生，并在事故及灾害发生后迅速有效地控制处理，最大限度减轻事故及灾害造成的损失，显得尤为重要。

第一节　交通运输业火灾危险性和特点

一、飞机火灾危险性和特点

飞机是用来运载旅客和邮件，联络国内中心城市和边远地区，或国际城市往来的现代化交通工具。近几年来，随着航空运输业的发展，各个干线、支线航班不断地增加和服务质量的不断提高，带动了旅游市场、假日运输等发展。航空运输业的迅速发展，带来的火灾危险性和不安全因素亦在不断扩大和增多。与此同时，国内外飞机火灾事故也时有发生，2002 年 5 月 7 日，中国北方航空公司的 CJ6136 客机在机舱失火后，坠入大连附近海域，机上旅客和机组人员共 112 人全部遇难。2003 年 4 月 15 日，中国国际航空公司飞往韩国的 CA129 航班客机在韩国釜山不幸坠毁，机上 166 名旅客和机组人员中，仅有 38 人幸存。飞机一旦发生火灾，往往会造成重大财产损失和人员伤亡。

1. 飞机的基本结构

飞机主要是由机身、机翼、尾翼、驾驶舱、发动机吊舱和起落架等构成，如图 9—1 所示。

（1）机身

机身是飞机的主体，又叫机舱，它是由骨架（桁梁、桁条、隔框）、地板骨架和蒙皮铆接而成的长筒形气密增压舱，如图 9—2 所示。机身主要用于装载人员、货物、

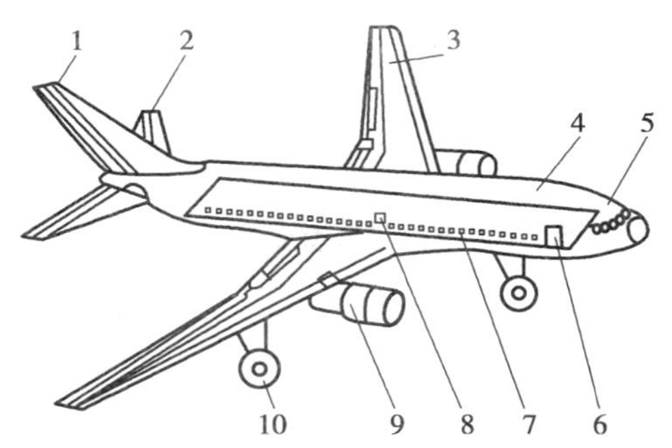

图 9—1　飞机的主要构成图

1—垂直尾翼　2—水平尾翼　3—机翼　4—机身（机舱）　5—驾驶舱　6—前舱门　7—机舱舷窗　8—紧急窗口　9—发动机吊舱　10—起落架

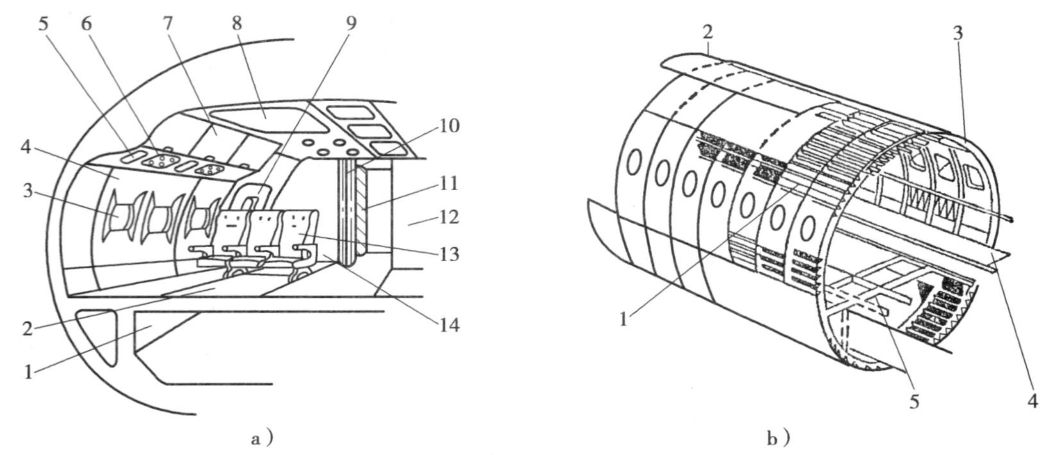

图 9—2　机身的组成构造

a）舱内情况

1—行李货舱　2—客舱地面　3—舷窗　4—客舱侧壁　5—氧气罩　6—空调口　7—物品箱　8—天棚口　9—舱门　10—帘布　11—厨房　12—厕所　13—坐椅　14—间隔壁板

b）机身构造

1—桁条　2—蒙皮　3—隔框　4—地板　5—地板骨架

燃油多种设备和其他物资，还用于连接机翼、尾翼、起落架和其他有关的构件，使其连成一个整体。机身内一般都设有客舱、驾驶舱、行李舱、服务舱、辅助舱（厕所、衣帽间、餐室）和通风保暖、照明、供氧和消除噪声等设备，机身根据需要设有舱门、舷窗和应急出口等。除此，机身上还标有明显的破拆位置标志符号，以供消防员在紧急情况下破拆救援。

（2）机翼

机翼固定在机身两侧，控制飞机的起飞降落。上面安装有 2～4 个发动机吊舱，燃料油箱，控制系统，起落架舱等。

一般小型民航飞机的机身长为 13～24 m，机体高为 4～8 m，翼展宽为 18～29 m，占地面积约为 240～670 m^2；中型民航飞机的机身长为 26～53 m，机体高为 8.5～13 m，翼展宽约 30～44 m，占地面积为 800～2 300 m^2；大型民航飞机机身长为 50～70 m 以上，机体高为 15～20 m 以上，翼展宽为 45～60 m 以上，占地面积 2 400～4 500 m^2。

（3）驾驶舱

驾驶舱位于机身最前部，与客舱用隔板分开，里面有驾驶，导航、通信等仪器设备，舱壁上密布各种仪表和控制键。

（4）水平尾翼

机翼的一部分，水平固定在机尾两边，控制飞机的纵向平衡。

（5）垂直尾翼

机尾的一部分，垂直固定在机尾中间，控制飞机的定向平衡。

（6）发动机吊舱

发动机吊舱为流线型，用于装载发动机，在主机翼下对称安装或安装在机身尾部两侧。一般小型民航飞机有 1～2 部发动机。中型民航飞机有 2～3 部发动机。大型民航飞机有 3～4 部发动机。

（7）起落架

起落架是飞机的降落装置，上面有支架、轮胎和减震装置。起飞后可缩折收入机身和机翼内，以减少飞行时产生的摩擦阻力；降落时放下。

（8）舱门、滑梯与紧急出口

为了方便乘客和机组人员上、下飞机或在紧急情况下脱险的需要，飞机上设有客舱门、驾驶舱门、紧急出口，并在舱门部位设有紧急疏散滑梯。由于飞机种类很多，其舱门、滑梯和紧急出口设置的部位及使用、开启方法并不一样。

2. 飞机火灾原因

引起飞机火灾事故的原因是多方面的，主要有设备故障、人为因素和环境因素等。飞机火灾的统计资料表明，在飞机火灾事故中，69%发生在机场，19%发生在机场外，12%发生在飞行中。飞机在机场内的出事地点，一般在机场全跑道或附近区域，其中有 80%以上是在主跑道及其两侧各 150 m 和跑道两端各 1 000 m 以内区域。飞机发生火灾事故最多的部位是飞机发动机、起落架、燃油系统以及客舱、货舱和休息室等。

（1）发动机故障

发动机失灵造成突然停车，其原因可能是由燃油和供油两方面引起的，如燃油中含水量过多，供油量过少，出现气塞，汽化器结冰等，都可能造成发动机停车。如果操作不当引起爆轰，造成汽缸头或活塞结构损坏；推油门过猛，使供油量突然增加，燃油区的混合气富油过多；以及在高空用大转速飞行时，都会导致压气机的喘振，造成压气机和发动机的损坏，使发动机失灵停车。飞机发动机停车后，涡轮发动机的高温可持续 30 min，活塞发动机的高温可持续 10 min，可能引发可燃蒸气的燃烧。由于发动机内部及其进、排气管的温度极高，是最危险的点火源，如果供油管路漏油或燃油区富油过多，将出现发动机冒烟或起火现象。发动机突然爆炸，其主要原因是发动机内部的机械故障，高速裂解零件飞出；或润滑油阻塞，轴承过热等。

（2）起落架故障

1）起落架轮子着火。起落架的轮子一般是镁合金制作的，熔点为 615℃，属难燃材料，但在温度超过 600℃的情况下，可发生燃烧爆炸，而且扑救困难。飞机滑行时，轮子可达 100～400℃；起飞或着陆时，突然停车、紧急刹车会产生 1 000℃以上的高温。因此，飞机在起落时，可能因滑行时间过长、起飞或着陆时突然停车或紧急刹车产生的高温，使镁合金轮子着火。

2）飞机轮胎着火。随着飞机的大型化，飞机的自重和载重量越来越大，轮胎与跑道路面摩擦产生的高温可达 160～200℃，已经达到或超过橡胶的自燃点，使得飞机在起飞和着陆时非常容易出现轮胎着火现象。特别是合成橡胶轮胎，在与跑道路面高速摩擦时，轮胎的胶质会发生分解，产生可燃气体，引发燃烧爆炸。如果起落架出现故障，轮胎瓦圈不能转动，橡胶胎局部摩擦产生的高温更容易引发冒烟、起火甚至爆炸。

3）液压油着火。飞机的起落架是靠液压制动的，液压油属可燃液体。在液压泵的作用下，液压功率和工作压力都很大，一般大型飞机液压系统的传动功率可达 2 500 kW，工作压力达 14～28 MPa，如此大的功率和工作压力，必然会引起液压系统的高温，其中高速飞机的工作温度可能超过 200℃，接近液压油的燃点。如果起落架的减振器密封不好，出现渗油、漏油等情况，就会造成液压油着火或液压系统的物理性爆炸。

4）减振装置失灵。由于飞机着陆质量很大，如果减振装置未能达到减振要求，使承受压力超过了减振限度，会造成轮胎液压管或振塞失效，造成减振栓损坏，减振栓向上运动碰撞主翅或刺穿主翅，造成主油箱破裂，容易引发火灾。

5）机械故障。起落架发生机械故障，制动装置被卡住，驾驶员操作液压系统失控，会造成受影响的部件温度升高，导致火灾。因起落架放不下来，收不进去，使飞机不能正常飞行或安全着陆，在迫降时机身发生擦伤、插地或受强烈振动，可能引起飞机起火。

（3）燃油系统故障

飞机的燃油系统包括油箱、油泵、接头、过滤设备、喷嘴及测量指示仪表等。燃油系统如果发生火灾，会对飞机的安全构成严重威胁。

1）燃油泄漏。油箱焊接质量不好或管路接头、闸门等部位衔接、密封不紧，使燃油出现渗漏；油箱、油管因飞机振动或突然撞击，造成开裂或断开；飞机相撞或与建筑物相撞时，将油箱、油管撞坏；飞机坠毁时，将油箱、油管摔坏；飞机加油时，因接口不匹配或连接不好、密封不严、油箱自控装置失灵、加油过量出现冒顶或加油设施故障、输油管开裂等，都可能引起燃油泄漏。

2）油品质量差。燃油中含有水分或铁锈、铁屑、沉淀物等杂质时，会造成供油不畅通，限制燃油流量；极易引起油量表、燃油分配阀、油泵和喷嘴等卡阻或失灵，影响发动机正常工作，降低发动机功率。严重时可能导致发动机停车。

3）燃油产生静电。燃油尤其是航空煤油极容易产生静电，而且能够聚集电荷产生很高的电位，对燃油、飞机构成严重威胁。

4）驾驶操作不当。飞机驾驶员在操作时油门过大、过猛，使油量突然增加过多，燃油区的混合气富油过多，燃烧后温度便会突然升高，燃气压力迅速增大。出现机尾喷口喷火事故，对飞机安全构成严重威胁。

（4）飞机设备不良

飞机驾驶舱或客舱设计缺陷，会导致事故或火灾。飞机内部有许多轴承及转动摩擦部位，由于机件松动、破损、缺油，飞机开动后会出现高温，可能引燃附着的油垢或附近的可燃物，导致火灾。飞机带“病”飞行或不按维修条例规定和安全操作规程引起火灾。机上氧气系统的部件接触油脂、污垢发生燃烧引起火灾爆炸事故。

（5）电气系统故障

飞机的电气系统包括发电机、蓄电池等电源设备和复杂的电气线路，电动机、电热设备、电器附件、仪器、仪表等用电设备，整个机身内都布满各种电气线路和设备，起火因素很多。主要有短路、过载、接触电阻过大、电热设备使用不当等。

（6）人为因素

1）飞机的机舱、客舱等存在大量的可燃材料，包括木质材料、玻璃钢、有机玻璃、聚氨酯泡沫塑料、橡胶、纺织品等，相应的制品多为易燃或可燃材料。如果空勤人员、地面维修人员、机上服务人员或乘客等，在驾驶舱、客舱、货舱、机上厕所等处吸烟，烟头、火柴梗随地乱扔，可能引燃周围可燃物，造成飞机火灾。

2）地面机务维修人员使用临时照明灯具，进行脱漆、喷漆和清洗，甚至同时进行气、电焊等危险作业，尤其是带油检修飞机，焊接油箱、油管等之前未彻底清除燃油，也没有采取必要的防火措施，极易造成飞机火灾。

3）恐怖组织和犯罪分子劫机、炸机或纵火破坏。易燃易爆危险品带上飞机引发火灾。

（7）飞机撞击与坠落

1）飞机起飞或降落时，受到飞鸟的突然撞击，可能造成发动机或机轮损坏，导致火灾事故。

2）通信导航联系中断或航行指挥上的失误及飞行人员对调度指挥产生误解，都有可能造成撞机坠毁的重大恶性事故。

3）迷雾大、能见度低，飞机在起飞或降落时找不准跑道，出现偏离、冲出跑道，或发生飞机与飞机、飞机与其他车辆相撞以及撞到建筑物等地面固定物上，使飞机遭到破坏或爆炸起火。

4）大风、大雨天气或大雪覆盖跑道时，飞机的起飞、着陆容易偏离跑道或冲出跑道造成火灾或其他事故。

5）因雷电袭击及风切变影响，飞机误入雷云层中，遭受雷击，造成飞机失火坠毁。如2000年6月22日，一架由湖北恩施飞往武汉的“运七”飞机在武汉市汉阳长丰上空遭遇风切变袭击，造成飞机失火坠毁，机组人员和所有乘客全部遇难。

3. 飞机火灾特点

（1）可燃物多

制造飞机时使用大量可燃的金属和非金属材料作零部件或装修、装饰，并且携带大量燃油、旅客行李、货物等可燃物质。

1）可燃金属材料。高强度铝合金是制造飞机机壳、框架、纵梁和翼梁等的主要材料。机壳上的铝合金板壁有厚有薄，薄的部位容易破拆；厚的部位可用电动破拆工具破拆。飞机发生火灾后，在火势猛烈的情况下，铝合金会迅速熔化。

钛合金，用以制造涡轮发动机的某些部件和高速飞机的某些主要部件。钛合金不容易点燃，但燃烧起来却异常猛烈，用常规灭火剂无法灭火；可用喷射泡沫或雾状水的方法维持到钛合金部件烧完，保护周围的飞机结构不被损坏，采用钛合金的部位较易破拆，但破拆时容易产生火花。

镁合金，用以制造起落轮毂、发动机托架、螺旋桨发动机机轴箱、涡轮发动机的压气机铸件等。镁合金不易点燃，但燃烧起来也相当猛烈，只能用特殊灭火剂（如7150）将其扑灭。用大量射水的方法可以控制其燃烧，保护周围的结构不被损坏。

镍合金，用以制造发动机部件，加固高速飞机的外壳。镍合金薄皮用动力破拆工具很容易破拆，但破拆时会产生火花。

2）可燃非金属材料。木材用于某些飞机的内部装修，这类材料当温度达到250～350℃时，就会发生燃烧。

塑料用于机身内许多部件和内装修，这些塑料多为可燃物品，有的虽然加过阻燃剂，但在火灾情况下，不仅能燃烧，而且会产生有毒气体。

橡胶制品在飞机上使用的地方很多，飞机轮胎就是橡胶制品。天然橡胶的主要成分是异戊二烯合成橡胶，主要成分是丁二烯和苯乙烯，这些物质都是易燃物品。

纺织品用于制作机身内的坐椅套、帘幕、地毯等，舱内旅客的服装和物品也大多数是纺织品。它们遇火能发生燃烧，有的虽然作过阻燃处理，但在大火情况下，特别是地毯的经线仍会发生燃烧。

3）燃油。飞机航行时携有大量的易燃可燃液体，主要有航空煤油、汽油和喷气燃料，小型客机装载燃油量为 1 200～5 000 L，中型客机装载燃油量为 10 000～100 000 L；大型客机装载燃油量可达 170 000 L 以上。可以看出，一架飞机就相当于一个小型油罐，所携带的燃油量相当或大于一个中型加油站的储油量。如果油箱开裂，输油管断裂，燃油就会到处流散、蒸发，遇到火源、热源或微弱的火星便会引起燃烧或爆炸。

4）旅客的行李和货物。货运飞机或客机的货舱内装载着旅客的行李和货物，其中 70%～80%属于可燃物品。大型飞机可以装运上百吨甚至几百吨货物，有些货物本身可能是难燃物质，但它的包装或衬垫材料大多是可燃物品，特别是托运化学危险品，尽管有数量限制，但集中在一架飞机上数量也相当可观。如果飞机发生火灾，可燃物越多，可燃物品的燃烧性能越强，燃烧速度就越快，火势发展也越猛烈，扑救火灾的难度也就越大，造成的损失也越严重。

（2）火灾危险部位多

飞机上的主要火灾危险部位有燃油箱、润滑油箱、电池组、汽油燃烧加热器，液压液剂储存器。如图 9—3 所示为飞机上的主要火灾危险部位。

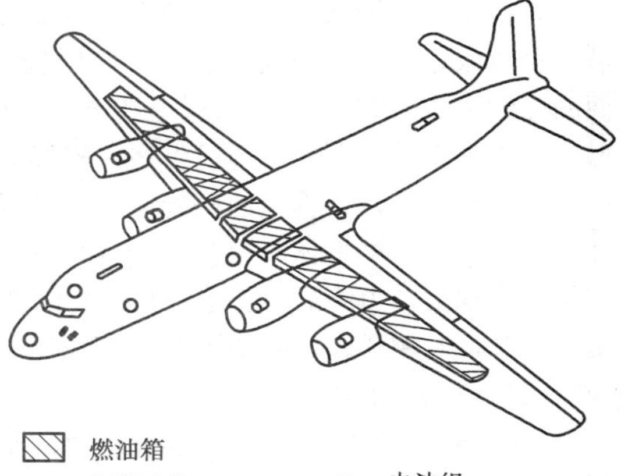

图 9—3　飞机上的主要火灾危险部位

1）燃油箱一般设置在机翼内，有些油箱穿过机身，其余的均装在内外侧发动机上，有软油箱、硬油箱之分。软油箱，又称为囊式油箱，燃料油储存在胶袋内，软油箱在火灾情况下易破裂，使大量燃油泄出流淌燃烧；硬油箱一般用硬质塑料制成，着火后易发生爆炸。燃油箱相互连通，并有供给阀。

2）润滑油箱一般设在发动机吊舱内，有些设在发动机防火壁后面，有些设在防火壁前面。电池组一般设在前部，外壳有标记。飞机坠落后如果没着火，应立即将主要线路切断或拆除。汽油燃油加热器设在机翼、机身或尾部。液压液剂储存器设在机身前部或靠近机翼根部。

（3）火势燃烧迅猛

飞机机翼和机身内载有大量的燃料油，如果油箱开裂，输油管断裂，燃油就会到处流散、蒸发，遇到火源、热源或微弱的火星便会引起燃烧或爆炸，一般在火灾发生后的 1～2 min 就会形成熊熊大火。

火灾不仅会引燃飞机上大量的可燃物品，也会使部分本身不燃的合金材料发生猛烈燃烧。例如，钛合金在一般情况下不易燃烧，但它的熔点仅 135～160℃，属火灾危险性金属材料，在火灾发生时，它不仅能够燃烧，而且火势异常猛烈。机身都是金属结构，具有良好的导热性能，某一局部起火，热量会迅速传导到机身各部位。

有时飞机是在冲出跑道时起火，此时机身往往已断裂；也有的是坠落时起火，这时飞机则已粉身碎骨，它的残骸会散布到很大的范围，还可能引起地面建筑物和其他可燃物燃烧，这类火灾的覆盖范围会更大。

（4）人员疏散困难

客机上旅客较多，少则几十人，多则几百人。由于受飞机结构的限制，机上的疏散途径有限，大多数飞机只有 2～3 个机舱门，而且舱门宽度仅约 1 m，舱门口离地面高度约为 2～8.5 m；舱内通道狭窄，仅能容 1 人通行。飞机着火后，旅客心情恐慌，争相逃生，更会导致通道阻塞，使人员难以迅速疏散到机外，从而造成严重的伤亡；飞机一旦坠毁，逃生的可能性更小，即使机场内着火，人员也难以迅速疏散到机外，因此而造成严重伤亡事故。例如，1982 年 12 月 24 日，中国民航 202 号客机在广州上空起火，迫降后火势迅速扩大，随即打开舱门出口，但由于疏散通道小，旅客紧张混乱，互相践踏，致使机上 69 人中有 25 人死亡，26 人受伤。

（5）舱内烟雾弥漫

飞机离开地面以后，机舱都被密封，如果客舱或货舱起火，机身内部的空气被大量消耗甚至耗尽；在氧量不足的情况下，可燃物燃烧时会生成大量的一氧化碳和大量烟尘。此时，机舱内的人员不仅会因缺氧而窒息，而且当机舱内的一氧化碳含量达到 1%时，舱内人员就会即刻致死。另外，机舱内部的塑料制品、合成皮革制品，燃烧时会生成剧毒的氯化氢、氰化氢和二氧化硫等气体，使机内人员中毒而亡。例如，1980 年 8 月 19 日，沙特阿拉伯的一架洛克希德 L—1101 三星客机，起飞后 7 min 机舱内着火，紧急返回机场降落后，没有立即打开舱门，致使机内 301 人全部中毒死亡。

（6）容易发生爆炸

飞机上的燃油箱、氧气钢瓶和轮胎等，受到高温烧烤后，很容易发生爆炸。尤其是燃油箱着火后几分钟就有可能发生爆炸。燃油箱爆炸后，大量的燃料油流淌到地面引起燃烧，严重影响消防人员的扑救工作，并有可能造成机毁人亡的严重后果。

（7）火灾的突发性强

飞机火灾有很大的突发性，往往是瞬时发生、瞬时扩大的。虽然有的飞机火灾是有先兆的，可以意识得到，如发现输油系统、电气系统和起落架故障或出现险情等，但火情的迅猛发展常常是始料不及的。有的飞机本身并未出现故障或险情，只是在起飞或降落时轮胎突然爆破，冲出跑道；或在飞行中突然撞到建筑物、构筑物、山岩等，发生爆炸起火。

（8）火灾地点不定

飞机发生火灾事故，主要是在起飞、降落或运行中，导致事故地点具有不确定性。据国际民航组织的资料统计，飞机火灾约 90％发生在起飞和降落的过程中，由此可见，扑救飞机火灾的战斗绝大多数是在跑道上进行的。飞机在飞行过程中着火，失去控制或没有可供降落的场地时，则可能会坠落在任何地方，如人口密集的城区、水域、田野、草原、山区等，有些地方没有道路，使消防人员的灭火救援行动非常困难。

（9）火灾扑救困难

如果飞机因碰撞起火，舱门和紧急出口有时可能会变形而无法打开，需要进行破拆，但机身的金属材料非常坚硬，破拆需要一定的时间，而机上的人员在几分钟内可能会因高温、缺氧、中毒死亡。

如果飞机因坠毁起火，其中大部分人可能已经死亡，幸存者也常被压在坐椅和金属板下面，搜寻抢救有一定的困难。

如果飞机在飞行中起火，操作系统失去控制，又没有可供降落的机场时，飞机随时都可能坠落在任何地方，如江河中、田野里、山区、森林、草原、荒漠等，消防人员很难在短时间内赶到，救援行动也难以迅速展开。

即使飞机在机场内着火，由于机舱空间不大，通道狭窄，加上浓烟、毒气不能及时排除，也会给抢救工作造成极大的困难。

（10）经济损失和社会影响大

飞机是一种精密度高、造价昂贵的运输工具。每架飞机价值几千万元甚至几亿元，旅客的私人财产不说，由于航空港暂时关闭，给当地造成的经济损失是无法估量的。

发生火灾后影响大。每架飞机乘坐的旅客都在100人以上，既有国内旅客，也有国外旅客，发生火灾后，处置不当，会造成极大的政治影响，以及极其恶劣的心理效应。

二、轮船火灾危险性和特点

我国有漫长的海岸线和四通八达的河流，海运、河运事业都十分发达。船舶是水上运输的主要交通工具。船舶作为一个独立建筑实体漂浮在江、河、海中，船体空间小，货物密集，人员集中，发生火灾的几率和危险性也较大。据不完全统计，船舶火灾占海难事故总数的11％，居第四位，但所造成的损失却居于所有海难事故之首。

1. 船舶的分类

现代船舶种类繁多，用途各异，并日益向大众化、专业化方向发展。主要分类方法有下列几种：

（1）按用途分类

1）运输船，它是民用船舶中数量最多，吨位最大的船舶，如客船、货船、客货船、油船、集装箱船、化学品船、液化气船、滚装船、拖船、驳船等。

2）工程船，如挖泥船、起重船、浮船坞、自升式钻井船等。

3）渔业船，如冷冻加工船、拖网渔船、冷藏船等。

4）海洋开发船，如海洋调查船、自升式钻井船等。

5）港务船，如破冰船、引舰船、供应船、交通船、助航工作船、浮油回收船、消防船等。

6）军用舰船，如驱逐舰、巡洋舰、登陆舰、布雷舰、运输舰、潜艇等。

（2）按动力分类

可分为内燃机船，无动力驳船，汽轮机船，电力推进船，核动力船等。

（3）按船建造材料分类

可分为钢质船，木质船，合金船，玻璃钢船，混合材料船，水泥船等。

（4）按航行水域分类

可分为内河船，沿海船，近海船，远洋船等。

2. 船舶的结构和主要设备

各类船舶的结构比较复杂，发生火灾时，侦察火情、选择进攻路线、救人和疏散物资等战斗行动都比较困难。了解船舶的主要结构和设备，有助于灭火战斗行动的顺利进行。

船舶的种类很多，设计各不相同，设备也有差异。但就大多数船舶而言，一般均由船楼、甲板室、机舱、客货舱和船员室等构成。这里主要介绍与消防工作密切相关的客船、货船、油船的主要结构及主要设备。

（1）客船

客船是专门运载旅客的船舶。以载运旅客为主，兼运一定数量货物的船，称为客货船。客船有远洋、近海、沿海和内河客船之分。船长在 50 m 以上者，称为大型客船，船长在 30～50 m 者称为中型客船，船长小于 30 m 者称为小型客船。客船建筑高大，船楼丰满，两端呈阶梯形，船艏外瓢，整个上层建筑与船体连在一起成一流线型。中型客船为 5～6 层甲板，大型客船甲板多达 8～10 层。

客船的舱室按使用性质分为起居所、服务处所、公共处所、装货处所、机器处所和控制站等六大处所。各类处所包含有不同的舱室。客船的机舱大都设置在船体中部，只有小型客船的机舱布置在船体尾部。卖品部、理发室、厕所、储藏室等，集中在各层甲板中部机舱口四周。船员工作、居住的舱室及控制站，多布置在船艏的主甲板或驾驶甲板上。餐厅、图书室、冷藏室、配膳室，多布置在乘客较多一层甲板的尾部。客船上的货舱一般布置在主甲板下乘客住舱的两端，开口设在主甲板上。乘客居住舱室多布置在主甲板以上，驾驶甲板以下的各层甲板中部或前后部。

客货船上的货舱数量很少，舱容也小，设在主甲板下面，主要装运干货、日用百货等。

（2）干货船

干货船是专门运输除液体货物以外的其他各种货物的船舶，常见的有杂货船、散货船、冷藏船、集装箱船、滚装船、载驳船等。

1）杂货船。杂货船是运输包装、箱装、桶装和裸装普通货物的专用船舶。万吨级杂货船的长度为 130～170 m，宽度为 17～23 m，吃水深度在 8.5 m 以下，载货量为 12 000～14 000 t。船上设有 5～6 个货舱，货舱与机舱相对布置。每个货舱内设有 2～3 层甲板，甲板之间高度为 2.5～3.5 m。除舱底甲板外，其他各层甲板均设有货舱口，开口宽度约为船宽的 0.4 倍，特殊货舱开口约为船宽的 1/2，货舱均有机械自动舱盖。

杂货船载运货物的种类较其他货船复杂，且性质相互抵触的货物较多，有时一个航次所载运的货种多达几百种。除普通货舱外，船上还开有贵重货物舱（保险舱）、危险物品舱（火药库）、深油舱、冷藏舱等。这些舱室大多设在船的艏艉两端，以达到与普通货物分隔装运的目的。

2）散货船。散货船是专门装运谷物、煤和矿砂等散装货物的船舶，运输的货物品种单一，货舱开口均较杂货船大。散货船的机舱大多设在船的艉部，全船只有一层全通甲板和双层底。设有 5 个以上货舱，在货舱顶底各设有 2 个三角形的顶边舱，其作用是防止散货向一侧移动，造成船体的倾斜。双层底有向上倾斜的内底边与舷侧下部构成的底边舱，以利于集中堆放货物。散货船船上设有大抓斗、吸粮机、装（卸）

煤机、皮带输送等专门机械设备，以利于快速装卸散货。货舱口盖均为机械自动舱盖。

3）集装箱船。集装箱船是专门载运集装箱的特种船舶。船的机舱大多设在艉部和中后部。货舱比较方整，舱内无中间甲板层，货舱开口长约占船长的75%～80%，宽约占船宽的70%～80%，开口面积约占甲板面积的50%～65%。船货舱内设有组合式格栅或独立式格栅结构，格栅由柱子、水平桁材以及导轨组成，舱内可堆放货箱3～5层，甲板上可堆放货箱2～3层。集装箱按用途分为干货、冷藏、液体和动物箱等。目前，国际上已将集装箱尺寸标准化，每个集装箱按其规格可装货10～30 t。

4）冷藏船。冷藏船是专门运输易腐鲜货（如鱼、肉、蛋、水果、蔬菜）的船，有水上冷库之称。冷藏船载货吨位通常在数百吨至数千吨之间，船上一般设有4～6个冷藏舱。冷藏舱的高度、开口均较其他干货船小，舱内设有大量制冷设备，舱壁均采用隔热、防潮等材料。除冷藏舱外，船上还设有用来安装制冷压缩机等设备的冷机舱。

5）滚装船。滚装船又叫开上开下船。其运输方式是，将集装箱连同汽车作为一个单元参加营运。滚装船的船艉或舷侧有特制的水密门，船的主甲板以下设有多层甲板。当船靠岸时，水密门打开，通过铰链式大跳板与岸壁连接，车辆就可以沿跳板开（拖）上船，然后由升降甲板进入各层甲板定位固牢，即可运往各卸货港。

6）载驳船。载驳船又称子母船，是由母船、驳船和吊驳起重机组成的一个载驳船体系。母船是装载驳船的大船，与普通杂货船相似，有比较深的货舱，设有双层底，两边有垂直的边舱，上面有简单的平板式盖板。驳船是装载各类货物的小船，目前已经基本上标准化。

（3）油船

油船是专门运输散装液态油类的船舶，一般分为原油船与成品油船。油船为单层纵通甲板、单层底船。甲板和船底均采用纵骨骨架式结构；船侧有的用横骨架结构，有的用纵骨架结构。机舱设横骨架双层底。万吨级以上油船的长度为160～220 m，宽度为20～30 m，型深为10～18 m，大型超级油船的尺度则更大。

货油舱设在船的中部，不同类型的油船，其货油舱的数目也不相同，一般原油船只有几个货油舱，而成品油船往往要设20个以上货油舱。船的结构设置可以减小自由液面对船舶稳定性的影响。每个货油舱上有1个高出上甲板约1 m的圆形或椭圆形舱口，舱口盖上有一个视察孔，舱口内设有固定灭火装置。

为了防止油类渗透到其他舱室，油船在货油舱与机舱、燃油舱、干货舱、起居服务处所之间均设有隔离舱，以防止油品渗漏而引起火灾爆炸事故。隔离舱一般是横向的，由一舷至另一舷中间不隔开，其纵向长度在船长小于90 m时，小于760 mm，在船长大于90 m时，不小于900 mm。

货油泵舱根据油船的大小设置，设置 1 个泵舱的，一般放在机炉舱与货油舱之间，起隔离舱的作用。设置 2 个泵舱的，一般设在货油舱群的中部，一前一后布置，称为前泵舱、后泵舱。货油泵舱内设有货油泵、扫舱泵和专为压载舱或货油舱提供海水或清水的压载泵。为了保证压载水的清洁，防止污染造成公害，要单独设置压载泵，不可用货油泵来代替。货油泵舱有独立的海底阀，舷外设有排出口，舱底设有吸水口。

为方便装卸货油，油船上还设有各种专用管路，主要是货油管路、扫舱管路、压舱管路、蒸汽熏舱管路、连通大气的透气管等，透气管出口处装有自动呼吸阀和金属防火网。

在艉楼前端的左右两侧或面向货油舱甲板的起居处所的左右两侧，通常各装有一具固定泡沫炮和连接泡沫管枪的水带接口，供货油舱着火爆炸时灭火用。有的远洋油船，在货油舱区域设有惰性气体灭火系统，惰性气体总管上装有甲板水封，并通向每一货油舱的支管，各支管上装有截止阀。

（4）船体

1）船体结构。船体结构由船壳、内底板、甲板、支柱、各种骨架及上层建筑等组成，如图 9—4 所示。

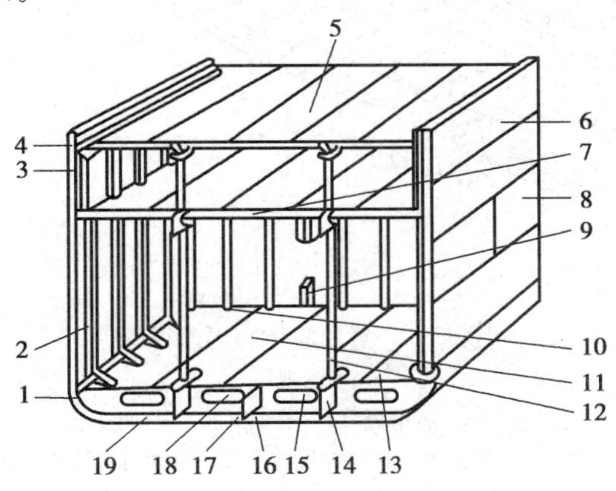

图 9—4　船体结构剖面图

1—甲板　2—舷板　3—舷角钢　4—船侧板　5—舭板　6—船底板　7—平板龙骨　8—肋骨　9—横梁　10—肘板　11—内底线　12—肋板　13—人孔　14—竖龙骨　15—船底纵桁　16—横舱壁　17—扶强材　18—支柱　19—甲板纵桁

2）船体部位。图 9—5 是以典型货船为例，介绍船体主要部位的总体布局。

艏通常指船的前端，艉通常指船的后端；左舷指从艉向艏看，在艏艉中心线左边的部分；右舷指从艉向艏看，在艏艉中心线右边的部分。

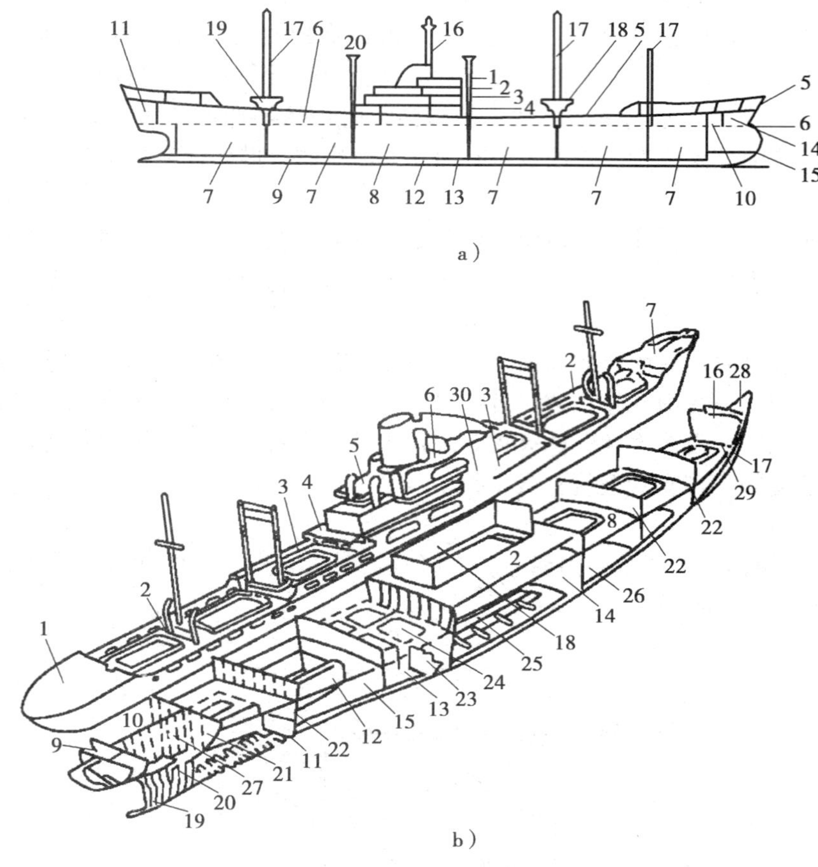

图 9—5　货船总体布局透视图

a）侧视图

1—罗经甲板　2—驾驶甲板　3—艇甲板　4—游步甲板　5—上甲板　6—下甲板　7—货舱　8—机舱　9—压载舱　10—锚链舱　11—舵机舱　12—滑油舱　13—轻油舱　14—艏尖舱　15—舱底　16—雷达柱　17—桅杆　18—前桅屋　19—后桅屋　20—起重柱

b）透视图

1—船尾楼甲板　2—上甲板　3—上层建筑甲板　4—游步甲板　5—艇甲板　6—驾驶甲板　7—艏楼甲板　8—第二甲板　9—艉尖舱　10—艉水舱　11—艉货舱　12—艉轴弄　13—淡水舱　14—机舱　15—边舱　16—锚链舱　17—艏水舱　18—机舱围壁　19—艉骨柱　20—肋板　21—艉横壁　22—水密隔壁　23—波形隔壁　24—隔舱　25—机舱操作台　26—双层底　27—艉水舱纵壁　28—艏尖舱　29—防撞舱壁　30—上层建筑

（5）甲板

甲板是船体结构的一部分，由船壳板、隔舱壁和骨架组成。其将船体分隔为若干层。船体各层甲板位置如图 9—6 所示。

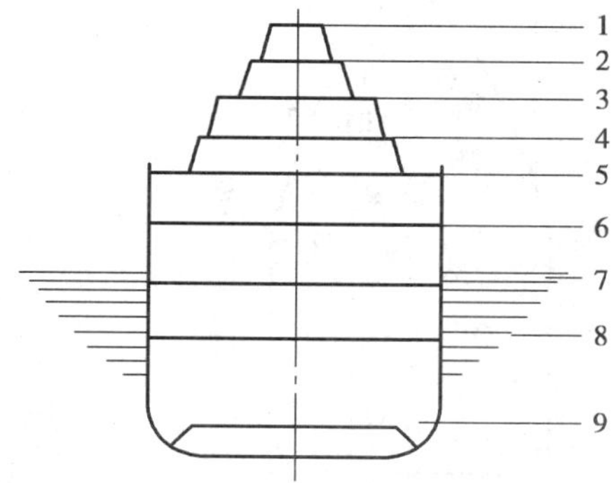

图 9—6　船体各层甲板位置

1—罗经甲板　2—驾驶甲板　3—艇甲板　4—游步甲板　5—上层建筑甲板（露天甲板）
6—上甲板（主甲板）　7—第二甲板　8—第三甲板　9—双层底（内底板）

1）上甲板（主甲板）。船舶最上层自船艏至船艉的连接甲板，称为上甲板，通常也称为主甲板或干舷甲板。货船、油船、客（货）船上甲板如图 9—7 所示。上甲板分别设有船楼、货舱口、桅杆、装卸启动机、启动吊杆，最前端为锚链舱和艏尖舱，有些船在艏楼内还设有油漆、木工间等。

2）下甲板。上甲板下面的各层甲板，称为下甲板。按由上而下的顺序，依次称为第二甲板、第三甲板、内底板。每层甲板舱口有木质或钢质舱口盖。图 9—8 所示为货船下甲板布局。有些客（货）船的布置是在第二和第三甲板上载客，第三甲板下为货舱，货舱口有钢质围壁向上延伸至上甲板。

（6）船楼

船楼是上甲板的上层建筑，大多设在船体的艉部或舯部，少数设在艏部。有的油船在舯部、艉部设有船楼。船楼设在艉部的称为艉楼。船楼前部和尾部两侧各有 2 个楼梯，可沿梯逐层攀登进入各种舱室。船楼按船的吨位大小分为 3～6 层。第一层为上甲板或干舷甲板，设有普通船员舱室、餐厅、会议室、厨房、冷藏室等。第二层为上层建筑甲板或露天甲板，主要设船员舱室。第三层为游步甲板，设有船长，政委，大、二、三副，报务主任等的舱室。第四层为艇甲板，左右两侧放置救生艇和救生筏等器材，有的船有少量的船员舱室。第五层为驾驶甲板，主要由驾驶室、报务室、海图室等构成。驾驶室在船楼最上层正前方位置，是每艘船舶的指挥中心，室内装有多种重要的航海、驾驶设备，主要有操舵盘、雷达、电罗经、磁罗经、卫星导航仪、驾

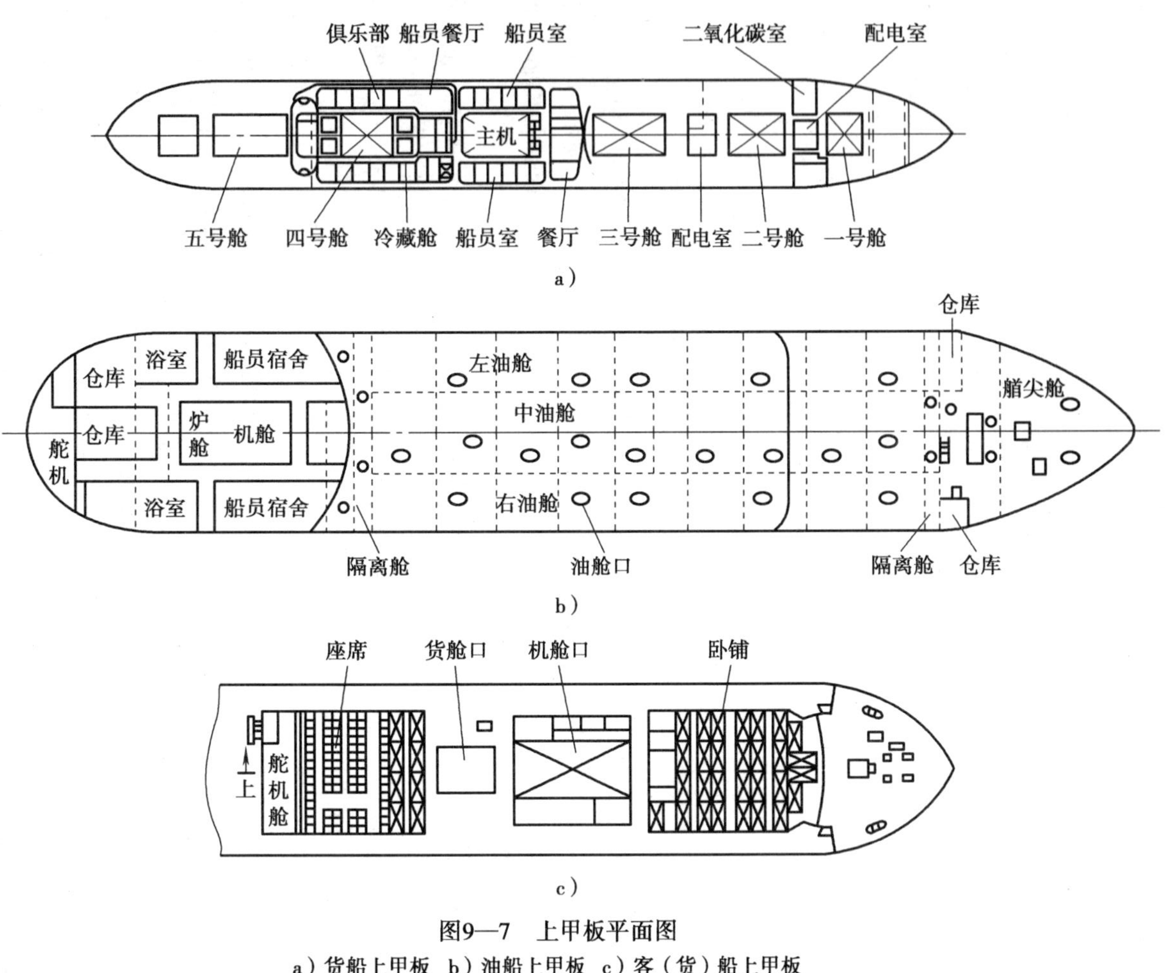

图9—7　上甲板平面图
a）货船上甲板　b）油船上甲板　c）客（货）船上甲板

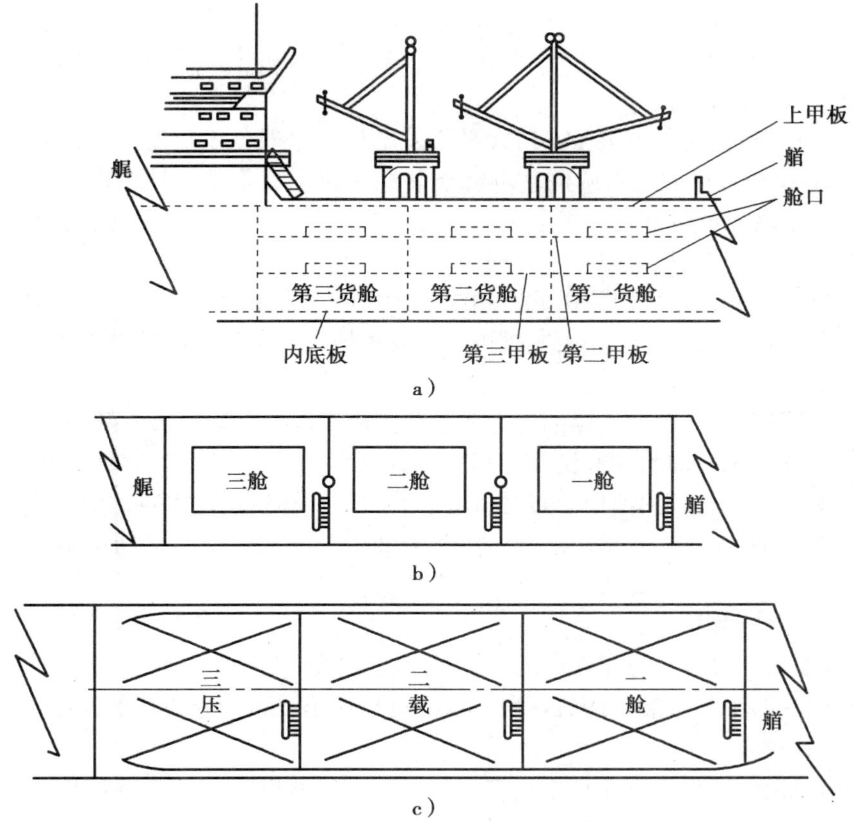

图 9—8　货船下甲板示意图

a）货舱下甲板侧面图　b）货舱第二、三甲板平面图　c）货舱舱底平面图

驶台自动操纵仪器仪表、火灾报警器、高频电话机和价格昂贵的航海仪器设备，是灭火时的重点保护部位。报务室。位于驾驶室的左后方，一般配备几部无线电收发报机，用于航海途中的通信联络。海图室位于驾驶室的右后方，室内摆放航海图资料档案，并有天文钟、测深仪和方向探测器等设备，用于推算和引导船舶的航向。第六层为罗经甲板，位于驾驶室顶部，上面放一只标准磁罗经。除上述甲板布置外，船楼的前部和后部两侧还设有楼梯，可方便地进入各层甲板舱室。

（7）机舱

机舱是船舶的主要动力部位，位于船楼下部。机舱内结构复杂，有许多机器设备，空间较大，万吨级以上的船舶其机舱空间高达数十米；进入机舱用的固定梯道陡而窄，人员进出很不方便。机舱内的主要设备及布置如下：

1）主机。主机位于机舱中部；现代船舶的主机多为内燃机，以柴油为燃料。万吨级的船舶主机功率在 10 000 马力（7 355 kW）左右。主机是航行时的动力。大型船舶一般安装两台以上主机。

2）辅机。辅机的种类很多，通常是指发电机，一般位于机舱第一层，大多安装 3～4 台，分布在主机的左右两侧；也有安装在主机前后侧的，均为内燃机，以轻柴油为燃料，带动发电机发电，供应全船动力用电、生活照明及无线电通信等。

3）蒸汽锅炉。蒸汽锅炉大多有两个，一个为燃油锅炉，一个为废气锅炉。燃油锅炉设在机舱第一层，位于主机的右侧或后侧，以重柴油为燃料。废气锅炉位于机舱的第三层，设在主机的上部，用主机排出的废气加热，主要用途是供燃油加热和生活取暖。

4）燃油舱和各种油柜。燃油舱大多设在主机底部、艉轴弄通道两侧的双层底内。若船楼在后部，则燃油舱一般设在货舱后、机舱前，主要储存主、辅机航行使用的燃油。燃油沉淀油柜和日用油柜分布在机舱的第二层和第三层，主机的前部或后部，有 4～6 个，按燃油的不同品种，分重油柜和轻油柜，分别供给主、辅机燃油。润滑油柜有 2～3 个，分布在机舱的第二层，主机的前后侧，每个油柜的容量为 8～10 t，供各部位机器零件润滑。

5）分油机。分油机分布在机舱的第一层，主机的左侧或右侧，有 4～6 个，一般是 4 个柴油、两个润滑油分油机，用于从油舱里抽出油料，分解其水分和杂质，然后输送到日用油柜。

6）温油柜。温油柜分布在机舱的上部，1 个分油机配备 1 个温油柜，实际上等于加热器。用于提高重油的温度，降低黏度。

7）空气压缩机。空气压缩机设置于机舱第二层，主机后侧，有两台。用于压缩空气，充灌储气瓶。

8）储气钢瓶。储气钢瓶设置在机舱第二层，主机左侧，有 2～3 个，大钢瓶储气量每瓶为 20 kg，用于启动主机；小钢瓶则用于汽笛及冲刷各路管线等，瓶上有安全阀和易熔塞。

9）配电盘。配电盘设置于机舱的第二层，主机的左侧或右侧，用于分配和控制船舶各部位的供电。

10）主机操作台。主机操作台设置于机舱第一层，主机的左侧，也有设在主机的右侧或前侧的，用于操纵主机的运转。有的在机舱第二层设置集控室，便于轮机员在室内遥控主、辅机。

11）集油柜。集油柜设置于机舱的第二层，主机右后侧，用于冷却、沉淀主机里排出的多余燃油。

12）水泵。水泵分布在机舱的第一层，主机左右两侧，有 2～4 个。其中海水泵用来抽排水，淡水泵用来供应生活用水。发生火灾时，海水泵可用于消防供水。

13）通风机。通风机设置于机舱第三层，位于主机上部，用于置换机舱内的空气。

14）冷气机。冷气机分布在机舱第二层，主机的左右两侧，一般设 4 台，用来制造冷气，供生活和冷藏物品用。

15）烟囱。烟囱位于机舱中部上方，伸出船楼，用于排出主、辅机工作时产生的废气。

16）出入口。出入口分别设置于船楼的走廊里或走廊的后侧，机舱一般都有通向各层甲板的通道，顶部甲板烟囱两侧也有出入孔，必要时可用作出入机舱的通道。

17）逃生孔。逃生孔设于机舱底部主机后面，是一个通往尾舱，并由尾舱直接通向上甲板的出入孔；主机在船舶中部的，则逃生孔设在轴隧末端，俗称地轴弄内。当机舱内发生火灾或其他事故时，可作为机舱内轮机人员紧急避险时的疏散通道。船舶机舱位置如图 9—9 所示。

3. 船舶火灾的原因

（1）基本原因

1）吸烟不慎。据统计，在 100 例船舶火灾中因吸烟不慎而引起的约占 40%。无论在客舱、机舱、货舱，凡是在易燃场所随意吸烟，乱丢烟头、火柴梗，就有可能引起火灾。

2）老旧船舶本身存在缺陷，设施陈旧老化。有的航运企业单纯为了追求经济效益，不注重投资进行设备更新和改造，导致电气线路老化或机械设备丧失防爆功能，从而留下火灾隐患。

3）违反电焊作业的消防规定引起火灾。

4）遇雷击起火。

5）港口人员责任心不强，管理不严或为了追求经济利益，放任“超载、超高、超重”车辆上船，人为将安全隐患放上船。

6）船舶防火结构不合理，自动探火系统、自动报警系统自动灭火系统等消防设施老化、失修，不能及时探测、报警、扑灭初期火灾。

（2）机舱内发生火灾的原因

机舱内存有大量的燃料油、润滑油，同时还有很多热表面及电气设备，并有锅炉、发动机及电机等。因工作中的不慎或使用不当，很可能导致火灾的发生。机舱内发生火灾的原因主要有以下几点：

1）由于热表面和明火引起的油料自燃和着火。

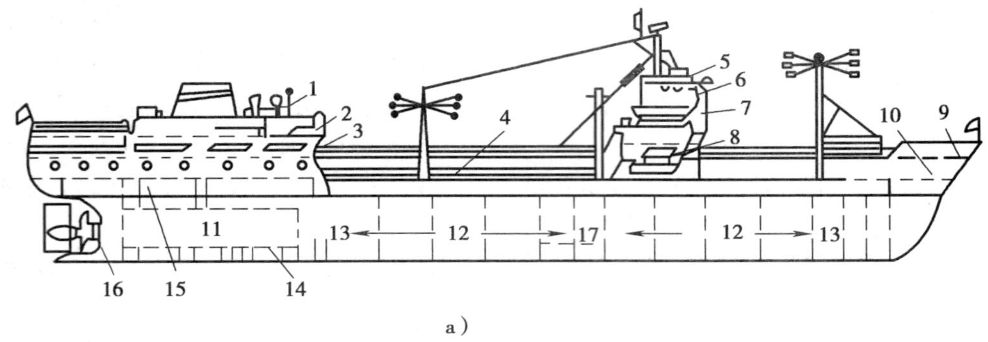

a）

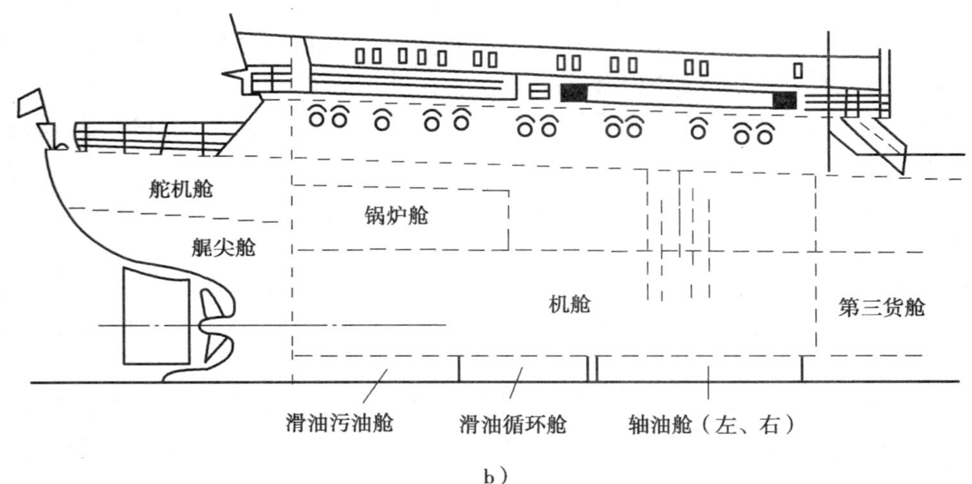

b）

图 9—9　油、货船机舱位置侧面图

a）油船机舱位置侧面图　b）货船机舱位置侧面图

1—机舱顶　2—艉艇甲板　3—艉楼甲板　4—上甲板　5—罗经甲板　6—驾驶甲板　7—舯楼艇甲板　8—起居甲板　9—艏楼甲板　10—锚链舱　11—机舱　12—货油舱　13—隔离舱　14—燃油舱　15—锅炉舱　16—舵尖舱　17—泵舱

2）电网故障和主配电板馈电线过载引起火灾。

3）锅炉和发动机排气系统故障引起火灾。

4）违反动力装置技术管理规程而发生火灾。

(3) 货舱内发生火灾的主要原因

1）货灯靠近货物，封舱前未及时熄灭货灯，货物因受到长时间烘烤而发生燃烧。

2）对于可自燃的货物，由于通风不良，舱内闷热或受潮易导致自燃；一些货物因自身氧化分解产生热量；并长时间蓄热达到自燃点而发生自燃。

3）遇水起化学反应的货物，在货物包装破损又遇水时会引发火灾。

4）不能混装、拼装的货物却堆放于一个舱内，因挥发或泄漏发生接触而起火。

5）在冷藏舱隔热层的背面进行热工作业引发火灾。

6）滚装船因货舱通风不良，有的车辆燃油箱存在缺陷，燃油渗出后积聚，遇到电气故障或其他火花会引起爆炸火灾。

7）滚装船在航行中遇风浪使船体不稳，导致舱内机动车相撞而引发火灾。

（4）货油舱内发生火灾的主要原因

1）由于管路或货油舱除气不净，遇引火源，如焊割作业，船舶碰撞及搁浅时的摩擦火花等引发爆炸火灾。

2）货油舱洗舱时采用大排量洗舱机，静电引起火灾。

3）机舱或生活区的火焰蔓延至货油舱。

（5）起居和服务等处所发生火灾的原因

1）乘客携带易燃易爆危险品，受撞击或泄漏而发生自燃。

2）电气设备安装使用不当。目前船舶安装的电气设备大部分是陆用产品，防潮绝缘性较差。加上安装位置不当，暴露在容易进水受潮的地方，易造成短路起火。一些电熨斗、电茶壶、电热器等电气设备使用不当也会引发火灾。

3）厨房内使用炉灶不当引起火灾。

4．船舶火灾基本特点

（1）火灾荷载大

船舶主要以汽油、柴油、重油等为主供主机、辅机及其他机器设备作为燃料，另外还有很多的润滑油。在各种交通运输工具中船舶的燃油储量最大，远洋船舶燃油储量是按照船舶载重量的10%估算的。例如一艘载重量为5 000 t级的货船，其燃油储量约为500 t；一艘载重量为十万吨级的货船，其燃油储量约为8 000～12 000 t。

此外，现代船舶供生活和工作用的舱室内，舱壁、衬板、天花板和镶板等虽然已从结构防火上作出了严格的规定和限制，但是采用胶合板、聚氯乙烯板、聚氨酯泡沫塑料、化学纤维等可燃（阻燃）物质来装饰板壁、门窗的仍然不少；舱室内的家具、地毯、帘布、床铺等也多为可燃材料制成，尤其是客船的客舱，可燃装饰材料、家具和床上用品等重量占客船自重的5%～9%，火灾荷载相当大。

客（货）载运量大。普通沿海和远洋货船的载重吨位常在几万吨级左右；散装货船的载重吨位（装运矿石、钢材、煤炭和粮食等）可达十几到二十几万吨级；油船、液化气船的载重吨位可达二三十万吨级，现在国外已经造出五十万吨级的超级油船；集装箱船的载重可达上千标准箱。

因此，对于货轮来说，如果发生火灾，由于载重货物量大，易发生沉船事件。对于客船来说，由于客船人员多且相对集中、船体内立体空间相对较大、装修装潢装饰豪华，火灾时有毒气体多、烟雾浓，人员疏散困难，易造成大量人员伤亡。对于油轮来说，因主要承运油品及无压、低压类化工产品，易发生爆炸、爆燃和溢油。

（2）扑救困难

船舶火灾的扑救远比陆地火灾扑救困难，尤其在海上航行时发生的火灾，不易得到其他船只的救助。有时虽有邻船，由于风大浪急或火焰的炙烤，使邻船难以靠拢；水上消防船（艇）难以及时到达实施有效的救助，陆上的消防队也无法及时赶赴增援。因此，船舶火灾从根本上讲应主要依靠船舶本身的力量来加以施救，船舶上灭火系统的设计就是基于这种需要。

国内外船舶类型很多，结构特点各异，舱室和机器设备的分布也不同，扑救火灾时，尤其是在烟雾充满舱室的情况下，船员和消防队员很难摸清舱内情况，使灭火战斗行动受到严重阻碍。

船舶火灾难以扑救还由于船舶空间狭小、通道狭窄、货物密集、人员难以疏散、扑救难以展开；在通道被火阻断时，很难从多个方向接近火场施救；同时，由于火灾形成的浓烟和热辐射、热对流，也往往使扑救人员无法靠近；船上的灭火剂一旦施放完就无法补充，灭火时大量的水灌进舱内，有可能导致船舶倾覆沉没等独特的不利因素，给火灾扑救造成相当的困难，很容易导致船毁人亡的严重后果。

（3）损失和危害大

船舶装载旅客集中、货物密集。现代船舶向大吨位化、高科技化和豪华舒适发展，价值昂贵。一艘船的造价动辄几千万到几亿元。近年来，我国两艘远洋船爆炸沉没，各损失近 4 000 万元；一艘沿海油船爆炸沉没，损失超过 1 400 万元；损失在几十万元的重大火灾也不少见。船舶火灾引起的损失，远远超过陆上建筑或仓库的火灾损失。而且，船舶火灾、船舶和货物的直接经济损失，以及沉船占用航道、码头所造成的经济损失都是相当巨大的。

船舶的重大火灾，不仅会造成巨大经济损失，还可能造成人员伤亡，甚至堵塞航道，污染水域。从而造成十分恶劣的影响。

5. 船体各部位的火灾特点

根据有关统计资料分析，船舶火灾发生在起居处所最多，机舱第二，货舱第三，危害性最大的却是机舱火灾。机舱、货舱和起居处所发生火灾，如果无法控制，将会蔓延成全船大火。

（1）机舱

1）蔓延速度快。机舱是船舶的动力中心，舱内有许多在高温高压下工作的机器设备。可燃液体黏附在机器设备的外壳和地面上，空气中的油蒸气很浓。着火后热量会沿着机器设备、电缆线、油管线和地面很快向四周和上部蔓延，一般在着火后10多分钟内就有可能延烧到整个机舱。

2）向毗连舱室蔓延。机舱火势很大时，通常通过船体甲板、舱壁钢板和金属管道等的热传导；机舱内火焰的热辐射；开启着的通风管道、电线护套管线、门、出入孔、开口处等进行的热对流向毗连的舱室蔓延，从而引起货（油、客）舱和起居、工作处所燃烧。

3）容易发生爆炸。机舱内有很多的油箱（柜）、主（辅）机、高温高压锅炉设备和储气钢瓶等，这些物体经高温烧灼后，有可能发生物理性爆炸，从而导致火势扩大，船毁人亡。

4）能见度低。机舱内空间很大，着火后产生的烟雾在通风机和天窗的抽拔作用下，于短短几分钟内便能冒出机舱，并使机舱内烟雾迅速弥漫，能见度很低，消防人员难以发现火源，也很难进入舱内灭火、救人。

（2）货舱

1）易阴燃。货舱容积大，装货多，摆放紧密。货物装满后，层层加盖，空气不流通。货物着火时，只能在严重缺氧的条件下缓慢阴燃，产生大量烟雾排不出去，在舱内弥漫，不开舱无从知道确切的着火部位。

2）温度升高引起燃烧。货舱燃烧初期因供氧不足而缓慢进行，燃烧产生的烟雾和一氧化碳逐渐增多，但由于舱盖紧闭散不出去，舱内热量蓄聚，火源附近的温度可升高到900℃以上，使燃烧沿着邻近的可燃物质，顺着烟气的流动方向发展。着火货舱的高温经钢质舱壁和层次舱甲板的热传导，引起毗邻货舱木质隔板和货物的燃烧，火势还有可能引燃主甲板上部的船楼。

3）易燃易爆物品易着火爆炸。货船经常装运易燃易爆物品，在装卸这些物品或航运过程中，由于碰撞、摩擦、高温、化学反应、电火花等多种原因而引起燃烧甚至爆炸，并产生大量的有毒气体；有些物品在燃烧时分解出可燃气体，也可能发生爆炸，对船舶威胁极大，使消防人员扑救困难。

4）扑救难度大。货舱火灾主要发生在普通货船上，而且大多为层次舱内装载的货物着火。货舱着火后，因货物摆放紧密，舱内又分好几层甲板，施放的灭火剂不能有效地作用于火源。如果开舱灭火，则空气进舱后，火焰会迅速升腾，更加难以扑救；如果火源在舱底，则要先将第二、第三甲板上的货物卸出舱外，然后才能灭火，所以，扑救难度大。

（3）客舱

由于客舱内可燃物质多，空气流通，着火后燃烧猛烈，蔓延速度很快，旅客人多、拥挤，很难疏散到安全的地方，有可能造成船毁人亡的严重后果。

1）顺风向蔓延。航行中客舱发生火灾，因受风向的影响，火势会顺着风向向客船的其他部位和上层建筑蔓延，对机舱等部位威胁极大。

2）顺通风导管蔓延。客舱内设有一些通风导管，尽管穿过主竖区舱壁的通风导管均有自动关闭挡火闸，并且在舱壁的每一面都有手动关闭挡火闸的手柄，但往往因为设备失灵或船员不注意而未予关闭，发生火灾后，火势会在通风导管的抽拔作用下，顺着通风导管蔓延，热传导和热气流会引燃通风导管经过的可燃物质。尤其在排送风设备未停机的情况下，火势蔓延较快，通道口容易被烟雾和火焰封锁。

3）旅客难以疏散。客船一旦失火，旅客容易受惊而争相逃命，造成楼梯和通道阻塞；或者被火势和烟雾围困在危险区域内，无法逃生，造成伤亡。

4）产生有毒烟雾。客舱内部装修材料主要是木材和泡沫塑料等。此类材料在发生火灾时会产生大量的热和多种有害气体，如一氧化碳、二氧化碳、氰化氢等，危害到人员的生命安全。据统计，客船火灾造成的人员伤亡，有半数以上是死于烟气中毒。

（4）货油舱

货油舱火灾的发展蔓延取决于运输的石油产品的性质和船舶的结构特点。

1）先爆炸，后燃烧。原油和石油产品具有很强的挥发性，在装卸货油的过程中，当货油舱内的油蒸气和空气混合，达到爆炸浓度极限时，遇到摩擦、撞击产生的火星、电火花、静电、明火和烟囱喷出的火星等，会引起舱内的爆炸性混合物先发生猛烈的爆炸，然后燃烧。当货油舱是空舱或仅装很少量的油时，可燃油蒸气在空气中的浓度一般会达到爆炸极限浓度范围，发生爆炸时威力强大，能使货油舱破裂。当货油舱内的油品已经装满或快要装满时，可燃油蒸气在空气中的浓度一般会超过爆炸浓度上限，在靠近舱口的地方，有可能发生弱的局部爆炸，使船体振动，而后发生燃烧。货油舱内的轻油比重油产生的爆炸威力大。

2）形成大面积燃烧。货油舱发生爆炸或被撞破后，会因舱壁破裂，导致货油流淌到水面上，形成大面积燃烧，并有可能使出事油船和附近的船只一起陷入火海。1994 年 1 月 2 日，我国“大庆 423”号油轮与“苏鹤”号远洋货轮在长江下游高港花鱼套水域发生碰撞。碰撞引起“大庆 423”号油轮爆炸着火，燃烧 20 余小时后沉没，“苏鹤”号货轮船艏严重受损，3 名船员受伤，直接经济损失约 2 600 万元。

3）顺舱内管道蔓延。货油舱内有许多作用不同的管道，而且相互连通，尤其是位于货油舱内上部的溢流管，发生火灾时，火焰会顺管道烧进邻舱，导致邻舱爆炸燃烧。1982 年 5 月 5 日，我国“大庆 53”号油船，在山东省荣成县石岛港东南 35 海里处，在对污水管与蒸气吹洗管连接处泄漏点进行补焊作业时，由于电焊前没有进行测爆和检查，点燃了污水管内的油气，特别是未关闭污油管上直通货油舱的两个截止阀，致使延烧至货油舱引起爆炸。3 min 后又波及泵舱和其他货油舱，形成更为猛烈的第二次爆炸，驾驶台和前甲板即刻一片火海，船身逐渐右倾，约 50 min 后该轮沉没。这是我国首例万吨油轮爆炸沉没案例，造成了 20 人死亡，船舶沉没，直接经济损失 1 438 万元，并且沉没船只影响航道，造成了海洋污染。

4）产生沸溢或喷溅。如果货油舱内装的是含有水分的重油，发生爆炸燃烧后，有可能产生重油的沸溢或喷溅，使火势蔓延扩大。

（5）船楼

1）难以发现火源。船楼舱室着火后，烟雾弥漫到整个船楼，消防人员不易发现火源和火势蔓延方向。

2）火势向上蔓延。船楼下层舱室着火后，火势会顺着楼内走廊和上下梯道向船楼上层甲板蔓延。

3）火势蔓延到机舱。机舱在船楼中间，船楼着火后，尽管机舱棚的围壁和机舱顶部的甲板均有防火隔热措施，但热传导和火焰仍有可能使机舱着火。

三、列车火灾危险性和特点

铁路是国民经济的大动脉，铁路列车作为我国客、货运输的主要交通工具，具有载运量大，行驶速度高，运行一般不受气候条件限制等优点，在国民经济建设中发挥着重要的作用。但列车一旦发生火灾，不仅会造成铁路运输中断，也会造成较大的财产损失，甚至一定的人员伤亡。

1. 列车的基本结构

列车主要有客运列车、货运列车之分，另外，还有轻轨、磁悬浮等新型列车，其结构各有不同。

（1）客、货列车

客、货列车由牵引动力机车、乘客车厢或货车车厢、辅助车厢等组成。一般车厢均通过挂钩连接在一起，可以通过摘钩分解。

1）机车。机车是铁路运输的基本动力，按原动力可分为：蒸汽机车、内燃机车、电力机车等。我国目前主要使用的是内燃机车和电力机车。

内燃机车是以内燃机为动力的机车。它一般是由柴油机及其冷却系统、机油系统、燃油系统、启动装置、传动装置、空气制动系统、走行部、车体、车架等部分组成。内燃机内储存有一定数量的柴油、油脂等易燃物品，并配有必要的电气设备，火灾危险性极大。

电力机车是从接触网获取电能，用牵引电动机驱动的机车，属于非自带能源式的机车。它是由机械、电气和空气管路系统三大部分组成，其中机械部分由转向架和车体两部分组成，电气部分包括各种电动机、电器、整流装置、仪表及连接各种电气设备的线路等。

2）车辆。车辆是铁路运输的基本工具，可分为客车和货车两大类。客车主要用来运送旅客，按它的用途又可分为运送旅客的车辆（如硬座车、软座车、硬卧车、软卧车）、为旅客服务的车辆（如餐车，行李车）、特种用途的车辆（如邮政车，卫生车，医药车，实验车，维修车等）。货车主要用以装运货物，按其用途可分为通用货车（如平车、敞车、棚车）、专用货车（如罐车、冷藏车、煤车、矿石车等）、特种货车（如救援车、发电车、除雪车等）。一般客运列车编组为 20 余节，除了重载列车外，货运列车编组一般为 60 节。

车辆的种类不同，构造也不相同，但总的说来可分为五大部分，即走行部、底架及车体、车钩缓冲装置、制动装置和车辆内部设备。走行部是支撑车体并在钢轨上行驶的部分，根据安装轮对数目的不同，可分为无转向架和有转向架两类。国内铁路车辆绝大部分是有转向架的车辆。车体是供装载货物或旅客的部分，底架是车体的基础并与车体构成一个整体，所以也统称这两部分为车体。客货车的车体一般由钢骨架组成，再衬以地板、墙板和顶板（指带蓬的车），根据所用材料分为全钢车和钢木混合结构车。车钩缓冲装置设在车体两端，用于车辆之间相互连挂和传递牵引力，同时对纵向冲击力起缓冲作用，一般由车钩和缓冲装置两部分组成。为了在施行制动时，全列车都能一齐起制动作用，每一车辆上都要安装制动机，使列车能尽快减速或停止，按其动力来源和操作方式可分为手制动机、空气制动机、真空制动机和电控制动机等。货车的车内设备一般比较简单，仅棚车、冷藏车及其他特种车有一些车内设备。客车的车内设备比较复杂，根据车种的不同，在车内设置的软硬坐席、卧铺、行李架、门窗、茶桌、衣帽钩、餐桌、炊事设备、取暖、给水、空调及通风设备、盥洗室、厕所、灯具及各种服务设施都属于车内设备。此外还有照明、通风、空调、广播等电气设备。

（2）城市轻轨列车

城市轻轨列车是在城市中修建的快速、大运量，用电力牵引的轨道交通工具。一般运行在高架桥上，大多在城市内短途运营，旅客流动性大。

轻轨列车内部结构布局与地铁列车基本相同，车体为铝合金材质，具有自动驾驶系统、自动制动系统、自动防护、自动监控模式，为了安全，车厢在行驶中呈全封闭状态。车厢的空调系统将整列轻轨列车连成了一个整体，车厢窗户玻璃不可开启，密封性强。

相对普通载人列车而言，城市轻轨列车车厢相对较少，一般由 4～8 节车厢编组。但一般情况下轻轨列车的车厢不能像普通列车那样摘钩分解。轻轨列车每节车厢两侧各设有自动门5扇，紧急情况下，只有停车后才能开启。

(3) 磁悬浮列车

磁悬浮列车是一种新型的轨道交通工具，它是依靠电磁吸力或电磁斥力将列车悬浮于空中并进行导向，实现列车与轨道间的无机械接触，再利用线性电动机驱动列车运行。

目前，磁悬浮列车分为超导型和常导型两种，其系统由线路、车辆、供电、运行控制系统等四个主要部分组成。

线路引导列车前进方向，同时承受列车荷载并将其传至路基。线路上部结构为用于联络长定子的精密焊接的钢结构或钢筋混凝土结构的支撑梁，下部结构为钢筋混凝土支墩和基础。

车厢为铝材轻型弹性结构，流线性外形设计。悬浮架为铸铝和挤压铝型材相结合的轻质高强度结构，悬浮磁铁的支撑本体为铝材箱梁，悬浮架与车厢连接采用由空气弹簧支撑的摆式结构。绝大部分电气控制单元以抽屉的形式安装在夹层结构内。

牵引供电系统主要由供电、变流、馈电电缆、轨道开关和直线电动机长定子绕组等部分组成。牵引供电系统为磁悬浮列车提供运行时所需的动力，其作用是把电网的高电压变换成为牵引系统所使用的20 kV电压，供电系统设置在主变电站中。

运行控制系统。通过计算机控制、计算机网络、通信及信息处理等先进技术与磁悬浮交通系统的车辆、牵引、线路扩道岔等设备或系统相连，完成对列车运行的控制、安全防护、自动运行及调度管理等任务。

2. 列车火灾的原因

(1) 客车火灾原因

1) 客车附属的采暖装置、热水炉和餐车炉灶的设备不良、操作不当引起火灾。如2001年1月11日5点21分，郑州开往昆明的1337次旅客列车运行至柳州局管内时，餐车起火，造成餐车报废一节，软卧车破坏一节。起火原因系油锅油外溢所致。

2) 列车车体电气设备不良、产生短路或局部过热引起火灾。旧型客车经过长期运行，设备老化情况突出。配电盘基材及线端结构不能满足消防规范要求。顶棚过墙处未穿管配线，车中地板潮湿腐蚀，影响电气绝缘功能。照明灯具、空调系统、电茶炉、电热水器等日趋齐备的生活用电设备，使用电负荷增大，电器接插点增多，设备的故障率也就相应增高。如1997年5月9日，北京开往承德的553次旅客列车行至张辛店间25 km处，机后8位硬座车广播室顶部冒烟起火，造成火灾。起火原因是电线摩擦破损造成电线短路所致。2002年2月20日，在埃及首都开罗附近的一辆客运列车因最后一节车厢内一个电闸短路引起火灾，酿成了373人死亡、300多人受伤的灾难性事故。

3）闸瓦摩擦和列车制动盘抱死摩擦引起火灾。如1998年12月，南京铁路分局K66次列车在高速运行中因制动盘抱死摩擦起火，引起车底板着火。

4）旅客、乘务员吸烟乱扔烟蒂火种，引燃可燃物引起火灾。烟蒂外部温度为200～300℃，特别容易点燃垫纸、行包、衣物而引起火灾。如1991年4月23日，上海铁路局46次列车的14号车厢乘务员在乘务室内将吸剩的烟蒂扔到茶几下，引燃可燃物，造成重大火灾和重大行车事故。

5）旅客携带或在行李包裹内夹带危险品引起火灾。1988年1月7日，广州开往西安的272次4号车厢旅客携带油漆自燃引起火灾，烧死34人，烧伤30人，车厢报废两节。

6）儿童、精神病人玩火或有人蓄意放火破坏而引起的火灾。如2002年12月9日，上海开往天津的34次旅客列车行至济南到站前5 min，11号软座车厢一名精神病人将自带的行李点燃引起火灾，造成车内部分设备烧毁。

7）由于发生异常事故，导致列车脱轨翻车，引起火灾。

（2）货车火灾原因

1）装运化学危险物品时，违反《危险货物运输规则》，或混装不当，或包装不良，在运行途中因振动撞击，导致易燃液体泄漏，遇明火起火；危险物品混合起火；酸性物品遇有机物起火；遇水燃烧物品受潮湿起火；自燃物品自燃起火等。

2）路站旁的飞火飘落在货车上，点火照明、吸烟，以及货堆碰触电气机车的高压架空电线，电弧熔珠落到货堆上等都可能引起货车上的可燃物起火。

3）由于发生异常事故，导致货车脱轨翻车引起火灾。油罐车翻车，罐壁撞击破裂，易燃液体泄漏流淌，遇到火源引起大面积燃烧，甚在爆炸，后果尤为严重。1990年7月15日，0201次油罐车穿越大巴山梨子园隧道时，因路轨故障，脱轨翻车、撞击、爆炸起火。为扑救这场大火，不得已将隧道两头封堵，使该线中断行车12天。

（3）机车火灾原因

内燃机车因所用燃油系统漏油，遇到高温炽热物体起火。电力机车比蒸汽机车和内燃机车都要安全，但其电气线路较为复杂，维护保养不良，易引发电气火灾。城市轻轨和磁悬浮列车也是用电牵引的轨道交通工具，火灾危险性与电力机车相仿。

3. 列车的火灾特点

（1）可燃物质多

目前我国列车车体除行走部和钢骨架外包铁皮外，都是可燃结构，车体车厢内壁板、顶板、保温层、坐椅、地板等，大部分使用未经阻燃处理的木板、胶合板和玻璃钢、硬质塑料等高分子材料，防寒保温衬垫采用毛毡、软木、聚苯乙烯泡沫等易燃材料，其燃烧性很强。旅客列车车厢内的坐椅、窗帘、卧铺车厢内的卧具等均为可燃物。货运列车运输的物品中有许多是可燃物，如干散货、日用百货等；油罐车满载时，火灾荷载更大。

（2）火势蔓延速度快

内燃机车着火，火势发展快、烟雾大、火焰高、热辐射强，柴油机、发电机、电动机和油箱会首先受到威胁并可能引起油箱炸裂。电动机车着火主要是线缆等可燃物燃烧，火势并非很大，但带电燃烧、速度很快，主要威胁电动机。客运列车车厢的装饰材料、坐椅和窗帘以及旅客行李等可燃物，着火后顺厢水平直线蔓延，窗户破损后，火势会突破厢体向上卷曲。装载可燃物的货车发生火灾，燃烧速度与可燃物的性质有关。运行中的列车如果处于高速行驶中，其行驶过程中形成的气流压力也会加速火势的蔓延。据试验测定，旅客列车运行中燃烧速率极高，0.5 min 火焰燃烧到顶棚，2 min 浓烟体量达到 100％，7 min 车窗玻璃破碎，8 min 车厢燃烧面积达到 1/2，11～14 min 车体全面燃烧，18 min 全部烧毁。

（3）客车火灾易造成人员伤亡

旅客列车是人员高度集中的流动性公共场所，发生火灾极易造成人员伤亡。由于旅客列车车厢内人员集中，火灾发生时，旅客急于逃生，厢内通道狭窄，车门少，再加上列车在行驶途中无法及时停车等原因，易造成旅客拥堵，互相踩踏，特别是双层客运列车的人员疏散，更为复杂。车厢起火后短时间内产生大量的燃烧热，立即对人身安全构成危险，随着火势发展和热能升高，就可能造成人员伤亡。燃烧过程中产生大量的烟雾使能见度降低，在一般情况下，烟的浓度增加一倍，能见度就减少二分之一，如果车厢内充满烟雾，旅客就难以逃离火场。车厢内大量高分子装饰材料燃烧时产生有毒和刺激性气体，如一氧化碳、二氧化碳、氨气、一氧化氮、二氧化氮等。列车车窗封闭，有毒气体不容易排出，很容易造成旅客中毒死亡或昏迷烧伤。

（4）货车初起期火灾不易被发现

组成货物列车的车辆高低不等，妨碍运转车长或司机的视线，通常货车起火形成 1 m 左右火焰后才能被观察到。从发现到停车请求增援需要一段时间，停车后到分割列车仍需一段时间，燃烧得以蔓延扩大。

（5）易形成大面积燃烧

列车在编组站可停放千百节车辆和机车，发生火灾时可能会引发多列列车着火，形成大面积燃烧；油罐列车发生倾覆事故造成油品泄漏，极易形成大面积流淌火灾，甚至还会引起爆炸；危险化学品列车发生事故，易给人们的生命安全和自然环境造成极大的危害。

（6）易受地面障碍物影响

铁道线路两侧环境复杂，地势高低不平，消防车一般无法驶近列车，有些情况下根本无法前往现场扑救，加上消防水源缺乏，火场供水非常困难。这对及时控制火势、疏散救人都十分不利。

(7) 火灾扑救难度大

旅客列车起火，在初始阶段尚容易扑救。如果发生在车厢顶棚，墙板夹层内或引起易燃品燃烧，由于火势蔓延迅速，扑救工作难度很大。每节车厢一般配备手提式灭火器两具，只能扑救初期火灾，如不能及时控制，火将蔓延开来，且配备的灭火器也常会出现数量不足、损坏、失效、配备型号不当等问题，更使得扑救效果达不到要求。列车运行中起火即使采取紧急停车措施，也往往缺少消防水源和器材，只能利用灭火器扑救，难以及时得到地面扑救力量的有效施救。车内的火势蔓延迅速，车体结构无法进行破拆来隔离火势，只有任其扩展蔓延；车内发生起火后，旅客惊慌失措，争抢逃生，不但顾不及救火，反而影响了列车乘务人员组织灭火。若车厢顶棚、墙板夹层内起火，在破拆扑灭火源时，又使其得到氧气的补充，反而扩大了燃烧面积。

(8) 发生火灾后影响大

列车发生火灾会造成列车设备，旅客财物，运载货物烧毁的直接损失，由于铁路线受阻，中断铁路运输，导致铁路沿线省、市的工农业生产受到影响，其间接经济损失更难以计算。每列旅客列车乘坐的旅客都在 1 000 人以上，发生火灾后，处置不当，一方面造成行车事故，另一方面会造成较大的社会影响。

四、地铁火灾危险性和特点

地铁作为城市交通的骨干，在交通上具有运量大、占地省、快速、正点、低能耗、少污染、乘坐舒适方便等特点，已成为世界上最繁忙、效率最高的城市交通工具。但是，由于地铁客流量大、空间封闭，一旦发生火灾，将造成大量人员伤亡和不可估量的经济损失。世界各大城市地铁火灾时有发生。2003 年 2 月 18 日韩国大邱地铁纵火案，造成 126 人死亡，318 人失踪；2003 年 1 月英国伦敦地铁列车撞击月台引发大火，造成 32 人受伤；1995 年 10 月 28 日夜，阿塞拜疆巴库的乌尔杜斯地铁发生火灾，造成 558 人死亡、269 人受伤。因此，必须高度重视地铁的消防安全，确保人民生命财产和国家安全，防止悲剧发生。

1. 地铁的基本结构

地铁建筑属于地下工程，由地铁的干线、候车大厅、站台、控制室等部分组成。

(1) 车站

车站是地铁建筑的重要组成部分，通常构筑于地下几米至几十米，由出入口、站厅和站台等主要建筑组成。出入口是车站的地面建筑，有开敞式、亭式或结合在其他地面建筑内，分为楼梯间和通道两部分，楼梯间设有楼梯和自动扶梯，通道为联通出入口与站厅的走道。通道的长度和宽度各车站不尽相同，我国地铁出入口通道的宽度一般在 4 m 以上，长度几十米，个别车站长达 100 m。出入口是进出车站的正常道路，我国地铁车站一般设 4～8 个出入口。站厅是供乘客购票检票的场所，建筑面积较大，一般为几百平方米。站厅通过楼梯与站台接通。站台是供乘客乘、离地铁列车的场所。为狭长形平台式建筑。站台的建筑布局分为岛式和侧式（见图 9—10）。此外地铁的变电站、风机房、通信信号等设备间及其他办公生活用房也多集中设于车站建筑内。

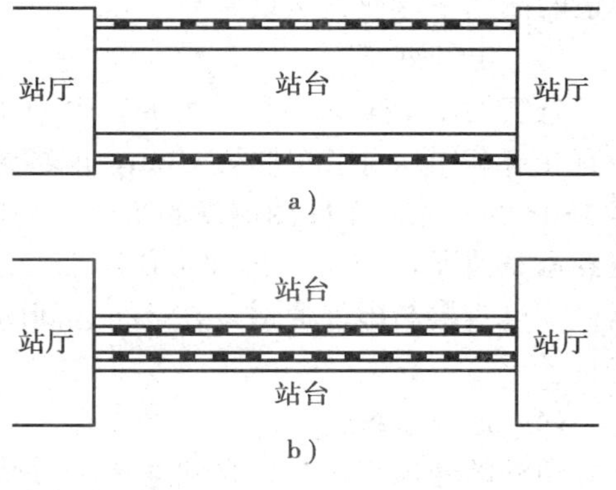

图 9—10　地铁站台的建筑布局
a）岛式　b）侧式

各车站面积在 2 000～5 000 m^2，建筑结构比较复杂，一般采取多层，上层是出入口、站厅和部分设备间、生活办公用房，下层为站台。平面布局的一般特点是站台在中间，站台两端设站厅和屋室区。在站台两端的行车值班室内设有广播、电话和无线电话等通信设备。车站的消防设备主要是分设于通道、站厅、屋室区和站台上的墙壁式或地下式消火栓。地下各站间距为 1 500 m 左右。

（2）行车隧道

行车隧道是供地铁客车运行的专用隧道，深埋在地下几米至几十米，是地铁建筑的主体部分。建筑形式不尽相同，如图 9—11 所示，为双洞方涵式，即在两个方形涵洞中间，用“中墙”分隔为上下行两条并列的隧道，每条隧道宽约 4.5 m，高约 4 m。“中墙”上间隔一定距离开有避车孔，人员可以穿行。隧道地面铺设供列车运行的钢轨，沿中墙下部略高于走行钢轨的部位敷设三轨，三轨是变电站向地铁列车供电的专用设备，外形与一般钢轨一样，带有 825 V 高压直流电，是裸露的导电体。为防止人员触电，设有绝缘三轨防护板，如图 9—12 所示。

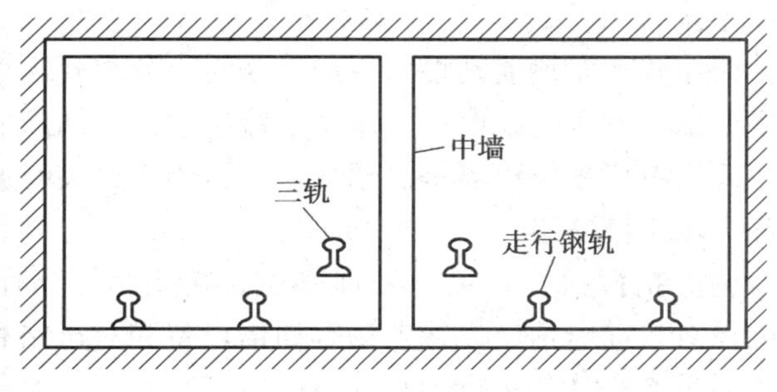

图 9—11　双洞方涵式行车道

地铁的供电、通信线路全部用电缆沿行车隧道敷设。通信电缆一般设在中墙，动力电缆设在侧墙，高压牵引电缆设在三轨上。设在隧道内的设备还有电气设备开关柜、风机、水泵和信号机。隧道内的消火栓沿两条隧道的侧墙平行或交叉设置。

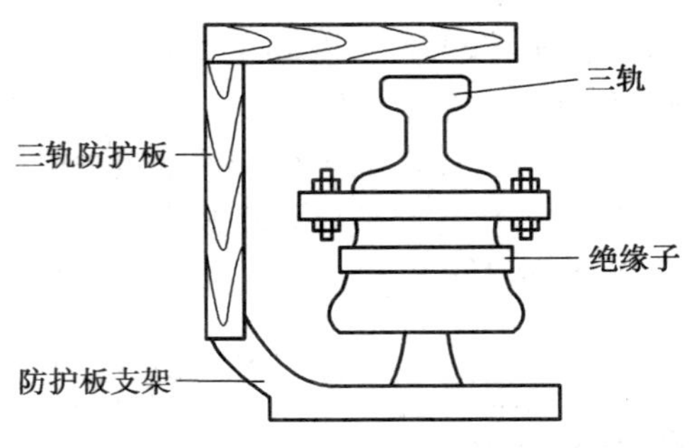

图 9—12　三轨截面图

(3) 电气列车

电气列车由车头和车厢组成。每列车一般有 5 节车厢。每节车厢长 19 m，能容纳乘客 180～200 人。车厢两侧设四个气动门。据测算，停靠站台的列车，在满员时，若遇到紧急情况，于 30 s 内即可使车厢中所有人员迅速疏散。每列车有一台便携式电话机，可直接与地面通话，在运行区间内发生火灾，电话可用于报警并作为火场通信工具。

(4) 通风系统

地铁的通风系统包括自然通风和机械通风两种形式。自然通风是依靠站台、候车厅等出入口与地面的连通部分形成空气对流。机械通风包括特风和普风。特风是战时专用设备，通过过滤装置清除空气中的有毒气体。普风是采用机械风机通过地面站和区间风亭以每小时约 20 万～30 万立方米的风量，每秒约 0.75 m 的风速送入洞内，通过消音砖和扩散孔洞，进入洞体。各站设有专门的排风装置，从各站进出口排出。

(5) 变配电站

电能是维持地铁客车运行、设备运转的动力源。地铁变配电设施由变电站、配电装置、控制设备及其他辅助设备组成，用以变压、整流和分配电能。我国地铁变配电站大部分设在车站的屋室区，设 1～2 个出入口与车站站厅、站台相通。建筑多采用 2 层楼房式结构，上层设值班室、控制室，下层设变压器室、开关室等设备间。

(6) 通信和调度系统

地铁的车站多，线路长，车辆流动性大，通信联络十分重要。地铁的通信设备主要有自动电话、调度电话、列车无线电话、车站直流电话、车站广播、列车广播、行车隧道内间隔一定距离设有广播扬声器等。通信设备可用于火灾时调度救援车辆，报告灾情，引导疏散和火场指挥联络。

地铁线路上设有调度指挥机构，负责处理终点、转线和停车作业，开启线路道岔。调度指挥机构内设有自动电话、无线电话等通信设备和对车站和运行列车进行监控的设备，可随时掌握重点车站和运行列车的情况，与车站行车值班室、列车司机保持联系。指挥调度系统一旦中断和发生差错，将导致全线瘫痪或使机车相撞，造成车毁人亡的严重事故。

2. 地铁火灾原因分析

地铁的火灾危险和火灾原因大部分是由电气故障和人为因素所致。

（1）电气故障

由于地铁工程电力、电气设备和电缆较多，很容易由于电气故障引发火灾。统计表明，这类火灾比例占地铁火灾的大部分，且多由电气线路的短路、过负荷、漏电、电气设备的违章使用等原因直接或间接引起。如隧道内安装的电缆和电气设备因潮湿、鼠害、老化、过载、维修使用不当发生故障，以及列车运行时产生的电弧，易造成行车隧道火灾；车上电气设备故障，镇流器污垢使氧化导电性能降低，以及接触不良，兜挂运行线路上的导电体造成短路放弧，都有可能引发火灾；变配电站的工作环境恶劣、潮湿、多粉尘、通风散热不良，也会导致设备故障而引发火灾事故。

（2）人为因素

地铁车站由于在装修、设备、办公、生活用具方面存在一定数量的可燃物，如果工作人员违章操作，生产生活中用火用电不慎，都有可能引发火灾。引车隧道施工维修中进行焊接、切割作业，工作人员吸烟用火不慎，都可能引燃隧道内的可燃物造成火灾。乘客违反有关安全乘车规定，擅自携带易燃易爆物品乘车，在车上吸烟用火，以及恐怖分子人为纵火等都可能引起火灾。

3. 地铁火灾特点

地铁是深埋在地下的极为复杂的系统工程，与其他地面工程相比，地铁建筑结构复杂，出入口少，通道狭窄，环境密闭，通风照明条件差；地铁又是一个复杂的联动体系，地下各种机械电气设备种类多，数量大；车辆运行，设备运转，人员办公生活用电量大；同时地铁还是一个人员高度密集的公共场所，因此，地铁火灾扑救极为困难，往往会造成重大的人员伤亡和财产损失。

（1）存在大量可燃物

地铁的建筑主体虽然大部分为非燃烧体，但在车站装修、设施设备，以及工作人员办公生活用具等方面都采用了一定数量的可燃物。如房室的吊顶、护墙、地板，电气设备的绝缘油，以及门窗、桌椅等物品。发生火灾后，引燃周围可燃物，造成火势蔓延。

为了满足运营生产生活的需要，地铁敷设大量电缆，贯穿于运营线路全线和几乎所有的屋室内。电缆失火后，如不能及时发现和有效控制，则会沿着敷设走向迅速蔓延。电缆的聚乙烯包覆层，因燃烧形成的溶滴，还会引燃附近可燃物。电气设备的外壳被烧损破裂，内部绝缘油外溢也会加剧火势的扩散。

（2）高温高热全面燃烧

在地下建筑封闭空间内，一旦发生火灾，由于密闭的环境使火点周围的温度急剧升高，引起大量可燃物燃烧，室内温度升高较快，伴随室内瞬时全面燃烧，巨大能量释放，温度随时间迅速上升。温度升高快，对人体危害大。

地下建筑发生火灾时，热量不易散失，室内温度可达800℃以上，火焰的本身或火焰产生的高温，能把人烧死烧伤。我国地下建筑先后发生过几十次火灾，都曾出现高温现象。

由于列车在隧道内运行产生的活塞效应和机械送排风等原因，地铁出入口、站台等部位空气流动快，风速较大，可助长火势扩大。

（3）排烟困难

地下建筑内失火，与地上建筑失火情况完全不同，地上建筑失火时，可以开启门窗，进行散热和排烟。地下建筑为厚的钢筋混凝土衬砌和岩土介质包围，出入口较少且空间有限，排烟困难，而人员出入口就是喷烟口，烟迅速聚集和在工事内的扩散，热烟运动方向与人员疏散方向一致。通常烟的扩散速度比人群疏散速度快得多，致使人员无法逃脱烟气流危害。浓烟使空间可见度下降，造成人们心理恐慌，增加人员疏散的难度。地铁火灾人员的最初伤亡大部分是由于缺氧窒息，中毒昏倒死亡。浓烟特别是含有毒性粉尘的烟雾，增加了消防人员接近火场的难度。

（4）安全疏散困难

地铁建筑内可燃物质燃烧时产生的大量烟气和有毒气体（如一氧化碳、二氧化碳及其他有毒气体），不仅严重遮挡视线，使能见度大大降低，还会使人中毒窒息，危害极大。

地铁深埋在地下几米至几十米，出入口少，通道长且狭窄。地铁地下建筑的屋室区结构复杂，通道曲折，内部房间以袋形走道或环形走道相沟通，里层房间距离安全出口较远，一旦失火，人群拥挤，难以及时脱险。

地下建筑发生火灾时，室内正常照明电源切断，地下建筑内无任何自然光源，一片漆黑，如地下工程内不装设事故照明和紧急疏散标志指示灯，在烟火封堵的情况下，人员逃生的可能性很小。

地铁隧道内设有信号机、电缆回流箱、三轨、电缆、消防水管和排水沟等设备设施。在发生火灾时，由于烟雾遮蔽事故照明灯，洞内能见度极差，甚至完全看不见，这些设备会严重妨碍疏散，隧道内敷设的三轨和列车上的受流器，都是裸露的高压导电体，此外还敷设有高压电缆，如不能及时切断事故区电源，极易造成人员触电伤亡。

（5）火灾扑救困难

地下建筑的火灾比地面建筑火灾扑救要困难得多。地下工程火灾扑救困难在于探测火情困难，不易探测火点；接近火场困难，高温、浓烟、毒气使消防人员无法接近火场；通讯指挥困难，地下火场灾情只能靠人传递信息，速度慢、差错多；缺少地下工程报警消防专门器材。

（6）易造成群死群伤

地铁是特大容量的公共交通工具，单向高峰每小时载运30 000～90 000人次。一旦发生事故，人员恐慌发生拥挤，极易发生死伤。

（7）经济损失和社会影响大

地铁承载城市交通的重任，投资巨大，发生重大火灾事故，不仅个人生命财产和国家财产受到损害，而且易造成不良的社会影响，甚至引发市民对政府的信任危机，后果严重。

五、危险化学品公路运输火灾危险性和特点

随着我国化学工业的发展和经济建设的需要，公路运输危险品的运量越来越大，危险化学品种类也越来越多。危险化学品在运输过程中，存在着爆炸、中毒等重大事故风险。近年来我国发生了多起危险化学品公路运输的重大事故，例如1998年12月，安徽定远县宽江镇中心村路段发生大客车与装满炸药的大货车相撞，引起爆炸，死亡20人，伤57人；2000年10月，福建省龙岩市上杭县发生一起氰化钠罐车坠落20 m的深山谷的恶性事件，造成98人中毒。因此，必须对危险化学品公路运输事故的特点、危害性进行细致的分析研究。

1. 公路运输车辆的基本结构

（1）分类

根据公路运输车辆使用的燃料分类，可分为汽油燃料汽车、柴油燃料汽车、醇类燃料汽车、燃气燃料汽车、电动汽车、燃料电池汽车、混合动力汽车。

按照货车载重量分类，可分为微型货车（1.8 t以下）、轻型货车（1.8～6 t）、中型货车（6～14 t）、重型货车（14 t以上）。

（2）结构

货车一般由汽车的动力装置、驾驶室、操控设备、乘员空间、油箱、货运箱等组成，布局合理紧凑。

用于运输轻质油、重质油、液体沥青、易燃气（液）体等化工产品的槽罐车等专用汽车的构造较为复杂。槽罐车的罐体形状有圆柱形和椭圆柱形，罐体内一般有两个带孔的挡板，把罐体分隔成三个相通的隔舱。油罐车罐顶装有量油孔、人孔、安全阀，量油孔连有伸至罐底的量油导管，罐底设有排水阀、排油阀，车上设有工具箱、灭火器和拖地铁链。黏油罐车还设有保温层和加热器；液化石油气罐车还设有气相管、压力表、卸车泵等。

常见的汽车油罐车如图9—13所示，汽车液化石油气罐车如图9—14所示。

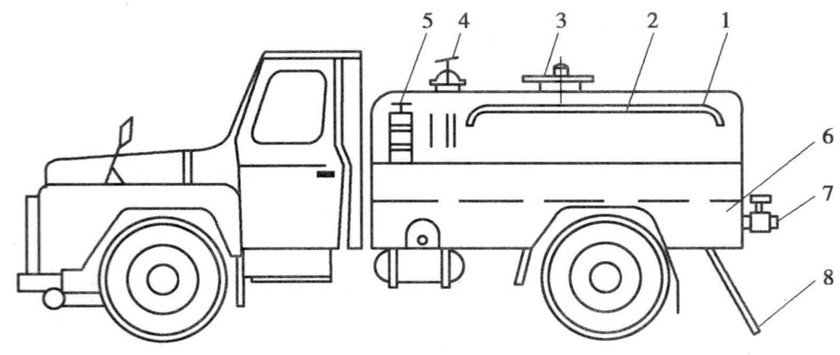

图 9—13　汽车油罐车

1—罐体　2—扶手　3—灌油口　4—量油口　5—灭火器　6—工具箱　7—排油口　8—拖地铁链

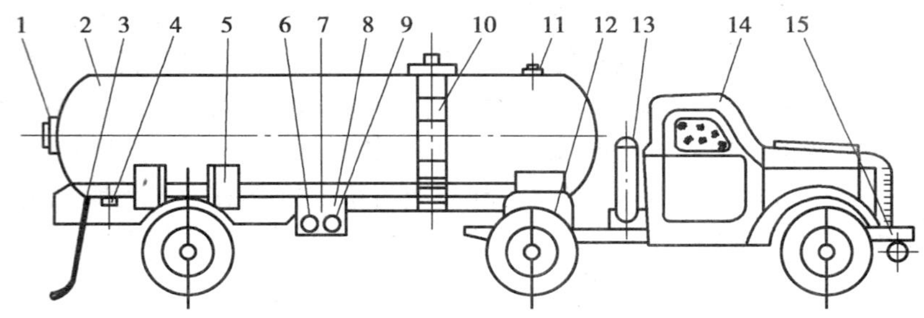

图 9—14　汽车液化石油气罐车

1—人孔、液位计　2—罐体　3—接地链　4—排污管　5—后支座　6—液相阀　7—温度计　8—压力表　9—气相管　10—梯子　11—安全阀　12—前支座　13—备用胎　14—驾驶室　15—消声器

2. 危险化学品公路运输事故原因分析

（1）监管的原因

当前我国危险化学品公路运输存在专用车辆少、车辆技术状况较差、经营资质审查不够严格的现象，致使一些企业的人员和设备、设施不具备危险品安全运输条件，而进入营运市场。

小型运输企业或个体运输业户安全意识淡薄，经济利益至上，没有危险化学品准运证，仍冒险承接危险品运输业务，把危险货物等同一般货物运输，给公路运输带来严重的事故隐患。

危险化学品车辆的装卸、加油、修理、停车休息等，未制定完善的安全管理制度和操作规程，导致在修车场、加油站、装卸点、临时停车休息处等地点发生的危险化学品运输事故。

（2）宣传培训的原因

危险货物运输法规及基本常识的宣传、培训不够，对违规行为的处罚力度不大，致使一些没有经营资质的企业违章冒险承运危险货物。企业对驾驶员及押运人员培训教育不够，可以从多个方面导致危险品运输事故的发生。

（3）设备设施的缺陷

设备设施的缺陷是危险化学品运输的最大危险。主要有两类：一类是车上的危险化学品容器或危险化学品包装、固定的缺陷；另一类是车辆本身的缺陷，主要包括制动、转向系统，行驶系统（轮胎、拖挂连接处等）、发动机等方面的缺陷。

此外，企业领导安全意识淡薄，致使出现不合格的危险化学品容器或运输设备；企业违章改装危险化学品容器或运输车辆，或者对容器、罐（槽）车疏于检查，使存在多处缺陷的不合格的容器或车辆投入使用；司机及车辆维护人员思想麻痹，检查不认真，导致有缺陷的车辆上路营运。

（4）道路的原因

包括道路本身以及相应的道路设施。为预防交通事故，减少事故损失，道路工程必须配有合理的道路设施。道路设施主要包括交通安全设施、交通管理设施、防护设施、照明设施、停车设施、其他沿线相关设施及绿化等。道路转弯处、上坡或下坡处、路面颠簸不平、有较大凹坑、宽度不够等，增加了驾驶难度，路面颠簸使危险品容器或包装更易破损、泄漏。道路和道路设施的性能以及安全状况直接影响着运输的安全，不良的道路条件会对驾驶员的驾驶行为带来不安全因素和心理影响，增加运输事故发生的概率。

（5）环境的原因

包括天气、地形、时间等方面。天气状况主要应考虑寒暑雪雾恶劣条件的影响，雨、雪、露使路面变滑，不易驾驶；下雨使危险品包装更易出现问题，危险品可能遇水反应；日光暴晒使容器温度、压力升高，可能发生超压爆炸；温度过高使危险品更易发生反应。地形可能影响车辆能否正常运行和司机视野，地形还影响到危险化学品泄漏后的流向。时间主要是指白天或夜晚，影响到司机的驾驶和周围的人员活动情况等。雨、雪、雾及夜间行车等会导致驾驶员视线不清。

（6）人的失误

人的失误可归纳为装卸人员的失误、押运人员的失误、驾驶员的失误、维修人员的失误等情况。

装卸人员的失误主要有：超重装载、超高装载、过量充装、危险货物固定不牢、配载不当、性质相抵触的化学危险品混装、包装不严或包装方法不当、容器阀门没有拧紧，以及其他违反装卸操作规程的行为。

押运人员的失误主要是指使司机违章随意停车、搭乘无关人员、擅离职守、粗心大意、没有定时停车检查、危险货物安全知识缺乏、不能识别危险情况、遇到危险情况没有正确处理等。

驾驶员的失误主要表现为：疲劳驾驶，在雨雪天气、道路转弯及十字路口处，车速过快，违章超车、行车等；行车路线选择不当，违章从人口密集处通过，道路不熟，出现意外等；违章随意停靠，违章搭乘无关人员，违章客货混装，在客车上携带危险品等。

维修人员的失误主要是车辆维修保养不善，检查不仔细，使有缺陷的车辆上路，以及在易燃易爆环境下动火修理车辆等。

（7）静电的因素

危险化学品，特别是石油产品，几乎都是有机化合物，属于非电解质，在运输过程中由于道路的不平坦，或车辆加速减速过程中使其与存储容器发生摩擦而产生静电，当静电在释放过程中产生静电火花的能量达到危险化学品的最小点火能量和具备燃烧爆炸的条件时，就引起火灾或爆炸。

（8）处置事故能力的原因

押运员、驾驶员不熟悉化学危险品的性能，不懂得相应的消防知识，事故发生初期，不能按规定要求采取相应的应急措施，致使事态扩大。

抢险人员对危险化学品事故应急救援的能力不够，事故由于抢险救援不及时、不得当，不能遏制重大事故的发生。

3. 危险化学品公路运输事故特点

（1）事故的突发性和并发性

绝大多数危险化学品的化学反应速度快，当其获得足够的能量时能够瞬间引爆，呈现诱导时间短、爆炸突发性强且先兆不明显的特点。爆炸导致燃烧，燃烧导致爆炸，燃烧和爆炸交叉发展。

（2）危害巨大

液态的化学品由于具有良好的流动特性，从储运容器中泄放出来，造成大面积的流淌状火场局面，当遇到适合的环境条件（风速、温度）会使火灾迅速蔓延、扩大，有毒的化学品迅速进入环境，不仅危害人类、生物（特别是进入水体的毒物），且对受灾环境的修复也是十分困难的。

（3）事故发生地点不确定性

危险化学品的运输过程是一个不断转移的过程，在这个过程中致灾因素的影响随时间和空间的不同而不同，从而导致事故发生地点的不确定性。

（4）扑救困难

由于危险化学品运输事故的发生地点不确定，使得消防队员难以及时赶到事故现场，可调用的灭火装备也受到很多局限，影响扑救工作，特别是对于发生在隧道中的事故更是如此。由于隧道空间狭长，燃烧产生的热量和烟气滞留在隧道中无法及时排除，使其中的烟气温度高，浓度大，湿度大；另一方面由于新鲜空气不畅，隧道内的不完全燃烧状况严重，烟气中含有大量的可燃组分，使得灭火人员难以接近，灭火设备更难以奏效，扑救非常困难。

第二节　交通运输业火灾扑救基本对策

交通工具发生火灾，扑救比较困难，极易造成众多的人员伤亡，严重的经济损失和不良的政治影响。因此，做好交通运输业的火灾扑救工作，至关重要。

一、飞机火灾扑救对策

飞机火灾具有火势燃烧迅猛，人员疏散困难，舱内烟雾弥漫，容易发生爆炸，火灾的突发性强，火灾地点不定，火灾扑救困难的特点，扑救飞机火灾应确立以救人为主，灭火为救人创造条件的指导思想。在战术上实行救人与灭火同步进行，冷却、破拆、排烟并举，主要灭火剂与辅助灭火剂联（结）合使用，以最快的速度，最大的喷射量向燃烧部位和危险区域喷射，一举扑灭火灾。

1. 飞机火灾扑救措施

（1）积极调集力量

立即启动飞机紧急事故应急救援联动预案，加强第一出动，调出指挥车、泡沫车、举高车、大功率重型水罐车、多功能抢险车、照明车、后援车、综合防化救援车、后勤保障车等，并通知空中交通管制部门，要求公安、医疗救护、气象、环保等部门予以配合。

消防车接近起火飞机时，车上的消防人员必须密切注视飞机和地面上的情况，特别在视线不清的大雾天或夜间，要打开车上的照明灯注意观察有无人员或货物从飞机上掉落到地面，防止发生意外事故。应将救援力量部署在落地点附近的最佳位置。

（2）迅速侦察火情

飞机发生火灾后，消防人员必须迅速展开火情侦察。主要了解飞机型号、国籍、燃油数量、载客和机组人数、装载货物的种类与数量、预计降落或失事时间；飞机是停港维护着火，起降过程中着火，还是坠毁着火；事发现场的具体位置及进出道路。了解飞机着火具体部位、燃烧范围、人员被困情况、有无爆炸危险、对周围有无威胁。

（3）积极疏散和抢救人员

飞机发生火灾后，应以最快的速度、最有效的方法，疏散和抢救机身内部的人员。

机上人员紧急撤离时，通过紧急出口，使用紧急救生滑梯是最好的撤离措施。消防人员要站在滑梯脚旁，帮助从机舱出来的人滑到滑梯脚下，并引导他们到离事故现场一定距离的安全地点。被疏散的人员使用机翼上的出口撤离时，一般使用机翼前缘或襟翼。如翼面至地面的距离过大，没有梯子会使撤离飞机的人严重受伤，应及时使用消防梯帮助机翼表面上的人员撤离。同样，飞机舱门只有装了扶梯或滑梯才可作紧急撤离用，这样才不会直接影响机上人员的生命安全。

视情况选准进入飞机的途径。飞机的紧急门有的在飞机的右侧，必要时可通过厕所服务门或货物舱门进入，多数飞机在后部左侧有主要的旅客门且多数向外旋转，向前铰接，有些向内。驾驶舱进入门通常在前部左侧设置，有的设在右侧。有些飞机在机头或后部最末端尾部下面有自备的梯子，出入门有紧急逃生滑道，滑道必须在地面上托住，其他的为自行充气式，旅客应跳进滑道。

由于特殊原因致使正常的进入方法不具备或不适用时，破拆飞机才作为一种最后的措施。强制进入的方法：如可能的话，从正常舱门或紧急舱门或窗口强制进入；在舱内座位水平线以上，行李架以下的窗户之间，或在机舱顶部中心线的两侧处锯断、劈开破拆飞机；有些飞机有破拆位置点，这些位置点均有红色或黄色标记标出，可在此位置点进行锯断、劈开破拆飞机，强制进入机舱，抢救机上人员。

（4）飞机外部火灾扑救

扑救飞机外部火灾，应以最快的速度、最大的喷射率向实际危险区域喷射主要和辅助灭火剂。据此可以达到迅速覆盖、冷却飞机外部结构和扑灭地面上的油火，保护机内人员迅速撤离飞机的目的。

1）机翼着火。一侧机翼根部着火时，消防车从上风或侧上风方向出泡沫灭火，控制火势向机舱和油箱蔓延。冷却机身，使其不受热辐射的影响，防止火焰燃烧透机身。同时，用水枪掩护机内人员撤离，图 9—15 为使用 3 辆消防车灭火时的力量部署。

一侧机翼外发动机着火，消防车从机翼两侧的上风或侧风方向喷射泡沫消灭火势，保护机身，掩护机内人员迅速撤离飞机。图 9—16 为使用 2 辆消防车灭火时的力量部署。

两侧机翼全部着火，消防车从飞机两侧的上风或侧上风方向，沿机身喷射泡沫灭火，保护机身不被火焰烧穿，掩护机内人员迅速从前舱门撤离。图 9—17 为使用 3 辆消防车灭火的力量部署。

尾部发动机着火，消防车在飞机前方或侧方喷射泡沫或干粉灭火，冷却机身，控

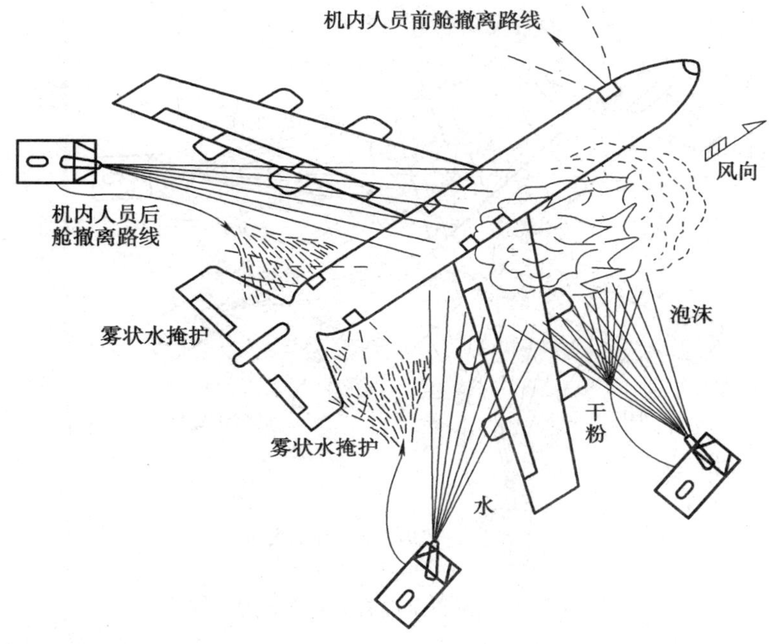

图 9—15　一侧机翼根部着火时灭火力量部署图

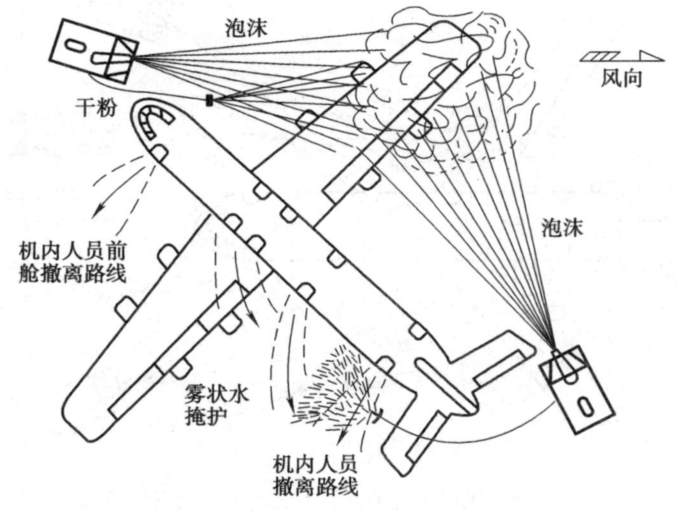

图 9—16　一侧机翼外发动机着火时灭火力量部署图

制火势由后向前蔓延，掩护机内人员从前客舱门撤离飞机。图 9—18 为使用 2 辆主战消防车灭火时的力量部署。

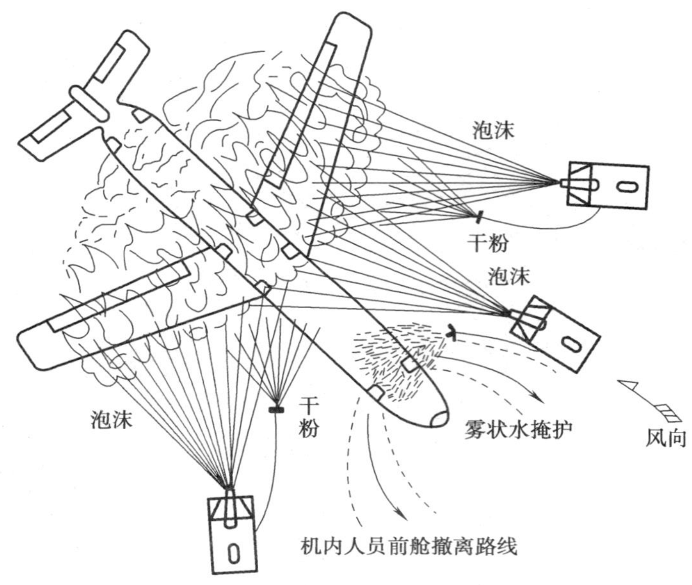

图 9—17 两侧机翼全部着火时灭火力量部署图

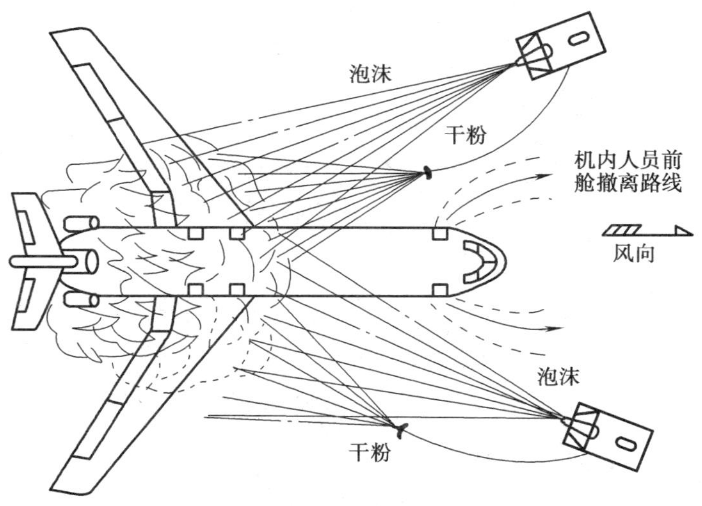

图 9—18 飞机尾部发动机着火时灭火力量部署图

2）起落架着火。起落架装置是飞机的重要组成部分，一旦发生火灾，易危及油箱或造成飞机翻倒，使火势蔓延到整个机身。起落架火灾的发展，一般需要经过过热发烟、局部燃烧和完全着火三个阶段。扑救起落架火灾时，应在飞机停稳以后进行。

过热发烟阶段，由于飞机机轮在维修时装有新的刹车垫，机轮上附着残油，或紧急刹车制动被卡等原因，使机轮或轮胎在摩擦过程中产生高温，引起轮胎橡胶的热分解或易燃液体受热冒烟，有燃烧的可能。应准备好干粉和水枪，并时刻严密观察，一旦发现起火，便立即喷射。如果烟雾逐渐减少，应让机轮或轮胎自然冷却，避免发热的机轮或轮胎急剧地被冷却，特别是局部的冷却，可能引起机轮或轮胎的爆炸。如果烟雾增大，可用雾状水流断续冷却，避免使用连续水流，更不可用二氧化碳冷却。

局部燃烧阶段，燃烧比较缓慢，火焰不大，热量不十分大，但能够在短时间内使整个机轮或轮胎全面燃烧，使轮胎报废，并将对机身和机翼下部形成威胁，有引起机身和机翼火灾的可能。应用干粉迅速扑灭火焰，用雾状水流冷却受火势威胁的机身或机翼下部以及其他危险部位，快速撤离机上所有人员，清理出在轮轴方向的安全地区，灭火后用雾状水流对机轮或轮胎进行均匀的冷却，预防复燃。

完全着火阶段，由于液压油的外泄，造成起落架完全着火，这时的火势猛烈，辐射热强，对机身或机翼的危险性更大，要求消防人员在最短的时间内将其扑灭。应用大剂量的泡沫，或将泡沫与干粉联用进行扑救，迅速撤离机组人员和乘客，用泡沫冷却机身下部或机翼，清理出在轮轴方向的安全地带，随时准备对付火势的蔓延或可能出现的大火。

3）飞机发动机着火。发动机是飞机的关键组成部件，通常安装在发动机吊舱、机舱尾锥，机身腹部或机身底部和侧面。发动机内部发生火灾，会使飞机瘫痪或从空中坠落，在扑救发动机内部的火灾时，应根据发动机的不同类型采取不同的扑救方法。

发动机内部起火时，因为其内部燃烧室耐热性良好，持续几分钟的极高温度才能使机体燃烧起来。在这种极高温度下，其内部一般早已完全毁坏，若发动机体尚未着火就不需要抢救。如果火包围了发动机，使发动机体燃烧，可用水和泡沫有效地控制其周围的火，防止火势向机身外等部位蔓延，因为燃料本身含氧化剂，短期内会剧烈燃烧，一时不可能扑灭这种火。

扑救发动机火灾时，应选用二氧化碳灭火剂控制发动机内的火灾；在发动机火势已发展到危及邻近飞机结构时，可使用其他灭火剂，如喷射水雾冷却处于危险状态的油箱和飞机机身。

（5）飞机内部火灾扑救

飞机内部发生火灾，将直接对机身内部人员的生命造成危害。消防人员应把营救机身内部人员脱险作为首要任务完成，灵活采取冷却降温、内攻灭火等措施，有效控制和扑灭火灾。

1）客舱内着火。客舱内有旅客时，应使用雾状水灭火，掩护旅客从舱门和紧急出口迅速疏散到机舱外。由于飞机的种类很多，其客舱门、驾驶舱门和紧急出口的位置以及开启、使用方法不尽相同，消防人员必须在平时进行认真了解和掌握。

客舱内没有旅客时，可用泡沫直接灭火，也可从机身上部破拆口灌注高、中倍数泡沫，对客舱进行封闭灭火。

当客舱内座位和隔墙等物体阻碍水枪灭火时，应将水枪从机身外部伸进舷窗口射水。

氧气瓶受到火势或热辐射威胁时，应使用雾状水冷却。

2）驾驶舱着火。消防人员从前舱门攻入机身内部，用雾状水冷却驾驶舱与客舱之间的隔墙，防止火势蔓延到客舱，掩护乘客和机组人员从前、中、尾部舱门和应急出口撤离机身，到地面安全地带。使用二氧化碳等灭火器扑救，必要时可使用水或泡沫扑救。

3）货舱（行李舱）着火。当飞机上有乘客时，应首先组织力量疏散舱内所有人员。当货舱内装运普通货物时，可用喷雾水或泡沫扑救。当货舱内装运危险化学品时，应根据所装运货物的性质选用适当的灭火剂灭火。

（6）飞机爆炸或坠毁火灾扑救

飞机升空后及飞行途中发生爆炸、撞击山头、坠毁等事故时，机身结构往往遭到破坏，内部人员伤亡严重，油路和燃油箱破裂，大量燃油泄漏，或形成大面积燃油火灾，给救人、灭火工作带来困难。在这种情况下，必须迅速控制飞机或坠落区的燃烧。

整个飞机都燃烧起来时，首先用干粉压制机身外部火焰，同时用泡沫覆盖冷却机身，降低高温对乘客的影响，为机身内部人员的生存提供条件。切忌沿机翼线向机身方向喷射泡沫，防止把机翼上的游离燃油驱赶到机身上。在力量充足的条件下，也可重点考虑扑灭油箱、发动机和起落架等部位的火。

当飞机油箱破裂，大量燃油洒落到地面燃烧，火焰威胁机身安全时，首先用干粉和泡沫直接射向机身下面火焰根部，将火焰与机身分隔开，然后向机身周围的火焰喷射，最后覆盖整个火区，消灭燃油火。

当飞机与洒落地面的燃油同时着火时，应首先扑灭机身上的火焰，用泡沫覆盖冷却机身；再向机身下部和周围地面喷射泡沫，将地面火焰与机身隔开，控制住燃油火向机身蔓延，为展开救援工作创造条件，最后消灭地面燃油火。

飞机坠落时，机身机构可能变形，使舱门、紧急出口等无法开启。消防人员应尽一切可能，以最快的速度、最有效的方法，救出机身内部所有人员。

（7）飞机迫降应急措施

因各种意外原因导致飞机被迫紧急降落，或在降落时由于机械故障如起落架放不下来，或驾驶员操作不当等原因，造成着地时发生撞击、燃烧、爆炸等迫降事故。

迅速查明飞机迫降或起飞跑道周围情况，测定风速、风向，确定攻防路线和阵地，合理估算跑道喷洒中倍数泡沫量及战斗车数量，在飞机可能迫降区域预先喷洒泡沫，减少飞机迫降因摩擦和碰撞产生的火花。对于机头起落架有故障的，应从距跑道入口至相当于可用于供着陆的距离的一半那一点起喷洒泡沫；对于机轮未放着陆的，应从距跑道入口至相当于可用于供着陆的距离的三分之一那一点起喷洒泡沫。掌握泡沫覆盖所需要的时间（与飞机紧急事故性质、敷设泡沫设备数量、飞机安全飞行及紧急放油等待时间有关）。

泡沫喷洒完毕后，消防人员与消防车辆应撤离到安全位置待命，在飞机接地后，迅速出动，跟随着飞机，随时准备灭火。消防车的选位不能过于靠近跑道，防止飞机降落偏离跑道造成撞击消防车的后果。要尽量停靠于跑道尽头的侧面，并保持一定的距离，便于机动转移阵地。车位应布置成扇形状，以便在最短的时间内接近失事飞机。

飞机迫降失事后，迅速组织消防车从机体的四周展开灭火行动，集中力量打击火点，保护机翼，迅速出泡沫覆盖溢出的燃油或扑灭燃烧火焰。在油箱没有燃烧或局部燃烧的情况下，不要大量使用泡沫，可用水冷却保护。要重点控制关键的机身部位的火灾，创造人在机舱内能生存的条件和可进行救援作业的条件。主要火势已被控制住后，应立即展开人员抢救工作。基本要领是先设法打开机舱门窗或扩大机体的破裂处，佩戴防毒面具、穿隔离服的消防人员应立即进入机舱，提供照明设备，采取自然通风或应用机械通风措施，尽快地创造一个飞机内适于生存的环境，消除难以忍受的烟雾，以及各种物质热溶分解后的有毒气体，防止机内人员窒息中毒而死，并使尚有活动能力的人员能及时脱离。

2. 飞机火灾扑救注意事项

(1) 加强个人防护

扑救飞机火灾时，每个消防人员必须佩戴氧（空）气呼吸器，穿着避火服或隔热服。在救人或灭火过程中，如果皮肤被沾上航空燃油和液压剂，要尽快用水和肥皂冲洗干净，防止引起皮肤炎症。

(2) 注意行动安全

当飞机轮胎着火或轮毂处于高温时，轮毂容易爆炸，其爆炸方向为沿轮轴方向向外。因此，在轮轴方向长 180 m，沿轮轴方向左右 45°角的范围内为危险区域，不准任何人进入。

向机身上喷射泡沫时，应沿机身线由近及远将火向前驱赶，集中到场的所有泡沫保护机身；切忌沿机翼线向机身方向喷射泡沫，防止把机翼上的游离燃油驱赶到机身上燃烧；多辆泡沫车上的泡沫炮同时喷射泡沫，要避免某一门泡沫炮喷出的泡沫冲开其他炮喷出的泡沫覆盖层。

扑救发动机火灾的人和设备，不要位于发动机正下方，因为这些位置可能有漏油、熔化金属或地面火势的伤害。飞机发动机进气口前 7.5 m，排气口后 45 m 范围内为危险区域，消防人员与被撤离人员严禁进入这一区域，以免被运转的发动机吸入或被喷气气流烧伤。

机身处于全封闭状态，起火后产生的烟雾和温度散发不出去，会在机身内迅速积聚，打开舱门后，空气进入机舱会形成爆燃。消防人员应手持喷雾水枪站在机舱门后，稍微打开一点机舱门，将喷雾水枪伸进机舱内射水；而后再完全打开机舱门，进入机舱内救人、灭火。

地面有流淌的燃油时，消防车不能从下风方向或油面上驶过，更不能将车停放在有燃油的地面上，应从上风或侧风方向驶近，停在距油面 30 m 以外的地方。首先用泡沫射向地面，覆盖地面燃油，防止着火，然后向机身喷射，掩护机内人员撤离现场。现场严禁使用带电设备，消除着火源，防止引起油蒸气爆燃。

（3）灭火设备和灭火剂要可靠

扑救飞机火灾灭火设备要绝对可靠，一旦消防车辆到达现场，就必须保证灭火战斗不中断，甚至车辆在行驶时，也能进行灭火操作。同时要求流量、压力、射程尽可能大。

扑救飞机火灾火场用水量大，必须组织好串联供水或运水供水，保证火场供水不间断。扑救飞机火灾时间长、任务重，要做好泡沫、干粉等灭火剂的供给，泡沫和干粉在实施一系列严格措施大前提下可以联用。经有关方面研究，可用部分干粉代替蛋白泡沫，1 kg 干粉可替换 1 L 泡沫溶液，这对处于缺水地区是极为有利的。

金属发生火灾以后，由于温度高，一般灭火剂（如水、二氧化碳、泡沫、酸碱灭火剂、氮气）会分解而失去作用，甚至使火灾发展更加猛烈，所以应慎重使用灭火剂。对于常用以制造起落轮毂、发动机托架、螺旋桨发动机机轴箱、涡轮发动机的压气机铸件等的镁火扑救，在起火时用“7150”灭火剂将其扑灭，若大量含镁金属起火可用强大水流加以控制，对小规模的镁火，可以用沙土控制和扑救，干粉也可以扑救镁铝合金火灾，但不能用二氧化碳和以碳酸氢钠为基料的干粉扑救。有些发动机的零部件含有钛的成分，不能使用普通的灭火剂扑救。如果含钛部件着火被封闭在吊舱内，应尽可能让它烧完，只要外部没有可被火焰或炽热的发动机表面引燃的易燃蒸气混合气体，这种燃烧就不至于严重地威胁飞机本身，可采用泡沫雾状水喷洒覆盖吊舱和周围暴露的飞机结构。

（4）慎用破拆方法

由于机身的金属外壳坚硬，内部结构又较复杂，随意破拆不仅难以奏效，而且容易造成燃油箱破裂，甚至伤害机内人员。因此，消防员必须掌握正确的破拆位置与破拆技巧，避免随意破拆伤人。

(5) 维护事故现场

为了便于火灾原因调查，消防人员在扑救飞机火灾的战斗中，不要随便搬移弄乱起火飞机的残骸。如果必须搬移，需记录下它们的原始状况，位置和地点，保存所有的有形物体，并拍摄照片供事故调查和消防研究用。

二、轮船火灾扑救对策

船舶火灾扑救困难，必须针对其特点，立足现有消防技术装备和设施，灵活运用战术，有效控制和消灭火灾。

1. 船舶火灾扑救步骤

(1) 船舶靠在码头发生火灾时

1) 发出火灾警报并紧急通报给码头和海事等有关部门，停止装卸作业并拆除管线，请求岸上救援。

2) 集合紧急行动队，确定着火地点、火势范围。

3) 确认船舶上是否有人受困；动员各部门的警戒组织，迅速执行预定的应急程序或应变措施，尽可能使货物泄漏停止。

4) 采取最初的灭火防火行动。采取措施防止火势向四周蔓延扩大，包括隔离切断燃烧物源，并用水冷却受火灾热辐射或被火焰烧烤的区域。

5) 选用合适的灭火剂扑灭火焰，必要时采取针对大规模火灾的灭火行动，灭火后用水冷却火灾现场周围，防止复燃。

6) 准备救生艇，根据需要实施水面救助。

7) 其他行动。如做好撤离码头的准备，出动港口应急拖轮，若火灾一时无法控制应马上把船舶拖离码头到安全水域锚泊。码头方应立即启动应急预案，停止装卸作业，通知消防部门，组织码头人员进行抢救和灭火。

当在船舶附近的陆地上发生火灾时，船舶应立即进入消防应急状态，停止一切装卸作业及其他作业，并关闭所有的管线阀门及开口。立即拆卸装卸吊臂或货物软管，船岸间应隔离，使船舶处于能随时移动的状态。

(2) 船舶在海上发生火灾时

1) 火灾的发现。应立即按响警铃或大声呼叫报警。对范围不大的小火应立即使用附近的灭火器材进行扑救。如发现起火时已难以扑救，必须尽可能将现场门窗关闭，尽快向驾驶台报告情况。进行紧急通信联络，发出求救信号，在可能的情况下，尽量详细报告。在发生冲撞时，要与对方船舶取得联系，让其退到安全范围。在有警戒船、支援船时，要让其退避到安全范围，并委托其与陆上联系，请求消防船的救助。

2）驾驶台的行动。立即发出火警信号。转向或停航，控制风向以减小火势蔓延。若火灾发生在生活区或机舱部位，船舶要根据当时的潮流、风向，采取合适的方法抛锚。一般抛单侧锚，使船体以船头为轴，顺风势旋转，使失火部位总处于下风处，防止着火范围扩大。如果两锚同时抛下，因船体固定，风向一旦发生变化，火势范围极可能扩大。关闭驾驶室所有控制的通往火区的通风。详细记录火警发生时间、船位、火警发现者、火的种类、施救情况。

3）船员的行动。所有船员听到火警信号后，必须按船舶消防部署的分工，以最快速度到达岗位。

4）扑救措施。向火灾发现者了解情况，并对着火现场采取控制措施，防止火势蔓延。指定两名船员穿好防火服并戴好氧气呼吸器，查明火源和人员受威胁情况。根据火灾现场侦察了解的情况，决定灭火行动。随时将现场情况报告火场指挥。

5）火场清理。当确认火已熄灭，立即排烟、抽水，彻底扑灭余火，派人值勤，防止复燃。在没有得到上级有关部门许可，不得擅自销毁现场。

6）弃船。根据火灾蔓延的规模及危急情况，船长可下达弃船命令。弃船命令发出后，应将船舶航行日志、航行日表、轮机日志、船具目录、各种船舶证书及机密文件、现款及账册、精密仪器等物品带走。报务员拍完求救电报经船长同意后方可离船，机舱值班人员在得到船长两次通知后方可离船，船长必须在全体旅客、船员离船后最后离船。

2. 船舶火灾扑救的基本措施

为保证灭火任务的顺利完成，火场指挥员应根据火场具体情况，及时果断地采取相应的扑救措施。

（1）立足于自救灭火

航行的船舶发生火灾后立足于自救灭火，主要依靠船上船员的自救灭火和港航消防力量担任主力军和突击队，陆地消防力量协助和配合港航消防力量执行灭火和救援任务。

船舶在海上发生火灾，船长为总指挥。火灾发生在机舱以上，大副是现场指挥；发生在机舱内，轮机长为现场指挥，大副协助指挥。水上消防船（艇）到达后，消防船（艇）上最高消防指挥员为灭火作战总指挥，船长、大副和轮机长协助指挥，消防船（艇）上的战斗员就成为灭火主要力量，船上的船员协助灭火。

船舶在港区和修理厂发生火灾，最先到达火灾现场的港航消防队的最高指挥员为现场总指挥，陆上消防队指挥员及船长、大副和轮机长协助指挥，港航消防队为主要灭火力量，陆上消防队和船员协助灭火。

（2）火场侦察掌握情况

船舶火灾扑救和人员救助效果的好坏，在很大程度上取决于消防指战员和船员对火场情况的掌握及指挥。因此，必须迅速组织侦察，查明货、客舱内有无人员被困，以及受到火势威胁的程度；火源的部位，燃烧物的性质、数量和状态，火势发展蔓延的主要方向；着火舱内有无爆炸物品，有无易燃易爆危险化学品，有无其他能助长火势蔓延的物资及其数量；着火舱的舱壁、甲板的状态，舱盖状态和启闭状态，可利用的进攻通道数量；与着火舱相邻的舱室是否受到火势威胁，存放物品的性质；货船内固定灭火系统的可利用情况等。

（3）疏散、救助被困人员

当着火客船上有大量旅客面临被火势围困的危险境地，需要紧急疏散到船下时，应把主要力量用于掩护和引导旅客安全疏散上，同时部署一部分力量堵截火势，最大限度地减少旅客的伤亡。应利用船上的扩音设备或手提式扩音器向旅客喊话，安定遇险人员的情绪，引导他们向安全的地方疏散，避免因拥挤、恐慌，使通道堵塞，甚至造成彼此践踏或伤亡。船上的工作人员和消防人员应及时打开客舱和通道的所有出口，使旅客能及时疏散到舱外安全的地方。用大口径水枪（炮）堵截火势向有旅客聚集的方向蔓延，用喷雾水枪消除火势或热辐射对疏散通道的封锁，掩护旅客安全通过。

应根据火场的实际情况采取不同的方法救助被围困人员。各层甲板间的内部走廊（道）、楼梯、门等已被烟火封锁，被困人员无法逃生时，消防员可通过架设举高装置，并利用消防梯、救生袋等将被困人员救出。无法架设举高装置时，消防员可通过挂钩梯或徒手攀登栏杆、支柱、流水管、窗户等方法登上高层甲板，用安全绳救下被困人员；或使用抛绳枪将绳索射到被困人员处，让被困人员将缓降器、救生梯等消防器材吊上去，然后使用缓降器、救生梯自救；消防员也可在被困人员所在部位的船下地面拉起救生网（布），放置救生垫，接住下跳的被困人员。被困人员自己沿消防梯或消防车云梯从高处向地面疏散时，消防员应用安全绳系其腰部予以保护，或由消防人员将其背在身上护送下船。

对被抢救出来的人员要清点人数，认真核对，切实搞清被火围困人员是否全部救出。受伤人员除现场进行急救外，必要时还需组织力量将其及时送往医院进行抢救治疗。

（4）采取正确的灭火方法

船舶火灾起火地点大多在海、河、湖面或港口、码头、岸边，消防车辆和消防船（艇）难以驶近船边扑救，给灭火战斗行动带来很大困难。为保证灭火任务的顺利完成，火场指挥员应根据火场具体情况，采取正确的灭火方法。

1）乘渡船驶近灭火。当船舶位于锚地，河、湖水面或岸边浅滩上起火时，可调消防船（艇）、拖消两用船载运消防人员、消防车辆和器材装备驶往火灾地点，接近起火船或直接登上起火船进行扑救。

2）停泊码头灭火。起火船舶离码头较近，并且船舶上的货物不致对港口和附近船舶产生威胁的情况下，可让船舶驶进港口，停泊在指定的码头上，由陆地消防队进行扑救。若起火船舶已失去动力，则可用港内拖轮将其拖到码头扑救。

3）用机动泵灭火。起火船舶位于浅滩，消防车辆和消防船（艇）都无法驶近船边时，消防人员可采取将消防机动泵从沙滩上抬到起火船边灭火，也可将拖泵、轻便消防车拉到船边投入灭火；还可用吃水很浅的小木船、救生艇、木（竹）筏等载运消防人员、消防机动泵和器材装备驶近船边灭火。

（5）利用风向控制火势蔓延

船舶在航行中起火，考虑风向和着火部位，根据航道情况减速或迅速将船调整到适当方向。减速可减小舱内空气压力，改变航向可以使着火部位背风或将火焰吹向舷外，使主甲板以上火势不致延燃，而且有利于各项灭火行动。当火在船舱的前部，风向由前向后刮，可立即将船头调转 180°，停泊在水中，利用风向改变火势蔓延方向，减缓火势蔓延速度，安全疏散船上人员。当火势在船舱的后部，风向由后向前刮时，采用同样的调头停船方法改变火势蔓延方向。当火势在船舱的中部，应立即将船头向左（或右）调转 90°，使火势沿船体横向蔓延，减缓纵向蔓延速度。具体方法如图 9—19 所示。

（6）灵活运用灭火战术

1）先控制，后消灭。先期到达火场的消防队，应对船只着火区外围进行控制性灭火，待后续增援力量到达后，全面组织进攻。在灭火力量不足的情况下，也要以货舱和船楼结合部为分界线实施控制，防止蔓延造成更大的损失。

2）先重点，后一般。在扑救船舶火灾时，消防队在到达火场后要抓住火场的重点和主要方面，比如当着火船与其他船只相互捆绑在一起时（这类情况发生在大风天和休渔期较多），火场的重点是防止火势向邻近蔓延；当着火船是油轮时，火场的重点是防止着火舱和邻近舱的爆炸，或是防止向油舱或机舱蔓延。

3）先救人，后灭火。对于船舶火灾，当参与扑救的船只遇有跳水、落水人员并确认着火船上没有受火势威胁的人员时，消防人员应先抢救水面人员；当水面和着火船都有受生命威胁人员时，有消防人员的船只应先抢救船上被困人员，而水面人员可让其他参与扑救的船只施救。当着火船上有被困人员，着火船周围水面没有跳水、落水人员时，消防人员应先实施灭火，这是因为船舶的特点所限，此时的救人必须要依

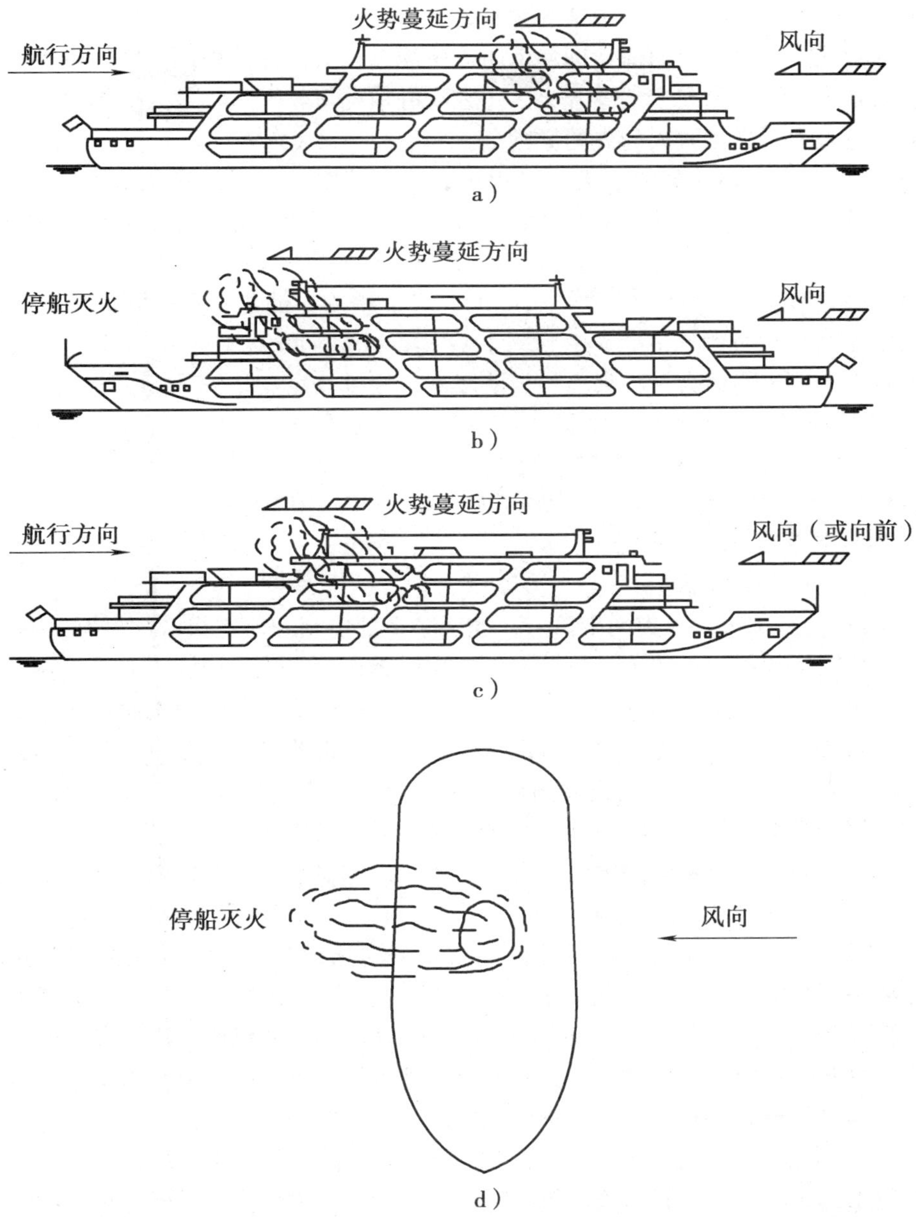

图 9—19　利用风向改变火势蔓延方向

a）航行时客舱前部着火，火势向后部蔓延　b）调头停船改变火势蔓延方向

c）航行时客舱中部着火，火势纵向蔓延　d）将船头向左（右）调转 90°使火势横向蔓延

靠船上的固定通道，需要用水枪来开辟救人通道，也需要用水枪来掩护施救人员。如果不用水枪灭火开辟安全通道，即使消防人员能进入火区接触被困人员，也无法让毫无保护措施的被困人员安全地离开火区。在这种情况下，灭火和救人应同时进行，这时的灭火也是为了贯彻救人为先的原则。

4）疏灭结合。在扑救船舶火灾过程中，要求消防人员采取边灭火边疏散货物，边灭火边排除积水。这样才能有效地缩短灭火时间，减少水渍损失，防止船体倾斜、沉船。

5）先易后难，先外后内。在扑救船舶火灾过程中，消防人员必须先将容易扑灭的火焰和在船只表面燃烧的火焰扑灭掉，这样，既能消除火势进一步蔓延扩大的后患，还能为下一步集中力量扑灭火势扫清障碍，提供立足点。

6）重点突破，逐步推进。消防人员应根据不同的船舶类型，判断火场的重点和突破口，审时度势，把握有利时机，逐步推进，分片消灭。“先易后难．先外后内”“重点突破，逐步推进”原则，尤其对于水上船只和油轮的火灾。

3．船舶各部位火灾扑救措施

（1）机舱火灾的扑救

1）机舱底部起火。火灾初期阶段，舱底某个部位刚开始燃烧，过火面积不大时，救火人员可顺机舱梯道迅速下到机舱底部，用手提灭火器（泡沫、干粉）或雾状水枪灭火。当机舱梯道被烟火封锁下不去时，可以从机舱后部艉轴隧向机舱进攻。

火灾发展阶段，当机舱内火灾难以控制，开始向机舱上方蔓延时，可采用封舱灭火的方法。立刻发出信号，迅速撤出舱内人员，关闭机舱通风机、出入口、通风孔口、天棚窗和烟囱两侧的百叶窗等，减少机舱内的空气流通，为封舱灭火创造条件。船上机舱的动力通风机和天棚窗都装有可在机舱外部关闭的设施，当机舱内出现浓烟时，灭火人员可在舱外将其关闭。

开启船上固定灭火装置，向机舱内施放高倍泡沫或二氧化碳灭火剂进行封舱灭火。如果采用船上固定灭火系统未能扑灭机舱火灾，可使用陆上消防队的高倍泡沫发生器进行扑救。将发生器摆放在机舱两侧出入口处，同时向机舱内灌注高倍泡沫。

在与机舱毗连的船楼舱室内和天棚窗口等处布置灭火人员用喷雾水枪进行冷却保护，防止因热传导和热对流等引起新的燃烧。

2）机舱中部、上部起火。火灾初期阶段，先用手提式、推车式灭火器灭火；也可从机舱下部用泡沫或喷雾水枪向上喷射灭火。为防止火势向下蔓延，可继续使用舱内通风设备和通风孔口，保持空气流通，使火势向上蔓延。

火灾发生阶段，当火势无法控制并向下蔓延时，可采取隔绝空气，开启固定灭火系统封舱灭火的方法。

灭火人员应根据机舱起火部位所在的位置，选择最近、最有利的进攻路线。进攻路线主要有：船楼内各层走廊通往机舱的左右舷出入口，一般进出机舱都有两条通道；船甲板上的天棚窗口，烟囱上部的出入口，艉部的艉轴隧逃生孔。

（2）货舱火灾的扑救

扑救货舱火灾主要采取封舱、开舱、灌舱三种灭火方法。封舱灭火常用于航行途中的船舶；开舱灭火常用于停泊港口、码头装卸货物或检修的船舶；灌舱灭火适用于停泊或航行途中的船舶，但考虑到灌舱灭火后果严重，不到最后危急关头，灌舱灭火方法一般不轻易采用。

1）封舱灭火。封舱灭火就是关闭燃烧货舱的舱盖和通风孔洞，隔绝空气来源，并向货舱内施放灭火剂使之严重缺氧，达到窒息灭火的目的。封舱灭火方法对货舱内货物损害很小，但因货舱容积大，含氧量多，货物堆积密实（如成捆的棉花包、麻包、纸卷、布匹等）。因此，火势完全熄灭的时间相当长，一般需几小时、几天，甚至长达几个星期。

2）开舱灭火。开舱灭火就是打开货舱进行灭火。消防人员登船灭火时，通常会遇到两种情况：一种是货舱盖已打开；一种是货舱盖封闭着。遇到后一种情况，必须具备下列条件才能开舱灭火：一是货舱内的货物能用水扑救，不会因水渍而造成重大损失；二是到场的消防力量和灭火剂（主要指高倍泡沫液）足够扑救货舱的火灾。

开舱灭火前应作好灭火准备，消防人员、车辆、器材装备和灭火剂必须全部到位，水枪和高位泡沫发生器呈喷射状态，水枪手占据起火货舱四周或船楼下面的有利位置。如果船上的消防泵不能出水，则将陆上消防队的水带与船上消防总管上的国际通岸接口连接好，以便使用船上有利位置的消火栓。水枪手在开起货舱盖前，应以低于货舱盖的姿势做好喷射准备，防止货舱盖打开的瞬间，由于空气进入货舱而导致火焰突然蹿出灼伤灭火人员。利用船上的机械设备开启起火货舱盖，同时做好起火货舱的排水准备。

开舱灭火的方法是：当货舱内的燃烧面积和强度较小时，消防人员可先在货舱口向燃烧区射水。待火势减弱，可利用货舱内的固定铁梯、船舶或码头装卸货的起重吊斗以及挂钩梯等，从货舱口深入到舱内抵近火源射水。同时利用舱底泵向船外排水。必要时可在船舷货舱壁上切割开洞，消防人员沿着消防梯攀登进入货舱，强攻灭火。

进入货舱内灭火的消防人员必须一边射水，一边扒拆被火烧过的货物，然后用装卸起重吊机将货物疏散到码头安全区域。对货舱进行彻底清理，防止复燃。

当货舱内的燃烧面积和强度较大时，则应采用向货舱内灌注高、中倍泡沫的灭火方法。也可以用数支喷雾水枪在货舱口四周平行射水，封闭货舱口，隔绝空气进入。待火势减弱后，再深入货舱内灭火。

3）灌舱灭火。灌舱灭火就是用大量的水灌入起火货舱，把货物完全淹没在水中的灭火方法。灌舱灭火主要有局部灌舱和全船沉没两种方式：局部灌舱是用消防船（艇）、消防车、各种泵浦向船上的起火货舱内灌水，使货物完全被淹没。全船沉没就是开启舱底海水阀或用炸药爆破等方法破坏船体，让海水灌进舱内，使船体完全沉入水中。

遇到下列情况可以考虑采用灌舱灭火方法：一是货舱内的货物具有爆炸性或其他严重危害性，火势极其猛烈，有可能从一个货舱蔓延到全船，并严重威胁到港内的其他船舶和城市的安全。二是开舱与封舱灭火均不能奏效，又不允许长时间扑救，这时采用灌舱的方法能大大加快扑救火灾的速度，最大限度地减小火灾造成的损失。

（3）客舱火灾的扑救

1）利用客船上的消防设施扑救。消防人员登船灭火时，如果机舱消防泵不能出水，应首先启动船上的应急消防泵，利用船上的消火栓、水带和水枪等消防设施进行灭火。若应急消防泵也不能启动，则应将陆地消防队的水带与船上消防总管上的国际通岸接口连接，利用消防车泵加压出水灭火。

2）运用扑救楼层火灾的战术。扑救客船火灾应重点保护驾驶室和机舱。在燃烧舱室的四周和上、下层舱室内布置灭火力量，用雾状水流冷却舱壁，防止热传导引起邻舱燃烧。在船的出入口都有用钢管密封的船体结构图和防火布置图，在制定灭火对策前取出这些图，清楚地了解船舶结构和防火布置，从而制定科学、合理、有效的灭火方案。

火场指挥部应设在船下能通观起火客船的地方，最好设在消防船（艇）或小型机动船（艇）上，以便火场指挥员全面观察客船的燃烧情况，及时准确地指挥灭火战斗。

火势已在几层客舱形成立体燃烧时，应首先全力救人，并实施上堵下攻、四面包围的战术。客船火势大面积燃烧时，应划分若干战斗段（片）部署灭火力量，实施穿插分割，逐层逐舱地消灭火灾。

3）关闭通风系统。大、中型客船内通风系统分布很广，火焰或热气流会顺着通风系统向客船的其他舱室扩展引起燃烧。应及时关闭通风机、通风孔筒口和通风管道上的阻火闸，防止火焰或热气流沿着通风系统蔓延形成立体或大面积燃烧。

（4）货油舱火灾的扑救

货油舱发生火灾一般是先爆炸后燃烧。爆炸易使货油舱破裂，并使船上的固定灭火系统遭到破坏。货油舱火灾主要依靠水、陆消防队扑救。灭火人员应根据燃烧油舱的具体情况，采取相应的灭火措施。

1）货油舱爆炸敞开燃烧。集中各种大口径水炮（枪）对燃烧货油舱和与之毗连的货油舱进行冷却，防止破裂口扩大或引起邻舱起火，同时也为下一步灭火创造条件。

若上甲板货油舱区域的固定泡沫炮没有被烧毁，可先用该泡沫炮灭火，一般至少要喷射 20～30 min。火场灭火力量所配备的泡沫液足够使用时，可集中各种泡沫炮、泡沫管枪和泡沫钩管等一齐向燃烧货油舱内喷射泡沫灭火。

货油舱的火被扑灭后，负责冷却货油舱的水炮（枪）仍需继续进行冷却，直至温度下降到不会引起复燃为止。

2）货油舱口呈火炬状燃烧。现代油船货油舱内均有二氧化碳或泡沫固定灭火系统。货油舱起火后，如果没有因爆炸而使固定灭火系统失灵，可首先开启固定灭火系统进行灭火。

用水枪对货油舱口外围甲板进行冷却，然后用雾状水流掩护消防人员用湿麻袋、湿棉被、石棉毯等覆盖舱口，进行覆盖舱口灭火。

用水枪冷却货油舱口外围甲板，然后用数支喷雾水枪朝舱口平射，进行水封舱口灭火，隔绝舱口空气使火焰窒息。

3）油船停泊码头起火。油船停靠码头装卸货油时起火，应迅速将与码头连通的输油管线、蒸汽加热管和鹤管等拆除。关闭管道阀门和舱盖，防止火焰和热辐射引起货油舱起火、爆炸，对货油舱透气管也要采取隔断措施。

如果油船停靠的码头附近有大型储油罐、炼油厂、城市等，应将油船迅速驶离该码头。起火油船失去动力时，应迅速用拖船将其拖离码头。油船附近的船只也应迅速驶离起火油船，防止油船发生爆炸或因沸溢、喷溅而使货油流出，形成大面积火灾，造成更加严重的损失和后果。

4）防止沸溢和喷溅。货油舱载运的重油起火时，有可能发生沸溢和喷溅。扑救时必须特别注意。

用大口径水炮（枪）出水冷却货油舱主甲板和两舷板（但不能使水进入货油舱），降低舱内货油温度。

灭火时应将泡沫集中连续地喷射到货油舱内，不能断断续续地少量喷射，防止喷射进舱的少量泡沫被猛烈的火焰破坏，使泡沫中的水进入货油中引起沸溢或喷溅。

重油成分中有重质和轻质的不同馏分，当重油在燃烧过程中，重油表层的轻质成分迅速蒸发燃烧时，火焰就呈现“起”的状态；当重油表层轻质成分被烧掉，下层轻质成分还未蒸发上来时，就进入“伏”的状态。扑救时应充分利用“伏”的有利时机，用大量泡沫向燃烧货油舱强攻灭火。

5）沉船灭火。当货油舱火灾已无法扑灭，火势威胁到全船，有发生强烈爆炸、形成大面积火灾、影响其他船舶航行、大幅度污染海面等严重危害时，如果沉船灭火可以最大限度地减少危害和损失，应采取沉船的方法灭火。

6）扑救水面油火。货油舱发生爆炸、沸溢或喷溅后，大量货油漂浮到水面上形成大面积流动燃烧，给港口、船只等造成严重威胁。扑救水面油火应采取以下措施：敷设拦油浮漂（围油栏），将水面上漂浮的油拦挡在安全水域里；用消防船（艇）施放化学药剂（乳化剂等），使油凝聚或沉入水中，防止油品到处漂流扩大火势蔓延；当燃烧着的货油向下游漂流时，应派消防船（艇）拦截，用水炮（枪）喷射泡沫或水流冲击灭火；没有围油栏和化学药剂的地方，可用木（竹）排或其他飘浮物体设置拦油障。

（5）液化气货舱泄漏火灾的扑救

对于液化气泄漏造成的火灾，应采取与其规模相应的对策或处理措施。

1）管线、阀门、设备等局部泄漏着火。在灭火前先切断气源，否则火虽然灭了，但泄漏出来的可燃货物蒸气仍会与空气混合形成爆炸性混合气体，碰到火星、火源或受热表面，可能会再被点燃或引起灾难性的爆炸。对阻碍人员靠近阀门关阀的局部火焰，则先用干粉灭火后再去关阀。

对于无法切断气源的液化气火灾，最安全的做法是让其继续燃烧，自动熄灭。这时要用大量冷却水保护周围区域免受热辐射和火焰烧烤的破坏。对于管路内的液化气燃烧，先切断管路两端的阀门，让火自行燃烧完为止，同时用水冷却周围区域。对于管路、阀门和安全阀排气管及其他设备等泄漏着火，最有效的灭火剂是干粉等火焰抑制剂，不能采用泡沫灭火剂灭火。

2）液货舱或液货储罐泄漏着火。出现液货舱或液货储罐泄漏着火时，首先是用水进行冷却燃烧的液货舱、货罐和周围相邻的货舱（罐），把火势控制在一定范围。若无法切断起源，就不能灭火，应让其稳定燃烧直至烧完。同时，在第一线喷水或灭火的消防员必须穿防火服，组织其他消防员对第一线的消防员喷水雾进行掩护，并及时替换一线消防员。

为防止货舱（罐）货物受热压力升高，容器可能破裂而发生物理性爆炸，在冷却货舱的同时，应利用货舱透气排放系统泄压。当有爆炸征兆时，应立即疏散人员到安全地点。在切断气源，做好堵漏准备的情况下，用干粉等适用灭火剂灭火。如不具备上述条件，不可将火扑灭，防止灭火后可燃蒸气不断外逸而发生爆炸。

3）液化气液池火灾。常压低温的液化气或沸点较高的常温液化气泄漏易形成液池；常温压力式液化气泄漏出来后会马上蒸发汽化而不会形成液池。对于液池火灾，不能直接用水喷射灭火，因为水温度比液化气液池温度高，会增加液化气蒸发，同时因为液化气密度比水小，会使液化气浮在水面上燃烧，而由于水的流动会扩大火灾。最适合的灭火剂是干粉。如果用泡沫，则只能用高倍泡沫而不能用低倍泡沫，将泡沫喷向液池表面形成一个覆盖层，以抑制燃烧。一旦火被扑灭后，必须用水和水雾驱散未燃烧液体和可燃蒸气，并冷却燃烧区域。

（6）船楼火灾的扑救

船楼发生火灾具有地面上楼层建筑火灾的特点，向上部和水平方向蔓延的速度较快。由于船楼每层面积很小，舱室内火灾荷载大。发生火灾后，火焰和热辐射将严重阻碍灭火人员在船楼内的灭火战斗行动。船楼火灾的扑救应采取以下措施：

1）控制火势向上部蔓延。船楼火灾初期阶段，船员或消防人员应迅速关闭通风孔和门窗。当火势威胁到上部驾驶甲板时，应在驾驶甲板上设置水枪阵地，保护驾驶室不被延烧。

船楼火势已经封锁住通往各层甲板舱室的通道和楼梯时，对于停靠在码头上的起火船舶可利用各种消防登高装备和码头上的起重设备进行扑救。利用码头上的装卸吊机，在起重钩上挂一个吊斗，消防人员连接好水带、水枪，站在吊斗内，由吊机将消防人员提升到空中，抵近船楼灭火。利用云梯车、举高喷射消防车上的大口径水炮（枪）直接向燃烧区喷射水流灭火。船靠码头时，邻水一侧的船楼火势可用消防船（艇）上的举高平台和其他大口径水炮灭火。

船楼上火势凶猛，有人员被困在舱室内或外部甲板上无法逃生时，可利用码头上的装卸吊机和曲臂消防车及时进行营救。

2）阻截火势向机舱蔓延。船楼舱室起火向机舱蔓延时，消防人员应在火势向机舱蔓延的通道上、舱室内设置水枪阵地，关闭机舱各层甲板出入口舱门，阻截火势向机舱蔓延。

当船楼火势凶猛，已将各层甲板和楼内梯道封锁时，消防人员可从艉轴隧进入机舱内，用水枪冷却机舱围壁。

3）开启固定灭火系统保护机舱。关闭机舱内所有储油箱（柜）上的截止阀，切断电源，停止各种机器设备的工作，机舱内的所有人员迅速从艉轴隧内撤出，开启固定灭火系统灭火。

4. 船舶火灾扑救注意事项

（1）加强灭火人员自身防护

1）灭火人员登船灭火时必须佩戴氧（空）气呼吸器，穿避火服或隔热服并尽量减少登船灭火人数，防止造成重大人员伤亡。

2）当火焰热辐射温度很高，灭火人员需要抵近灭火或侦察时，要用雾状水流掩护进行并于半小时左右人员替换一次。

3）掩护灭火人员抵近灭火或侦察用的水流必须来自两辆（艘）同时出水的消防车（船、艇），防止使用一辆（艘）消防车（船、艇）因突然出现故障停水而导致不必要的人员伤亡。

4）进入机舱灭火时，不要将水流直接射向高热，甚至火红的舱壁，防止水流迅速汽化，形成热浪反扑伤人。

5）进入货舱灭火的人员在装卸吊机向货舱外疏散货物时，水枪阵地要避开货舱以防止货物掉落舱内造成不应有的伤亡。

6）灭火人员需要进入关闭着的燃烧舱室进行灭火或侦察时，为防止发生爆燃，应先将身体掩蔽在舱门后或舱壁边，然后缓慢地将舱门打开一条缝，先用水枪伸进门内射水，待消除爆燃危险后再开门进舱。

（2）防止起火船舶倾覆

在船舶火灾扑救过程中，由于大量使用灭火剂（水、泡沫），船体内会灌进大量的水，容易发生严重倾斜，失去稳性，导致倾覆。为了防止船体倾覆，可采取下列预防措施：

1）及时进行排水。开启船上的舱底排水泵向船外排水。若船舶机舱起火，排水泵无法使用时，应调用其他排水设备进行排水。

2）减少盲目射水。扑救过程中消防人员应抵近燃烧区灭火，将水流射到火源上，尽量不在死角处或船下吊射灭火剂。

3）向压载舱灌水。船体发生倾斜时，应往相反方向船舷的压载舱内灌水，使船体恢复平衡或减小倾斜度。

4）用钢缆缚紧船艏艉。在码头上扑救船舶火灾，当船体开始倾斜时，可用钢（绳）缆将船艏艉缚紧固定在码头上，防止船体发生左右摆动导致倾覆。

5）加固笨重物体。船舶主甲板上、货舱内载有质量很大的物体时，应采取硬物塞垫、绳索捆绑拴牢的方法，防止这些笨重的物体滑动。船靠近码头时，及时将它们卸到船下，防止在船体发生倾斜时，这些物体也随着倾斜时，进一步加剧船体倾斜度，导致倾覆。

6）浮吊救助。停靠在码头上起火的船舶在扑救过程中如发生倾斜，可调用港口浮吊前来救助。

（3）机舱火灾扑救注意事项

1）机舱火灾初起要迅速关闭油箱（柜）、油管线上的截止阀，停止燃油驳运泵的运转，断绝油料来源。船上切断燃油的截止阀和停止燃油驳运泵运转的装置设置在机舱内外。机舱外的关闭装置大多设在机舱门的外侧，有红色标志。

2）油箱（柜）、油管线上有破漏处时，要立即用棉纱等物质进行封堵，一时不能封堵时，也要设法阻止漏油向四处喷射，防止火势扩大。

3）用泡沫管枪和喷雾水枪对油箱（柜）、油管线进行覆盖或冷却，防止受热爆炸。压缩空气钢瓶受到高温威胁时，最好放掉钢瓶内的压缩空气（用于启动和汽笛的钢瓶装有安全阀或易熔塞，当温度超过100℃时即自动放气）。

4）明确紧急撤离路线，机舱内着火后烟雾很浓，很可能看不清通道和出口。1 000 t以上的船舶，机舱内均有两个相互远离的脱险通道，当找到梯道后，如果从两舷的各层舱门撤不出去，可沿梯道一直往上攀，从烟囱顶部的出入口撤出机舱。机舱上部被火封锁时，可从机舱底部主机后侧的艉轴隧逃生孔钻出机舱，进入艉舱，沿铁梯撤出。

5）在机舱内受伤的人员，无法从上部撤离时，可进入艉轴隧中躲避，等候营救。

6）在船上固定灭火系统控制室向机舱施放灭火剂之前，机舱内会发出明显的声、光警报，机舱内的人员应迅速撤离，以免窒息。

（4）船楼火灾扑救注意事项

1）及时疏散仪器设备。火势在船楼内由下向上蔓延，对驾驶室构成威胁时，消防人员应在控制火势向驾驶甲板蔓延的同时，尽可能迅速疏散驾驶甲板上各个舱室内可移动的仪器设备、贵重物品、文件资料、电台和枪支弹药等。

2）组织好进攻与撤退。进入正在制造、拆卸或维修的船楼内灭火（侦察）的消防人员，在烟雾弥漫的舱室内和走廊行走时，要用脚或水枪射流试探甲板虚步前进，防止跌入未盖好的孔洞或梯道。当火势凶猛，撤退路线被火封锁时，可沿船楼两头或两舷寻找通道撤离。

（5）货舱火灾扑救注意事项

1）施放二氧化碳封舱灭火时，必须关闭货舱的通风机，封堵货舱的通风口，使货舱处于全封闭状态。否则每平方米面积的孔洞在30 s内能逃逸5 kg二氧化碳，使灭火效果受到影响。施放进货舱的二氧化碳量不足以灭火时，要用外来的二氧化碳继续向货舱内施放。由于施放二氧化碳封舱灭火需要很长时间才能奏效，因此封舱后不能过早地打开舱盖检查火情，防止空气进入货舱后引起复燃。在没有气体检测仪器的情况下，可以用手触摸着火货舱舱壁或舷板的温度，检查火情。

2）要加强监视和保护与着火货舱相毗连的货舱，将未着火货舱内与着火货舱壁紧靠着的可燃货物迅速疏散，设置水枪予以保护。

3）因货舱内积水过多，用钢（绳）缆加固货船艏艉时，要防止钢（绳）缆绷断，造成人员伤亡。

（6）客舱火灾扑救注意事项

1）及时疏散旅客。水面上疏散旅客时，消防人员要协助船员迅速放下救生艇、救生筏，让旅客穿好救生衣，套上救生圈等。不到万分危急时，不要让旅客跳水逃生。要做好老弱病残妇幼的救助工作。码头上疏散旅客时，要利用船上所有可以使用的通道，打开第二、第三甲板的舷板船门和各层甲板舱室、通道的门，让旅客迅速疏散下船。有些一时打不开的门、窗，消防人员可用破拆工具打开。

2）根据火势确定疏散顺序。下甲板舱室内发生火灾时，要首先疏散下甲板舱室内的旅客，并安排专人维持秩序，防止因上甲板舱室内的旅客惊慌逃生，堵塞通道，使下甲板舱室内的旅客被困舱内，无法脱险。上甲板舱室发生火灾时，应首先疏散受火势威胁最严重的旅客。

3）做好自救准备。在客船上灭火的消防人员，要穿好救生衣。当火势猛烈、无法控制，船上既没有撤退的安全地带，船下又没有救生船只，情况紧急，业已危及自身安全时，可跳入水中进行自救。

（7）货油舱火灾扑救注意事项

1）选择安全的停靠位置。消防车和消防船（艇）等扑救货油舱火灾时，其停靠位置要尽量避开着火货油舱舷板，防止因货油舱爆炸而摧毁消防车、消防船（艇），导致消防人员伤亡。

2）密切观察燃烧情况。货油舱燃烧时出现下列征兆，有可能随即发生爆炸：火焰颜色由深变浅，并发亮，货油燃烧速度加快；烟雾由浓黑变淡；船体剧烈颤抖，有的已膨胀变形；货油舱口发出“嘶嘶”的响声。这时，火场指挥员要立即命令所有参加扑救的消防人员、消防车和消防船（艇）等，迅速撤离危险区，以免造成伤亡。

3）监视水面流动散油。油船发生爆炸、沸溢或喷溅后，大量散油漂浮在水面上形成流动燃烧。火场指挥员要派出专人负责监视水面上的散油流动燃烧情况，防止消防船（艇）被火海包围。

三、列车火灾扑救对策

列车客流量大，装载的可燃物质多，一旦发生火灾，具有火势蔓延速度快，人员伤亡大，火灾扑救易受地面障碍物影响等特点。扑救列车火灾时，要坚持救人第一的指导思想，根据不同着火部位和不同情况，采取相应的灭火措施，合理分解列车，控制火势蔓延，迅速扑灭火灾。

1. 列车火灾扑救措施

（1）客车火灾扑救

1）疏散抢救人命。候车室或车站广场发生火灾，应首先利用各种自备扩音器材和站内广播设施，向旅客进行喊话，稳定人们的情绪，引导和组织旅客向安全地带疏散；同时组织群众与消防人员一起扑救火灾。

运行中的客车发生火灾，列车工作人员应迅速扳下紧急制动闸，使列车停下，并把车门和车窗全部打开，让旅客从门窗处向车外疏散，或疏散到着火列车两端的车厢内；列车不应继续行驶，以防火势扩大，造成更大的伤亡和损失。消防人员到场后，应使用雾状水流掩护旅客疏散。

2）分解着火车厢。客车在行驶途中或停车时发生火灾，在疏散完人员后，应采取摘钩的方法疏散未着火的车厢，控制火势蔓延，可按如下方法进行。

中部车厢着火，先停车摘掉着火车厢后部与未着火车厢连接的挂钩。机车牵引着火车厢向前行驶百余米再停车，再摘掉着火车厢。机车将其余车厢牵引至安全路段。中部车厢着火时的分解车厢方法如图 9—20 所示。

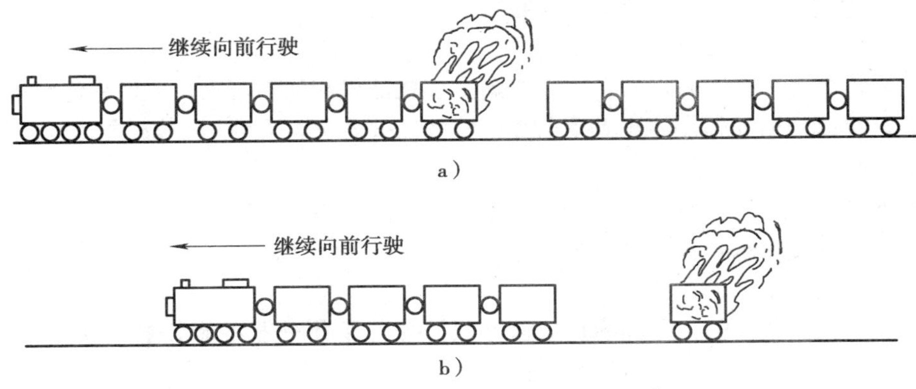

图 9—20　分解车厢的方法

a）先停车摘掉受火势威胁的车厢　b）然后摘掉着火的车厢

前部车厢着火，参照中部车厢着火时的分解车厢的方法。

尾部车厢着火，停车后先将着火车厢与未着火车厢连接的挂钩摘掉，然后用机车将未着火车厢牵引至安全路段。如 2005 年 5 月 20 日，“宝鸡—连云港东”的 2262 次列车驶出郑州站后，车尾拖挂的行李车厢突然燃起大火，浓烟夹杂着火苗随风向前面的旅客车厢蔓延。列车随后紧急刹车，工作人员将着火车厢与列车整体脱钩，着火车厢滑行后最终停靠于紫荆山路铁路立交桥上。而未着火部分则停在了立交桥以东、50 m 远外的陇海线上。然后对着火车厢采取灭火措施，及时将火灾扑灭。

3）阻止火势蔓延。客运列车火灾，应迅速在起火车厢两侧堵截火势，阻止火势向列车前后蔓延，进而从外部进攻扑救车厢火灾。

（2）货车火灾扑救

1）货车在运行途中发生火灾，运行车长应及时报告路局调度室，请示临时停车位置，等待消防人员前往扑救。切不可随意停在没有水源、道路不通或距离消防队较远的路段，更不能贸然开进车站、货场或编组站，防止火势蔓延到其他列车或站场上的可燃物上。

2）货车停在车站、货场或编组站内发生火灾时，应将货车迅速开到较安全的路段，等待消防人员前来扑救。

3）货车停到安全路段后，可采取上述分解车厢的方法，对货车车厢进行疏散。

4）扑救货物列车火灾应查明车厢内货物的种类、物理化学性质，采取相应的扑救方法，防止与水或其他灭火剂发生化学反应，加速燃烧和爆炸。

5）扑救货物列车火灾时，灭火与抢救物资必须兼顾。边灭火边转移物资到安全地带，减少货物损失，并撤离与火源相近的可燃物质。

（3）机车火灾扑救

内燃机车发生火灾时，应首先停机断电。柴油机和油箱着火，应使用泡沫或雾状水灭火，并冷却燃油箱，防止发生爆炸；电气部分着火，应使用干粉、二氧化碳等灭火剂和雾状水灭火。

电力机车发生火灾时，应首先切断电源，使用干粉、二氧化碳等灭火剂灭火。特殊情况下，也可用水扑救，但必须断电。

（4）轻轨列车火灾扑救

轻轨列车密封性强，车厢窗户玻璃不可开启，车厢一般不能分解，发生火灾时，应根据具体情况处理好人员疏散与灭火的关系。

停站列车发生火灾，列车司机或站台工作人员切断列车电源，引导列车及站内的人员从站台出入口进行疏散，消防人员利用站台固定消防设施，使用水枪深入列车内部灭火。必要时，可对列车窗户进行破拆，开辟疏散和进攻通道，并排除烟雾。

运行途中发生火灾，列车司机应尽量将着火列车开至就近站台，先疏散乘客，然后切断机车电源，实施灭火。当轻轨列车火势较大，来不及开至站台时，应立即停车，让乘客就地疏散，然后实施灭火。着火轻轨列车停于高架线路上时，应调集举高消防车登高灭火和救人。

（5）磁悬浮列车火灾扑救

磁悬浮列车在运行途中发生火灾，主要依靠乘务员和乘客利用灭火器实施扑救。如果火势较大，着火车厢乘客应向两端车厢疏散，并迅速放下事故车厢的火灾屏障门和两端车厢屏障门，同时通知列车运行控制中心，在列车抵达的下一个停车站，做好火灾扑救准备。

（6）特殊情况下的火灾扑救

1）当列车发生火灾后，停在距火车站、消防队很远的地方，附近没有公路，消防车无法到达该处救火时，应迅速调用平板列车载运消防车、手抬机动消防泵和器材装备等前往扑救。为保证灭火用水，还应同时调用水罐车运水。

2）油罐车发生火灾，燃烧仅限于油罐人孔或裂缝处时，可用雾状水或用湿棉被等覆盖物对燃烧孔洞或裂缝处进行窒息灭火；用泡沫、干粉、二氧化碳等灭火剂进行灭火；用多支直流水枪对准火焰根部交叉射水，隔绝火焰与空气的接触，使火熄灭；在灭火的同时，必须用水枪对燃烧罐车和邻近的罐车进行冷却，以防发生爆炸。油罐车上的裂缝和孔洞如有条件堵塞，消防人员应穿戴好防护服，在雾状水的掩护下，用削好的木塞或其他可以利用的材料强行封堵。燃烧油罐的裂缝或孔洞在罐体下部，可向罐内灌水，利用水的密度比油大的特点，提高罐内的油平面，从上部孔洞迅速灭火。油罐或其他液体罐车被撞破裂，易燃或可燃液体流淌到地面燃烧时，应使用泥沙、草包等临时筑堤，或在地上挖沟，拦截火势蔓延，阻止液体流散，用泡沫覆盖灭火，也可用先喷射干粉，后喷射泡沫的方法灭火。

3）可燃气体罐车发生火灾时，可参照上述油罐车的灭火方法。气体罐车发生泄漏，应尽量采取堵漏措施，在不能有效堵漏的情况下，应进行冷却，让其稳定燃烧，以防灭火后，可燃气体继续跑漏，遇明火引发更大范围的爆炸。

2. 列车火灾扑救注意事项

（1）有序组织灭火活动

多节车厢着火或在编组站内数列列车同时着火，或起火车厢和火车站（场）的建筑物同时燃烧，形成大面积燃烧时，应根据到场灭火力量的多少，区分轻重缓急进行灭火活动，控制火势蔓延，确保重点。

条件允许时，应将燃烧车厢牵引至安全、便于扑救的支线轨道上，尽量避免影响其他列车通行。

（2）保证火场供水

铁路列车火灾通常发生在远离城市、乡镇的山区、旷野。有些地方消防车辆无法到达火场，组织好供水是扑救火灾的重要环节。

1）充分利用就近江河、湖泊、水池等水源，利用手抬泵、消防车、抽水机及其他机械设备组织好供水。

2）附近无水源迅速调用水罐车运水，可公路铁路同时进行。

3）可利用平板列车载运消防车、手抬泵等器材前往扑救。

（3）掌握水带铺设方法

为加快出水灭火时间，并不影响列车通行，消防人员可在铁路一侧设置分水器，先从铁轨上面铺设一路水带出水灭火；而后在铁轨下的基石中掏个小洞，把水带从铁轨下穿过去，当从铁轨下铺设水带完毕后，即可撤除铁轨上的水带，其方法如图9—21所示。

在严寒地区因路基结冰无法从铁轨下掏洞铺设水带时，可使用分水器，在轨道两端铺设水带交替出水（此办法一般只适用列车已停等待通过的情况下）。当列车驶过来时，先卸下近端的水带，用远端的水带出水。当列车通过后，迅速接上近端的水带出水，而卸下远端的水带。在轨道上铺设水带交替出水的方法如图 9—22 所示。

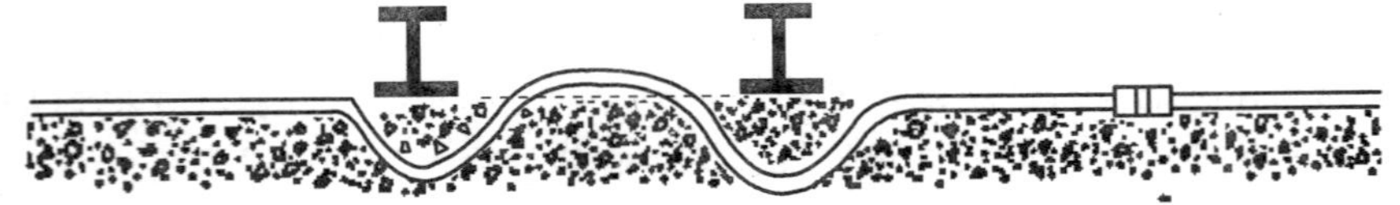

图 9—21　轨道下掏洞铺设水带的方法

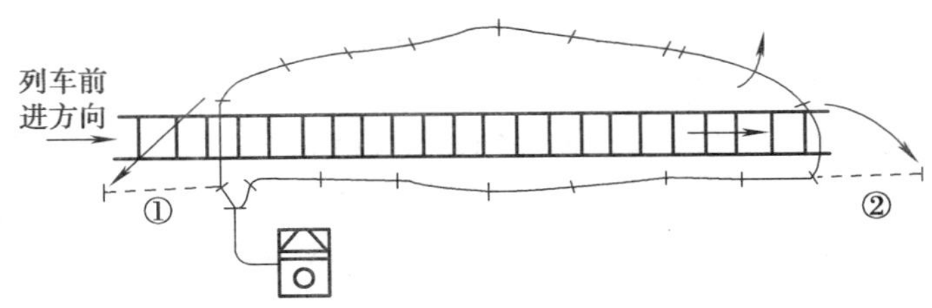

图 9—22　在轨道上铺设水带交替出水的方法
①、②—列车驶过来时水带移动的方向

在有天桥或地下通道的火车站内扑救列车火灾时，可利用天桥架空铺设水带，或穿过地下通道铺设水带。

（4）加强冷却保护

对受高温威胁的铁轨要进行冷却，以防变形影响列车转移。对已颠覆尚未起火的车箱体实施冷却保护。对已经着火燃烧的油（气）罐车，消防人员应重点实施冷却保护，防止发生爆炸。

（5）合理分解列车

分解列车要由列车专业人员操作，热辐射强烈时，消防人员应使用雾状水流予以保护。防止不合理分解，发生溜车事故。

采用分解列车的方法控制车厢火势蔓延，应选择在平坦的路段进行；对有可能发生溜车的路段，可用硬物（如木料、钢材、石料、麻包等）塞垫车轮，防止溜车。

（6）防止触电事故发生

在列车电汽化线路区段发生火灾时，必须要在切断电源的情况下实施扑救，不仅要确认本线供电接触网是否断电，同时要注意邻线接触网断电，只有在双线断电情况下进行扑救，以免发生触电事故。

四、地铁火灾扑救对策

地铁既是地下工程，又是人员集中场所，其内存在大量可燃物，一旦发生火灾，易造成高温高热全面燃烧，排烟困难，安全疏散困难，扑救困难。必须充分认识地铁火灾的特殊性，合理组织，科学指挥，采取正确扑救战术方法，将火灾事故造成的损失减少到最低程度。

1. 地铁火灾事故下的安全疏散

一旦地铁发生了火灾，首要的问题就是保证人员的安全撤离。针对发生在不同位置和不同情况下的地铁火灾，应制定不同的人员疏散预案。

（1）列车在行驶中着火

地铁发生火灾最难控制和最易造成人员伤亡的是列车在行驶中着火，尤其要重视对该种情况的应急处理。列车在行驶中着火又可分为以下两种情况：

1）火灾发生在站台附近。一般列车此时处于刚离站或者即将到站的状态。一旦发生火灾，司机要及时用无线电向车站通报火情，车站工作人员赶到站台做好组织疏散和救援工作的准备，并阻止旅客再进入站台。此时若火情不是很严重，司机将车开至就近的站台，打开车门和车站工作人员一起组织乘客进行疏散。若列车火势较大，司机应立即断开外部电源，启用备用电源，维持车厢的照明。同时，车站方面的救援人员应立即开拖车将列车拖至站台，然后迅速开门疏散乘客。

2）火灾发生在隧道中央处。此时列车离两端站台的距离都比较远，来不及将列车开往站台。司机除了用无线电与车站取得联系以外，还应立即切断外部高压电源，启动紧急备用电源，打开列车疏散门，引导乘客逆风沿隧道中央进行疏散，快速撤离现场。车头着火时，乘客从车尾下车后步行至后方的车站；车尾着火时，乘客从车头下车后步行至前方车站；列车中部着火时，乘客从列车两端下车后步行至前、后方车站。车站调度室根据列车所处的位置和火情的具体情况，开启通风系统紧急模式，排除烟气，并向乘客提供必要的新鲜空气，形成一定的迎面的风速，诱导乘客安全撤离。行车隧道内发生火灾，应向事故点迎着疏散人员送风，背向疏散方向排风。同时，本区间的列车运行立即中止，另一条隧道也应立即停止正常行车。

（2）车站发生火灾

车站内发生火灾，可分为站台火灾和站厅火灾。无论是站台火灾还是站厅火灾，都应立即采取紧急措施，第一时间安全疏散乘客。车站工作人员通过广播系统对站台上滞留的乘客进行疏散，同时启动车站紧急事故模式的通风排烟模式，为人员逃生创造条件。相邻的车站要对在该段区间隧道中行驶的列车下达停车或者返回的指令，以减少人员的伤亡。

（3）引导疏散措施

消防人员携带强光照明灯进入火灾现场，沿疏散通道铺设救生照明线，放置发光导向指示标志，并利用地面照明车引入移动照明灯，引导疏散。

在可能迷失方向的重点部位派专人接应，指引疏散群众沿正确路线撤离，并防止发生拥挤、抢行、堵塞疏散通道。

疏散过程中，可使用喷雾水流降温消烟掩护疏散，并视情破拆清除障碍，如闸机、栅栏等，保持疏散通道畅通。

2. 地铁火灾的扑救

(1) 加强初期火灾的自救

地铁发生火灾后，初起阶段火源范围小，温度低，烟雾散发少，即可由司机和乘客自行使用就近的灭火器，扑灭火灾。若火势已经蔓延，司机应迅速将车开到最近的车站，依靠车站的消防力量进行救灾。如遇重大火灾，必须在途中停车时，要一边疏散乘客，一边组织扑救。立即与调度中心取得联系，并迅速向消防队报警，尽快地组织专门的消防救灾人员赶赴现场进行扑救。

(2) 及时进行火情侦察

查清准确的起火位置。辨明是候车厅起火，还是通道起火。如果是列车起火，则要弄清是停靠在站台上起火，还是在运行途中起火。如果列车是在通道中起火，则要弄清起火列车靠近哪一端出入口，以及与最近站台的大致距离。查清列车起火后，还要弄清燃烧范围和蔓延情况，受火势威胁的人员数量、伤亡情况、在通道内人员疏散的主要方向。地铁起火后，消防设施的作用及自救效果，包括地铁消防设施启用情况，工作人员利用室内消火栓灭火实效以及可供消防人员使用的设备可靠性等情况，以便作出决策。

(3) 确定警戒区

根据火灾现场实际情况，确定警戒区域，将无关人群进行隔离。实施交通管制，由交警进行外部人员疏导和车辆管制。在警戒区内，合理设置消防人员及车辆集结点、疏散逃生人员集结点、现场救护站等。

(4) 调集充足的灭火力量

消防队在接到地铁火灾报警后，要一次派足灭火力量，多派专勤力量。如果是区间通道起火，消防人员应分头控制起火点两端站台，并以靠近火点的一端为主攻方向。

(5) 保持良好的通信联络

在保持无线电组网通信的同时，要控制区间两端的有线电话，必要时派汽车往返于区间两端，保持联络，使指挥部掌握情况。

(6) 保证火场供水

通知供水部门向着火车站所在地区的市政给水管网加压。启动车站内消防水泵，向车站及区间隧道内的消防给水管网供水。消防车利用地面水泵接合器向车站室内给水管网补水，但应注意水泵接合器的供水分区。利用消防车铺设大口径水带直接供水，水带应尽可能靠右施放，以免影响人员疏散和战斗行动。

（7）进行事故照明

浓烟中车站内设计的事故照明作用非常有限，主要依靠使用移动设备照明。在环境温度不超过 250℃的情况下，应使用救生照明线，为疏散救人和灭火进攻等战斗行动提供导向作用。使用移动式强光照明灯具，可间隔 5 m 呈线状布置。从实际测试结果来看，这种布置方式有一定的照明作用，但浓烟中照明度和范围有限。还可使用照明车移动分灯照明。由供电部门协助，架设临时供电线路，为火灾事故现场提供照明。

（8）正确运用灭火战术方法

组织若干战斗小组，每组 3～5 人，携带防护、通信、照明等器材以及水带、水枪，从上风方向或烟雾较少的地面出入口深入到车站或区间隧道内部，利用车站或隧道消火栓快速出水灭火，并掩护救人。

站台或离站台不远的通道内起火，应迅速将消防车调至出入口处，向火点进攻。区间隧道内火灾，应组织优势力量，在靠近燃烧区域较近的两端出入口分别进攻，逐步推进。水枪手要加强个人防护、通信联络，交替掩护向中心夹击，快到火源部位时，要低姿势前进，射水灭火。

3. 地铁火灾的扑救注意事项

（1）加强协同作战

扑救地铁火灾，参战力量多，作战范围广，灭火救人任务重，火场环境复杂。因此，必须加强协同作战。地铁一旦发生火灾，供水、供电、供气、医疗救护、交通运输、公安、武警等力量都会参与处置行动，并且还可能需要跨地区调集力量参战，应在总指挥部的统一领导下，加强协调，以发挥整体作战的威力。

（2）注意个人防护

深入地铁灭火的人员，都要佩戴氧（空）气呼吸器，携带照明工具。呼吸器气量（氧气）要充足，以保证深入通道工作及安全返回地面全部时间的需要。

深入通道的灭火小组，组与组之间距离 40 m 左右，保持联络，互相照应，以形成灭火可以交替掩护、救人可以配合行动、遇险可以相互救护的战斗整体。

考虑到火场环境和防护器材的局限性，内攻小组要交替更换，每个小组在地下灭火时间尽量不要超过 40 min。

经长时间的烘烤，隧道壁温度很高，水枪射流不要直接喷射到墙壁上，防止烟热反扑伤人。

（3）正确使用灭火剂

在地铁火灾扑救中，电气设备等不能用水施救，同时应注意不要大量使用二氧化碳等有窒息性或毒性的灭火剂，以减少对地下人员的生命威胁。

（4）灵活控制通风设施

发生火灾采取送排风措施时，无论送风或排风都会起到助燃作用，使用不当就会使火灾损失扩大。因此，指挥人员必须根据火场具体情况，以尽快疏散人员，减少火灾损失为准，灵活控制通风设施。一般地说，地铁火灾发生后，为防止火势迅猛蔓延，应关闭送、排风系统。但在消防人员到达火场、设好水枪阵地后，则可开启送、排风机，配合救人、灭火等行动。

（5）防止触电事故

在地铁通道内的电气设备易造成触电事故，无论是疏散的乘客，或是灭火人员，都要加以防范。尤其是地铁三轨高压电源在机车底部，起火后乘客转移时，很容易触电。

（6）充分发挥新技术装备效能

近年来，有地铁的城市消防部门都引进或研发了用于隧道灭火的新技术装备，如陆虎 60 隧道灭火车、陆轨两用车、灭火机器人等，火灾时要充分发挥其作用，以提高处置效率。当火场上发现有爆炸物品时，应使用排爆机器人进行排爆作业，以降低消防人员的安全威胁。

五、危险化学品公路运输事故处置对策

危险化学品公路运输事故具有突发性和并发性、危害巨大、发生地点不确定性和流动性、扑救困难的特点，在处置危险化学品公路运输事故时，要把握主要方面，科学决策，严防发生爆炸和中毒，最大限度地减少火灾损失和危害。

1. 处置措施

（1）发生事故后应尽快报警

危险化学品公路运输车辆行驶途中，若发生事故，驾驶人员、押运人员（或周围的人）应尽快报警，且应准确报告相关情况。要尽可能说明出事车辆具体地点、位置；是撞车、侧翻、滑脱或翻落；运输危险化学品的名称、数量、危险性；是否有泄漏、燃烧或爆炸等。这对于危险化学品运输事故处置具有十分重要的作用，可以为事故处置赢得时间，给事故处置提供准确的信息，为有效处置提供帮助。

（2）设置警戒线

危险化学品事故现场情况复杂，必须实施警戒，并及时疏散危险区域内的人员。

危险化学品运输肇事车辆或现场相撞的其他车辆的司乘人员要尽快离开汽车，报警后站在安全地带，当救援人员到达后，应积极配合指战员进行事故处置。

根据仪器检测结果和现场气象情况，确定警戒区域，划定警戒范围。

要在适当地方设置明显的警戒线，特别是恶劣气候条件下如大雾、大雨、大雪、大风天气更应注意警戒线的设置，防止警戒线不明显而引发次生事故。

(3) 选择适当的处置方法，防止盲目施救

危险化学品种类繁多，目前常见的，用途较广的就有 2 200 余种。各种危险化学品有各自的危险特性，处置方法也不同，所以发生危险化学品运输事故首先一定要弄清楚运输的危险化学品的名称、危险性，再根据事故现场情况，选择适当的处置方法。因此事故处置的组织机构中一定要有相关专家或专业技术人员参加并由他们提出事故涉及的危险化学品的应急处置方法、注意事项和防护要求等。由于危险化学品的种类多，即使有相关专家和技术人员参加救援处置，有时仍然有可能找不到适当的方法，就应向化学品登记中心或相关危险化学品应急技术中心进行咨询，或向“全国中毒控制中心网”进行查询，也可与生产厂家、托运方、使用单位等相关部门取得联系，寻找最适当的处置方法，千万不能盲目施救。没有妥善的处置方法，没有必要的防护设备，不能贸然进行处置，否则会加重事故的危害后果。

(4) 正确选用灭火剂

在扑救危险化学品火灾时，应正确选用灭火剂，积极采取针对性的灭火措施。

大多数易燃、可燃液体火灾都能用泡沫扑救。其中，水溶性的有机溶剂火灾应使用抗溶性泡沫扑救，如醚、醇类火灾。

可燃气体火灾可使用二氧化碳、干粉等灭火剂扑救。

有毒气体和酸、碱液可使用喷雾、开花射流或设置水幕进行稀释。

遇水燃烧物质，如碱金属及碱土金属火灾，遇水反应物质，如乙硫醇、乙酰氯等，应使用干粉、干沙土或水泥粉等覆盖灭火。

粉状物品，如硫黄粉、粉状农药等，不能用强水流冲击，可用雾状水扑救，以防发生粉尘爆炸，扩大灾情。

(5) 输转危险化学品

装载危险化学品的车辆发生事故时，需要将危险化学品从肇事车辆上输转至安全场所，在输转危险化学品时应采取相应的安全措施。

危险化学品事故输转现场操作人员应注意穿好工作服和使用防护用品，严格遵守操作规程，搬运货物时应轻装、轻卸。使用辅助工具时，应注意不能损坏货物的外包装。有不同危险品在同一地点发生事故的，应看清包装标志，不能将性质相抵触的货物拼装混堆。

输转剧毒危险品货物时，施救人员应尽量站在上风口，搬运货物时必须轻装、轻卸，防止包装破漏。施救过程中如闻有异味，应高度警惕，根据货物的化学性质佩戴相应的防护用品并及时上报事故现场指挥小组。

输转爆炸品及一级氧化剂时，车辆在装载危险品货物前必须清扫干净，不得残留煤渣、粉末、油脂、磷、硫以及其他易燃物品。施救人员严禁穿有带铁钉的鞋进行作

业，作业过程中必须防止震动与摩擦，远离火种、热源，随时注意包装动态。中途若出现渗漏，应立即采取隔离措施。

输转腐蚀性危险品货物之前，首先应根据危险品的性质调配相应的中和剂备用；其次，应熟悉和了解就近的水源，最好是让消防车或洒水车蓄满水在附近待命。一旦发生泄漏事故，可以迅速中和、稀释。

（6）车翻入边沟事故的处置

由于超限运输车辆的惯性较大，驾驶员对方向的控制较难把握，易造成车翻入边沟事故。危险化学品的运输也会发生此类事故，给危险品事故的处置带来了极大的困难。

当危险品车辆翻入边沟且盛载危险品的容器尚未发生泄漏时，施救人员应视情况迅速确定起吊方案，在确定容器尚未发生泄漏的情况下，可直接使用吊车处理的，应迅速处理；吊车力矩不够的，可采用双吊车或三吊车同时起吊作业，起吊时特别要注意保持平衡，或是在确保容器不破损的前提下缓慢移动车身，调整力矩，再行施吊；如无法确保容器不受损且吊车无法起吊的，可考虑采用先驳装后起吊的方案或是向有空中起吊能力的单位求援。

当危险品车辆翻入边沟且盛载危险品的容器发生泄漏时，现场人员应立即上报以及时疏散附近群众，施救人员应迅速检查容器的损坏情况，视破损的程度采取措施，尽快控制事态，堵住泄漏、抢修容器。如泄漏出的危险品具有腐蚀性，施救人员应设法稀释或中和，以避免对容器造成更大的损害形成更加严重的泄漏。随后，根据事故的实际情况，参照上述未发生泄漏的危险品事故处置程序进行处理。

（7）清理和洗消现场

危险化学品火灾扑灭后，要对事故现场进行彻底清理，防止因某些危险化学品没有清理干净而导致复燃。并对火灾现场及参与火灾扑救的人员、装备等实施全面洗消。对现场进行再次检测，确保现场残留毒物达到安全标准后，解除警戒。

2. 事故处置注意事项

（1）救援人员注意自身安全

进入危险区域的消防人员个人防护要充分，穿着防化服。遵守毒区行动规则，不得随意解除防护装备，不得随意坐下或躺下，不得在毒区进食和饮水等。

危险化学品运输事故处置过程中，参与施救人员要注意自身的安全，特别是事故救援的组织者和领导者要有安全意识，在整个施救过程中既要救援，又要保障施救人员的安全。2006 年 5 月 18 日凌晨 4 时，湖北汉宜高速公路 245 km 处，发生一起特大交通事故，因大雾，能见度极低，8 车连环相撞，4 名司乘人员当场死亡，当抢险人员到达现场施救过程中，又有 3 辆车相撞，4 时 50 分，一辆大客车，撞上参与施救的120急救车，急救车迅速撞向前方的消防车，将在消防车旁的一名战士撞倒致死。相撞车中一辆装载20 t硫酸二甲酯（高毒类危化品）的槽罐车发生大量泄漏，部分还泄漏到附近的农田里，导致现场10余名参加抢险的人员和村民中毒。

（2）控制和消除引火源

大多数危险化学品都具有易燃易爆性，现场处置中若遇引火源，发生燃烧爆炸，对现场人员、周围群众、设施都会造成严重危害，也给事故处置增加难度。

处置的危险化学品如果是易燃易爆物品，现场和周围一定范围内要杜绝火源，包括周围群众的生活用火，所有电气设备都应关掉，车辆都要停下来，进入警戒区的消防车辆必须带阻火器。现场上空的电线断电，固定电话、手机等通信工具也要关闭，防止打出电火花引燃引爆可燃气体、可燃液体的蒸气或可燃粉尘。堵漏或现场操作中应使用无火花处置工具。如果现场需要起吊车辆，或槽罐车，特别是液化石油气槽罐车，按照要求应该用粗尼龙绳或编织带质地的绳子，以防止起吊过程中因摩擦产生火花，导致液化石油气发生爆炸。但一般的处置现场中很难找到这类绳子，大多数处置中使用的都是钢丝绳，而钢丝绳与车体、罐体摩擦，很容易产生火花，存在危险性，处置中可用废旧橡胶轮胎，或木板夹在钢丝绳与罐体之间，并且在起吊过程中用水喷浇罐体降温。

（3）防止灭火剂及其方法使用不当

扑救化学危险品火灾时应根据燃烧化学品的性质，选择适当的灭火剂，有序的组织施救。

1）严禁使用黄沙、土块等固体灭火剂覆盖可能发生爆炸的危险品。

2）禁止用水扑救活泼金属、过氧化物、硫酸等可能与水发生物理或化学反应的危险品火灾。

3）禁止用泡沫灭火剂扑救氰化钠等遇泡沫中的酸性物质能生成剧毒气体氰化氢的氰化物类危险化学品火灾。

4）扑救无机毒品中的氰化物、碳、砷和硒的化合物及大部分有机毒品，应尽可能站在上风方向，并佩戴防毒面具。

5）禁止用二氧化碳灭火剂扑救活泼金属的化学危险品火灾。

6）扑救液体、气体化学危险品火灾时，应首先关闭管道和容器的阀门，阻止气体、液体继续外溢、扩张。

（4）注意环境保护

危险化学品运输事故处置过程中可能会对泄漏化学物料采取稀释、中和、消毒、掩埋等措施，这些措施的实行会不会对周围环境造成破坏，对水源，如地表水（江、河、湖泊水），地下渗漏对地下水、水井、山泉等的影响；对农田、农作物的影响；

对空气成分的影响；对生态环境的影响等在处置中都应考虑。

在处置泄漏的化学物料时，能回收的要尽量回收，不能回收的要防止泄漏物料流入河道。若已流入河道，要采取相应措施进行消毒，并对污染河道进行连续监测，多点位、多层面的监测，既要做定性检测还要做定量检测。同时要通报沿河群众不要取用河水、通知下游城市有关部门，密切关注污染水流情况。对受污染的土壤使用机械挖掘清除，并在安全地带采取焚烧或其他物理、化学方法进行安全处置。对于稀释过程产生的大量污染水也应尽可能收集到一处进行集中处理。

第三节　交通运输业火灾应急预案编制

交通运输业的危险源属于可移动危险源，与固定危险源比较具有事故地点不确定，缺乏监管手段，周围环境复杂等特点，制定交通运输领域突发事件应急预案的工作涉及面广，工作界面交错较多。因此，在制定事故应急救援预案时，一方面可以借鉴固定危险源应急救援工作中的成熟经验，同时应充分注意可移动危险源的特点，具体情况具体对待。

一、应急预案的内容

1. 制定应急预案的基本原则

（1）总体原则

交通运输业事故应急救援预案应符合《国家突发公共事件总体应急预案》和各级地方政府相关预案中提出相关要求和相关规定，将“预防积极、准备充分、反应迅速、处置合理、控制有效”作为此类预案研究制定工作的总体原则加以遵循。

（2）系统原则

应急预案制定工作涉及部门多，牵扯面广。因此，应对系统组织架构、管理信息系统和运行保障机制进行有效衔接和合理平衡，保证相关各部门在事件处置各阶段的协同工作需要，并与其他领域的相关预案建立起相互支持和相互协调的连带关系。

（3）科学原则

由于交通运输系统自身具有的技术特征及其经济与社会影响特性，在实施各类应急预案的过程中，操作程序与技术手段的科学合理和有效性将成为应急预案发挥作用的直接影响因素。

（4）规范原则

预案应将具体的管理和操作的流程与手段进行统一化的规范性表述，避免各相关部门和单位在执行过程中产生歧义，同时也为预案的管理、运行、修订和查询以及事后总结提供操作便利。

（5）效率原则

预案有效性的发挥在很大程度上取决于预案实施的效率，应在预案中从系统角度对于操作与管理流程进行效率优化和保障措施研究，以保证预案设立与实施具有高效的可操作性。

2. 交通运输业事故应急响应系统

交通运输危险源事故应急响应系统主要由各级协调与指挥中心、交通运输危险源监控中心、法律法规支撑及应急救援资源四个部分组成。

（1）各级协调与指挥中心

交通运输危险源事故的应急救援往往涉及当地政府、公安、消防、交通、环保、医疗、监控中心以及危险源运输单位等多个部门或单位，因此，对应急行动的协调和指挥是应急救援有效开展的关键。应建立分级响应、统一协调、指挥和决策的机制，以确保救援工作及时、有效地进行。

应急指挥中心通常担负着一线指挥协调的任务，包括：①建立协调指挥机构，明确各有关机构的责任及任务；②合理配置与及时调用应急资源；③制定和采取应急处置对策以及不断获取现场信息，保持与各有关机构联络渠道畅通。应急指挥机构如图9—23 所示。

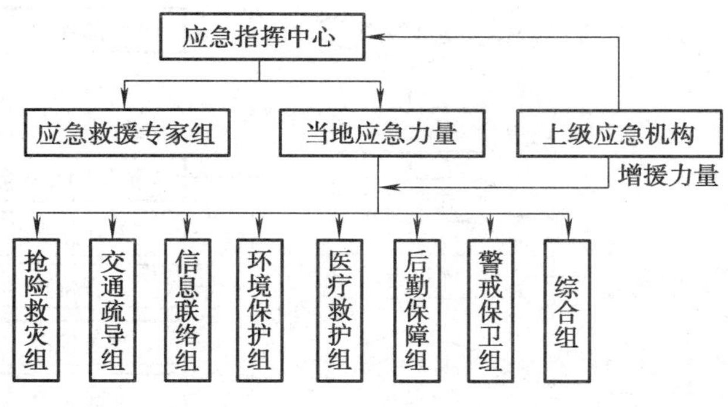

图 9—23　应急救援协调指挥系统图

（2）危险源监控中心

各级监控中心是交通运输业危险源动态监控系统的核心，负责与移动危险源终端的信息交互以及与上下级监控中心的网络互连，完成各种信息的记录和转发。通过GSM 短信网关、网络数据库服务器、网管软件、GPS 移动危险源监控服务器等来实现监控功能。其工作内容包括移动通信数据通信服务、数据库管理、定位监控服务、报警预处理等。

（3）法律法规支撑

有关安全生产事故应急救援的法律、法规等，是应急响应系统的重要组成部分，同时也是其有力支撑。根据国务院发布的《国家突发公共事件总体应急预案》精神，省、市、县级政府以及企事业单位都应该根据有关法律法规制定相应的突发公共事件应急预案，在交通运输事故应急响应中依法行事，使应急救援工作规范化、制度化、法制化。应根据各种危险源的具体特点，制定相应的切实可行的应急预案，各级应急预案是针对各种可能发生的危险源事故所制定的指导性文件。

（4）应急救援资源

应急救援资源是应急救援工作的重要保障，主要包括专业的应急救援队伍以及救援中所需的各种仪器装备，包括检测仪器、交通工具、救援器材、通信设备等。

3. 应急救援响应

交通运输业危险源发生事故后的响应程序如图 9—24 所示。

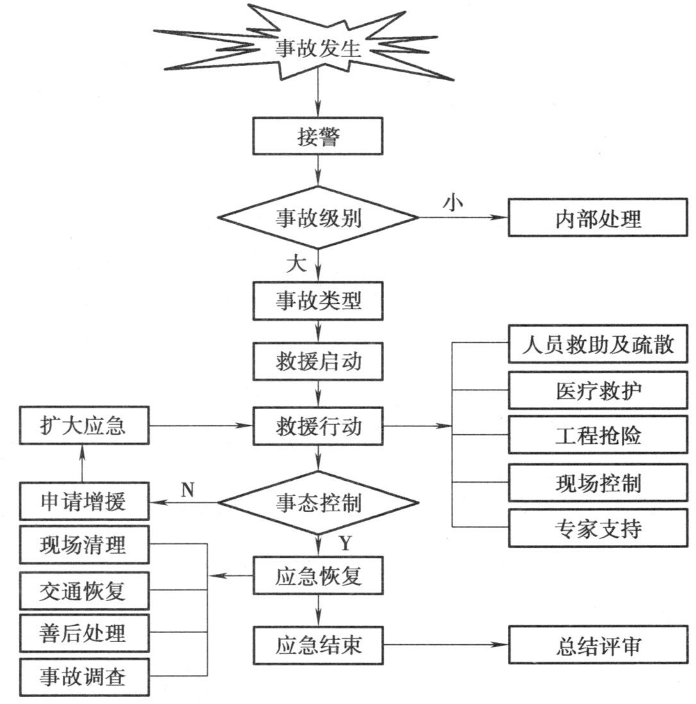

图 9—24　应急救援响应程序图

（1）报警与接警

交通运输危险源发生事故后，及时报警是非常重要的，只有第一时间接到准确的报警信息，才能及时有效地开展救援工作，把事故造成的伤害和损失降到最低程度。

运输工具不能离开驾乘人员，在发生事故后，只要驾乘人员尚有表达能力，就应该是第一报警人。应避免发生事故后驾乘人员不知道报警或不知道向谁报警，甚至肇事后逃逸的情况发生。

发生事故后，危险源的温度、压力、浓度等可能因事故引起的泄漏、燃烧、爆炸等发生异常变化。通过技术手段将这些异常的变化信息反馈给监控中心，会大大有助于及时发现警情，并有利于判断事故的严重性，尤其是在驾乘人员无法报警时，其作用更为重要。

交通运输业危险源发生事故后，监控中心接到事故报告后，应立即与当地应急救援组织和公安消防部门联系。接警时要做好事故的详细情况和联系方式等内容的记录。图 9—25 为事故报警与接警示意图。

(2) 事故确认

监控中心接到事故报警后，应立即建立与上级和事故现场的地方应急机构的联系，根据事故报告的详细信息，对事故情况作出判断，同时确定可能的响应级别后，按照分级响应程序的信息网络通道，迅速上报和通知相应的应急救援机构。

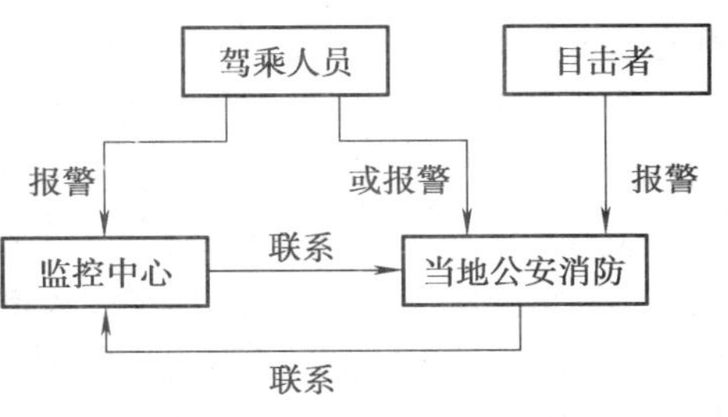

图 9—25 事故报警与接警示意图

(3) 救援启动

应急响应级别确定后，相应的应急救援指挥中心按所确定的响应级别启动应急程序，如通知应急救援有关人员到位、保持信息与通信网络畅通、调配救援所需的应急资源、派出现场指挥协调人员和专家组等。同时，指挥中心应迅速开通应急技术装备数据库、同类事故案例与事故后果判断模拟分析系统、专家咨询库和最优化决策支持系统等数据库与知识库。自动从数据库中调出该危险源的数据，迅速掌握危险源基本情况及联系方式等情况，同时通过电子地图（GIS）显示事故发生的位置、周围重要建筑物、周边环境、安全通道、救援通道，以及距离最近的消防、医疗、公安等信息，并预计可能造成的危害程度，迅速确定应急救援具体方案。

(4) 救援行动

各类应急救援队伍进入事故现场，根据危险源的应急预案，核定事故处理方案，组成现场应急救援指挥部，统一指挥协调公安、交通、消防、卫生、环保、气象、通信等各种救援力量进行人员救助及疏散、医疗救护、工程抢险、现场控制等有关应急救援工作，专家组为救援决策提供建议和技术支持。当事态仍无法得到有效控制时，应立即扩大应急救援活动，向上级救援机构请求实施更高级别的应急响应。

（5）应急恢复

应急救援行动结束后，进入善后工作阶段，其中包括现场清理、交通恢复、善后处理、人员撤离、警戒解除、事故调查与处理等。

4．应急预案编制与实施中应注意的问题

（1）明确各级各类应急预案的功能

应根据各地各级预案的管辖范围和针对对象范围制定交通运输业应急预案的具体内容与相应应急措施计划，与国家总体预案及各专项预案、部门预案配套，在预案中明确各级各类预案中相应措施的执行单位与指挥控制单位，并在预案中详细规定启动紧急预案的时机、等级和类型。从系统管理的角度明确应急预案的主要功能，列出预案可能涉及的各类突发事件的情景设定，确定具体和直接的对应措施与操作流程，同时将上述措施和流程与相关部门和具体责任岗位进行对应，保证启动应急预案的准确性和及时性。

加强全社会对交通运输业事故的预防意识与应对能力，动员全社会的力量与资源提高预警能力与处置能力。对于一些特殊领域（如海上、空中）应逐步建立专业的应急队伍和配置高技术装备，提高应急处置的专业能力。

（2）理顺各级各类应急预案相关部门的管理关系

在制定交通运输业事故应急预案的工作中，由于涉及的政府部门和企业较多，而其各自的职能、权限、利益和期望相互交织，为预案的制定、管理和实施以及相互衔接与配合带来较大难度。因此，应急预案的制定应依托现有管理体制的框架，通过明确的流程管理解决好各个企业与部门在整个应急系统中的功能定位和操作定位，保证预案运行过程中的执行效率。

交通运输业事故应急中各类掌握处置资源与力量的相关部门大致可分为垂直、水平和特定三个层面，垂直层面主要为交通运输行业管理部门的体系力量，水平层面主要为事故（件）发生地的政府行政主管部门，此两者通常在应急预案实施过程中肩负直接处置任务和内部资源指挥控制任务，而特定层面则包括中央直属应急力量、军队力量等，此类地方与行业部门无权调动指挥，需要更高一级指挥机构的协调与指令。

（3）建立健全法律法规

为了更好地协调各方面的资源，在交通运输业事故的应急预案制定中，必须在国家总体应急预案的指导和支持下，通过建立健全各类相关的法律法规，为各地各级政府与交通运输行业管理部门在应急处置中的各类常规与非常规处置措施建立法律依据。并以法律法规为依托，建立和完善负责事故处置的一线指挥与协调任务的常设机构，同时明确规定各个部门在事故处置时组织协调各方面救援力量和资源的权限范围，以及当事态扩大启动上级预案时原有应急中心指挥权移交的程序。

（4）合理调配公共资源

分析交通运输业可能的事故种类、风险程度和发生的可能性，以及各类不同事态对于物资和人力的规模、结构与强度需求，重视专业化处置力量与装备的建设及其配备布局。同时，有计划地加强交通运输领域与其他领域的应急预案结合，合理使用和统一调配各类公共资源，保证各类资源在事发第一时间发挥其作用，同时避免机械地储备大量资源而造成浪费。

（5）保证各级各类应急预案的有效实施

根据《国家突发公共事件总体应急预案》中的相关规定，预案体系设计为国家、专项、部门、地方和企事业单位五个层次，从上到下形成一个应对交通运输业突发事故（件）的完整体系，确保事故发生时拥有直接和有效的应对方案和执行者。因此，各级政府、交通运输行业主管部门和相关企事业单位在应急预案制定中，必须在职责范围内从纵向到横向为预案的实际实施建立良好的运行机制保证，明确各个部门的职责和权力及其具体操作指南与操作程序，把责任落实到每一个岗位甚至是每一个责任人。同时，建立完善的应急指挥信息系统，对各个专项预案与部门预案执行的信息发布、信息处置和信息反馈的责任作出明确、详细的规定。

（6）不断完善和补充应急预案

由于交通运输事故具有复杂性，在实际处置交通运输事故的工作中，必定会出现一些意想不到的超出预案设想的情况。在出现此类特殊情况时，位于第一线的应急指挥中心必须及时调整和快速处置，以防止事态的扩大和恶化。应加大事故应急处置事后的总结力度，对于出现的各类处置方式认真进行总结，不断完善和补充现有的预案。

二、灭火力量计算

交通工具发生火灾，尤其是运载旅客的交通工具火灾，必须在很短时间内将其扑灭，否则很有可能造成人员伤亡、经济损失等严重后果。因此，日常应做好灭火力量的准备，这一点十分重要。

1. 飞机火灾灭火力量计算

（1）跑道喷洒泡沫的技术参数

飞机因各种原因需要在地面迫降时，可在跑道上预先喷洒泡沫，以避免飞机迫降时在跑道上冲撞、摩擦产生火花，导致着火。

泡沫的厚度最好为 5 cm，并均匀分布。泡沫模式的长度、宽度由不同紧急情况下的飞机类型、灭火剂数量和迫降时间等因素决定。跑道喷洒泡沫的技术参数见表 9—1。

表 9—1　　跑道喷洒泡沫的技术参数

类　　别	鼻轮故障	机身着陆			
		2 个螺旋桨发动机	2～3 个喷气发动机	4 个螺旋桨发动机	4 个喷气发动机
模式宽度（m）	8	12	12	23①	23②
模式长度（m）	450	600	750	750	900
覆盖的跑道面积（m^2）	3 600	7 200	9 000	17 250	20 700
需要的水（L）	14 400	28 800	36 000	69 000	82 800
3%型蛋白泡沫（L）	432	864	1 080	2 070	2 484
6%型蛋白泡沫（L）	864	1 728	2 160	4 140	4 968

注：①表内所示的泡沫模式宽度将提供一个模式宽度足以延伸到超过大多数 4 个发动机的螺旋桨驱动的飞机的外侧发动机。

②表内所示的泡沫模式宽度将提供一个模式宽度足以延伸到超过大多数 4 个发动机的喷气飞机的内侧发动机。

（2）灭火剂用量

1）灭火剂种类。扑救飞机火灾需要使用大量的灭火剂，灭火剂分为主要灭火剂和辅助灭火剂两大类。主要灭火剂要求能在几分钟或更短的时间内控制住火势。主要有：普通蛋白泡沫液；水成膜泡沫液（轻水）；氟蛋白泡沫液；上述灭火剂的组合。辅助灭火剂在灭火时有快速灭火能力，但喷射后通常对火势只起短暂的控制作用，火势很可能复燃。主要有：干粉灭火剂；二氧化碳灭火剂；上述灭火剂的组合。

2）灭火剂需用量的依据。灭火剂的需用量是根据足够完成实际危险区域一分钟控制时间所需要的灭火剂，以及第一分钟之后继续控制火势，或完全灭火所需要的灭火剂的数量确定的。所谓“一分钟控制时间”指从第一辆消防车到达起火飞机现场，到控制最初的 90%的火势，保护飞机机身并维持机内人员尚可生存的条件所需的时间。

灭火剂的用量还要根据机场的类型确定。国际民航组织根据使用该机场的飞机的长度和该机场一年内连续最忙的三个月内的飞机升降次数，将机场划分为 9 类，见表 9—2。

表 9—2　　机场的类型

机场类别	1	2	3	4	5	6	7	8	9
飞机机身总长（m）	0～9	9～12	12～19	19～24	24～28	28～39	39～49	49～61	61～76
备注	不含 9 m	不含 12 m	不含 19 m	不含 24 m	不含 28 m	不含 39 m	不含 49 m	不含 61 m	不含 76 m

3）灭火剂的用量。为适应扑救飞机火灾可能出现的特殊情况，载在机场消防车上灭火剂的用量应不小于表 9—3 所列的用量。为了在灭火战斗中或灭火结束后能够立即给消防车补充灭火剂，机场储备的主要灭火剂和辅助灭火剂量应比机场消防车配备的多 200%。

表 9—3　　灭火剂的最小用量

机场类别	主要灭火剂（L）				辅助灭火剂（kg）	
	普通蛋白泡沫用水量	喷射率（泡沫/min）	水成膜泡沫用水量	喷射率（泡沫/min）	干粉	二氧化碳
1	350	350	230	230	45	90
2	1 000	800	670	550	90	180
3	1 800	1 300	1 200	900	135	270
4	3 600	2 600	2 400	1 800	135	270
5	8 100	4 500	5 400	3 000	180	360
6	11 800	6 000	7 900	4 000	225	450
7	18 200	7 900	12 100	5 300	225	450
8	27 300	10 800	18 200	7 200	450	900
9	36 400	13 500	24 300	9 000	450	900

4）产生泡沫总的需水量。泡沫液数量可根据其与水的配比确定（如 3%或 6%等）。产生泡沫总的需水量，可用下列公式计算：

$$Q=Q_1+Q_2$$

式中　Q——总的需水量（L）；

Q_1——用于控制实际危险区域火势所需用水量（L）。

Q_1 的值可按下式计算：

$$Q_1=A\times R\times T$$

A——实际危险区域面积（m^2）；

R——泡沫液供给强度［L/(min·m^2)］，普通蛋白泡沫液的最佳供给强度为 8.2 L/(min·m^2)，水成膜泡沫液或氟蛋白泡沫液的最佳供给强度为 5.5 L/(min·m^2)；

T——喷射时间（min）；

Q_2——火势被控制后，还必须继续控制，直至扑灭余火所需用水量（L）。

Q_2 受许多客观因素制约，难以准确计算。一般多采用 Q_2 等于 Q_1 的百分数表示。

各类机场继续控制直至扑灭余火所需用水量见表 9—4 所示。

表 9—4　　继续控制直至扑灭余火所需用水量

机场类别	1	2	3	4	5	6	7	8	9
$Q_2=Q_1$ 的百分数	0	27	30	58	75	100	129	152	170

5）辅助灭火剂取代主要灭火剂。不管使用哪种泡沫作为主要灭火剂，均可借用辅助灭火剂取代 30%主要灭火剂的数量。1～3 类民航机场，以及处于特殊环境下的机场如严寒、水、沙漠地区的机场，用辅助灭火剂取代主要灭火剂的比例可适当增加，或全部用辅助灭火剂取代主要灭火剂，其数量可运用 1 kg 干粉=1 L 泡沫；2 kg 二氧化碳=1 L 泡沫进行换算。

（3）消防车辆配备数

机场消防队接到报警后的出动车辆按机场类别确定，消防车的配备主要分为快速消防车和主战消防车两种。快速消防车用于扑救飞机初期火灾，它的特点是加速性能好，能在 25 s 内达到时速 80 km 以上（条件：满载、水泥地坪、气温 7℃以上），车上载有少量的水、泡沫液和辅助灭火剂，还备有一定的破拆工具及照明设备，载重吨位约 1～2 t。主战消防车是扑救飞机火灾的主要战斗车辆，能在 45 s 内达到时速 80 km 以上（条件：满载、水泥地坪、气温 7℃以上），最快速度为时速 100 km 以上。车上载有 10～20 t 的各种灭火剂，车顶装有 1～2 门消防炮，能够边行驶边喷射灭火剂，其水罐容量可满足该车所载泡沫液的用水量。4～9 类机场消防队配备的主战消防车，能够达到快速消防车的加速性能，可不配备快速消防车。机场消防队车辆最少配备数见表 9—5。

表 9—5　　机场消防队车辆最少配备数

机场类别	1	2	3	4	5	6	7	8	9
快速消防车	1	1	1	1	1	1	1	1	1
主战消防车	0	0	0	1	1	2	2	2	2～3

2. 船舶火灾灭火剂用量计算

航行途中的船舶货舱火灾常用封舱灭火方法灭火，可减小对舱内货物的损害。封舱灭火最为经济有效的方法是开启船上的二氧化碳固定灭火系统，但由于各种原因，船上二氧化碳储量往往不能满足灭火需要，还要依靠陆地消防队补充大量的二氧化碳灭火剂。封舱灭火所需二氧化碳量（体积浓度）可按下式计算：

$$V=(21-R)\times 4.75\%$$

式中　V——二氧化碳体积浓度（%）；

21——空气中氧的体积浓度（%）；

R——用二氧化碳置换使空气中含氧量降至该数值（%）；

4.75%——空气中含氧量每下降 1%，就得放入舱容积 4.75%的二氧化碳来置换同体积的空气。

该式是按二氧化碳完全置换舱内空气计算的。在实际灭火中，由于海上风大，二氧化碳有一定的损失，因此，实际施放的二氧化碳的量要大于理论计算量。

货舱内的空气含氧量必须降至 15%以下（即 R 取 15），一般可燃物质的火焰才能逐步窒息。施放二氧化碳后，要用仪器通过通风管或测深管检测舱内空气含氧量和二氧化碳气体的浓度。货舱内二氧化碳量与含氧量的关系，如图 9—26 所示。

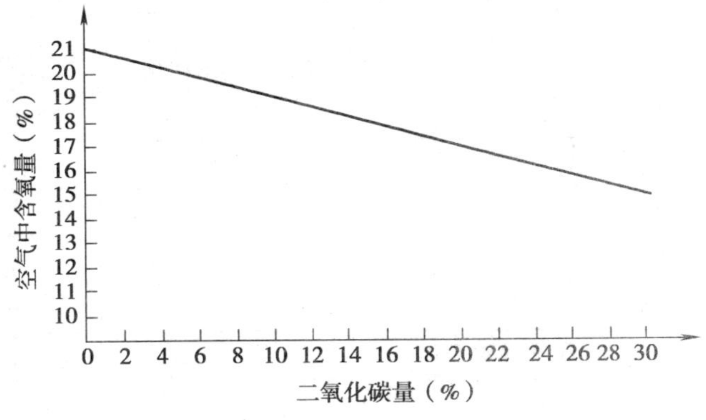

图 9—26　货舱内二氧化碳量与含氧量的关系

3. 公路运输危险化学品事故警戒范围估算

公路运输危险化学品发生事故后，在确定危险区域的基础上，科学准确地划分警戒区域，对于减小事故危害和有效处置具有重要作用。

（1）危险化学品事故危害的影响因素

危险化学品事故的危害范围除与化学毒物的泄漏量的多少、毒性大小、挥发度、源高等因素有关外，还和事故发生时的时间、气象条件、事故源周围的地形地貌、人口密度等有关。如果危险源是易燃易爆气体，遇引火源要引起燃烧、爆炸，危害程度就会加大。

1）危险化学品的理化性质影响。常温常压下气态或液态的化学毒物能迅速挥发，并在大气中能够较稳定地扩散，其理化性质如沸点、密度、比热容、饱和蒸气压、爆炸极限等都能直接影响到危险源扩散的危害范围、程度及对其防护的难易。饱和蒸气压决定着该物质在空气中的浓度，达到沸点时只要持续时间足够长，该物质就可以全部汽化，而只有汽化的那部分毒物才能造成大范围的空气污染；密度大小关系到毒物的扩散高度与沉降情况；爆炸极限直接关系到引起爆炸燃烧的难易程度。

2）危险化学品的毒性影响。危险化学品的毒性越大，同等规模的事故危害就越大。例如，等量的氯气和等量的氨气发生泄漏，氯气的危害范围要比氨气大5～10倍。

毒性分类方法很多，按半致死剂量（LC_{t50}）的大小可分为：A类：$LC_{t50}\leqslant$ 10（mg·min)/L；B类：10（mg·min)/L$<LC_{t50}\leqslant$100（mg·min)/L；C类：100（mg·min)/L$<LC_{t50}\leqslant$1 000（mg·min)/L；D类：$LC_{t50}>$1 000（mg·min)/L。常见危险化学品的毒害剂量推荐值见表9—6。

表9—6　危险化学品毒害剂量推荐值（mg·min/L）

名称	半致死剂量 LC_{t50}	重度中毒剂量 De	中度中毒剂量 Dz	轻度中毒剂量 Dq	敏值剂量 Dp	毒性分类
沙林	0.1	0.07	0.04	0.015	0.004	毒剂
VX	0.05	0.027	0.014	0.005	0.001	毒剂
梭曼	0.07	0.035	0.018	0.007	0.002	毒剂
芥子气	1.5	0.75	0.20	0.095	0.025	毒剂
路易氏剂	0.7	0.35	0.20	0.095	0.025	毒剂
一氧化碳	275	140	70	26	7	C
硫化氢	50	25	13	5	1.3	B
氯气	6.4	3.2	1.6	0.6	0.2	A
氨气	21	11	6	2.3	0.6	B
二氧化氮	23	12	6	2.3	0.6	B
二硫化碳	747	373	187	70	19	C
氟化氢	2.4	1.2	0.6	0.2	0.05	A
光气	6	3	1.5	0.6	0.2	A
氢氰酸	1.9	0.9	0.5	0.2	0.05	A
二氧化硫	80	40	20	7.5	2	B
乙烯	640	320	160	60	16	C
丁二烯	640	320	160	60	16	C
汽油	2 240	1 120	560	224	112	D
苯	720	360	180	68	18	C
甲苯	723	362	181	68	18	C

续表

名称	半致死剂量 LC_{t50}	重度中毒剂量 De	中度中毒剂量 Dz	轻度中毒剂量 Dq	敏值剂量 Dp	毒性分类
乙苯	510	255	128	48	12.8	C
二乙苯	64	32	16	6	1.6	B
苯乙烯	105	53	26	9.8	2.6	C
溴甲烷	6.4	3.2	1.6	0.6	0.2	A
三氯甲烷	300	150	75	28	7.5	C
氯乙烯	200	100	50	19	5	C
一甲胺	77	39	19	7	1.9	B
二甲胺	64	32	16	6	1.6	B
甲醇	786	393	197	74	19.7	C
苯酚	32	16	8	3	0.8	B
环氧乙烷	54	27	14	5	1.3	B
甲醛	14	7	4	2	0.5	B
丁酮	564	282	141	53	14	C
硫酸二甲酯	15	8	4	2	0.5	B
丙烯腈	30	15	8	3	0.8	B

3）事故的类型影响。不同类型危险化学品事故的危害形式不同，危害范围相差较大，对人员和财产所造成的损失也不相同。例如，压力容器爆炸事故在爆炸瞬间形成一个巨大的有毒云团，这种云团在向下风飘移中，浓度逐渐下降，传播纵深较远，所经之处均可引起人员中毒；而连续泄漏事故危害纵深较浅，并且在危害纵深内毒物浓度基本恒定（除非泄漏停止）；燃烧爆炸事故主要为热辐射造成灼烧损伤，以及冲击波对建筑、设备及人员造成机械损伤。

4）事故的起始参数影响。同样类型的事故起始参数不同，所造成的危害也不同。泄漏事故的起始参数包括泄漏部位、容器压力、容器容积等；爆炸事故的起始参数包括爆炸物质总量、爆炸瞬间有毒云团的起始半径和起始高度；池火燃烧事故的起始参数则包括池火半径和环境温度等。对于连续泄漏事故，容器压力和容积越大，则泄漏速率或源强越大，同样条件下危害就越大。对于爆炸事故，爆炸物质总量越大、爆炸瞬间有毒云团的起始半径和起始高度越大，危害就越大；对于池火燃烧事故，池火半径越大，环境温度越高，危害就越大。

5）气象条件影响。气象条件影响着危险化学品危险源扩散的危害程度，包括风速、风向、大气垂直稳定度、气温等。不同化学毒物受光照、汽化、水解而引起毒性下降的程度不同。风向决定毒气云团的传播方向，风速在1～5 m/s，易使云团扩散，危害最大；风速较大，地面浓度相对要减小。湿度大则使毒气不易扩散。大气垂直稳定度的影响，逆温、等温时，空气流动小，毒云不易向高空消散，贴地面传播，危害较大；对流时，空气流动快，毒气云团很快消散，造成的危害较小。气温越高，液体毒物的蒸发速度越快，汽化率越大，进入大气的毒物量越多，染毒空气浓度越大，危害范围也越大；同时，温度高时，人员出汗多，衣着少，通过皮肤中毒的可能性增大。

6）地形、地物。地形、地物对毒气云团传播有较大的影响，如密集建筑物和高层建筑物，可对毒气的传播速度、方向产生影响；大气垂直稳定度是逆温时，低洼处毒气云团易滞留；低矮建筑物及居民密集处，毒气不易扩散；毒气云因遇高层建筑物时，两侧风速较大，可迅速通过，通风不良的建筑群和绿化地带染毒浓度较高。

7）人口密集程度。人口密集程度主要影响伤亡人数。同等规模的事故发生在旷野和都市，其浓度分布和中毒伤亡区域面积差别不大，但是伤亡的人数却不同，这是由于发生地点人口密度不同。

8）防护水平和救援能力。居民整体防护水平取决于居民对危险化学品事故危害的认识程度、接受应急救援训练的程度、防护与救援器材的完备程度与熟练使用能力，以及身体素质状况等。

应急救援能力包括：事故的控制技术、应急救援队伍和器材情况、应急救援预案的完善程度、事故现场的指挥与处置情况等，都会对危险化学品事故危害产生程度不同的影响。

（2）危险区域划分

各危险区边界浓度的确定原则，应根据毒物对人的急性毒性数据，适当考虑爆炸极限和防护器材等其他因素，确定划分重度、中度、轻度危险区域边界浓度。

1）轻度区边界浓度及区域。稍高于车间最高允许浓度，以免轻度区过大，增加救援量；有轻度刺激，在其中活动能耐受较长时间，脱离染毒环境后，经一般治疗基本能自行恢复；在该区，救援人员可对群众只作原则指导。

2）中度区边界浓度及区域。有较严重症状，但经及时治疗，一般无生命危险；救援人员佩戴过滤式面具，可不穿防毒衣，能够活动2～3 h；该区为救援人员重点救人区域。

3）重度区边界浓度及区域。有严重症状，不脱离该区，不经紧急救治，30 min内有生命危险；只有少数佩戴氧气面具或隔绝式面具，并穿着防毒衣的人员才能进入该区；该区边界浓度相对高些，尽量缩小重度区范围。

根据上述原则，常见毒物的危险区域边界浓度，可参见表9—7。

表9—7　常见毒物的危险区域边界浓度

毒物名称	车间最高允许浓度（mg/m³）	轻度区边界浓度（mg/m³）	中度区边界浓度（mg/m³）	重度区边界浓度（mg/m³）
一氧化碳	30	60	120	500
氯气	1	3～9	90	300
氨	30	80	300	1 000
硫化氢	10	70	300	700
氰化氢	0.3	10	50	150
光气	0.5	4	30	100
二氧化硫	15	30	100	600
氯化氢	15	30～40	150	800
氯乙烯	30	1 000	10 000	50 000
苯	40	200	3 000	20 000
二硫化碳	10	1 000	3 000	12 000
甲醛	3	4～5	20	100
汽油	350	1 000	4 000	10 000

（3）警戒范围估算

1）初始隔离区与隔离距离。初始隔离区是指事故源周围的区域，该区域内的人员可能吸入危险化学品的蒸气而危及生命。其中，圆形的半径称为隔离距离。

2）防护区与防护距离。防护区是指事故源下风向的矩形区域，如图9—27所示，该区域内如果不进行防护，则可能使人致残或产生严重的不可逆的健康危害。其中，矩形的长度和宽度称防护距离。

部分化学物质发生泄漏后最初30 min内蒸气扩散可能产生危害的范围见表9—8，但随着时间的延长，影响的距离会继续扩大。

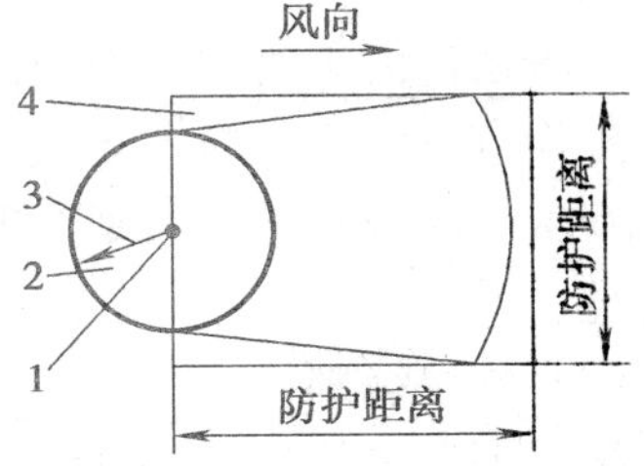

图9—27　初始隔离距离和防护距离

1—泄漏源　2—初始隔离区

3—初始隔离距离　4—防护区

表 9—8　　初始隔离距离和防护距离（m）

名称	隔离距离	小量泄漏 下风向防护距离		隔离距离	大量泄漏 下风向防护距离	
		白天	夜间		白天	夜间
氯气	60	300	800	185	800	3 100
氨	30	200	300	95	300	800
煤气	30	200	200	30	300	800
石油气	30	200	200	30	300	800
氰	60	30	1 000	215	800	3 500
硫化氢	60	200	500	125	300	1 400
氯化氢	60	200	500	155	500	1 800
环氧乙烷	60	200	300	125	300	1 000
烯丙醇	60	200	500	155	500	1 900
丁烯醛	60	200	500	155	500	1 800
溴丙酮	95	300	1 100	215	1 000	3 900
硫酸二甲酯	125	600	2 700	335	2 300	10 100
氯磺酸	60	200	800	185	600	2 900

三、应急预案编制实例

实例一：某海事管理机构水上交通突发安全事故应急预案

（1）指导思想与原则

为了有效预防、及时控制和消除水上交通突发安全事故造成的危害，最大限度地避免和减少人员伤亡、环境污染和财产损失，保证水上交通突发安全事故时应急救援行动的有效和及时开展，结合实际认真制定和完善应急预案。

本着认清海事管理机构责任与义务、理顺各方关系、争取政府和社会对水上交通安全工作广泛认同，应急预案的编制必须贯彻法制原则，政府领导和协调原则，自救、互救与施救相结合原则，平战结合原则和就近组织原则，使应急预案真正具有可操作性。

（2）预警级别

根据突发事故造成或可能造成的人员伤亡、对环境的危害和财产损失情况，按照事故大小等级分类的方法，提出设立水上交通突发事故预警级别的构想，具体方法见表 9—9。

表 9—9 突发事故预警等级标准

要素等级	人员	环境	财产
特级预警	遇险、伤亡或失踪 10 人以上	有毒物质、爆炸品、易燃液体和放射性污染，对沿江建筑、桥梁构成危害，永久性碍航	直接经济损失 50 万元以上
一级预警	遇险、伤亡或失踪 10 人以下、3 人以上	易燃液体、遇水易燃物质、感染性物质、腐蚀品，严重碍航	直接经济损失 50 万元以下，20 万元以上
二级预警	遇险、伤亡或失踪 2 人	氧化剂，易自燃物质、明显碍航	直接经济损失 20 万元以下，10 万元以上
三级预警	遇险、伤亡或失踪 1 人	大面积油污	直接经济损失 10 万元以下，1 万元以上

当衡量突发事故标准的三大要素中有一项达到某预警级别时，即启动该级别的预警程序。对危险货物还应当根据运输量的大小来确定预警级别。

（3）应急组织系统的构建

按照国家规定的海事管理机构职能、现行体制下海事管理机构的人员构成和经费来源，根据《中华人民共和国内河交通安全管理条例》第四十八条规定：海事管理机构收到船舶、浮动设施遇险求救信号或者报告后，必须立即组织力量救助遇险人员，同时向遇险地县级以上地方人民政府和上级海事管理机构报告。遇险地县级以上地方人民政府收到海事管理机构的报告后，应当对救助工作进行领导和协调，动员各方力量积极参与救助。按照规定精神和突发事故预警级别，应急组织系统构建基本框架如图 9—28 所示。

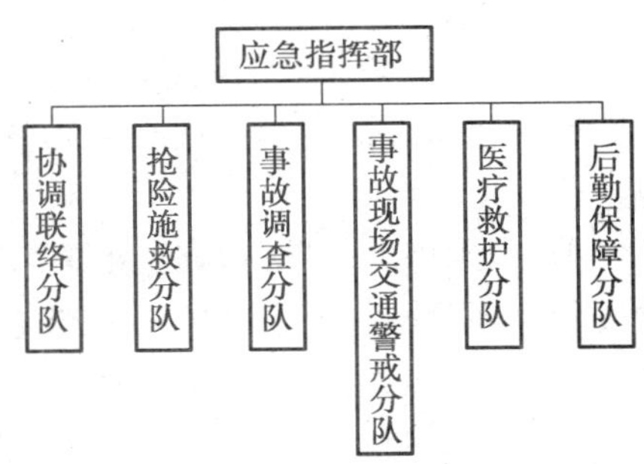

图 9—28 应急组织系统示意图

1）应急指挥部的构建和职责。二级和三级预警状态下，原则上由当地县级人民政府确定分管领导担任应急行动指挥长；一级和特级预警状态下，原则上由当地市级人民政府确定分管领导担任应急行动指挥长。由指挥长指定相关部门人员会同当地政府有关部门、交通局、地方海事局（处）主要领导组成应急指挥部，构建应急小分队开展施救工作。在必要时动员和组织公安、安全监督、民政、医疗卫生和保险等单位参加应急行动。应急指挥部负责对事故抢险救援进行全面的指挥、领导和协调，作出事故应急决策，制定和修正应急预案，根据事态的发展动员相应的人力、财力和物力参与应急行动，下达抢险救援指令，控制事态的发展，实现将事故损失降低到最低限度的目标。应急指挥部可根据实际情况的需要，设立现场指挥部，并授予相应的权限和职责。

2）协调联络分队的构建和职责。三级和二级预警状态下，该分队原则上应由事故发生地县级人民政府秘书长或办公室负责人担任队长；一级和特级突发事故预警状态下，该分队原则上由市人民政府秘书长或办公室负责人担任队长。成员由当地交通局、地方海事局（处）相关领导组成。职责：按照应急指挥部的决策和部署，向参加抢险的船舶和人员下达行动指令，确保通信联络渠道的畅通，对外发布相关信息。

3）抢险施救分队的构建和职责。在三级和二级突发事故预警状态下，该分队队长由事故发生地地方海事处相关领导担任；在一级和特级突发事故预警状态下，该分队队长由市地方海事局相关领导担任。成员由当地交通局、地方海事局（处）、当地政府相关人员和抢险船舶船长组成，必要时请武警、消防部队派人员参加。职责：根据应急指挥部的应急预案，对事故船舶、设施、人员和货物进行施救，搜救失踪人员，在紧急情况下根据实际情况采取施救措施。

4）事故现场交通警戒分队的构建和职责。该分队队长由地方海事局（处）海事科科长担任。成员由地方海事局（处）相关人员及现场警戒船舶船长组成。职责：负责事故现场的安全警戒，保证过往船只的安全，防止其他船舶进入事故现场，必要时执行临时交通管制，救护现场落水人员。

5）事故调查分队的构建和职责。该分队队长由地方海事局（处）海事科分管副科长担任，成员由船检、海事人员各一人组成。职责：对事故船舶进行勘察，重点是勘察船舶当时所处环境情况、船舶破损情况、查清受损部位、船舶具体位置，检查船员适任证书、船舶安检证书，并及时将掌握的情况通报应急指挥部。

6）医疗救护分队的构建和职责。应急指挥部可根据人员伤亡的严重程度、受伤人数和交通状况决定是否在现场派驻医疗救护分队。其职责是负责受伤人员的医疗、救护。

7）后勤保障分队的构建和职责。在二级以上预警状态和交通不便的情况下，应设后勤保障分队。该分队队长由当地交通局相关领导担任，成员由地方海事局（处）运政科科长、政府办公室人员构成。职责：负责事故船舶人员的转移，根据应急指挥部的指令，采购急需的抢险物资，安排交通工具，为遇险和抢险人员提供简单食宿，准备必要药品和衣物。

（4）应急抢险船舶的安排

在制定预案中选择施救船舶时，应按照就近组织的原则，根据重点渡口码头和事故多发水域的分布情况，由县级海事管理机构会同县乡两级人民政府在不同的水域选择条件相对较好的船舶作为抢险施救船舶，并作必要的物资准备。

(5) 应急预案的演练

在每年的汛期和枯水期，可根据本地区水上交通突发事故（件）的主要类型和发生的重点水域，进行一次以上应急演练，演练方案的制定要点有：

1) 应急演练的目标任务；

2) 假设事故的发生地点和时间；

3) 假设事故的灾害情况和预警级别；

4) 应急组织方案的制定，包括市、县和乡（镇）政府参演人员所承担的角色和任务；

5) 应急演练过程的监测；

6) 演练效果评估方法。

实例二：地铁火灾应急响应程序

(1) 灾情报告

1) 如果正线区间内列车起火（爆炸后起火），则由事故列车的司机迅速报告前方车站的值班站长。报告内容包括时间、列车车次、列车号、列车现在位置、火势大小等。

2) 如果是车站管辖范围内起火（爆炸后起火），由车站值班员迅速报告本站值班站长。报告内容包括时间、起火位置、火势大小等。

(2) 值班站长接报后的应急响应

1) 安排专人依照如下顺序向各部门报告情况：火警 119、控制中心、运营公司经理、安全管理部门、维修部门生产调度、地铁医护部门、公安公交分局、地铁定点医院。

2) 安排专人进行先期火灾扑救。

3) 安排专人维持站台秩序、组织乘客疏散。

4) 配合控制中心启动应急预案。

5) 按救护预案报告医院、联系车辆、救护伤员。

(3) 控制（调度）中心接报后的应急响应

控制（调度）中心接报后，在值班主任（或部长）统一指挥下，立即做好如下处置。

1) 依据现场事故情况，行车调度员作出相应措施（如迅速封闭区间等），调整列车运行计划，通知各车站对乘客做好相应安置。

2) 依据现场事故情况，电力调度员启动事故预案程序，切断相关电源，启用事故应急电源，并依据现场需要做好电力配置。

3) 依据现场事故情况，环控调度员启动火灾（爆炸）预案程序，加大通风量和排烟量，进一步依据现场需要采取相应措施。

4）如列车在区间内发生火灾（爆炸），通知专业应急救援人员进入隧道内疏散乘客。

5）做好恢复临时运营的各项方案和准备。

（4）运营公司经理接报后的应急响应

1）立即赶赴现场，行使现场指挥的职责，并向上级主管领导汇报事故现场情况。

2）到达现场后成立现场指挥部，集中处理权，成为第一指挥者，组织现场人员做好先期扑救。

3）指挥到达现场的专业应急救援人员马上投入抢险救灾工作。

4）与地铁外部的公安、消防、医疗部门负责人员协调采取救援措施。

5）有必要对外发布事故情况时，安排专人发布事故情况。

（5）安全主管部门接报后的应急响应

1）通知部长、安全主管及本部门相关人员。

2）值班安全员携带指挥包应立即赶赴火灾现场（指挥包内应备有相应预案、联络电话簿、通信工具、事件勘查用品、摄像机、录音机、照明用品、临时急救用品等），履行职业职能，做好事故的记录和取证。

3）赶到现场的人员要在现场指挥的统一部署下开展工作，不得与之抵触。

4）全程跟踪参与事故分析、处置等。

（6）维修部门生产调度接报后的应急响应

1）立即通知部长及相关人员。

2）组织在班救援小组人员，携带相关设备、备品赶往事故现场。

3）对事故现场设施、设备的安全状态，作进一步检查和处理，以防发生意外伤亡；同时采取措施尽可能保护设施和设备不受损失或少受损失。

4）会同抢险救援人员做好火灾（爆炸）现场损坏设备的拆卸，以及救灾急需设备的安装工作。

5）依据事故现场情况，制定恢复方案，随时准备以最短时间开通设备，恢复临时运营。

（7）地铁医护部门值班人员接报后的应急响应

1）马上通知部门主管。

2）主管立即组织急救人员携带足够的药品和医疗器械赶赴现场参与伤员救治。

（8）地铁外部支援单位的应急响应

公安消防部队、公安公交分局、地铁定点医院等地铁外部支援单位的响应程序和具体行动按照其相应规定实施，同时也取决于地铁与社会支援力量的共同行动协议。

实例三：某市公安消防支队处置交通运输化学灾害事故救援预案

交通运输过程中，经常发生化学品泄漏、爆炸等灾害事故，对国家和人民生命财产造成重大损失。化学灾害事故主要特点是事故地点不确定，发生突然，危害严重，社会影响大。一旦发生化学灾害事故，极易造成群死群伤的重大恶性事件。为了做好公共场所化学灾害事故的处置工作，特制定此预案。

（1）指导思想

处置化学事故行动要在市委、市政府的统一领导下进行，由市公安消防支队负责牵头实施，各有关部门协同配合，本着对社会稳定和人民生命财产高度负责的精神，按照“先控制（控制有毒区域和控制染毒人员）、后处置（控制的同时实施侦检、监测、疏散救人、处置毒源和洗消）和救人第一”的指导思想，充分做好一切思想和物质准备，科学计划、统一行动，切实做好发生化学灾害事故的处置工作。

（2）处置化学灾害事故的原则

化学灾害事故发生后，处置行动必须坚持以下原则。

1）统一指挥，协同配合。处置化学事故的行动需多方力量参加，现场情况复杂，专业技术性强，并且在整个行动中每个环节都不是某一个部门能完成的，要在现场指挥部统一领导下，各方力量积极配合，密切协同。

2）以快制快，果断处置。化学灾害事故的发生具有很强的突发性，在很短的时间内快速扩散和爆炸，针对这一特点，处置行动要做到接警调度快，到达现场快、准备工作快、疏散人员快，正确采取措施果断处置，以快制快。

3）讲究科学，稳妥可靠。处置化学灾害事故必须拥有一支装备精良、训练有素、专业技术过硬的精锐特勤队伍，行动计划的制定和实施以及指挥用兵、战术应用必须做到科学准确。在实施化学侦检、中毒人员的急救、去污、洗消行动中，必须讲究科学、稳妥、可靠，切不可搞人海战术。

4）就地处置和转移处置相结合。处置化学灾害事故应因地制宜，行动灵活。属化学品爆炸的，应立即采取封堵措施；属毒剂污染的，要现场处置；有容器等可移动的要用密封箱转移至安全地带实施转移处置。

（3）组织指挥及职责

1）总指挥部

总指挥：市长。

副总指挥：政府秘书长、公安局局长、消防支队支队长。

成员：经贸委、建委、电业局、卫生局、广电局、环卫局等单位领导。

职责：确定总体决策和战斗行动方案，调集指挥各方面灭火抢险救援力量。

2）灭火救援组

组长：消防支队支队长。

成员：消防支队相关人员。

职责：及时掌握灭火救援中的变化情况，提出相应措施，适时调整作战方案和调配灭火力量，组织协同作战；受理各级指挥员及联动单位的建议和请示，选择最佳灭火救援方案，及时作出或调整战斗部署；根据紧急需要，向总指挥部报告，并调集供水、供电、供气、通信、医疗、救护、交通运输、交通警察等有关单位参战；根据灭火和抢险救援的紧急需要，决定截断现场区域内的电力，破拆建（构）筑物，停止可燃气体和液体输送。

3）警戒组

组长：公安局局长。

成员：交警、巡警、治安、警卫、武警等单位人员。

职责：负责封闭有关道路，维护事故现场交通秩序，保证执行任务的各种车辆畅通无阻，确保到场领导安全，保证抢险救援工作的顺利进行。

4）后勤保障组

组长：政府秘书长。

成员：自来水、煤气、电业、电信、交通、环卫、商业等单位人员。

职责：负责火灾事故现场所需灭火救援器材装备、灭火剂及其他物资供给。

5）医疗救护组

组长：卫生局局长。

成员：市属医院、急救中心等单位人员。

职责：负责现场受伤人员的救治、运送工作。

6）专家组

成员：相关单位工程技术人员及灭火救援专家。

职责：负责拟制、评估灭火救援方案，提供灭火救援技术处置措施、方法。

7）新闻报道组

组长：广播电视局局长。

成员：新闻单位人员。

职责：负责发布火灾等灾害信息和灭火救援战斗情况。

8）事故调查组

组长：公安局局长。

成员：经贸委、公安局、消防支队等单位人员。

职责：负责火灾事故现场勘查、事故调查工作，认定火灾事故原因和责任，核定火灾损失。

(4) 处置力量的构成及任务分工

处置化学灾害事故的力量构成：疏散分队、化学侦检分队、现场警戒分队、环境检测分队、交通管制分队、救助分队、通信联络分队、勤务保障分队。

1) 疏散分队由失事单位及事故所在地公安分局、消防支队担任。

2) 化学侦检分队由市公安消防支队担任。

3) 现场警戒分队由市公安局、市武警支队、消防支队负责。重危区由市公安消防支队负责；危险区由市武警支队负责；安全区由治安支队负责。

4) 环境检（监）测分队由市环保局负责。

5) 交通管制分队由市公安局交警、巡警支队负责。

6) 救助分队由卫生局、消防支队医院负责。

7) 通信联络分队由市电信局、市公安局通信处、消防支队通信科负责。

8) 勤务保障分队由市政府办公室负责，消防支队后勤处参与。

(5) 程序与方法

1) 防护

①进入重危区，人员实施一级防护，并采取水枪掩护。

②凡在现场参与处置人员，最低防护不得低于二级。

2) 询情

①被困人员情况。

②泄漏物质、时间、部位、形式、已扩散范围。

③周边单位、居民、地形、供电等情况。

④工艺处置措施。

3) 侦检

①搜寻被困人员。

②使用检测仪器测定泄漏物质、浓度、扩散范围。

③确定攻防路线、阵地。

④现场及周边污染情况。

4) 警戒

①根据询情、检测情况设置警戒区域。

②警戒区划分为重危区、轻危区、安全区。

③分别在划分的区域设立标志，在安全区外视情设立隔离带。

④严格控制各区域进出人员、车辆，并逐一登记。

5) 救生

①组成救生小组，携带救生器材迅速进入危险区域。

②采取正确的救助方式，将所有遇险人员转移至安全区域。

③对救出人员进行登记和标志。

④将需要救治人员交送医疗急救部门。

6）展开

①占领水源、铺设干线、设置阵地、有序展开。

②铺设水幕水带，设置水幕、稀释、降解泄漏物浓度。

③采用多支喷雾水枪形成水幕墙，防止泄漏物向重要目标或危险源扩散。

7）控毒。对毒源采取吸附、中和、密封、转移等方法予以全面控制。

8）洗消

①在危险区与安全区的交界处设立洗消站。

②洗消的对象：轻度中毒的人员；重度中毒人员在送医院治疗之前；现场医务人员；消防和其他抢险人员；抢救及染毒器具。

③洗消的方法：采用化学消毒剂洗消；采用物理消毒剂洗消。

④洗消污水的排放必须经过环保部门的检测，以防造成次生灾害。

9）清理

①少量残液，用沙土、水泥粉、炉渣、干粉或其他惰性材料吸收，收集后经无害处置废弃。

②大量残液，用泵抽吸或使用盛器收集，集中处理。

③清点人员、车辆及器材。

④撤除警戒，做好移交，安全撤离。

（6）救援注意事项

1）参加抢险救援的消防人员必须思想高度重视，充分认识化学灾害事故的危险性。

2）服从命令、听从指挥。

3）消防人员在救援过程中，要注意自身安全，防止中毒造成人员伤亡。

四、应急预案的演练

交通运输业对运营中可能发生的各类事故开展应急处理模拟演练，用以验证预案的科学性，训练员工的应急处置能力，检查各部门、各工种，特别是控制中心（调度所）对事故的应急处置指挥能力，以及在复杂的条件下消防、救护、救援、公安人员等互相联系和配合能力，有效应对交通运输中可能出现的各类事故，最大限度地降低事故损失和最快地恢复正常运营。

1. 演练方案

开展交通运输事故的应急演练要牵涉很多的单位、部门和人员，尤其是需要公安、消防和医疗等部门参加的大型演练，涉及的单位和人员非常多，需要很好地组织和协调，演练方案是组织协调各参演单位和人员的最好工具，是搞好演练工作的前提。

（1）成立事故应急演练领导机构

成立事故应急模拟演练领导小组，对演练进行统筹安排、统一指挥。

（2）应急预案是演练方案的依据

在开展演练工作之前，必须完善事故应急处置预案，根据事故应急处置预案中的各种可能发生的事故和突发事件的类型，编制出事故模拟演练方案。

（3）制定演练方案

演练方案分总体方案和实施方案。总体演练方案包括演练大纲（时间表）、组织机构、组织程序、各参演单位的职责、各种演练的目的和演练步骤等内容，它起总体指导作用。演练实施方案是根据总体方案、演练大纲，结合各阶段实际和要开展的演练项目所编制的方案。

演练组织单位召集各参演单位分头编写演练方案，然后由组织单位对各参演单位的方案进行整合，整合后的实施方案主要有演练时间、地点、组织单位、演练目的、现场概况、情景假设、组织机构、人员组织、安全保卫、后勤保障、参演任务、演练程序及各岗位的行动等内容，并配以图表详细说明。

（4）审批演练方案

演练组织单位召集各参演单位讨论、修改方案。由事故应急处置模拟演练领导小组审核、批准演练方案。根据整个方案，各参演单位及时修改和调整自己内部的实施方案。

（5）进行“桌面预演”

模拟演练涉及的工作较繁杂，头绪多，编制的方案不经过检验直接正式演练，很可能会出现许多意想不到的问题而导致演练失败。解决这些问题的最好办法就是多次开展预演，可以是“桌面预演”（担任不同角色的演练人员，集中在一个地方，主要以口述的方式讲述演练过程）、分项预演，也可以是多项联合预演。在正式演练前，必须至少开展一次所有参演单位参加的联合预演。

（6）进行实地模拟演练

组织参演各相关部门的人员和后勤保障人员进行实地模拟演练，如交通工具发生火灾事故的消防演练、危险化学品运输泄漏事故的应急演练等。

组织联合演练，如与公安消防部队和医疗救护部门联合进行交通运输业发生火灾事故的演练。

（7）总结演练效果

实地模拟演练结束后，组织有关人员进行总结，并对已制定出的各种事故应急处置预案进行修改，归纳出既实用、简练又能确保安全的应急处置预案。

2. 演练应考虑的问题

(1) 演练项目的选择

组织一次模拟演练需要耗费大量的人力、物力，在项目选择上应慎重，把握好以下几个原则。

1) 容易发生的事故要经常演练。

2) 可能造成较大损失或严重后果的事故必须演练。

3) 内部可多开展单项演练。

4) 大型综合性演练要尽量多涵盖几个单项演练，但次数不宜过多。

(2) 演练自身的安全

演练的目的是使今后的运营更加安全，但演练工作若组织不好就会因演练而造成事故（即演练自身的事故），因此要高度重视演练自身的安全工作，既不能损坏设备和设施，更不能对参演人员造成伤害。例如轻轨列车高架区间垂直救援演练中，必须对从列车上疏散下来的人员进行保护，在地面铺上足够厚的防护垫；提前阻断和疏导地面交通，防止闲杂车辆进入演练现场；在消防云梯端部包上护垫，防止擦伤列车车身等。又如在车站火灾救援演练中，制造车站烟雾场景时，可以使用发烟管，也可使用烟机，两者对人体均无伤害，但前者使用后会留下黄色沉淀物附着在车站顶上和墙面上，难以清洁干净，破坏车站装修，而后者则能克服此类问题，因此是最佳的选择。

(3) 各环节间的衔接

在演练中，各部门的行动有先有后，也有同时进行的，若各环节衔接不好，就会使演练过程出现脱节或混乱。为避免此类现象的发生，首先需要加强信息传递，准备足够的、性能良好的通信工具；其次需要在预演中对各环节的时间进行测试，根据实际时间合理组织。

(4) 人员的组织

交通运输事故的应急救援，开展模拟演练，人员组织是一项重要工作。参演人员多，组织难度大。为更好地组织参演人员，可采取化整为零的方式，对参演人员进行分组并指定组长，用图表的形式制作出人员站位图和疏散路线图，让每一名参演者都清楚自己在事故前后的位置和疏散路线。

(5) 事故场景的设置

事故场景设置要尽量逼真，尽可能结合实际情况，具有一定的真实性。为增强演习情景的真实程度，策划小组可以对历史上发生过的真实事故进行研究，将其中一些信息纳入演习情景中，或在演习中采用一些道具或其他模拟材料等手段。

（6）资料的整理和保存

演练工作需经常开展，每一次演练都是经验的积累，因此对每次演练的资料进行整理和保存十分必要。在各次演练结束后，资料的整理和总结主要包括：工作大事记、内部分工、会议纪要、专家意见、演练方案、各次预演总结、正式演练总结、事故报告、新闻发言稿、新闻报道以及影像图片等。

3. 应急预案演练实例

实例一：某民用机场应急救援预案的演练

某机场依据《安全生产法》和《民用运输机场应急救援规则（CCAR—139—Ⅱ）》（民航总局令第 90 号）进行应急救援预案的演练。通过演练，检验预案的实用性、可靠性，检验全体人员是否明确自己的职责和应急行动程序，检验应急队伍的协同反应水平和实战能力，从而提高人们避免事故、防止事故、抵抗事故的能力，提高对事故的警惕性，取得经验以改进所制定的应急预案。

（1）演练紧急事件的类型

演练背景设定：某航空公司 1 架飞机在某地区上空发生“起落架机械故障”，机组决定迫降于某机场，机上有 35 名乘客，5 名机组人员，飞机在着陆过程中可能偏出跑道甚至起火。机场空管接到航空公司 341 航班的报告，要求 341 航班在 500 m 高空盘旋 20 min，允许在机场着落，机场按照应急救援处置预案，立即启动实施应急处置程序。

（2）应急演练的目标

1）指挥系统的反应能力。飞机着陆前，机组向塔台报告紧急事件情况，塔台和机场应急救援指挥机构立即启动紧急事件处置程序。该目标主要检验各级指挥系统的通报程序、通信联络、快速反应、协调配合、现场指挥能力等（在应急指挥中心塔台完成）。

2）救援力量的集结。待命飞机着陆前，在总指挥发布集结命令后，各救援单位立即到达集结点集结待命。该目标主要检验各救援单位的应急反应和响应能力（在停机坪南侧完成）。

3）紧急出动和实施救援。飞机着陆后失火，各救援单位紧急出动，赶赴现场，消防部门对航空器实施灭火；火势得到控制后，救护人员对航空器和机组实施救援。该目标主要检验消防部门按程序开展消防救助，救护人员按程序开展医疗救护等能力（在机场跑道喇叭口完成）。

（3）应急指挥中心的参演单位职责。

应急指挥中心的各个参演单位，必须依据事故灾难应急救援预案开展各自的工作，履行其工作职责。

1）总指挥。全面负责指挥、调度本次演练工作。

2）副指挥。协助总指挥工作，协调好各演练单位间的工作配合。

3）机场总指挥。受总指挥委托，具体负责指挥演练方案实施。

4）安监局。遵循事故灾难应急救援预案，认真履行生产安全应急救援指挥中心工作职责，及时响应、报告，并按照市领导的指示启动预案，督促各有关单位赶赴事故现场并履行各自的职责，同时参与演练评估。

5）市公安局。主要负责到达机场道路的疏导工作，机场大门外围的警戒工作，并协调各警种间的工作。

6）市武警支队。担负演练现场的警戒工作，参加演练现场旅客的抢救，负责将抢救出来的旅客送达安全区。

7）市消防支队。对事故现场实施灭火。

8）医疗机构。负责对伤员进行现场急救，将重伤员送往医院。

9）机场。按照演练的整体方案，启动机场应急救援预案，负责机场现场的演练具体工作。

（4）应急演练现场

空管要求 341 航班在 500 m 高空盘旋 20 min，允许在机场着落。341 航班下降高度到 200 m，开始试图放下起降架，并请求地面进行观测。由于无法放下起降架，飞机只好着落，着落时 341 航班冲出跑道而着火，地面救援指挥车、消防车、救护车、武警车依次进入危险区域进行抢救。

（5）演练效果分析

1）应急预案的分析。机场的应急预案基本包含了应急预案的基本要素，但内容不够具体，可操作性不够强。

2）应急控制系统的位置确定。应急控制中心的地点在候机楼正前方，属于比较安全的地方，辅助应急控制中心设在航管楼。能够顺利接收外部信息，具有向事故现场及现场外管理人员发送指令的能力。

3）应急现场工作区域确定。建立一个应急人员现场工作区域。这样有利于应急行动和有效控制设备进出，并且能够统计进出事故现场的人员。确定工作区域时，主要根据事故的危害、天气条件（特别是风向）和位置（工作区域和人员位置要高于事故地点）。在设立工作区域时，要确保有足够的空间。开始时所需要的区域要大，必要时可以缩小。

4）应急行动方案分析。应急人员赶到事故现场后首先要确定应急对策，即应急行动方案。正确的应急行动对策，不仅能够使行动达到预期目的，保证应急行动的有效性，而且可以避免和减少应急人员的自身伤害。

①医疗救治。实现有效的医疗救治应该注意介入的迅速性和介入单位之间的协调。负责医疗救治的人员必须熟悉最基本的急救技术，保证在应急行动后立刻开始医疗救治，迅速把伤员从事故现场转移到临时区域，使伤员及时得到治疗。

②消防灭火。在飞机一着落时就必须启动，消防部队必须熟悉地形和当时的气象条件，采取上风向灭火，并为人员抢救提供水喷淋掩护以减少热影响和驱散气体。

③危险区进出管制。这些行动大多要求完善的准备和与各种应急组织和机构的广泛合作，以便在应急中有效实施。例如，疏散可能要求与许多轻度危险或无危险区人员合作。

④搜寻和营救行动。如果人员受伤、失踪，就需要启动搜寻和营救行动。营救行动是极困难和危险的，内部营救常要求移动受害者身体，因为他们可能已经让烟或气熏倒昏迷。这种行动大多需要小队联合行动，也可能要求其他小队提供水喷淋掩护以减少热影响和驱散气体。在行动过程中随时进行通信联络是绝对必要的。此外，在进行营救行动前或过程中，营救行动的人员需要做好个人防护，应穿防护服。

⑤恢复工作。最终目的是恢复到企业原有状况或更好。所需时间进程、费用和劳动力与事故严重程度有关。从事故中吸取教训是极为重要的，包括重新安装防止类似事故发生的装置，这也是审查应急预案、评价应急行动有效性的一个因素。

5）演练的资源与应急能力分析。应急资源包括人员、应急设备、装置和物资。评价应急人力资源时，主要考虑应急人员的数量、素质和在紧急情况下应急人员的可获得性，以及人员对紧急情况的承受能力和应变能力。应急人员由当地的武警、消防、医疗等部门人员组成。具有训练有素、组织严密、纪律性强等特点的队伍，同时配有相应的应急设备。应急能力包括人员的技术、经验和接受的培训，应急能力的大小会影响应急行动是否能实现快速有效，其重要性是不可忽视的。预案制定者应该评价与预知危险相匹配的应急资源和能力，从而选择最现实、最有效的应急策略，并制定相应的应急预案。

实例二：某市公安消防支队危险化学品公路运输抢险救援预案的演练

危险化学品抢险救援预案要适时组织演练，通过演练使参战官兵加深对危险化学品事故的了解，搞好协同配合，提高组织指挥能力。通过演练，找出预案中的不足之处，进行修订更正，不断提高消防部队抢险救援的能力。基层消防中队每年对抢险救援预案进行不少于两次的实地演练，并有针对性地开展相关知识的学习，随机处置的训练，使中队官兵全面掌握危险化学品灾害事故的特点和规律。

（1）演练准备

1）组织演练官兵学习了解预案内容，掌握演练对象情况和危险化学品的相关知识。

2）实地到达演练现场（训练基地、模拟训练场）进行情况熟悉。

3）调整演练力量，准备和检查演练所需的器材装备。

4）明确演练人员的分工代号，提出演练中的操作注意事项和演练纪律。

5）提前通知相关单位和部门，确定演练内容，明确各自分工，搞好协同演练。

（2）演练实施

演练实施可以从模拟接处警开始，也可直接到达演练场地（训练基地、模拟训练场），根据灾害事故设定开始进行。

1）抢险救援准备。①根据演练时的实际气象条件选择停车位置，初步划定警戒区域；②根据设定险情进行作战分工；③按照各自分工，穿戴好个人防护装备，携带好侦检仪器等。

2）现场侦察。①由指挥员下达现场侦察的任务，并交代注意事项；②指挥员下达侦察开始的命令，侦察小组进行询情、侦检、确定警戒区并做好标记。

3）抢险救援布置。指挥员根据侦检情况作出决定，布置抢险救援。

4）抢险救援行动展开。指挥员下达救援展开命令，各指战员按照各自分工进行警戒、堵漏、抢救被困人员、现场供水、清理和洗消。

（3）演练讲评、总结

指挥员发出抢险救援演练结束的命令，全体演练人员收拾器材，集合人员，由指挥员进行讲评。讲评的内容有：①处置程序和操作程序是否正确；②战术、技术运用是否正确；③执行命令情况；④各战斗小组协同作战情况；⑤战斗作风、遵守纪律和安全情况。

演练中队归队后应根据演练的实施情况，组织全体官兵在讲评的基础上对演练进行深入细致的总结，找出演练中与预案相矛盾或不当之处，对预案进行修订，并在以后的演练中进行纠正。

第四节　交通运输业火灾扑救案例

案例一　新疆乌鲁木齐市“5·18”空难火灾

2004年5月18日上午10时52分，一架执行太原—乌鲁木齐—阿塞拜疆飞行任务的伊尔—76国际货运飞机，在新疆乌鲁木齐国际机场起飞2 min后，坠落在乌鲁木齐市郊三坪农场六连。接到报警后，乌鲁木齐消防支队调度指挥中心调集了13个中队的公安和企业专职消防队赶赴现场救援，经过近2 h的抢险奋战，成功地处置了这次空难事故，避免了飞机爆炸的危险，同时保护了周边人民群众的生命及财产安全。

一、事故基本情况

事故飞机为伊尔—76型货运飞机，隶属于阿塞拜疆航空公司。该机型是前苏联伊留申设计局研制的四发、中远程重型运输机，采用T形尾翼和上单翼布局，上翘的后机身底部有两扇蚌壳式舱门，向下开的中间壁板可作为上货桥。飞机的翼展为50.5 m、机高14.76 m、长46.59 m，空机质量为70 t，最大起飞总重170 t，最大商载40 t，最大载重航程5 000 km，动力装置采用四台涡轮发动机。

事故飞机5月18日上午由太原机场飞往乌鲁木齐国际机场，9时15分降落在乌鲁木齐国际机场加油44 t，10时50分从机场起飞飞往阿塞拜疆首都巴库，起飞2 min后坠毁，机上共有7名机组人员。

飞机坠毁地点为兵团农十二师三坪农场六连一块麦场，位于乌鲁木齐市西北方向，东临乌鲁木齐头屯河区工业园、南临乌—奎高速公路、北临农场职工居住区、西面是麦地，距乌鲁木齐国际机场行车距离10 km（从公路到坠机地点为2 km的沙石路面）。飞机着地后在地面滑行约400 m停止，大量零部件散落在方圆2 km^2 范围内。飞机停止部位的前方三面均为民房，其中最近处民房外院墙距机首前端10 m左右。院墙内有易燃干草堆垛、家畜圈栏。民房内当时有人员居住，由于新疆地理气候的特殊性，麦地刚播种，故在事故飞机滑行区域内只有少量地膜作物，整体地势平坦。图9—29为空难现场平面示意图。

事故飞机坠地以后，右翼引擎在滑行中撞地脱落，左翼引擎有一个在机身停止运动时脱落损毁，另一个触地松动变形但未停机；起落架发生方向性变形，驾驶舱全部损毁，舱内大量货物（服装、运动鞋）从机首冲出起火燃烧；左右两翼油箱破损，燃油泄漏，其中左侧油箱及泄漏航油已起火燃烧，在数公里外都能看到燃烧区上方的滚滚浓烟，现场辐射热极强；大量浓烟不断从机身、机尾裂缝处冒出。

二、火灾扑救过程

乌鲁木齐消防支队调度指挥中心接到报警后，迅速调派辖区七中队、“八一”钢铁公司企业专职消防队赶赴现场，并向支队、总队值班首长汇报。总队接到报告后，迅速启动《新疆消防部队应急响应行动方案》（简称《响应方案》），调派乌鲁木齐市消防支队特勤大队、五中队、六中队、机场民航消防大队火速增援和昌吉州消防支队跨区增援。

1. 初期冷却控制阶段

11时09分，新疆“八一”钢铁集团企业专职消防队首车到场；11时11分，七中队到场。现场当时风力4级、阵风可达7级，现场尘土飞扬，能见度只有10 m左

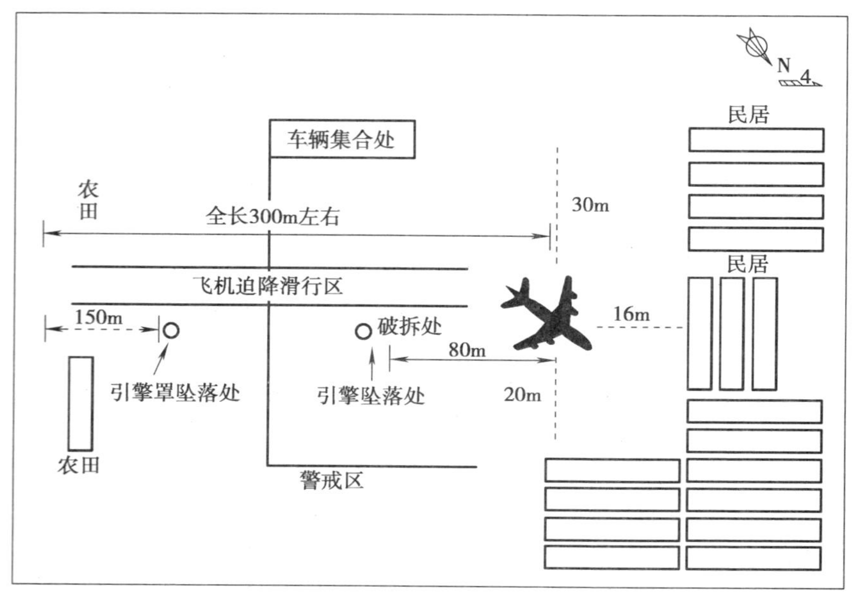

图 9—29 空难现场平面示意图

右，对战斗展开非常不利。辖区中队指挥员立即带领侦察小组进行火情侦察，发现机头部位毁坏严重并猛烈燃烧，机舱内货物由于惯性从机首冲出堆积燃烧，机身裂缝处有大量浓烟蹿出，机翼左侧油箱破裂，航油泄漏起火燃烧，现场辐射热很强，右翼油箱破损，大量航油泄漏，但未起火，周围几十米内有人员居住。

根据现场情况和到场力量（五辆消防车），在增援力量未到的情况下，若不能有效地控制左翼油箱和机头部位的火势，一旦引燃左翼油箱，机翼两侧油箱发生爆炸，现场救援人员、周边居民生命和财产将受到巨大威胁。指挥员一方面命令泡沫车出两条干线扑救左翼油箱明火，降低火焰对油箱的威胁；水罐车出两条干线，分别冷却左翼油箱，控制机头部位火势蔓延；另一方面命令疏散周边居民。与此同时指挥员及时向调度指挥中心汇报了现场情况并请求增援。

战斗展开后，左翼油箱得到了及时冷却，机头部位火势有所减弱，但由于左翼引擎未停止运转，左翼油箱部位出现多次复燃。图 9—30 为第一阶段灭火力量布置图。

2. 中期强攻灭火阶段

11 时 18 分，五中队与机场消防大队首批力量同时到场，随后特勤一中队和总队应急响应人员相继赶到现场。按照《响应方案》，立即成立了现场灭火救援指挥部，命令各参战力量迅速报告到场力量和现场情况。当时的情况是：左翼引擎由于剧烈摩擦撞击不时有火花蹦出，左翼油箱多次复燃；飞机右翼下一直径约 4 cm 油管已断裂

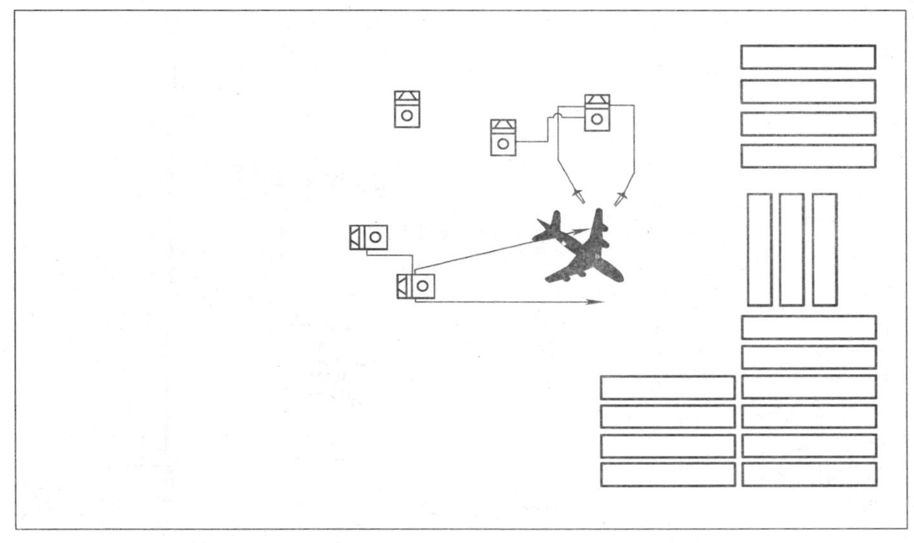

图 9—30　第一阶段灭火力量布置图

悬于空中，大量航油顺管泄漏，流淌面积达到数十平方米，飞机右翼下的泄漏区域燃油深度已达 5 cm 左右；机首堆积货物仍在燃烧；货舱内涌出大量浓烟。在综合分析判断后，指挥部决定：采取“破拆机身救人，冷却防爆，强攻灭火、堵漏、堵截火势蔓延”的战术措施。命令：五中队抽出精兵强将与民航技术人员组成三个破拆小组，分别从机身两侧、顶部破拆机身搜救遇险人员，出三条干线掩护救人；另外采取措施堵漏；命令民航消防大队一辆“美洲豹”车载泡沫炮直射货物堆垛火；另一辆“美洲豹”出泡沫覆盖右机翼下泄漏航油，随后转向右机翼与机身连接部，堵截向右机翼蔓延的火势；七中队任务不变，增铺两条干线，加强对左翼油箱和引擎的冷却；命令特勤一中队出一条干线与七中队一起扑救货物堆垛和左翼油箱火焰；其余车辆供水。各指挥员立即对所属力量进行了分工部署，行动展开后货物堆垛火焰很快被强大的泡沫射流压制住，左翼引擎在水枪射流的冲击下温度很快降低，泡沫逐步覆盖地面航油，火势已基本被控制；由于泄漏点在机翼内部，航油沿机翼多个破损处流出无法进行有效堵漏，战斗员们就利用剪断钳将最主要的泄漏部位右翼油管夹扁，并用棉布缠堵管口减少泄漏量。其间昌吉支队 3 台消防车于 11 时 26 分到场，根据现场需要担负供水任务。图 9—31 为第二阶段灭火力量布置图。

3. 后期登机近战、搜寻与清理阶段

11 时 28 分，乌鲁木齐支队机关人员到场。随后特勤二中队、六中队陆续到场投入救援行动。11 时 45 分，机头及左翼油箱部分火势已完全控制，但飞机裂缝和破拆

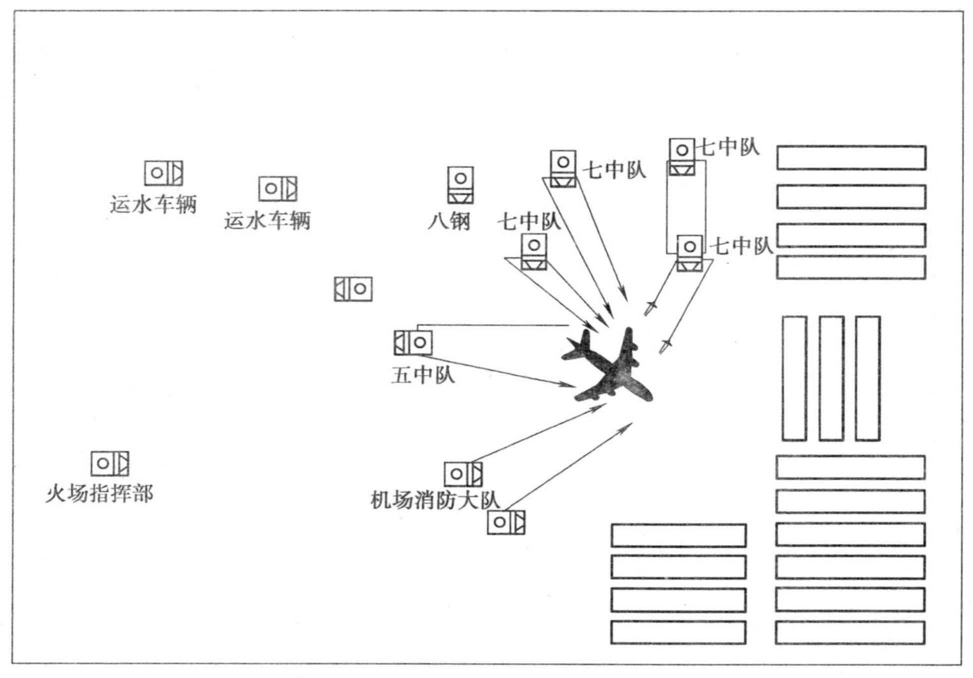

图 9—31　第二阶段灭火力量布置图

口仍有浓烟蹿出，经询问民航技术人员了解到机舱中部有许多连通两翼油箱的铝合金管道，受高温作用一段时间后会变形熔毁，一旦航油在内部泄漏引发燃烧爆炸将使救援工作前功尽弃。11 时 47 分，指挥部对现场情况进行了分析研究，就下一步行动提出五条战术措施：第一，重点在飞机机头残骸部位和货舱内寻找机组人员；第二，特勤人员迅速打开内攻通道，消灭货舱内阴燃火；第三，组织人员对货舱内货物进行抢救疏散，尽最大努力挽回损失；第四，筑堤围油，防止出现第二火场；第五，总队机关相关处室人员迅速整理信息向内部局汇报。根据指挥部命令，前沿指挥员对现场力量做了进一步的调整：

（1）特勤一中队从后机身底部两扇蚌壳式舱门尾部破拆，出 2 支水枪掩护开展救生工作，其余人员利用废液收集袋收集右翼油管泄漏的燃油，阻止泄油面积扩大。

（2）特勤二中队负责出 2 支水枪从破拆口进入机舱内部灭火，其余人员利用沙土在东北侧筑堤坝，防止燃油蔓延。

（3）五中队负责出 1 支水枪继续在飞机右侧冷却油箱并扑灭前方残火，其余人员疏散物资并向前沿作战方向供水。

（4）六中队负责在机头部位烧毁物资下搜寻遇险人员、疏散物资及利用沙土在北侧筑堤坝，防止燃油蔓延。

（5）七中队负责疏散物资、在西北侧筑堤，原有水枪消灭疏散物资残火。各企业消防队协助进行灭火、疏散物资、供水。

12时17分，六中队向指挥部报告：在驾驶舱前端的货物下发现第一具遇难者尸体。指挥部立即命令在第一名遇难者周围加强搜救，随后六具遇难者尸体在机头前舱部位先后被找到。

12时20分，特勤大队一中队破拆车利用钢索拉拽的方法，破拆机尾蚌壳式货舱门，进入舱内灭火。

12时43分飞机机舱内通道全部贯通，货舱内阴燃火全部扑灭，救援指挥部命令各救援力量清理现场。

12时48分，七名机组人员已全部找到，明火已全部扑灭。指挥部命令：除消防特勤大队和民航消防大队留守监护外，其余参战部队返回。

14时35分现场监护人员撤离，“5·18”空难事故救援行动圆满完成。图9—32为第三阶段灭火力量布置图。

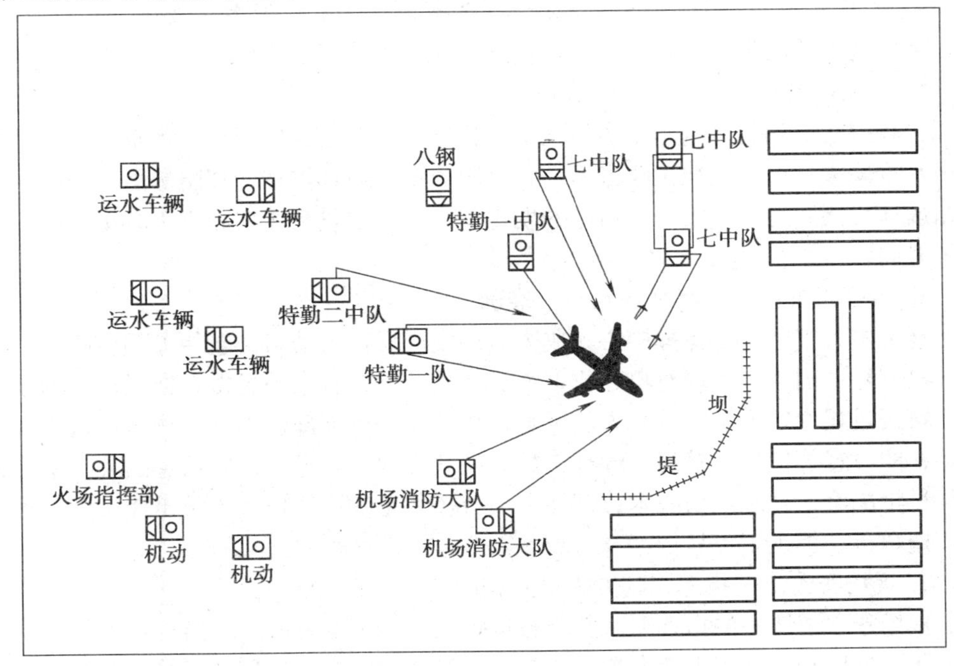

图9—32　第三阶段灭火力量布置图

三、经验总结

1. 火灾特点

（1）燃油泄漏量大，燃烧猛烈

事故现场有大量燃油泄漏，猛烈燃烧的火焰形成的强辐射热，致使灭火人员和装备不易靠近。

（2）受热油箱潜在爆炸危险

机翼两侧油箱中有 44 t 航油随时可能发生爆炸，现场救援危险性非常大。

（3）风大，火势强

当日气象条件差，有 4～7 级东南风，火借风势，给灭火救援带来相当大的难度。

（4）内攻与搜救通道少

飞机出入口少，失事时造成救援进攻通道少，救援人员内攻困难。

2. 力量调集迅速、充足

乌鲁木齐支队调度指挥中心接警后迅速将辖区 7 个中队全部调出，并在向支队值班指挥员和总队值班室汇报的同时，又及时就近调集企业专职队出动；总队接警后按《响应方案》一次性调集 5 个公安队和机场企业专职消防队增援（民航消防大队不计在内），参战人员 200 余人，参战车辆 40 余台，共计车载水 160 余吨，泡沫液 20 余吨，使救援力量明显占优势，为成功实施救援打下了坚实基础。

3. 初期控制火势、冷却防爆到位

在救援初期到场力量不足的情况下，指挥员能够迅速判明现场力量对比，没有盲目出水枪灭火，而是找准主要方面，将有限力量果断部署在冷却防爆上，消除了飞机油箱爆炸可能，避免了灾难性后果的发生，为后续力量到场实施灭火救援作战行动争取了时间。

4. 灾害相关信息搜集掌握及时、准确

乌鲁木齐支队调度指挥中心完成力量调集之后，主动与民航相关部门联系，将事故飞机型号、国籍、承载对象、机上人员数量及时向救援现场做了通报；现场救援人员在救援过程中，不断向技术人员了解飞机结构、危险部位和危险物品、机组人员可能存在的位置等信息，前沿指挥部人员专门搜集现场信息。这些信息的及时掌握为指挥部科学决策、合理运用战术、部署灭火救援力量和一线作战人员迅速实施灭火、破拆、搜救行动提供了可靠依据。

5. 现场实施统一指挥，各方力量互相配合

现场建立了统一的指挥部。整个救援行动实施了统一的组织指挥，无论是初期两个中队到场展开行动，中期多个中队与民航等企业队并肩作战，还是后期自治区领导到场，公安、武警、医疗救护等多种社会救援力量协同，各救援力量任务分工明确，

执行命令坚决，整体上忙而不乱。公安队和企业专职队既能够明确分工，充分发挥各自的装备技术优势特长，又能够相互配合，并肩作战，按统一部署共同完成作战行动。公安、医疗救护、武警等力量到场后，消防部队能够主动联络，统一指挥，密切协作，共同完成救援任务。

6. 特勤车辆装备发挥了重要作用

面对飞机的金属外壳，常规破拆工具很难发挥作用，为开辟内攻通道，救援人员对机身 4 个部位进行了破拆，其中机身两侧和顶部 3 处都是利用无齿锯破拆的，机尾蚌壳式货仓门是利用破拆车钢索强行拽开的；在对右翼油管进行堵漏作业时，救援人员利用液压剪扩钳将油管夹扁，大大降低了泄漏速度。这些特勤装备的使用，大大提高了作战效率，加快了救援进程。

案例二　山东省“10·28”龙口港“通惠”轮滚装船海难

2001 年 10 月 28 日凌晨到当晚 9 点 50 分，山东省龙口港通海运有限公司的“通惠”货轮滚装船自旅顺返回龙口港途中，发生了爆炸、起火、沉没事故。事故发生后，山东省委、省政府、交通部、国家安全生产监督管理局、海军、济南军区、北海舰队、北海航空兵、山东省军区及烟台市等军地有关部门立即组织各种力量全力救援。船上 32 人，除 5 人被救生还外，救援人员找到了 21 具尸体。

一、事故轮船基本情况

“通惠”轮为山东省龙口港通海运有限公司所属大型货轮，主要用于货运汽车轮渡，往返于大连、烟台与龙口之间。货轮有船员 32 人，装有消防设施。发生海难时，货轮装载 6 辆液化石油气罐车及 3 辆半挂车。

货船装有大量液化石油气，具有强烈的爆炸危险性，一旦发生仓内火灾，燃烧温度很高，有可能导致液化石油气罐车发生物理爆炸，将货船炸沉。海面风大浪高，救援船只不易靠近，由于船上随时都有爆炸危险，救援船只自身安全也难以保障。当时，海上风力已达 9 级，浪高达 4 m 以上。

二、救援过程

1. 接警响应

28 日早晨 6 时 12 分，烟台救捞局接到烟台海事局的险情通知：一艘货船在北纬 38°24.5′、东经 120°43.3′失火爆炸，请组织救助。烟台救捞局领导当即指示在烟台锚地待命的远洋救助拖轮“德洋”轮火速出动，全力以赴抢救遇难人员和船舶。

10 月 28 日清晨 6 点 40 分，山东省长岛县小钦岛乡派出所值班人员发现在小钦岛以西 6 海里处海域有一条着火船只，小钦岛乡党委核实后立即向长岛县委、县政府汇报，并立即成立救险指挥小组，派船出海营救。

7 时 40 分，北海舰队作战值班室接到报告：龙口港滚装船“通惠”轮在渤海海峡起火、爆炸，面临下沉的危险，请求部队前去救援。北海舰队紧急部署，迅速指派正在海上执行任务和距离出事海域较近的舰船 4 艘，飞机 2 架，赶赴事发海域进行海上救援。

2. 赴海救助

“德洋”轮于 6 时 15 分接到命令，6 时 40 分即备车完毕拔锚启航。此时海上风力为北风 6～7 级，浪大。“德洋”轮船员忍受着晕船的痛苦，一边航行一边做救人、灭火及拖带遇难船的准备工作。

7 时 50 分，出海救助渔船由于船小浪高、危险性太大，不得不返航。后经过长岛县委、县政府和小钦岛乡现场指挥小组的重新部署，小钦岛村鲁长渔 2010 号船长吴荣传凭着 30 多年的出海驾驶经验，带领 10 多名船员与风浪搏斗了一个多小时，终于到达了出事海域。当时，“通惠”轮船员及乘客已全部落水，2010 号船员立即展开了艰难的营救工作。肆虐的海浪一会儿把渔船抛上四五米高的浪尖，一会儿又把渔船抛入深深的浪底。2010 号船员冒着随时被海浪卷入海中的危险，用缆绳把自己系在船舷上，奋力救捞遇险人员，直到 8 时 30 分，2010 号船员终于救上了第一位遇险者。其后，10 多名抢险船员冒着生命危险与风浪搏斗了 3 个多小时后，又从狂涛巨浪中救起了 4 位幸存者。这时，海上风力在继续加大，仅 300 马力的 2010 号随时都有颠覆的危险，在无法保证自身安全的情况下，被迫返航。

某基地北运 455 船接到救援任务后，迅速从训练海区赶赴现场；545 护卫舰和北海舰队航空兵超黄蜂飞机，分别于 28 日 7 时 50 分和 8 时 30 分紧急备航，迅速飞往出事现场。当日，随后赶到的北救 138 船和北运 455 船先后捞起 6 名遇难者。北救 138 船组织了 5 组潜水员，周君和马京虎冒着生命危险，率先在惊涛骇浪中下水救人。险海中，他们凭借精湛的潜水技术，相互配合把一名遇险者救上军舰，军医董保国以最快速度实施急救。确认死亡后，官兵们又十分小心地用军用毛毯裹好遇难者，安放在舱室中。潜水员马延龙两次冒险下潜，一人捞起两具遇难者遗体。士官盛志强独闯险海，在救人时被巨浪摔到潜水梯上，头部被撞破……

此时，“德洋”轮正在艰难行进，由于海上阵风已达到 9 级，“德洋”轮被迫放慢速度。13 时，“德洋”轮到达长山水道，由于航道四周都是养殖架和渔网，“德洋”轮只能在烟台海事局长山交管中心的雷达引航下艰难行进。

中午 12 时左右，“通惠”轮冒着滚滚浓烟，疾速向砣矶镇磨石嘴村海岸漂来。镇党委书记孙玉斌立即带领镇党委成员赶往离“通惠”轮最近的磨石嘴村西海岸，现场指挥 4 条 450 马力渔船出海营救，但由于火势太猛，救助渔船无法靠近。

13 时 30 分左右，“通惠”轮在磨石嘴村外海搁浅，造成大面积养殖网箱、筏架损坏。由于船装载了大量易燃危险品，随时都有触岸爆炸的可能，烟台市、长岛县、砣矶镇党委领导果断指挥渔船和附近群众撤离。

14时，“通惠”轮与磨石嘴跎子岛擦肩而过，逐步向东南方向漂去。此时，“德洋”轮发现船只踪迹，轮上的船员立即启动消防泵，做好救助灭火准备。烟台海事局长山交管中心命令“德洋”轮严密监视遇难船，在不危及自身安全情况下实施救助。18时，“通惠”轮漂移至长山水道以内，“德洋”轮终于接近遇难船只。“通惠”轮仍然大火冲天，船体右倾大约45°。“德洋”轮克服海况及渔网等不利因素，冒着“通惠”轮随时有可能爆炸的危险，绕其一周，并向遇难船只喊话，在确认“通惠”轮无人的情况下，谨慎地接近其右舷约50 m左右处，开动消防炮，向“通惠”轮着火处喷水，同时水手操纵背俯式泡沫灭火器协助灭火。但灭火工作相当困难，船舶横摇严重，船位难以控制，操纵困难，加之“德洋”轮处于遇难船只下风，“通惠”轮继续向下风漂移，且渔网甚多，“德洋”轮不得不反复撤出再重新向其接近。经过一个多小时的扑救，“通惠”轮火势有所减弱。

19时30分，“通惠”轮漂出长山水道，向东南方向继续漂移，并进入海水养殖区。“德洋”轮受命撤出赶往北纬37°51′、东经120°55′处等候“通惠”轮。这时，一个潜在的巨大危险正在逼近，由于“通惠”轮装载的是危险气体，如果撞击到邻近的蓬莱新港发生大爆炸，后果将不堪设想。21时许，“德洋”轮抵达指定地点，试图继续灭火，但在距“通惠”轮一海里左右时，发现遇难船只火势突然熄灭，1 min后，目标自雷达上消失，没有听到爆炸声，船长确认“通惠”轮已经沉没。

3. 海上搜寻

在海上搜救落水船员的工作一直在紧张进行，不断有落水者被发现，但无一生还。10月30日14时，烟台救捞局“德洋”轮潜水员奉命下潜，摸到了遇难船只，沉入海底的“通惠”已左倾125°，“通惠”轮上的可燃气体没有泄漏。

此次救援共出动飞机9架次，大型船舶150余艘次，渔业船舶1 500余艘次，搜救区域达4 800余平方千米。同时，岸上出动搜寻人员5 000余人次，对重点海域的沿岸进行了拉网式搜寻。由长岛县渔民救起的4位幸存者和“燕京”轮救起的1位生还者都在医院得到全力治疗，在海上找到遗体21具。

三、经验总结

1. 反应迅速，多方联动

“通惠”轮火灾事故发生后，烟台海事局、周围派出所、村委会、北海舰队航空兵等接到报警立即行动，救捞船、渔船、飞机一起出动，为海上救援的展开提供了可靠保证。

2. 不畏艰险，科学施救

由于事故发生时海上风大浪高，对落水船员的施救难度非常大。但是，到达现场的救援人员冒着随时掉入大海的危险，采取拴绳固定、抛绳营救、潜水救捞等办法，成功救起了多名遇险船员。

3. 灭火难度大，灭火船只无法靠近

由于海上气候恶劣，事故船由没有抛锚固定，而且不停地随风向下风方向移动，灭火船只很难靠近，灭火困难，最终事故船爆炸沉没。

4. 气候恶劣，救援艰难

由于当时海上气候恶劣，6、7 级的北风在海上掀起巨浪，搜救工作异常艰苦。所以即使尽到最大努力，最终仍然有多人遇难。

第十章 古建筑保护单位火灾应急预案编制与应用

古建筑泛指历史上保存至今具有较高文物价值、历史价值和艺术价值的建筑物，一般是指古人遗留下来的具有较长历史年代的寺、庙、殿、楼、塔、桥等建筑。我国的古建筑数量众多，分布面广，以其独特的风格和完整的体系闻名世界。由于古建筑耐火等级低，火灾荷载大，一旦发生火灾，火势较难控制，极易造成难以挽回的损失。例如 2002 年 12 月 2 日，山西宁武县一座始建于唐代的悬空寺院发生火灾，悬空寺惨遭灭顶之灾，化为灰烬。2003 年 1 月 19 日，世界文化遗产武当山遇真宫发生火灾，遇真宫内的 3 间正殿、2 间厢房在大火中被烧毁。因此，针对古建筑火灾危险性，研究防范措施，制定火灾应急预案并加以演练，才能最大限度地减少火灾的发生和可能造成的损失。

第一节 古建筑保护单位火灾危险性和特点

一、古建筑的分类

1. 根据用途分类

古建筑根据建筑时的用途，一般分为宫殿建筑、坛庙建筑、陵墓建筑、宗教建筑、园林建筑、民用建筑等类型。还包括一些建筑小品，如牌楼、华表、影壁等。

（1）宫殿建筑

即历代帝王举行盛典、议政的场所，其建筑特点是庄重、宏伟、豪华。

（2）坛庙建筑

即祭祀天地社稷的天坛、地坛，以及祭祀祖宗的宗庙等。

（3）陵墓建筑

即封建帝王及其宗属和文臣武将死后的寝葬陵墓。这类建筑一般由地上、地下两个部分组成。地上为环绕陵墓的牌坊、神道、献殿及其保护建筑。地下则为安置棺椁的墓寝，具有地下宫殿的特征。

（4）宗教建筑

即寺、庙、道观、庵堂、塔等。

（5）园林建筑

即历代王朝遗留至今的皇家园林、私人园林、坛庙、道观园林、名山胜景园林等。

（6）民用建筑

即历史上保留至今具有历史价值或艺术价值的亭院以及艺术水平很高的雕刻建筑。

2. 根据构造形式分类

古建筑根据构造形式可分为单体式建筑、楼阁式建筑、群体式建筑等类型。

（1）单体式建筑

单体式建筑是指建筑物旁无衬托而单独存在或建筑群中相互距离在 50 m 以上的建筑。如钟楼、鼓楼、城楼、箭楼、角楼、亭、塔等。

（2）楼阁式建筑

楼阁式建筑是指木质或砖木空心筒状结构，楼的层次多，沿楼梯盘旋而上，用木质楼板分层的楼阁。

（3）群体式建筑

群体式建筑是指沿纵轴或横轴线，采用对称布局组成的建筑群，它的主要形式还可分为庭院式建筑群、廊院式建筑群和庞大的建筑群三种形式。庭院式建筑群是沿纵轴线设置主要建筑，两侧和对面辅以次要建筑，组成密封式空间。廊院式建筑群是沿纵轴线布置建筑，其正殿（主殿，正厅）设在正中上部，配殿（厢房，耳房）围绕中庭沿边排列，四周环以回廊，楼台亭阁、牌坊、钟楼、鼓楼均对称，大门设在正中或偏于一旁并辅以山门。建筑高低错落，相互毗连，构成一个完整的建筑群。庞大的建筑群以院落相套，向纵深延伸，横向辟设门道，借走廊、过街、围墙，分隔成若干互相连通的庭院。这类建筑大多装修豪华，文物集中，其建筑密集，互相毗连，院落深远，道路狭窄。

3. 根据结构形式分类

古建筑根据结构形式可分为抬梁式、穿斗式、干阑式等类型。

（1）抬梁式

又称叠梁式，是指屋基上立柱，柱上架梁，依次叠加而上，用斗拱挑出承重，梁檩纵横放置，室内空间较大。

（2）穿斗式

又称立贴式，这种结构形式柱距较密，柱径较细，柱间不另外架梁，用穿斗联结，以挑枋出檐。

（3）干阑式

是以木、竹为柱，做成离地面较高的底架，架上建楼，楼上用做居室。

4. 根据所用材料分类

古建筑根据所用材料可分为木结构古建筑、砖结构古建筑和石结构古建筑三种类型。而其中以木结构古建筑在我国古建筑中所占比例最大，砖、石结构古建筑其形式多为仿木结构建筑。

二、古建筑火灾的主要原因

古建筑火灾的引发原因主要来自两个方面：一是人为因素造成的灾难，二是自然界的危害。从历年来火灾发生的原因来看，其中人为因素造成的火灾占多数。

1. 生活用火不慎引起火灾

在古建筑火灾中，生活用火不慎是引起火灾的常见原因之一。生活用火，主要指炊事、取暖用火和照明用火。1980 年 12 月，河北省涉县建于北齐，明朝重修，列为省级重点文物保护单位的清泉寺，因住在寺内的农民烧柴灶时失火，引燃柴草，蔓延成灾。大火烧了 6 h，4 座大殿和 85 间配殿、廊房全部化为灰烬，还烧坏碑刻、石雕 30 余块。2003 年 11 月 21 日，山西省宁武县小石门仙人洞因僧人使用蜡烛照明不慎引发火灾，烧毁清代砖木结构建筑 86 m^2。此外，与古建筑毗连的民居、商店等用火不慎，殃及古建筑。1950 年 12 月，北京市建于明代的西安门，由于旁边的商棚失火，竟被全部烧毁。

2. 维修施工用火不慎引起火灾

古建筑作为我国文物宝库中的璀璨明珠，在走过千百年的沧桑岁月之后，大都受到不同程度的损坏，亟待抢救、维修。古建筑大部分是木质结构，维修过程中需要用大量的可燃材料，如木材、麻、油漆、稀料等，同时使用包括喷灯、电气焊在内的明火工具。稍有不慎，就会引发火灾，造成损失。

3. 电气设备使用不当引起火灾

一般来说，古建筑电气设备比较少，除照明设施外，其他电气设备的安装、使用都在严格控制之列。但是，近年来随着古建筑的大量开发利用，电气设备也有所增加，乱拉临时电线的现象也经常发生，有的电源线就直接敷设在古建筑的梁、枋、柱等木质结构上。特别是随着文化市场的丰富，利用古建筑拍摄电影、电视、广告片的日益增多，在举办各种大型活动或是拍片过程中，电气设备的使用量无疑会有所增加，而且功率往往比较大，这样就会埋下火灾隐患。例如，2003 年 1 月 19 日武当山遇真宫火灾，就是值班人员乱拉电线擅自将 100 W 的白炽灯泡悬挂在床头，白炽灯泡长时间通电烤燃床头可燃物品引起的。这起火灾烧毁遇真宫荷叶殿 3 间，过火面积

283 m^2。

4. 吸烟、乱扔烟头、火柴棒引起火灾

由于古建筑内的人员复杂，管理困难，吸烟引发火灾问题一直得不到有效的解决。旅游胜地，游客吸烟问题尤其难以解决。另外，僧侣道士中吸烟者也不乏其人。乱扔烟头、火柴棒，或在禁止吸烟的地方违反禁令吸烟，增大了火灾发生的几率。木质的古建筑，历经千百年风干，耐火等级较低，极易因小火而酿成大祸。

5. 宗教活动烧香焚纸引起火灾

多数古建筑为宗教活动场所或旅游场所，一些游人香客前来就是为了烧香焚纸。有些著名景点，“香火”相当旺盛，天天都有大批游人香客前来烧香焚纸。如果对这些活动处理不当，防火措施不力，很容易引起火灾。如 1984 年 4 月，云南省昆明市元代建筑，列为省级重点文物保护单位的筇竹寺华严阁被烧毁，这起火灾是两位信女进阁烧“头炷香”引起的。

6. 纵火引起火灾

纵火也是造成古建筑火灾的一个重要原因。1998 年 4 月 4 日凌晨，山西省临汾市尧庙广运殿发生特大火灾，烧毁了广运殿砖木结构建筑一座，面积 1 276 m^2，以及殿内尧王等塑像 9 尊，直接经济损失 451.176 6 万元。此次火灾即为纵火所致。

7. 雷击引起火灾

来自自然界的危害，在古建筑安全问题上比较突出的表现形式就是雷击。一般而言，古建筑遭受雷击，是与它所处的地形、地质以及本身所固有的特点分不开的。特别是直击雷，往往直接对古建筑构成危害。古建筑有些当时就有避雷措施，但古代的技术手段远不及现代的方法，而且普及性不够，因此许多古建筑经常受到雷电威胁。一旦古建筑遭到雷击，由于木材电导率低，就会因为电阻过大发热而起火。古建筑木构架遭雷击发生火灾的情况时有发生。如 2004 年 5 月 11 日凌晨 4 时左右，一声惊雷过后，山西稷山县大佛寺突发大火，寺中古建筑高二层的大殿很快被大火烧毁坍塌化为废墟，所幸殿内的土雕大佛损伤不大。稷山大佛寺为山西省重点文物保护单位，寺中大殿内的土雕巨型释迦牟尼像，身高 20 余米，宽 7 m，气势宏伟，在全国实属少见，具有极高的研究价值。

三、古建筑火灾危险性和特点

1. 耐火等级低，火灾荷载大

古建筑主要结构多为木材，下部大多以高大台基相托，上立木柱以支承巨大的屋顶，用大量木材加工制作斗拱、梁、桁、椽、望板等构成的大屋顶，包括天花板、藻井部分架于立柱上部，顶上以灰背、陶瓦、鎏金瓦等覆盖。据有关部门测定，我国古建筑的火灾荷载以木材计，每平方米就达几立方米至几十立方米，比一般建筑高出几十倍甚至数百倍。正是这种结构形式，形成了古建筑容易发生火灾的物质基础，使其耐火等级为三、四级。古建筑中的木材，经过多年的干燥，含水量很低，特别是一些枯朽木材，由于质地疏松，在干燥的季节，遇到火星也会起火。

古建筑内悬挂的绸缎、经幡、伞盖、纤维织布，大量的彩绘、锦绣等物，香客送来供奉的鞭炮、香烛、纸张都是可燃、易燃物，大大增加了古建筑的火灾荷载。

古建筑比较讲究艺术效果，为使建筑富有美感，常使用大量易燃装饰材料。建筑的门窗、柱子、天花、望板等多油成红色或荸荠色，在颜料的质量上，比较考究的建筑多用银朱油，一般的则用柿红油或木朱油，至于亭榭走廊等，常用绿色。油漆用量的增大，更有屏风、挂画垂帘，使建筑的火灾负荷上升。油漆着火会导致整座建筑着火，所以，古建筑的内装饰往往先于结构而起火。

2. 无防火间距，容易形成“火烧连营”

古建筑一般在总平面布局上成组、成群、对称布置，形成格局。殿堂之间往往用木质廊子相连，层层叠叠，组成“四合院”和“廊院”两种格局，像北京的故宫、浙江的普陀寺、灵隐寺、山西的乔家大院等。绝大多数古建筑在布局上很有规律，即以间为单位构成单座建筑，以单座建筑构成庭院，以庭院为单元组成形式多样的建筑群，其规模壮观，气势雄伟。但由于廊道相接，建筑相连，建筑群内缺少防火分隔和安全空间，少有消防通道，如果其中一处起火，火势不能得到有效控制，则毗连的建筑很快出现大面积燃烧，形成“火烧连营”。1985 年 4 月坐落在甘南高原上的拉卜楞寺大经堂发生火灾，连同正在展出的 1 000 多件珍贵文物，被无情大火毁于一旦。2001 年 6 月 23 日凌晨，位于杭州葛岭的抱朴道院发生火灾，由于消防车上不了山，加上缺乏消防设施，又是木结构建筑，火势迅速蔓延，最终酿成 2 死 2 伤、古建筑 800 多平方米被烧的恶性火灾。

3. 燃烧迅速，易发生轰燃

我国古建筑大多是木柱支承着高大的屋顶，屋顶又是由梁、枋、檀、椽、斗拱和望板等木材构成，架于木柱上的木构件等同于架空的干柴，古建筑周围的墙、门、窗和屋顶覆盖的陶瓦、压背等围护材料，形成了一个如民间生火的“炉膛”形，具备了良好的燃烧条件。

古建筑的屋顶较为坚实，承重木立柱粗大，火灾时，坍塌来得晚。大屋顶内的烟热不易散失，温度升高较快。在火灾初期，热烟多集中在坡屋顶所形成的内部三角空间。随着温度的升高，烟浓度的加大，屋顶长时间受热。着火后在环境温度持续升高，并大大超过可燃物的燃点时，会出现轰燃。建筑火灾发生轰燃后，便进入最猛烈的燃烧阶段，扑救相当困难。北京景山的寿皇门、万寿寺西路行宫和沈阳东陵的福陵大明楼等，都是在发生轰燃后，持续燃烧数小时烧毁的。

4. 屋顶先塌，墙柱后倒

火灾中古建筑往往会发生倒塌，倒塌规律是屋顶先塌，墙柱后倒，因为古建筑火灾往往是先向上蔓延，而屋顶的屋架、椽等构件截面积较小。火灾时，古建筑整体倒塌的时间持续较长。据测试，火焰向木质构件里燃烧的速度约为 0.8 mm/min。如果从一个方向烧，约需 40 min 以上，直径为 30 mm 的构件，才能完全失去承载能力。因此，古建筑的木质构件截面积越大，距离倒塌时间越长。在扑救古建筑火灾时，注意构件截面积大小，做好倒塌时间的预测，争取在倒塌之前扑灭火灾。例如：1987 年北京故宫景阳宫因雷击起火，由于灭火措施得当，主攻主殿内的闷顶，在屋顶倒塌前将火扑灭，避免了重大损失。

5. 人员密集，疏散困难，易造成群死群伤

宗教寺庙在做拜佛、祷告、礼拜、弥撒、开光等宗教活动时，善男信女，车水马龙。这些虔诚的信徒中以妇、老、弱、病、残人员居多，发生火灾时，容易惊慌失措，加上建筑疏散出口少，逃生标志不明显，人员难以在最短时间内安全疏散，易造成重大伤亡。

6. 火灾损失大，社会影响大

我国的宗教文化积淀博大精深，已延续几千年，有的经卷、雕塑、字画已成为古董，有的古建筑已被收入《世界文化遗产名录》，成为著名的观光旅游风景区。这些文化遗产是中华民族古代艺术中最具独特魅力的文化遗产之一，其独特的内涵具有唯一性和不可替代性，一旦失火，其文化价值损失和社会、政治影响不可估量，震惊中外的武当山遇真宫特大火灾就是一个典型案例。

7. 消防管理不健全，火灾隐患多

据调查，除国家重点保护的古建筑外，多数古建筑无防火组织机构或防火组织不健全，单位领导没有真正成为防火安全责任人，没有专（兼）职防火员和消防队（站），使防火和灭火工作没有保证。尽管国家已颁布了《古建筑消防管理规则》，一些单位也制定了管理制度，但不能切实落实到位、到人。

一些地方对古建筑缺乏足够的认识，不重视消防安全管理，导致一些古建筑被用做货铺、饭馆、招待所，增加建筑物的火灾荷载；有的用做加工生产，违章安装使用电气设备，电气线路老化；有的室内违章动火，如火炉、火炕等，这些都严重威胁着古建筑的消防安全。在管理上，有关部门缺乏统一管理措施，尤其是对火源的控制管理还有不少漏洞。

古建筑由于管理人员不足，有些古建筑又较偏远，使经常性的防火检查不能保证。即使组织检查，因山高路远，建筑物分散等原因，很难详尽全面，使一些本来可以发现的隐患未能发现。同时，古建筑单位内的防火岗位责任制、有关人员的消防专

业培训等消防措施，得不到落实。

古建筑单位由于各方面的原因一般经费都比较紧张，正常的经费无保障，该购置的灭火器材、设施（如消防水泵、灭火器材和必要的自动报警、自动灭火装置等）得不到落实。甚至有的古建筑室内、外既没有消防给水设施，又无任何灭火器材，发生火灾后无法扑救。

四、影响古建筑火灾扑救的因素

1. 位置偏僻，距消防站远

许多古建筑，如寺、庙、道观、陵墓等，大多数建造在崇山峻岭，远离城镇的偏僻地区；有的建在山峦之巅，道路环山窄小，崎岖难行；有的建在江湖海岛之上，隔河渡水，交通不便。火灾时，消防人员在短时间内难以及时到达火场进行施救。

2. 建筑密集，巷窄路线长

城镇区域内的古建筑，有的建在人群密集而又繁华的闹市区，周围耐火等级低的建筑多；有的建在偏僻幽静，狭长窄小的深巷之中；有的古建筑群内殿堂、楼阁、亭台等建筑稠密，巷小路线长；大多古建筑建在又高又宽的台基之上，殿前台阶多，坡度大。火灾时，消防车辆不易靠近灭火。

3. 建筑峻峭，攀登施救难

古建筑一般较为高大，翼角飞檐，屋顶矗高峻峭、坡度大（有的大于40°以上），里面多用琉璃筒瓦覆盖，瓦身小而光滑，人站立在上面行走困难。室内空间高，从建筑物的内、外都难以攀登到里面施救，建筑造型特殊，构造复杂坚固，不易破拆灭火。

4. 灭火用水保障难

扑救古建筑火灾必须要有充足的水源。一般说来，1 000 m^3 的木材燃烧时，需要耗费 2 000 m^3 的水才能使燃烧终止。水的耗费量要比燃烧物的体积大一倍。一座 2 000 m^2的古代建筑，如果它的实用木材量为 2 000 m^3，在这座古建筑失火时，要想及时加以扑救，至少需要 4 000 m^3 的水储备和供应。但是，建在偏僻山峦之中的古建筑，一般都没设消防给水系统。有的虽然靠近天然河流或小溪，却无通行消防车辆的道路和取水码头。城区内的古建筑大多数无室内外消防给水设施，火灾发生时，往往无水救火。如 2001 年 11 月 25 日凌晨 3 时许，陕西佳县的明代古建筑群道教圣地白云山庙宇因被人纵火而发生大火，五龙宫正殿及殿内所有的建筑及设施均在大火中化为灰烬。失火的五龙宫古建筑属砖木结构，因时间久远而干燥易燃。庙内无消防用水，人们只能用自来水管灭火，或上山取水，给灭火带来很大困难。

5. 有效控制火势难

形体高大是古建筑的一个显著特点。许多殿堂内净高度都在 10 m 以上，有的达到几十米高度，再加上地势高差，一般消防水枪的充实水柱长度很难满足灭火需要，射流难以到达火点，无法及时有效地控制火势。尤其是在大屋顶内燃烧时，如把水流射向屋面，只要屋顶未塌落，则水流射上去便毫无保留地流下来，很难达到控制火势和消灭火灾的目的。火灾情况下，木质结构的古建筑燃烧猛烈，蔓延迅速，加之古建筑所处环境通风条件好，空气对流快，灭火人员要有效控制火势显得非常困难。

6. 消防人员接近火点难

古建筑以木结构居多，起火时烟雾弥漫，一座1 000 m^2的大殿，其中如有20 kg木材在燃烧，5 min内就会使整个殿堂充满烟雾。在通常情况下，烟的流动速度为1～2 m/s，比人步行快。烟雾中含有一氧化碳等多种有毒物质，有使人中毒或窒息死亡的危险。当烟雾中一氧化碳达到0.1%时，人容易出现头昏、神志不清、行动不便等症状。当达到0.5%时，人在烟雾中停留0.5 h就有生命危险。烟雾还会降低火场上的能见度，使人看不清，找不到起火点和被困人员的准确位置，难以进行有效的施救。还由于火焰温度高、辐射热强，古建筑周围往往又有高墙或其他建筑物阻挡，辐射热相对集中，使消防施救人员难以接近火源，难以有效地灭火。

7. 初期火灾扑救难

古建筑单位缺少消防组织，缺乏消防设施和灭火器材，消防自救能力差是多年来存在的极为普遍的问题。特别是一些规模较大的古建筑单位，至今未建消防站，必要的灭火设施器材缺乏，自防自救能力弱。如很多古建筑单位没有火灾监控系统，对初期火灾不能及时发现，更谈不上及时扑救。一些远离城镇的古建筑单位，人员的主要成分是和尚、道士、尼姑等，这些人数量少且很多年迈体弱，又未进行过扑救初期火灾的训练，再加上没有足够的消防器材，往往在火灾初期既不能及时发现，又没有足够的力量去扑救，造成初期火灾扑救难的状况。

第二节　古建筑保护单位火灾扑救基本对策

根据古建筑火灾特点和古建筑单位所处的不同环境，古建筑火灾扑救必须坚持失火单位自救为主的原则，这样可以及时地发现火灾，有效地扑救初起火灾，最大限度地减少火灾损失。国家文物、宗教、旅游等有关部门在贯彻“预防为主，防消结合”的消防工作方针中，应针对不同的古建筑，从自防自救的原则出发，加大对古建筑消防安全设施的投入，使其具备最基本的灭火条件，为能及时有效地扑救初起火灾奠定物质基础。

一、初期火灾扑救措施

古建筑所在单位是扑救古建筑初起火灾的主体，具有不可推卸的重要责任，必须充分做好灭火准备工作，如设置必要的固定消防设施，配备必要的灭火器材，对单位内部人员进行必要的消防安全培训，制定灭火应急预案并组织演练等，以应对突发的火灾事故。

1. 及时发现初期火灾

有效扑救初期火灾的前提是及时发现。古建筑所在单位要根据自身情况设置火灾自动报警系统、防火防盗监控系统等，全天候、全方位、多角度实时监控，以及时发现火情。除此以外，还应建立防火巡查制度，对重点部位、用火区域、人员集中场所等，实施每日或夜间防火巡查，以便及时发现初期火灾。只有及时发现，才能有效扑救。

2. 快速准确报警

不论是城市的古建筑，还是远离城镇的古建筑发生火灾，在单位自救的同时都要及时准确地向当地公安消防队或专职消防队报警，并讲清火灾情况，以求消防队及时赶到，快速扑灭火灾。如 1995 年 2 月 14 日凌晨 1 时 30 分，云南昆明西山华亭寺大雄宝殿突发火灾，寺内的和尚、尼姑和留宿的香客立即呼唤众人并组织救火。但直至凌晨 2 时 15 分，人们才想起向“119”报警。此时，火势已发展到剧烈燃烧阶段，火焰高达 30 多米，整个华亭寺庙弥漫在浓烟烈火之中。

3. 迅速组织人员扑救

迅速组织人员扑救，这是有效扑救初期火灾的关键。初期火灾本身燃烧范围不大，火焰温度不高，是灭火的最佳时机。抓住这个时机，就能有效扑灭初期火灾，减少火灾损失。因此，古建筑单位只要发现火灾，就应及时组织人员迅速展开灭火。在灭火过程中要坚持“救人第一，集中力量灭火，先重点、后一般”的原则，正确采用“固、移结合”的战术措施，首先应利用固定设施灭火，还要充分利用配备的移动式灭火器材扑救火灾，以便能及时有效地控制和消灭火灾。

4. 及时疏散受困人员

在部分古建筑（寺庙）内常聚集大量宗教信徒和游客，并且大多是老弱病残人员，一旦发生火灾，他们往往出现慌乱现象，容易出现人群拥挤的局面，造成人员挤伤和摔伤，要及时疏散这些受困人员。

5. 重点保护、疏散文物

扑救古建筑火灾的重点是及时有效地保护和疏散那些价值连城的珍贵文物。因此在组织灭火时，要正确选择灭火剂，不能用水扑救的要改用干粉或二氧化碳等无水渍损失的灭火剂，以保护文物古迹不受损失。对于那些能够疏散的文物，要组织人员及时疏散，避免受损。

6. 配合消防队灭火

当消防队到达现场后，失火单位应积极配合消防队灭火。如及时提供失火部位情况、应重点保护的部位、消防水源情况、其他灭火剂和灭火器材配备情况等，以协助消防队及时扑灭火灾。

二、古建筑火灾扑救措施

由于古建筑火灾具有许多特殊性，因而在灭火的组织指挥、战术运用、灭火行动中应依据火灾现场的具体情况而灵活组织。其基本要求是：消防队接到报警后要及时赶赴现场，有效地组织扑救，全力保护文物，最大限度地减少火灾损失。

1. 制定灭火救援预案

古建筑一般都是消防安全重点单位，消防队平时应熟悉古建筑情况，制定好灭火救援预案，并适时进行演练，熟练掌握消防通道、消防水源、重点部位、文物古迹分布等基本情况。对于城市或城市近郊的古建筑要详细了解，对远离城镇的古建筑也要基本熟悉。预案制定要讲求实效，符合实际，切不可闭门造车，为打有准备之仗奠定坚实的基础。

2. 集中调集灭火力量

消防队在接到古建筑火灾报警后，首先要按预案及时调集灭火力量，一般以大吨位水罐车为主。对于远离城镇的古建筑发生火灾，在调集灭火力量时一定要考虑道路交通情况，尤其是建在山上的古建筑发生火灾，更应考虑消防车能否到达火灾现场，能否调用小型机动性、越野性强的消防车，以便迅速到达火场，控制火势。如果难以到达，则应及时与当地政府或有关部门联系，迅速调集古建筑附近的村民、民兵、驻军等人员赶赴现场进行灭火。不论哪种情况，在调集灭火力量时，均应就近、集中、迅速、一次性调集，不要“零打碎敲”，舍近求远，以免延误时机。

3. 及时准确侦察火情

消防队在到达古建筑火灾现场后，指挥员首先要组织力量及时、准确、快速侦察火情，及时掌握火场主要情况。火情侦察的基本内容为：起火部位，燃烧范围以及火势蔓延的主要方向和途径；有无人员被困，被困人员的数量、所处位置以及受火势的威胁程度；内部可利用的进攻通道以及外围登高灭火的最佳途径；梁、柱以及屋顶等承重构件是否受到火势威胁，有无拔榫脱铆现象，建筑有无倒塌的危险；珍贵文物受火势的威胁程度，有无疏散和抢救的条件，能否用水灭火；周围水源情况等。不同古建筑的火情侦察内容为：单体古建筑，应迅速查明天花板、藻井、吊顶等部位的火势发展情况等；塔楼等古建筑，应迅速查明内部楼梯是否受到火势影响，有无垂直贯通的孔洞等；古建筑群，应迅速查明毗连建筑受火势威胁的程度，是否需要设置防火隔离带，或进行破拆；需要重点保护的部位和区域等。

火情侦察要贯穿于灭火战斗的始终。随着灭火进程的不断深入，尤其是人员进入古建筑内部灭火或疏散文物时，更要准确观察古建筑的安全状况，防止屋顶或墙体坍塌而造成灭火人员伤亡。

4. 针对火情采取有效的扑救方法

扑救古建筑火灾，必须针对其建筑结构形式以及火灾的不同阶段，采取相应的扑救方法。

对于单体古建筑火灾，古建筑火灾主要在室内蔓延时，应以内攻为主。消防人员要以最快的速度选择障碍少、烟雾小、视线好的门窗等通道组织进攻，阻击火势向上和四周蔓延。在内攻的同时，要部署一定的力量堵截可能向外蔓延的火势。内攻灭火时，如果只见烟雾不见火，切不可盲目射水，以减少对文物的破坏。如果有的文物不能以水扑救，则应考虑改用其他灭火剂，或在对文物采取保护措施后方可用水灭火。如果燃烧仅局限在下部，对周围的木结构和易燃物件可用水浇湿，阻止火势蔓延。如果火已窜上屋顶，则应用直流水枪射水灭火，并应布置水枪保护承重构件，防止倒塌。如果屋顶较高，水枪手可利用消防梯或古建筑的梁、柱等构架，实施高位射水控制火势。对于已蔓延到梁、柱等构件上的火焰要先扑灭，防止其向四周蔓延。

对于古塔火灾，火灾初期时，应利用内部楼梯或在塔侧架设消防梯，消防人员登高至着火层直接消灭火点；在着火层的上层和下层部署一定的力量进行设防。火势全面燃烧时，应以外攻为主，利用移动水炮、举高消防车等在外围进行灭火。木塔着火时，由于可燃物较多，通风条件较好，火势发展很快，一般应采取外攻射水灭火。

对于古建筑群火灾，古建筑群的廊房、配殿、耳房等非主体建筑着火时，要部署力量堵截火势向正殿、厅堂等主体建筑方向蔓延。当存放有重要文物的部位受到火势威胁时，应部署主要力量对其进行保护，阻止火势向其蔓延发展。古建筑群着火时，应以庭院间的空地为依托，设置水枪阵地，将火势控制在起火部位，并关闭毗邻建筑门窗，对其射水降温进行保护。若古建筑群已经形成大面积燃烧，应采取先控制、后消灭的战术原则，把主要力量部署在火势蔓延的主要途径上，并将燃烧区划分成若干片（段），采取分割战术，分片灭火。

5. 灭、疏结合，积极保护文物

扑救古建筑火灾的重点是保护历史文物，各级指挥员在灭火指挥中一定要明确这一指导思想，这是与扑救一般建筑火灾最大的不同。因此，要采取“灭、疏结合，重点保护”的措施，尽最大努力保护好火灾现场没有着火的文物和局部着火仍可保护的文物。

对受到火势威胁的文物，应立即组织力量进行转移；若存放文物的部位被烟火封锁，应在水枪掩护下，强行攻入，开辟抢救文物的通道。

对一时难以疏散的文物，应利用石棉毯等将其严密遮盖；当其受到火势威胁时，应向覆盖物上喷射雾状水加以保护。

灭火中应慎重选用灭火剂，对泥塑、木雕等忌水的文物，不能用水直接冲击；对受到高温威胁的石刻、碑石、瓷器、铜铁铸造物品，应避免使用直流水枪冷却，以防高温后骤冷而碎裂，一般可用喷雾水降温。对一些不能用水扑救的珍贵文物或重要部位，应选用干粉或干沙、水泥粉等进行灭火。

古遗址、古墓葬上的保护性建筑物着火时，不能使用强水流冲击，不能盲目进入射水后的遗迹保护区，防止古遗址上的遗迹因水流冲击或人员践踏而破坏。

6. 保障火场供水

扑救古建筑火灾的难点是火场供水的保障。特别是远离城镇的古建筑发生火灾，由于古建筑顺山就势而建，地势上的高差，造成火场供水困难。

加强第一批出动力量的供水，将所需力量一次调往火场，是保证及时扑灭初期火灾和控制火势的先决条件。

充分利用古建筑内部的消防设施。尽管有的内部消防供水设施布设不十分科学，但发生火灾时，通过内部设施加压供水，能够避免时间浪费，争取扑救时的主动。

车、泵串联，进行接力供水。由于古建筑顺山就势而建，地势上的高差，造成供水不足或间断，采用车、泵串联接力，拉开距离能保证长距离供水，克服供水不足的困难，或供水间断的弊端，保证第一线灭火的用水需要。

当水源不能满足需要时，应牺牲局部，确保重点。水枪手要对准火点，准确射水，并应根据火势变化情况，适时开闭水枪，同时尽可能使用小口径开花水枪或喷雾水枪。合理用水，可以堵塞下水道，利用低洼处回收灭火用水，以便二次使用。

根据火场需要，组织洒水车等社会力量进行运水供水，必要时，可组织群众挑水或传递水桶、水盆等方式进行灭火。

三、古建筑火灾扑救注意事项

古建筑火灾燃烧强度大，火势发展蔓延快，灭火战斗行动的全过程必须体现迅速、安全、彻底。

1. 保证火场行动安全

消防人员深入内攻时，要组织水枪掩护，以防止高温烟气伤人；同时还要防止室内悬挂物、构件或屋顶塌落伤人。

古建筑一般都较高、坡度大、瓦面光滑，极难攀登，在屋顶行走时，要尽可能靠近屋脊，防止踏空、滑落伤人。

当着火古建筑出现倒塌征兆或火场发生突变，对消防人员的安全构成严重威胁时，应立即组织撤退。

2. 注意保护文物

古建筑室内贵重文物多，必须对火场进行全面警戒，并迅速疏散警戒范围内无关人员，隔离围观群众。

要注意防止抢救出来的文物夹带火星。对无法疏散的文物，要用喷雾水流加以保护，对于容易破碎和遇水可能破坏的文物古迹、彩画等要轻拿轻放。

当火灾现场转移出大量文物时，特别是古建筑内的大量文物非常珍贵，有的属稀世珍宝，价值连城，对此必须组织专人进行看护，重点保护，做好登记，防止丢失。

3. 保证灭火剂供应

一旦古建筑发生火灾，本单位相关人员要在掌握基本情况的基础上立即报警，以便消防部队或者有关部门能根据该单位的特点，加强第一出动力量，选用合适的作战车辆。如果古建筑发生火灾而不能用水扑救时，在报警时应向责任区消防中队说明情况，准备一定数量的干粉、二氧化碳等灭火剂，保证灭火剂的供应充足、及时。

4. 慎用破拆方法

扑救古建筑火灾一般不应采取破拆措施，但有时为了扑救行动需要，也可有选择地进行破拆。

古建筑毗连，灭火力量严重不足，火势无法控制时，可拆除与着火古建筑毗连的门道、走廊、回廊和低矮建筑物，切断火势蔓延的途径。

火源隐蔽，建筑结构妨碍灭火剂功能的有效发挥时，可适当地拆除部分结构，但破拆的范围应尽可能缩小。

局部建筑严重阻碍和影响灭火战斗行动时，可选择适当部位进行破拆，但应严格控制破拆范围，尽量减少对古建筑的损坏。为堵截火势而破拆的孔洞，面积以0.5 m^2左右为宜。

需要消除建筑倒塌危险时，可根据实际需要拆除部分建筑结构。

5. 防止引起森林火灾

建造在树木丛林中的古建筑着火时，要加强对火场周围的树木丛林的监护，防止着火的古建筑火势或飞火引燃附近树林。

当火势向森林蔓延时，应组织力量阻击火势，必要时开辟防火隔离带，以防止火情扩大。

6. 彻底清理火场

火灾扑灭后，一定要组织人员对火灾现场进行细致检查，防止复燃发生。特别要对一些未完全燃烧、表面已经碳化的木质或棉絮等物，以及火场的隐蔽部位进行仔细搜索。

清理火场中，若发现珍贵文物，要标出其位置，并及时移交给着火单位或当地公安部门。

残火消灭后，火场要留下一定的力量，或协调着火单位、派出所、村民委员会等，做好火场监护工作，防止复燃。

第三节　古建筑保护单位火灾应急预案编制

根据《机关、团体、企业、事业单位消防安全管理规定》（公安部 61 号令）第三十九、四十条之规定，古建筑单位要积极制定灭火应急疏散预案，并至少每半年进行一次演练。古建筑单位应积极制定灭火应急疏散预案，并经常组织演练。通过演练，结合实际，不断完善预案，使员工都熟悉预案内容，明确在紧急情况下如何快速有效地扑救初期火灾，及时疏散人员，避免火势扩大，最大限度地减少人员伤亡和财产损失。

一、应急预案的内容

“凡事预则立，不预则废”，尽管存在种种不利因素，但只要采取各种预防措施，就能有效预防古建筑火灾。反之，一旦疏忽着火，就可能酿成巨灾。因此，必须事前做好充分的准备，有备才能无患。而各项准备工作中最关键的是制定一份真正科学、周密、切实可行的灭火预案。古建筑灭火预案应以一个院落或一幢古建筑为单位制定。预案的基本内容应包括应急组织机构、单位基本情况、灭火和应急疏散行动方案、灭火和应急疏散计划图等。

1. 建立健全消防安全组织机构

要制定一个切合实际的预案，并能在火灾时充分发挥作用、取得实效，首先要成立领导指挥机构，它是制定和演练预案的关键环节。组织机构健全，人员分工明确，岗位职责到位，预案的实施就会有条不紊，处惊而不乱，否则，手忙脚乱容易出差错。组织机构的人员分工要具体量化、细化，并有后备人员随时替补，各个组必须切实履行职责，充分调动积极性，发挥其作用，不能只挂在墙上、写在纸上、喊在口上，徒有虚名。

组织机构一般可分为应急指挥组、灭火行动组、通信联络组、疏散引导组、安全防护组、后勤保障组、机动组。

（1）应急指挥组

指挥长通常由古建筑单位责任人担任，副指挥长由安全主管担任，以各个科室（机构）负责人为成员。应急指挥组的主要任务是根据本建筑结构的特性和文物保护重点确定本单位的消防安全重点部位和场所，掌握各部位消防设施的配置情况，统一组织制定预案和演练，指挥协调各组人员统一行动，调配义务消防队及时灭火，负责有序疏散人员。

（2）灭火行动组

灭火行动组的主要任务是组织员工及时开启固定消防设施，充分利用单位配备的灭火器材，迅速有效地控制火灾的扩大蔓延，扑灭初期火灾；协同消防队员现场灭火、抢救被困人员。灭火行动组可进一步细分为灭火器灭火小组、水枪灭火小组等。

（3）通信联络组

通信联络组的主要任务是及时有效地发布火灾消息，将发生火灾的情况及时通知有关领导，做好现场的通信联络工作。

（4）疏散引导组

疏散引导组的主要任务是引导人员疏散自救，确保人员安全快速疏散。在安全出口以及容易走错的地点安排专人值守，其余人员分片搜索未及时疏散的人员，将其疏散至安全区域，避免人员伤亡。古建筑单位应把引导疏散作为应急预案制定和演练的重点，加强疏散引导组的力量配备。还应明确专人负责文物疏散，及时确定文物疏散路线，将其文物及时放在指定地点。

（5）安全防护组

安全防护组的主要任务是对火灾现场实行安全防护，控制古建筑的重点部位和消防疏散出口，无关人员只许出不许进。火灾扑灭后，仍要保护现场以便查清火因和事故处理，并对疏散出来的受伤群众采取救护措施。

（6）后勤保障组

确定组长、副组长及成员。后勤保障组的主要任务是负责物资调配、水源寻找、饮食保障。

（7）机动组

机动组的主要任务是受指挥部的协助指挥，负责增援行动、在指定地点迎接消防官兵或其他救援人员，完成临时指派任务。

在制定预案中，保证组织机构的人员充足是保证预案实施的重要条件。组织机构的人员缺少往往会造成人员任务重叠，既有扑救职责，又有疏散和通信任务。而古建筑单位内部的灭火应急疏散时间一般只有 10 min，在这段时间内同时执行几个任务，无法操作。根据古建筑的分布和管理特性，规模大、交通方便、开发好的古建筑单位，往往都成立了文管所，有专门的管理机构，其领导指挥组一般由主要负责人、消防安全管理人来担任，便于协调、组织灭火应急疏散预案的制定和实施。但是，相当一部分庙宇、道观等古建筑地处偏僻的山区和乡村，由于交通不利、年久失修、香火不旺，政府文物管理部门顾及不到，无人看管，或是只看管不使用、不修缮，逐渐荒废。因此，在制定预案时，应根据实际情况，成立多种形式的组织机构，保证人员充足、到位，切实发挥作用。可通过以下三个途径来解决组织机构的缺编问题：一是当地文物主管部门要积极主动向政府汇报，争取增加人员编制；二是增加经费投入，聘用临时人员建立义务消防队；三是充分依靠乡村、居委会成立消防安全联防队等。

2. 单位基本情况

（1）古建筑概况

1）古建筑的名称、类型、用途、建造时间和修缮情况，单位防火负责人电话及其地址。

2）古建筑的方位、布局、用平面图标明。

3）古建筑的面积、高度和结构情况，特别要说明有无楼层、天花闷顶，并用剖面图表明结构的防火性能。

4）古建筑周围的建筑物情况，用平面图标明。

5）古建筑内的塑像、壁画和其他文物材质、分布、陈列情况，用平面图标明。

6）古建筑曾经是否发生过火灾或其他灾害事故。

（2）古建筑相关环境情况

1）通往古建筑的道路情况，单行道还是双行道，路上车流量大小情况。

2）当地的人文环境，风俗习惯。

3）四季气候变化情况，常年主导风向。

（3）消防设施的情况

1）室内、外消火栓的位置、距离、管径。

2）室内、外消防水池、水缸和其他天然水源的位置、距离和储水量。

3）自动灭火装置和消防车、泵的情况。

4）古建筑内的消防灭火器材情况和灭火剂。

（4）消防管理人员和队伍建设情况

1）消防管理人员的指挥能力和综合素质。

2）消防专职人员的数量、分布情况、训练水平、实际操作能力以及工作经历。

3）义务消防队人员及装备配备情况。

3. 灭火和应急疏散行动方案

假定各重点部位发生火灾，针对预想火情，按照火灾处置程序，逐一制定灭火和应急疏散行动方案。行动方案是应急预案的最重要的部分，必须具体到每位参加行动的人员。

（1）火情预想

火情预想即对单位可能发生火灾作出有根据、符合实际的设想，是制定灭火和应急疏散行动方案的重要依据。具体设定火情和部位时应考虑如下方面：

1）单位应当将容易发生火灾、一旦发生火灾可能危及人身和财产安全以及对消防安全有重大影响的部位确定为消防安全重点部位，或者是主要起火点。同一重点部位，可假设多个起火点。

2）起火物品及蔓延条件，燃烧面积（范围）和主要蔓延的方向。

3）可能造成的危害和影响（如可燃物燃烧，结构的倒塌，人员伤亡、被困情况等），以及火情发展变化趋势，可能造成的严重后果等。

4）区分白天和夜间、营业期间和非营业期间。

火情预想，要在调查研究、科学计划的基础上，从实际出发，根据火灾特点，参考类似案例，使之切合实际，有较强的针对性，防止主观臆断。火情预想还要通盘考虑，各种情况要互相联系，使之形成一个有机的整体。

（2）接警和报警的处置

及早发现火情并立即报警，是赢得扑救初期火灾时间的有效途径。一般着火后，单位的值班人员或着火部位的管理人员最先得到火警，核实确定火情后应立即报告值班领导，通知保卫科或值班室有关人员前往着火现场，同时向公安消防队报警。可通过拨打火警电话、专线电话或用无线设备报警。同时，要及时播放预先录制好的消防紧急广播录音或由值班人员直接通过广播以及按动警铃，发出火灾紧急通告和疏散指令。用广播报警，对地处乡村、人员特别少的古建筑单位是最好的方法。通过广播，可以向全村或附近单位发出火情通告，及时召集群众和义务消防联防队前来救援。

（3）组织应急疏散

一般古建筑的重点部位、人员聚集场所都有看管人员、导游等在场，比较熟悉情况。一旦发现火情，应立即向游客通报，并自觉组织游客疏散到户外安全地点。在大的殿堂里一定要镇静，不能自己先乱，以免造成游客拥挤、疏散不利而伤亡。为了切实吸取历次古建筑火灾中因疏散不利造成人员伤亡的惨痛教训，古建筑单位应当将应急疏散预案作为一个主要内容来做实做细。人员的疏散应本着疏散优先、正确通报、统一指挥、有效疏散、积极引导、迅速疏散、注意顺序等原则和要求进行。

1）有组织进行疏散。组织机构健全、人员编制充足的单位应设事故广播组、事故照明组、内部疏散引导组、外部疏散引导组和警戒救护组等，并要明确分工，不应随意变更。人员少的场所应因地制宜，随机组织人员疏散。人员疏散的现场指挥，通常要由现场领导或安全保卫部门负责人实施，消防队到场后参与指挥或直接指挥。

2）确定安全疏散时间。根据古建筑物的耐火等级、高度、火灾荷载及火灾危险性，确定本部位的安全疏散时间。一般而言，暴露在火灾环境下的人员必须在 90 s

内疏散到安全区域；三、四级耐火等级的建筑，可按 2～4 min 考虑，其中三级耐火等级的古建筑出大厅的控制疏散时间按 1.5 min 考虑。另外，还要考虑古建筑的结构和聚集人员的来源以及对建筑内部疏散路线的熟悉情况。

3）确定疏散路线。熟悉掌握疏散通道和安全出口的数量及分布情况，根据火灾发生部位，确定选择最为有效的疏散路线。原则是选择最短的直通室外的通道或出口，参加疏散疏导的工作人员进入现场的路线不能和被疏散人流冲突，尽量避免对面人流和交叉人流，选择烟气尚未充斥的通道或出口。这对建于开阔地的古建筑很容易选择，但是对于一些建在半山腰或错层环绕的立体建筑，就比较困难，游人很难找到最便捷的安全通道，遇到庙会、集会或旅游黄金季节，更是拥挤不堪。这就需要事先选择制定最佳疏散路线，并设置明显标志。

4）侦察火情。为迅速有效地疏散救人，首先要进行火情侦察，全面掌握火场被困人员的数量及分布、疏散救人通道和可利用的地形地貌，应查明火源的位置、燃烧物的性能、范围及火势蔓延、烟气扩散方向，弄清疏散救人通道及安全出口是否畅通，有无被火封锁或上锁未开启的地方。

5）搜寻被困人员。发生火灾后，如果有大量的人员被困在建筑内部，搜寻、查找被困人员，及时将他们疏散到安全地带，是一项十分艰巨而又危险的工作。这就要求单位要及时组织精干力量，组成若干小组，通过多种手段迅速展开搜寻、查找工作，通过讯问知情人，了解被困人员的数量、性别、年龄、所处位置、被困情况等相关情况，而后派出搜寻小组，根据所掌握的情况迅速分赴各处，采取呼喊、细听、触摸等方式搜寻被困人员。

6）采取排烟措施。对于多层或塔形古建筑而言，着火后疏散通道往往烟气弥漫，不易扩散。为了增加疏散救人现场的能见度，减少高温烟气对被困人员和灭火救援人员的危害，有效地控制火势蔓延，提高灭火效率，应针对烟气扩散情况采取有效的排烟措施，如开启窗户自然排烟、利用喷雾水流排烟或利用固定设施排烟等。

（4）扑救初期火灾

快速有效地扑救初期火灾是扑救古建筑火灾最为重要的一环。要在充分调查研究的基础上，经过反复论证后，制定切实可行的灭火预案，预案中所确定的各项措施必须有针对性，可操作性强，而且符合单位的实际，切不可敷衍应付。制定预案时要注意以下几个方面的问题：

1）接受报警，确定火情。不管是自动报警系统，还是人工报警，都须采取有效方法，及时确定是否着火及火势情况。

2）了解火势，报告火警。在派人了解和确定火情的基础上，按预案及时通知有关领导及相关部门，并向公安消防部门报告火警。报警时要讲清着火地点、部位和着火物质。

3）组织灭火人员，集结灭火器材。扑救初期火灾时，一定不能惊慌失措，必须有统一的指挥，值班领导一定要在现场组织指挥，按预案迅速组织灭火行动组人员及时到场，根据火场所需灭火剂种类，组织人员运送移动灭火器材和设备，调集灭火所需要的灭火器材。在行动中要听从指挥，相互配合，努力扑救，不能各行其是，更不能等、靠、推、拖，甚至不作为。

4）启用固定消防设施。根据火灾现场情况，由消防控制室及时开启消防给水系统、自动灭火系统、防排烟系统，达到控制火势、扑灭火灾的目的。古建筑一般都设置了室外消火栓，有的在殿内设置了室内消火栓，还有的安装了自动喷水灭火系统等固定消防设施。这些设施对扑救初期火灾期着决定性的作用。在接受报警、组织人员集结灭火器材的同时，要立即通知消防水泵房、消防控制室开启消防水泵，以保证充足的水源。

5）控制火势，扑灭火灾。灭火时首先要控制火势，将燃烧控制在一定范围内，不使其扩大蔓延，然后集中力量迅速扑灭。灭火中优先使用单位消火栓，用水枪掩护疏散救人行动。指挥员要集中力量打歼灭战，在水源、灭火剂准备好后，组织训练有素的保卫人员或义务消防员集中进攻，有效控制火势，直至扑灭火灾。

6）检查火场，防止复燃。火灾被扑灭后，一定要留下人员对火灾现场进行认真细致的检查，确保将火彻底扑灭，不可留下火点，以防死灰复燃。

（5）通信联络

通信联络在灭火应急疏散救人过程中起着十分重要的作用。因此，在初期火灾扑救或人员疏散中，一定要充分发挥通信联络的作用，顺利完成火灾扑救和疏散救人工作。一是利用单位内线电话、无线电对讲机、个人手机实现火场情况的上传下达。大型的古建筑一般占地很大，宫、殿之间距离较远，控制室、水泵房等也远离游览区，联系不便，因此，必须配置相应的移动通信设施，以供火灾时联络。二是按预案确定的通信联络方式及时联络值班领导和相关人员，预案中要确定各个组的人员通信联络方式并打印成册，便于及时联络。三是通信联系中应先通知各级领导、保卫（保安）部门，再通知各小组负责人及相关人员。

（6）安全防护救护

单位发生火灾后，安全防护救护组应迅速进入工作状态，按照预案确定的工作职责，积极开展安全防护救护工作。一是及时实行现场警戒，维持现场秩序，为灭火、疏散救人创造安全有序的环境。二是清理现场，疏散停放的车辆，按指定人员接应消防车，为消防队到场停放消防车辆创造条件。三是引导消防车辆停靠消防水源，使用水泵接合器及时向火场供水。四是及时通知医疗救护人员到场，为现场医疗救护创造条件。

4. 灭火和应急疏散计划图

计划图有助于指挥部在救援过程中对各小组的指挥和对事故的控制，应当力求详细准确、直观明了。

平面图：标明古建筑总平面布局、防火间距、消防车道、消防水源以及与邻近建筑的关系等。

各层平面图：标明古建筑的重点部位、疏散通道、安全出口及灭火器材配置。

消防设施图：标明各类消防设施。

灭火进攻图：标明义务消防队人员部署情况，进攻和撤退的路线，扑救假定火情可利用的消防设施、器材。

疏散路线图：以防火分区为基本单位，标明疏散引导组人员（现场工作人员）部署情况、搜索区域分片情况和各部位人员疏散路线。

每一个古建筑单位都应按照以上的程序和标准，结合自身现状和特点，制定灭火应急疏散预案并经常组织演练。只有这样，才能不断提高单位职工的消防技能和遇到火灾时的应变能力，成功扑灭初期火灾，避免造成人员伤亡和财产损失，全面做好古建筑的消防安全工作，更好地保护我国悠久的历史文化遗产。

二、灭火力量计算

1. 灭火需要水枪数的计算

在附近水源比较充足和灭火力量基本具备条件下，指挥员可以根据火灾燃烧面积、火灾负荷以及水枪的流量来估算灭火需要水枪数，接下式计算：

$$n_{枪}=S/A_{枪}$$

$$A_{枪}=q_1/q$$

式中 n 枪——灭火所需水枪的数量（支）；

S——燃烧面积，可结合预案和实际状况进行估测（m^2）；

$A_{枪}$——水枪的控制面积（m^2）；

q——灭火供水强度（$L \cdot s^{-1} \cdot m^{-2}$）；

q_l——水枪的流量（L/s）。

2. 喷雾水枪灭火性能的计算

喷雾水枪是一种喷射雾状水流的水枪，其灭火性能主要指灭火控制的燃烧面积、周长和高度。

（1）喷雾水枪的控制面积，可按下式计算：

$$A_{枪}=q_l/q\text{，或 }A_{枪}=L_{枪}D_{枪}$$

式中 $A_{枪}$——喷雾水枪的控制面积（m^2）；

$L_{枪}$——喷雾水枪的控制周长（m）；

$D_{枪}$——喷雾水枪的射流宽度（m）。

（2）喷雾水枪的控制周长，可按下式计算：

$$L_{枪}=\pi S_N \theta_{平}/180+D_{枪}$$

式中　S_N——喷雾水枪的射程（m）；

$\theta_{平}$——喷雾水枪的水平摆角，一般取 30°～60°。

例 1：QW48 喷雾水枪，工作压力 58.8×10^4 Pa，流量 6.83 L/s，灭火供给强度 0.12 L/s·m²，喷雾水枪的射流宽度为 5.5 m，计算其控制面积和控制周长。

解：$A_{枪}=q_l/q$

$=6.83/0.12=56.9$（m²）

$L_{枪}=A_{枪}/D_{枪}$

$=56.9/5.5=10.3$（m）

例 2：QW48 喷雾水枪，工作压力 58.8×10^4 Pa，射程 11 m，射流宽度 5.5 m，水平摆角 25°，计算其控制面积和控制周长。

解：$L_{枪}=\pi S_N\theta_{平}/180+D_{枪}=3.14\times11\times25/180+5.5=10.3$（m）

$A_{枪}=L_{枪}\ D_{枪}=10.3\times5.5=56.65$（m²）

（3）喷雾水枪的控制高度，可按下式计算：

$$H=H_0+\sin\theta_{仰}\ S_N$$

式中　H——喷雾水枪的控制高度（m）；

H_0——喷雾水枪口距地面高度（m）；

$\theta_{仰}$——喷雾水枪的仰角（°）。

例：QW48 喷雾水枪，工作压力 58.8×10^4 Pa，射程 11 m，水枪仰角 45°，$H_0=0$，计算其控制高度。

解：$H=H_0+\sin\theta_{仰}\ S_N=0+\sin45\times11=7.8$（m）

3. 干粉枪灭火性能的计算

（1）干粉枪灭火控制面积，可按下式计算：

$$A_{枪}=q_l/q$$

式中　$A_{枪}$——干粉枪的控制面积（m²）；

q_l——干粉枪的喷射流量（kg/s）；

q——干粉枪灭火供给强度（$kg\cdot s^{-1}\cdot m^{-2}$）。

例：FQ16 型干粉枪，在工作压力范围内，干粉喷射流量 2.85 kg/s，灭火供干粉强度 0.35 kg/s·m²，计算控制面积。

解：$A_{枪}=\frac{q_l}{q}=\frac{2.85}{0.35}=8.1\ (\mathrm{m}^2)$

（2）干粉枪灭火控制周长，可按下式计算：

$$L_{枪}=A_{枪}/h_s$$

式中 $L_{枪}$——干粉枪的控制周长（m^2）；

h_s——干粉枪灭火控制纵深（m）。

例：FQ16 型干粉枪，控制面积 8 m^2，控制纵深 2.5 m，计算控制周长。

解：$L_{枪}=\frac{A_{枪}}{h_s}=\frac{8}{2.5}=3.2\ (\mathrm{m})$

（3）干粉枪灭火控制高度，可按下式计算：

$$H=H_0+\sin\theta_{仰}\ S_k$$

式中 H——干粉枪灭火控制高度（m）；

H_0——干粉枪口距地面高度（m）；

$\theta_{仰}$——干粉枪灭火的仰角（°）；

S_k——干粉枪灭火喷射距离（m）。

例：FQ16 型干粉枪，喷射距离 10 m，干粉枪灭火仰角 45°，计算其控制高度。

解：$H=H_0+\sin\theta_{仰}\ S_k=0+\sin45°\times10=6.5\ (\mathrm{m})$

三、应急预案编制实例

实例：西藏大昭寺消防灭火救援与应急疏散预案

为方便古建筑保护单位管理者实施管理和应急使用，规范相关制作程序和内容，预案可采用直观、简洁的表格形式。

1. 大昭寺基本情况

西藏大昭寺基本情况见表 10—1。单位重点部位情况见表 10—2。重点单位外 500 m 范围内水源情况见表 10—3。

表 10—1　　大昭寺基本情况

<table>
<tr><td>法人代表</td><td colspan="4">××××</td><td colspan="2">消防负责人</td><td colspan="2">××××</td></tr>
<tr><td rowspan="2">周围毗邻情况</td><td>东</td><td colspan="3">八廓街（尼木如寺）</td><td>西</td><td colspan="3">大昭寺广场</td></tr>
<tr><td>南</td><td colspan="3">八廓街（八廓居委会）</td><td>北</td><td colspan="3">八廓街（北林居委会）</td></tr>
<tr><td colspan="2">职工（机关）总人数</td><td colspan="3">145 人</td><td colspan="2">义务消防队人数</td><td colspan="2">50 人</td></tr>
<tr><td>固定资产</td><td colspan="2">无法估计</td><td colspan="2">年产总值</td><td colspan="4"></td></tr>
<tr><td>占地面积</td><td colspan="2">12 000 m^2</td><td colspan="2">建筑物</td><td>1</td><td colspan="2">建筑面积</td><td>25 100 m^2</td></tr>
<tr><td>专职消防队长</td><td>无</td><td colspan="2">人数</td><td>无</td><td colspan="3">车辆数、种类</td><td>无</td></tr>
</table>

续表

室外消火栓（个）	7	管网直径（mm）		100	压力（MPa）		0.2
消防水池（个）	无	储量（t）		0	水来源		无
其他水源（位置）	无			利用水源方式		无	
重点部位数量（个）	4	名称	大殿、日光殿、文物仓库、财务室				

表 10—2　　单位重点部位情况

部位名称：大殿			建筑高度：14 m
建筑层数（层）	地上：4	建筑面积（m^2）：25 100	
	地下：0	单位建筑面积（m^2）：0	
建筑特点：土、木、石结构			
毗邻建筑特点： 大殿内有20个小殿堂，均为土、木、石结构；大殿周围的建筑也是土、木、石结构；与大殿相距5 m左右的大殿西面有一天井。			
生产、储存物资性质、数量等情况： 藏式古建筑，存放有大量珍贵文物和工艺品，发生火灾易造成群死群伤事故和珍贵文物的损坏。			
消防设施	消防控制中心位置：无		
	消防排烟系统：无		
	消防电梯台数及位置：无		
	疏散楼梯类型、数量及位置：5个敞开式楼梯，其中东南角有1个，北面有1个，西面有1个，西南角有2个。		
	避难层（间）：无		
	消防泵数量及类型［流量（L/s），扬程（m）］：无		
	水泵接合器数量及位置：无		
	屋顶水箱消防储水容量（t/个）：无		
	固定或半固定泡沫灭火系统情况：无		
	其他：干粉灭火器有手提式100具（4 kg），推车式6具（35 kg）。		

表 10—3　　重点单位外 500 m 范围内水源情况

消火栓	个	地址	大昭寺侧门前（距离20 m），宇拓路金谷商场前（距离500 m）。			
	2	管网直径（mm）		250	压力（MPa）	2.5
消防水池	个	地址	无			
	0	储量（t）		无	水来源	无
其他水源						

2. 火情预想

（1）起火点设置：大殿。

（2）火势发展预测：某一佛事活动，因朝拜群众在大殿使用酥油灯不慎引燃大殿帷幕，发生火灾后，火势迅速在整个大殿内蔓延，同时可能沿楼梯向上一层蔓延，产生大量烟雾和有毒气体，大殿有数十名群众被困，极易造成群死群伤事故和珍贵文物的损失。

（3）火灾发生在白天。

3. 灭火和应急疏散方案

（1）义务消防队

发现火情立即向“119”指挥中心报警。通知值班领导，及时发出火警信号。

派侦察小组进行情况侦察，掌握起火位置、发展趋势，了解相关的情况。由疏散组人员组织疏散被困群众及周围围观群众，维护好火场秩序。由灭火组进行初期火灾扑救，可使用手提式或推车式干粉灭火器进行火势防控和消灭。由文物保护组根据预案措施保护文物，防止水渍，或者安排专门人员进行监管和转移。由障碍组安排人员到重要地点迎接公安消防部队，并告知火场和周围水源情况，协助扑救火灾。

（2）责任区消防队

1）接警出动。布达拉宫中队（简称“布”）接到指挥中心的调度命令后，立即出3辆消防车，其中1辆东风水罐车，1辆斯太尔泡沫水罐车，1辆红岩CQ30水罐车，官兵约23名，约2 min到达火场。

2）火情侦察。1号车在到达大昭寺西门前，由执勤队长、一名班长和通信员组成侦察小员，佩戴好个人防护装备，携对讲机、照明灯等器材，通过询问知情人、外部观察和内部侦察等方式进行火情侦察。了解被困人员的地点和大概人数及可利用的疏散通道、起火点的位置、燃烧的面积及火势的蔓延方向、珍贵文物的数量和位置及疏散通道。将侦察结果向中队指挥员报告，中队指挥员向“119”指挥中心报告情况，并请求增援。

3）火场救人。一中队1名干部、1名班长和2名战斗员组成人员疏散小组，做好个人防护装备，从西门进入，对大殿内的人员进行疏散，疏散路径为南门及南、北侧门。注意选用正确的疏散方法，可发动群众自救和互相帮助，解决人手不足的问题。对于疏散出来的群众，要做好看护和警戒，防止再次进入火场，造成火场秩序混乱。

4）火场警戒。火场内部警戒交由单位工作人员担任，外部警戒及交通疏散交由公安人员担任，公安消防人员进行协助。

5）消防战斗车部署。指挥员根据火灾侦察情况以及周围水源和地理环境情况，部署停车位置及占领水源：

布—01 号车停在大昭寺西门前，从西门铺设水带至着火部位，出 2 支开花水枪直攻着火部位；

布—02 号车停在大昭寺南侧门前，从大昭寺新热大院的地下消火栓吸水，给 1 号车供水，并出 1 支水枪防止火势向南蔓延，同时开辟疏散通道。

另由 1 名干部带领 5 名战斗员，穿隔热服，佩戴空气呼吸器，携 2 支喷雾水枪、3 盘水带上至二层，利用垂直铺设水带法，分别占领天井内的两个地下消火栓，各出 1 支水枪，防止火势向上蔓延。同时可出水向下方压制火势。在一般情况下应使用干粉灭火器及脉冲水枪对飞火进行扑救，尽量减少水渍损失。

由 1 名干部带领 3 名战斗员协助工作人员做好文物疏散工作，做好登记，防止丢失。

（3）增援中队

城区中队（简称“城”）3 辆消防车和特勤大队（简称“特”）4 辆消防车作为增援力量，接到调派指令后立即赶往现场。

1）城一01 号水罐车停在大昭寺西侧门前，占领地下消火栓，单干线铺设水带，出 2 支开花水枪直攻着火部位。

2）城一02 号水罐车停在大昭寺西侧门前，单干线出 1 支水枪，至火着部位北侧，防止火势向北蔓延。

3）城一03 号水罐车停在大昭寺西侧门前为城一02 号车供水。

4）特勤大队接到出动命令后，出动 3 辆水罐车，1 辆抢险救援车，约 15 min 到达现场。

5）特一01 水罐车停在大昭寺西北侧，占据地下消火栓，单干线铺设水带，出 2 支开花水枪直攻着火部位。

6）特一02 水罐车停在大昭寺南侧小门外，为布一02 水罐车供水。

7）特一03 水罐车停在宇拓路上，占领宇拓路金谷商场门前地下消火栓，为城一03水罐车供水。

8）特勤抢险救援车为灭火救人行动提供必备的破拆、照明、排烟保障。

（4）灭火行动中注意事项

1）所有参战人员均应按各自的分工和任务，穿戴好个人防护装备，携带相关器材和工具，方能投入战斗。

2）登高人员要防止滑落及构件塌落伤人。

3）各组人员要认真准备所需器材和装备，做到万无一失。

4）正确使用射流，防止盲目射水，减少对文物的损失。

5）维护火场秩序，做好火场警戒，防止文物遗失。

6）做好现场移交。

（5）总结讲评

灭火工作结束后，全体参战人员整理器材、清点人数、组织讲评。

1）战术、技术应用是否正确。

2）执行命令是否坚决，作风是否顽强。

3）各战斗小组配合及协同作战情况。

4）安全情况。

4. 培训和演练

按照灭火和应急疏散预案，至少每半年进行一次演练，并记录演练情况，演练记录见表 10—4 所示。结合演练实际，不断完善预案。

表 10—4　　演　练　记　录

演练时间	演练主持人	参演单位	参演人数	参演器材、车辆总数	备注

5. 预案审定

预案制定后，要报主管部门进行审定验收。审定不合格的要重新修改，合格以后才能投入实际应用。预案制订审定情况见表 10—5。

表 10—5　　预案审定情况

<table>
<tr><td>绘制日期</td><td>××××－×－××</td><td>制表人</td><td>×××</td><td rowspan="3">审核（章）机关</td></tr>
<tr><td>审定时间</td><td>××××－×－××</td><td>审核人</td><td>×××</td></tr>
<tr><td>修订日期</td><td colspan="3">××××－×－××</td></tr>
</table>

四、应急预案演练方案

制定切实可行的预案，并实施演练，以保证火灾时能真正发挥作用。预案只有经常演练才能不断熟悉单位情况处置措施，并及时发现不足和问题，从而得到改进，在实战中取得良好的效果。

1. 演练方案

（1）明确演练组织机构

古建筑单位人员一般较为固定，演练组织机构要基本固定下来，形成一种模式，这样在演练时才会有条不紊地进行。对于一些地处偏远，无人看管或只有一两个人看管的古建筑，文物管理部门在着力解决人员和经费的同时，要督促组织机构在所属乡村村委会或街道居委会的组织下经常进行演练。

（2）假设火情

演练要尽量真实，假设火情不能走形式，敷衍了事，要根据建筑的使用特点、重点部位、游客数量及用火用电情况来假设不同部位的火情。设定部位应是人员集中部位、重点保护部位和容易引起人员重大伤亡和财产、资源巨大损失的部位。

（3）组织演练

每次演练都要在安排部署后，按照预案内容预演几次，让大家熟悉程序和内容，进入状态，充分做好演练准备。各组要配合默契，不能乱了阵脚。要预先想到各类可能出现的问题并加以完善。通过演练，培养和训练具有一定灭火能力的义务消防队员或专、兼职消防人员，除了会使用灭火器材外，还要会熟练操作固定消防设施。

（4）总结经验教训

针对每次演练中出现的问题，要认真分析研究，切实采取措施加以改善，为处置真正火灾时提供实践经验和方法。

2. 演练中应注意的问题

（1）演练要真实有效

许多单位虽然在多次演练中指挥、配合、效果都很好，但真正遇火灾时人的意识、行为和反应能力，都会比平时差很多。某消防部门曾在监督检查一个古建筑单位的预案演练时，就碰到了类似问题。该单位的职工、保卫人员都是正式人员，平时演练很顺利。但到了检查时却是漏洞百出：缺少统一指挥，没有按预案程序进行接警、报警；灭火行动混乱，一支水枪已经出水，另一支水枪还没接好，没有集结灭火器材，疏散救护人员都没到位，水泵房操作失误，出不了水，通信不畅等。消防部门检查时就如此慌乱，可以想象真正发生火灾时会怎样。所以，演练一定要切合实际，认真操作，防止形式主义。

（2）考虑人员安全疏散时间

古建筑单位预案演练要考虑安全疏散时间的概念。如演练的安全疏散时间过长，则要从疏散引导投入的人力、疏散路线的合理性等方面来修订预案，并进一步考虑人员密度、疏散通道和安全出口的条件是否符合要求。总之，要结合演练的具体情况，明确人员安全合理疏散的时间，确保人员能及时被疏散。

（3）做好消防设施、器材的维护保养工作

单位要按规定配备灭火器材，经常保养、维护各种固定消防设施，保证其完好有效，尤其是消防用水一定不能出差错，保证火灾时完好有效。

第四节　古建筑保护单位火灾扑救案例

案例一　四川峨眉山金顶永明华藏寺“4·8”火灾

1972年4月8日8时左右，四川峨眉山金顶永明华藏寺发生火灾。由于山上缺乏灭火和报警设施，通信又不畅，加上山上严重缺水，尽管“金顶”上30余名电视台工作人员与和尚等奋勇救火，永明华藏寺8 500 m^2古建筑在着火后2 h化为灰烬，造成物资损失179万余元，烧毁150种、共计8 972件文物，其价值根本无法估算。此外，还有一位年逾古稀的和尚不幸葬身火海。这场火灾的起火原因是汽油遇到明火。

一、事故单位基本情况

永明华藏寺建于峨眉山群峰中最高的大峨山之巅，被人们称作“金顶”。它是闻名中外的峨眉山风景点之一，也是许多虔诚佛教徒朝拜的圣地。永明华藏寺建于明万历年间，寺名是明神宗皇帝朱翊钧所题赐，被列为四川重点文物保护单位。该寺位于海拔3 100 m的高度，依山而建，共有3座佛殿。后殿，即人们称做金顶正殿，是大雄宝殿，坐落在金顶最高处，台基一面为深不见底的悬岩绝壁，一面用石堆砌而成，高出其他殿约20余米。中殿为大雄宝殿，殿为二层，上面一层是藏经楼，殿旁还有观音殿。这中殿是永明华藏寺的主要建筑，坐落在山顶正中的小平坝上。下殿为韦驮殿和西方三圣殿，是座有“吊脚楼”的三层建筑。中殿和下殿的两侧为二层楼的客房，拥有1 000多床位，可同时接待1 500名香客和旅游者。这些建筑都是木结构。以往的火灾，主要发生在金顶正殿，而这次火灾却是从下烧到上，全寺尽毁。

永明华藏寺的建筑年代久远，木结构十分干燥，极易着火。本来，各殿之间都有一段间距；但自建立了电视转播台以后，工作人员为了防雨、御寒，又在各殿之间用木板、油毡等易燃材料搭建了一道走廊。因此，下殿着火后，这个走廊成了“大烟囱”，把火焰迅速引上了中殿和后殿，形成了大面积燃烧。

二、火灾扑救过程

因“金顶”建有电视转播台，为电视台供电的发电机，每天上午都要进行例行检查和试车，以保证下午转播电视时能有可靠的电源。当天操作工试车后，把一些汽油倒进油盆，擦洗器械、用具等。同时，他还在室内使用一只2 000 W电炉取暖。当沾有汽油的抹布接近电炉时，当即引起燃烧，并延及整个油盆着火。后来因当事人处置不当，很快整个发电机房都烧着了，酿成大灾。

火灾发生后，山上没有任何灭火和报警设施，人们既无法灭火，也无法向其他方面求援。当时，在“金顶”上共有电视台工作人员、和尚等30余人，他们虽欲奋勇救火，但因山上严重缺水，又没有其他消防设施，大家束手无策，只得眼睁睁地看着大火燃烧。山高风大，疯狂的火舌很快吞噬了下殿和中殿，大火又沿着“空中走廊”，烧向金顶正殿和电视发射机。因为缺乏通信设施，发生火灾时，一名和尚只身飞奔下山，用了 3 h 跑了 30 多公里，才赶到山下的报国寺，但话未说完人就昏倒了。而此时，山上的永明华藏寺已经烧毁。由于寺内还存放了 2 万多公斤烤火用的木炭，因此，大火一直延烧了 4 天才熄灭。

三、经验总结

1. 初期火灾扑救不力，酿成了大灾。本来可以由操作员扑灭的小火，因初期处置不当酿成了大灾。

2. 火灾报警滞后，影响救援。在没有先进报警设施的情况下，也没有采用传统有效的方式，及时请求增援，靠人工下山报警延误了扑救时间。

3. 消防设施严重不足。没有结合实际情况设立消防水池和配置其他灭火设施，火场缺乏灭火水源和相关器材设备，只能望火兴叹。

4. 建筑物间没有进行有效的防火间隔，工作人员为图方便，用易燃材料搭建了走廊，加速了火势蔓延。

案例二　甘肃夏河拉卜楞寺大经堂“4・7”火灾

1985 年 4 月 7 日 14 时左右，甘肃省夏河县城关大交河畔的拉卜楞寺大经堂发生火灾。甘南藏族自治州公安局接到电话报警，立即调派了 9 辆消防车及其消防官兵赶赴火场。经过 10 多个小时扑救，大火于到 4 月 8 日早晨 6 时被扑灭。大火烧毁经卷、文物、珍宝，大经堂成了废墟，只有嘉木祥一世至五世骨灰塔被保护了下来。

一、事故单位基本情况

该寺始建于清康熙四十八年（公元 1709 年），占地面积 1 300 亩，有六大学院，八大佛殿。它是我国藏传佛教格鲁派（黄教）六大宗主寺之一，是仅次于布达拉宫的喇嘛学府。拉卜楞寺的建筑有很高的历史价值和艺术价值，解放以后，被国务院列为全国重点文物保护单位之一。拉卜楞寺内藏有许多珍贵文物，总数逾 10 万件，其中有些是稀世珍宝，如用金银粉和珍珠、玛瑙粉调和写成的藏经就有 1 000 多部，还有大量雕塑、壁画、堆绣等。

大经堂又称闻思学院，位于全寺的中心。分上、下两层，面积 2 500 m^2，高 15 m，加上前院，共计 4 800 m^2。可容纳 4 060 名僧众参加佛事活动。大经堂四壁彩绘释迦牟尼应化史，楼上供奉藏王松赞干布的塑像，中悬乾隆皇帝御赐的匾额，上书“觉慧寺”三个大字，右侧是寺主的舍利塔。舍利塔用金银、珠宝装饰，塔内供奉嘉木祥一世至三世的真身木乃伊，四世的替身，五世的骨灰，这是藏族同胞最为尊敬的地方。

二、火灾扑救过程

4 月 7 日中午，409 位喇嘛在大经堂里念佛诵经，13 时 30 分佛事活动结束。13 时 50 分，值班喇嘛智华卡切和贡去乎切旦关闭了电灯，锁上大门，最后离开了大经堂，只有长年不熄的酥油灯仍在点着。14 时 10 分，桑木旦和贡去乎切旦闻到焦味，发现大经堂内冒出黑烟，立即报告智华卡切。智华卡切即派桑木旦报告文管会，自己去大经堂查看。他发现正殿东北角两个放经卷的书架着火。便打开了侧门，开门之后，随着空气对流加速，火势迅速发展。智华卡切顺手拿起牦牛尾巴扑打。但火越打越猛。当他发现两只铜碗内盛有供奉佛祖的"圣水"，便端起向火焰泼去，但因"圣水"太少，未能把火扑灭。大经堂多为木结构，建筑年代久远，木质极为干燥。这里长年燃点酥油灯，木料外面也沾了许多油脂，殿堂里还挂满了大大小小的哈达、帷幔、布幡、伞盖、酥油花，地面上排列着一排排长条禅座，上面铺着地毯，木柱上也围着毛毯。这些物资都极易燃烧，因此，起火后蔓延迅速，不一会儿，整个殿堂都烧着了，人们难以进入。

14 时 30 分，甘南藏族自治州公安局接到电话，立即由公安局长带领 2 辆消防车、17 名消防员从 67 公里外赶赴火场。宁夏回族自治区也派出 2 辆消防车从 120 公里外向夏河驶来，兰州市消防支队派出 5 辆消防车增援，长途跋涉 270 公里开赴拉卜楞寺。甘南藏族自治州的消防车于 16 时 30 分首批到达火场，火场附近没有消防水源，消防车只得接力供水，仅靠这两辆消防车，实在是势单力薄，不足以制止大火的蔓延，17 时左右，大经堂屋顶塌落，烈火威胁到附近的藏经楼、大金瓦寺等建筑，情况十分紧急。之后，临夏、兰州的消防车相继赶到，灭火力量大大增强，特别是兰州的大功率消防车，喷出一股股强大的水流，较好地抵制了火势的蔓延。在水枪的掩护下，僧俗群众冲进屋内，抢救出大量经卷、文物和宗教用品。到 4 月 8 日早晨 6 时，大火被扑灭。

三、经验总结

1. 消防部队调集力量及时。接到报警后，立即调派了消防力量且数量比效充足。消防救援力量到达火场后，发挥了较好的作用。

2. 僧俗群众自救意识较强。起火后，僧俗群众主动进行自救，抢救了部分珍贵文物，但僧侣灭火技能转弱。

3. 消防设施欠缺。没有配置足够的灭火器材，附近没有设置消防水池，消防灭火用水严重不足，制约了火灾扑救进展。

案例三　北京故宫博物院景阳宫"8·24"火灾

1987 年 8 月 24 日夜，北京故宫博物院景阳宫遭雷击起火。驻故宫的公安消防中队于 22 时 32 分接到报警后立即出动，北京市消防局先后调出 10 个中队、31 辆消防车、200余名指战员投入灭火战斗。大火于25日2时45分被控制，3时25分扑灭，共抢救出14个文物柜，百余件珍贵文物无一丢失。

一、事故单位基本情况

景阳宫位于故宫东宫偏北，主殿系大屋顶砖木结构的古建筑，门窗、横梁、立柱及屋架构件等均为木质材料。该殿座落在0.6 m高的石台基上，长17.7 m，宽14.9 m，地面到顶棚6 m，前后各有6扇高、宽均为1.16 m的大窗。殿内空间约1 322 m^3，其中闷顶空间约446 m^3，顶棚采用木格条，上铺两层苇席抹灰，下贴彩画油纸。

景阳宫前后各有两扇高、宽均为4.7 m的宫门，在主殿的东北、东南、西北、西南各有一座配殿，均相距5 m。整个院落面积为1 573 m^2，院墙高5 m。它的四周都是古建筑，近的相距13 m，远的相距80 m。相邻院落之间通道曲折，院门狭窄而且都上了锁，门槛较高，消防车无法靠近。在距景阳宫40 m处的一个院落里，有2个消火栓，但消防车用不上。消防车可用的4个消火栓，分别距景阳宫260 m、440 m。消防车可以利用520 m以外的护城河向火场供水。

当天天气阴，西北风5～6级，相对湿度85%以上。

二、火灾扑救过程

故宫公安消防中队在接到报警后，2 min内赶到现场。第一辆消防车占领北门消火栓，指战员先后撞开几道上锁的大门，出2支水枪控制大殿前房檐上的火势，防止蔓延。当第二辆消防车战斗展开时，消防支队和市消防局的指挥车以及增援力量相继到场，在大殿前的台基上设立了火场指挥部。这时，火舌从殿门口窜出，殿内顶棚一片通红，灰土、顶板继续下落，房檐的中间部分向下弯曲，木梁已在燃烧，火势正向东、西、北三个方向延烧，严重地威胁着大殿内14个玉器文物柜的安全。

在此情况下，火场指挥部下达了三项命令：一是进入大殿强攻近战，扑灭木梁上的火，同时组织突击力量进入闷顶灭火；二是防止火势向相邻配殿蔓延；三是组织力量抢救文物柜。为此，布置2支水枪在大殿南门东西两侧的窗口向里射水，并阻止火势向配殿和古树蔓延。6个抢险班的人员负责出9支水枪，从房顶前坡已塌落的破口处和几个屋角，轮番进入闷顶灭火。整个火场形成内外、上下向火夹攻的布局。

消防指战员在火场上不怕浓烟和高温，坚守阵地，顽强战斗。为了保证安全，火场指挥部多次组织侦察小组，深入顶棚内部进行侦察，要求闷顶内的水枪阵地设在承重的大梁上，殿内的水枪阵地设在大梁下，殿内和房檐下不准人员驻留，并注意用水枪掩护抢救文物的故宫义务消防队和武警战士。在灭火战斗中，实际使用了17辆消防车，形成了不间断的供水线，保证了前方用水。

三、经验总结

1. 火灾特点

（1）可燃物多，燃烧强度大

火场像架起来的木柴垛，火势猛烈，屋顶处聚集的烟雾多，不易散出。

（2）建筑毗连，火灾蔓延快

院内高大的古松柏树将主殿与配殿搭结起来，火势容易蔓延。

（3）消防车不能靠近火场

到场的云梯车、高喷车只能停在距着火建筑物 200 多米远的地方，发挥不了作用，加之能满足灭火需要的水源较远，通道上的大门锁闭，延长了战斗展开的时间，容易贻误战机。

2. 力量调派及时、充足

这次灭火救援工作，及时调出了 10 个中队 31 辆车，在有效时间内，较好地控制了火势。

3. 火情侦察到位，判断准确

指战员实施了不间断地侦察，认为景阳宫整体结构牢固，木质承重的横梁和立柱粗大，如果严重烧毁变形或者烧透需要相当长的时间。如景阳宫大殿内的木梁厚度约 50 cm，在这次起火后虽然燃烧了 3 h，但燃烧深度只有 2～3 cm。在火灾进入发展蔓延阶段，甚至刚进入猛烈燃烧阶段，主要承重结构一时还不会塌落。加之消防队到场后，可以通过射水对承重结构起到冷却保护作用。所以，消防队伍在保护相邻建筑，防止延烧的同时，加大了进攻、疏散力度，把握了救援重点。

4. 战术运用恰当，扑救效果明显

根据火情侦察得出的判断，果断采取了内攻或内外夹攻的战术，圆满完成了灭火、救人、抢救和保护文物等战斗任务，最大限度地减少了火灾对古建筑物的危害。

案例四　甘肃卓尼县禅定寺“11·25”火灾

1994 年 11 月 25 日 21 时 30 分，甘肃卓尼县禅定寺讲经堂二层第二间房着火，闻讯赶来的僧侣们冲进楼内抢出几尊佛像，县政府、公安局、武警中队、洮河林业局等单位闻讯，迅速组织 1 000 余人前去扑救。甘南藏族自治州消防支队出动 2 辆消防车 24 名干警奔赴现场。经过激烈战斗，至次日凌晨 4 时将大火扑灭。大火烧毁整座讲经堂，大量古文物毁于一炬，直接财产损失 279.8 万元。

一、事故单位基本情况

禅定寺位于卓尼县城西北约 1 km 的台地上，是安多藏区最古老、改宗黄教前规模最大的藏传佛教名寺，始建于南宋时期，距今近 800 年的历史。该寺在“文革”中被毁，20 世纪 80 年代初陆续重建，现占地 80 亩，有大经堂、辩经堂及密宗续部、时轮、闻思 3 个学院等建筑，僧侣 150 余人。寺内收藏有许多珍贵的宗教文物、大量的经卷、佛像、挂像等。讲经堂建于 1986 年，为二层木楼，占地 200 m^2，存放有寺经教创始人扎巴贡珠的舍利子塔、生骨塔以及印度阿拉善旗王爷赠献的印章佛像等。

讲经堂是一座大跨度建筑，长、宽、高各为 14 m，除三面土墙外，其他结构都由大量木材构筑，墙壁上压有一圈极易燃烧的苏鲁木，地上铺有厚毯、毡、垫等，各种刺绣佛像、幛幔、巾幡等高垂低挂，壁柜内存放着大量经卷和文书，整座经殿犹如一堆干柴垛。

二、火灾扑救过程

11 月 25 日 21 时 30 分，寺内一和尚外出挑水，路过讲经堂时发现二层第二间房的窗口喷出火焰，立即喊人救火。闻讯赶来的僧侣们冲进楼内抢出几尊佛像。但打开经堂门加速了空气对流，火势迅速发展，火焰舔向幡幛、伞盖和刺绣佛像，人们已无法抢救财物。不到 10 min，火势已扩展到整座建筑，火焰高达 30 m，火光将卓尼县城映红。

县政府、公安局、武警中队、洮河林业局等单位闻讯，迅速组织 1 000 余人前去扑救。此时，火势凶猛，水源缺乏，相距不到 10 m 的大经堂墙壁被火烤得发烫，扑救人员无法靠近，30 min 后整座讲经堂坍塌，大经堂危在旦夕。所有扑救人员分成两组：一组扑救讲经堂，一组保护大经堂。在场群众抱来自家的棉被、毛毯和床单用水浸湿后贴挂起来保护大经堂，并不断地向上泼水降温。但由于用来灭火的水有限，根本无法控制讲经堂的大火。

甘南藏族自治州消防支队于 22 时 30 分接警，立即出动 2 辆消防车、24 名干警，行驶 150 km，于 26 日 l 时 50 分到达现场。因山路陡窄，消防车无法靠近寺院，只好在半山腰供水灭火。至凌晨 4 时将大火扑灭。大火烧毁整座讲经堂，烧毁了创始人扎巴贡珠的舍利子塔、生骨塔和阿拉善旗王爷赠献的印章佛像，以及其他大量文物、经书和佛事用具，还有 300 多年前用黄金汁撰写的《宗喀巴全集》等，仅抢救出三尊佛像。

三、经验总结

1. 寺院的消防安全管理十分混乱

讲经堂的钥匙由民工掌管。事发前，木工熬胶过程中已发生几次小火，寺院管理人员均未引起重视。1994 年县公安局对该寺进行了多次检查，于 5 月 12 日发出《重大火险隐患整改通知书》，一针见血地提出了 8 条隐患和 7 条整改意见。在随后的寺院防火专项治理中，甘南消防支队到该寺检查，发现隐患依旧，就连县公安局发出的《重大火险隐患整改通知书》和《防火档案》也全部丢失，而且寺院管理人员对消防安全检查人员采取拒之不理的态度，除一个经堂外，其他经堂全部上锁，检查工作不得不搁浅。

2. 僧侣们的消防意识不强

他们没有充分认识到寺院建筑的火灾危险性、寺院消防安全的重要性、发生火灾的严重后果，更没有采取有效措施保证寺院的安全，导致了事故的发生。

3. 防火、灭火工作亟待加强

建立健全消防安全制度，并严格执行和落实。寺院的主持、方丈们必须亲自抓，按季节部署工作，搞好重点部位，抓好佛事活动的消防安全，毫不松懈地一抓到底。同时，要做好灭火抢救的准备：培训僧侣们，让其懂得必要的消防常识，进行消防训练，特别是要组织培训一批骨干力量，使其能有效控制初期火灾。

4. 要配备灭火器材和相关设备

建造消防水池，安装简单的报警装置，配置一些灭火器，根据需要，还可配置手台机动泵及其他装备。积极做好一切灭火准备，才能有备无患。

案例五　北京西城区护国寺大院“6·20”火灾

2004 年 6 月 20 日 2 时左右，北京西城区护国寺大院发生火灾，护国寺西配殿被烧毁。北京市消防局接到火警后，先后调集了 30 辆消防车约 130 名消防官兵赶赴火场进行扑救，经过全体指战员的激烈战斗，于 4 时 14 分成功扑灭大火。随后，又用 2 个多小时对现场残火进行了彻底清理，确保了护国寺院的安全。

一、事故单位基本情况

护国寺原名崇国寺，为元朝修建，其历经几次被毁和重建，现仅存金刚殿，1984 年被公布为市级文物保护单位，此次烧毁的西配殿为砖木闷顶结构，建筑面积约 150 m^2，其东面是护国寺大院，西面是护国寺西巷，南、北侧与平房住户毗邻，周围胡同宽 1.5～3 m，消防车辆无法靠近。

二、火灾扑救过程

6 月 20 日 2 时 47 分，西直门中队接到“119”指挥中心调度命令，迅速出动 1 辆指挥车、3 辆水罐车、24 名消防官兵赶往现场。到场时该建筑已处于猛烈燃烧阶段，经询问知情人，确认内部无被困人员，中队指挥员及时请调增援队，要求立即断电，给消火栓加压。通过火情侦察，该建筑全部着火，火已从东面、东南面、西北面的房檐、门、窗往外卷，随时有向周围平房蔓延的趋势，如不及时扑救，易造成火烧连营。指挥员根据中队的实力情况和火场情况，确定了初期灭火行动意图：积极疏散周围居民；阻截包围，防止火势向主要方向蔓延，等增援队伍到达后再进行包围，逐片消灭。立即组成疏散小组、战斗灭火小组和供水保障小组：第一组负责疏散大院内群众；第二组出枪灭火，控制火势蔓延；第三组负责火场供水和器材保障。同时向指挥中心反馈火场情况，请求增援中队尽快到场。中队五十铃车停在护国寺大街，及时在护国寺西巷形成一条进攻干线，并出 3 支水枪从火场东面、东南面、北面进行扑救，防止火势向东面、东南面、东北面居民区平房蔓延。第三组迅速占领消火栓保证火场供水，同时做好迎接增援队的准备。后方指挥员合理安排停车位置，战勤员向指挥员提供就近消火栓位置，命令 7 t 水罐车开进人民剧场院内，占领消火栓给五十铃车接力供水，保证火场不间断供水。

3 时 05 分，增援消防队府右街中队 1 辆指挥车、3 辆水罐车、1 辆泡沫车、1 辆抢险救车和 1 辆照明车赶到现场。西直门中队指挥员与府右街中队指挥员研究火情后，府右街中队从火场西北侧百花深处胡同形成一条进攻干线，由泡沫车出 3 支枪控制北侧火势，再从火场西南侧护国寺西巷形成一条进攻干线，由水罐车出 3 支枪进行扑救（支队到场后调整并给九中队五十铃供水）；利用单扛梯上平房顶部进行扑救，防止火势向南蔓延。

3 时 13 分，增援队北新桥中队 1 辆指挥车、3 辆水罐车到场后，部署 1 号水罐车从护国寺西巷形成一条进攻干线出两支枪进行扑救，2 号水罐车占领蓝鼎晨大厦门口消火栓给 1 号车供水。3 时 17 分，28 中队 1 辆指挥车、2 辆水罐车、1 辆泡沫车、1 辆排烟车、1 辆破拆车到场。在指挥员的正确指挥下，积极实行上下合击、内外夹攻、内攻近战的战术，竭力控制火势，力求将火灾损失降到最低点。同时，指挥员要求官兵在战斗过程中一定要注意自身安全。在全体参战官兵的共同战斗下，4 时 14 分，大火被成功扑灭。参战人员进入内部，又经过两个多小时的紧张清理，对现场残火进行彻底消灭。

三、经验总结

1. 火灾特点

（1）燃烧猛烈，蔓延迅速，易形成立体燃烧

该建筑系砖木结构，门、窗、内隔墙、梁、柱等主要建筑构件都是木质可燃物，遇火星迅速燃烧。加之报警晚，火势蔓延迅速。

（2）防火间距小，易造成火烧连营

由于古建筑建造时间早，建筑物之间距离小，周围毗邻建筑为平房，易造成大面积燃烧，稍有不慎，将会造成重大财产损失和人员伤亡。

（3）道路狭窄，消防车无法进入灭火。

2. 火情信息反馈准确，调集力量及时

第一到场的消防指挥员及时进行了火情侦察，并科学决策，报请调集了增援力量，确保了火场的战斗力量和供水力量充足，有效控制了火势。

3. 战术使用得当

灭火力量从多个方向包围火场，水枪多而不乱，采用高低配合、有层次立体夹攻的方法，有效控制了火势向周围蔓延，加快了灭火救援的进程。

4. 指挥得力，力量部署合理

火灾现场处于胡同深处，灭火力量不易展开，但指挥员指挥辖区中队和增援队从多个方向进入，没有造成拥堵，确保了火灾扑救工作的顺利进行。虽然前方出枪较多，但是供水组织合理，保证了前方灭火用水量，实现了不间断供水，为扑灭大火打下了基础。

参 考 文 献

1. 郭铁男. 中国消防手册. 第九卷. 灭火救援基础. 上海科学技术出版社，2006

2. 郭铁男. 中国消防手册. 第十卷. 火灾扑救. 上海科学技术出版社，2006

3. 编委会. 危险化学品事故灾难应急预案编制指导与典型应急预案范本. 北京：中国知识出版社，2006

4. 陈文贵. 防火手册. 上海科学技术出版社，1992

5. 吴宗之. 重大事故应急救援系统及预案导论. 北京：冶金工业出版社，2004

6. 邢娟娟. 企业重大事故应急管理与预案编制. 北京：航空工业出版社，2005

7. 李志宪. 事故应急处理预案编制必读. 北京：中国石化出版社，2004

8. 王凯全. 事故理论与分析技术. 北京：化学工业出版社，2004

9.《安全生产、劳动保护政策法规系列专辑》编委会. 重、特大安全事故与突发事件应急预案专辑. 北京：中国劳动社会保障出版社，2005

10. 吴宗之. 重大危险源辨识与控制. 北京：冶金工业出版社，2003

11. 刘诗飞. 重大危险源辨识及危害后果分析. 北京：化学工业出版社，2004

12. 康青春. 中外抢险救援典型战例精选. 北京：红旗出版社，2004

13.《全国特重大伤亡事故典型案例汇编》编委会. 全国特重大伤亡事故典型案例汇编. 北京：中国劳动社会保障出版社，2004

14. 邓云峰. 重大事故应急演习策划与组织实施［J］. 劳动保护，2004.（4）：18－24

15. 李建华. 灭火战术. 北京：群众出版社，2004

16. 李建华，黄郑华. 灾害事故抢险救援方法与技术. 北京：中国劳动社会保障出版社，2005

17. 刘铁民. 安全评价方法应用指南. 北京：化学工业出版社，200